普通高等教育一流课程配套系列教材
山东省首批精品课程
山东省教学成果奖
APP获全国多媒体课件大赛一等奖

画法几何与机械制图

（第三版）

主　编　邱龙辉　叶　琳

参　编　程建文　李　旭　高晓芳　骆华锋
　　　　陈　东　梁振宁　宋晓梅　张慧英

主　审　王兰美

西安电子科技大学出版社

内 容 简 介

本书采用最新国家标准修订，主要内容共 14 章：制图的基本知识和基本技能；点、直线、平面的投影；投影变换；立体的投影；平面与立体表面相交；立体与立体表面相交；组合体的视图与尺寸标注；机件常用表达方法；螺纹、常用标准件和齿轮；机械图样中的技术要求；零件图；装配图；焊接图和展开图；零件测绘和部件测绘。

本书及配套习题集可作为普通高等院校机械类、近机类各专业及 64 学时以上其他专业的“画法几何与机械制图”“机械制图”“工程制图”与“工程图学”等相关课程的教材，也可供高职高专及其他类型院校相应专业选用，还可供工程技术人员和读者自学。

本书及配套习题集配备的优质、丰富和实用的教学资源，能够全面满足本课程线上、线下深度融合式教学和“翻转课堂”的迫切需求。

图书在版编目(CIP)数据

画法几何与机械制图/邱龙辉，叶琳主编. —3 版. —西安：
西安电子科技大学出版社，2019.8(2023.8 重印)
ISBN 978-7-5606-5403-4

Ⅰ. ①画… Ⅱ. ①邱… ②叶… Ⅲ. ①画法几何—高等学校—教材 ②机械制图—高等学校—教材 Ⅳ. ①TH126

中国版本图书馆 CIP 数据核字(2019)第 165685 号

策　　划　毛红兵
责任编辑　南　景　刘玉芳
出版发行　西安电子科技大学出版社(西安市太白南路 2 号)
电　　话　(029)88202421　88201467　　邮　　编　710071
网　　址　www.xduph.com　　电子邮箱　xdupfxb001@163.com
经　　销　新华书店
印刷单位　陕西天意印务有限责任公司
版　　次　2019 年 8 月第 3 版　　2023 年 8 月第 12 次印刷
开　　本　787 毫米×1092 毫米　1/16　印　张　26.75
字　　数　639 千字
印　　数　33 001～36 000 册
定　　价　69.00 元
ISBN 978-7-5606-5403-4/TH
XDUP 5705003-12

前　言

本书与同时修订的《画法几何与机械制图习题集(第三版)》是新形态移动智能 VR 3D 版信息化教材，能够全面满足本课程线上、线下深度融合式教学和“翻转课堂”的迫切需求。

本书及配套习题集可作为普通高等院校机械类、近机类各专业及 64 学时以上其他专业的“画法几何与机械制图”“机械制图”等相关课程的教材，也可供高职高专及其它类型院校相应专业选用，还可供工程技术人员和读者自学。

本书是山东省首批精品课程“现代工程制图”不断建设的成果，包含山东省教学成果奖“移动智能＋图学教学模式的建立及实践”的最新研究成果。本书在修订中，遵循教育部高等学校工程图学教学指导委员会 2015 年制定的“普通高等院校工程图学课程教学基本要求”和本课程教学改革的发展趋势及方向；听取多所院校师生使用上一版的意见和建议；融入了现代信息技术；采用了制图最新国家标准。计算机绘图仍与本课程分离，可在本课程中间穿插进行或结束后开设(计算机绘图教材可选用机械工业出版社出版、本书主编邱龙辉编写的《AutoCAD 2014 工程制图(第三版)》)。

本书的主要内容包括：绪论；制图的基本知识和基本技能；点、直线、平面的投影；投影变换；立体的投影；平面与立体表面相交；立体与立体表面相交；组合体的视图与尺寸标注；机件常用表达方法；螺纹、常用标准件和齿轮；机械图样中的技术要求；零件图；装配图；焊接图和展开图；零件测绘和部件测绘等共 14 章，以及附录。

本书在保持上一版基本框架和继承鲜明特色的基础上，以教育部 2018 年 1 月召开的“在线开放课程建设与应用推进会”为导向，为实现线上线下深度融合、“翻转课堂”等教学新模式对教学资源的要求，研发和整合了作者采用先进信息技术与移动智能技术创建的系列配套教学资源(详细情况及资源下载请扫封底二维码，关注微信公众号中的视频和说明)。

(1) 可触屏操控的“Android 版智能手机 VR 3D 应用(APP)”(2014 年教育部多媒体课件大赛一等奖升级版)。该移动 APP 具备视图与模型同屏对照等多种功能，包含 4 个主模块：VR 虚拟模型、读图训练、精选模型库、徒手绘图练习和扩展功能的附加模块，可满足不同的使用需求。同时修订的习题集第三版配套了具有 5 个模块的 APP：VR 虚拟模型、补画视图练习、表达方案选择练习、空间思维强化练习和徒手绘图练习，后 4 个为 APP 附加模块。该套 APP 有机链接了纸质教材和线上、线下信息化教学资源，是深度融合式教学模式和“翻转课堂”的核心纽带。

(2) 两种形式配套课件：“二维动画及立体图版”和“二维动画及 VR 虚拟模型 3D 版”，本书课件第一版获得 2006 年教育部多媒体课件大赛优秀奖，后几经升级更加完善。

(3) 与本书及配套习题集相适应的“工程图学在线开放课程”已在多个平台上线(链接请见微信公众号)并投入教学使用。该在线开放课程除课程讲解视频外，还有知识点导学、网上章节自测题和答案等。该开放课程是深度融合式教学和翻转课堂的有力推手，也是学生课前预习和课后复习，以及考试前的查漏补缺、补考和重修等学习的重要资源。

本书对内容做的必要修订和调整，主要体现在以下几个方面：

(1) 将与知识点相关的国家标准整理列入教材，在明确内容来源的同时，给读者进一步的学习指明了出处。

(2) 对教材中各个知识点的相关国家标准做了更深入的整理和剖析，使教材中表述的相关概念和内容更具逻辑性、更易理解和掌握。例如：统一规范了机件常用表达方法和螺纹等画法表述中的简化画法；规定画法和省略画法的定义和划分；明确了技术要求中表面结构的有关概念等。

(3) 采用截至2018年初的最新国家标准修订，主要对以下各章节内容进行了不同程度的修订和更新。第1章修订了1.1节，并增加了国标标题栏和明细栏、尺寸简化注法示例等；第8章对概念和画法作了修订，调整和增加了部分图例并新增了8.5节“第三角画法简介”；第9章中对名词术语和有关内容及标记进行了规范和更新；第10章全面改写了10.1节“表面结构简介”，使概念更准确合理；第11章主要改写了11.1、11.2、11.4节的表述思路，使之更为准确、清晰、合理；第12章改写了装配图的画法等内容的表述；第13章更新了焊接图的符号及画法等。

同时修订的《画法几何与机械制图习题集(第三版)》(含习题解答)，也提供了具有VR虚拟模型及视图对照功能的APP，实时操控的虚拟模型及视图对照，更有利于帮助学生提高空间想象能力和作图能力。

本书由邱龙辉、叶琳任主编，并负责统稿、定稿。程建文、李旭、高晓芳、骆华锋、陈东、宋晓梅、张慧英参与编写。邱龙辉、叶琳完成了教材配套“Android版智能手机VR 3D应用(APP)”的研制；两种版本配套课件由叶琳、邱龙辉设计制作；“工程图学在线开放课程”由邱龙辉、骆华锋、陈东、高晓芳、梁振宁开发完成。参加本次修订工作的还有王刚、刘昆、楚电明等。由国家精品课程负责人王兰美教授担任本书主审。

作　者

2019年4月于青岛科技大学

目　录

绪 论

1. 本课程的性质和任务

图形与文字、数字、声音、图像一样，也是人类借以表达、分析、承载和交流信息的重要媒体。“图形学”在漫长的人类历史进程中得到不断的发展、充实和完善，最终形成了一门严谨的基础学科。在 21 世纪的今天，工业制造已经从自动化、信息化(数字化、网络化)向智能化发展，我们即将迎来智能制造的时代；制造成型方法也已经不再只有已经使用几千年的等材制造——铸或锻，或者使用几百年的减材制造——车或铣，也有了被誉为将带来“第三次工业革命”的只有几十年历史的增材制造——快速自由成型。但在生产中不论你采用自动化制造、数字化制造、网络化制造，还是智能化制造，不论你采用古老还是年轻的制造方法都绕不过开展制造的前提——工程设计。工程设计是一切生产的前提，而工程设计需要具备两个基本能力：空间思维、想象能力；设计思想表达、理解能力。即绘制和阅读“工程图样”的能力。

工程图样作为高度浓缩的工程信息的载体，是设计、制造和施工过程中用来表达设计思想和意图的主要工具和重要技术文件，被喻为“工程界的语言”。

本课程是研究如何绘制和阅读机械图样的一门重要课程，是高等院校工科专业学生的一门必修的技术基础课。它将为你开启一扇工程界语言宝库的大门，掌握了它，就取得了攻克工程技术第一关的胜利！

本课程的主要任务是：

(1) 学习正投影的基本理论和应用。

(2) 培养图解较简单空间几何问题的能力；培养对空间形体的形象思维能力。

(3) 培养绘制和阅读机械图样的基本能力。

(4) 培养徒手绘图、尺规绘图的能力，并在绘图中严格遵守国家标准的各项规定。

(5) 培养严谨细致的工作作风和认真负责的工作态度。

当前，用计算机绘图软件绘制工程图样已经普及，但这并不意味着计算机绘图可以取代本课程的学习。因为计算机绘图只是一种先进的绘图工具，不掌握投影的基本理论和应用，不学习如何绘制和阅读机械图样，你也就不会用计算机绘图。因此，我们将计算机绘图课程的学习，安排在本课程完成之后是合适的。

2. 本课程的学习方法指导

本课程是一门既有系统理论，又有很强实践性的重要的技术基础课。课程以图示、图解贯穿始终。因此，对于投影理论的学习，要紧紧抓住“图形”不放，理论联系实际，多想、多看、多画，不断地由物画图，由图想物，将投影分析与空间分析相结合，逐步提高空间想像能力和空间分析能力。

与教材配套的 VR 助教助学软件 APP 包含了教材等对应内容触屏操控的虚拟模型等资源，并且提供了读图、补视图、精选模型库、空间想象力强化训练和徒手绘制草图等功能。熟练应用该 APP，能有效提升学习效率！它还是线上、线下深度融合的教学新模式的核心纽带，能让学生充分享受到高科技、信息化带来的崭新学习体验和成就感！

完成一定数量的作业(练习题、草图和尺规图等)，也是学好本课程的重要实践方式和根本保证。因此，对于作业要给予高度的重视，并认真、按时、优质地完成。对于个体而言，平时作业完成的优劣，也决定了最终的学习结果和考试成绩的优劣。

在学习中，一般对理论的理解并不难，难的是将理论应用在绘图与读图实践中。因此，应该注意理论与实践紧密结合，并注意掌握正确的画图步骤和方法，在实践中注意积累经验，不断提高绘图和读图的能力。

机械制图等国家标准是评价所绘制机械图样是否合格的重要检验依据，学习中要重视国家标准相关内容的学习、理解和掌握，并在绘制机械图样中严格遵守。

由于本课程是作为技术基础课学习的，主要讲授的是画图和读图的基本理论和方法，课程学习过程中所绘制和阅读的机械图样的深度和难度有限。本课程所涉及的内容与生产实际紧密相连，因此要具备得心应手绘制和阅读较复杂工程图样的能力，不是一蹴而就的，也不是这一门课程所能够担当的，还有待于后续课程和接触生产实际的专业课程以及毕业设计的过程来对这种能力进行加深、巩固、强化和提高。

第1章　制图的基本知识和基本技能

工程图样是现代工业生产中必不可少的技术资料，是工程界交流技术思想的共同语言，具有严格的规范性。国家标准《技术制图》与《机械制图》是工程图样的规范，本章将重点介绍制图国家标准中关于图纸幅面、图线、字体、绘图比例和尺寸标注等内容，并对绘图工具的使用、绘图的方法与步骤、徒手绘图的基本技能等作必要介绍。

1.1　国家标准《技术制图》及《机械制图》有关规定

国家标准简称“国标”，用 GB 或 GB/T 表示。GB 为强制性国家标准，GB/T 为推荐性国家标准。国家标准《技术制图》适用于机械、电气、工程建设等各专业领域的制图，在技术内容上具有统一和通用的特点，是通用性和基础性的技术标准；国家标准《机械制图》是针对机械行业的专业性技术标准。

1.1.1　图纸幅面和格式、标题栏和明细栏

1. 图纸幅面

GB/T 14689—2008《技术制图　图纸幅面和格式》中对图纸的幅面和格式作了规定。图纸的幅面是指图纸宽度与长度组成的图面(见表 1-1 至表 1-3 中的 $B \times L$)。该国标规定，绘制机械图样时优先采用表 1-1 中所规定的基本幅面，图纸的基本幅面有五种，幅面代号分别为 A0、A1、A2、A3 和 A4，如图 1-1 中粗实线所示；必要时允许选用表 1-2 所规定的加长幅面，如图 1-1 中细实线所示；还允许选用表 1-3 所规定的加长幅面，如图 1-1 中虚线所示。

表 1-1　图纸基本幅面尺寸及图框尺寸(第一选择)　　单位：mm

幅面代号	A0	A1	A2	A3	A4
$B \times L$	841×1189	594×841	420×594	297×420	210×297
a	25				
c	10			5	
e	20		10		

表 1-2　图纸加长幅面尺寸(第二选择)

幅 面 代 号	A3×3	A3×4	A4×3	A4×4	A4×5
$B\times L$	420×891	420×1189	297×630	297×841	297×1051

表 1-3　图纸加长幅面尺寸(第三选择)

幅 面 代 号	A0×2	A0×3	A1×3	A1×4	A2×3
$B\times L$	1189×1682	1189×2523	841×1783	841×2378	594×1261
幅 面 代 号	A2×4	A2×5	A3×5	A3×6	A3×7
$B\times L$	594×1682	594×2102	420×1486	420×1783	420×2080
幅 面 代 号	A4×6	A4×7	A4×8	A4×9	
$B\times L$	297×1261	297×1471	297×1682	297×1892	

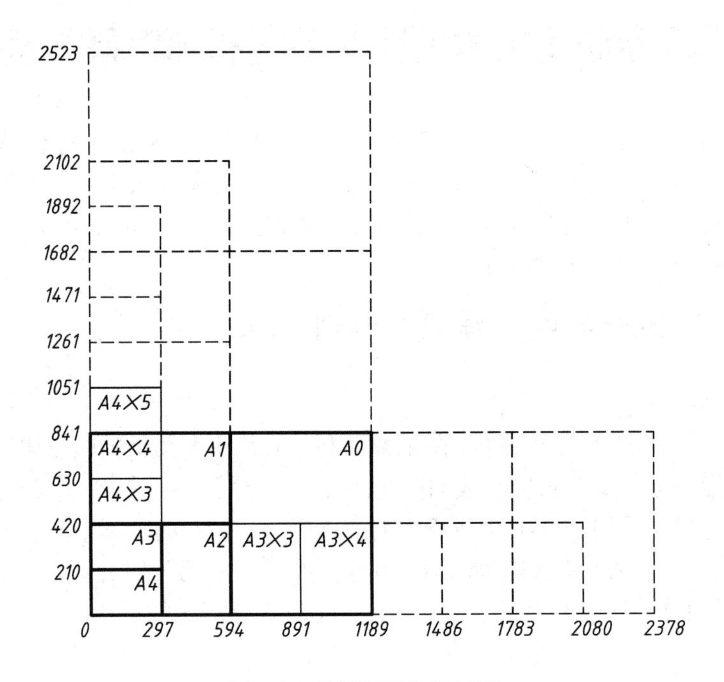

图 1-1　图纸幅面及其加长

2．图框格式

图纸中限定绘图区域的矩形框称为图框，如图 1-2 和图 1-3 所示。在图纸上要用粗实线画出图框，其格式分为两种：一种是不需要装订的图框格式，无需留出装订边的尺寸；另一种是需要装订的图框格式，在图纸的左侧要留出装订边的尺寸(具体尺寸参见表 1-1)。

绘图时，图纸既可以横放(长边水平)，也可以竖放(短边水平)。无装订边图纸和有装订边图纸的图框格式分别如图 1-2 和图 1-3 所示。

加长幅面的图框尺寸，按所选用的基本幅面大一号的图框尺寸确定。例如 A2×3 的图框尺寸，按 A1 的图框尺寸确定，即 e 为 20(或 c 为 10)。而 A3×4 图框尺寸，按 A2 的图框尺寸确定，即 e 为 10(或 c 为 10)。加长幅面的 c 最大为 10 mm，a 为 25 mm 不变。

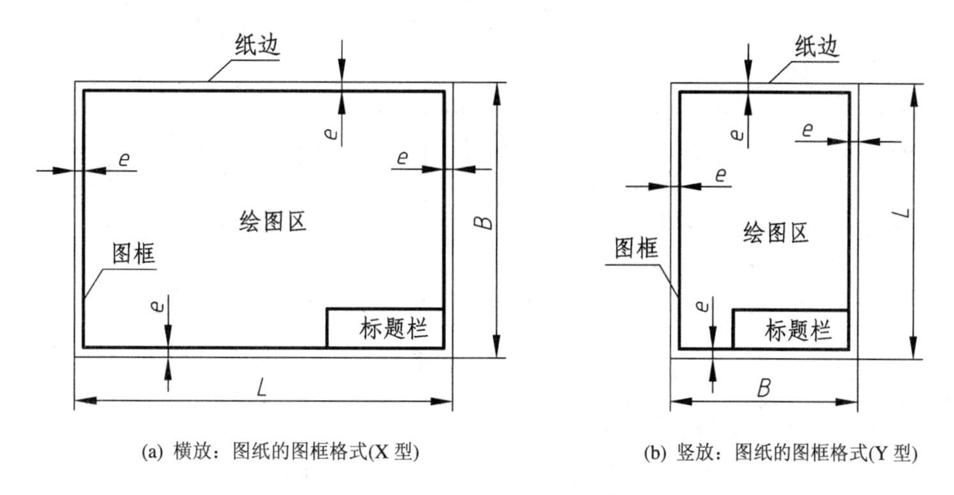

(a) 横放：图纸的图框格式(X 型)　　(b) 竖放：图纸的图框格式(Y 型)

图 1-2　无装订边图纸的图框格式

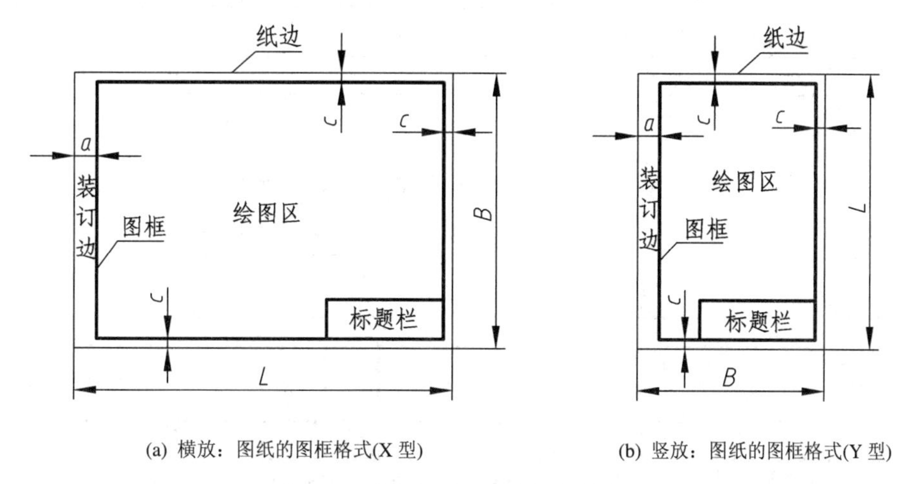

(a) 横放：图纸的图框格式(X 型)　　(b) 竖放：图纸的图框格式(Y 型)

图 1-3　有装订边图纸的图框格式

3. 标题栏、明细栏和图纸型式

1) 标题栏

标题栏是由名称、代号区、签名区、更改区和其它区域组成的框图，每张技术图样中都必须画出标题栏。标题栏的位置一般位于图纸的右下角，看标题栏的方向一般与绘图和看图的方向一致，如图 1-2 和图 1-3 所示。GB/T 10609.1—2008《技术制图　标题栏》中规定了图样中标题栏的基本要求、内容、尺寸与格式，如图 1-4(a)所示，具体填写方法请查阅该国标。制图作业中的标题栏建议采用简化格式，如图 1-4(b)所示。

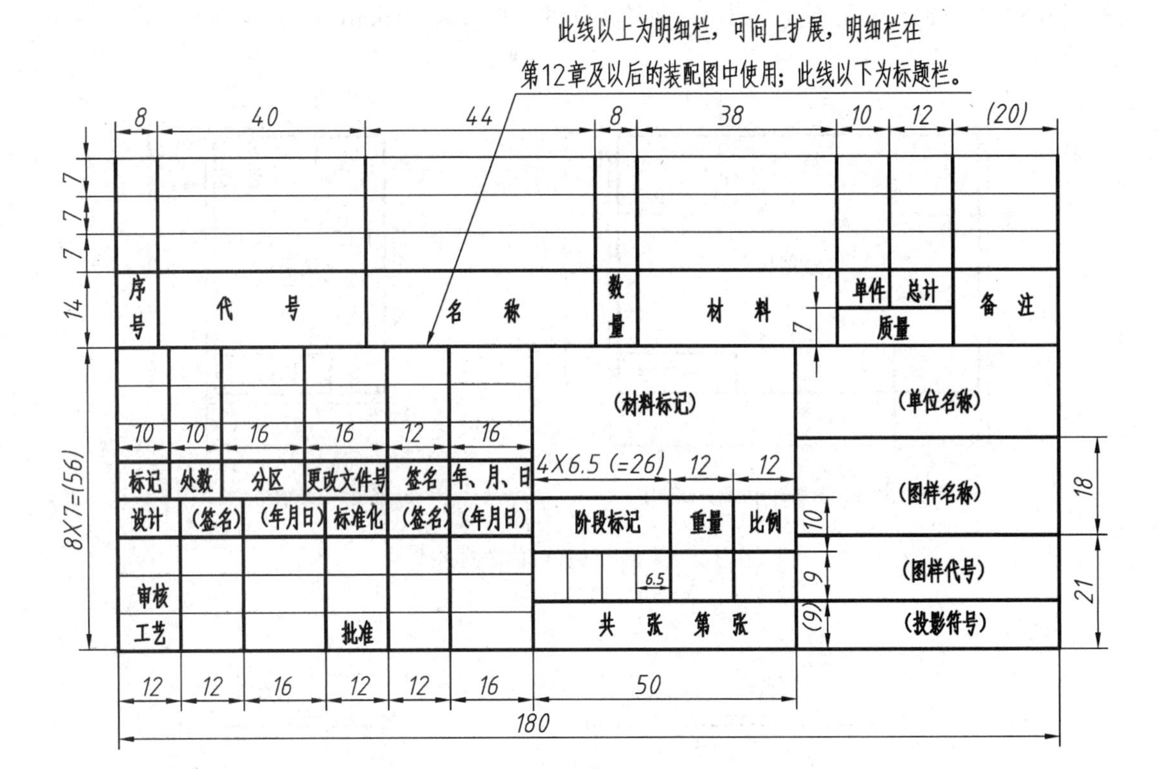

(a)

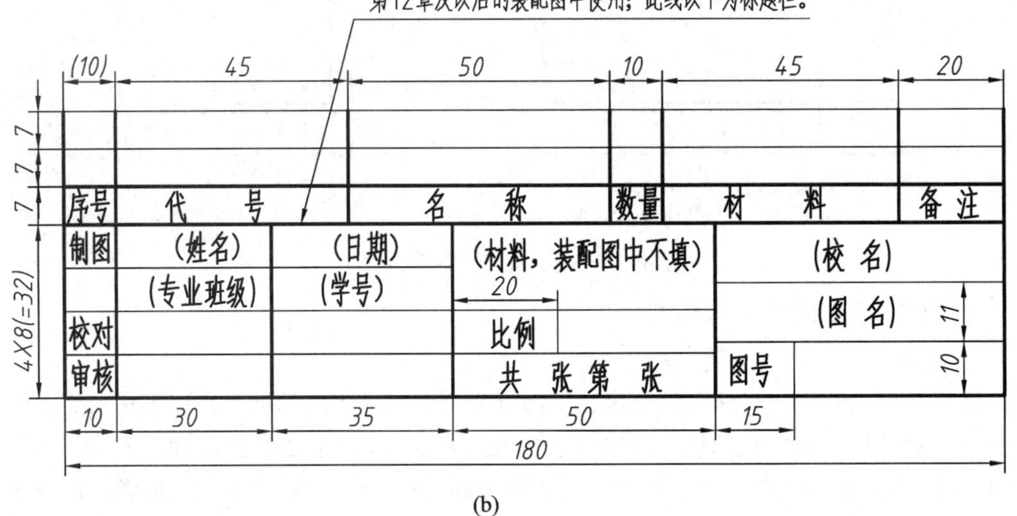

(b)

图 1-4　标题栏和明细栏

2) 明细栏

明细栏是由序号、代号、名称、数量、材料、备注等内容组成的栏目。GB/T 10609.2—2009《技术制图　明细栏》中规定，装配图中一般应有明细栏。明细栏一般放置在装配图中标题栏的上方(见图 1-4)，按由下而上的顺序填写，格数应根据需要而定。当由下而上延伸位置不够时，可紧靠标题栏的左边自下而上延续(见图 12-2)。该国标还规定了图样中明细栏的基本要求、内容、尺寸与格式，如图 1-4(a)所示，具体填写方法请查阅该国标。制图作业中的明细栏建议采用简化格式，如图 1-4(b)所示。

3) 图纸型式

GB / T 14689—2008 还规定，图纸可分为 X 型和 Y 型：当标题栏的长边置于水平方向并与图纸的长边平行时，构成 X 型图纸，如图 1-2(a)和图 1-3(a)所示；当标题栏的长边与图纸的长边垂直时，构成 Y 型图纸，如图 1-2(b)和图 1-3(b)所示。在这两种情况下，看图的方向与看标题栏的方向一致。

为了利用预先印制了图框和标题栏的图纸，允许将 X 型图纸的短边置于水平位置使用，如图 1-5 所示，也允许将 Y 型图纸的长边置于水平位置使用，如图 1-6 所示。

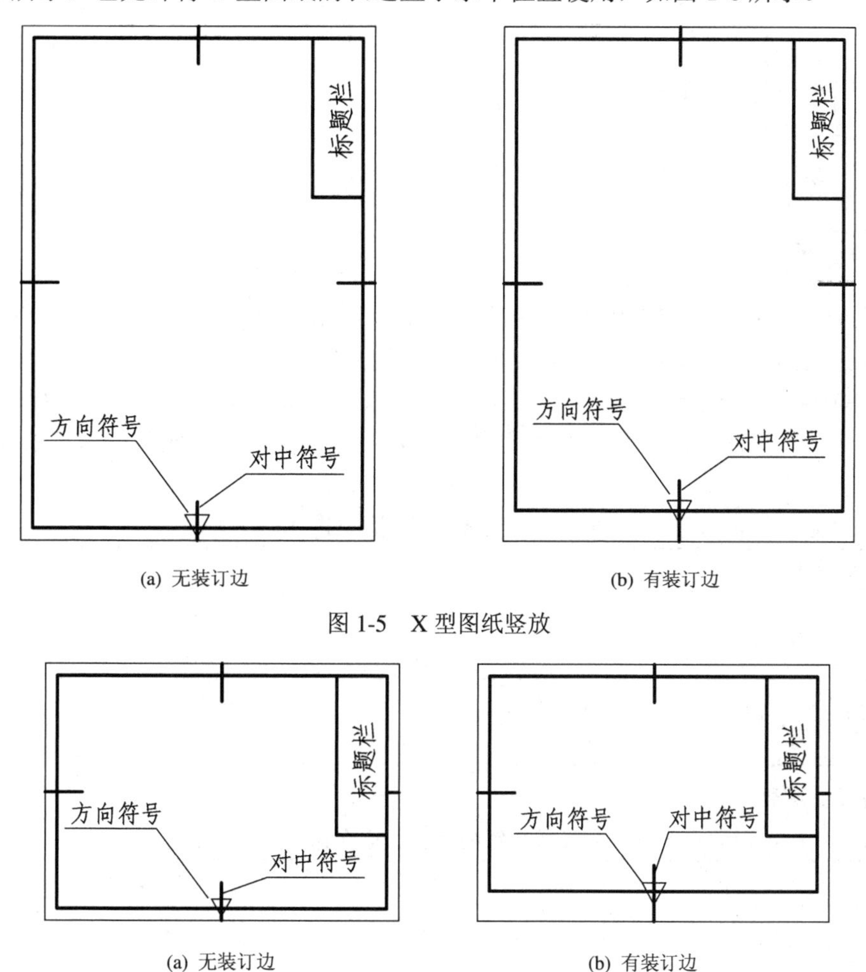

图 1-5　X 型图纸竖放

图 1-6　Y 型图纸横放

4．附加符号(摘自 GB/T 14689—2008)

1) 对中符号

为了便于图纸在复制和缩微摄影时定位，对表 1-1 至表 1-3 所列的各号图纸，均应在图纸各边长的中点处分别画出对中符号。对中符号用粗实线绘制，线宽不小于 0.5 mm，长度从纸边界开始伸入图框内约 5 mm，如图 1-5 所示。当对中符号伸入标题栏时，伸入的部分不画，如图 1-6 所示。预先印制的图纸一般已画有对中符号。

2) 方向符号

按图 1-5 和图 1-6 的规定使用预先印制的图纸时，为了明确绘图与看图时图纸的方向，应在图纸下边的对中符号处画出方向符号，如图 1-5 和图 1-6 所示。方向符号是用细实线绘制的等边三角形，其画法和位置如图 1-7 所示。

3) 投影识别符号

第一角画法的投影识别符号，如图 1-8(a)所示。第三角画法(见 8.5 节)的投影识别符号，如图 1-8(b)所示。投影识别符号放置在图 1-4(a)所示标题栏右下角的“投影符号”栏中。

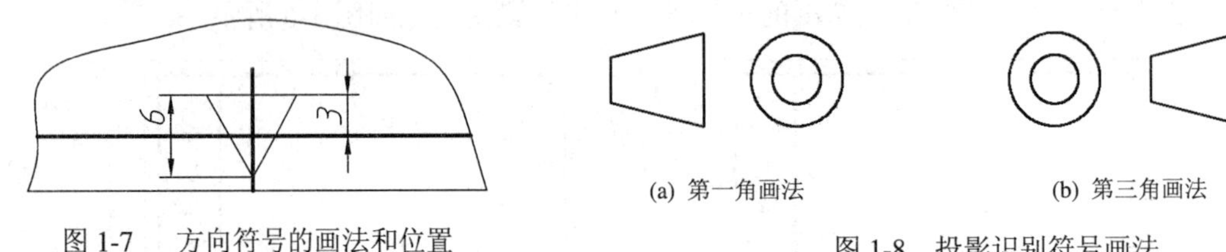

图 1-7　方向符号的画法和位置

图 1-8　投影识别符号画法

1.1.2　比例

比例是指图中图形与实物相应要素的线性尺寸之比。GB /T 14690—1993《技术制图　比例》中规定，绘图时，应优先采用 1 : 1 的比例绘图，以便从图样上就能得到实物大小的真实概念。需要按比例绘制图样时可从表 1-4 中选用，必要时，也可从表 1-5 中选取。无论采用何种比例，图样上的尺寸必须按实物的实际尺寸标注。比例应在标题栏的比例栏中注出。

表 1-4　绘图比例(优先选用)

原值比例	1 : 1		
缩小比例	1 : 2 $1:2\times10^n$	1 : 5 $1:5\times10^n$	1 : 10 $1:1\times10^n$
放大比例	5 : 1 $5\times10^n:1$	2 : 1 $2\times10^n:1$	10 : 1 $1\times10^n:1$

注：n 为正整数。

表 1-5　绘图比例(允许选用)

缩小比例	1 : 1.5 $1:1.5\times10^n$	1 : 2.5 $1:2.5\times10^n$	1 : 3 $1:3\times10^n$	1 : 4 $1:4\times10^n$	1 : 6 $1:6\times10^n$
放大比例	4 : 1 $4\times10^n:1$	2.5 : 1 $2.5\times10^n:1$			

注：n 为正整数。

图 1-9 表示同一机件采用不同比例时所画出的图形和标注的尺寸。图中标注的 C 表示 45° 角。例如，$C1.5$ 表示所标注的圆台高度为 1.5，斜边与水平线的夹角为 45°。

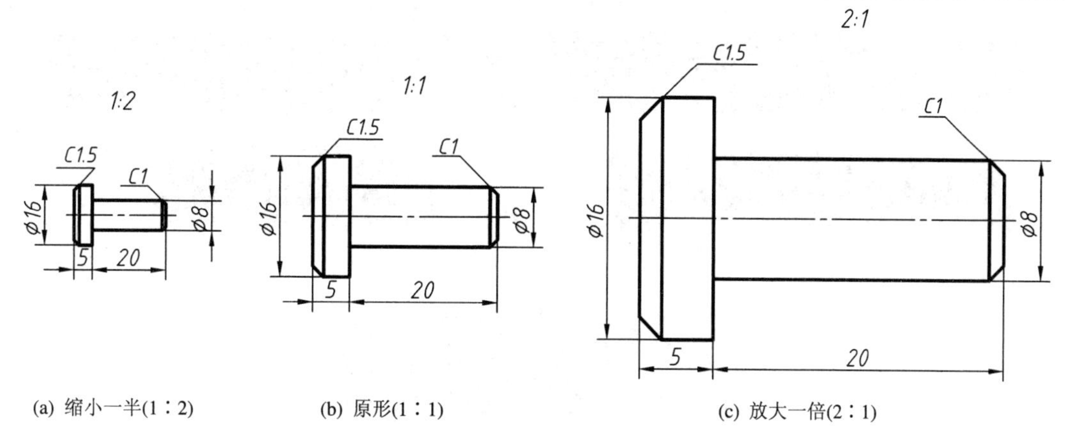

(a) 缩小一半(1∶2)　(b) 原形(1∶1)　(c) 放大一倍(2∶1)

图 1-9　采用不同比例绘制的同一机件的图形及尺寸标注

1.1.3　字体

在机械图样中，除了图形外，还要用文字、数字和字母说明机件的尺寸大小、技术要求、填写标题栏等内容。字体指的是图中汉字、字母、数字的书写形式。GB /T 14691—1993《技术制图　字体》中对各种字体的大小和结构等作了统一规定。在图样中书写的字体应做到：字体端正、笔划清楚、间隔均匀、排列整齐。如果图样中的数字和文字写得很潦草，除影响图样的美观外，还会造成差错，给生产带来不必要的麻烦和损失。

字体高度也称字体号数，用 h 表示，单位为 mm。h 的公称尺寸系列有 1.8、2.5、3.5、5、7、10、14、20。

1. 汉字

汉字应写成长仿宋体，并采用国家正式公布推行的简化字。汉字的高度 h 不应小于 3.5 mm，其宽度一般为 $h/\sqrt{2}$ (约 0.7h)。汉字的书写示例如图 1-10 所示。

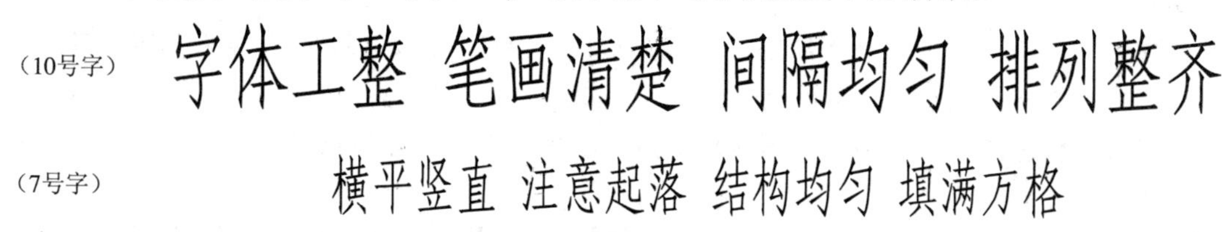

图 1-10　汉字书写示例

2. 字母和数字

字母和数字分 A 型和 B 型。A 型字体的笔划宽度为字高 h 的 1/14；B 型字体的笔划宽度为字体高度 h 的 1/10。字母和数字可写成斜体或直体。在同一图样中，只允许选用一种型式的字体。斜体字字头向右倾斜，与水平基准线成 75°。A 型拉丁字母、阿拉伯数字、罗马数字的斜体书写示例如图 1-11 所示。

ABCDEFGHIJKLMNO　abcdefghijklmnopq

PQRSTUVWXYZ　rstuvwxyz

(a) 拉丁字母

(b) 阿拉伯数字

(c) 罗马数字

图 1-11　A 型斜体字母、数字的书写示例

对于汉字、拉丁字母、希腊字母、阿拉伯数字和罗马数字等组合书写时，其排列格式和间距也应符合 GB /T 14691—1993《技术制图　字体》中的相关规定。

1.1.4　图线

图线是指图样中所采用的各种型式的线，也称为线型。机械图样中的图形都是用不同的图线组成的，不同式样的图线有不同的含义，代表机件不同的结构特征。在绘图时，应根据表达的需要，采用相应的线型。

1．线型及应用

GB/T 17450—1998《技术制图　图线》给出了图线的基本规定，包括图线的名称、型式、结构和画法规则，适用于机械、电气、建筑、土木工程等各种技术图样。GB/T 4457.4—2002《机械制图　图样画法　图线》规定了机械制图中所用图线的规则，仅适用于机械工程图样。

按照 GB/T 4457.4—2002《机械制图　图样画法　图线》的规定，机械图样采用粗、细两种线宽的图线，粗、细线的比例为 2 : 1。设粗线的宽度为 d，则细线的宽度为 $d/2$。

所有线型的图线宽度应根据图样的复杂程度和尺寸大小在下列推荐尺寸(单位为 mm)中选择：0.25、0.35、0.5、0.7、1、1.4、2，优先采用 $d = 0.5$ mm 或 0.7 mm。同一图样中同类图线的宽度应一致。GB/T 4457.4—2002 给出了机械图样中图线的名称、代码、线型、线宽和应用示例，需要时可查阅，表 1-6 摘录了部分内容。不连续线的独立部分，如点、长度不同的画和间隔，称为线素。在手工绘图时，线素的长度应遵循 GB/T 17450—1998 的规定，但为了手工绘图的图线清晰和绘制方便，可按照传统的绘图习惯，用很短的短画(一般不大于 1 mm)来代替点，而不是画成一个圆点。在图样中，图线不宜相互重叠，不可避免时可按习惯画线宽粗的图线；若线宽相同，也可按习惯处理，例如细虚线与细实线、细点画线重叠时，画细虚线。表 1-6 是常用线型及用途示例。

表 1-6　常用基本线型及主要用途

图线名称	线　型	图线宽度	主要用途
粗实线		d	可见轮廓线、可见棱边线、相贯线、螺纹牙顶线、剖切符号用线等
细实线		$d/2$	过渡线、投影线、尺寸线、尺寸界线、剖面线、重合断面轮廓线、短中心线、引出线、螺纹的牙底线等
细虚线	≈4　≈1	$d/2$	不可见轮廓线、不可见棱边线
粗虚线		d	允许表面处理的表示线
细点画线	≈15　≈3	$d/2$	轴线、对称中心线、分度圆(线)、孔系分布的中心线、剖切线
粗点画线		d	限定范围表示线
细双点画线	≈15　≈5	$d/2$	相邻辅助零件的轮廓线、可移动零件的极限位置轮廓线、剖切面前的结构轮廓线、轨迹线、中断线等
波浪线		$d/2$	断裂处的边界线、视图与剖视图的分界线(在一张图样中，一般采用一种线型，即统一采用波浪线或双折线)
双折线		$d/2$	

2．注意事项

(1) 同一图样中，同类图线的宽度应一致，不应有粗有细。例如粗实线的宽度应相同，不能有粗有细。虚线、细点画线、细双点画线的短画长度和间隔也应大致相等。各种线型的应用示例如图 1-12 所示。

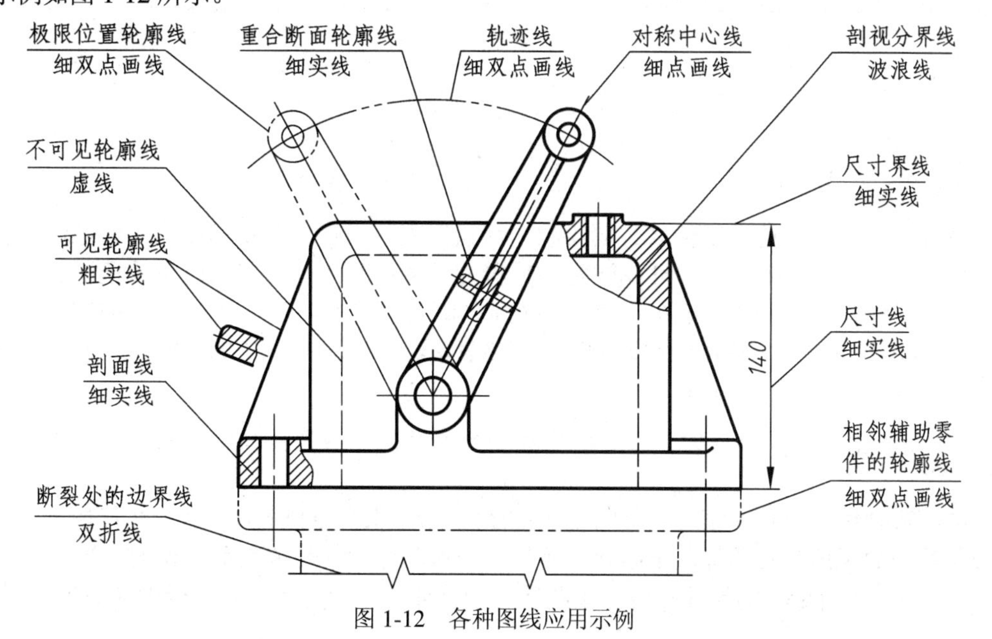

图 1-12　各种图线应用示例

(2) 绘制圆的对称中心线时，圆心应是线段与线段的交点，中心线的两端应超出圆外约 3 mm 为宜，见图 1-13(a)。当绘制直径较小(小于 12 mm)的圆时，可用细实线代替点画线绘制圆的中心线，见图 1-13(b)。

(3) 点画线、虚线与其它图线相交时，应在线段处相交，不应在空隙处相交；当虚线处于粗实线的延长线上时，虚线与粗实线间应留有间隙，否则不应有间隙，如图 1-13(a)、图 1-14 所示。

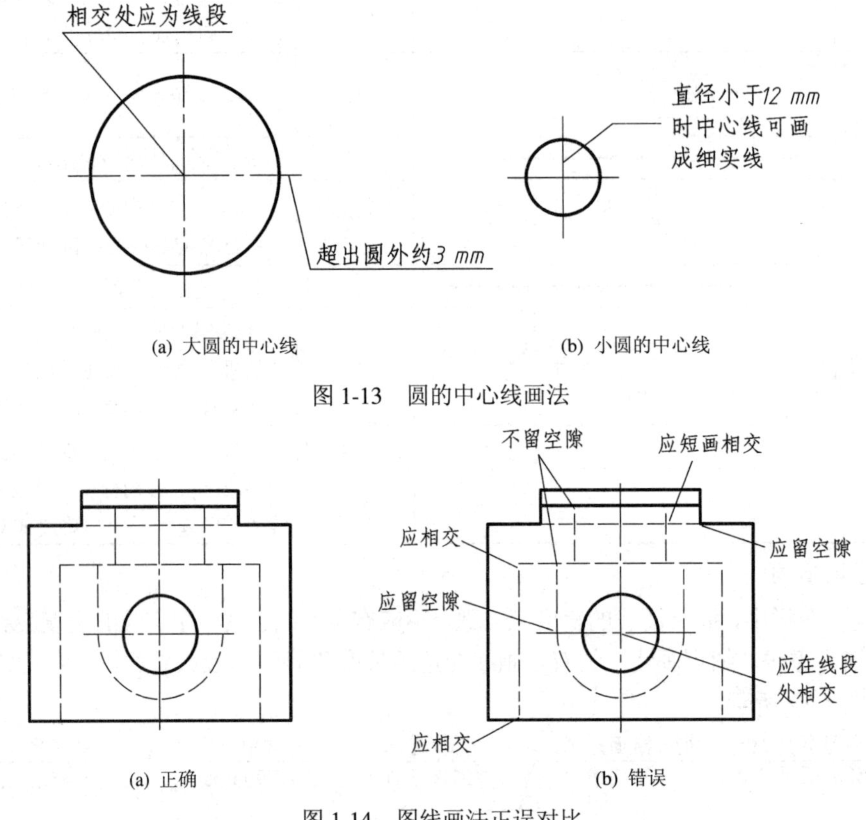

(a) 大圆的中心线　　(b) 小圆的中心线

图 1-13　圆的中心线画法

(a) 正确　　(b) 错误

图 1-14　图线画法正误对比

1.1.5　尺寸标注

图样中的图形无论采用什么比例绘制，都只能表达机件的形状和结构，而机件的真实大小需要通过尺寸来确定。尺寸标注是一项极为重要的工作，任何的疏忽或遗漏都会给生产带来困难和损失。因此在标注尺寸时，必须严格遵守 GB4458.4－2003《机械制图　尺寸注法》和 GB/T 16675.2—2012《技术制图　简化表示法 尺寸注法》中的规定，并且耐心细致。

1．尺寸标注的基本规则

(1) 机件的真实大小应以图样里所标注的尺寸数值为依据，与图形的大小及绘图的准确度无关。

(2) 图样中(包括技术要求和其它说明)的尺寸以毫米为单位时，不需标注计量单位的代号或名称，如采用其它单位，则必须注明相应计量单位的代号或名称，如 45° 等。

(3) 图样中所标注的尺寸，应为该图样所示机件的最后完工尺寸，否则应另加说明。

(4) 机件的每一尺寸，一般只标注一次，并应标注在反映该结构最清晰的图形上。

2. 尺寸的构成

图样中完整的尺寸一般包括尺寸数字、尺寸界线、尺寸线和表示尺寸线终端的箭头或斜线，图 1-15 给出了尺寸构成和标注尺寸时的注意事项。

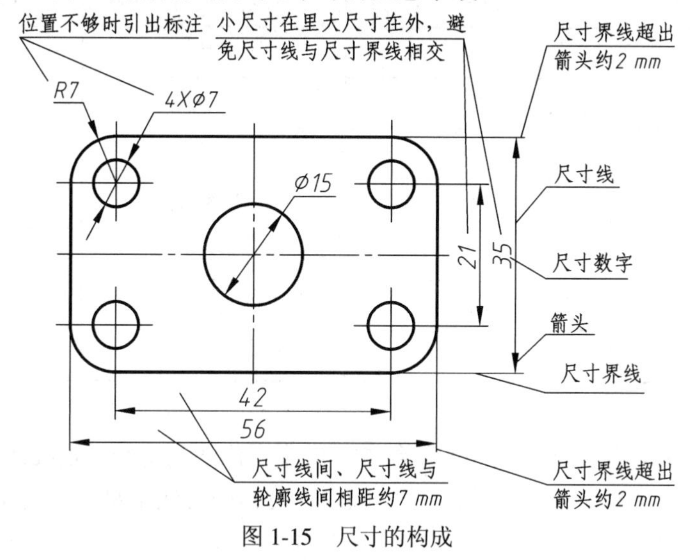

图 1-15　尺寸的构成

1) 尺寸数字

线性尺寸的数字一般注写在尺寸线的上方，也允许注写在尺寸线的中断处，但在同一图样中应统一。数字高度一般为 3.5 mm，同一图样内字号大小应一致，位置不够时可引出。数字方向一般按图 1-16(a)所示的方式注写，为避免误解，应避免在图中 30° 范围内注写尺寸，如不可避免，可采用图 1-16(b)所示的几种方式注写。

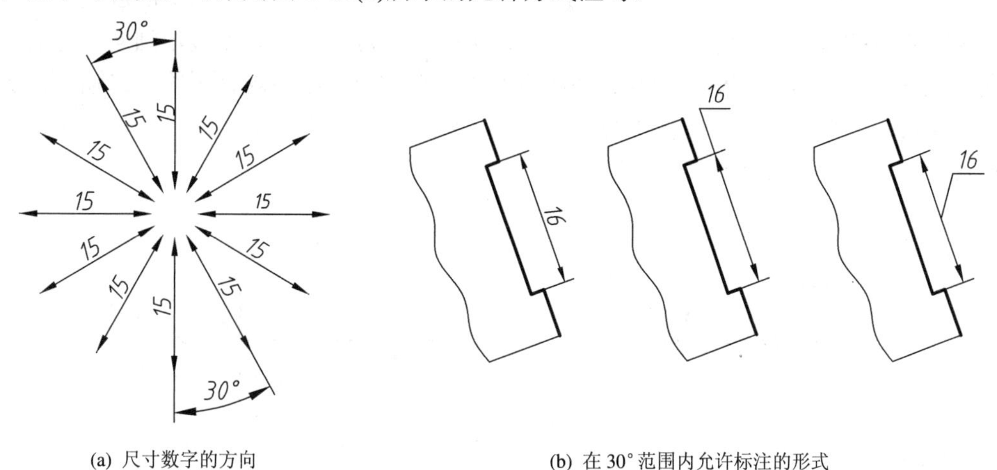

(a) 尺寸数字的方向　　(b) 在 30° 范围内允许标注的形式

图 1-16　线性尺寸数字的注写方法

国标所规定的尺寸数字旁的常用符号和缩写词，见表 1-7。例如：在标注圆弧的半径时，在尺寸数字前加“*R*”，如“*R*30”表示圆弧半径为 30 mm；标注圆的直径时，在尺寸数字前加“ϕ”，如“ϕ50”表示圆的直径为 50 mm。通常，当圆弧小于或等于半圆时注写半径 *R*，当圆弧大于半圆时注写直径ϕ。如果要标注球的半径或直径，则在半径或直径的符号前再加“*S*”，如“*SR*30”表示球的半径为 30 mm；“*S*ϕ50”表示球的直径为 50 mm。

表 1-7　尺寸标注中的常用符号和缩写词

名　称	符号或缩写词	名　称	符号或缩写词
直径	ϕ	弧度	⌒
半径	*R*	45° 倒角	*C*
球直径	*S*ϕ	深度	↧
球半径	*SR*	沉孔或锪(huo)平	⌴
厚度	*t*	埋头孔	∨
正方形	□	均布	EQS
展开	○→		

2) 尺寸界线

如图 1-15 所示，尺寸界线用细实线绘制，应由图形的轮廓线、轴线或对称中心线处引出，并超出尺寸线终端约 2 mm。轮廓线、轴线或对称中心线本身也可用作尺寸界线。

3) 尺寸线和终端形式

如图 1-15 所示，尺寸线必须用细实线单独绘制，不能用其它图线代替，也不得与其它图线重合或画在其延长线上。标注线性尺寸时，尺寸线必须与所标注的线段平行；当有几条尺寸线相互平行时，注意大尺寸注在外面，小尺寸注在里面，避免尺寸线与尺寸界线相交。在标注圆或圆弧的直径和半径时，尺寸线一般要通过圆心或其延长线通过圆心。尺寸线的终端有两种形式：一种是箭头终端(机械制图常用)，图 1-17(a)是箭头的放大图，图中的 *d* 为粗实线的宽度；一种是斜线终端，其画法如图 1-17(b)所示，斜线用细实线绘制，图中的 *h* 为字体的高度。圆弧的半径、圆的直径、角度的尺寸线终端采用箭头终端，箭头应使用制图模板绘制，以保证图样中箭头的大小一致。斜线终端用细实线绘制，采用斜线终端形式时，尺寸线与尺寸界线应垂直。

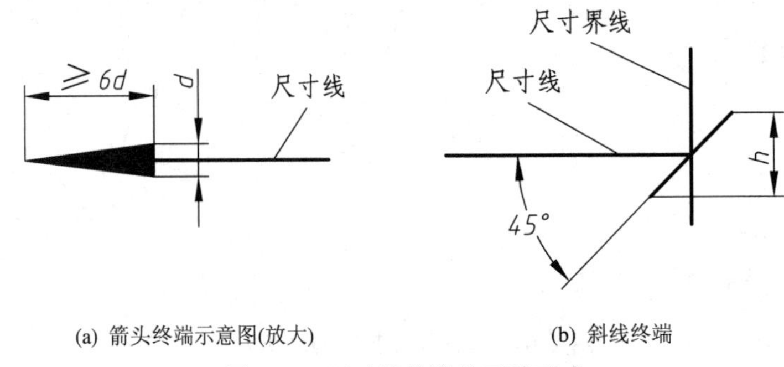

(a) 箭头终端示意图(放大)　　(b) 斜线终端

图 1-17　尺寸线终端的两种形式

3. 尺寸注法示例

国标规定的一些常见图形的尺寸注法和简化注法见表 1-8 和表 1-9。

表1-8　尺寸注法示例

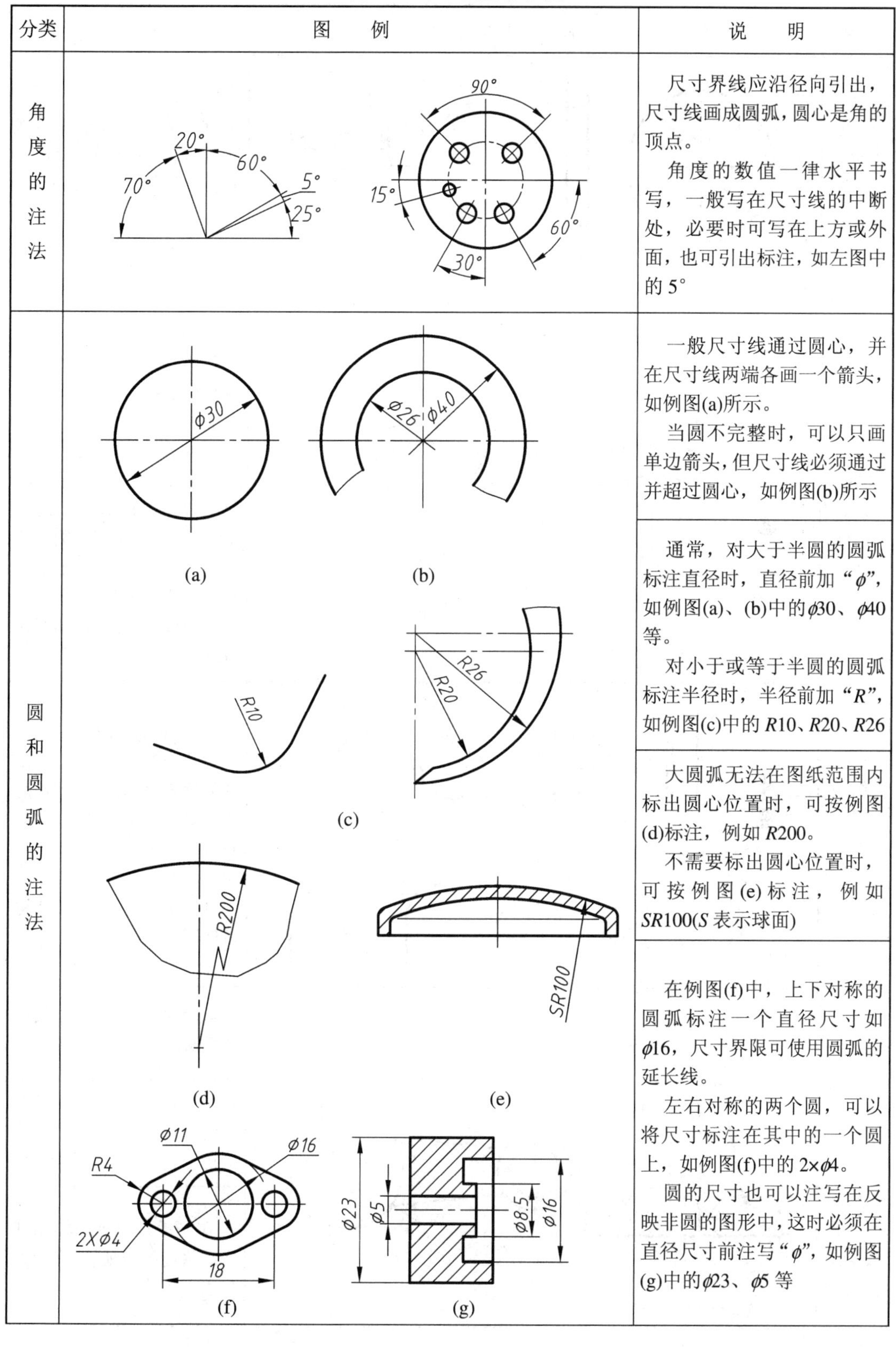

分类	图　　例	说　　明
角度的注法		尺寸界线应沿径向引出，尺寸线画成圆弧，圆心是角的顶点。 角度的数值一律水平书写，一般写在尺寸线的中断处，必要时可写在上方或外面，也可引出标注，如左图中的5°
圆和圆弧的注法	(a)　(b)	一般尺寸线通过圆心，并在尺寸线两端各画一个箭头，如例图(a)所示。 当圆不完整时，可以只画单边箭头，但尺寸线必须通过并超过圆心，如例图(b)所示
	(c)	通常，对大于半圆的圆弧标注直径时，直径前加“ϕ”，如例图(a)、(b)中的ϕ30、ϕ40等。 对小于或等于半圆的圆弧标注半径时，半径前加“*R*”，如例图(c)中的*R*10、*R*20、*R*26
	(d)　(e)	大圆弧无法在图纸范围内标出圆心位置时，可按例图(d)标注，例如*R*200。 不需要标出圆心位置时，可按例图(e)标注，例如*SR*100(*S*表示球面)
	(f)　(g)	在例图(f)中，上下对称的圆弧标注一个直径尺寸如ϕ16，尺寸界限可使用圆弧的延长线。 左右对称的两个圆，可以将尺寸标注在其中的一个圆上，如例图(f)中的2×ϕ4。 圆的尺寸也可以注写在反映非圆的图形中，这时必须在直径尺寸前注写“ϕ”，如例图(g)中的ϕ23、ϕ5等

续表一

分类	图　　例	说　　明
球面	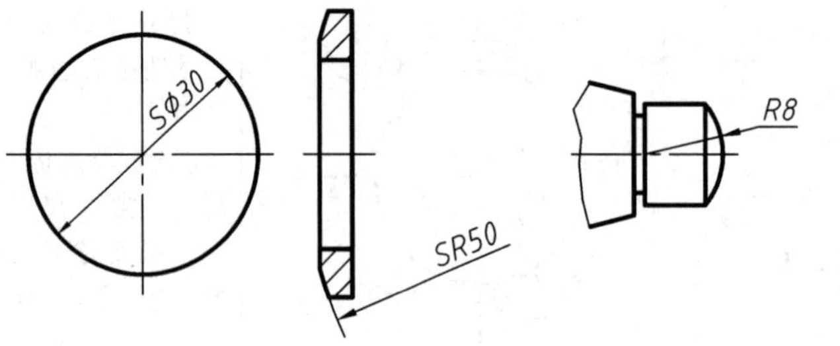 Sϕ30　SR50　R8 (a)　(b)	标注球面时，应在 ϕ 或 R 前加 S，如例图(a)中的 $S\phi30$ 和 $SR50$。 不致引起误解时，也可省略 S，如例图(b)中的 $R8$ 表示球面的半径为 8
弦长和弧长	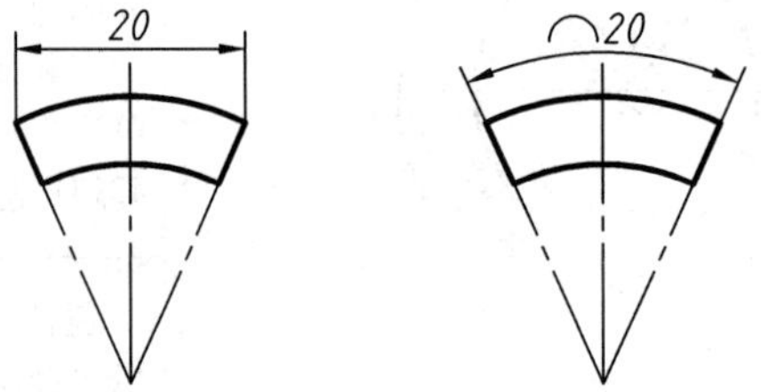 20　⌒20 (a)　(b)	标注弦长时，尺寸界线应平行于弦的中垂线，如例图(a)所示。 标注弧长时，尺寸线为与被标注圆弧同心的圆弧，尺寸界线过圆心沿径向引出，并在尺寸数字左侧加符号“⌒”(是以字高为半径的细实线半圆弧)，表示所标注的尺寸是弧长，如例图(b)所示
小尺寸	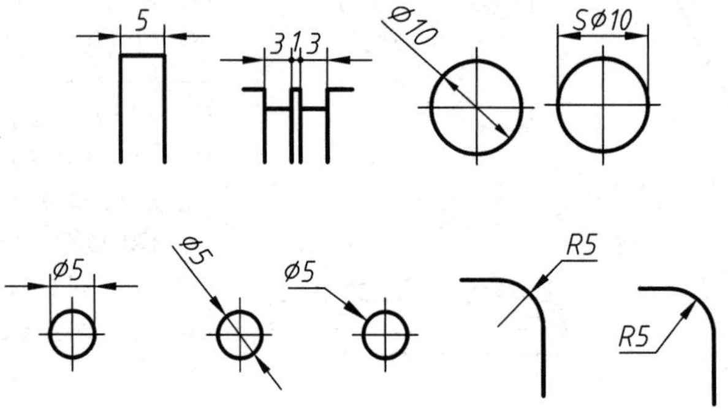 5　3 1 3　ϕ10　Sϕ10 ϕ5　ϕ5　ϕ5　R5　R5	如上排左边两个标注线型尺寸的例图所示，没有足够的位置时，箭头可画在外面，或用小圆点代替箭头。尺寸数字也可写在外面或引出标注。 小圆和小圆弧的尺寸可按例图标注
光滑过渡处的尺寸	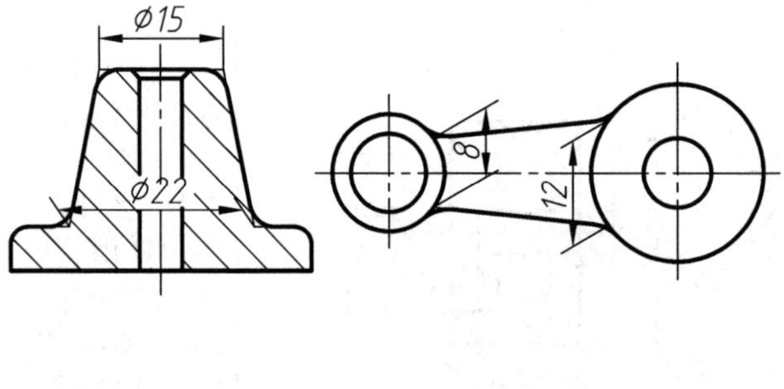 ϕ15　ϕ22　8　12	尺寸界线一般应与尺寸线垂直，但当遇到例图所示的情况，在图线的光滑过渡处，尺寸界线过于贴近轮廓线时，允许将尺寸界线倾斜画出
尺寸界线倾斜的画法		在光滑过渡处，需用细实线将轮廓线延长，在交点处引出尺寸界线

续表二

分类	图　　例	说　　明
正方形结构的尺寸	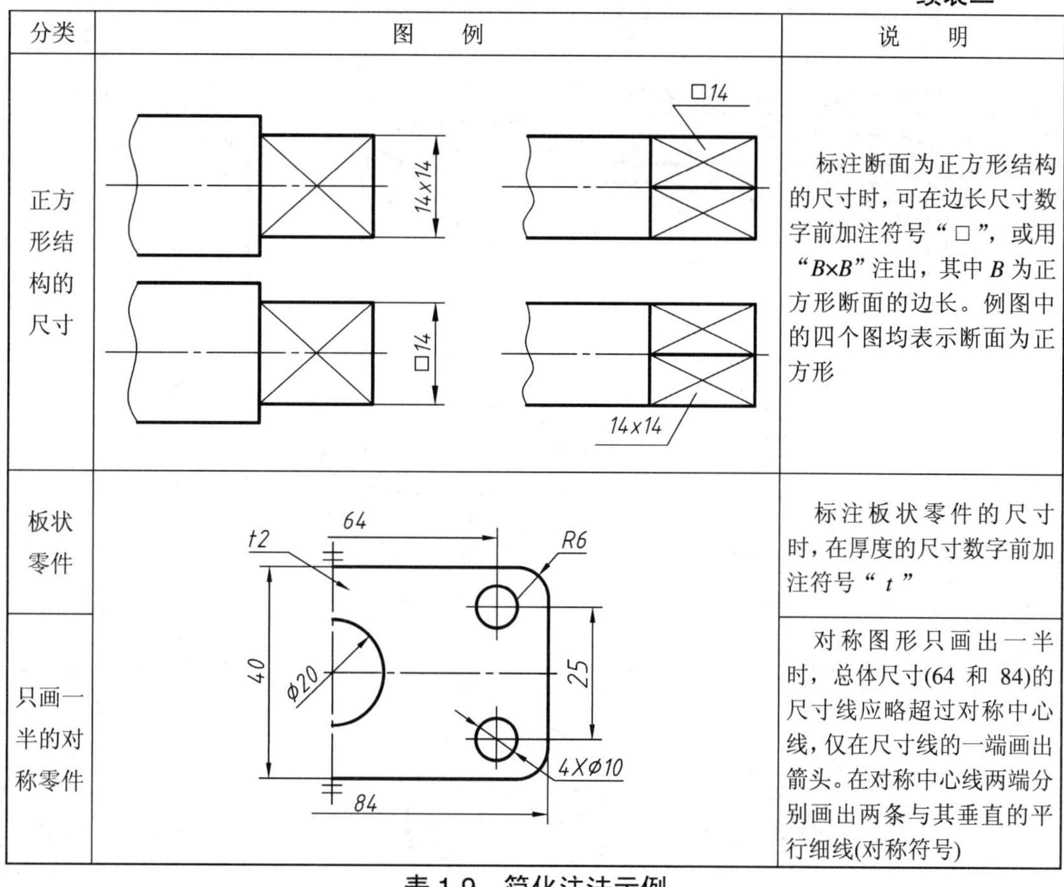	标注断面为正方形结构的尺寸时，可在边长尺寸数字前加注符号“□”，或用“$B×B$”注出，其中 B 为正方形断面的边长。例图中的四个图均表示断面为正方形
板状零件		标注板状零件的尺寸时，在厚度的尺寸数字前加注符号“t”
只画一半的对称零件		对称图形只画出一半时，总体尺寸(64 和 84)的尺寸线应略超过对称中心线，仅在尺寸线的一端画出箭头。在对称中心线两端分别画出两条与其垂直的平行细线(对称符号)

表 1-9　简化注法示例

图　　例	说　　明
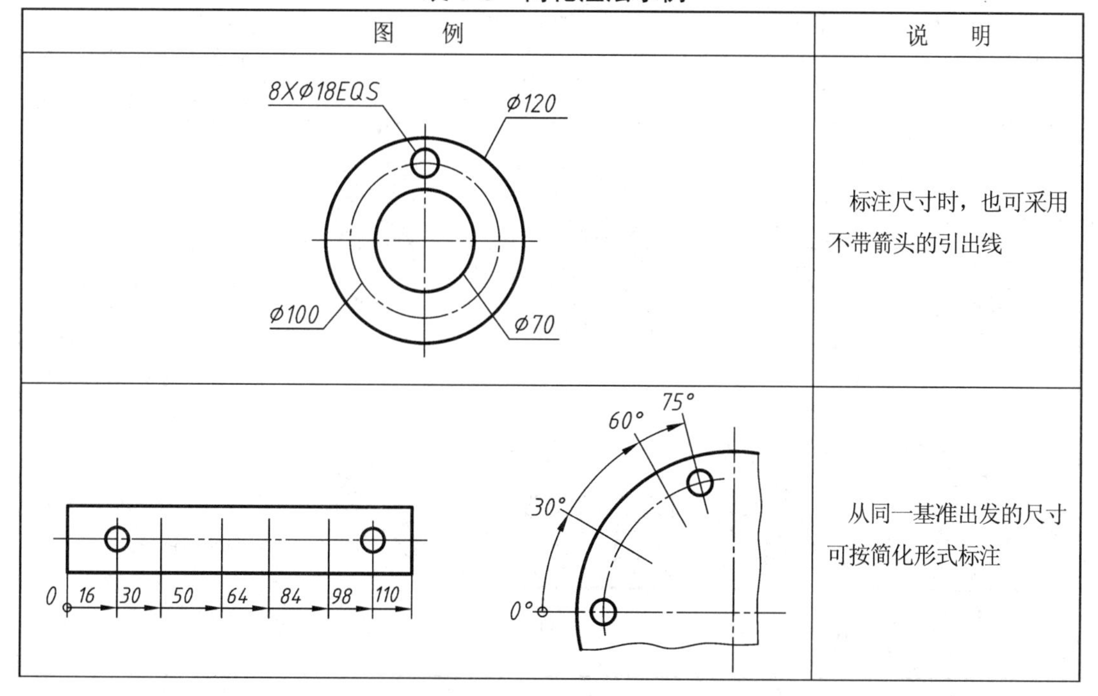	标注尺寸时，也可采用不带箭头的引出线
	从同一基准出发的尺寸可按简化形式标注

续表一

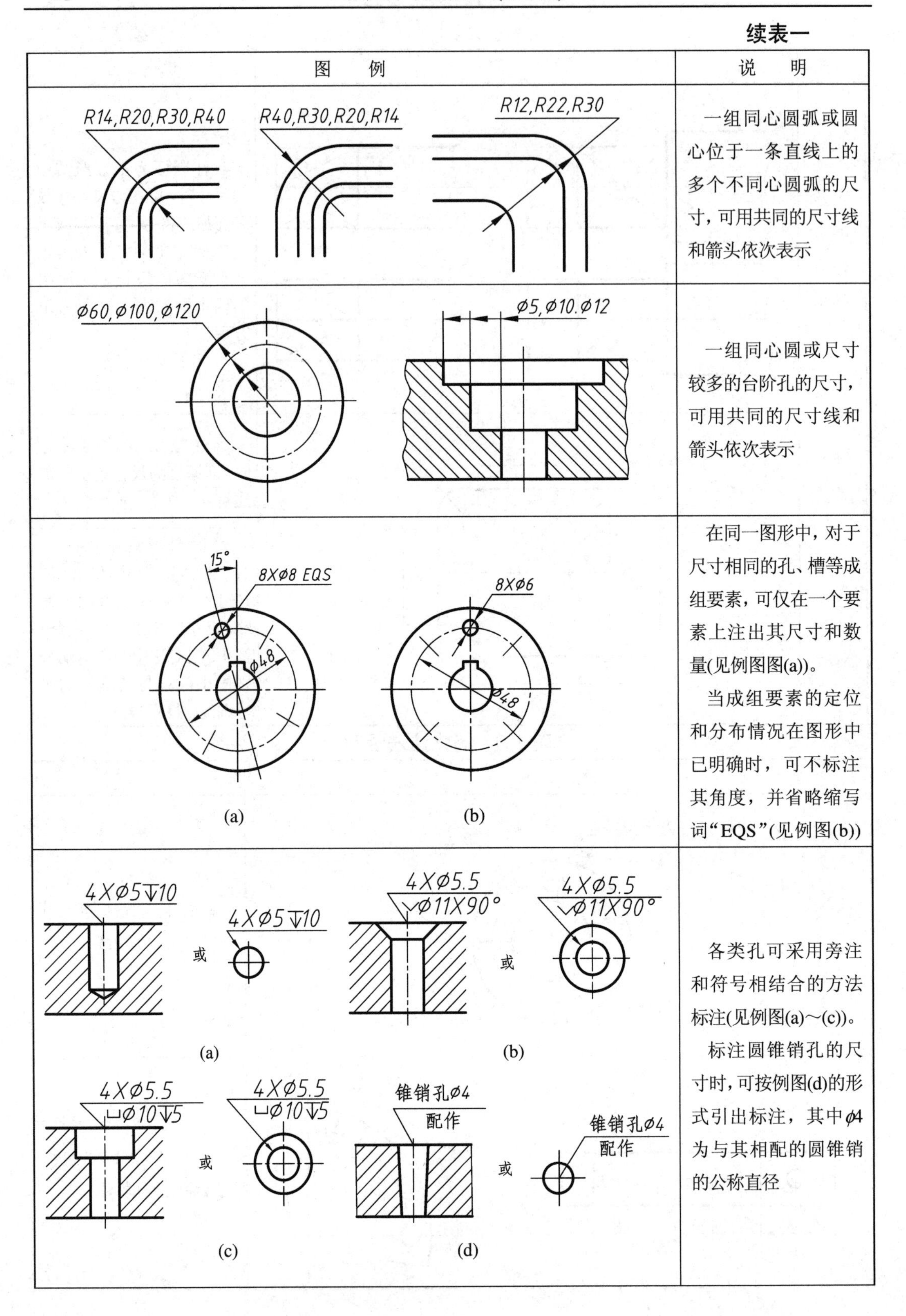

图　例	说　明
	一组同心圆弧或圆心位于一条直线上的多个不同心圆弧的尺寸，可用共同的尺寸线和箭头依次表示
	一组同心圆或尺寸较多的台阶孔的尺寸，可用共同的尺寸线和箭头依次表示
(a)　(b)	在同一图形中，对于尺寸相同的孔、槽等成组要素，可仅在一个要素上注出其尺寸和数量(见例图图(a))。 当成组要素的定位和分布情况在图形中已明确时，可不标注其角度，并省略缩写词“EQS”(见例图(b))
(a)　(b)　(c)　(d)	各类孔可采用旁注和符号相结合的方法标注(见例图(a)～(c))。 标注圆锥销孔的尺寸时，可按例图(d)的形式引出标注，其中$\phi 4$为与其相配的圆锥销的公称直径

续表二

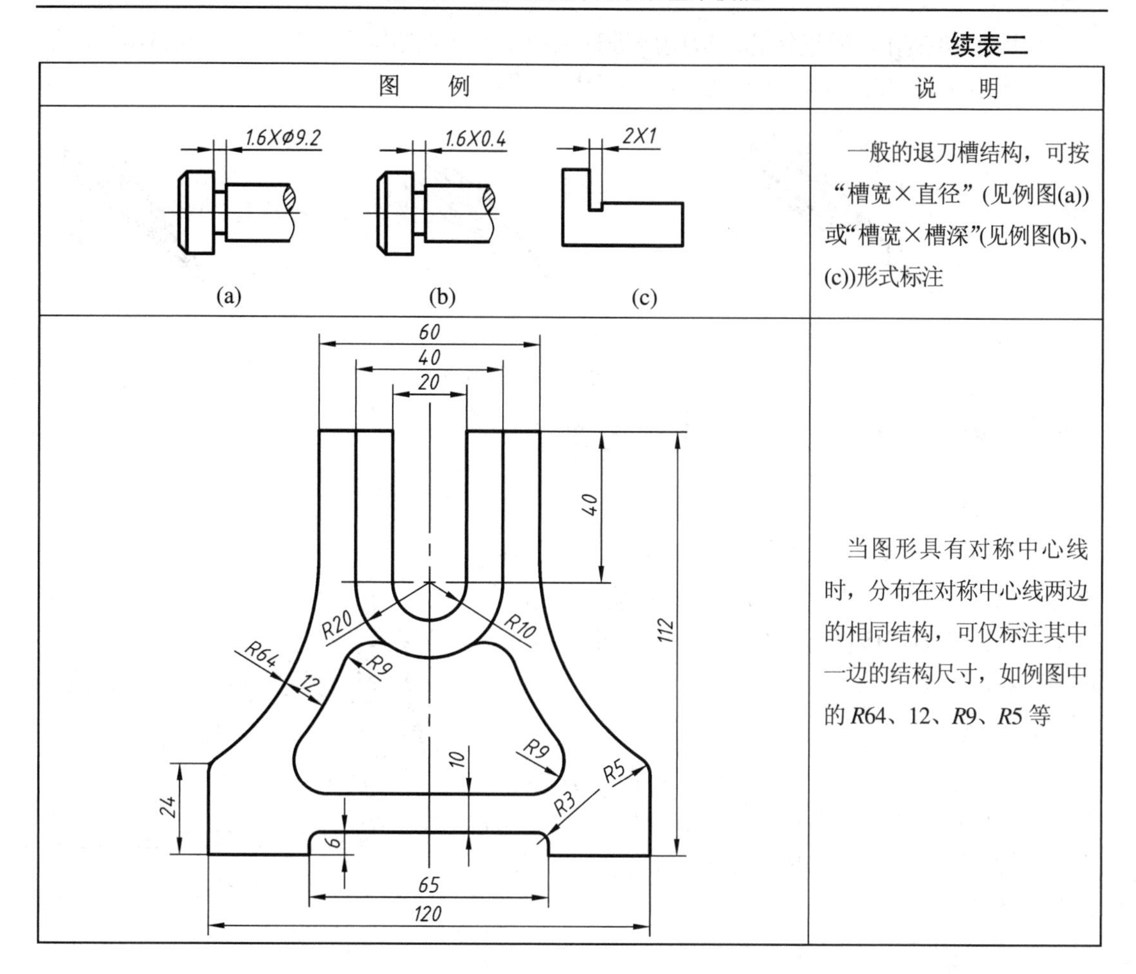

图　例	说　明
(a)　(b)　(c)	一般的退刀槽结构，可按“槽宽×直径”(见例图(a))或“槽宽×槽深”(见例图(b)、(c))形式标注
	当图形具有对称中心线时，分布在对称中心线两边的相同结构，可仅标注其中一边的结构尺寸，如例图中的 *R*64、12、*R*9、*R*5 等

1.2　尺规绘图工具的使用方法

图样绘制按照使用工具的不同，可分为尺规绘图、徒手绘图和计算机绘图。虽然在很多场合计算机绘图已经成为主要的绘图工具，但是传统的尺规绘图仍然是工程技术人员的基本绘图手段，也是“机械制图”课程中不可或缺的训练。尺规绘图是借助于铅笔、图板、丁字尺、三角板、圆规、分规等绘图工具进行手工绘图的一种方法。掌握这些工具的正确使用方法，是保证绘图质量和提高绘图速度的关键。尺规绘图的工具较多，本节只介绍一些常用的绘图工具。

1.2.1　绘图铅笔

铅笔是绘图过程中用来画图线和书写文字的工具，铅笔根据铅芯的软硬度可分为 H～6H、HB、B～6B 共 13 种规格。H 前数字越大，表示铅芯越硬，画出的图线越淡；B 前数字越大，表示铅芯越软，画出的图线越黑；HB 表示铅芯软硬适中。绘图铅笔的一端印有这种标志。

画图时，建议采用 H 或 2H 铅笔画细线(包括底稿线)，用 HB 或 B 的铅笔画粗线(加粗)，用 HB 或 H 铅笔写字。

如图 1-18 所示，铅笔笔芯一般削成锥形或楔形。削尖的锥形铅芯用于画底稿线、画细线和写字用。磨钝的锥形或楔形铅芯可用于加深粗线。

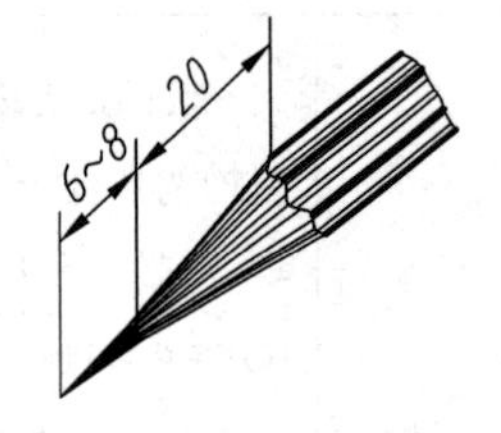

(a) 削成尖锥形用来画底稿线、细线和写字

(b) 磨钝的锥形用来画粗线

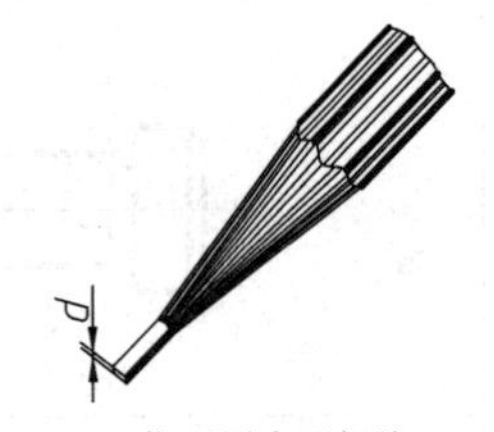

(c) 楔形用来画粗线

图 1-18　绘图铅笔的削法

1.2.2　图板、丁字尺和三角板的用法

1. 图板

图板是用来铺放图纸的一块矩形板，其表面要求平坦光滑，它的左右两边是移动丁字尺的导向边，必须平直。图板的规格视所绘图样幅面的大小分为 A0、A1 和 A2。

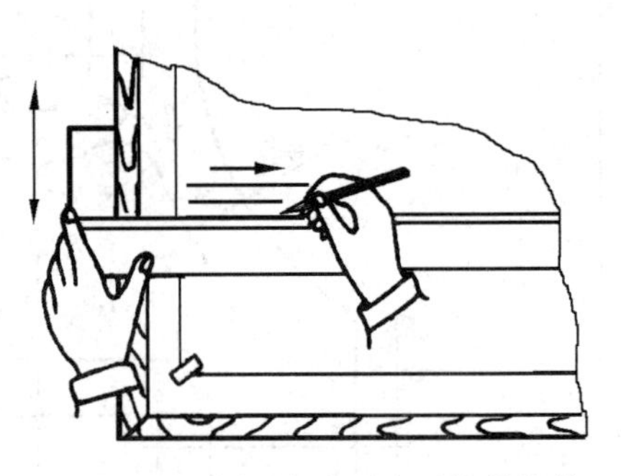

图 1-19　用丁字尺画水平线的姿势

2. 丁字尺

丁字尺由尺头和尺身组成，是画水平线的长尺。画图时，应使尺头紧靠着图板左侧的导向边上、下滑动，丁字尺的长度应与所用图板匹配。水平线应自左向右画，如图 1-19 所示。

3. 三角板

三角板除了直接用来画直线外，还可配合丁字尺画铅垂线和其它倾斜线。画铅垂线时，应用左手同时固定住丁字尺和三角板，自下向上画，如图 1-20 所示。用一块三角板和丁字尺配合能画与水平线成 30°、45°、60° 夹角的倾斜线；用两块三角板与丁字尺配合能画与水平线成 15°、75° 夹角的倾斜线，如图 1-21 所示。在画线时，铅笔应稍稍向前进方向倾斜。

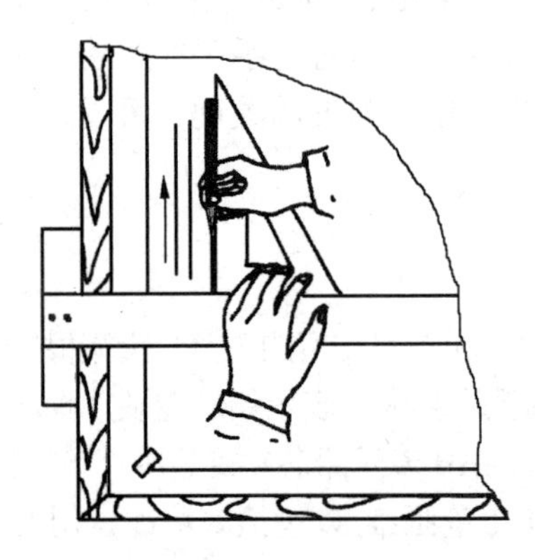

图 1-20　用丁字尺、三角板配合画垂线的姿势

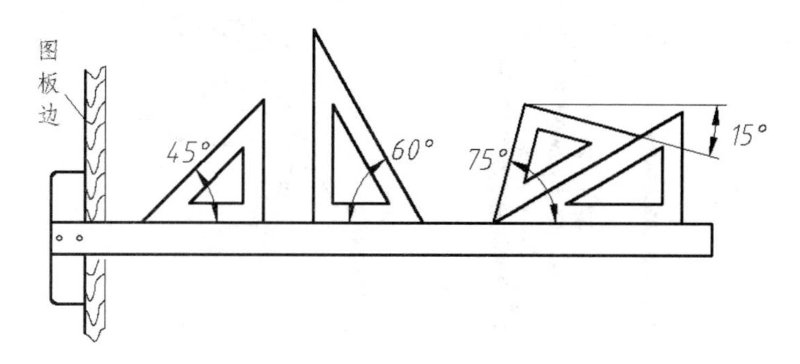

图 1-21　用丁字尺、三角板配合画 15° 角倍数倾斜线

1.2.3　曲线板的用法

曲线板是用来描绘非圆曲线的常用工具。描绘曲线时应用细铅笔将曲线上各点轻轻光滑地连接成曲线，然后在曲线板上寻找曲率合适的部分进行曲线绘制。一般从曲线的一端开始，使曲线板每次至少通过曲线段上的三个已知点，顺序地沿着曲线板边缘画线，直至画完全部曲线。每次连接时应留出一小段不描，待下一次再描，以使曲线光滑过渡，如图 1-22 所示。

(a) 曲线板　　(b) 描绘曲线

图 1-22　曲线板的用法

1.2.4　圆规和分规的用法

圆规主要用于画圆和圆弧。常用的有大圆规、弹簧圆规和点圆规。圆规的一条腿上装有钢针，钢针的一端带有台阶，画圆或画弧时，应使用带台阶的针尖；另一条腿上装入软硬适度的铅芯。

在使用前应先调整圆规针脚，使针尖略长于铅芯，如图 1-23(a)所示。画圆时，带针尖的一端稍稍扎入图板，圆规向前进方向稍稍倾斜；画较大的圆时，应调整圆规两脚，尽量使两脚与纸面保持垂直，以保证所画大圆的质量，如图 1-23(b)所示。

用圆规画铅笔底稿时，使用较硬的铅芯(H 或 2H)；加深粗线圆弧的时候，使用比加深粗实线的铅笔铅芯(HB 或 B)软一级的铅芯(B 或 2B)。

如图 1-24 所示，分规的两脚均装有钢针，当分规两脚合拢对齐时，两针尖应一样长。分规可用来得到等长线段，或从比例尺和三角板等上量取线段，分规还经常用来试分线段。

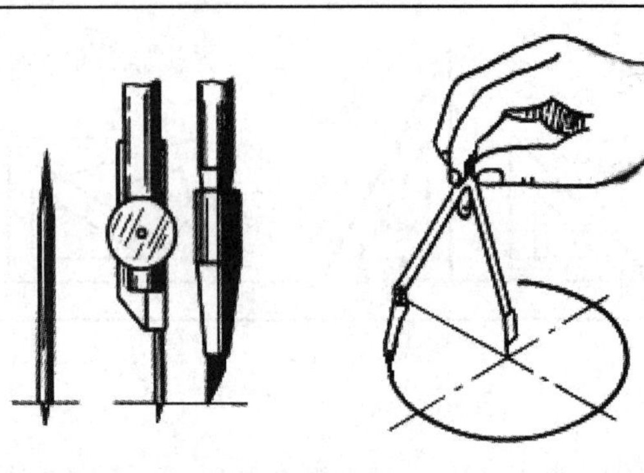

(a) 针脚应比铅芯稍长　　(b) 画较大圆时，圆规两脚垂直纸面

图 1-23　圆规的用法

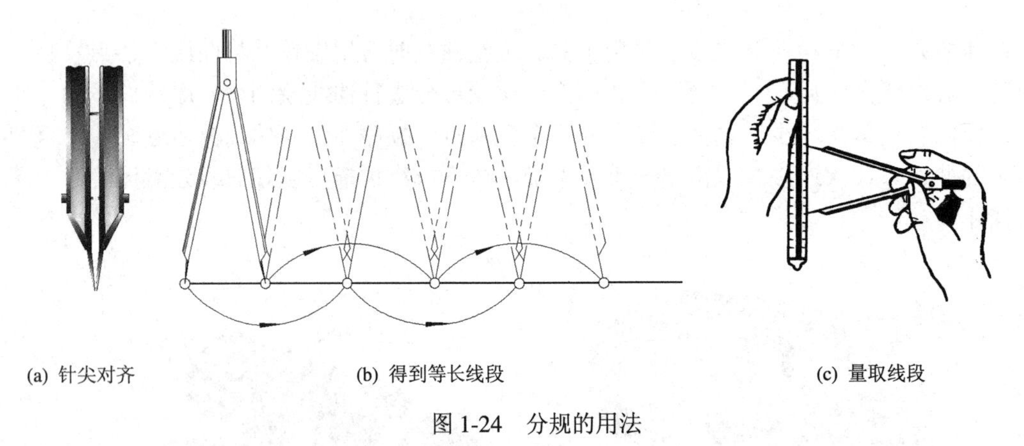

(a) 针尖对齐　　(b) 得到等长线段　　(c) 量取线段

图 1-24　分规的用法

1.2.5　其它绘图辅助物品

尺规绘图时，除了上述的各种工具外，还有一些常用的辅助物品，如铅笔刀、裁纸刀、橡皮、擦图片、量角器、胶带纸、各类绘图模板、清除图面灰屑用的小刷、磨削铅笔的砂纸等。为了保证绘图的质量，这些物品在绘图时也是不可缺少的。

1.3　几何作图

尽管机件图样的轮廓形状多种多样，但基本上是由直线、圆弧或其它曲线所组成的平面几何图形。因此，熟练掌握平面几何图形的作图方法，是提高绘图速度和图面质量的基本保证，也是工程技术人员必须具备的基本素质。

1.3.1　等分直线段

将直线段 *AB* 等分成 *N* 份，其作图方法如图 1-25 所示。

(a) 已知直线段 *AB*

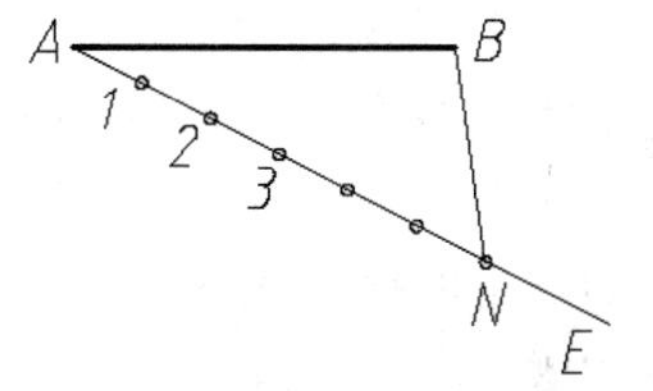

(b) 过点 *A* 作任意直线 *AE*，以适当长度为单位，在 *AE* 上取 *N* 个点(1、2、3、…、*N*)

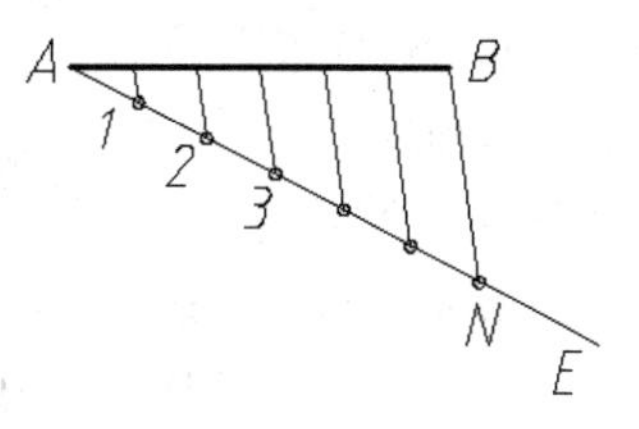

(c) 连接 *BN*，过点 1、2、3、…作 *BN* 的平行线，与 *AB* 相交得各等分点，完成作图

图 1-25　等分线段的作图方法

1.3.2　常用正多边形画法

1. 正五边形

已知正五边形的外接圆，其正五边形的作图方法如图 1-26 所示。

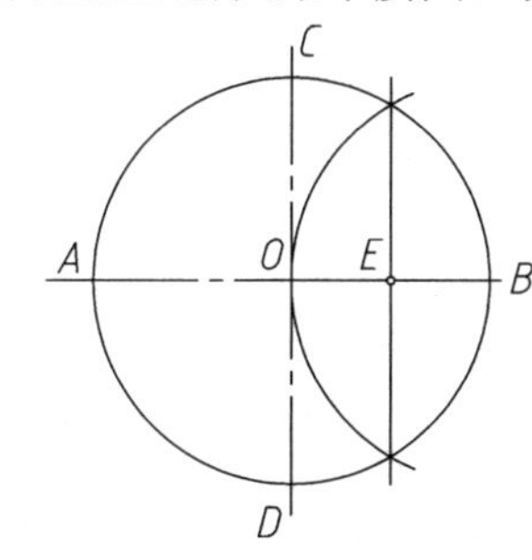

(a) 平分半径 *OB* 得 *E* 点

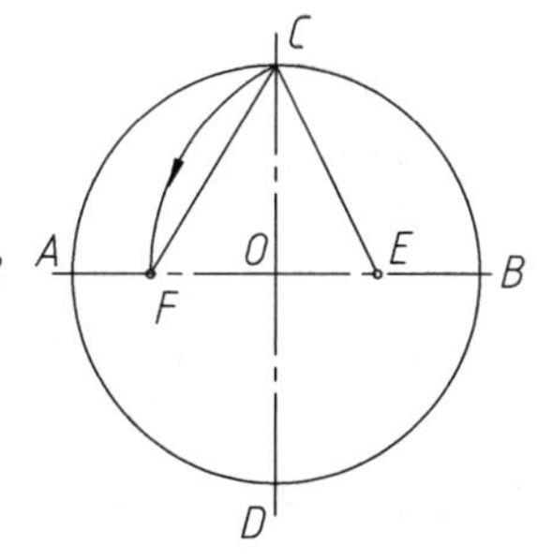

(b) 以 *E* 为圆心，*EC* 为半径，画圆弧交 *OA* 于 *F* 点，线段 *CF* 的长度即为五边形的边长

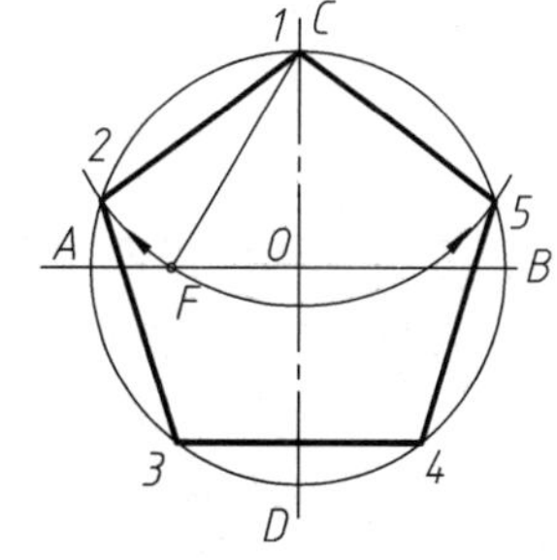

(c) 以 *CF* 为边长，用分规依次在圆上截取正五边形的顶点 1、2、3、4、5，连接各顶点即得正五边形

图 1-26　圆的内接正五边形画法

2. 正六边形

1) 根据对角线长度 *L* 作图

由于正六边形的对角线长度等于其外接圆直径 *D*，且正六边形的边长就是外接圆的半径，因此，以边长在外接圆上截取各顶点，即可画出正六边形，如图 1-27(a)所示。正六边形也可利用丁字尺和 30°×60° 的三角板配合作出，如图 1-27(b)所示。

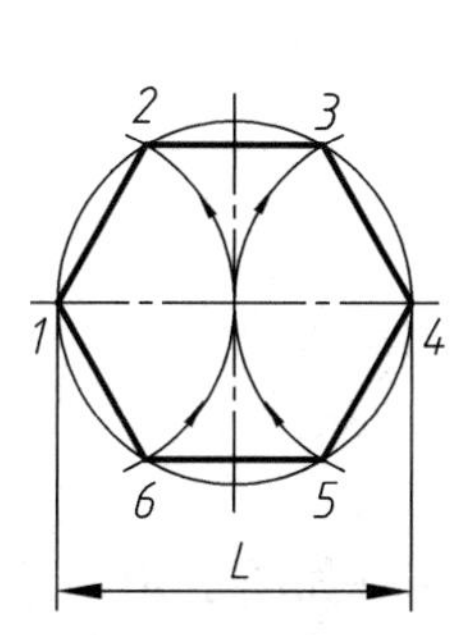

(a) 利用外接圆半径作图

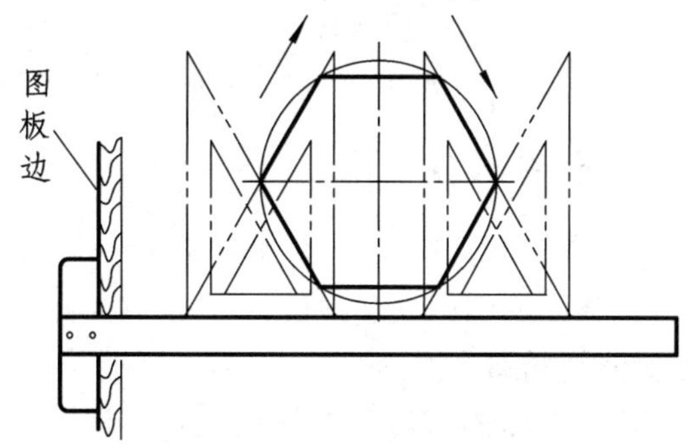

(b) 用丁字尺和三角板配合作图

图 1-27　已知对角线的长度画正六边形的方法

2) 根据对边距 S 作图

如图 1-28(a)所示，首先画出十字中心线，再根据对边距 S 作出水平对边线，然后用 30°×60° 的三角板过十字中心线的交点，在水平对边线上确定四个顶点 1、2、3、4；如图 1-28(b)所示，再用 30°×60° 的三角板确定另外两个顶点 5 和 6，连接各顶点，完成作图。

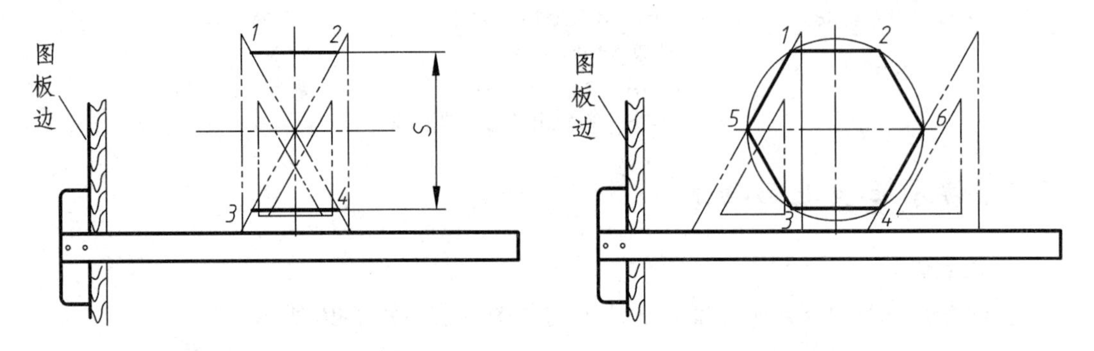

(a) 根据对边距 S 确定四个顶点　　(b) 利用三角板确定另外两个顶点并完成作图

图 1-28　已知对边距画正六边形的方法

3. 正三角形和正四边形

在用图 1-27 或图 1-28 的方法得到正六边形的六个顶点后，隔点用直线相连就得到了正三角形。而利用正多边形的外接圆，使用三角板和丁字尺配合作图，也可以方便地作出常用的正三角形和正四边形。作图方法如图 1-29 所示。

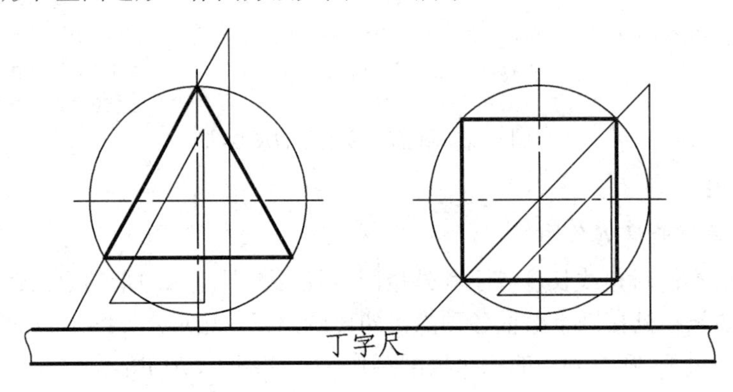

(a) 正三角形　　(b) 正四边形

图 1-29　正三角形和正四边形的画法

1.3.3　椭圆的近似画法

绘图时，除了直线和圆弧外，也会遇到另外一些非圆曲线，例如椭圆、渐开线、摆线、阿基米德螺线等。下面介绍已知椭圆长、短轴画椭圆的两种方法。

1. 用同心圆法画椭圆

已知 AB 为椭圆的长轴，CD 为椭圆的短轴，具体画图步骤如图 1-30 所示。

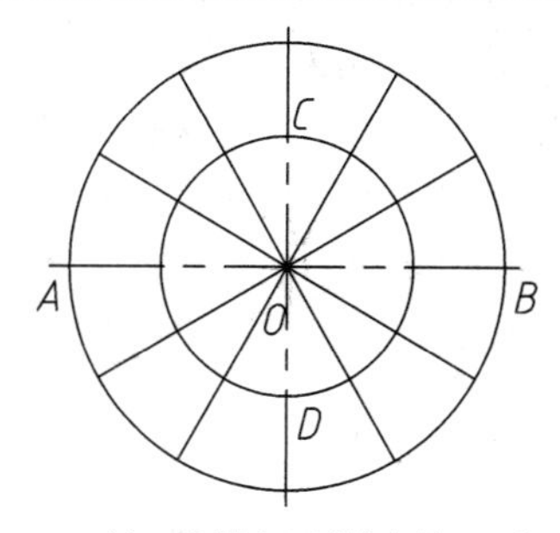

(a) 以 O 为圆心，以长半轴 OA 和短半轴 OC 为半径分别作两个同心圆；过圆心 O 作若干射线与两圆相交

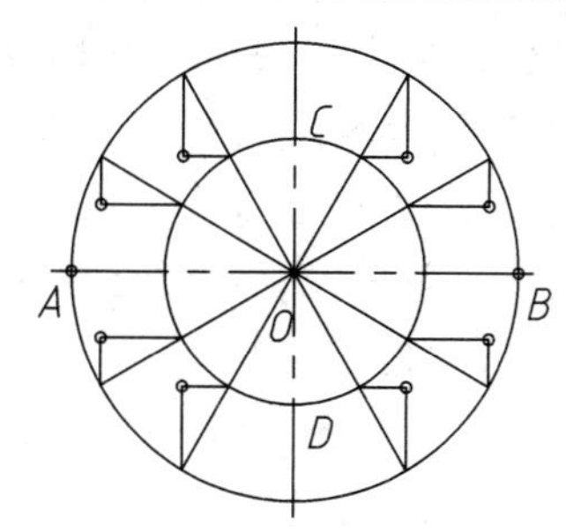

(b) 过射线与小圆的交点作长轴的平行线；过射线与大圆的交点作短轴的平行线，二者的交点即为椭圆上的点

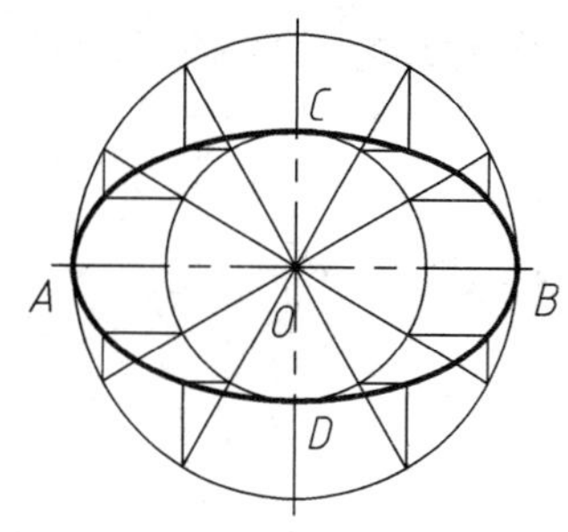

(c) 用曲线板光滑连接已经作出的椭圆上的各点，得到椭圆

图 1-30　同心圆法画椭圆

2．用四心圆弧法画椭圆

由于这种椭圆的近似画法相对简单，因此是机械制图中用得较多的一种方法。如已知 AB 为椭圆的长轴，CD 为椭圆的短轴，具体画图步骤如图 1-31 所示。

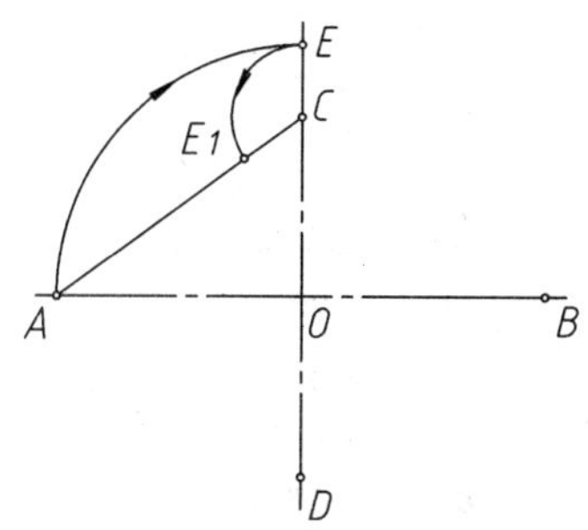

(a) 画长、短轴 AB 和 CD，连接 AC。在 OC 的延长线上取 $CE=OA-OC$；在 AC 上取 $CE_1=CE$

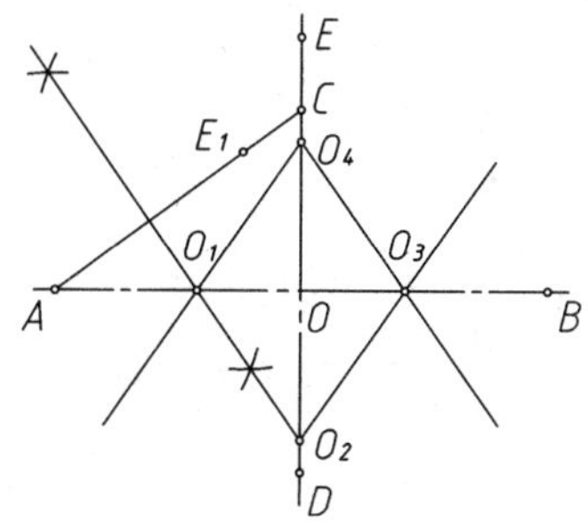

(b) 作 AE_1 的垂直平分线与长、短轴交于 O_1 和 O_2 两点，在轴上取对称点 O_3 和 O_4，连 O_1O_4、O_4O_3、O_2O_3 并延长

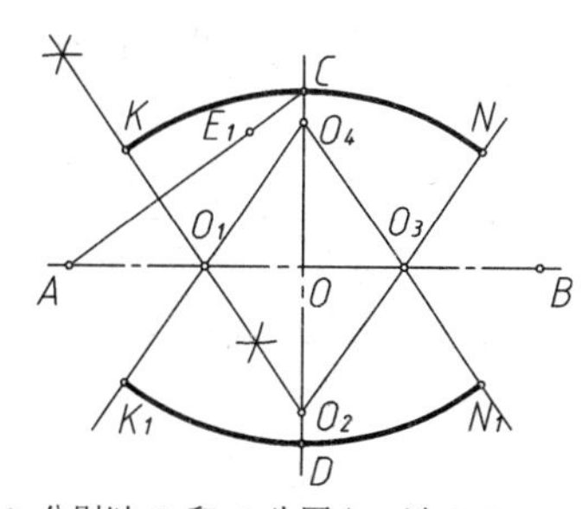

(c) 分别以 O_2 和 O_4 为圆心，以 O_2C (或 O_4D)为半径，画出两个大圆弧，在有关圆心连心线上，得到四个切点 K、K_1、N、N_1

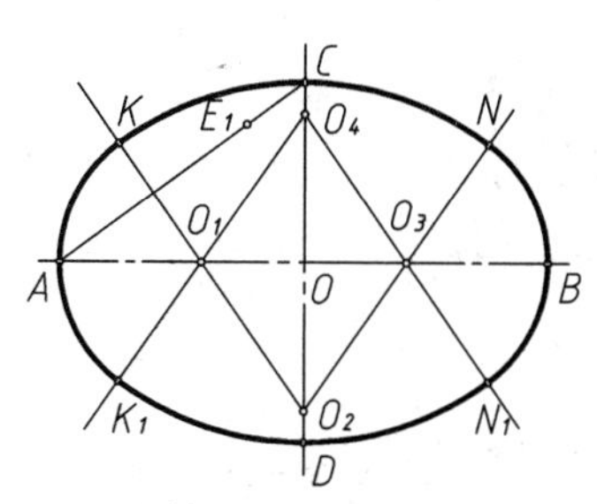

(d) 分别以 O_1 和 O_3 为圆心，以 O_1A(或 O_3B)为半径，画出两段小圆弧，两小圆弧与两大圆弧相切于 K、K_1、N、N_1，得到椭圆

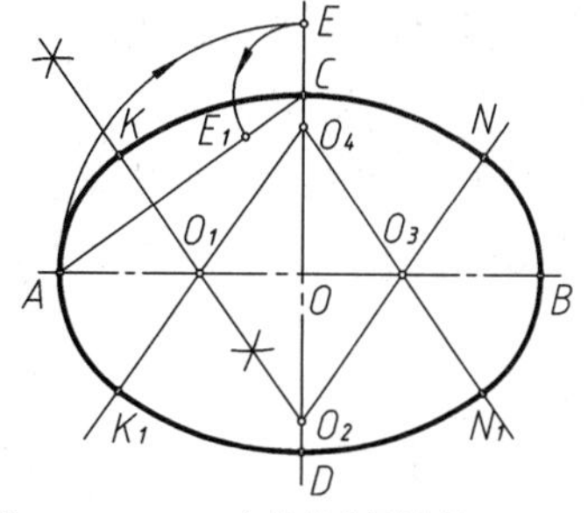

(e) 完整的作图过程

图 1-31　四心圆弧法画椭圆

1.3.4　斜度和锥度

1．斜度

一直线对另一直线或一平面对另一平面的倾斜程度，称为斜度。其大小用两直线或两

平面间夹角的正切来表示，并将其比值化为 1 : n 的形式标注。图 1-32(a)为斜度符号的画法，可用细实线绘制，h 为字高。图 1-32(b)是斜度为 1 : 6 的画法及标注：由点 A 在水平线 AB 上取六个单位长度得 D 点，由 D 点作 AB 的垂线 DE，取 DE 为一个单位长度，连接 AE，即得斜度为 1 : 6 的直线。标注斜度时要注意：斜度符号的倾斜方向应与直线的倾斜方向一致。

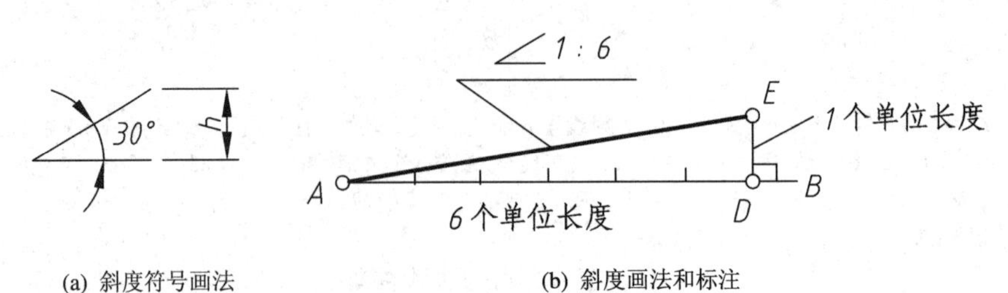

(a) 斜度符号画法　　(b) 斜度画法和标注

图 1-32　斜度符号、画法和标注

【例 1-1】　按尺寸作出图 1-33(a)所示图形。

【解】　作图步骤如图 1-33(b)、(c)所示。

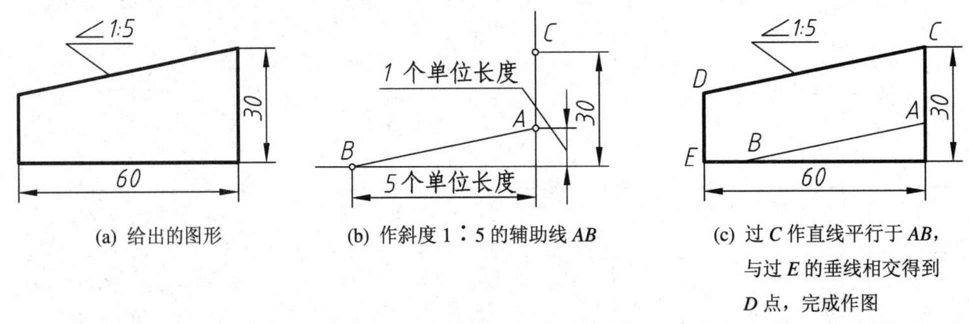

(a) 给出的图形　　(b) 作斜度 1∶5 的辅助线 AB　　(c) 过 C 作直线平行于 AB，与过 E 的垂线相交得到 D 点，完成作图

图 1-33　斜度作图方法举例

2．锥度

正圆锥底圆直径与圆锥高度之比，称为锥度。如果是锥台，则为两底圆直径之差与圆台高度之比。在图样上锥度通常用 1 : n 的形式标注。图 1-34 为锥度 1 : 6 的画法及标注：由点 S 在水平线上取六个单位长度得 O 点，由 O 点作 SO 的垂线，在垂线上以 O 为中心向上和向下分别量半个单位长度，得到点 A 和点 B，连接 AS、BS，即得 1 : 6 的锥度。标注锥度时要注意：锥度符号的倾斜方向应与圆锥或圆台保持一致。

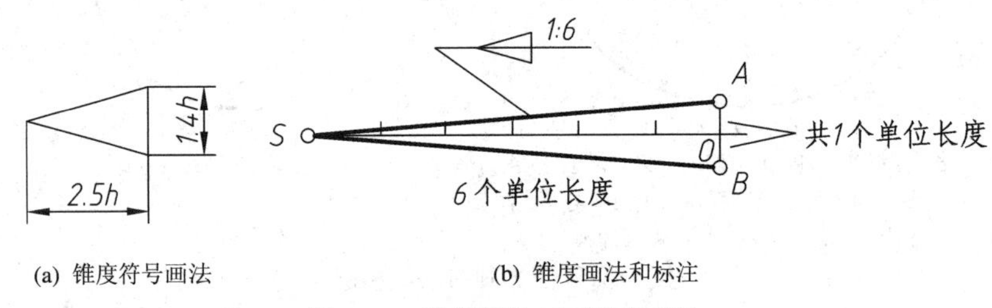

(a) 锥度符号画法　　(b) 锥度画法和标注

图 1-34　锥度符号、画法和标注

【例 1-2】　按尺寸作出图 1-35(a)所示图形。

【解】　作图步骤如图 1-35(b)、(c)所示。

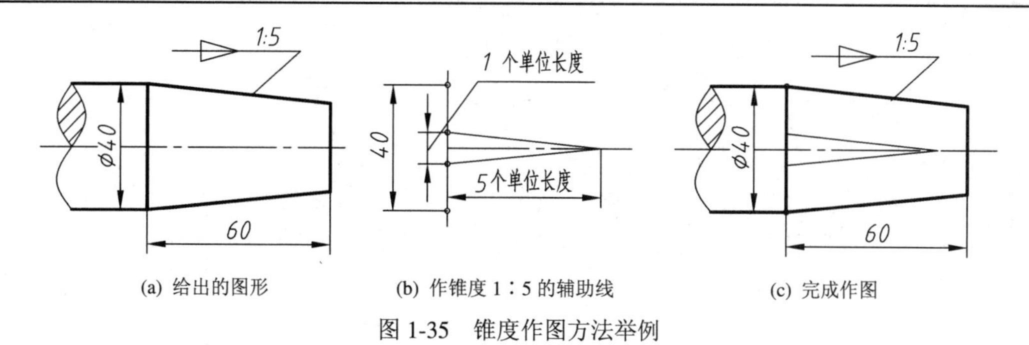

(a) 给出的图形　　(b) 作锥度 1∶5 的辅助线　　(c) 完成作图

图 1-35　锥度作图方法举例

1.3.5　圆弧连接

用已知半径的圆弧光滑连接(即相切)两已知线段(直线或圆弧)，称为圆弧连接，连接点也称切点。用圆弧光滑连接两已知直线或圆弧时，为了保证连接圆滑，必须准确地作出连接圆弧的圆心和被连接线段的切点。

表 1-10 给出了常用的几种圆弧连接的形式，以及用已知半径为 R 的圆弧连接两已知线段时，求连接弧的圆心和被连接线段切点的作图方法和步骤。

表 1-10 常用圆弧连接形式作图举例

连接要求		作图方法和作图步骤（已知连接圆弧半径 R）			
		被连接线段(圆弧)	求圆心 O	求切点 K_1、K_2	画连接圆弧
(1) 连接相交两直线	两直线成直角				
	两直线成钝角				
	两直线成锐角				
(2) 外切两圆弧					

续表

连接要求	作图方法和作图步骤(已知连接圆弧半径 R)			
	被连接线段(圆弧)	求圆心 O	求切点 K_1、K_2	画连接圆弧
(3) 内切两圆弧	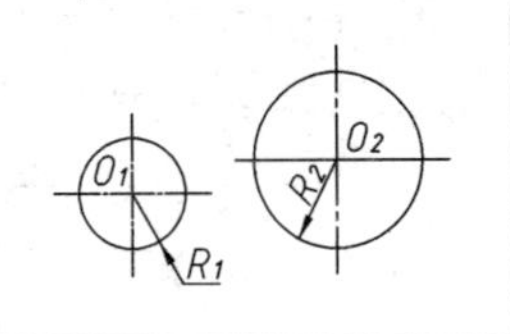 O_1、O_2、R_1、R_2	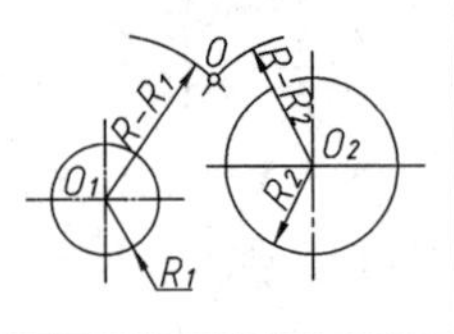 O、$R-R_1$、$R-R_2$、O_1、O_2、R_1、R_2	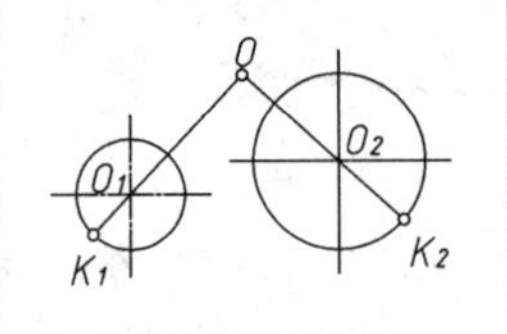 O、O_1、O_2、K_1、K_2	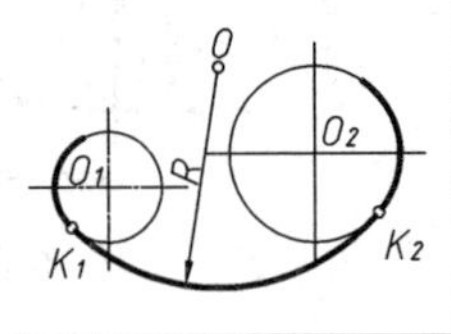 O、R、O_1、O_2、K_1、K_2
(4) 连接一圆弧与一直线并外切	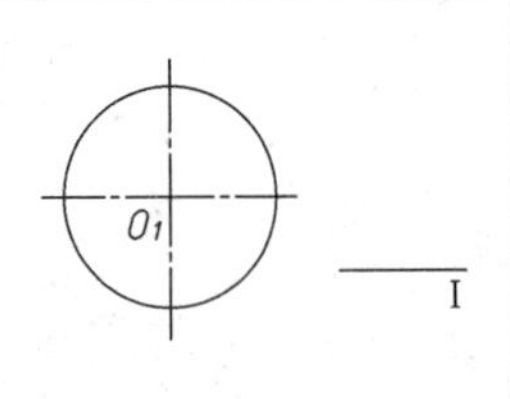 O_1、Ⅰ	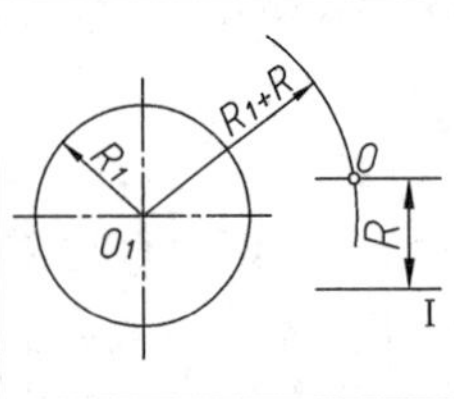 R_1、R_1+R、O、R、O_1、Ⅰ	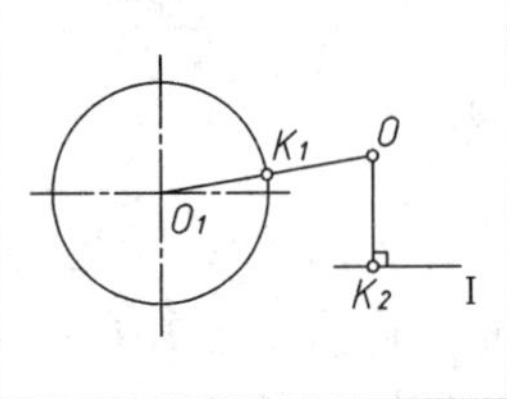 K_1、O、O_1、K_2、Ⅰ	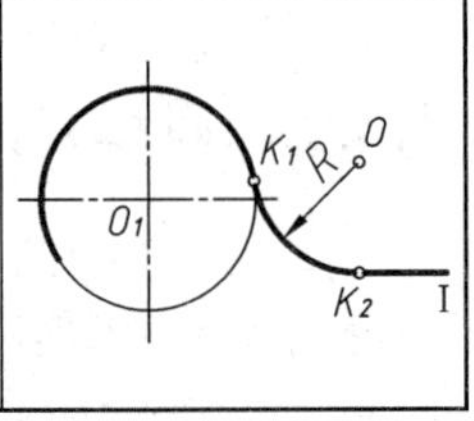 K_1、R、O、O_1、K_2、Ⅰ

由表1-10可知：

(1) 用半径为 R 的圆弧连接两相交直线时，连接圆弧 R 的圆心轨迹是与被连接直线相距为 R 的平行直线，作出两条圆心轨迹直线的交点，即为连接圆弧的圆心 O；由连接圆弧的圆心 O 向两直线作垂线，垂足即为被连接直线的两切点 K_1 和 K_2(参见表1-10(1))。

(2) 用半径为 R 的圆弧与圆心为 O_1、半圆为 R_1 的圆弧外切时，连接圆弧 R 的圆心轨迹是以 O_1 为圆心、$R+R_1$ 为半径的圆；与圆心为 O_2、半径为 R_2 的圆弧外切时，半径为 R 的连接圆弧的圆心轨迹是以 O_2 为圆心、$R+R_2$ 为半径的圆。作出两圆心轨迹圆的交点，即为连接圆弧的圆心 O；切点 K_1 是连接圆弧 R 与被连接圆弧 R_1 的圆心连线与被连接圆弧 R_1 的交点；切点 K_2 是连接圆弧 R 与被连接圆弧 R_2 的圆心连线与被连接圆弧 R_2 的交点(参见表1-10(2))。

(3) 用半径为 R 的圆弧与圆心为 O_1、半径为 R_1 的圆弧内切时，半径为 R 的连接圆弧的圆心轨迹是以 O_1 为圆心、$|R-R_1|$ 为半径的圆；与圆心为 O_2，半径为 R_2 的圆弧内切时，半径为 R 的连接圆弧的圆心轨迹是以 O_2 为圆心、$|R-R_2|$ 为半径的圆，作出两圆心轨迹的交点，即为连接圆弧的圆心 O；切点 K_1 是连接圆弧 R 与被连接圆弧 R_1 的圆心连线的延长线与被连接圆弧 R_1 的交点；切点 K_2 是连接圆弧 R 与被连接圆弧 R_2 的圆心连线的延长线与被连接圆弧 R_2 的交点(参见表1-10(3))。

(4) 用半径为 R 的圆弧与直线同时外切时的作图参见表1-10(4)，这里不再赘述。

1.4 平面图形的尺寸分析和线段分析

平面图形由若干线段(直线或曲线)连接而成，要正确画出平面图形，必须对平面图形进行尺寸分析和线段分析，即弄清楚哪些线段尺寸齐全，可以直接画出来，哪些线段尺寸不全，需要通过分析它与其它线段的连接情况才能画出。

1.4.1 平面图形的尺寸分析

尺寸按照其在平面图形中的作用可分为“定形尺寸”和“定位尺寸”。若要确定平面图形中各局部之间的相对位置，还要建立“尺寸基准”的概念。下面将对图 1-36(a)所示的平面图形的尺寸进行分析。

(1) 尺寸基准。确定尺寸位置的直线称为尺寸基准。平面图形中有长度和高度(或宽度)两个方向的尺寸基准。平面图形中常用的尺寸基准一般是对称图形的对称线、较大圆的中心线或较长的直线等。每个方向上至少要有一个尺寸基准，当有两个或两个以上的基准时，其中一个称为主要尺寸基准，其它称为辅助尺寸基准。如图 1-36(a)所示，由于这个平面图形左右和上下均无对称性，所以在长度方向选取最右边较长的直线作为长度方向的主要尺寸基准；选择下方较长的直线作为高度方向的主要尺寸基准(见图 1-36(b))。

(2) 定形尺寸。确定平面图形中各线段形状大小的尺寸称为定形尺寸。如直线段的长度、圆弧的直径或半径、角度的大小等都是定形尺寸。

如图 1-36(c)所示，四个圆弧的尺寸分别为 *R*10(两个)、*R*11 和 *R*4；两个圆的直径尺寸 ϕ12、ϕ10；直线长度尺寸 48 均为定形尺寸。

(3) 定位尺寸。确定平面图形中各部分之间相对位置的尺寸称为定位尺寸，定位尺寸一般应与尺寸基准相联系。

如图 1-36(d)所示，长度方向的定位尺寸 9、12，分别确定了半径为 *R*4 的左、右半圆圆心的中心距以及右半圆 *R*4 的圆心到长度尺寸基准的距离；28 确定了两个圆长度方向的中心距；高度方向的定位尺寸 15、11、27，分别确定了ϕ12 圆心、*R*4 半圆的圆心和ϕ10 圆心到高度尺寸基准的距离。

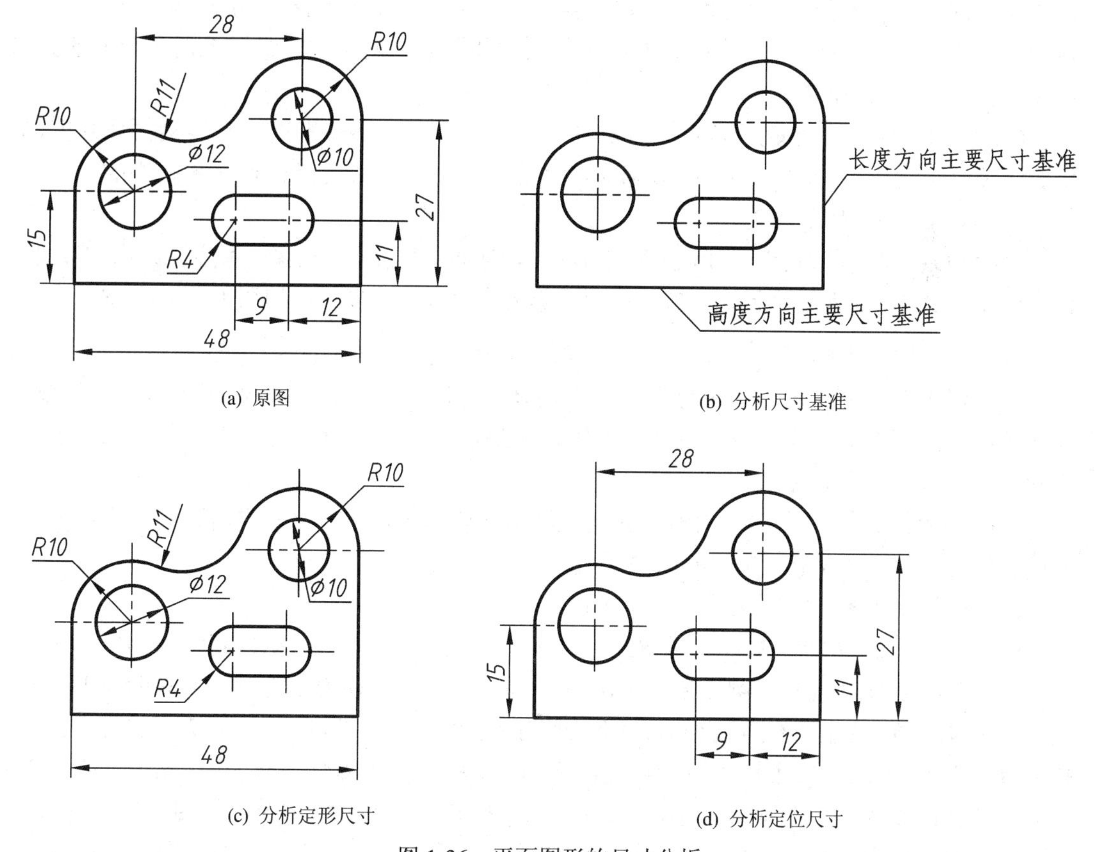

(a) 原图　(b) 分析尺寸基准

(c) 分析定形尺寸　(d) 分析定位尺寸

图 1-36　平面图形的尺寸分析

1.4.2　平面图形的线段分析和画图步骤

1. 平面图形的线段分析

根据平面图形中各线段的定形尺寸和定位尺寸是否齐全，可将线段(圆、圆弧、直线等)分为以下三种(以图 1-37 为例加以说明)。

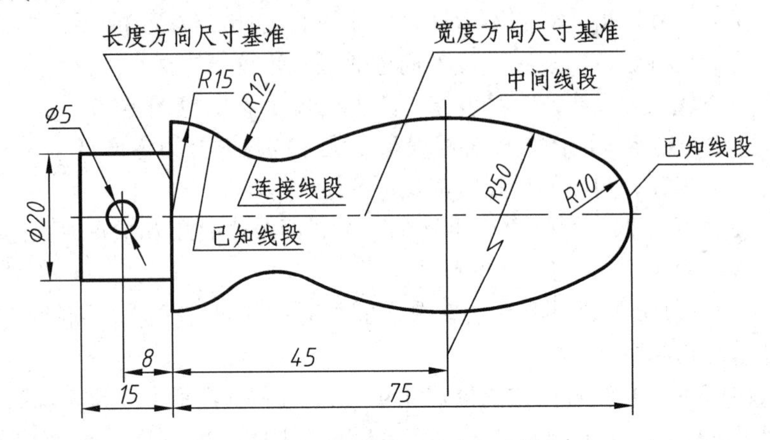

图 1-37　平面图形的线段分析

(1) 已知线段。有足够的定形尺寸和定位尺寸，画图时可以根据图形中所标注的尺寸直接画出的线段，称为已知线段。平面图形中的直线一般为已知线段，所以要讨论的主要是圆弧。对于圆弧来说，一般给出圆弧的半径尺寸和圆心的两个定位尺寸的就是已知圆弧，如图 1-37 中的 *R*15 和 *R*10。

(2) 中间线段。具有定形尺寸，但缺少一个定位尺寸，还需根据一个连接关系才能画出的线段，称为中间线段。对于圆弧来说，常见的是给出圆弧的半径尺寸和圆心的一个定位尺寸，如图 1-37 中的 *R*50。

(3) 连接线段。仅有定形尺寸，没有定位尺寸，因而要根据两个连接关系才能画出的线段，称为连接线段。对于圆弧来说，一般以给出圆弧的半径尺寸为多见，如图 1-37 中的 *R*12。

2. 平面图形的画图步骤

通过以上对平面图形的线段分析可知，在画平面图形时，如果有已知线段、中间线段和连接线段，应先画已知线段，再画中间线段，最后画连接线段。图 1-38 给出了图 1-37 所示图形的画图步骤。

(1) 分析图形(上下对称)，画出作图基准线和必要的定位线，以确定所画图形在图纸中的恰当位置，如图 1-38(a)、(b)所示。

(2) 依次画出各已知线段，如图 1-38(c)所示。

(3) 画中间线段(圆弧 *R*50)。画 *R*50 圆弧时，先根据其一端与 *R*10 圆弧内切定出圆心 O_2 和 O_3(以右端 *R*10 圆弧的圆心 O 为圆心，以 $R_1=50-10=40$ 为半径画弧，与距长度方向尺寸基准 45 mm 的垂线交得两个点，即 *R*50 圆弧的圆心 O_2 和 O_3)；求出切点 K_2 和 K_3(将 O_2 和 O_3 分别与圆心 O 相连，连心线延长与 *R*10 圆弧的交点即切点 K_2 和 K_3)；分别以 O_2 和 O_3 为圆心，$O_2K_2=O_3K_3=50$ 为半径，过切点 K_2 和 K_3 画出两圆弧 *R*50，如图 1-38(d)所示。

(4) 画连接线段(圆弧 *R*12)。如图 1-38(e)所示，画 *R*12 圆弧时，先根据其两端分别与

$R15$ 和 $R50$ 圆弧外切定出圆心 O_4、O_5(以 O_1 为圆心，以 $R_2=15+12=27$ 为半径画弧；分别以 O_2、O_3 为圆心，以 $R_3=50+12=62$ 为半径画弧；两对圆弧的交点即为 O_4、O_5)；求出切点 K_4、K_5 和 K_6、K_7(连接 O_4O_1、O_4O_3 与 $R15$ 和 $R50$ 圆弧相交，交点即为切点 K_4、K_5；连接 O_5O_1、O_5O_2 与 $R15$ 和 $R50$ 圆弧相交，交点即为切点 K_6、K_7)，然后再分别以 O_4、O_5 为圆心，在切点 K_4、K_5 和 K_6、K_7 之间画出 $R12$ 连接圆弧。完成后的平面图形如图 1-38(f)所示。

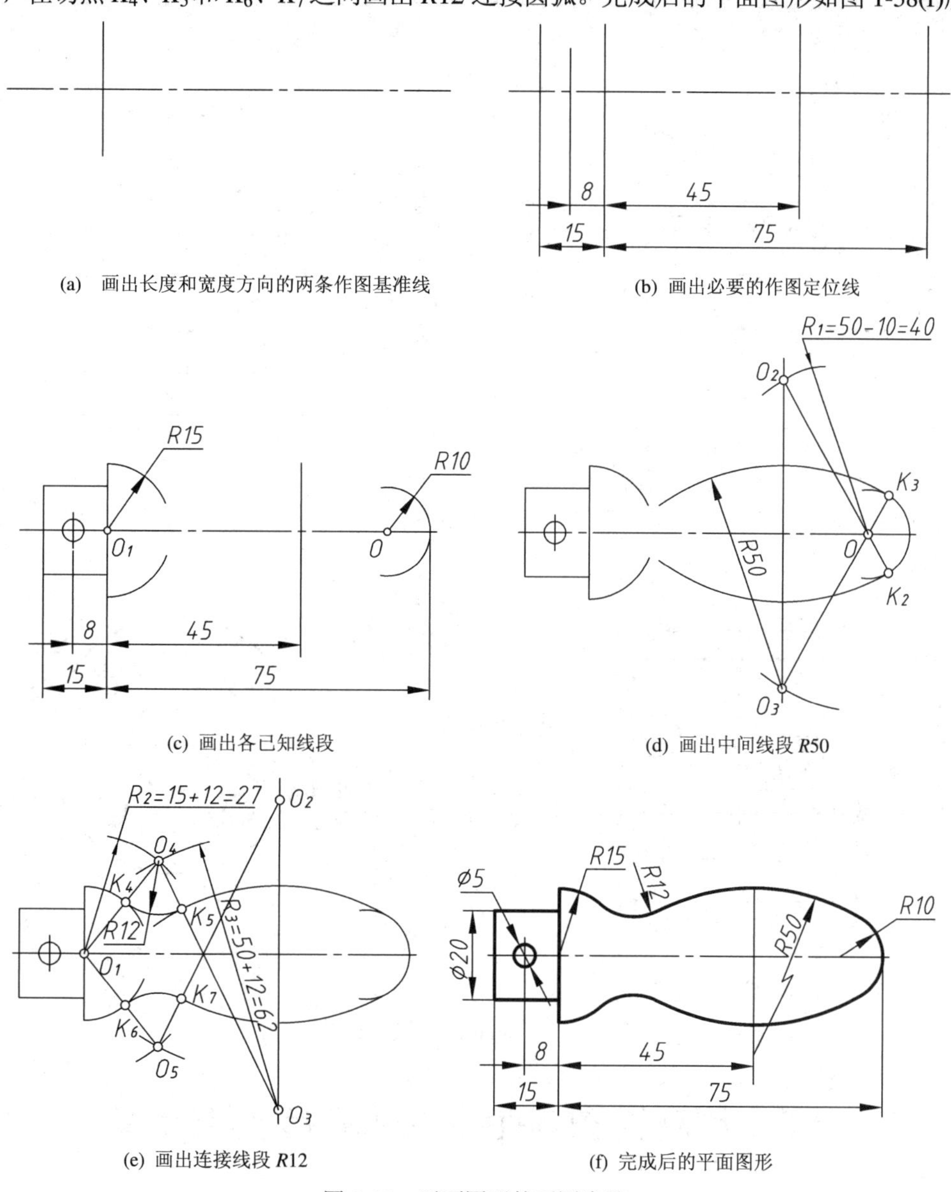

(a) 画出长度和宽度方向的两条作图基准线

(b) 画出必要的作图定位线

(c) 画出各已知线段

(d) 画出中间线段 $R50$

(e) 画出连接线段 $R12$

(f) 完成后的平面图形

图 1-38　平面图形的画图步骤

1.4.3　常见平面图形尺寸标注示例

平面图形尺寸标注的基本规则已在本章 1.1 节讲述了，平面图形中标注的尺寸必须能唯一确定图形的形状和大小，既不遗漏尺寸，也不能多标尺寸。

图 1-39 为几种常见平面图形的尺寸标注示例。图 1-39(a)中的定位尺寸 20 和 10 按对称

形式标出，圆弧 *R*5 为连接线段。图 1-39(b)中，上下对称的同一直径圆弧应标注直径ϕ22，以便于测量，将两端圆弧 *R*5 看做已知圆弧，不标注总长尺寸；图 1-39(c)中，左右对称的同一直径圆弧也应标注直径ϕ33，作图时自然得出的长度不标注尺寸，(*R*3)为参考尺寸，也可省略不注；图 1-39(d)中按圆周分布的圆(4 × ϕ4)应标注它们的圆心所在圆的直径ϕ24(定位尺寸)；当图线经过尺寸数字时，应将图线断开，以保证数字清晰。如图 1-39(d)中ϕ12 的圆在遇到尺寸ϕ24 时就断开了。

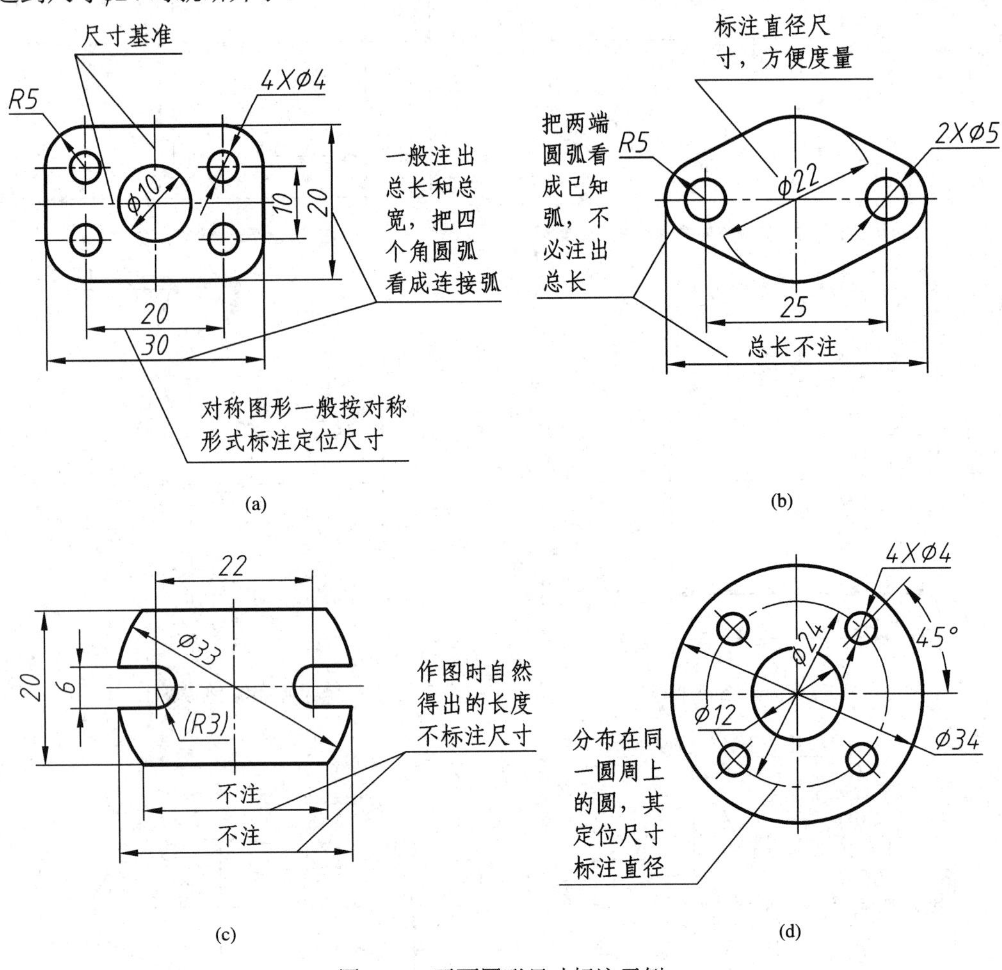

图 1-39　平面图形尺寸标注示例

1.5　尺规绘图与徒手绘图的方法和步骤

1.5.1　尺规绘图的一般方法和步骤

要使用尺规将图样画得既快又好，除了掌握几何作图的基本方法，正确、熟练使用绘图工具和熟悉国标的有关规定外，还必须按照一定的绘图顺序和方法画图。

(1) 准备好必要的绘图工具，按使用要求磨削好铅笔及圆规上的铅芯。

(2) 确定图形采用的比例并选定图纸幅面。

(3) 按对角线顺序将图纸固定在图板上，图板的左边和下边至少要留出一个丁字尺的宽度，如图 1-40 所示。

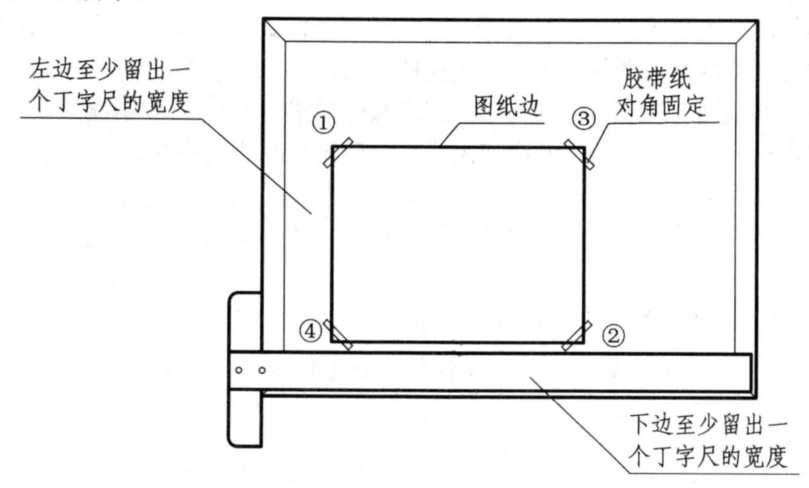

图 1-40　图纸在图板上的固定

(4) 画底稿。用削尖的 H 铅笔仔细地、轻轻地画出底图，暂不区分各种图线的粗细，但虚线、点画线等的长短、间隔应符合规定(这些线可一次完成，不再加深，也可在画底稿时作出位置记号，待加深图样时再准确画出)。波浪线也可在画底稿或加深时一次画出。

表 1-11 给出了画底稿的一般步骤顺序和要求，供参考。

表 1-11　画底稿的一般步骤顺序和要求

步骤顺序	任　务	要　求
1	画图框及标题栏	如使用预先印制图纸，此步跳过
2	布图：根据视图的数量和各个视图的尺寸在图纸中匀称地布置好各个图形，并注意留出标注尺寸等的位置	可根据图幅和视图尺寸等计算布图
3	画出各视图的对称中心线和定位线	一般用削成尖锥状的 H 铅笔轻轻画出，以加深时能看清为度
4	画出视图中的其它图线，完成视图底稿	一般用 H 铅芯，将铅笔和圆规铅芯削成尖锥状，轻轻画出图线，以加深时能看清为度
5	画尺寸线、尺寸界线	一般用尖锥状的 H 铅笔一次完成，线型达到细实线的要求，不再加深
6	箭头	一般用尖锥状的 H(或 HB)铅笔使用绘图模板一次性画出，不再加深
7	填写尺寸数字	一般用尖锥状的 H 铅笔一次完成，不再加深
8	画剖面线	一般用尖锥状的 H 铅笔一次完成，线型达到细实线要求，不再加深
9	检查修改并清理图面	为加深做好准备

(5) 铅笔加深图线。加深图线是在整幅图纸的底稿全部完成后进行的，加深图线时要稍用力。加深粗实线时，用削成钝锥状的 HB 或 B 铅笔，粗实线力求做到“黑、光、亮”；加深其它细线时，用削成尖锥状的 H 铅笔。加深圆或圆弧时，圆规的铅芯应比画直线的铅芯软一级，使圆或圆弧的颜色深浅与直线保持一致。例如，用 HB 铅笔加深粗实线，则用 B 铅芯加深粗实线圆和圆弧。一般画粗线圆或圆弧时用 B 铅芯，画细线圆或圆弧时用 HB 铅芯。加深图线时用力要均匀，并应使图线均匀分布在底稿线的两侧。

为保持图面清洁，一般是先加深细线，再加深粗线；为保证作图准确，一般是先加深圆和圆弧，再加深直线。加深图线时的一般顺序为：先细后粗，先圆后直，从上向下，从左到右。

表 1-12 给出了加深图线的一般步骤顺序和要求，供参考。

表 1-12 加深图线的一般步骤顺序和要求

步骤顺序	任　务	要　求
1	加深所有的细线圆和圆弧	一般用削成尖锥状的 HB 铅芯的圆规光滑清晰画出，线型要达到细实线的要求
2	从上向下依次加深所有水平细线，包括细实线、点画线、虚线等	一般用尖锥状的 H 铅笔加深，线型要达到细线要求
3	从左向右依次加深所有垂直细线，包括细实线、点画线、虚线等	一般用尖锥状的 H 铅笔加深，线型要达到细线要求
4	自图纸的左上角向右下角依次加深所有倾斜的细线	一般用尖锥状的 H 铅笔加深，线型要达到细线要求
5	加深所有的粗实线圆和圆弧	一般圆规用 B 铅芯，削成钝锥状
6	从上向下依次加深所有水平粗线，包括粗实线等	一般用削成钝锥状或楔状的 HB 铅笔加深，线型要达到粗线要求
7	从左向右依次加深所有垂直粗线，包括粗实线等	一般用削成钝锥状或楔状的 HB 铅笔加深，线型要达到粗线要求
8	自图纸的左上角向右下角依次加深所有倾斜的粗线，包括粗实线等	一般用削成钝锥状或楔状的 HB 铅笔加深，线型要达到粗线要求
9	填写标题栏	一般用尖锥状的 HB 铅笔书写，字号适当，字体符合国标规定
10	检查全图，如有缺点和错误，即行改正，并作必要的修饰	为保持图面整洁，改正图线时务必使用擦图片

1.5.2 徒手绘图的一般方法和步骤

徒手绘图是在不使用尺规的情况下，凭目测确定绘图比例，徒手绘制图样的过程。徒手绘制的图样一般称为草图。由于草图绘制较尺规绘图方便快捷，能在一定程度上满足工程实际的需要。特别是在计算机绘图和设计日益普及的今天，草图直接与计算机相结合的优势越发明显。因此，工程技术人员有必要掌握草图绘制的技能。

1. 徒手绘图的基本知识

(1) 绘制徒手图的图纸。徒手绘图的图纸最好选用印有浅方格的图纸，即坐标纸或草图专用纸，以便于掌握图形的尺寸和比例，对初学者更为有利。画草图时，用削成圆锥状的 HB 铅笔即可。要画好徒手草图，首先要掌握徒手绘制各种线条的方法。

(2) 徒手绘图的图形。徒手绘图的图形虽不能像尺规绘图那样规范，但也应该基本做到：图形正确、线型分明、比例匀称、字体工整、图面整洁。

(3) 绘制徒手图时图纸的放法。为了便于控制图样的尺寸和图线的走向，草图纸无需固定在图板上，可根据绘图的需要和习惯任意调整和转动图纸的位置。

2. 徒手草图的画法

(1) 握笔。画草图时握笔的位置要比尺规绘图时高些，以利运笔和观察目标；执笔要稳，笔杆与纸面应成 45°～60° 角。

(2) 徒手画直线。先确定直线的起点和终点，连线时眼睛要注意线段的终点，以保持直线的方向。画短线时，小指压在纸面上，用手腕运笔；画长线时，则以手臂动作。水平方向的直线从左向右画；垂直方向的直线由上向下画；左下右上的斜线，从左下至右上运笔；左上右下的斜线，从左上至右下运笔，也可将图纸旋转，使所要画的图线成水平或垂直位置时再画。如图 1-41 所示。画水平线和垂直线时要充分利用坐标纸的方格线，画 45° 斜线时，可利用方格的对角线方向。

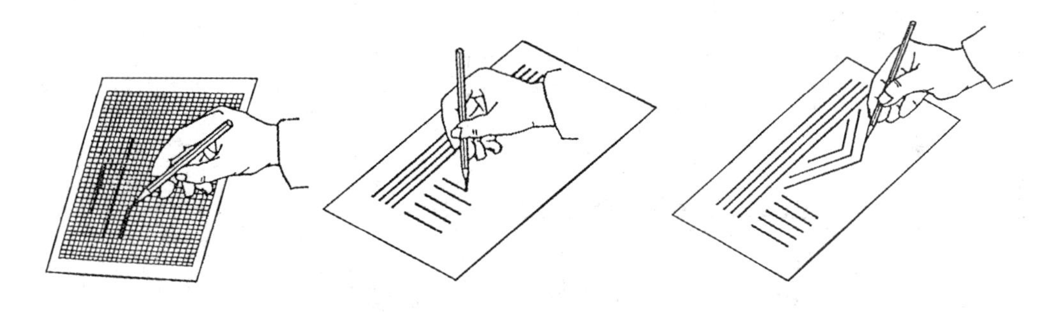

图 1-41　直线的草图画法

(3) 徒手画角度线。对 30°、45°、60°等常见的角度线，可根据两直角边的近似比例关系，定出两端点，然后连接两点即为所画角度线，如图 1-42 所示。

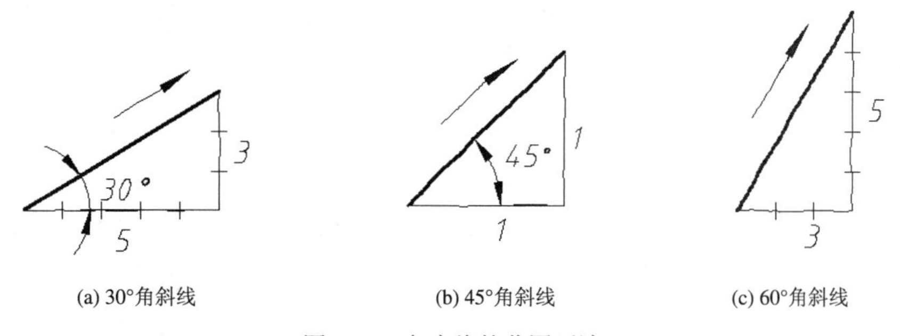

(a) 30°角斜线　(b) 45°角斜线　(c) 60°角斜线

图 1-42　角度线的草图画法

(4) 徒手画圆。画直径较小的圆时，如图 1-43(a)所示，先画出相互垂直的中心线，定出圆心，在中心线上按半径目测定出四个点，然后徒手按图中所示方向画出两个半圆拼成整圆；画直径较大的圆时，如图 1-43(b)所示，除在中心线上取点以外，再过圆心画几条不同方向的直线，在这些直线上按半径目测定出若干点，再徒手连成圆。

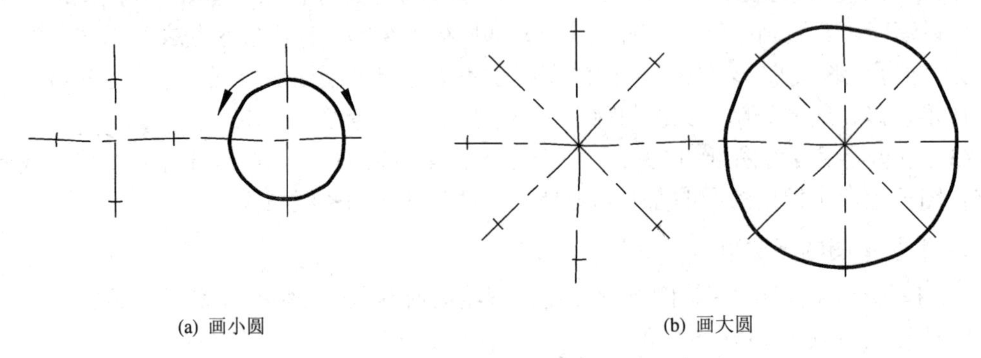

(a) 画小圆　(b) 画大圆

图 1-43　徒手画圆

(5) 徒手绘制草图图样示例。图 1-44 是在坐标纸上绘制的草图图样。

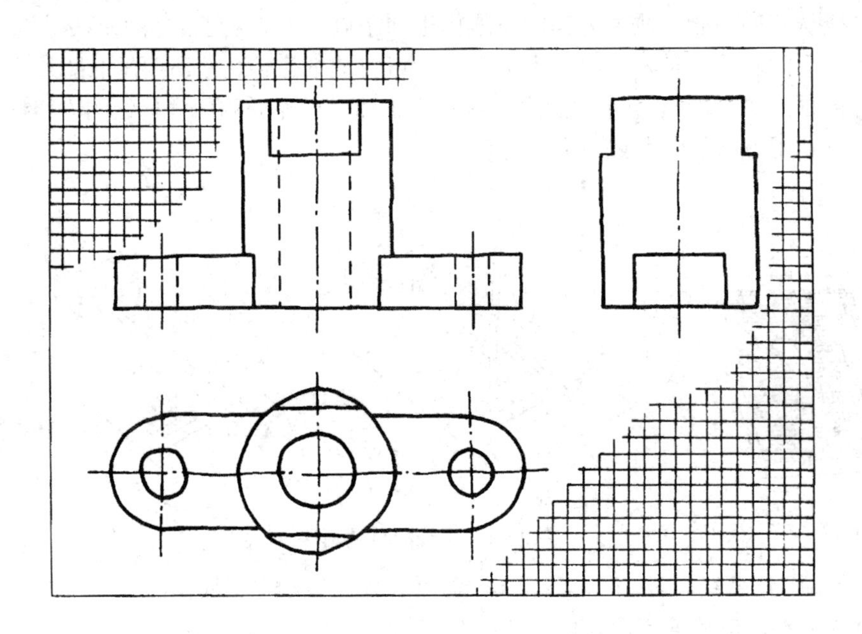

图 1-44　徒手绘制的草图图样

第2章　点、直线、平面的投影

2.1　投影法基础

机械图样的绘制是以投影法为依据的，而投影法的产生，则是人们在长期的实践中，根据“空间物体在光线的照射下，会在地面或墙面上产生影子”这一众所周知的自然现象，经过科学抽象总结出来的。

投影的基本概念：图2-1中有一平面*P*和不在该平面上的一点*S*，平面*P*称为投影面，点*S*称为投射中心；△*ABC*上任一点*A*与投射中心*S*的连线*SA*称为投射线；*SA*与平面*P*的交点*a*称为空间点*A*在投影面*P*上的投影。同理，可作出点*B*、*C*在平面*P*上的投影*b*、*c*，连接*a*、*b*、*c*三点，则△*abc*为△*ABC*在投影面*P*上的投影。

这种使空间形体在平面上产生投影的方法称为投影法。

工程中常用的投影法为中心投影法和平行投影法。

2.1.1　中心投影法

中心投影法是由投射中心(*S*)、物体(△*ABC*)和投影面(*P*)组成的投影方法，如图2-1所示。在中心投影法中，投射线相交于投射中心*S*。用中心投影法得到的投影与物体距离投影面的远近有关，投影不能反映物体表面的真实形状和大小，但立体感强。该投影法常用于绘制建筑物和富有逼真感的立体图，这种图称为透视图。

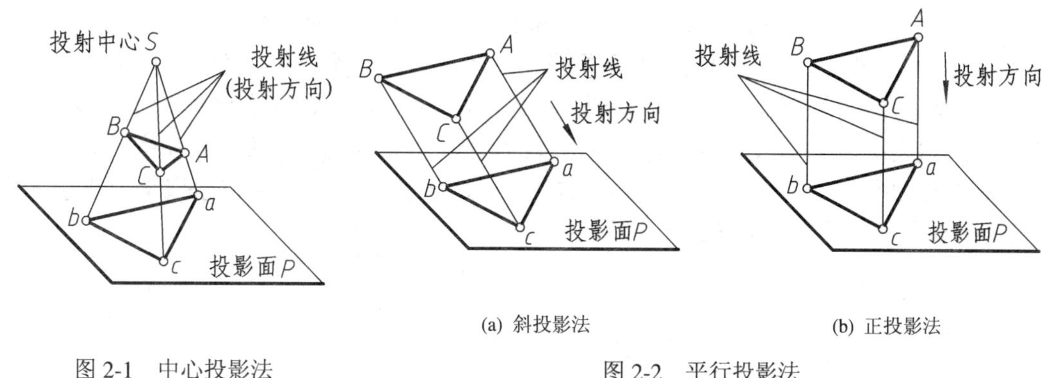

(a) 斜投影法　(b) 正投影法

图2-1　中心投影法　图2-2　平行投影法

2.1.2　平行投影法

若将投射中心*S*按指定的方向移到无穷远处，则所有的投射线可看做是互相平行的，这种投射线互相平行的投影法称为平行投影法(如图2-2所示)。在平行投影法中，如果投射线倾斜于投影面，称为斜投影法(见图 2-2 (a))；如果投射线垂直于投影面，则称为正投影法(见图 2-2(b))。机械图样主要是用正投影法绘制的，而斜投影法仅用于绘制斜轴测图(一种立体图)。

2.2 点的投影

点、直线和平面是构成立体的基本几何要素，因此要能够正确而迅速地绘制和阅读立体的投影图，必须先掌握这些基本几何要素的投影规律和投影特性。

2.2.1 投影面体系

如图 2-3 所示，作空间点 *A* 的正投影，只要作过 *A* 点到投影面 *P* 的垂线，得到垂足 *a* 即为点 *A* 在投影面 *P* 上的正投影。因为过空间点 *A* 作一个平面的垂线只能作一条，所以 *A* 点在投影面 *P* 上的投影是唯一的。反之，若已知 *A* 点在投影面 *P* 上的投影 *a*，却不能唯一确定空间点 *A* 的位置。因为过 *A* 点所作的 *P* 平面的垂线上所有点的投影(如点 *A*、*B*、*C* 等)，都重合在 *a* 上。由此可得到一个结论：一般情况下，点的一个投影不能唯一确定空间点的位置。

因此，常将立体放在相互垂直的两个或更多的投影面之间，向这些投影面作投影，形成它的多面正投影。

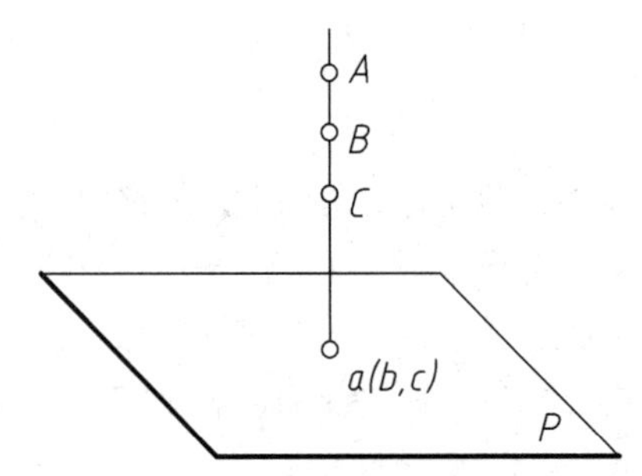

图 2-3　点的一个投影不能唯一确定空间点的位置

由两个互相垂直的投影面构成的两投影面体系，可以反映空间点的三个坐标，即可用两投影面体系来确定空间点的位置。如图 2-4(a)所示，其中正立投影面(简称正面)用 *V* 表示；水平投影面(简称水平面)用 *H* 表示。*V* 面和 *H* 面相互垂直构成了两投影面体系，这个两投影面体系将空间分成了四个分角。*V* 面与 *H* 面的交线为 *OX* 轴，也称为投影轴。图 2-4(b)是两投影面体系中的第一分角。

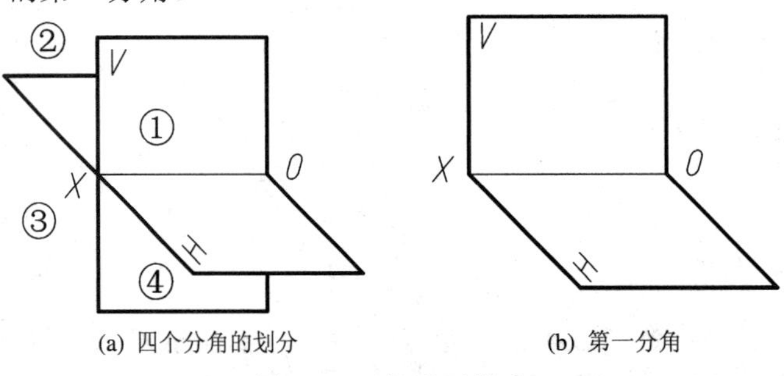

(a) 四个分角的划分　　(b) 第一分角

图 2-4　两投影面体系

虽然在两投影面体系中已经能够确定空间点的位置，但是对于立体来说，为了更清晰地表达其形状结构，也常将立体放置在三个互相垂直的投影面体系中，画出立体的三面投影。这个三投影面体系将空间划分为八个分角，如图 2-5(a)所示。图 2-5(b)是三投影面体系中的第一分角。三个投影面分别称为：正立投影面(简称正面)，用 *V* 表示；水平投影面(简称水平面)，用 *H* 表示；侧立投影面(简称侧面)，用 *W* 表示。三个投影面的交线为三根投影轴：正面 *V* 与水平面 *H* 的交线为 *OX* 轴；正面 *V* 与侧面 *W* 的交线为 *OZ* 轴；水平面 *H* 与侧面 *W* 的交线为 *OY* 轴。三条轴线的交点称为原点，用 *O* 表示。

在工程中，我国常采用第一分角的投影，本书也主要介绍第一分角投影。

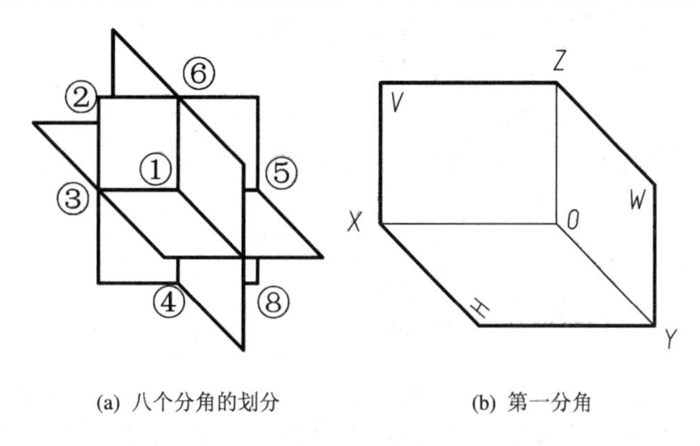

(a) 八个分角的划分　　(b) 第一分角

图 2-5　三投影面体系

2.2.2　点在两投影面体系中的投影

如图 2-6(a)所示，将点 *A* 置于两投影面体系第一分角中，过点 *A* 分别向 *V* 面和 *H* 面作垂线(投射线)，得垂足 a' 和 a。a' 为点 *A* 的正面投影；a 为点 *A* 的水平投影(在投影法中规定：用大写字母表示空间的点，用对应的小写字母加一撇和小写字母表示该点的正面投影和水平投影)。实际作图时需要将互相垂直的 *V* 面和 *H* 面展开，方法是：*V* 面保持不动，将 *H* 面绕 *OX* 轴向下旋转 90°，使 *H* 面与 *V* 面共面，如图 2-6(b)所示。点的投影只取决于点在投影面中的位置，与投影面的大小无关。在实际作图时，可只画出投影轴，不画投影面边框，也不必标出 a_X，点 *A* 的两面投影图如图 2-6(c)所示。

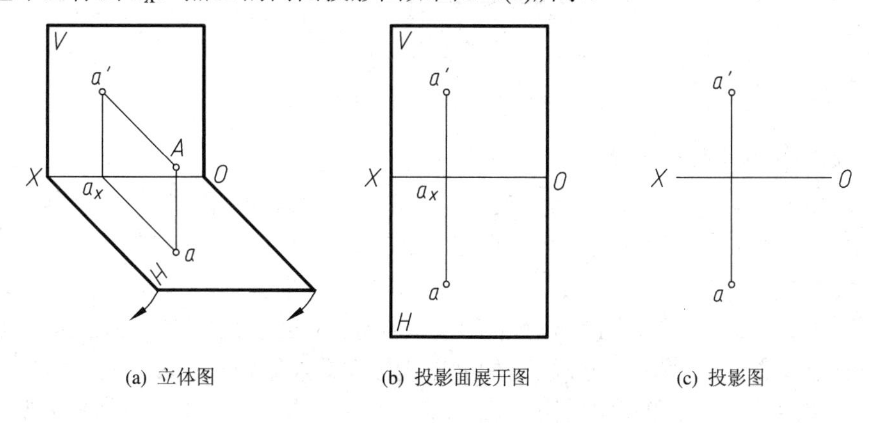

(a) 立体图　　(b) 投影面展开图　　(c) 投影图

图 2-6　点的两面投影

为了快速、正确作出如图2-6(c)所示的点的两面投影图，应首先分析其投影规律。

如图2-6(a)所示，因为相交的两条投射线Aa'和Aa所组成的平面分别垂直于V面和H面，所以必垂直于它们的交线OX轴，且与OX轴的交点是a_X。因为OX轴垂直于Aa'和Aa所组成的平面，所以必垂直于Aa'和Aa所组成的平面内的所有直线，即OX轴也垂直于直线$a'a_X$和aa_X。因此，在投影面展开后，a'和a的连线必垂直于OX轴，此连线与OX轴的交点即a_X，如图2-6(b)所示。

从图2-6(a)还可以看到，$a'a_X$、aa_X分别是Aa'和Aa所组成的平面与V面、H面的交线，且$a'a_X$、aa_X、Aa'、Aa构成矩形，因此有$Aa' = aa_X$；$Aa = a'a_X$，因为Aa'和Aa分别反映了空间点A到V面和H面的距离，所以aa_X和$a'a_X$也反映了空间点A到V面和H面的距离。

从以上分析可以得到点的两面投影规律如下：

(1) 点的两投影连线垂直于投影轴，即$a'a \perp OX$轴；

(2) 点的投影到投影轴的距离，等于该点到相邻投影面的距离，即$a'a_X = Aa$；$aa_X = Aa'$。

实际上，点的两面投影已经反映了空间点的X、Y、Z三个坐标，因此点的两面投影即可唯一确定空间一个点的位置。

2.2.3　点在三投影面体系中的投影

图2-7(a)表示空间点A在三投影面体系第一分角中的情况。如果将三个投影面看做空间直角坐标系中的三个坐标面，则三条互相垂直的投影轴即为直角坐标系中的三根坐标轴。

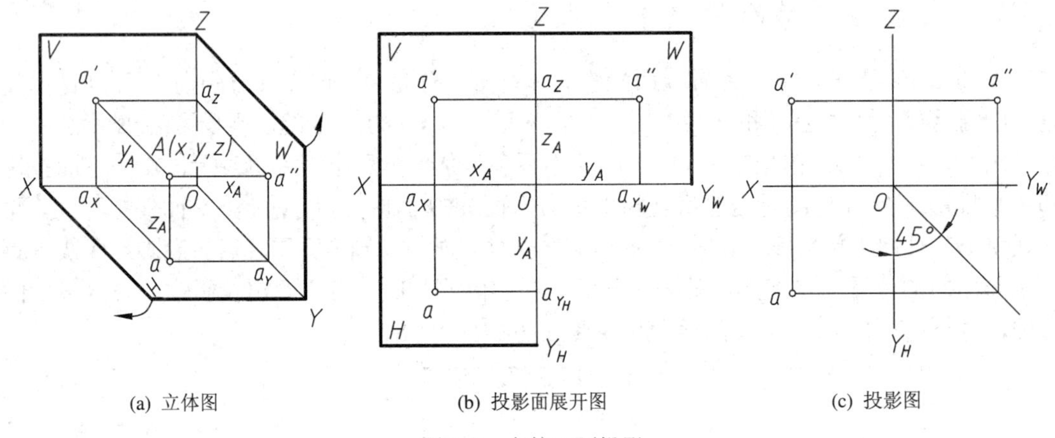

(a) 立体图　(b) 投影面展开图　(c) 投影图

图2-7　点的三面投影

1. 点的投影与坐标的关系

如图2-7(a)所示，过空间点A分别向三个投影面V、H、W作垂线，所得到的三个垂足分别称为：点A的正面投影用a'表示，也称V面投影；点A的水平投影用a表示，也称H面投影；点A的侧面投影用a''表示，也称W面投影。投射线Aa''、Aa'、Aa分别为点A到W、V、H三个投影面的距离，也等于A点的三个坐标：X坐标(X_A)、Y坐标(Y_A)、Z坐标(Z_A)。过点A的三个投影a、a'和a''分别向它们所在投影面的投影轴作垂线，在三根轴上得到三个交点a_X、a_Y和a_Z。A点和三面投影与a_X、a_Y和a_Z，可构成一个正六面体的框架。由于正六面体的每组对边平行且相等，可以得到空间点A到三个投影面的距离与坐标的关系如下：

A 点到 W 面的距离 $Aa'' = a'a_Z = aa_Y = X_A$($A$ 点的 X 坐标)；

A 点到 V 面的距离 $Aa' = aa_X = a''a_Z = Y_A$($A$ 点的 Y 坐标)；

A 点到 H 面的距离 $Aa = a'a_X = a''a_Y = Z_A$($A$ 点的 Z 坐标)。

2. 点的投影规律

为了方便作图，将互相垂直的三个投影面展开，如图 2-7(a)、图 2-7(b)所示：V 面保持不动，沿 OY 轴将 H 面和 W 面分开，H 面绕 OX 轴向下旋转 90°，W 面绕 OZ 轴向后旋转 90°，使三个投影面展开在一个平面中。这时，OY 轴分成 H 面上的 OY_H 和 W 面上的 OY_W，a_Y 分成 H 面上的 a_{Y_H} 和 W 面上的 a_{Y_W}。

投影面展开后，点 A 的三面投影之间有如下的投影规律(见图 2-7(c))：

(1) $a'a \perp OX$(因为同反映 X 坐标)。

(2) $a'a'' \perp OZ$(因为同反映 Z 坐标)。

(3) $aa_X = O a_{Y_H} = O a_{Y_W} = a''a_Z$ (因为同反映 Y 坐标)。

从(3)可以得到推论：过 a 的水平线与过 a'' 的垂线必相交于过 O 点的 45° 的斜线上。在实际作图时，只要画出投影轴，不需画投影面边框，也不必标出 a_X、a_Y、a_Z，如图 2-7(c) 所示。

【例 2-1】 如图 2-8 所示，已知点 A 的两面投影 a' 和 a''，求 a。

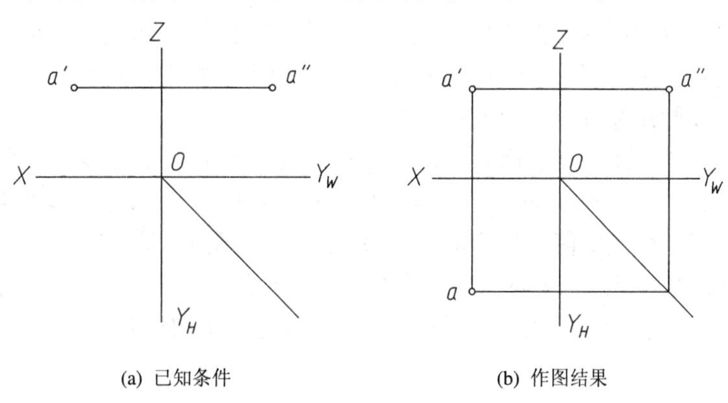

(a) 已知条件　　(b) 作图结果

图 2-8　由点的两面投影求第三投影

【解】 分析：由点的投影规律(1)可知，a 应位于过 a' 的垂线上；由点的投影规律(3)及其推论可知，点 a 应位于过 a'' 的垂线与斜线的交点所作的水平线上，这条水平线与过 a' 的垂线的交点即为所求 a。

作图步骤如下(见图 2-8(b))：

(1) 过 a' 作 OX 轴的垂线。

(2) 作过 a'' 的垂线与斜线的交点，并过交点作水平线。

(3) 过 a' 的垂线与水平线的交点为所求 a。

【例 2-2】 如图 2-9 所示，已知点 A 距离 H、V、W 面分别为 13、12、10，画出其三面投影。

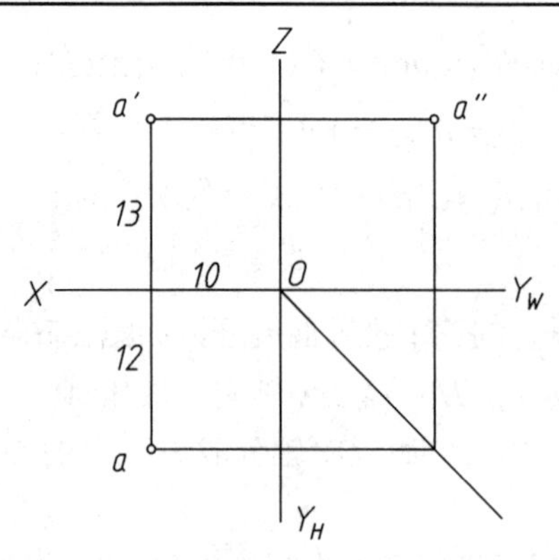

图 2-9 已知点到投影面的距离求点的投影

【解】 该题可以根据所给的 A 点到三个投影面的距离直接作图，也可将 A 点到三个投影面的距离转换为 A 点的三个坐标 A(10，12，13)来求解。具体作图步骤如下：

(1) 在 OX、OY、OZ 轴上分别量取 $X = 10$、$Y = 12$、$Z = 13$。

(2) 过量取的各点作相应轴线的垂线。

(3) 各垂线的交点即为所求的点 A 的三面投影 a、a' 和 a''。

2.2.4 投影面和投影轴上的点

空间点相对于投影面体系的特殊位置，是位于投影面和投影轴上。如图 2-10 所示，点 B 在 V 面上，点 C 在 H 面上，点 D 在 OX 轴上。从图中可看出，投影面和投影轴上的点除了满足以上点的投影规律外，还具有以下投影特点：

(1) 投影面上的点有一个坐标为零，在此投影面上点的投影与该点重合，其它投影在相应的投影轴上。例如，在 V 面上的 B 点和在 H 面上的 C 点，其投影符合此特点，如图 2-10(b)所示。注意，C 点的侧面投影应在 Y_W 轴上，而不在 Y_H 上。

(2) 投影轴上的点有两个坐标为零，在共轴的两个投影面上的点的投影都与该点重合，在另一投影面上的投影则与原点 O 重合。例如，在 X 轴上的 D 点，其投影符合此特点，如图 2-10(b)所示。

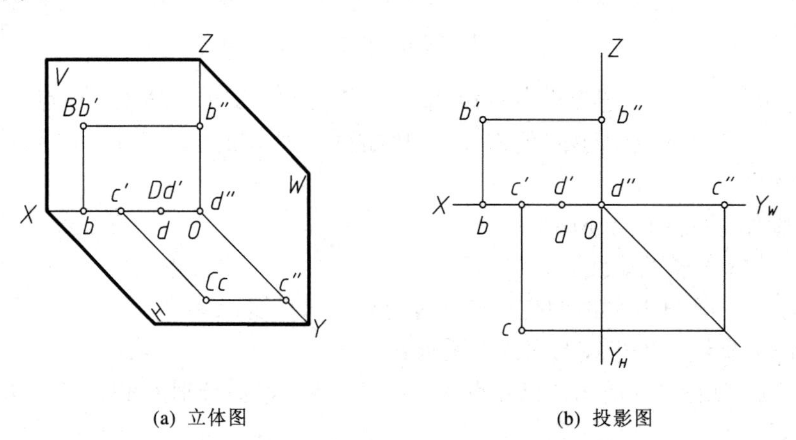

(a) 立体图 (b) 投影图

图 2-10 投影面和投影轴上的点

2.2.5　两点的相对位置

我们作如下约定：*OX* 轴为左右方向，*OY* 轴为前后方向，*OZ* 轴为上下方向。如图 2-11(a)所示，相对于 *A* 点而言，*B* 点在 *A* 点之右、之后、之下。它们之间在三个方向的相对位置应为它们的坐标差：左右方向为 $X_A - X_B$；前后方向为 $Y_A - Y_B$；上下方向为 $Z_A - Z_B$，即 *A*、*B* 两点与 *W* 面、*V* 面和 *H* 面的距离差，这样就确定了两点的相对位置，如图 2-11(b)所示。因此，若已知两点的相对位置及其中一点的投影即可作出另一点的投影。

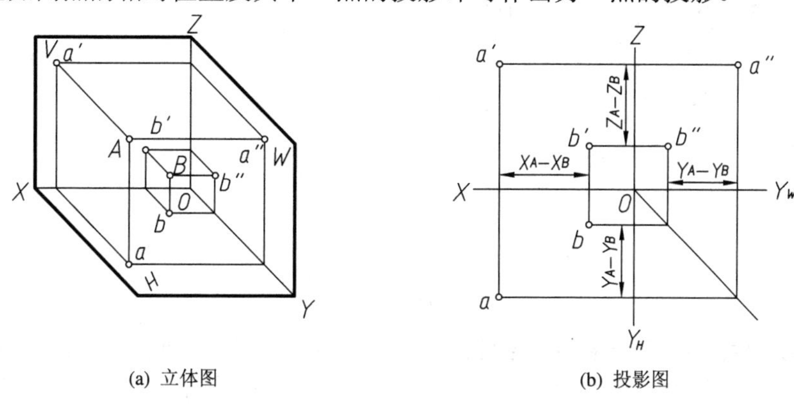

(a) 立体图　　(b) 投影图

图 2-11　两点的相对位置

【例 2-3】 如图 2-12(a)所示，已知点 *A* 的三面投影 *a*、*a*′、*a*″，*B* 点在 *A* 之左 10 mm、之前 5 mm、之上 8 mm；作出 *B* 点的三面投影。

【解】 具体作图步骤如下：

(1) 如图 2-12(b)所示，可以根据 *B* 点在 *A* 点之左 10 mm、之上 8 mm，作出 *B* 点的正面投影 *b*′；再根据 *B* 点在 *A* 点之前 5 mm 作出 *B* 点的水平投影 *b*。

(2) 如图 2-12(c)所示，据 *b*′ 和 *b*，作出 *B* 点的侧面投影 *b*″。

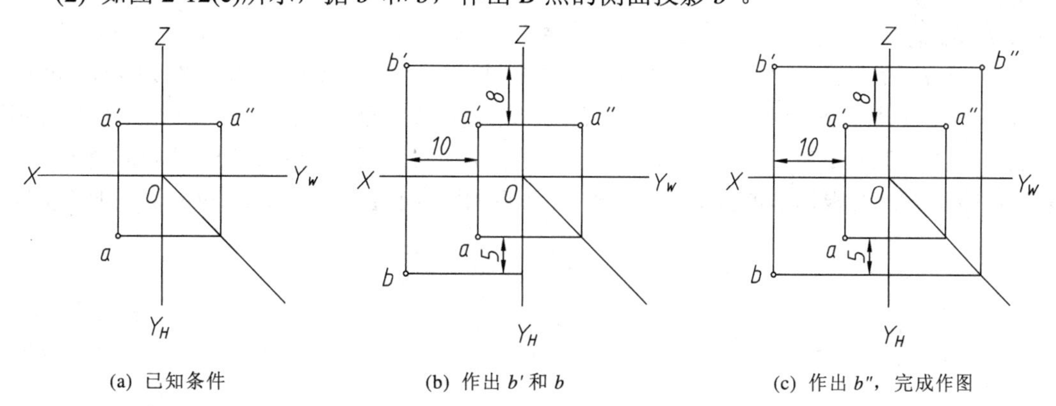

(a) 已知条件　　(b) 作出 *b*′ 和 *b*　　(c) 作出 *b*″，完成作图

图 2-12　利用两点的相对位置求点的投影

2.2.6　重影点

如图 2-13(a)所示，点 *C* 在点 *A* 的正后方 $Y_A - Y_C$ 处，点 *C* 与点 *A* 无左右距离差($X_A - X_C = 0$)，也无上下距离差($Z_A - Z_C = 0$)，因此 *A* 与 *C* 的正面投影重合为一点，我们称 *A* 点与 *C* 点

为对正面投影(或对正面)的重影点。同理，若两点处在正上、正下的位置，这时两点在 H 面的投影重合，称这两点为对水平面的重影点；若两点处在正左、正右的位置，这时两点在 W 面的投影重合，称这两点为对侧面的重影点。

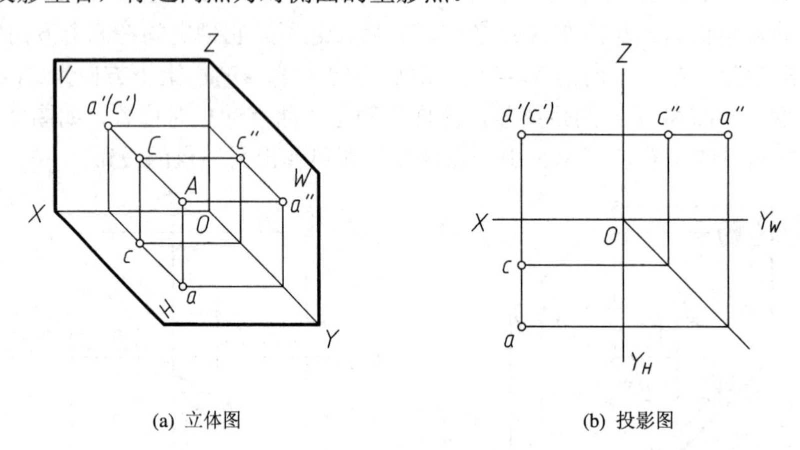

(a) 立体图 (b) 投影图

图 2-13 重影点

两点的投影重合，就产生了可见性的问题，对 V 面的重影点的可见性，应该是前面的点遮住后面的点，称为“前遮后”；同理，对 H 面的重影点的可见性，应为“上遮下”；对 W 面的重影点的可见性，应为“左遮右”。

图 2-13 中的 A、C 为对 V 面的重影点，在 V 面上可见性为“前遮后”，即 a' 遮 c'。在图 2-13(b)中，将 a' 写在前，c' 写在后并加上括号，表示 a' 可见，c' 不可见，记作 $a'(c')$。在不强调可见性时，也可不加括号，记作 $a'c'$。

【例 2-4】 如图 2-14(a)所示，(1) 已知点 A 与点 B 为对 H 面的重影点，B 距 A 为 5 mm，求 b'、b''；(2) 已知点 C 与点 A 为对 W 面的重影点，C 在 A 之左 10 mm，求 C 的三面投影 c、c'、c''。

【解】

(1) 求 b'、b''。因为点 A 与点 B 为对 H 面的重影点，从图 2-14(a)的水平投影 $b(a)$可知，只有 B 点在 A 点的正上方时，才产生 B 点的水平投影 b 遮住 A 点的水平投影 a 的情况，根据已知条件“B 距 A 为 5 mm”可知，B 点应该在 A 点的正上方 5 mm 处，由此可作出 b 点的正面投影 b'；再根据点的投影规律，作出 B 点的侧面投影 b''(见图 2-14(b))，完成作图。

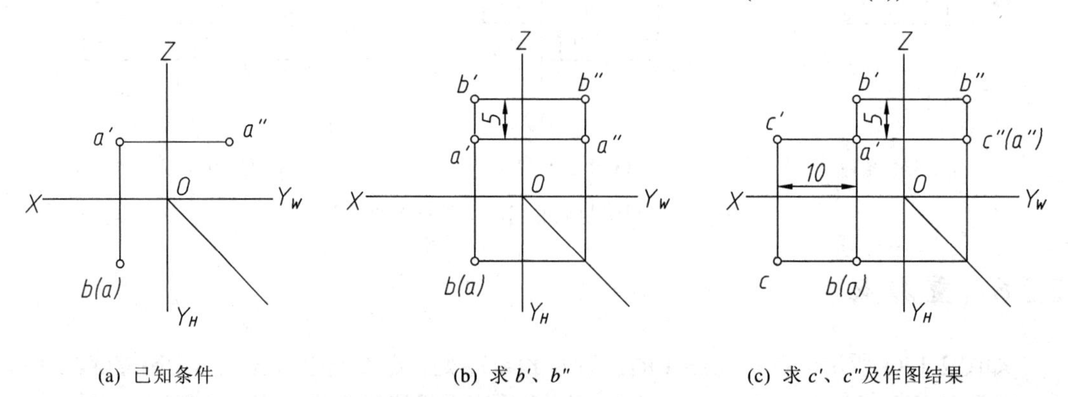

(a) 已知条件 (b) 求 b'、b'' (c) 求 c'、c''及作图结果

图 2-14 利用重影点求点的投影

(2) 求 c、c'、c''。如图 2-14(c)所示，因为点 C 与点 A 为对 W 面的重影点、C 在 A 之左，所以侧面投影中，C、A 两点重影，且据“左遮右”，侧面投影中，c'' 可见，a'' 不可见，从而可确定 c''；根据“C 在 A 之左 10 mm”，在正面投影中 a' 正左方 10 mm 处得到 c'；再根据点的投影规律，可作出 C 点的水平投影 c，完成作图。

2.3　直线的投影

2.3.1　直线的分类和投影特性

两点可确定一直线，直线的投影由该直线上两点的投影所确定。因此，直线的投影问题仍可归结为点的投影问题。将直线上两点的同面投影(在同一个投影面上的投影)相连就得到了该直线的投影。

1. 直线对单一投影面的投影特性

直线相对于单一投影面(以 H 面为例)有三种位置：

(1) 直线平行于投影面：如果用 α 表示直线对 H 面的倾角(夹角)，如图 2-15(a)所示，在直线 AB 平行于 H 面时，倾角 $\alpha = 0°$，其投影 ab 反映实长，$ab = AB$，即投影长度等于空间直线的真实长度。

(2) 直线垂直于投影面：如图 2-15(b)所示，在直线 CD 垂直于 H 面时，倾角 $\alpha = 90°$，其投影积聚为一点 $c(d)$。

(3) 直线倾斜于投影面：如图 2-15(c)所示，在直线 EF 倾斜于 H 面时，其投影为一直线 ef，$ef = EF \times \cos\alpha$，显然，$ef$ 小于直线的实长 EF。

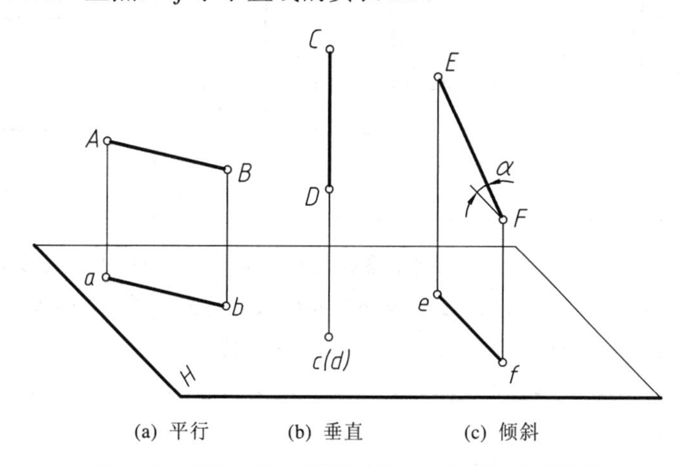

图 2-15　直线对单一投影面的三种位置及投影特性

2. 直线在三投影面体系中的分类及投影特性

在三投影面体系中，直线按照对投影面的相对位置可分为三类：投影面垂直线、投影面平行线和一般位置直线。投影面平行线和投影面垂直线又统称为特殊位置直线。直线对投影面 H、V、W 面的倾角，分别用 α、β、γ 表示。

1) 投影面垂直线

投影面垂直线指垂直于一个投影面，与另外两个投影面平行的直线。按照直线垂直于哪一个投影面，可将投影面垂直线分为

投影面垂直线
- 正垂线(*V* 面垂直线)：⊥*V* 面，//*H* 面，//*W* 面
- 铅垂线(*H* 面垂直线)：⊥*H* 面，//*V* 面，//*W* 面
- 侧垂线(*W* 面垂直线)：⊥*W* 面，//*H* 面，//*V* 面

当直线垂直于投影面时，倾角为 90°；当直线平行于投影面时，倾角为 0°。

表 2-1 给出了投影面垂直线的投影特性。

表 2-1　投影面垂直线的投影特性

名称	正垂线(⊥*V* 面，//*H* 和 *W* 面)	铅垂线(⊥*H* 面，//*V* 和 *W* 面)	侧垂线(⊥*W* 面，//*H* 和 *V* 面)
空间情况			
投影图			
投影特性	① 正面投影积聚为一点。 ② $ab = a''b'' = AB$，反映实长。 ③ $ab \perp OX$，$a''b'' = \perp OZ$	① 水平投影积聚为一点。 ② $a'b' = a''b'' = AB$，反映实长。 ③ $a'b' \perp OX$，$a''b'' = \perp OY_W$	① 侧面投影积聚为一点。 ② $ab = a'b' = AB$，反映实长。 ③ $ab = \perp OY_H$，$a'b' \perp OZ$

2) 投影面平行线

投影面平行线指平行于一个投影面，倾斜于另外两个投影面的直线。按照直线平行于哪一个投影面，可将投影面平行线分为

投影面平行线
- 正平线(*V* 面平行线)：//*V* 面，∠*H* 面，∠*W* 面；真实反映 α、γ
- 水平线(*H* 面平行线)：//*H* 面，∠*V* 面，∠*W* 面；真实反映 β、γ
- 侧平线(*W* 面平行线)：//*W* 面，∠*H* 面，∠*V* 面；真实反映 α、β

表 2-2 给出了投影面平行线的投影特性。

表 2-2 投影面平行线的投影特性

名称	正平线(//*V*面，∠*H*和*W*面)	水平线(//*H*面，∠*V*和*W*面)	侧平线(//*W*面，∠*H*和*V*面)
空间情况	V Z b' a' α γ B b'' W A α γ a'' X O a b H Y	V Z a' b' a'' W A β γ b'' X B O a β γ b H Y	V Z a' A a'' b' β W β α O α X a B b'' b H Y
投影图	Z b' b'' a' α γ a'' X O Y_W a b Y_H	Z a' b' a'' b'' X O Y_W a β γ b Y_H	Z a' a'' β α b' b'' X O Y_W a b Y_H
投影特性	① $a'b'=AB$，反映实长。 ② $a'b'$与OX轴的夹角反映AB对H面的倾角α；$a'b'$与OZ轴的夹角反映AB对W面的倾角γ。 ③ $ab // OX$，$a''b'' // OZ$	① $ab=AB$，反映实长。 ② ab与OX轴的夹角反映AB对V面的倾角β；ab与OY_H轴的夹角反映AB对W面的倾角γ。 ③ $a'b' // OX$，$a''b'' // OY_W$	① $a''b''=AB$，反映实长。 ② $a''b''$与OY_W轴的夹角反映AB对H面的倾角α；$a''b''$与OZ轴的夹角反映AB对V面的倾角β。 ③ $ab // OY_H$，$a'b' // OZ$

3) 一般位置直线

一般位置直线∠*H*面、∠*V*面、∠*W*面，投影图上不能反映该直线的实长及对投影面*H*、*V*、*W*的倾角α、β、γ的真实大小(见图2-16(a))。

一般位置直线的投影特性如图2-16(b)所示。

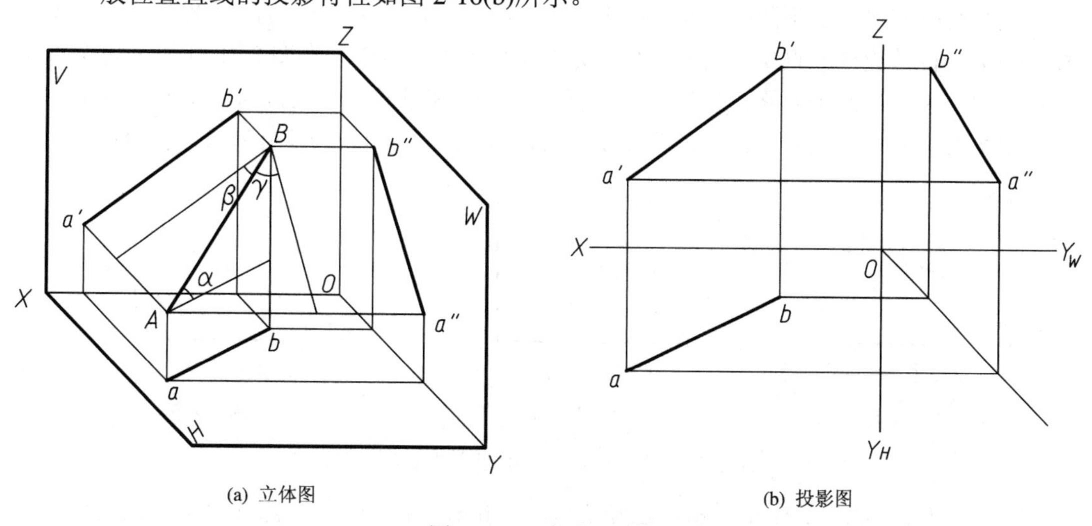

(a) 立体图

(b) 投影图

图2-16 一般位置直线

由于一般位置直线倾斜于三个投影面，所以在 *H*、*V*、*W* 面上的投影均为缩短的直线(类似性)，且不能真实反映该直线对三个投影面倾角的真实大小。

2.3.2　直角三角形法

下面讨论用直角三角形法求一般位置直线的实长及对投影面倾角的方法，这类问题还可以用第 3 章介绍的换面法解决。

如图 2-17(a)所示，*AB* 为一般位置直线，*ab* 为水平投影，*a'b'* 为正面投影。在平面 *AabB* 中，作 $AB_0 /\!/ ab$，构成直角三角形 ABB_0。在直角三角形 ABB_0 中，直角边 $AB_0=ab$，$BB_0=Bb-Aa=Z_B-Z_A$(B、A 两点的 Z 坐标差)；斜边 *AB* 即为实长。实长 *AB* 与水平投影 *ab* 的夹角为 *AB* 与 *H* 面的倾角α。如图 2-17(b)所示，已知直线 *AB* 的水平投影 *ab* 和正面投影 *a'b'*，可在 *H* 面上利用水平投影 *ab* 作出直角三角形，求出实长 *AB* 和α；也可如图 2-17(c)所示，在正面投影中利用两点的 *Z* 坐标差 Z_B-Z_A，作出直角三角形，求得实长 *AB* 和α。

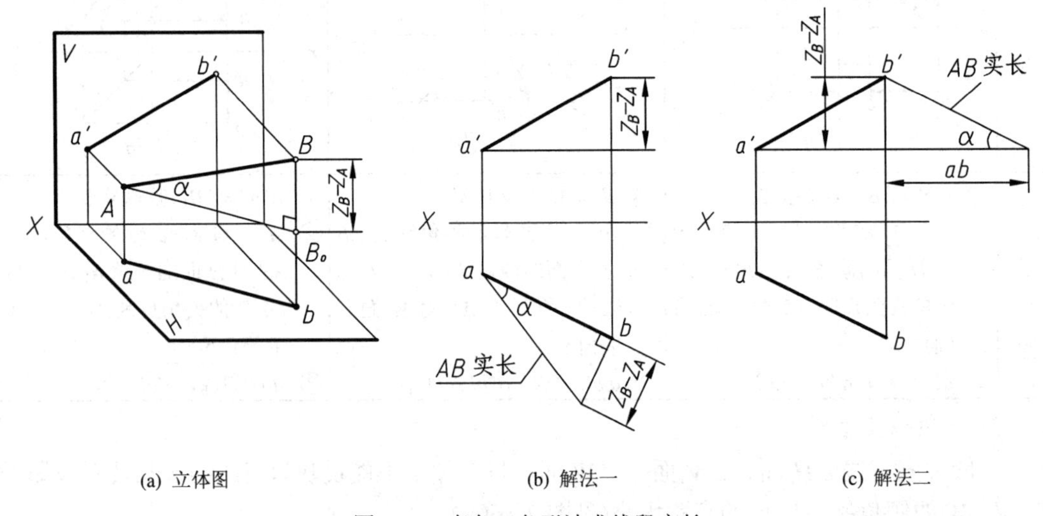

(a) 立体图　　(b) 解法一　　(c) 解法二

图 2-17　直角三角形法求线段实长

同理，我们也可以正面投影长 *a'b'* 或侧面投影长 *a"b"* 为一直角边，以 *Y* 坐标差或 *X* 坐标差为另一直角边构成直角三角形，求得实长 *AB* 和倾角 β或 γ。在图 2-18 所示的每个直角三角形中，包含着四个要素：投影长、坐标差、实长和倾角。只要知道其中两个要素，即可求出另两个要素。图中，ΔX、ΔY、ΔZ 分别表示两点在 *X* 轴、*Y* 轴和 *Z* 轴的坐标差。

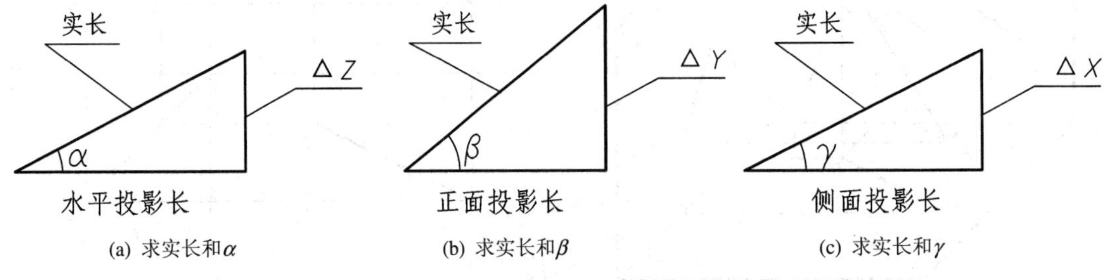

(a) 求实长和α　　(b) 求实长和β　　(c) 求实长和γ

图 2-18　直角三角形法中四个要素关系图

【例 2-5】 如图 2-19(a)所示，已知 $EF=30$ mm，且 *F* 点在 *E* 点的上方，试用直角三

角形法求出正面投影 $e'f'$。

【解】 本例是确定 f' 的问题，只要能够得到正面投影长 $e'f'$ 或 Z 坐标差($\Delta Z=Z_e-Z_f$)，即可确定 f'。由已知条件可知，用直角三角形法解题有三个条件：EF 实长 30 mm，水平投影长 ef 和 Y 坐标差$\Delta Y=Y_e-Y_f$，因此可以用图 2-18(a)、(b)所示的直角三角形解题。

图 2-19(b)、(c)分别给出了两种解题方法。

解法一：如图 2-19(b)所示，在 H 面上以 ef 为底边，根据 $EF=30$ mm，作出直角三角形，求出 Z 坐标差；在正面投影中，根据 ΔZ 求得 f'，连接 $e'f'$ 即可。

解法二：如图 2-19(c)所示，在 H 面上以 ΔY 为直角边，根据 $EF=30$ mm，作出直角三角形，求出 $e'f'$ 的实长；在正面投影中，根据 $e'f'$ 的实长求得 f'，连接 $e'f'$ 即可。

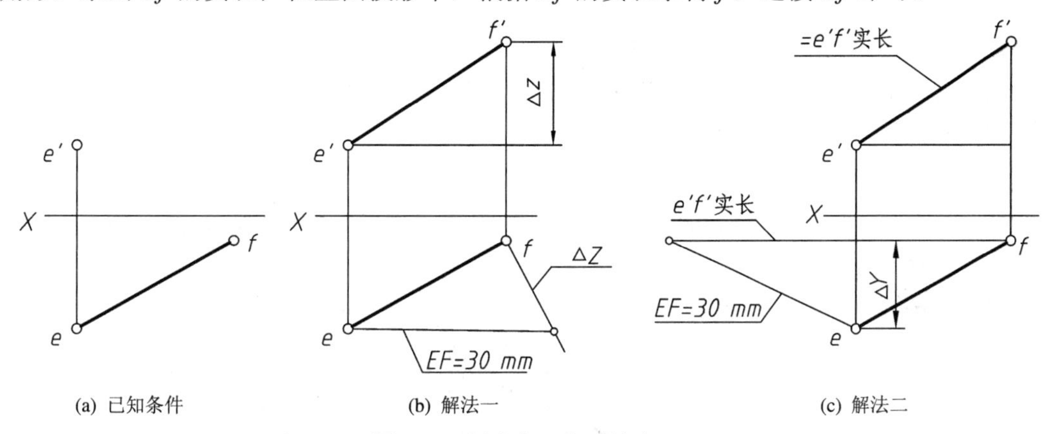

(a) 已知条件　(b) 解法一　(c) 解法二

图 2-19　用直角三角形法求 $e'f'$

2.3.3　直线上点的投影

(1) 如果点在直线上，则点的投影在直线的同面投影上。

在图 2-20(a)中，因为点 D 是线段 AB 上的一点，所以点 D 的正面投影 d' 必在 $a'b'$ 上，点 D 的 H 面投影 d 必在 ab 上。同理，点 D 的侧面投影 d'' 必在 AB 的侧面投影 $a''b''$ 上(图中未给出)。

(2) 不垂直于投影面的直线上的点，分割直线之比在投影前后保持不变(定比定理)。

由图 2-20(a)可知，在平面 $AabB$ 上，$Aa\,//\,Dd\,//\,Bb$，因此 $AD:DB=ad:db=a'd':d'b'=a''d'':d''b''$(在侧面投影上)。图 2-20(b)为投影图。

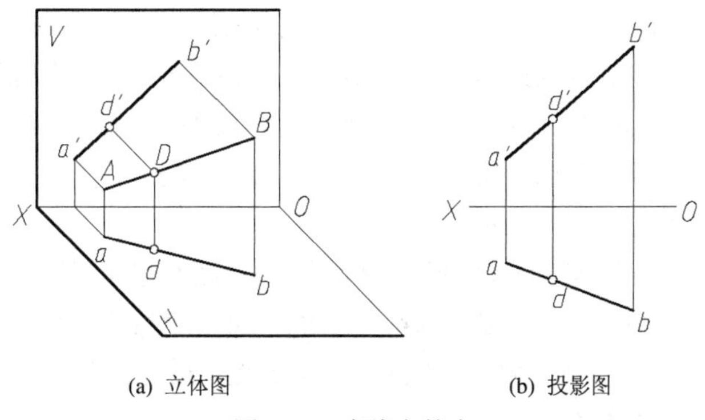

(a) 立体图　(b) 投影图

图 2-20　直线上的点

【例 2-6】 如图 2-21(a)所示，已知直线 AB 的两面投影，试在直线上求出一点 C，使 $AC:CB=2:3$，C 点用两面投影 c、c' 表示。并知 D 点也在 AB 上，距离 V 面为 7 mm，求出 D 点的两面投影 d 和 d'。

【解】 如图 2-21(b)所示，如果 $AC:CB=2:3$，则 $ac:cb=a'c':c'b'=2:3$。只要将 AB 分成 5 等份，再根据比例关系即可求出 C 点的水平投影 c 和正面投影 c'。如图 2-21(c)所示，因为 D 点距离 V 面为 7 mm，所以 d 应在 OX 轴下方距离为 7 mm 的水平直线上(实际为一平面)，由 d 求得 d'。

作图求点 C(见图 2-21(b))：

(1) 由 a(或 b)任作一直线 aB_0。

(2) 在 aB_0 上以适当长度取 5 等份，得等分点 1、2、3、4、5。

(3) 连接 $b5$，自 2 作直线平行于 $b5$，此直线与 ab 的交点即为 c 点。

(4) 由 c 求得 c'，c 及 c' 即为所求。

作图求点 D(见图 2-21(c))：

(1) 在 OX 轴下方作一条相距 OX 轴 7 mm 且平行于 OX 轴的直线，此直线与 ab 的交点即为 D 点的水平投影 d。

(2) 由 d 作 OX 轴的垂线，在 $a'b'$ 上得到其正面投影 d'，d 及 d' 即为所求。

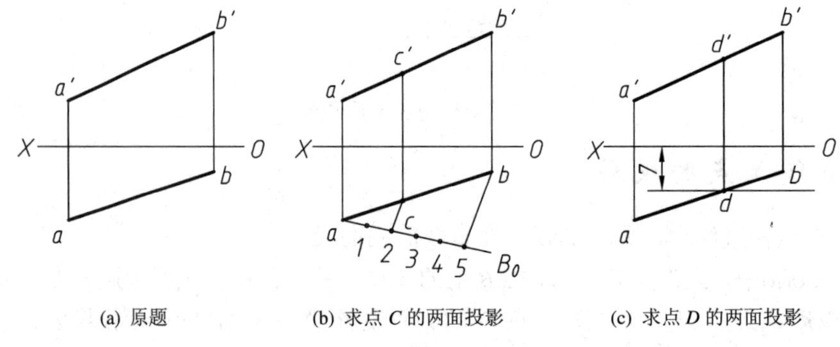

(a) 原题　(b) 求点 C 的两面投影　(c) 求点 D 的两面投影

图 2-21　求点 C 和点 D 的两面投影

【例 2-7】 如图 2-22(a)所示，试判断点 K 是否在直线 AB 上。

【解】 图中 AB 是一条侧平线，在这种情况下，虽然 K 点的正面投影和水平投影似乎都在 AB 的同面投影上，但还不足以说明 K 一定在直线 AB 上(也可能是直线与线外一点构成的一个垂直于 H、V 的平面)，这时可用两种方法判断。

解法一：根据直线上点的投影特性，利用第三面投影即求出侧面投影来判断。如图 2-22(b)所示，构建三投影面体系，作出 AB 的侧面投影 $a''b''$；再按照点的投影规律，求出 K 点的侧面投影 k''。如果 k'' 在 AB 的侧面投影 $a''b''$ 上，则 K 点在直线 AB 上，反之则不在。由作图结果可知，K 点不在直线 AB 上。

解法二：利用定比定理来判断(如图 2-22(c)所示)。过 b(也可过 a、a' 或 b')作一条直线，在直线上取 $bA_0=a'b'$，$bK_0=b'k'$；连接 aA_0，过 K_0 作直线平行于 aA_0，如果 K 点在直线 AB 上，则过 K_0 所作平行于 aA_0 的直线与 ab 应相交于 k 点，反之，则 K 点不在直线 AB 上。由作图结果可知，K 点不在直线 AB 上。

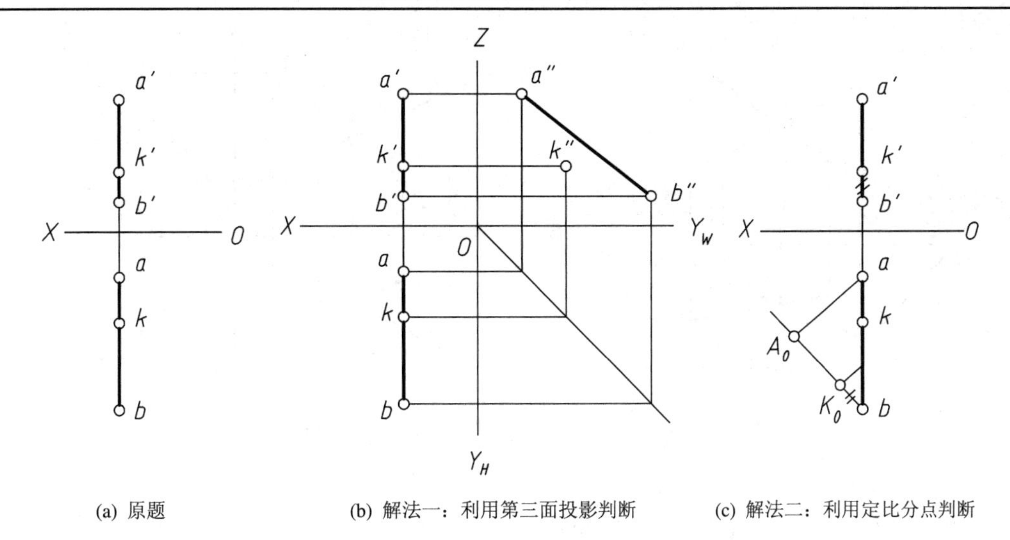

(a) 原题　　(b) 解法一：利用第三面投影判断　　(c) 解法二：利用定比分点判断

图 2-22　判断点 K 是否在直线 AB 上

2.3.4　两直线的相对位置

空间两直线的相对位置有三种情况：平行、相交和交叉(既不平行，也不相交)。下面分别讨论它们的投影特性。

1. 平行两直线

如图 2-23(a)所示，若空间两直线平行，则两直线的同面投影也分别平行，即 $AB \parallel CD$，则 $ab \parallel cd$、$a'b' \parallel c'd'$、$a''b'' \parallel c''d''$。一般情况下，要看两条直线是否平行，只要看它们在两个投影面上的同面投影是否平行即可判断，如图 2-23(b)所示。但当两条直线都是投影面的平行线时，则要看它们在所平行的投影面上是否平行(参见例 2-10)。

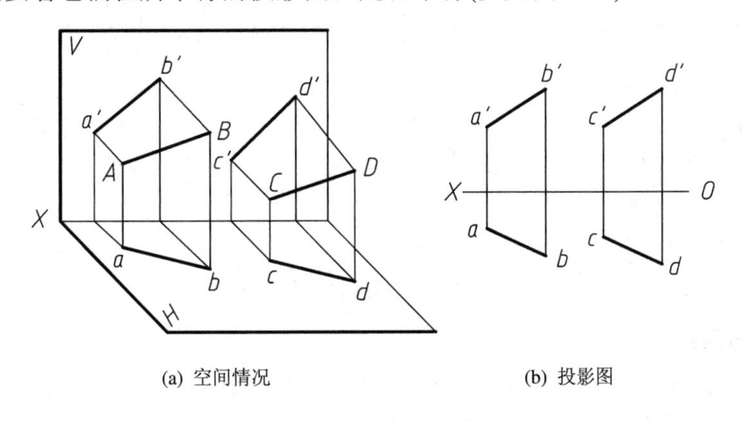

(a) 空间情况　　(b) 投影图

图 2-23　平行两直线

2. 相交二直线

如图 2-24 所示，若空间两直线相交，同面投影均相交，且交点的投影一定符合点的投影规律(即交点的正面投影与水平投影的连线⊥OX 轴；正面投影与侧面投影的连线⊥OZ 轴；水平投影到 OX 轴的距离等于侧面投影到 OZ 轴的距离)。

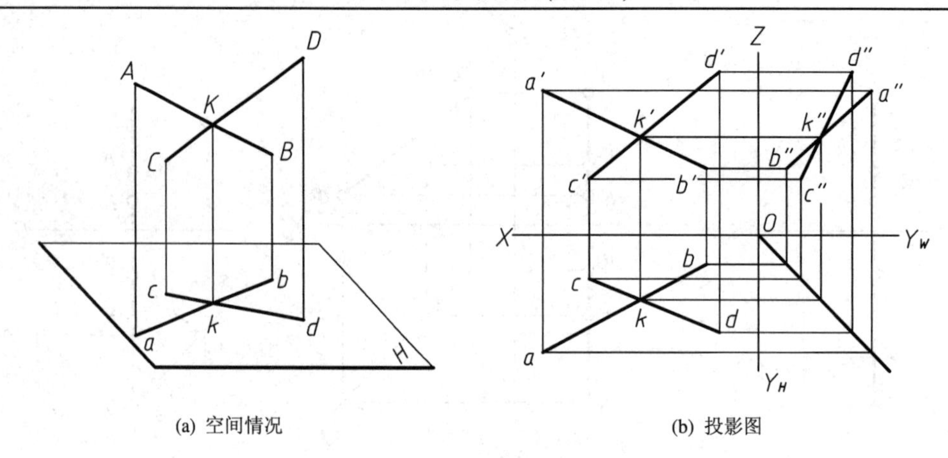

(a) 空间情况　　(b) 投影图

图 2-24　相交两直线

【例 2-8】 如图 2-25(a)所示，已知 *AB*、*CD* 为相交两直线，求 *AB* 的正面投影。

【解】 根据相交两直线的投影特点，可求出交点 *K* 的水平投影 *k*，并求得正面投影 *k*′，*a*′必在 *b*′*k*′的延长线上，据此求出 *a*′，得到 *a*′*b*′。

作图步骤如下：

(1) 如图 2-25(b)所示，*ab*、*cd* 的交点即为 *K* 点的水平投影 *k*，过 *k* 作 *OX* 轴的垂线，在 *c*′*d*′上得到 *k*′。

(2) 如图 2-25(c)所示，连接 *b*′*k*′并延长，过 *a* 作 *OX* 轴的垂线与 *b*′*k*′的延长线相交得到 *a*′，连接 *a*′*b*′即为所求。

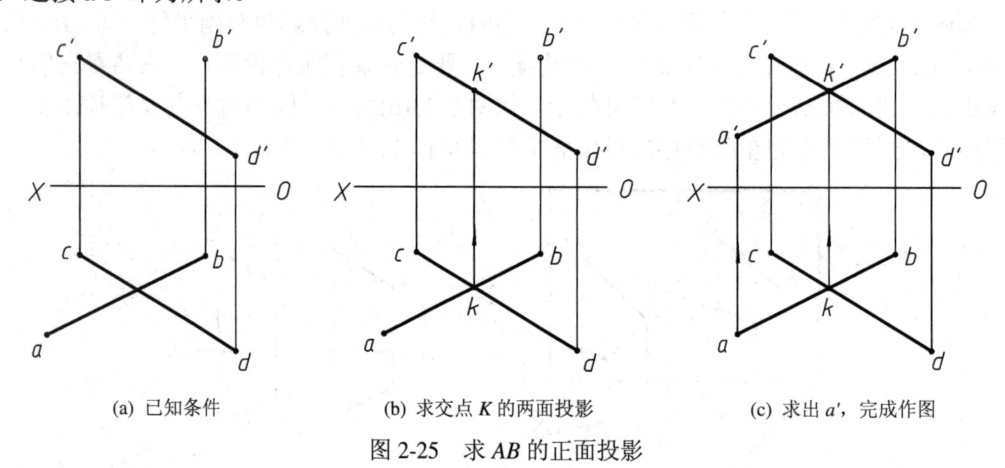

(a) 已知条件　　(b) 求交点 *K* 的两面投影　　(c) 求出 *a*′，完成作图

图 2-25　求 *AB* 的正面投影

3. 交叉两直线

如图 2-26(a)所示，*AB*、*CD* 为空间既不平行也不相交的两直线，称为交叉两直线。交叉两直线在空间中不存在交点，但在同面投影图上可能出现相交的情况，此时投影图上的“交点”是两直线上点的同面投影重合产生的，即重影点的投影，如水平投影中的交点 1(2)，是两直线上Ⅰ、Ⅱ两点对水平面的重影点。

如图 2-26(b)所示，交叉两直线的同面投影可能都相交，但各同面投影交点的关系不符合点的投影规律，均为重影点的投影。此处有三对重影点，如水平投影中的交点 1(2)，是直线 *AB*、*CD* 对 *H* 面的一对重影点，由 1(2)可求出 1′2′、1″2″。

有时，交叉两直线会出现两组同面投影平行，另一组相交的情况，如图 2-26(c)所示，图中的直线 *AB*、*CD* 是两条交叉的侧平线，有一对重影点。

如图 2-26(d)所示，还会出现两组同面投影相交、另一组平行，有两对重影点的情况。

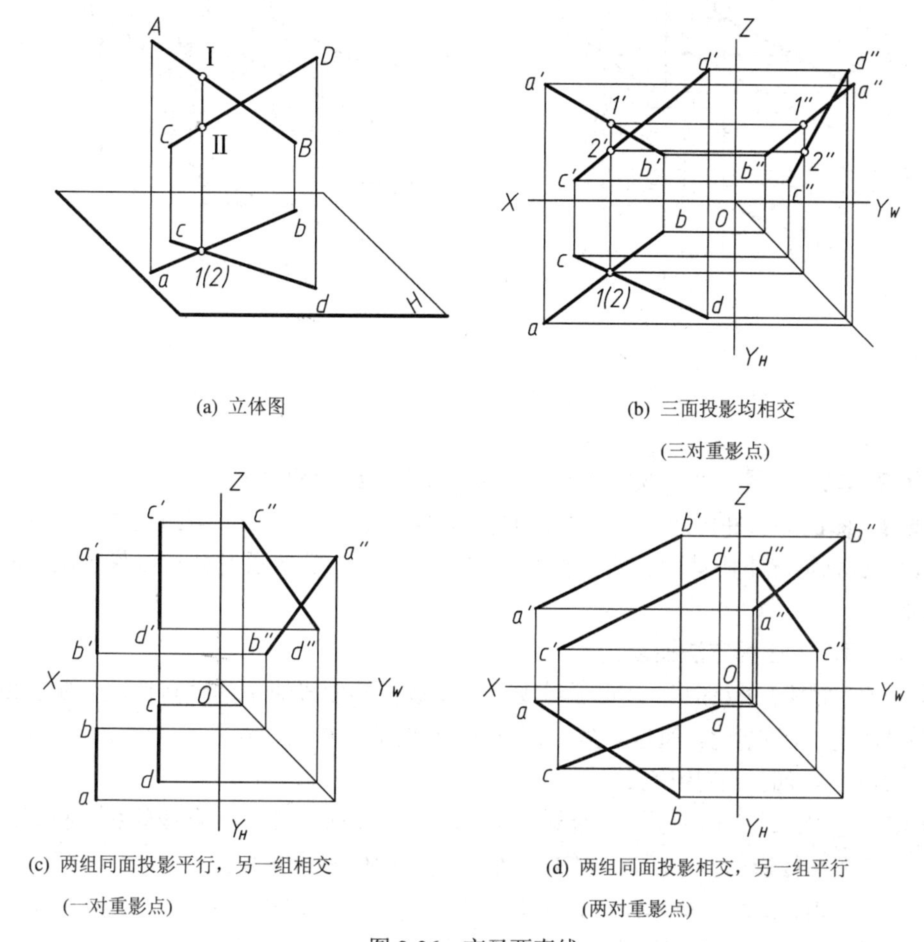

(a) 立体图　　(b) 三面投影均相交(三对重影点)

(c) 两组同面投影平行，另一组相交(一对重影点)　　(d) 两组同面投影相交，另一组平行(两对重影点)

图 2-26　交叉两直线

【例 2-9】 如图 2-26(d)所示，作出交叉两直线 *AB*、*CD* 对水平面的重影点 *EF* 和对侧面的重影点 *MN* 的三面投影，并表明重影点的可见性(不可见的点放在后面)。

【解】(1) 求 *EF*。如图 2-27(a)所示，首先在 *H* 面上确定 *AB*、*CD* 对水平面重影点的水平投影 *ef*，然后作投射线垂直于 *OX* 轴，在 *AB*、*CD* 的正面投影上得到 e' 和 f'；根据直线上点的投影特性，分别过 e'、f' 作投射线垂直于 *OZ* 轴，即可在 *AB*、*CD* 的侧面投影上得到 e'' 和 f'(也可由 *ef* 利用 45° 斜线得到 e''、f'')。对 *H* 面重影点的可见性可由 *V* 面投影的“上遮下”判断，显然，在 *V* 面上，$a'b'$ 上的 e' 点位于 $c'd'$ 上的点 f' 的上方，所以在水平投影中，*e* 点可见写在前面，*f* 点不可见写在后面。

(2) 求 *MN*。如图 2-27(b)所示，首先在 *W* 面确定 *AB*、*CD* 对侧面重影点的侧面投影 $m''n''$，然后作投射线垂直于 *OZ* 轴，在 *AB*、*CD* 的正面投影上得到 m' 和 n'；根据直线上点的投影特性，分别过 m'、n' 作投射线垂直于 *OX* 轴，即可在 *AB*、*CD* 的水平投影上得到 *m* 和 *n*(也可由 $m''n''$ 利用 45° 斜线得到 *m*、*n*)。对侧面重影点的可见性可由 *V* 面投影的“左遮右”判断，显然，在 V 面上，$a'b'$ 上的 m' 点位于 $c'd'$ 上的点 n' 的左方，所以在侧面投影中，m'' 点可见写在前面，n'' 点不可见写在后面。

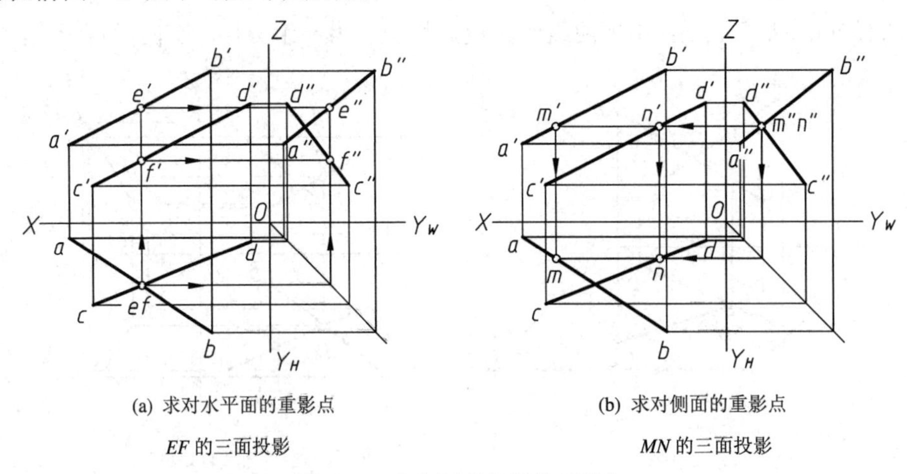

(a) 求对水平面的重影点 EF 的三面投影　　(b) 求对侧面的重影点 MN 的三面投影

图 2-27　求交叉两直线的重影点

【例 2-10】 如图 2-28(a)所示，判断直线 AB 和 CD 的相对位置。

【解】 由已知条件可知，AB、CD 是两条侧平线，在 V、H 面的投影中，$ab /\!/ cd$、$a'b' /\!/ c'd'$，这种情况下不能直接得到两直线平行的结论，需要通过分析或作图来判断两直线是否平行。

该题可用以下三种方法加以判断。

解法一：如图 2-28(a)所示，可通过观察两直线在同面投影中的端点情况，判断每条直线的空间位置，得到结论。通过观察，直线 AB 是向前、向上，直线 CD 则向后、向上，因此 AB、CD 两直线的位置为交叉。

解法二：如图 2-28(b)所示，可通过构建第三面投影来判断每条直线的相对位置。作出 AB 和 CD 的侧面投影相交，所以，AB、CD 两直线的位置为交叉。

解法三：如图 2-28(c)所示，连接 AB、CD 两直线的正面投影 $a'd'$ 和 $b'c'$，二者有交点 k'；水平投影 ad 和 bc 相连则无交点，这说明直线 AB、CD 不共面(因为若 AB 和 CD 平行，则必共面)，所以，AB、CD 两直线的位置为交叉。

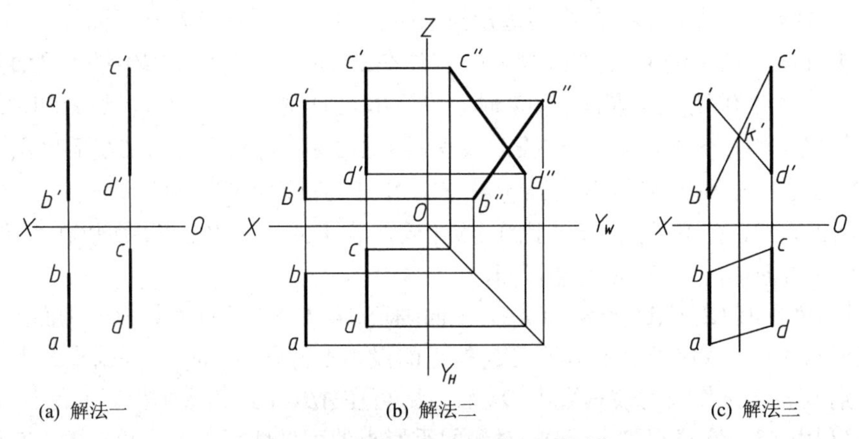

(a) 解法一　　(b) 解法二　　(c) 解法三

图 2-28　判断 AB、CD 的相对位置

【例2-11】 如图2-29(a)所示，判断直线AB和CD的相对位置。

【解】 因为AB、CD的同面投影均不平行，所以两条直线不平行。在两投影面体系中，如果两直线的同面投影相交，且交点的连线垂直于投影轴，一般可判断两直线空间位置相交，但是，当两直线之一为投影面平行线时，则不能断定两直线相交。

本例中，直线AB为侧平线，因此需要进一步作出判断，以确定两条直线的空间位置是相交还是交叉。

如图2-29所示，一般有三种判断方法：

(1) 直接观察法。通过观察很容易看出，$a'2':2'b' \neq a1:1b$，所以AB、CD的空间位置为交叉(图2-29(a))。

(2) 用定比定理判断。用定比定理可得k'(过a'作直线$a'B_0=ab$，在$a'B_0$上取$a'K_0=ak$，连接B_0b'，过K_0作直线平行于B_0b'，交点即为k')，显然K点不在直线CD上，因此AB、CD的空间位置为交叉(图2-29(b))。

(3) 用第三投影判断。可构建三投影面体系，利用第三投影加以判断，如图2-29(c)所示，作出了两直线的侧面投影，虽然三面投影均相交，但是投影面上的“交点”是重影点的投影，图中给出了正面投影中的一对重影点。可见，AB、CD的空间位置为交叉。

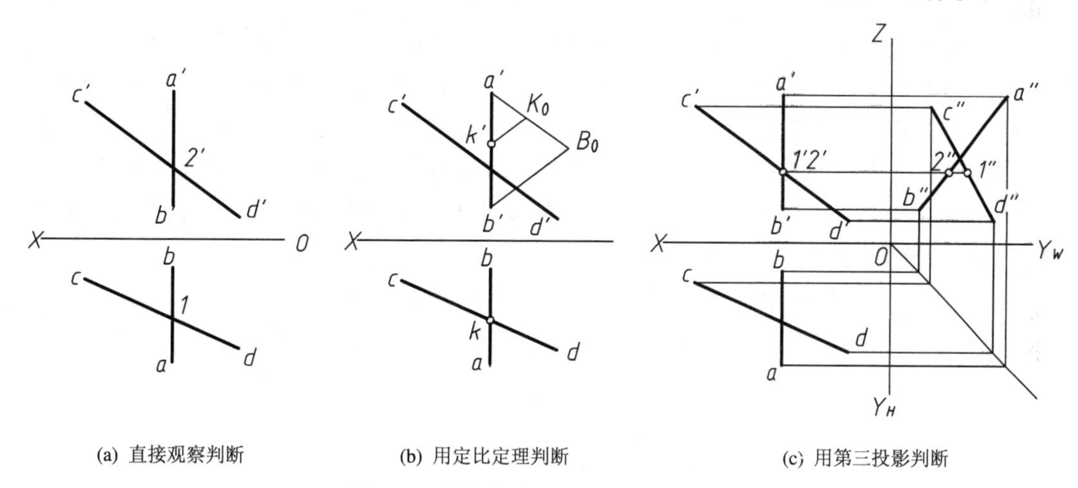

(a) 直接观察判断　　(b) 用定比定理判断　　(c) 用第三投影判断

图2-29　判断直线AB、CD的相对位置

【例2-12】 如图2-30(a)所示，已知直线AB、CD、EF，作正平线MN，且MN与直线AB、CD、EF分别交于点M、S、T，并知N点在H面之上8 mm处。

【解】 由已知条件可知，直线CD为铅垂线，所以MN的水平投影mn必过CD的水平投影cd，即MN与CD的交点S的水平投影s'与c、d重合，据此可作出过s且平行于OX轴的直线，该直线与ab的交点为m，与ef的交点为t。由t求出t'，m'由定比分点求出，连接$m't'$；在OX轴上方8 mm处作一条水平直线，进而求得n'和n，完成作图。

按以上分析，作图步骤如下(见图2-30(b))：

(1) 确定出s(与c、d重合)，作平行于OX轴的水平线，分别交ab、ef于点m、t。

(2) 由t作出t'，由m用定比分点法求出m'：过a'作直线$a'B_0=ab$，在$a'B_0$取$a'M_0=am$，连接B_0b'，过M_0作直线平行于B_0b'，该直线与$a'b'$的交点即为m'。

(3) 在 OX 轴上方 8 mm 处作一条水平直线，该水平直线与 $m't'$ 连线的延长线交于 n'，由 n' 在 mt 的延长线上求得 n。MN 的水平投影 mn 和正面投影 $m'n'$ 为所求。

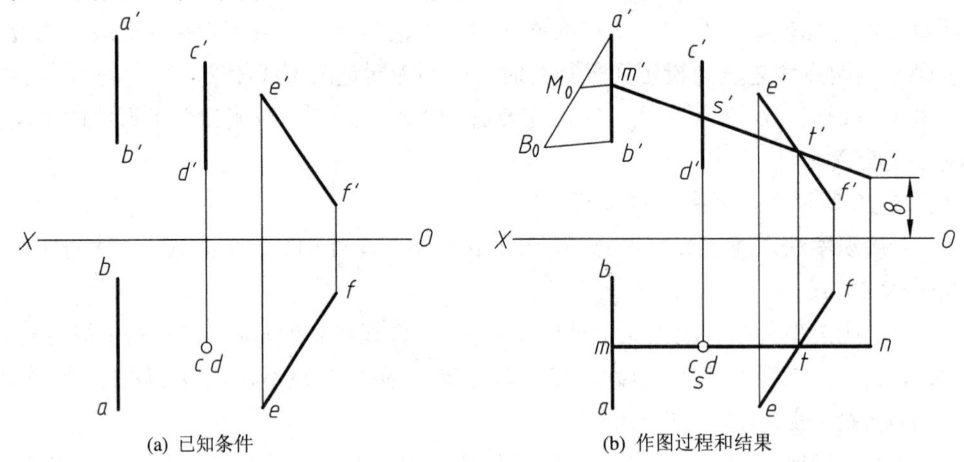

(a) 已知条件　　(b) 作图过程和结果

图 2-30　按要求作与三条直线相交的正平线

2.3.5　直角的投影特性

两直线相交成直角时，如果两直线都平行于某一投影面，则两直线在该投影面上投影的夹角仍为直角；如果两直线都不平行于某一投影面，则两直线在该投影面上的投影的夹角一般不是直角。当两直线相交成直角时，如果两直线中有一条直线平行于某一投影面，则两直线在该投影面上投影的夹角仍为直角，这就是直角的投影特性，如图 2-31 所示。

现以垂直相交两直线之一为 H 面平行线加以证明。如图 2-31(a)所示，已知 $AB \perp BC$，$AB /\!/ H$ 面，证明 $ab \perp bc$。

证明：因 $AB \perp BC$，$AB \perp Bb$，则 $AB \perp$ 平面 $BbcC$，所以 $ab \perp bc$。

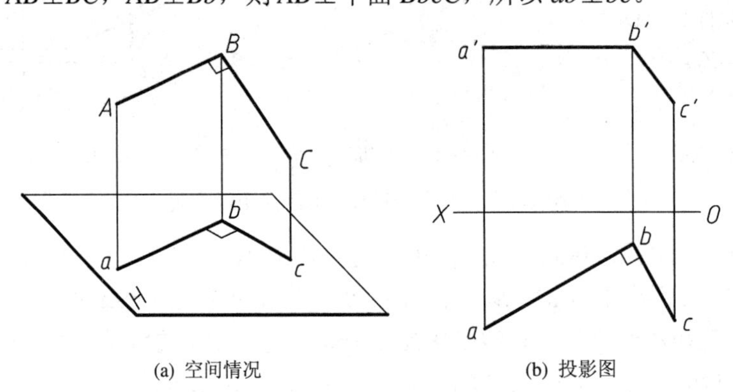

(a) 空间情况　　(b) 投影图

图 2-31　直角的投影特性

【例 2-13】 如图 2-32(a)所示，过点 C 作直线 $CD \perp AB$，D 为垂足。

【解】 由图 2-32(a)可看出，AB 为正平线，因为 $CD \perp AB$，所以依据直角投影定理可知，CD 的正面投影 $c'd'$ 应垂直于 AB 的正面投影 $a'b'$，从而求出 d'，再据投影关系求出 d。作图过程如图 2-32(b)所示：

(1) 过 c' 作 $c'd' \perp a'b'$，得到垂足 d'。

(2) 由 d' 求出 d。

(3) 连接 cd 即为所求。

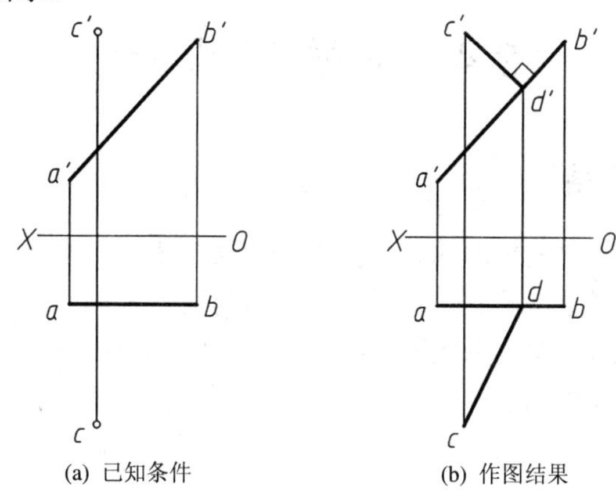

(a) 已知条件　　(b) 作图结果

图 2-32　过点 C 作直线 $CD \perp AB$

【例 2-14】 如图 2-33(a)所示，已知正方形 $ABCD$ 一边 AB 的两面投影 ab 和 $a'b'$，且 AB 为水平线，又知 C 点在 B 点的前上方，且距 H 面 20 mm，完成正方形 $ABCD$ 的两面投影。

【解】 如图 2-33(b)所示，因为 AB 是水平线，所以 $ab=AB$；因正方形中 $AB \perp CD$，AB 又是水平线，由直角投影定理可知，应有 $ab \perp ad$、$ab \perp cb$，据此可作出垂直于 ab 的两条直线，c、d 必在所作直线上；由于 C 点距离 H 面 20 mm，则 c'(包括 d')必在平行于 OX 轴、相距 20 mm 的直线上，由此可得到 $\Delta Z=\Delta Z_c-\Delta Z_b$。在已知 AB 和 ΔZ 时，即可利用直角三角形法求出 $bc=B_0C_0$。如图 2-33(c)所示，据 $bc=B_0C_0$ 可在 H 面上确定 c 点和 d 点，从而得到 c'和 d'，连接正方形顶点的两面投影，得到正方形。

作图方法如图 2-33(b)、(c)所示：

(1) 在 H 面上作两条直线分别垂直于 ab，c、d 点分别在所作直线上(据直角投影定理)。

(2) 在 OX 轴上方，相距 20 mm 处作一条与 OX 轴平行的直线，c'和 d'必在此线上，从而得到 $\Delta Z=Z_c-Z_b$。

(3) 据 AB(实长$=ab$)和 ΔZ，作出直角三角形，求得 BC 的水平投影 $bc=B_0C_0$。

(4) 在与 ab 垂直的两条直线上，量取 $bc=ad=B_0C_0$，得到 c 点和 d 点，进而求出 c' 和 d'。

(5) 连接 bc、cd、da 和 $b'c'$、$c'd'$、$d'a'$，得到正方形 $ABCD$ 的两面投影。

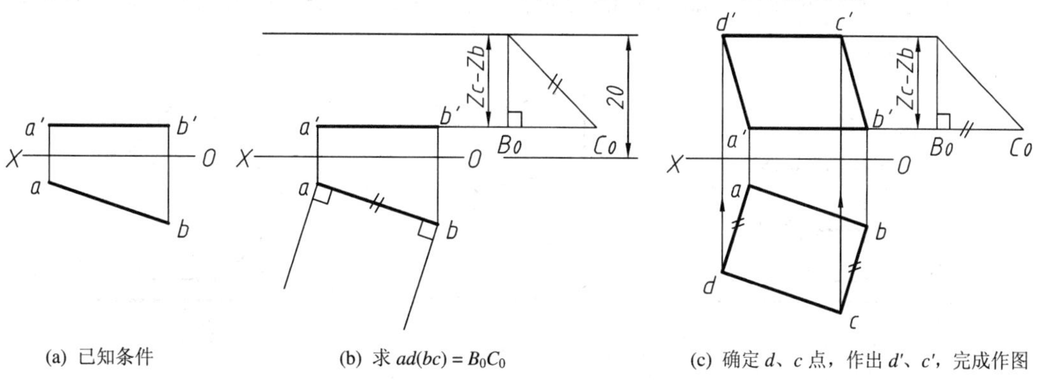

(a) 已知条件　　(b) 求 $ad(bc)=B_0C_0$　　(c) 确定 d、c 点，作出 d'、c'，完成作图

图 2-33　完成正方形 $ABCD$ 的两面投影

2.4 平面的投影

2.4.1 平面的表示法

空间一平面可以用确定该平面的几何元素的投影来表示。图 2-34 是用各组几何元素所表示的同一个平面的投影图。显然，各种几何元素是可以互相转换的。例如：将图 2-34(a)中 *A*、*B*、*C* 三点中 *AB* 的两面投影相连，即转变成了图 2-34(b)所示的直线与直线外一点表示的平面；将图 2-34(b)中的 *AC* 的两面投影相连，即转变成了图 2-34(c)所示的用相交两直线表示的平面等。至于具体采用何种几何元素表示平面，可根据作图需要来选择。

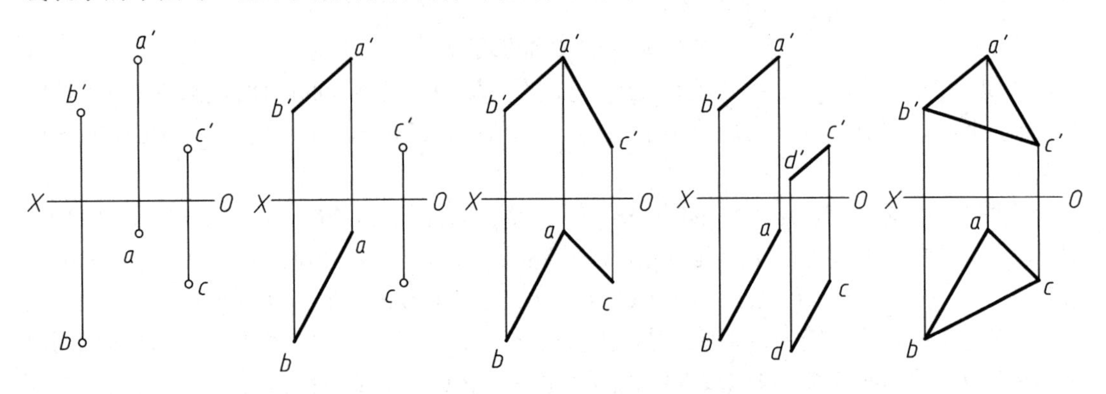

(a) 不在同一直线上的三点 (b) 直线与直线外一点 (c) 相交两直线 (d) 平行两直线 (e) 任意平面图形

图 2-34 用几何元素表示平面

2.4.2 平面的分类和投影特性

平面的投影是由平面对投影面的相对位置所决定的。

1. 平面对单一投影面的投影特性

平面相对于单一投影面(以 *H* 面为例)有三种位置：

(1) 平面平行于投影面：如图 2-35(a)所示，当平面 *P* 平行于 *H* 面时，其投影 *p* 反映了空间平面 *P* 的实形。

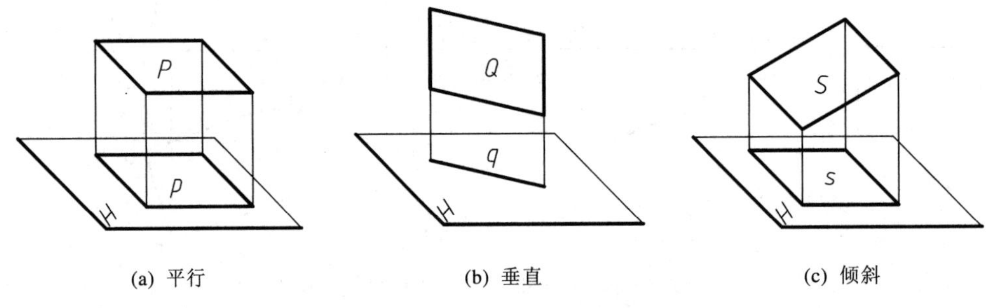

(a) 平行 (b) 垂直 (c) 倾斜

图 2-35 平面对单一投影面的三种位置及投影特性

(2) 平面垂直于投影面：如图 2-35(b)所示，当平面 *Q* 垂直于 *H* 面时，其投影积聚为一

直线 q。

(3) 平面倾斜于投影面：如图 2-35(c)所示，在四边形所表示的平面 S 倾斜于 H 面时，其投影为一面积缩小的平面四边形 s，不反映平面 S 的实形。这里，平面四边形 S 的投影仍是平面四边形 s，只是面积缩小，称投影 s 是平面 S 的类似形。

2．平面在三投影面体系中的分类及投影特性

在三投影面体系中，平面按照对投影面的相对位置可分为三类：投影面平行面，投影面垂直面和一般位置平面。投影面平行面和投影面垂直面又统称为特殊位置平面。平面对投影面 H、V、W 面的倾角，分别用 α、β、γ 表示。

1) 投影面平行面

投影面平行面指平行于一个投影面，垂直于另外两个投影面的平面。按照平面平行于哪一个投影面，可将投影面平行面分为：

投影面平行面
- 正平面(V 面平行面)：$/\!/ V$ 面，$\perp H$ 面，$\perp W$ 面
- 水平面(H 面平行面)：$/\!/ H$ 面，$\perp V$ 面，$\perp W$ 面
- 侧平面(W 面平行面)：$/\!/ W$ 面，$\perp H$ 面，$\perp V$ 面

表 2-3 列出了三种投影面平行面的投影特性。

表 2-3　投影面平行面的投影特性

	正　平　面	水　平　面	侧　平　面
空间情况			
投影图			
投影特性	① 正面投影 p' 反映实形； ② 水平投影 $p/\!/OX$ 轴、侧面投影 $p''/\!/OZ$ 轴，均积聚为一直线	① 水平投影 p 反映实形； ② 正面投影 $p'/\!/OX$ 轴、侧面投影 $p''/\!/OY_W$ 轴，均积聚为一直线	① 侧面投影 p'' 反映实形； ② 正面投影 $p'/\!/OZ$ 轴、水平投影 $p/\!/OY_H$ 轴，均积聚为一直线

从表 2-3 可总结出用平面图形表示的投影面平行面的投影特性：

(1) 在平面所平行的投影面上，投影反映平面的实形(真实形状)。

(2) 其它两个投影面上的投影均积聚为直线，且平行于相应的轴线。

2) 投影面垂直面

投影面垂直面指垂直于一个投影面，与另外两个投影面倾斜的平面。按照平面垂直于

哪一个投影面，可将投影面垂直面分为：

投影面垂直面
- 正垂面(V面垂直面)：$\perp V$面，$\angle H$面，$\angle W$面，真实反映 α、γ
- 铅垂面(H面垂直面)：$\perp H$面，$\angle V$面，$\angle W$面，真实反映 β、γ
- 侧垂面(W面垂直面)：$\perp W$面，$\angle H$面，$\angle V$面，真实反映 α、β

当平面垂直于投影面时，倾角为 90°；当平面平行于投影面时，倾角为 0°。

表 2-4 列出了三种投影面垂直面的投影特性。

表 2-4　投影面垂直面的投影特性

名称	正垂面	铅垂面	侧垂面
空间情况	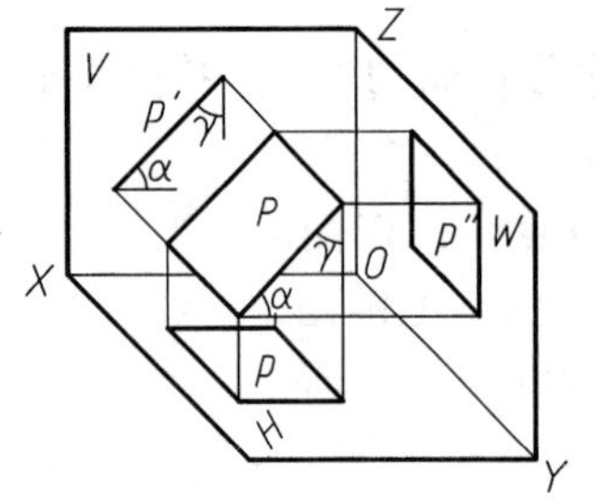	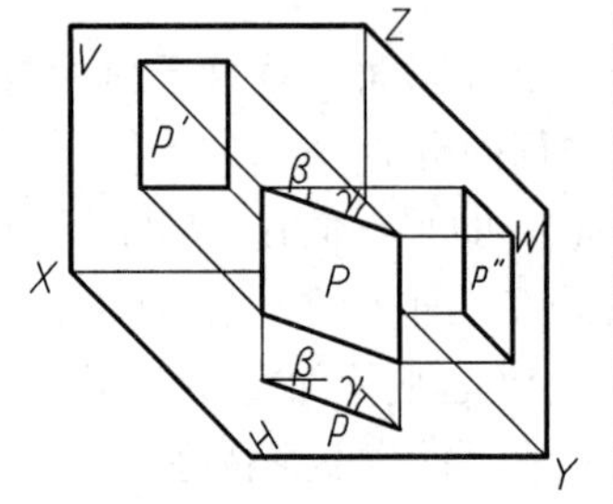	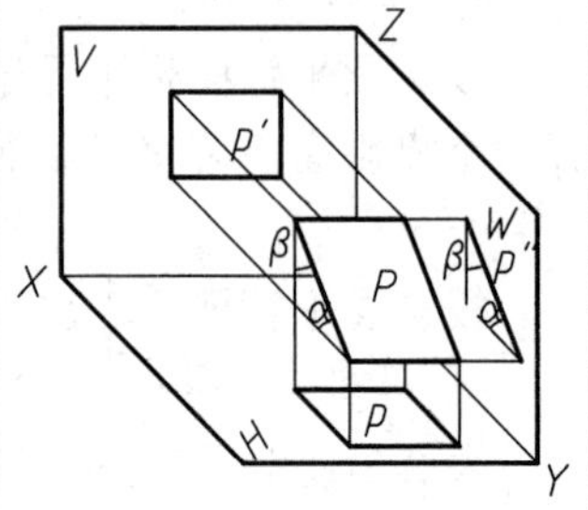
投影图	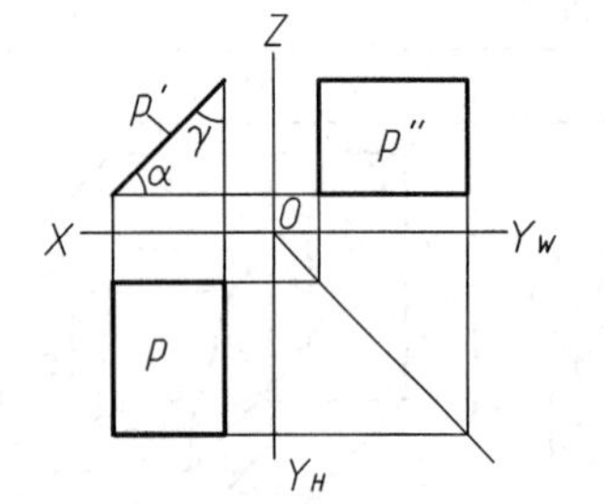	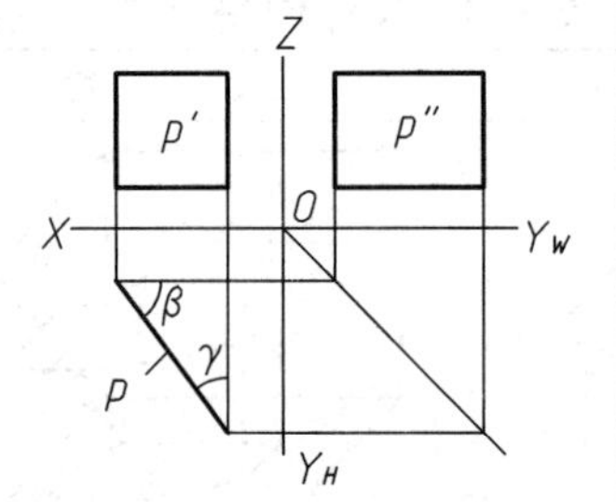	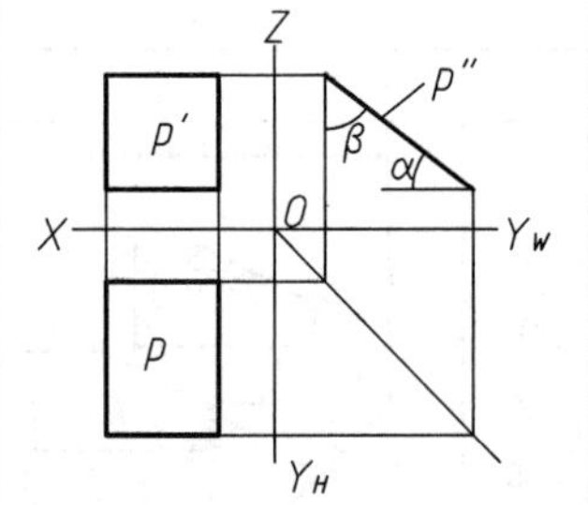
投影特性	① 正面投影 p' 积聚为直线，并反映真实倾角 α 和 γ； ② 水平投影 p 和侧面投影 p'' 为缩小的四边形(类似形)	① 水平投影 p 积聚为直线，并反映真实倾角 β 和 γ； ② 正面投影 p' 和侧面投影 p'' 为缩小的四边形(类似形)	① 侧面投影 p'' 积聚为直线，并反映真实倾角 α 和 β； ② 正面投影 p' 和水平投影 p 为缩小的四边形(类似形)

从表 2-4 可总结出用平面图形表示的投影面垂直面的投影特性：

(1) 在平面所垂直的投影面上的投影积聚为直线；该直线与投影轴的夹角，分别反映了平面对另外两个投影面真实倾角。

(2) 其它两个投影面上的投影为面积缩小的平面图形(类似形)。

3) 一般位置平面

与三个投影面都倾斜的平面称为一般位置平面，如图 2-36 所示。因为一般位置平面与三个投影面既不平行也不垂直，所以在三个投影面上的投影既不反映实形，也不会积聚为直线，故也不能反映该平面对投影面的真实倾角(见图 2-36(a))。图 2-36(b)中的$\triangle ABC$ 的三面投影$\triangle abc$、$\triangle a'b'c'$ 和$\triangle a''b''c''$ 面积均小于$\triangle ABC$，都是$\triangle ABC$ 的类似形，任一个都不反映$\triangle ABC$ 的实形，也不反映 α、β、γ。

由此可知，一般位置平面的投影特性是：它的三面投影都是小于实形的类似形，且不反映倾角 α、β、γ。

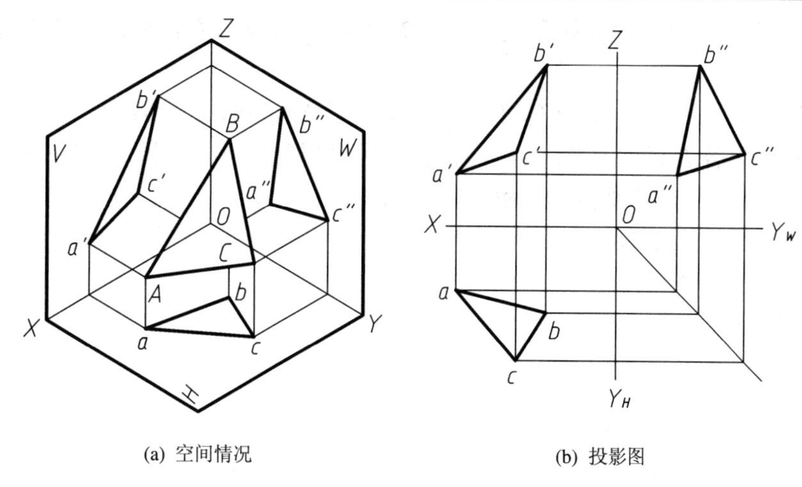

(a) 空间情况　　(b) 投影图

图 2-36　一般位置平面

2.4.3　平面上的点和直线

在绘图中，经常会遇到在平面的投影图中求点、直线和作平面图形等问题，这需要用到初等平面几何中的一些作图的原理，这些原理完全可以用到投影作图中。

点和直线在平面上的几何条件是：

(1) 点在平面上，必在平面的一条直线上。因此只要在平面内的任意一条直线上取点，该点都在平面上。图 2-37(a)中的 *E* 点在平面 *ABC* 中的直线 *AC* 上，所以 *E* 点在平面 *ABC* 上。

(2) 直线在平面上，则该直线必定通过平面上的两个点，或通过一个点且平行于平面内一直线。图 2-37(b)中直线 *EF* 通过平面 *ABC* 上的两个点 *E*、*F*，所以 *EF* 在平面 *ABC* 上；图 2-37(c)中直线 *EF* 通过平面 *ABC* 上的点 *E*，且平行于平面 *ABC* 上的直线 *AB*，所以 *EF* 在平面 *ABC* 上。

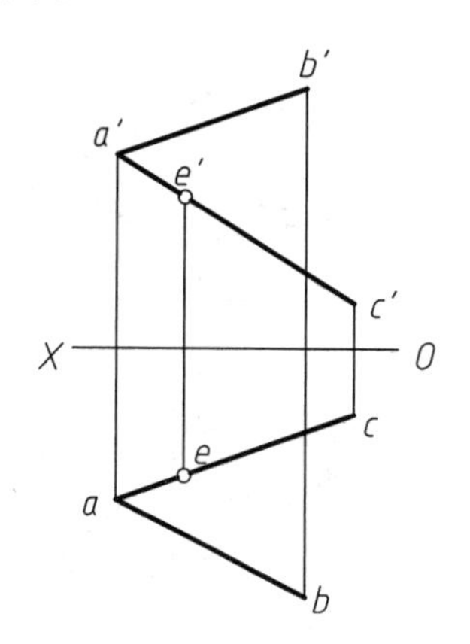

(a) 点 *E* 在平面 *ABC* 的直线 *AC* 上

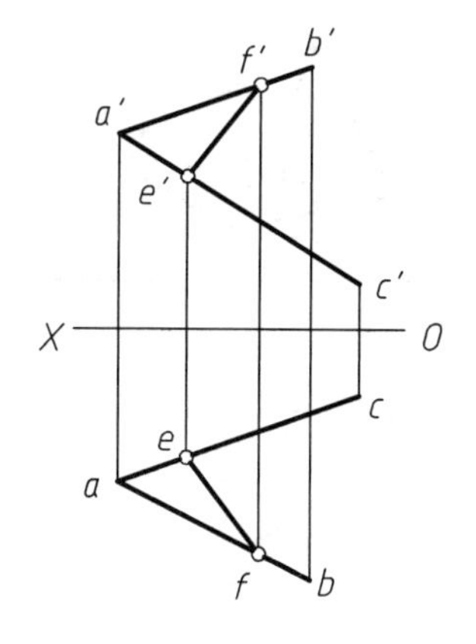

(b) 直线 *EF* 通过平面 *ABC* 上的两个点 *E*、*F*

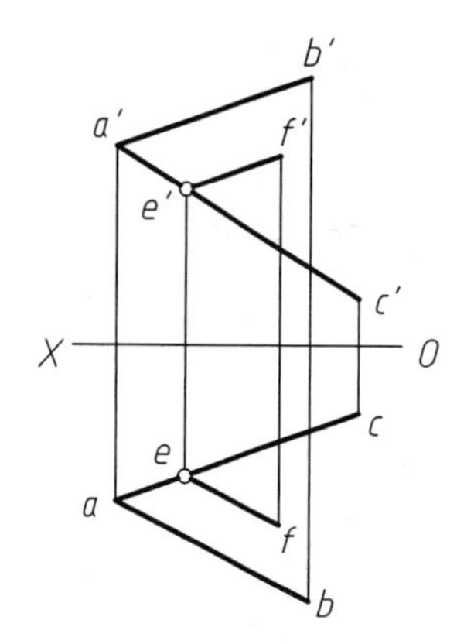

(c) 直线 *EF* 通过平面 *ABC* 上的点 *E*，且平行于平面 *ABC* 上的直线 *AB*

图 2-37　平面上的点和直线

【例 2-15】 如图 2-38(a)所示，已知△ABC 平面及点 D 的两面投影，试判断点 D 是否在△ABC 平面上。

【解】根据点在平面上的几何条件，过 D 的正面投影 d' 在△$a'b'c'$ 上作一直线，并求出直线的水平投影，若 D 的水平投影 d 在直线的水平投影上，则可判断 D 点在△ABC 上，反之则不在(也可由 D 点的水平投影求解，方法同上)。

具体作图步骤见图 2-38(b)：

(1) 连接 $a'd'$ 交 $b'c'$ 于 $1'$。

(2) 由 $1'$ 求出 1，连接 $a1$ 并延长。

(3) D 点的水平投影 d 在 $a1$ 的延长线上，所以 D 在△ABC 上。

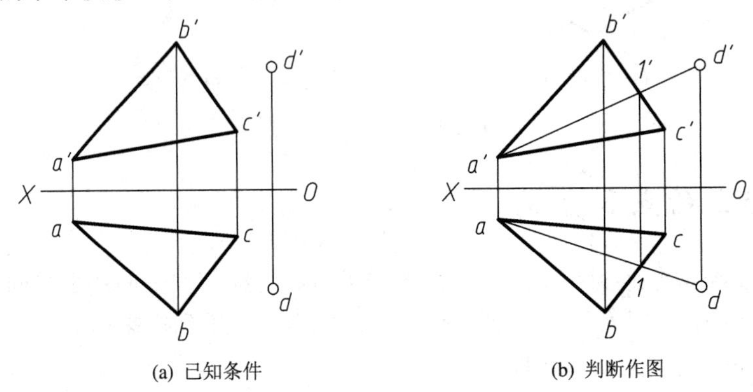

(a) 已知条件　　(b) 判断作图

图 2-38　判断点 D 是否在△ABC 平面上

【例 2-16】 如图 2-39(a)所示，已知平面四边形 $ABCD$ 的正面投影和 AB、AD 边的水平投影，试完成平面四边形 $ABCD$ 的水平投影。

【解】 由已知条件可知，只要求出 C 的水平投影 c，问题就解决了。因为 C 是四边形 $ABCD$ 上的一点，即点 C 在四边形表示的平面上，因此可将四边形所表示的平面转换为用两条相交直线 AC、BD 所表示的平面，而 C 点必在 A 与两直线的交点 K 的连线上，从而求得 C 点的水平投影。

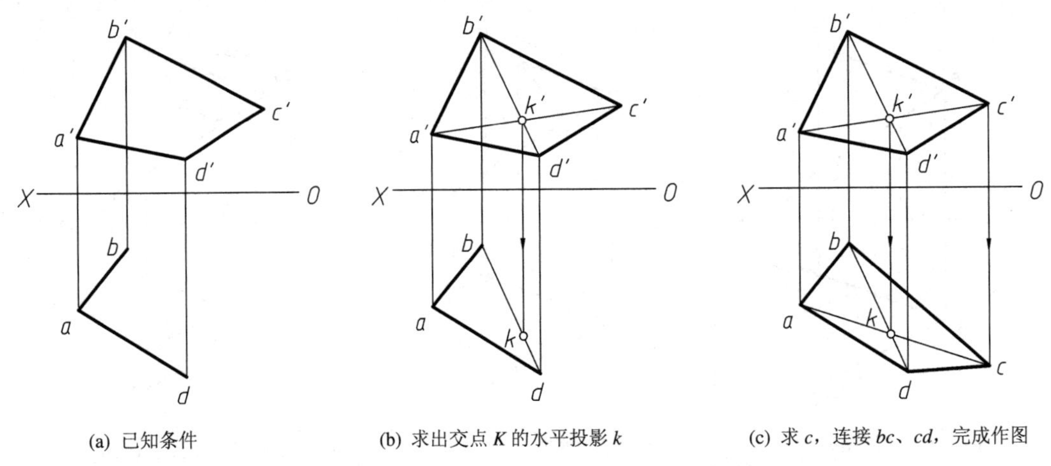

(a) 已知条件　　(b) 求出交点 K 的水平投影 k　　(c) 求 c，连接 bc、cd，完成作图

图 2-39　完成平面四边形 $ABCD$ 的水平投影

作图步骤如下：

(1) 连接 $a'c'$、$b'd'$ 得交点 k'；连接 bd，由 k' 在 bd 上求得其水平投影 k(见图 2-39(b))。

(2) 连接 *ak* 并延长，由 *c'* 在 *ak* 的延长线上求得其水平投影 *c*，连接 *bc*、*cd* 得到四边形 *ABCD* 的水平投影 *abcd*(见图 2-39(c))。

【例 2-17】 如图 2-40(a)所示，已知直线 *EF* 在△*ABC* 平面上，并知 *EF* 的水平投影 *ef*，试求正面投影 *e'f'*。

【解】 因为直线 *EF* 在△*ABC* 平面上，根据直线在平面上的几何条件，*EF* 必通过平面内的两个点。可过 *EF* 的水平投影 *ef*，作一直线与△*abc* 的水平投影 *ab*、*bc* 边交于 *m*、*n* 两点，求出直线 *MN* 的正面投影 *m'n'*，在 *m'n'* 上即可求得 *e'f'*。

作图步骤见图 2-40(b)：

(1) 延长 *ef* 交△*abc* 于 *m*、*n*。

(2) 据 *m*、*n* 求出 *m'n'*。

(3) 据投影关系在 *m'n'* 上求得 *e'f'*。

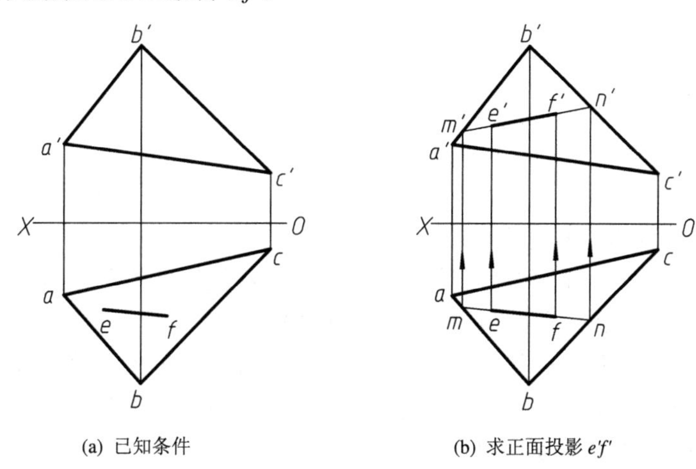

(a) 已知条件　　(b) 求正面投影 *e'f'*

图 2-40　已知平面上直线的水平投影，求正面投影

【例 2-18】 如图 2-41(a)所示，已知四边形 *ABCD* 的两面投影，试在其上取一条水平线 *EF*，使 *EF* 距离 *H* 面为 12 mm；并在 *EF* 上取一点 *K*，点 *K* 距 *V* 面为 18 mm。

【解】 平面上有无数条水平线，根据水平线的投影特性可知，只要在平面的正面投影中取平行于 *OX* 轴的直线，均为水平线。本例中，由“水平线 *EF* 距离 *H* 面为 12 mm”，限定了所取水平线必须满足这个条件。因此，可在四边形 *ABCD* 上作一条距离 *OX* 轴 12 mm 的水平线 *EF*，再在 *EF* 上取距离 *V* 面 18 mm 的点 *K*。

作图步骤如下：

(1) 如图 2-41(b)所示，在距离 *OX* 轴之上 12 mm 处作一条 // *OX* 轴的水平直线，该直线与 *ABCD* 的正面投影 *a'b'c'd'* 的交线为水平线 *EF* 的正面投影 *e'f'*；据 *e'f'* 在四边形 *ABCD* 的水平投影 *abcd* 上求得 *ef*，即得到水平线 *EF*。

(2) 如图 2-41(c)所示，在 *OX* 轴下方，距离 18 mm 处作一条 // *OX* 轴的水平直线，该直线与 *ef* 的交点为 *K* 的水平投影 *k*，由 *k* 在 *e'f'* 求得其正面投影 *k'*，即得到 *K* 点。

由上例可知，如果要在平面内取正平线，只要在平面的水平投影中(*OX* 轴的下方)任作一条 // *OX* 轴的直线，即得到正平线的水平投影，从而方便地求得该正平线的正面投影。如果给定了正平线距 *V* 面的距离，则可按照上例作水平线 *EF* 的类似方法求解。

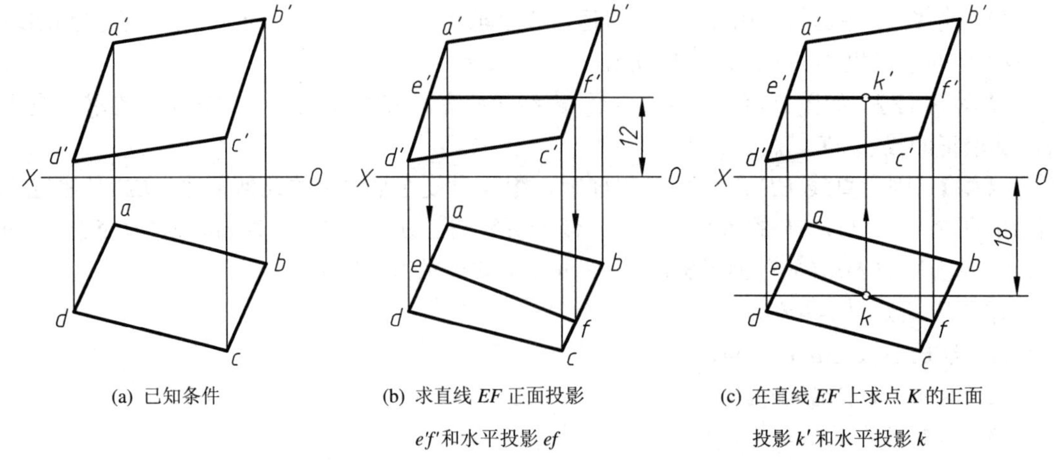

(a) 已知条件　　(b) 求直线 *EF* 正面投影 *e′f′* 和水平投影 *ef*　　(c) 在直线 *EF* 上求点 *K* 的正面投影 *k′* 和水平投影 *k*

图 2-41　已知平面上取水平线、水平线上取定点

2.4.4　平面的迹线表示法

平面除了可用几何元素的投影表示外，还可用平面的迹线来表示。平面与投影面的交线称为平面的迹线。平面与 *V* 面的交线称为正面迹线；平面与 *H* 面的交线称为水平迹线；平面与 *W* 面的交线称为侧面迹线。

迹线的符号用平面名称的大写字母，加上迹线所在投影面的名称为下标来表示。如图 2-42 所示，平面 *P* 的正面迹线用 P_V 表示；水平迹线用 P_H 表示；侧面迹线用 P_W 表示。由图 2-42(b)可知，平面迹线是投影面上的直线，它在投影面上的投影就是该直线，用粗实线画出，而它的其余两个投影分别与相应投影轴重合，不需作任何表示或标注。

1. 一般位置平面的迹线表示法

在图 2-42 中，因为平面 *P* 是一般位置平面，所以图 2-42(b)所示的也是一般位置平面在三投影面体系中的迹线表示法；图 2-42(c)所示为迹线平面上点的投影。

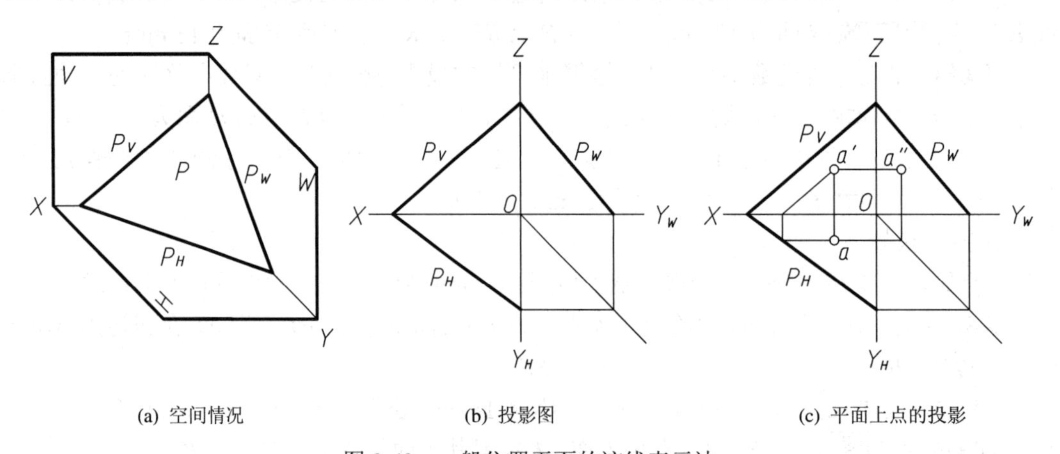

(a) 空间情况　　(b) 投影图　　(c) 平面上点的投影

图 2-42　一般位置平面的迹线表示法

如果给出平面的任意两条迹线，则该平面的空间位置就唯一确定了。因此，也经常用两投影面体系的迹线来表示平面。如图 2-43(a)所示，用正面迹线 P_V 和水平迹线 P_H 表示一般位置平面 *P*；图 2-43(b)所示为迹线平面上点的投影。

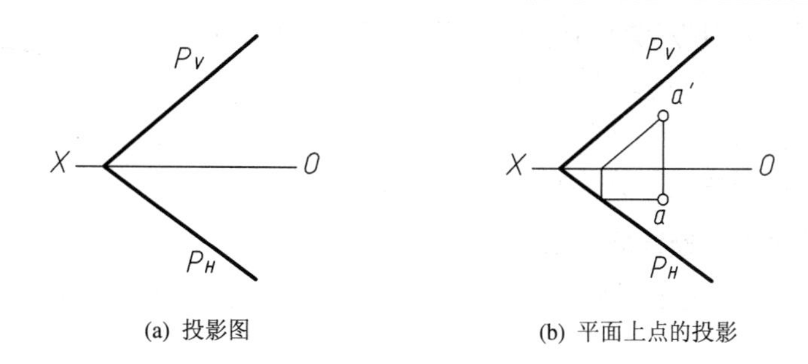

(a) 投影图　　(b) 平面上点的投影

图 2-43　用两投影面迹线表示一般位置平面

2. 投影面平行面的迹线表示法

表 2-5 列出了三种投影面平行面迹线表示的空间情况、投影图、面上点的投影和投影特性。

表 2-5　投影面平行面的迹线表示法

名称	空间情况	投影图	面上点的投影	投影特性
正平面				① 无正面迹线 P_V； ② 水平迹线 P_H 和侧面迹线 P_W 具有积聚性，分别 // OX 轴和 OZ 轴； ③ 点 A 的水平投影 a 和侧面投影 a'' 积聚在 P_H 和 P_W 上
水平面				① 无水平迹线 P_H； ② 正面迹线 P_V 和侧面迹线 P_W 具有积聚性，分别 // OX 轴和 OY_W 轴； ③ 点 A 的正面投影 a' 和侧面投影 a'' 积聚在 P_V 和 P_W 上
侧平面				① 无侧面迹线 P_W； ② 正面迹线 P_V 和水平迹线 P_H 具有积聚性，分别 // OZ 轴和 OY_H 轴； ③ 点 A 的正面投影 a' 和水平投影 a'' 积聚在 P_V 和 P_H 上

从表 2-5 可总结出用迹线表示的投影面平行面的投影特性：

(1) 在平面所平行的投影面上无迹线。

(2) 其它两个投影面上的迹线具有积聚性，且平行于相应的投影轴。

(3) 平面上点的投影重合在有积聚性的迹线上。

3．投影面垂直面的迹线表示法

表 2-6 列出了三种投影面垂直面迹线表示的空间情况、投影图、面上点的投影和投影特性。

表 2-6　投影面垂直面的迹线表示法

名称	空间情况	投影图	面上点的投影	投影特性
正垂面				① 正面迹线 P_V 具有积聚性，真实反映倾角 α 和 γ；② 水平迹线 $P_H \perp OX$ 轴，侧面迹线 $P_W \perp OZ$ 轴；③ 点 A 的正面投影 a' 重合在正面迹线 P_V 上
铅垂面				① 水平迹线 P_H 具有积聚性，真实反映倾角 β 和 γ；② 正面迹线 $P_V \perp OX$ 轴，侧面迹线 $P_W \perp Y_W$ 轴；③ 点 A 的水平投影 a 重合在水平迹线 P_H 上
侧垂面				① 侧面迹线 P_W 具有积聚性，真实反映倾角 α 和 β；② 正面迹线 $P_V \perp OZ$ 轴，水平迹线 $P_H \perp Y_H$ 轴；③ 点 A 的侧面投影 a'' 重合在侧面迹线 P_W 上

从表 2-6 可总结出用迹线表示的投影面垂直面的投影特性：

(1) 在平面所垂直的投影面上，迹线有积聚性，该迹线与投影轴的夹角分别反映了平面对另外两个投影面的真实倾角。

(2) 其它两个投影面上的迹线，分别垂直于相应的投影轴。

(3) 平面上点的投影重合在有积聚性的迹线上。

从表 2-5 中可以看到，投影面平行面有积聚性的一条迹线即可确定平面的位置，因此经常画出一条有积聚性的迹线来表示投影面平行面。如图 2-44 所示，有积聚性的正面迹线 Q_V 表示了水平面 Q 的空间情况及投影图，以及平面上点 B 的两面投影。

从表 2-6 中可以看到，在投影面垂直面的三条迹线中，仅用一条倾斜于投影轴的有积聚性的迹线，就可以确定该平面的空间位置，因此经常画出这条倾斜的有积聚性的迹线来表示投影面垂直面。如图 2-45 所示，有积聚性的水平迹线 P_H 表示铅垂面 P 的空间情况及投影图，以及平面上点 A 的两面投影，P_H 与相应投影轴的夹角仍真实反映 β 和 γ。

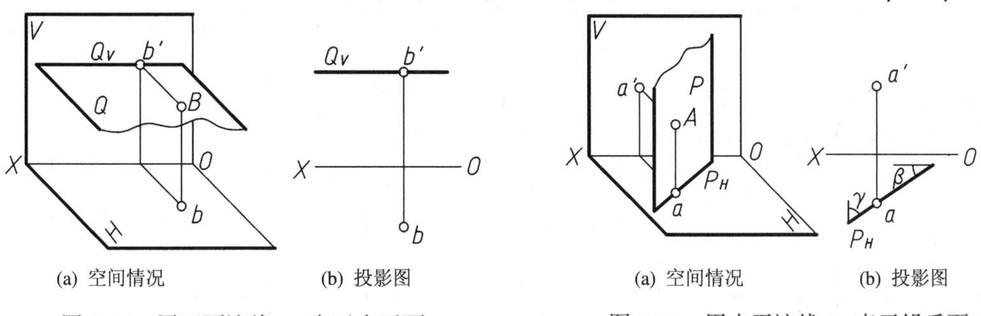

(a) 空间情况　(b) 投影图　(a) 空间情况　(b) 投影图

图 2-44　用正面迹线 Q_V 表示水平面　图 2-45　用水平迹线 P_H 表示铅垂面

【例 2-19】　如图 2-46(a)所示，已知点 A、B 及直线 EF 的两面投影，试过点 A 作水平面 P，过点 B 作正垂面 Q，过直线 EF 作铅垂面 S，均用有积聚性的迹线表示，并判断有几解，只求一解。

【解】　水平面 P 有积聚性的正面迹线 P_V，必过 A 点的正面投影 a' 且与 OX 轴平行，只有一解；正垂面 Q 有积聚性的正面投影 Q_V，必过 B 点的正面投影 b' 且与 OX 倾斜，有无穷解；铅垂面 S 有积聚性的水平投影 S_H，必过直线 EF 的水平投影 ef，只有一解。

作图步骤如下(见图 2-46(b))：

(1) 过 a' 作 $P_V /\!/ OX$ 轴，P_V 为所求水平面 P。

(2) 过 b' 作任一条倾斜于 OX 轴的直线，即为 Q 平面的正面迹线 Q_V(有无穷解，只求一解)，Q_V 为所求正垂面 Q。

(3) 过 ef 作 S_H，S_H 为所求铅垂面 S。

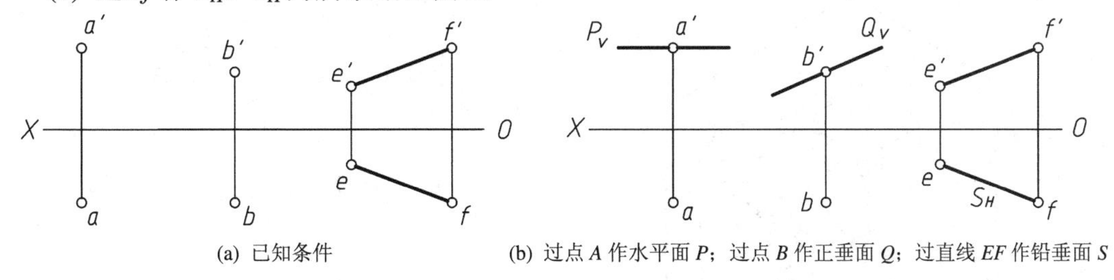

(a) 已知条件　(b) 过点 A 作水平面 P；过点 B 作正垂面 Q；过直线 EF 作铅垂面 S

图 2-46　用迹线表示特殊位置平面

2.4.5　圆的投影

与其它平面图形一样，圆也可以表示平面。下面介绍投影面平行圆和投影面垂直圆的投影。

1．投影面平行圆

我们将平行于一个投影面，垂直于其它两个投影面的圆称为投影面平行圆。

投影面平行圆可分为三种：

(1) 水平圆(H 面平行圆)：// H 面，⊥ V 面，⊥ W 面。

(2) 正平圆(V 面平行圆)：// V 面，⊥ H 面，⊥ W 面。

(3) 侧平圆(W 面平行圆)：// W 面，⊥ H 面，⊥ V 面。

表 2-7 列出了投影面平行圆的投影图和投影特性，其中 C 为圆心。

表 2-7　投影面平行圆的投影特性

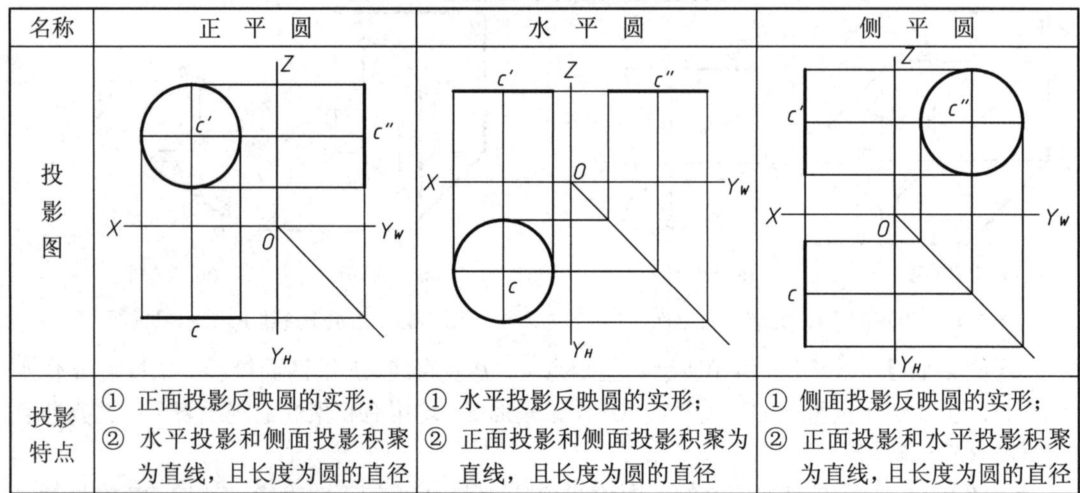

名称	正　平　圆	水　平　圆	侧　平　圆
投影图			
投影特点	① 正面投影反映圆的实形； ② 水平投影和侧面投影积聚为直线，且长度为圆的直径	① 水平投影反映圆的实形； ② 正面投影和侧面投影积聚为直线，且长度为圆的直径	① 侧面投影反映圆的实形； ② 正面投影和水平投影积聚为直线，且长度为圆的直径

从表 2-7 可总结出投影面平行圆的投影特性：

(1) 在圆所平行的投影面上，投影反映圆的实形。

(2) 其它两个投影面上的投影具有积聚性，且投影长度为圆的直径。

2．投影面垂直圆

我们将垂直于一个投影面，倾斜于其它两个投影面的圆称为投影面垂直圆。图 2-47 所示为一种投影面垂直圆的空间情况，显然它垂直于正面，倾斜于水平面和侧面。

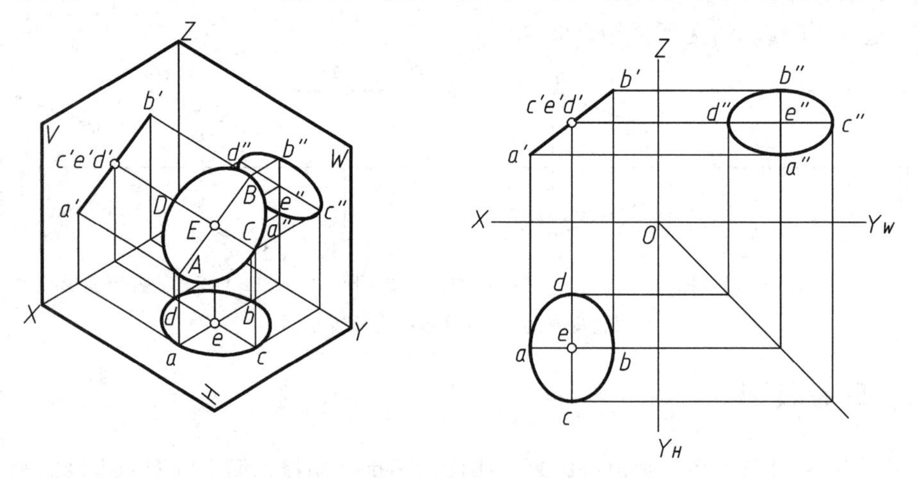

图 2-47　一种投影面垂直圆的空间情况和投影图

投影面垂直圆可分为三种：

(1) 正垂圆(V 面垂直圆)：$\perp V$ 面，$\angle H$ 面，$\angle W$ 面，真实反映 α、γ。

(2) 铅垂圆(H 面垂直圆)：$\perp H$ 面，$\angle V$ 面，$\angle W$ 面，真实反映 β、γ。

(3) 侧垂圆(W 面垂直圆)：$\perp W$ 面，$\angle H$ 面，$\angle V$ 面，真实反映 α、β。

表 2-8 列出了投影面垂直圆的投影图和投影特性。

表 2-8　投影面垂直圆的投影特性

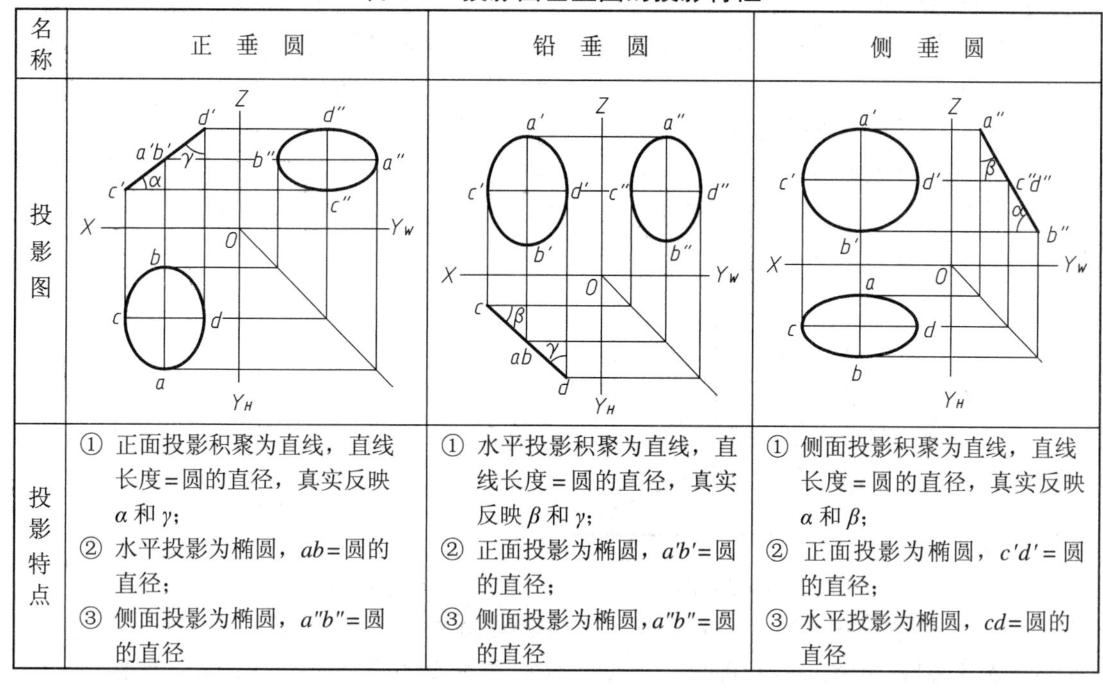

名称	正 垂 圆	铅 垂 圆	侧 垂 圆
投影图			
投影特点	① 正面投影积聚为直线，直线长度＝圆的直径，真实反映 α 和 γ； ② 水平投影为椭圆，ab＝圆的直径； ③ 侧面投影为椭圆，$a''b''$＝圆的直径	① 水平投影积聚为直线，直线长度＝圆的直径，真实反映 β 和 γ； ② 正面投影为椭圆，$a'b'$＝圆的直径； ③ 侧面投影为椭圆，$a''b''$＝圆的直径	① 侧面投影积聚为直线，直线长度＝圆的直径，真实反映 α 和 β； ② 正面投影为椭圆，$c'd'$＝圆的直径； ③ 水平投影为椭圆，cd＝圆的直径

从表 2-8 可总结出投影面垂直圆的投影特性：

(1) 在圆所垂直的投影面上，投影积聚为直线，且直线的长度等于圆的直径，真实反映圆所在平面对另外两个投影面的倾角。

(2) 其它两个投影面上的投影为椭圆，其长轴等于圆的直径，短轴由作图得到。

在求出椭圆的长、短轴后可由第 1 章介绍的四心圆弧法(近似椭圆)或同心圆法画出椭圆。

2.5　直线与平面、平面与平面之间的相对位置

直线与平面、平面与平面之间的相对位置，各有两种情况：直线与平面平行，直线与平面相交；平面与平面平行，平面与平面相交。垂直是相交的特例。一般将相对位置问题分为特殊情况和一般情况加以讨论：“特殊情况”指直线与平面中至少有一个垂直于投影面，或两平面中至少有一个垂直于投影面；“一般情况”指直线与平面或两个平面均不垂直于投影面。本节只讨论相对位置的“特殊情况”，“一般情况”有时可利用第 3 章的换面法解决，如需要深入了解一般情况下直线与平面、平面与平面之间的相对位置问题和解题方法，可参考相关教材。

2.5.1 平行关系

1. 直线与投影面垂直面平行

由图 2-48(a)可得到以下结论：

(1) 当直线与投影面垂直面平行时，在平面所垂直的投影面上，直线的投影平行于平面有积聚性的投影。

因为直线 *AB* 与铅垂面 *CDEF* 为平行关系，在图 2-48(b)所示的投影图中，平面 *CDEF* 在 *H* 面上积聚为直线 *cdef*，而 *AB* 的水平投影 *ab* 平行于平面 *CDEF* 有积聚性的直线 *cdef*。

(2) 当直线和平面同垂直于某一投影面时，二者平行。

图 2-48(a)中直线 *MN* 和铅垂面 *CDEF* 均垂直于 *H* 面，它们在 *H* 面上的投影都有积聚性，显然直线 *MN* 和平面 *CDEF* 之间是平行关系。在图 2-48(b)所示的投影图中，直线 *MN* 的水平投影积聚为点 *mn*、平面 *CDEF* 积聚为直线 *cdef*，二者平行。

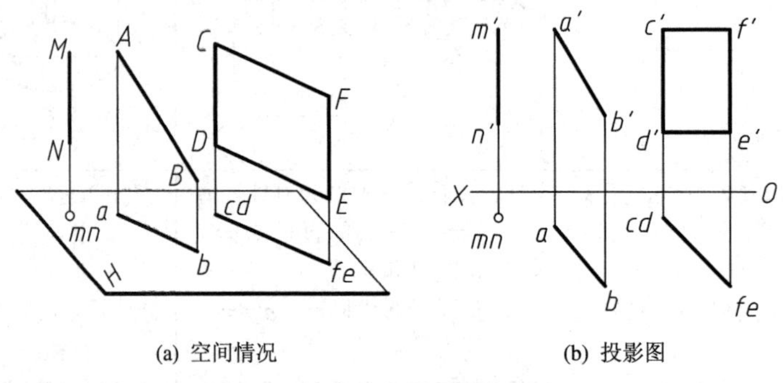

(a) 空间情况　　(b) 投影图

图 2-48　直线与铅垂面相平行

【例 2-20】 如图 2-49(a)所示，已知△*ABC* 和点 *D* 的两面投影，试过点 *D* 作正平线 *DE* 平行于△*ABC*。

【解】 由于△*ABC* 为正垂面，根据上述直线与投影面垂直面平行的投影特性(1)可知，过 *D* 点所作正平线 *DE* 的正面投影应平行于△*ABC* 有积聚性的正面投影 *a'b'c'*。又因为 *DE* 是正平线，所以 *ed* // *OX* 轴。

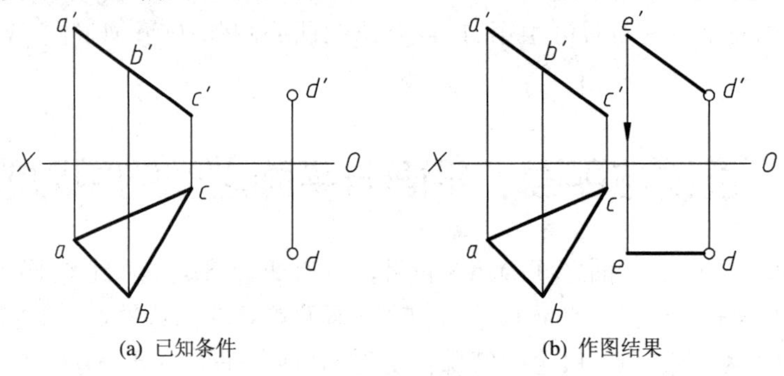

(a) 已知条件　　(b) 作图结果

图 2-49　作正平线 *EF* 平行于△*ABC*

作图步骤如下(见图 2-49(b))：

(1) 过 *d'* 作 *d'e'* // *a'b'c'*，*d'e'* 的长度任定。

(2) 过 *d* 作直线平行于 *OX* 轴，据 *e'* 在此直线上求得 *e*。

$d'e'$和 de 分别为所求正平线 DE 的正面投影和水平投影。

【例 2-21】 如图 2-50(a)所示，已知△ABC 的两面投影和直线 DE 的水平投影，且 DE//△ABC，并知直线 DE 距 H 面为 12 mm，试完成直线 DE 的正面投影。

【解】 从已知条件可知，△ABC 为正垂面，DE 的水平投影 de⊥OX 轴，根据上述直线与投影面垂直面平行的投影特点(2)可知，只有当 DE 是正垂线时，直线 DE 和△ABC 的相对位置才会平行。这时，正垂线 DE 和△ABC 在 V 面的投影均有积聚性，符合二者平行的投影特点。又知 DE 距离 H 面为 12 mm，所以 DE 的正面投影 $d'e'$(重影点)定位于平行于 OX 轴且相距为 12 mm 的直线上。

作图步骤如下(见图 2-50(b))：

(1) 在 OX 轴上方相距 12 mm 处作一条平行线。

(2) 根据正垂线的投影关系，在此直线上求得一对重影点 $d'e'$即为所求。

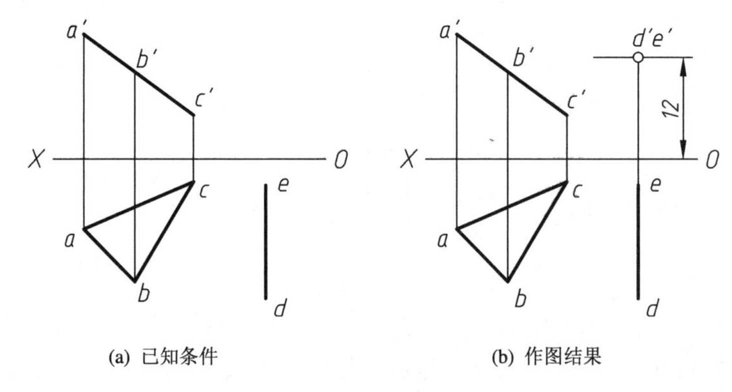

(a) 已知条件　　(b) 作图结果

图 2-50　求直线 DE 的正面投影 $d'e'$

2. 平面与平面平行

仅讨论垂直于同一投影面的两平面之间的平行问题。

由图 2-51(a)可得到以下结论：当垂直于同一投影面的两平面平行时，它们有积聚性的同面投影一定平行。

在该图中，平面 $ABCD$ 和平面 $EFGH$ 同为铅垂面，且在 H 面有积聚性的同面投影 $abcd$//$efgh$。所以，平面 $ABCD$ 与平面 $EFGH$ 相平行。图 2-51(b)为投影图。

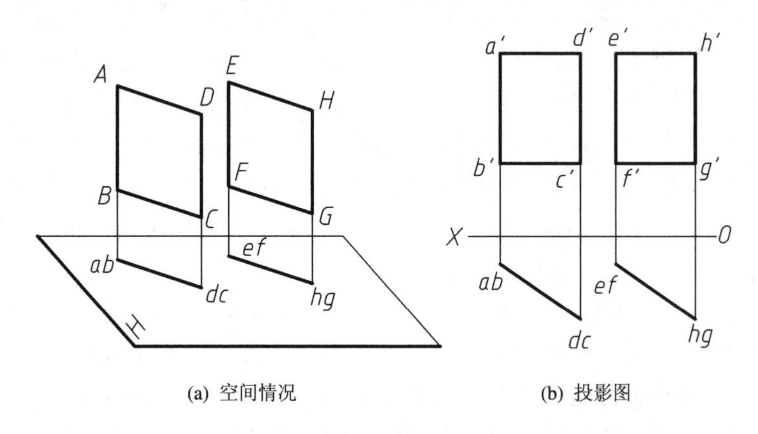

(a) 空间情况　　(b) 投影图

图 2-51　两铅垂面相互平行

【例 2-22】 已知条件如图 2-52(a)所示，并知△*ABC*∥平面 *EFGH*，试作△*ABC* 的正面投影。

【解】 如图 2-52(a)所示，平面 *EFGH* 为正垂面，又知△*ABC*∥平面 *EFGH*，所以△*ABC* 也应是正垂面，根据两投影面垂直面相互平行的投影特点，△*ABC* 有积聚性的正面投影 *a'b'c'* 应平行于平面 *EFGH* 有积聚性的正面投影 *e'f'g'h'*，作图结果如图 2-52(b)所示。

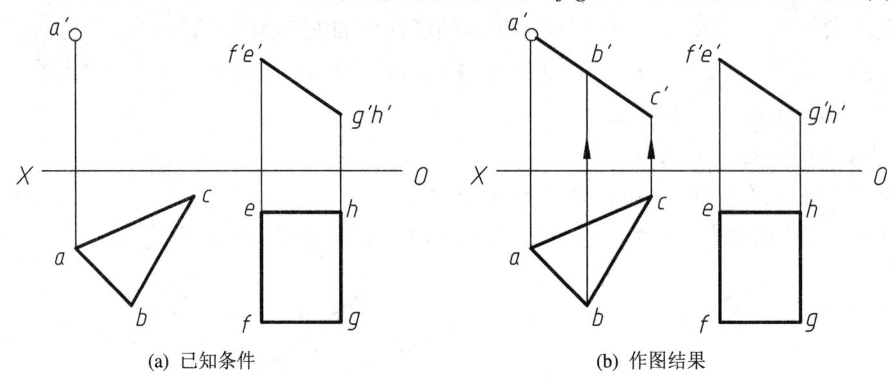

(a) 已知条件　　(b) 作图结果

图 2-52 作△*ABC* 的正面投影

2.5.2 相交关系

1．直线与平面相交

仅讨论参与相交的直线或平面之一垂直于投影面的特殊情况(一般情况见第 3 章内容)。

直线与平面相交产生交点，此交点是直线与平面的共有点，在作图时要作出交点的投影，并根据被平面遮挡的情况，判断直线在各投影面中的可见性。

1) 直线与投影面垂直面相交

直线与投影面垂直面相交，其交点的一个投影为平面有积聚性的投影与直线的同面投影的交点，即交点的一个投影可以直接得到，据此可求出交点的另一个投影；在平面有积聚性的投影面上，可直接判断另一投影面上直线的可见性，举例如下。

【例 2-23】 如图 2-53(a)所示，已知直线 *AB* 与铅垂面 *CDEF* 相交，试求交点 *K*，并判断可见性。

说明：图 2-53(a)是该题已知条件的投影图，在 *V* 面投影中，直线 *AB* 的正面投影 *a'b'* 包含在平面 *CDEF* 的正面投影 *c'd'e'f'* 中一段，这段线因还未确定交点和进行可见性判断，所以先用双点画线绘制，待求出交点并进行可见性的判断后，再将直线可见部分画成粗实线，不可见部分画成虚线，在以后类似的问题中也采取这种方法。

【解】 (1) 求交点 *K*。由图 2-53(b)可见，由于 *CDEF* 为铅垂面，它的 *H* 面投影积聚为一直线 *cdfe*，而交点 *K* 是 *AB* 与平面 *CDEF* 的共有点，因此 *ab* 与 *cdfe* 的交点即为 *K* 的水平投影 *k*，由 *k* 可在 *a'b'* 上求得 *k'*，见图 2-53(c)。

(2) 判断可见性。在 *V* 面中，直线 *AB* 的正面投影 *a'b'* 与铅垂面 *CDEF* 的正面投影 *c'd'e'f'* 投影重合的范围内，有可见性的判断问题。参考图 2-53(b)，交点 *K'* 是直线 *AB* 可见与不可见部分的分界点。要判断正面投影的可见性，需依据“前遮后”的关系，而水平投影反映了二者的前后关系，所以要从水平投影来判断正面投影的可见性。从图 2-53(d)的 *H* 面投影中可看出，在 k 点的右边，直线 kb 位于平面 $cdfe$ 的前方，所以在正面投影中，k' 以右的线段 $k'b'$ 是可见的，用粗实线画出；在 k 的左边，直线 ka 位于平面 $cdfe$ 的后方，所以在 V 面投影中，k' 以左的线段 $k'a'$ 是不可见的，用虚线画出。也可在判断线段 $k'b'$ 为可见后，根据 k' 是 $a'b'$ 可见与不可见的分界点，直接判断 $k'a'$ 是不可见的。

作图步骤如下：

(1) 求交点 K。如图 2-53(c)所示，在 H 面上确定交点的水平投影 k，由 k 在 $a'b'$ 上求得 k'。

(2) 判断可见性。本例可以通过观察的方法直观地判断可见性。如图 2-53(b)、(c)、(d)所示，依据“前遮后”，由 H 面投影判断正面投影的可见性，在交点 k 的右方直线 kb 位于平面前方；k 的左方直线 ka 位于平面的后方。因此，在正面投影中，交点 k'的右方 $k'b'$是可见的，画成粗实线；交点 k'左方 $k'a'$与 $c'd'e'f'$ 重叠的部分是不可见的，画成虚线(图 2-53(d))。

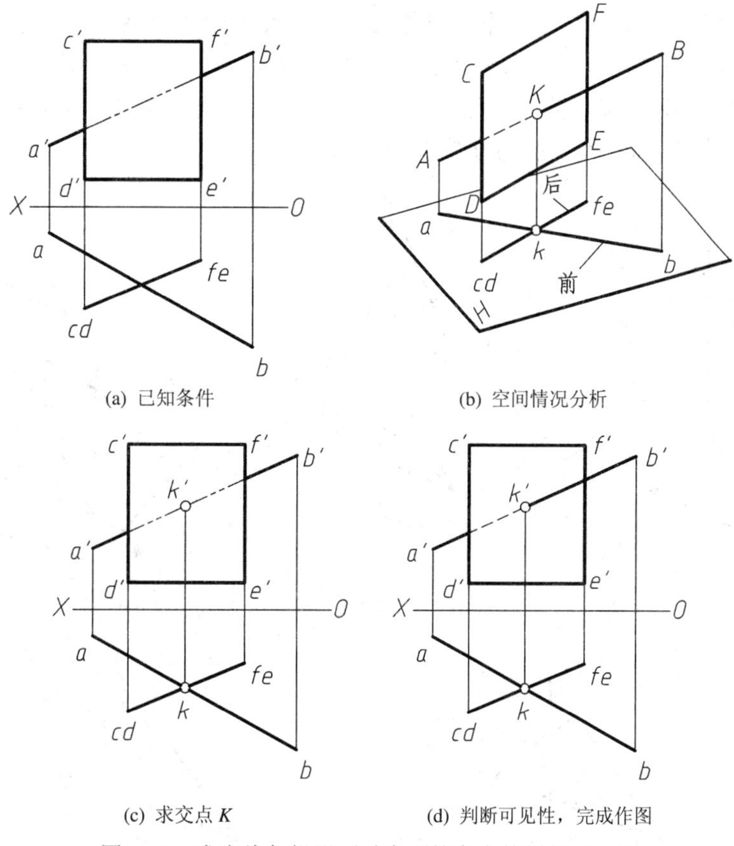

(a) 已知条件　(b) 空间情况分析

(c) 求交点 K　(d) 判断可见性，完成作图

图 2-53　求直线与投影面垂直面的交点并判断可见性

2) 投影面垂直线与一般位置平面相交

投影面垂直线与一般位置平面相交，其交点的一个投影与直线有积聚性的投影重合，即交点的一个投影可以直接得到，据此可求出交点的另一个投影；在直线反映实长的投影面上，有可见性的判断问题，需要利用重影点的可见性来判断，举例如下。

【例 2-24】 如图 2-54(a)所示，已知铅垂线 EF 与一般位置平面△ABC 相交，试求交点 K，并判断可见性。

【解】 (1) 求交点 K。图 2-54(b)是交点空间情况分析图。因为直线 EF 是铅垂线，其

水平投影 *ef* 积聚为一点，交点 *K* 的水平投影 *k* 重合在直线有积聚性的投影 *ef* 上，即 *K* 的水平投影 *k* 可以直接得到。因为交点 *K* 也属于△*ABC*，所以可以用平面上取点的方法作辅助线来求得交点 *K* 的正面投影 *k*′。

(2) 判断可见性。图 2-54(c)是利用重影点判断可见性的空间情况分析图。因为在该例中也要判断正面投影中直线的可见性，但其水平投影中直线具有积聚性，所以不能像例 2-23 那样从水平投影中直接判断正面投影的可见性。但从图 2-54(c)中可以看到，*V* 面中交点的正面投影 *k*′的上、下各有一对重影点：一对重影点是由直线 *EF* 与△*ABC* 中的边 *CB* 产生的；一对重影点是由直线 *EF* 与△*ABC* 中的 *AB* 边产生的，只要能够判断出任一对重影点的遮挡问题，即在直线上的点和在△*ABC* 边上的点哪一个位于前面即可。如图 2-54(c)所示，可用 *EF* 与 *CB* 的一对重影点 *I*(*II*)进行判断，依据对正面投影由“前遮后”来判断可见性，即判断在正面投影中可见的 *I* 点是位于直线 *EF* 上，还是位于 *CB* 上，这需要求出 *I*、*II*两点的水平投影进行前、后位置的比较。从图 2-54(c)、(e)的水平投影可见，因为直线 *ef* 位于 *cb* 的前面，所以可见的 *I* 点应在 *EF* 上，不可见的 *II* 点应在 *CB* 上，即在交点 *K* 的上方，直线位于△*ABC* 之前不被遮挡。因此，可判断出在交点上方的直线 *EK* 是可见的，而交点下方的直线 *KF* 与△*a*′*b*′*c*′重叠的部分是不可见的。

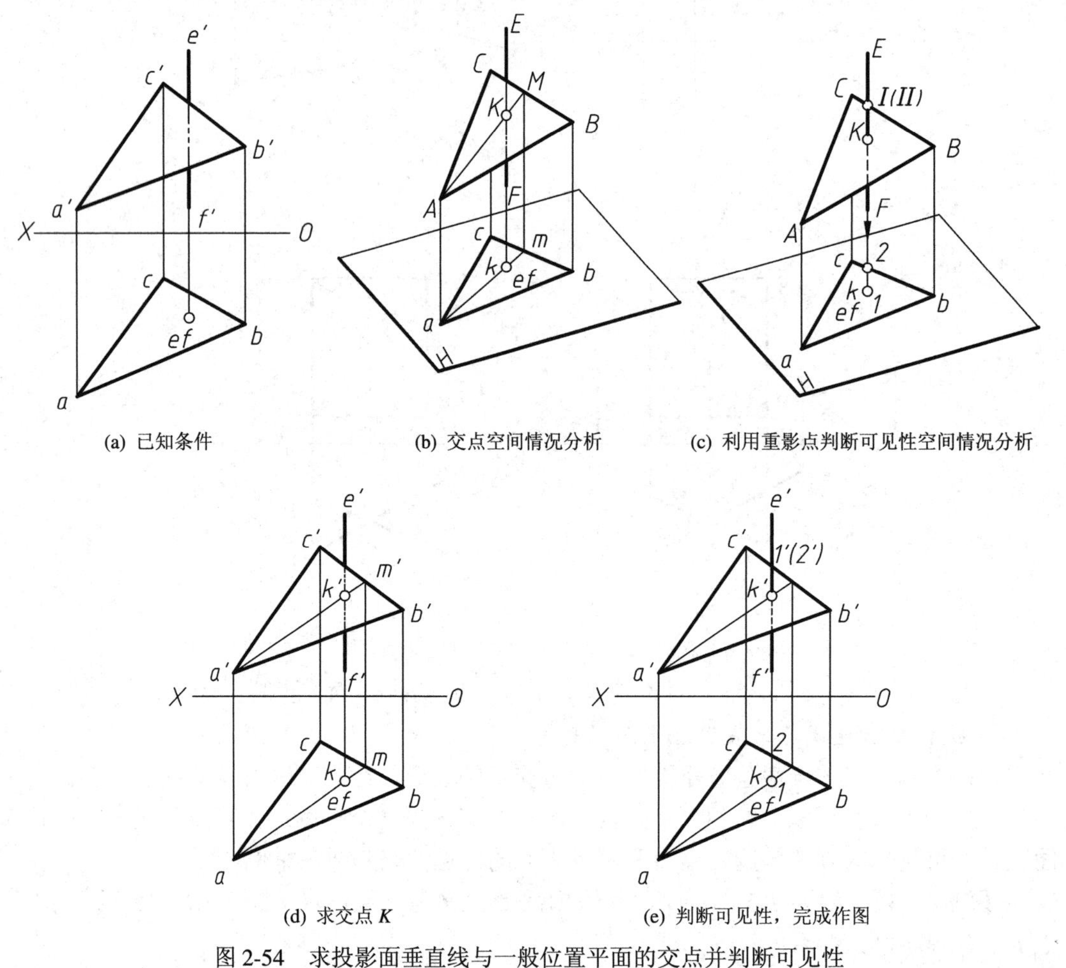

(a) 已知条件　(b) 交点空间情况分析　(c) 利用重影点判断可见性空间情况分析

(d) 求交点 *K*　(e) 判断可见性，完成作图

图 2-54　求投影面垂直线与一般位置平面的交点并判断可见性

作图步骤如下：

(1) 求交点 $K(k, k')$，如图2-54(d)所示。

① 在 H 面上，交点的水平投影 k 与直线 EF 的水平投影 ef 重合，得到 k；

② 将 K 看做△ABC 上的一点，在水平投影△abc 中，过 k 作辅助线 am；

③ 求出 am 的正面投影 $a'm'$，在 $a'm'$ 上求得 k'。

(2) 判断可见性，如图2-54(e)所示。

① 在正面投影中，选择直线 $e'f'$ 与△ABC 中 $b'c'$ 边的一对重影点 $1'(2')$(也可选择直线 $e'f'$ 与 $a'b'$ 边的另一对重影点)；

② 由 $1'(2')$得到其水平投影1、2。直线 EF 的水平投影 ef 在 BC 的水平投影 bc 的前面，从而确定可见的1点与直线 ef 的投影重合，不可见的2点则在 bc 上，即在 k'的上方，直线 $e'k'$ 位于△$a'b'c'$的前方，所以直线 $e'k'$ 可见，而在 k' 下方的直线 $k'f'$ 不可见。

③ 在正面投影中，将可见的 $e'k'$ 画成粗实线，而将不可见的 $k'f'$ 画成虚线，即完成作图。

2. 平面与平面相交

仅讨论两平面中至少有一个垂直于投影面的特殊情况(一般情况见第3章)。

平面与平面相交产生的交线为直线，交线是平面与平面的共有线。在作图时要作出交线的投影，并根据遮挡情况，判断平面在投影中的可见性，举例如下。

【例2-25】 如图2-55(a)所示，已知一般位置平面△ABC 与铅垂面 $CDEF$ 相交，试求交线 MN，并判断可见性。

【解】 (1) 求交线 MN。由已知条件可知，矩形 $DEFG$ 为铅垂面，它的 H 面投影积聚为一条直线 $defg$，因此交线 MN 的 H 面投影就积聚在 $defg$ 上。又因为交线 MN 也属于△ABC，所以交线 MN 的水平投影 mn 应是△ABC 的水平投影△abc 的边 ac、bc 与 $defg$ 的交点 m 和 n 的连线(参考图2-55(b))。据投影关系，由交点 m 和 n 在 $a'c'$ 上求出 m'、在 $b'c'$ 上求出 n'，得到交线 MN 的正面投影 $m'n'$。

(2) 判断可见性。在 V 面投影中，△ABC 与矩形 $DEFG$ 投影的重合部分有可见性判断问题(图2-55(a))。交线 MN 是可见与不可见的分界线。本例可以通过观察的方法直观地判断可见性。如图2-55(b)、(d)所示，在 MN 的右边，△ABC 的一部分位于矩形 $DEFG$ 的前面，因此根据“前遮后”的关系，在 V 面投影中 $m'n'$ 右方△$a'b'c'$的一部分可见，画成粗实线；矩形 $d'e'f'g'$的一部分不可见，但其轮廓线 $f'g'$ 超出了△$a'b'c'$的范围，所以 $f'g'$ 是可见的，已用粗实线画出。同理，在 $m'n'$的左方，△$a'b'c'$的一部分不可见，画成虚线；矩形 $d'e'f'g'$ 的一边 $d'e'$ 可见，画成粗实线。

作图步骤如下：

(1) 求交线 $MN(mn, m'n')$，如图2-55(c)所示。

① 在 H 面上确定交线 MN 的水平投影 mn，m 为 ac 与 $defg$ 的交点，n 为 bc 与 $defg$ 的交点；

② 由 mn 根据投影关系在 V 面上求出交线 MN 的正面投影 $m'n'$。

(2) 判断可见性，如图2-55(d)所示。

① 在 V 面投影中有可见性的判断问题。根据“前遮后”的关系，在 V 面投影中 $m'n'$ 右方△$a'b'c'$的一部分可见，画成粗实线；

② 在 $m'n'$ 的左方，$\triangle a'b'c'$ 的一部分不可见，画成虚线；矩形 $d'e'f'g'$ 的一边 $d'e'$ 可见，画成粗实线(图 2-55(d))。

由上例可知：一平面与垂直于投影面的平面相交，交线重合在平面有积聚性的投影上，即交线的该投影为已知(交线两个端点的投影)，再据交线已确定的投影，求出另一投影面上的投影即可；依据平面所垂直的投影面上的投影，可以直观判断另一投影面上两平面的可见性。

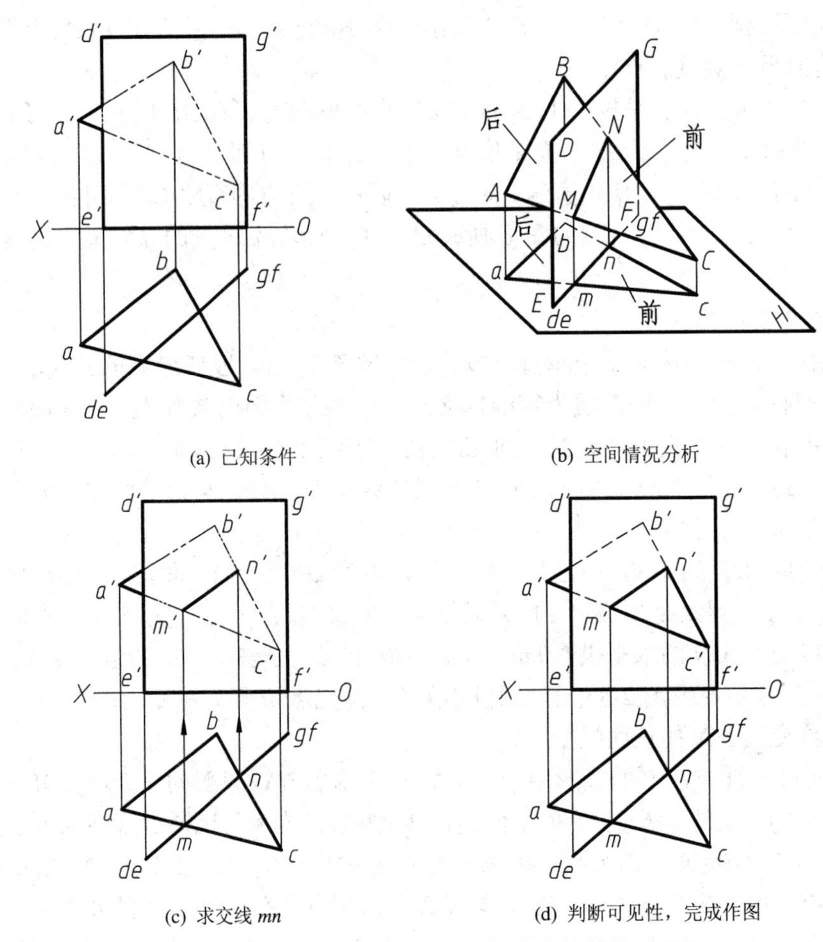

(a) 已知条件　　(b) 空间情况分析

(c) 求交线 *mn*　　(d) 判断可见性，完成作图

图 2-55　求平面与投影面垂直面的交线并判断可见性

2.5.3　垂直关系

1. 直线与平面垂直

仅讨论直线与投影面垂直面相垂直的问题。

当直线垂直于投影面垂直面时，该直线一定是该投影面的平行线。因此直线在该投影面上的投影与平面有积聚性的投影垂直，且反映直线的实长；直线在其它投影面的投影则平行于相应的投影轴。

如图 2-56 所示，平面 *CDEF* 为铅垂面，直线 *AB* 与其垂直，那么直线 *AB* 一定是平行于 *H* 面的水平线，水平投影 *ab* 反映实长，且 $ab \perp cdef$，$a'b' /\!/ OX$ 轴；*B* 点为垂足，由水平

投影 b 求得正面投影 b'。

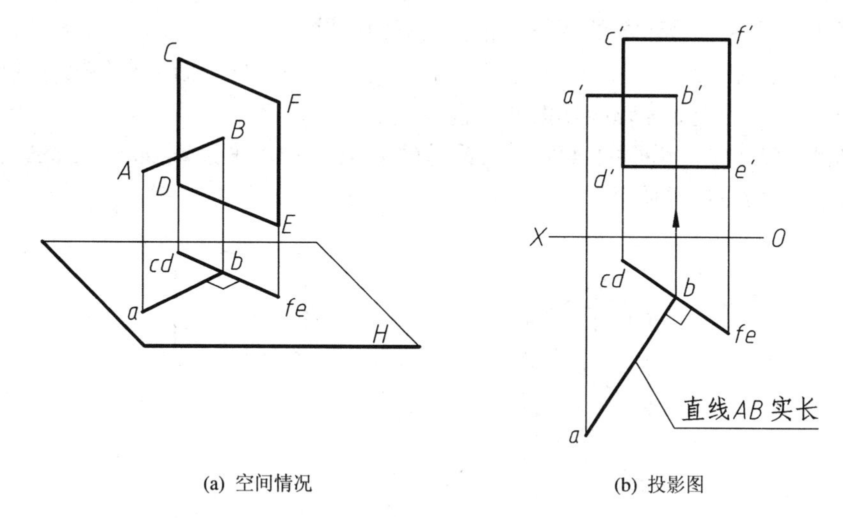

(a) 空间情况　　(b) 投影图

图 2-56　直线与铅垂面垂直

【例 2-26】 如图 2-57(a)所示，求点 D 到△ABC 的真实距离，并在图中标出。

【解】 求点 D 到△ABC 的真实距离，实际上就是过点 D 作垂直于△ABC 的垂线，求得垂足 E(设垂足为点 E)，DE 的实长即为所求真实距离。由已知条件可知，△ABC 是铅垂面，因此，过 D 点所作垂直于△ABC 的垂线 DE 必定为水平线，且 DE 的水平投影 de 应垂直于△ABC 有积聚性的水平投影 abc。如图 2-57(b)所示，过 d 作 abc 的垂线即求出垂足 E 的水平投影 e；因为 DE 为水平线，所以 DE 的正面投影 $d'e'$ 应平行于投影轴 OX，由此，过 d' 作平行于 OX 轴的直线，再根据投影关系由 e 在此直线上求得 e'。因为水平线的水平投影反映实长，所以 de 即点 D 到△ABC 的真实距离。

作图步骤如图 2-57(b)所示：

(1) 在水平投影中，过 d 作直线垂直于 abc，得到垂足 E 的水平投影 e；

(2) 过 d' 作直线平行于 OX 轴；

(3) 过 e 作 OX 轴垂线，在过 d' 所作平行于 OX 轴的直线上求得 e'；

(4) DE 为水平线，所以 de 为所求真实距离。

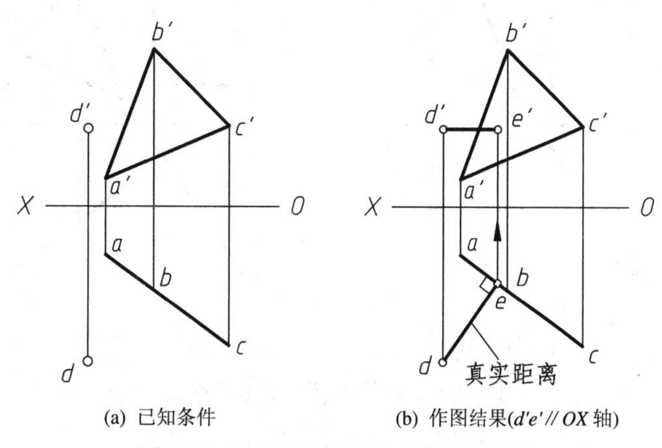

(a) 已知条件　　(b) 作图结果($d'e'$ // OX 轴)

图 2-57　求点 D 到△ABC 的真实距离

2．平面与平面垂直

仅讨论垂直于同一投影面的两平面相互垂直的问题。

当垂直于同一投影面的两平面相互垂直时，两平面在该投影面上有积聚性的同面投影也相互垂直，它们的交线为该投影面的垂直线。

例如在图 2-58 中，铅垂面 *ABCD* 与铅垂面 *CDEF* 的水平投影 $abcd \perp cdef$，则铅垂面 *ABCD* 与铅垂面 *CDEF* 相垂直。

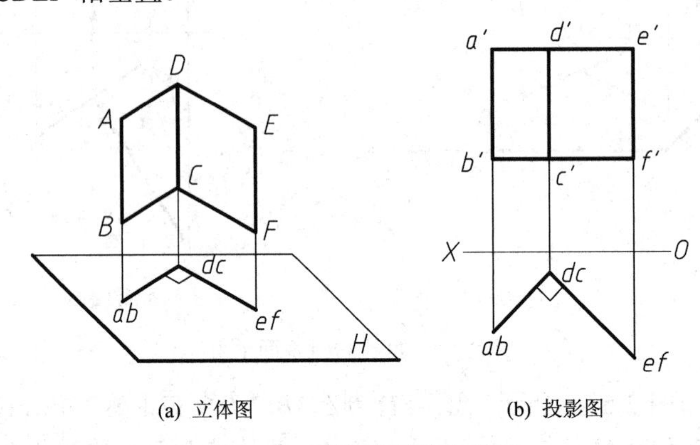

(a) 立体图　　(b) 投影图

图 2-58　两铅垂面相互垂直

【例 2-27】 如图 2-59(a)所示，已知△*EFG* 垂直于矩形 *ABCD*，补全△*EFG* 的水平投影。

【解】 由已知条件可知，矩形 *ABCD* 为铅垂面，而△*EFG* 垂直于矩形 *ABCD*，所以△*EFG* 也是铅垂面，当两个铅垂面互相垂直时，它们的水平投影 $efg \perp abcd$，据此完成△*EFG* 的水平投影。

作图步骤如图 2-59(b)所示：

(1) 在水平投影中，过 *f* 作垂线垂直于 *abcd*；

(2) 由正面投影 *e′* 和 *g′* 作 *OX* 轴的垂线，在过 *f* 所作的垂直于 *abcd* 的直线上得到 *eg*，完成了△*EFG* 的水平投影。

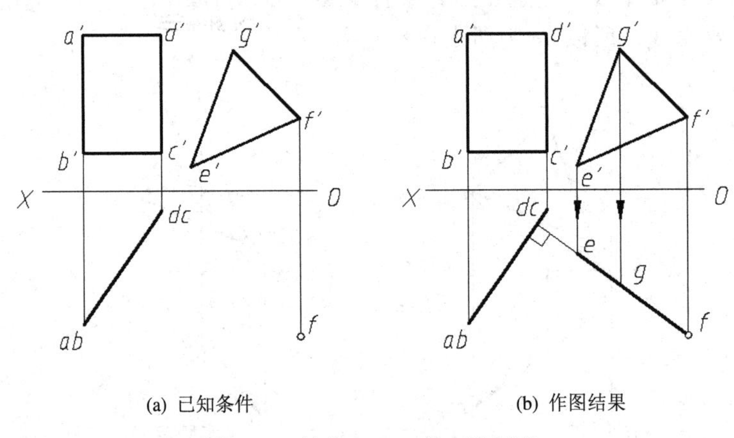

(a) 已知条件　　(b) 作图结果

图 2-59　补全△*EFG* 的水平投影

第3章 投影变换

前面两章讨论了投影图上解决有关点、线、面的相对位置和某些度量问题的基本原理。本章讨论投影变换的方法，利用这个方法可以使许多问题的解决更为清楚、简单、快速。

我们知道，当几何元素相对于投影面处于特殊位置时，有关图形、角度、距离等问题的图示和图解就较一般位置时容易解决。所谓特殊位置，是指几何元素对某一投影面平行或者垂直而言的；所谓一般位置，是指几何元素对投影面既不平行也不垂直而言的，如一般位置直线，一般位置平面。由此得到启示，当要解决一般位置几何元素的度量或定位问题时，如能把一般位置的几何元素改变为特殊位置，问题就较容易获得解决。投影变换正是应这一要求而产生的。

从投影法的形成中可以知道，投射线、物体、投射面构成投影的三要素，改变其中任一要素，都会使物体的投影发生变化。因此投影变换的方法有三种：

(1) 保持空间几何元素的位置不动，用新的投影面代替旧的投影面，使空间几何元素对新投影面处于有利于解题的位置，然后找出空间几何元素在新投影面上的投影，这种方法称为换面法。

(2) 保持投影面不动，使空间几何元素绕某一轴旋转到有利于解题的位置，然后找出其旋转后的新投影，这种方法称为旋转法。

(3) 保持空间几何元素和投影面不动，改变投射线的方向，使空间几何元素在投影面上的新投影有利于解题，这种方法称为换向法或斜角投影法。

本章主要介绍换面法。

3.1 换面法的基本概念

图3-1所示为一三角形铅垂面，在V面和H面投影体系(以后简称为V/H体系)中的两个投影都不显示实形。为使新投影显示实形，取一平行于三角形平面且垂直于H面的新投影面V_1，组成新投影体系V_1/H，V_1与H面的交线成为新投影轴，三角形在V_1面上的投影就显示三角形的实形。再以新投影轴为轴，使新投影面V_1旋转至与H面重合，就得到了V_1/H体系中投影图。

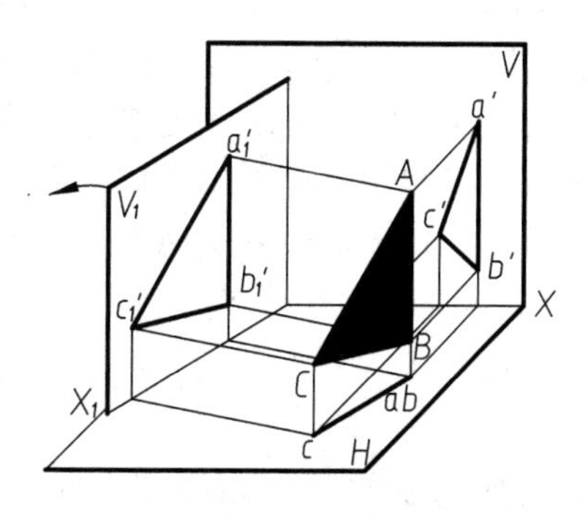

图3-1 V/H体系变为V_1/H体系

由此可知，新投影面的选择必须符合下面两个基本条件：

(1) 新投影面必须和空间几何元素处于有利于解题的位置；

(2) 新投影面必须垂直于原投影面中的一个投影面。

前一条件是解题需要，后一条件是唯有这样才能应用两投影面体系中的投影规律。

3.2 点的投影变换

点是一切几何形体的基本元素，因此必须首先掌握点的投影变换规律。

3.2.1 点的一次变换

现在研究以新投影面 V_1 更换正立投影面 V 时，点的投影变换规律。

如图 3-2(a)所示，点 A 在 V/H 体系中，正面投影为 a'，水平投影为 a。现令 H 面保持不动，用 V_1 面代替 V 面($V_1 \perp H$)，形成新投影体系 V_1/H，V_1 面与 H 面的交线称为新投影轴，以 X_1 表示。由于 H 面为不变投影面，所以 A 点的水平投影 a 的位置不变，称为不变投影。

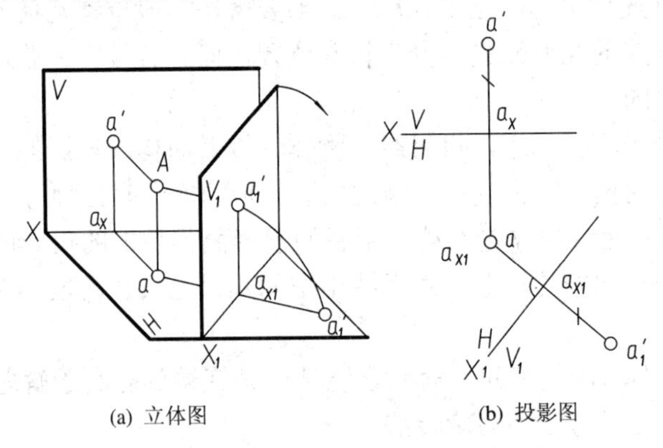

(a) 立体图　　(b) 投影图

图 3-2　点的一次变换(更换 V 面)

根据正投影原理，过点 A 向 V_1 面作垂线，得到了 A 点在新体系中的投影 a_1'，a_1'称为新投影，则 a 和 a_1' 代替了原两面体系中的投影 a 和 a'，然后将新投影面绕新投影轴 X_1 按箭头方向旋转至与 H 面为同一平面，这样就得到了点 A 在新体系中的投影图(图 3-2(b))。由点的投影规律可知，aa_1' 必定垂直于 X_1 轴，这和 $aa' \perp X$ 轴的性质是一样的。

由于新、旧投影体系具有公共的水平面 H，所以点 A 到 H 面的距离不变，即 $a'a_x = Aa = a_1'a_{x1}$。

根据以上分析，得出点的投影变换规律：

(1) 点的新投影和不变投影连线，必垂直于新投影轴；

(2) 点的新投影到新投影轴的距离等于被更换掉的旧投影到旧投影轴的距离。

图 3-2(b)表示按上述规律，由 V/H 体系的投影求 V_1/H 体系的投影的作图。

具体作图步骤如下：

(1) 按有利于解题的要求在适当位置画出新投影轴 X_1，它确定了新投影面在投影图上的位置。

(2) 过 a 作 $aa_1' \perp X_1$，并与 X_1 交于 a_{x1}。

(3) 在 aa_1'上截取 $a_1'a_{x1}=a'\,a_x$。

则 a_1' 即为所求的新投影。

图 3-3 表示更换 H 面，由点 A 在 V/H 体系中的投影(a'，a)，求其在新体系 V/H_1 中的投影(a'，a_1)的作图过程。

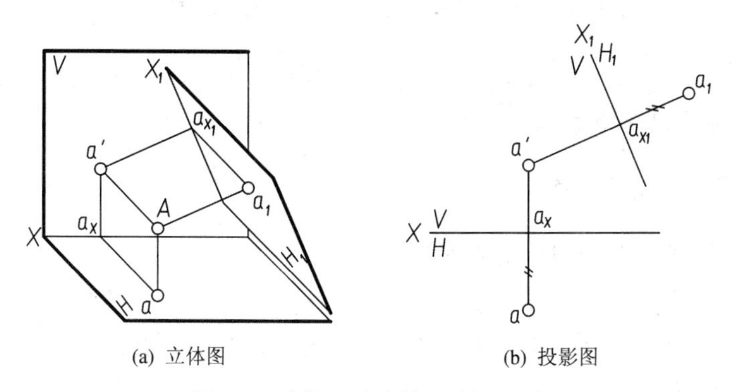

(a) 立体图 (b) 投影图

图 3-3 点的一次变换(更换 H 面)

3.2.2 点的二次变换

在用换面法解决实际问题时，更换一次投影面有时不足以解决问题，而必须更换两次或多次，称为二次变换或多次变换。由于新投影面的选择必须符合前述的两个基本条件，因此二次变换或多次变换需遵循下列原则：

(1) 一次只能更换一个投影面，新投影面必须与不变投影面垂直，使之构成一个新的投影面体系。

(2) 换面要交替进行，即如果第一次以 V_1 代替 V，则第二次必须以 H_2 代替 H。

(3) 每一次变换后构成的新投影体系，是在前一次的两面体系的基础上进行的，因此在由 $V_1/H \rightarrow V_1/H_2$ 的变换过程中，V_1/H_2 是新投影体系，其交线 X_2 是新投影轴，而 V_1/H 便成了旧投影体系，X_1 轴便变成了旧投影轴。点在 H_2 面上的投影是新投影，在 V_1 面上的投影便成了不变投影，而在 H 面上的投影则是被更换掉的旧投影。

点在一次变换时所得出的作图规律也适用于二次变换或多次变换。图 3-4 为由 V/H 体系经过 V_1/H 体系而变换成 V_1/H_2 体系的立体图和投影图，当然变换次序也可以是 $V/H \rightarrow V/H_1 \rightarrow V_2/H_1$。

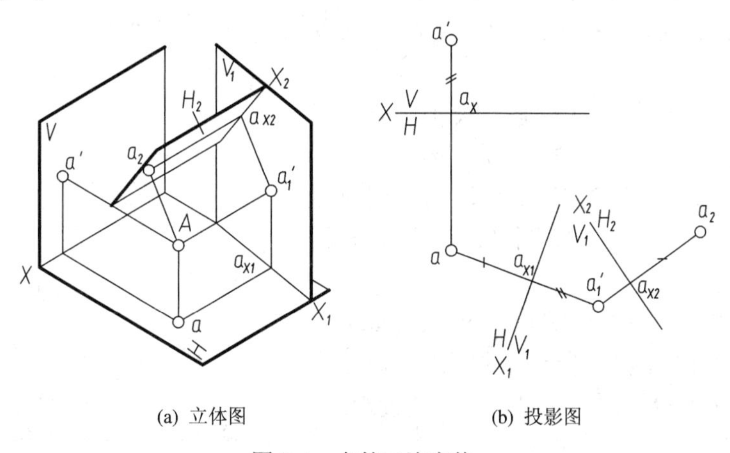

(a) 立体图 (b) 投影图

图 3-4 点的二次变换

3.3　直线的投影变换

直线是由两点所决定的，因此当直线进行变换时，只要把直线上的任意两点的投影加以变换，即可求得直线的新投影。

3.3.1　直线的一次变换

1. 将一般位置直线变为投影面的平行线

在图 3-5(a)中，线段 *AB* 在 *V*/*H* 体系中为一般位置，若求 *AB* 的实长及其对 *H* 面的倾角 α，则可用一个平行于 *AB* 且垂直于 *H* 面的 V_1 面来代替 *V* 面，此时 *AB* 在 V_1/H 体系中成为 V_1 面的平行线，它在 V_1 面上的投影 $a_1'b_1'$ 反映 *AB* 的实长，$a_1'b_1'$ 与 X_1 轴的夹角即为 *AB* 对 *H* 面的倾角 α。

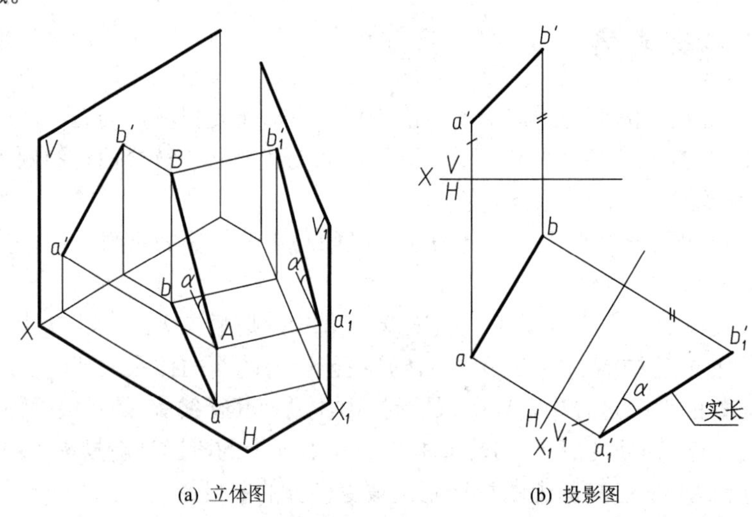

(a) 立体图　　(b) 投影图

图 3-5　一般位置直线变换为投影面平行线 (求实长和倾角 α)

图 3-5(b)表示投影图作法，具体步骤如下：

(1) 作 X_1 轴 // *ab*，X_1 与 *ab* 的距离可任取。

(2) 根据点的投影变换规律，作出 *A*、*B* 两点的新投影 a_1'、b_1'。

(3) 连 a_1'、b_1' 即得 $a_1'b_1'$，它反映 *AB* 的实长，与 X_1 轴的夹角反映 *AB* 对 *H* 面的倾角 α。

若求 *AB* 的实长及其对 *V* 面的倾角 β，则应更换 *H* 面，将 *AB* 变为 H_1 面的平行线。图 3-6 表示其投影图作法。

由上述可知，若求线段实长，变换 *V* 面或 *H* 面均可；若求线段对某一投影面的倾角，则必须使该投影面为不变投影面，而更换另一个投影面。

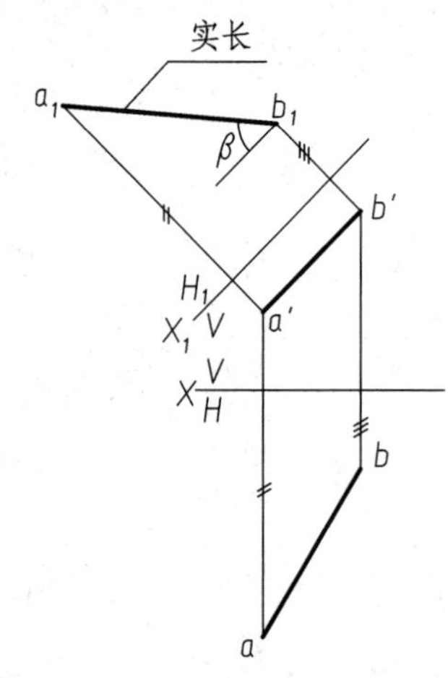

图 3-6　一般位置直线变换为投影面平行线(求实长和倾角 β)

2. 将投影面平行线变换为投影面垂直线

把投影面平行线变换为投影面垂直线，其目的是使线段的投影具有积聚性，以便于求解某些度量问题。

图 3-7(a)中，AB 在 V/H 体系中为一正平线，用一垂直于 AB 的 H_1 面(它必然垂直于 V 面)来替换 H 面，则 AB 在 V/H_1 体系中就成为新投影面 H_1 的垂直线，它在 H_1 面上的投影 a_1b_1 积聚为一点。图 3-7(b)表示其投影图作法，具体步骤如下：

(1) 作新轴 X_1，使 $X_1 \perp a'b'$。

(2) 根据点的投影变换规律，求出 AB 在 H_1 面上的投影 a_1b_1，则 a_1b_1 积聚为一点。

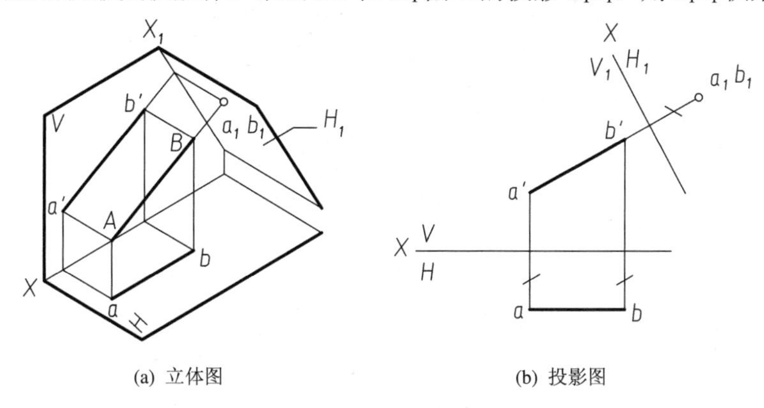

(a) 立体图　　(b) 投影图

图 3-7　将投影面平行线变为投影面垂直线

3.3.2　直线的二次变换

垂直于一般位置直线的平面一定是一般位置平面，因此，欲把一般位置直线变换为投影面的垂直线，仅一次变换是不行的，必须连续地变换两次投影面，称为直线的二次变换。如图 3-8(a)所示，第一次把一般位置直线变为投影面的平行线，第二次再把投影面的平行线变换为投影面的垂直线。

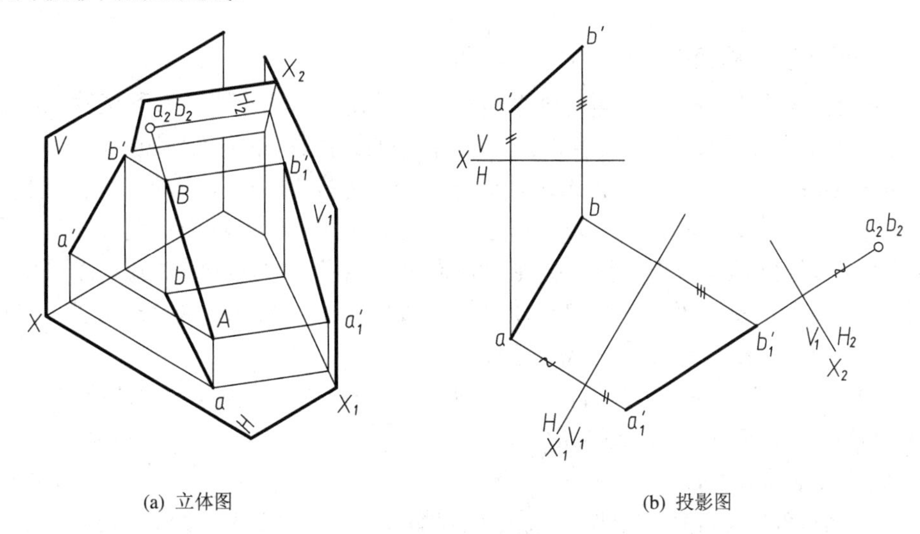

(a) 立体图　　(b) 投影图

图 3-8　将一般位置直线变为投影面(H_2)的垂直线

图 3-8(b)表示其投影图的作法，具体步骤如下：

(1) 先作 X_1 轴 // *ab*，求得 *AB* 在 V_1 面上的新投影 $a_1'b_1'$。

(2) 再作 X_2 轴 ⊥ $a_1'b_1'$，得出 *AB* 在 H_2 面上的投影 $a_2(b_2)$，这时 a_2 与 b_2 积聚为一点。

图 3-9 表示先更换 *H*、再更换 *V* 面将直线变成 V_2 面的垂直线的作图过程。

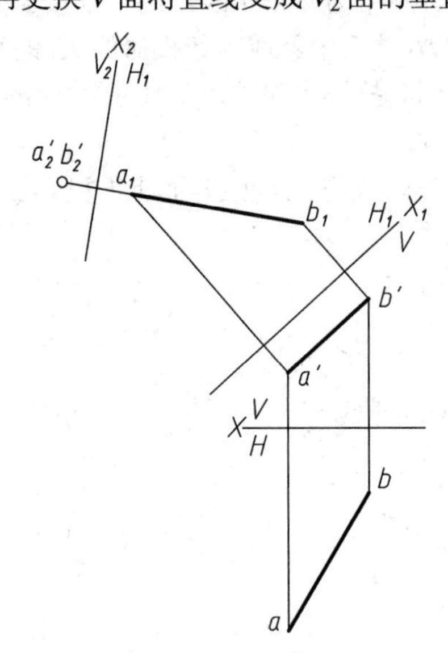

图 3-9 将一般位置直线变为投影面(V_2)的垂直线

3.4 平面的投影变换

平面的投影变换就是把确定平面的几何元素的投影加以变换，从而得到平面在新体系中的投影。

3.4.1 平面的一次变换

1. 将一般位置平面变换为投影面的垂直面

将一般位置平面变换为投影面的垂直面，目的是使平面的投影具有积聚性，以便于求解某些度量(如求平面与投影面的夹角及与平面有关的距离)和定位等问题。

图 3-10(a)表示一般位置平面△*ABC*，要把它变换为投影面的垂直面，只要把Δ*ABC* 内的任一直线变换为投影面的垂直线即可。由直线的变换知道，一般位置直线变为投影面的垂直线时，必须连续地交替更换两次投影面，而平行线变为垂直线时，则只需更换一次投影面。因此，为了作图简便，在△*ABC* 上任取一投影面平行线 *AK* 作为辅助线，把它变为新投影面的垂直线，则△*ABC* 就变成了新投影面的垂直面。

图 3-10(b)表示把△*ABC* 变为新体系的正垂面的作图方法，具体步骤如下：

(1) 在△*ABC* 内任取一水平线 *CK*(*ck*，*c*′*k*′)。

(2) 作新投影轴 X_1 ⊥ *ck*。

(3) 求出△*ABC* 在 V_1/H 体系中 V_1 面上的投影 $a_1'b_1'c_1'$，它们积聚成一直线，该直线与 X_1 轴的夹角即为△*ABC* 对 *H* 面的倾角 α。

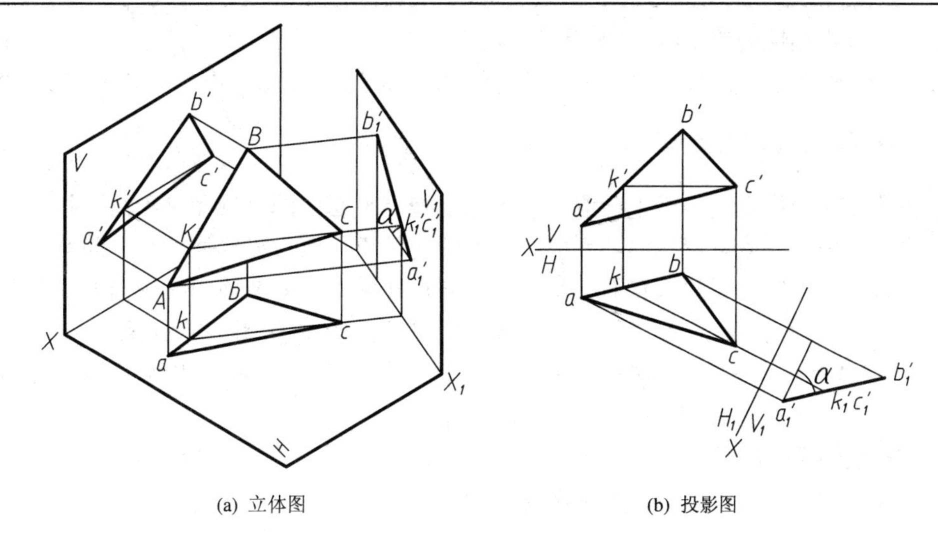

(a) 立体图　　　　(b) 投影图

图 3-10　将一般位置平面变为投影面垂直面(求倾角 α)

如求△*ABC* 对 *V* 面的夹角 β，可在△*ABC* 内取一正平线为辅助线，并用 H_1 代替 *H*，则△*ABC* 的 H_1 面投影与 X_1 轴的夹角即为平面对 *V* 面的夹角 β，如图 3-11 所示。

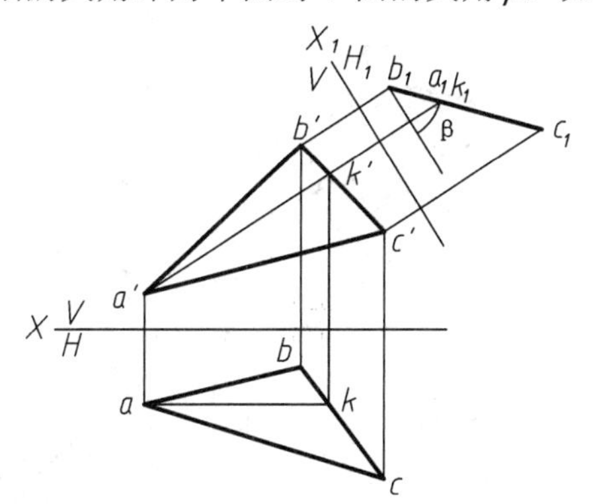

图 3-11　将一般位置平面变为投影面垂直面(求倾角 β)

由上述可知，求平面与某投影面的夹角时，必须保持该投影面不变，并在平面上取该投影面的平行线作为辅助线，而更换另一个投影面，才能求得。

2．将投影面垂直面变为投影面的平行面

目的是为了求平面的实形和解决同一平面内的有关图解问题。

由于投影面垂直面已经垂直于一个投影面，所以只要建立一个与已知平面平行的新投影面，即可在新体系中得到该平面的实形。

图 3-12 表示把铅垂面△*ABC* 变为新投影面平行面的作图方法：

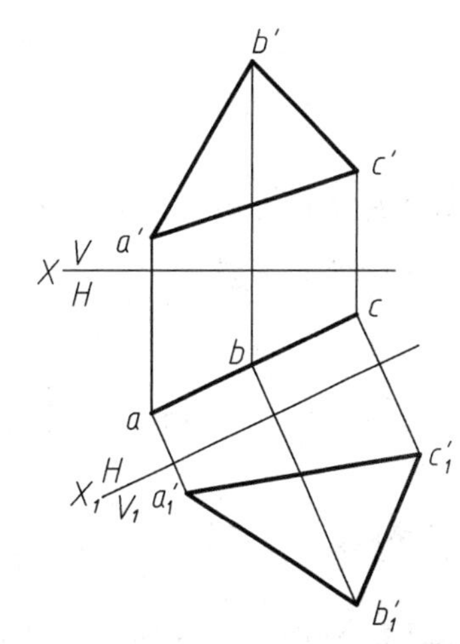

图 3-12　将投影面垂直面变为投影面平行面

(1) 根据平行面的投影特点，作新投影轴

X_1 // △*ABC* 有积聚性的投影(即水平投影 *abc*)。

(2) 根据投影变换规律，求出△*ABC* 的新投影$\triangle a_1'b_1'c_1'$，$\triangle a_1'b_1'c_1'$ 反映△*ABC* 的实形。

3.4.2　平面的二次变换

平面的二次变换主要用于把一般位置平面变换为投影面的平行面。因为平行于一般位置平面的平面仍为一般位置平面，所以必须连续交替更换两次投影面才行，即第一次将一般位置平面变换为投影面的垂直面，第二次再将投影面垂直面变换为投影面的平行面。如图 3-13 所示，先使$\triangle ABC \perp V_1$面，再使$\triangle ABC // H_2$面。具体作图步骤如下：

(1) 在△*ABC* 内任取一水平线 *CK*，作新投影面 $V_1 \perp CK$，即作 X_1 轴$\perp ck$，然后作出△*ABC* 在 V_1 面上的投影 $a_1'b_1'c_1'$，它积聚为一直线。

(2) 作新投影面 H_2 平行于△*ABC*，即作 X_2 轴 // $a_1'b_1'c_1'$，然后求出△*ABC* 在 H_2 面上的投影$\triangle a_2b_2c_2$，$\triangle a_2b_2c_2$ 反映三角形平面的实形。

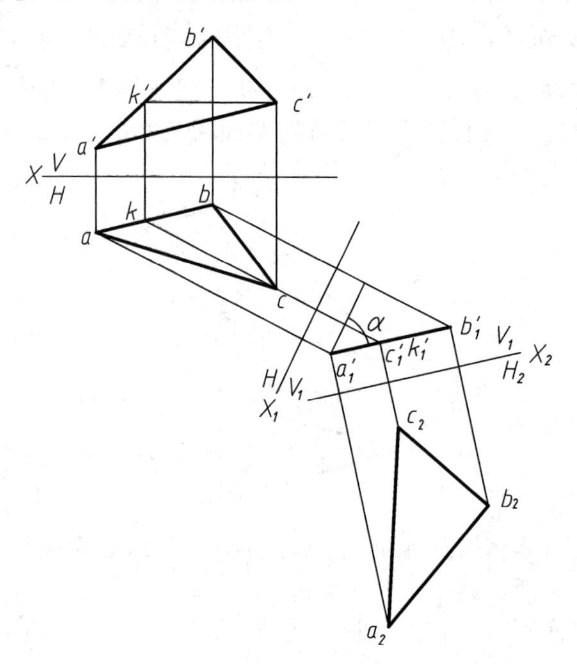

图 3-13　将一般位置平面变为投影面平行面

关于直线的一次变换、二次变换及平面的一次变换、二次变换是属于换面法最基本的作图问题，必须熟练掌握。

3.5　换面法的应用举例

3.5.1　求解距离问题

【例 3-1】 如图 3-14(a)所示，已知平面△*ABC* 及面外一点 *M* 的两面投影，求 *M* 点到三角形平面 *ABC* 的距离及其投影。

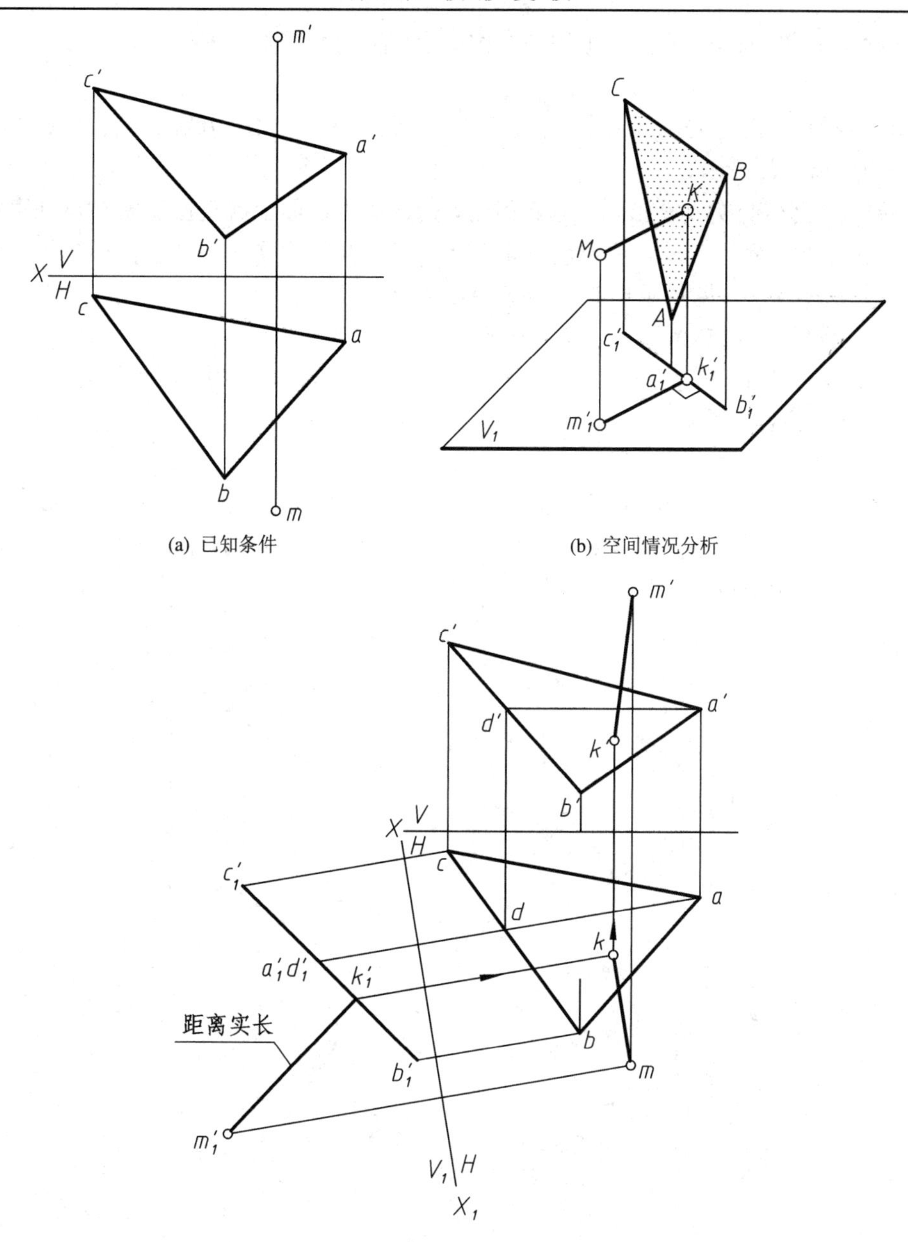

(a) 已知条件

(b) 空间情况分析

(c) 作图过程及结果

图 3-14　用换面法求点到平面的距离

【解】 当平面变换成投影面垂直面时，问题得解。如图 3-14(b)所示，当平面变成 V_1 面的垂直面时，反映点至平面的垂线 *MK* 为一 V_1 面的平行线，它在 V_1 面上的投影 $m_1'k_1'$ 显示实长。一般位置平面变换成垂直面时，只需一次变换即可。设新投影面 V_1 垂直于 *H* 面，以代替 *V* 面。

作图步骤(见图 3-14(c))如下：

(1) 在△*ABC* 上取水平线 *AD*(*ad*，*a'd'*)。

(2) 作新投影轴 $X_1 \perp ad$，在 V_1/H 体系中求出新投影 $a_1'b_1'c_1'$和 m_1'。

(3) 过 m_1'作 $a_1'b_1'c_1'$ 的垂线，垂足为 k_1'，则 $m_1'k_1'$ 显示点到△*ABC* 的真实距离。

(4) 过点 m 作 $m\ k /\!/ X_1$，并根据 k_1' 求得 k，最后再根据 k 求得 k'，连接 $m'k'$，完成作图。

【例 3-2】 如图 3-15(a)所示，已知直线 AB 及线外一点 M 的两面投影，求作点 M 到直线 AB 的距离及其投影。

【解】 当直线变换成投影面的垂直线时，则在该投影面上就直接反映出点到直线的距离，如图 3-15(b)所示。为此，必须将一般位置直线 AB 经两次变换变为投影面的垂直线，M 点也随之变换两次，即可求出距离的实长。

作图步骤(见图 3-15(c))如下：

(1) 选取新投影面 V_1 代替 V 面，作 $X_1 /\!/ ab$，求得 AB 和点 M 的新投影 $a_1'b_1'$、m_1'。

(2) 再取新投影面 H_2 代替 H，作 $X_2 \perp a_1'b_1'$，求得 AB 和 M 在 H_2 面上的新投影 a_2b_2，k_2、a_2、b_2 重合为一点。

(3) 连接 m_2 和 $a_2(b_2)$，即为点 M 到直线 AB 的距离实长(垂足 K 的投影与 a_2b_2 重合)。

(4) 过点 m_1' 作直线 $m_1'k_1' /\!/ X_2$ 得垂足 k_1'，再根据 K 点从属于直线 AB，由 k_1' 求出 k，由 k 求出 k'，连 mk、$m'k'$，即完成全图。

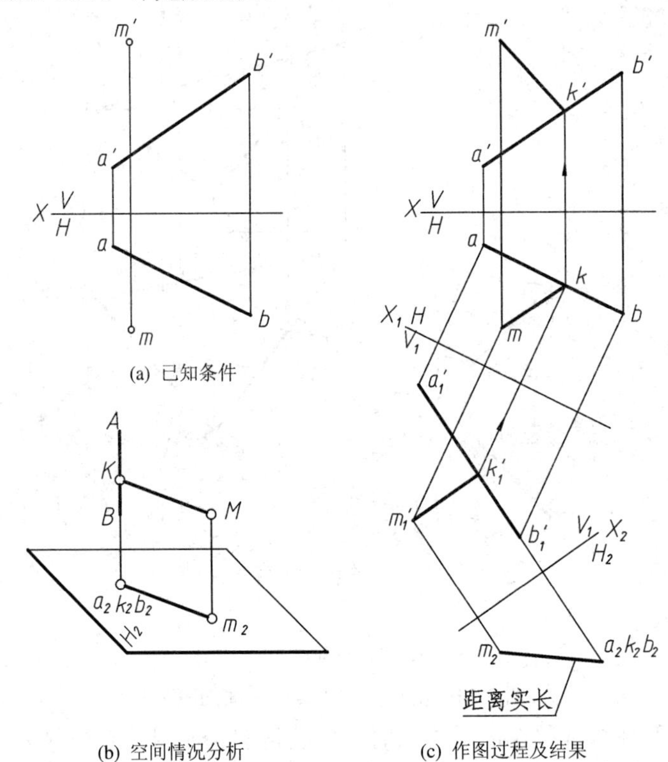

(a) 已知条件

(b) 空间情况分析　　(c) 作图过程及结果

图 3-15　用换面法求点到直线的距离

【例 3-3】 求两交叉直线 AB、CD 的公垂线实长及投影(图 3-16)。

【解】 两交叉直线之间的最短距离就是它们的公垂线，因此，如果把两交叉直线之一变换成投影面的垂直线，例如将 CD 变为垂直于 H_2 面(图 3-16(b))，则公垂线 MN 必为 H_2 面的平行线，故 $m_2n_2 = MN$。据上述分析，实质上是把一般位置直线变换成投影面的垂直线的作图问题。

作图步骤(见图 3-16(c))如下：

(1) 作投影轴 $X_1 /\!/ cd$，在 V_1 面中求出 $a_1'b_1'$ 和 $c_1'd_1'$。

(2) 作投影轴 $X_2 \perp c_1'd_1'$，在 H_2 面中求出 a_2b_2 和 c_2d_2。

(3) 过 c_2d_2 向 a_2b_2 作垂线得 m_2n_2，m_2n_2 即显示公垂线实长。

(4) 由 m_2 求得 m_1'，过 m_1' 作 $n_1'm_1' /\!/ X_2$ 得交点 n_1'，再由 $n_1'm_1'$ 依次求得 n、m 和 n'、m'，连接 n、m 和 n'、m' 即为公垂线 MN 的投影，完成作图。

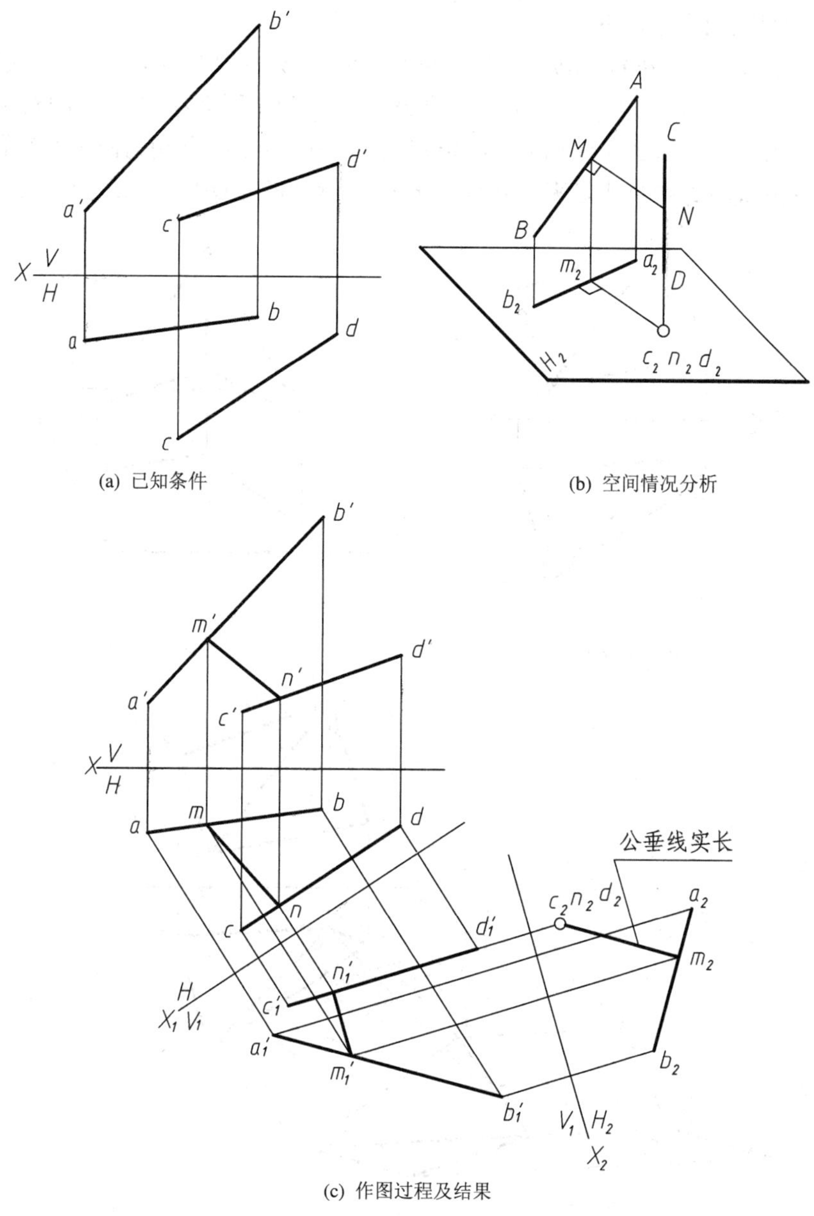

(a) 已知条件

(b) 空间情况分析

(c) 作图过程及结果

图 3-16 用换面法求两交叉直线的公垂线及投影

3.5.2 求解角度问题

【例 3-4】 如图 3-17(a)所示，已知两一般位置平面△*ABC* 和△*ABD* 的两面投影，试用换面法求两平面之夹角ϕ。

【解】 任何不平行两平面必相交，其相交之夹角称为二面角。当两个平面同时垂直于某一投影面时，它们在该平面上的投影均积聚为直线，此两直线间的夹角就反映出两平面间的真实夹角。要使两平面同时变换为新投影面的垂直面，必须把它们的交线变换为新投影面的垂直线。从图 3-17(a)、(b)中知道，AB 是两平面的交线，为一般位置直线，故需要两次变换投影面，才可求出两平面的夹角ϕ。

作图步骤(见 3-17(c))如下：

(1) 选投影面 $V_1 /\!/ AB(X_1 /\!/ ab)$，求出 $a_1'b_1'$，$a_1'b_1'$ 显示了 AB 的实长。同时求得 c_1'、d_1'，连 $a_1'c_1'$、$b_1'c_1'$ 和 $a_1'd_1'$、$b_1'd_1'$。$\triangle a_1'b_1'c_1'$ 和$\triangle a_1'b_1'd_1'$为两平面在 V_1 面上的新投影。

(2) 选取投影面 $H_2 \perp AB(X_2 \perp a_1'b_1')$，求得 $a_2b_2c_2$ 和 $a_2b_2d_2$，分别为两平面有积聚性的投影，故 $a_2b_2c_2$ 和 $a_2b_2d_2$ 两直线之夹角就是两平面$\triangle ABC$ 和$\triangle ABD$ 的二面角 ϕ。

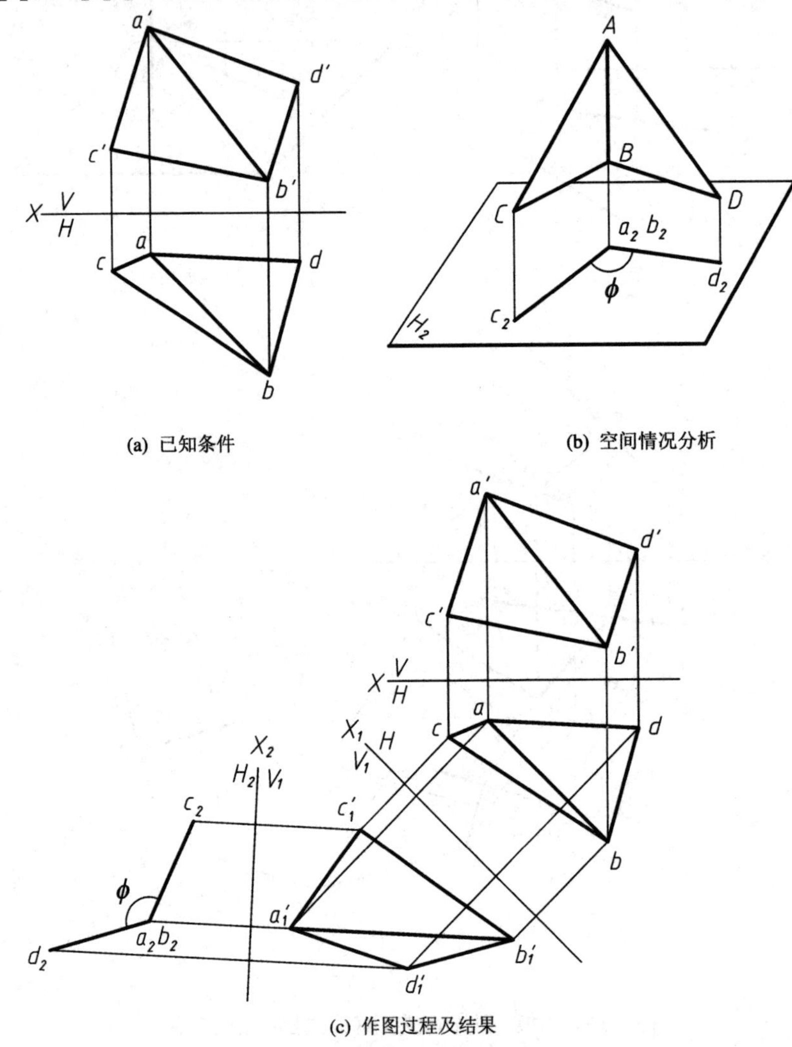

(a) 已知条件　　(b) 空间情况分析

(c) 作图过程及结果

图 3-17　用换面法求两平面之夹角

【例 3-5】 如图 3-18(a)所示，已知四边形 $ABCD$ 和直线 EF 的两面投影，用换面法求直线 EF 与平面 $ABCD$ 夹角 θ 的真实大小。

【解】 作一新投影面和直线 EF 平行，且与平面 $ABCD$ 垂直，则在该新投影面上的投影反映 θ 角。由于平面 $ABCD$ 处于一般位置，因此，首先将它经过二次变换变为投影面平行面，然后，在其上作新投影面 V_3 与之垂直，并与直线 EF 平行。故本题共需要变换三次投影面才能获解。

作图步骤(见图 3-18(b))如下：

(1) 经过 $V/H \to V_1/H \to V_1/H_2$ 两次变换，将一般位置平面 $ABCD$ 变成投影面平行面，直线 EF 随同一起变换。

(2) 经过 $V_1/H_2 \to V_3/H_2$，将一般位置直线 EF 变成投影面平行线，平面 $ABCD$ 也随同变换，$e_3'f_3'$ 与 $a_3'b_3'c_3'd_3'$之间夹角 θ 即为所求。

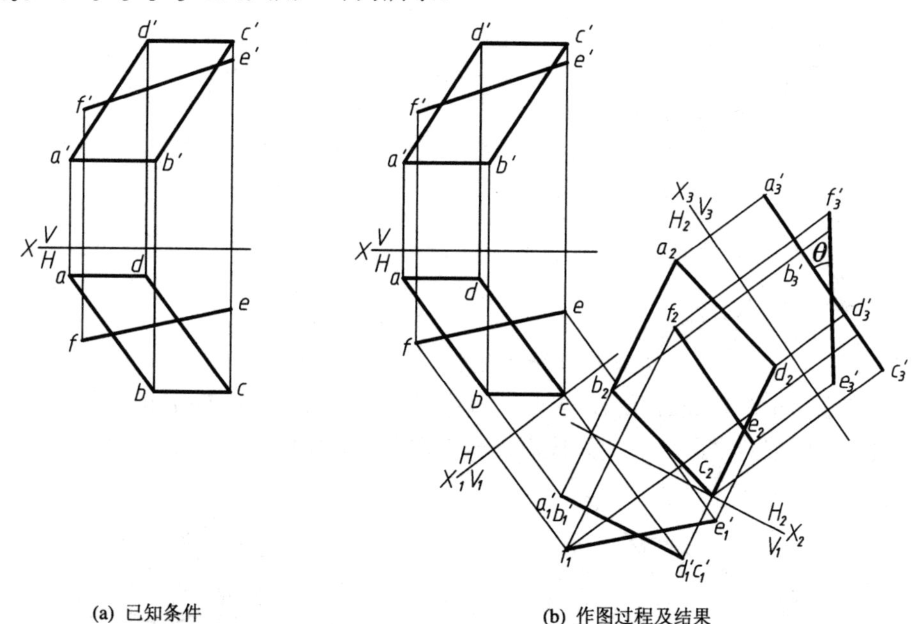

(a) 已知条件　　(b) 作图过程及结果

图 3-18　用换面法求直线与平面之夹角

3.5.3　求解定位问题

前面已经列举了一些用换面法解决度量问题的例子，此外，换面法还可以用来求解直线与平面、平面与平面的相对位置问题。

【例 3-6】 如图 3-19 所示，求一般位置直线 DE 与△ABC 平面的交点。

【解】 如前所述，直线与平面的交点是直线与平面的共有点，这一共有点可用换面法求出。

作图步骤(见图 3-19(b))如下：

(1) 在△ABC 上取一条水平线 AF，其 V 面和 H 面投影分别为 $a'f'$ 和 af。

(2) 作 X_1 轴垂直于 AF 的水平投影 af，并作出△ABC 和直线 DE 在 V_1 面上的投影，即有积聚性的直线 $a_1'b_1'c_1'$和直线 $d_1'e_1'$，二者的交点 k_1'就是平面△ABC 和直线 DE 的交点在 V_1 面上的投影。

(3) 将点 k_1'返投至 H 面和 V 面，得投影 k 和 k'。

(4) 可见性可由 V_1 面的投影直接判断出来，线段 $d_1'k_1'$ 在 $a_1'b_1'c_1'$ 之上，即 DK 在平面上方，所以 dk 段可见，而 ke 段被平面遮挡而不可见，画成虚线。V 面投影的可见性可利用对 V 面的重影点来判断。

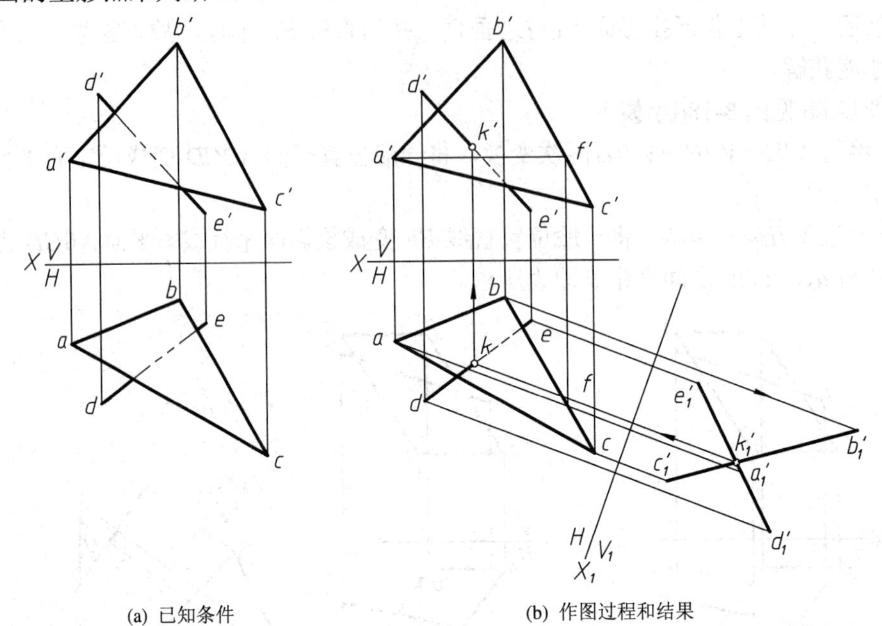

(a) 已知条件　　(b) 作图过程和结果

图 3-19　用换面法求直线与平面的交点

【例 3-7】 如图 3-20(a)所示，求两一般位置平面△ABC 和△DEF 的交线 MN。

【解】 只要把两平面之一变为投影面垂直面，问题得解。

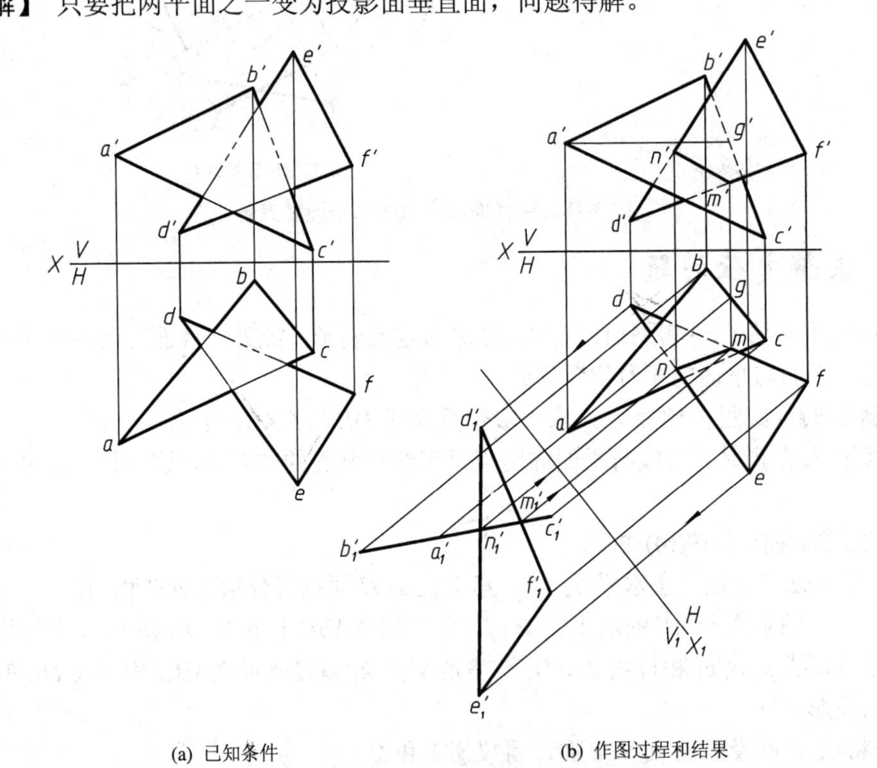

(a) 已知条件　　(b) 作图过程和结果

图 3-20　用换面法求两一般位置平面的交线

作图步骤(见图 3-20(b))如下：

(1) 在△ABC 作一水平线 AG(ag，$a'g'$)。

(2) 作 V_1⊥AG，AG 在 V_1 面上的投影积聚成一点，△ABC 的 V_1 面投影积聚为一直线 $a_1'b_1'c_1'$，△DEF 的 V_1 面投影为△$d_1'e_1'f_1'$，直线 $m_1'n_1'$即为两平面交线在 V_1 面上的投影。

(3) 根据点和直线的从属关系，由 m_1'、n_1' 逆变换求得 m、n 和 m'、n'，mn、$m'n'$ 即为两平面交线的投影。

(4) 利用重影点可见性判断规则来判断平面的可见部分和不可见部分。

【例 3-8】 如图 3-21(a)所示，已知平面图形的实形及一边 AB 的投影，求作其正面投影和水平投影。

【解】 由平面换面的基本问题可知，将一般位置平面变换为投影面的平行面需经两次变换。因 AB 为一水平线，故可设一新投影面 V_1 垂直于 AB，且同时与 H 面垂直。在 V_1/H 体系中 AB 为垂直线，其 V_1 面投影积聚为一点，该平面即变换为 V_1 面的垂直面。在 V_1/H_2 体系中已知平面必为 H_2 面的平行面，所以只要求出 AB 有积聚性的投影，即可定出 X_1、X_2 轴的位置，然后作逆变换完成平面的投影。

作图步骤(见图 3-21(b))如下：

(1) 延长 ab 和 a_2b_2,得交点 $a_1'(b_1')$即为 AB 边一次变换后有积聚性的投影。

(2) 作 X_1⊥ab，并使 $a_1'(b_1')$至 X_1 轴的距离等于 b'(或 a')至 X 轴的距离。

(3) 作 X_2⊥a_2b_2，并使 b_2 至 X_2 轴的距离等于 b 至 X_1 轴的距离。

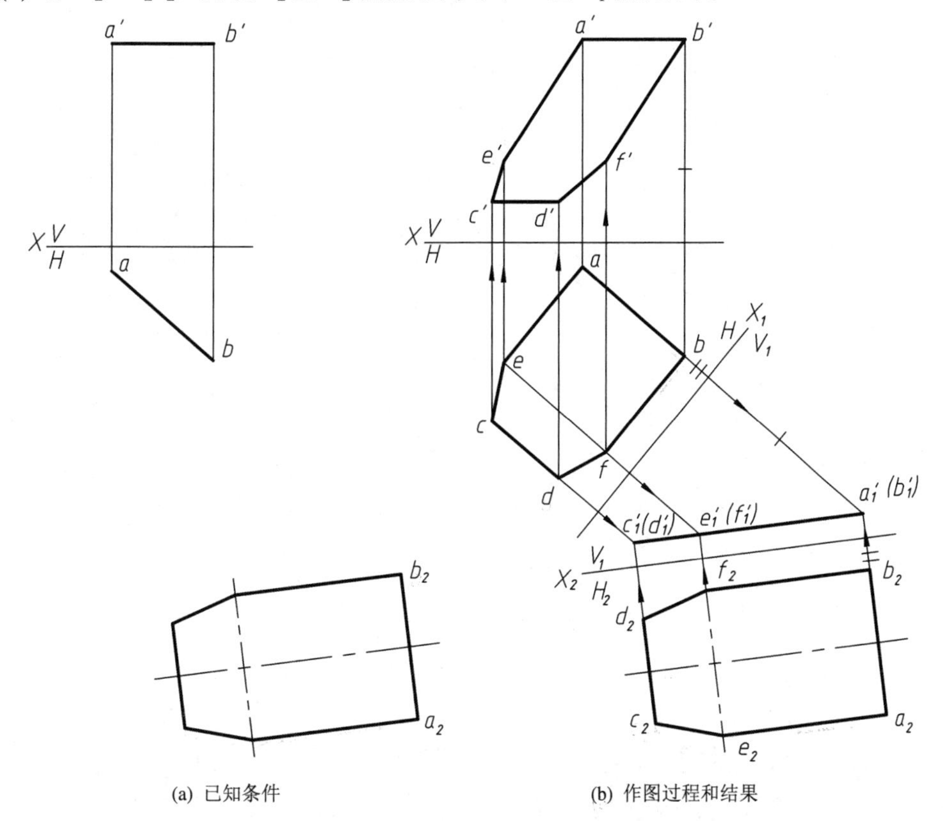

(a) 已知条件　　　　(b) 作图过程和结果

图 3-21　用换面法由平面图形实形求其投影

(4) 在 V_1/H_2 体系中，过点 $a_1'(b_1')$作一直线平行于 X_2 轴，由 e_2、c_2、d_2、f_2 引垂直于 X_2 轴的投影连线，交得 e_1'、c_1'、(d_1')、(f_1')，则直线段 $a_1'(b_1')e_1'(f_1')c_1'(d_1')$即为该平面在 V_1 面上的有积聚性的投影。

(5) 在 H/V_1 体系中，过 e_1'、c_1'、(d_1')、(f_1')作垂直于 X_1 轴的投影连线，并在 H 面内截取 e、c、d、f 至 X_1 轴的距离等于相应的 e_2、c_2、d_2、f_2 至 X_2 轴的距离，得 e、c、d、f，将 a、b、f、d、c、e、a 相连，得 $aecdfba$ 即为该平面图形的 H 面投影。

(6) 在 V/H 体系中，过各点的 H 面投影作 X 轴的垂线，并在 V 面内截取 e'、c'、d'、f' 至 X 轴的距离等于相应的 e_1'、c_1'、(d_1')、(f_1')至 X_1 轴的距离，得 e'、c'、d'、f'，按顺序连接各点，得 $a'e'c'd'f'b'a'$ 即为该平面图形的 V 面投影。

第4章 立体的投影

依据立体的表面性质可将立体分为两大类：表面全部为平面的立体，称为平面立体；表面全部为曲面或既有曲面又有平面的立体，称为曲面立体，当曲面是回转面时又称回转体。

单一的几何体常称为基本体。常用的基本体包括：属于平面立体的棱柱、棱锥，属于回转体的圆柱、圆锥、圆球、圆环等。

为了方便叙述问题，本章首先引入物体“三视图”的概念。

4.1 三视图的形成及投影规律

4.1.1 三视图的形成

国家标准规定，用正投影法绘制的物体的图形称为视图。同时规定，物体在投影时，可见的轮廓线用粗实线表示，不可见的轮廓线用虚线表示。因此，物体的视图与物体的投影实际上是相同的，只是换了一种描述方法，即物体的三面投影也称为三视图，如图4-1(a)所示。其中：

主视图——物体的正面投影(由前向后投射所得)；

俯视图——物体的水平投影(由上向下投射所得)；

左视图——物体的侧面投影(由左向右投射所得)。

在三投影面体系中，物体的正面投影通常用来表示物体的主要形状特征，称为主视图；物体的水平投影称为俯视图；物体的侧面投影称为左视图。这样，我们就得到了物体在互相垂直的三个投影面上的三个视图。为了把空间的三个视图画在同一张图纸上，还必须把三个投影面展开(图4-1(b))。展开的方法与第2章中投影面的展开方法相同，即V面保持不动，沿OY轴将H面和W面分开，H面绕OX轴向下旋转90°，W面绕OZ轴向后旋转90°，使三个投影面展开在一个平面中。

展开后的三视图如图4-1(c)所示。为了简化作图，在三视图中不画投影面的边框线，视图之间的距离可根据具体情况自行确定，视图的名称也不必标出(图4-1(d))。

4.1.2 三视图的投影规律

图4-1(d)所示物体的三视图，反映出该物体长、宽、高三个方向的尺寸大小，而每一个视图则反映了物体两个方向的尺寸大小。若将物体左右方向的尺寸称为长，前后方向的尺寸称为宽，上下方向的尺寸称为高，则：

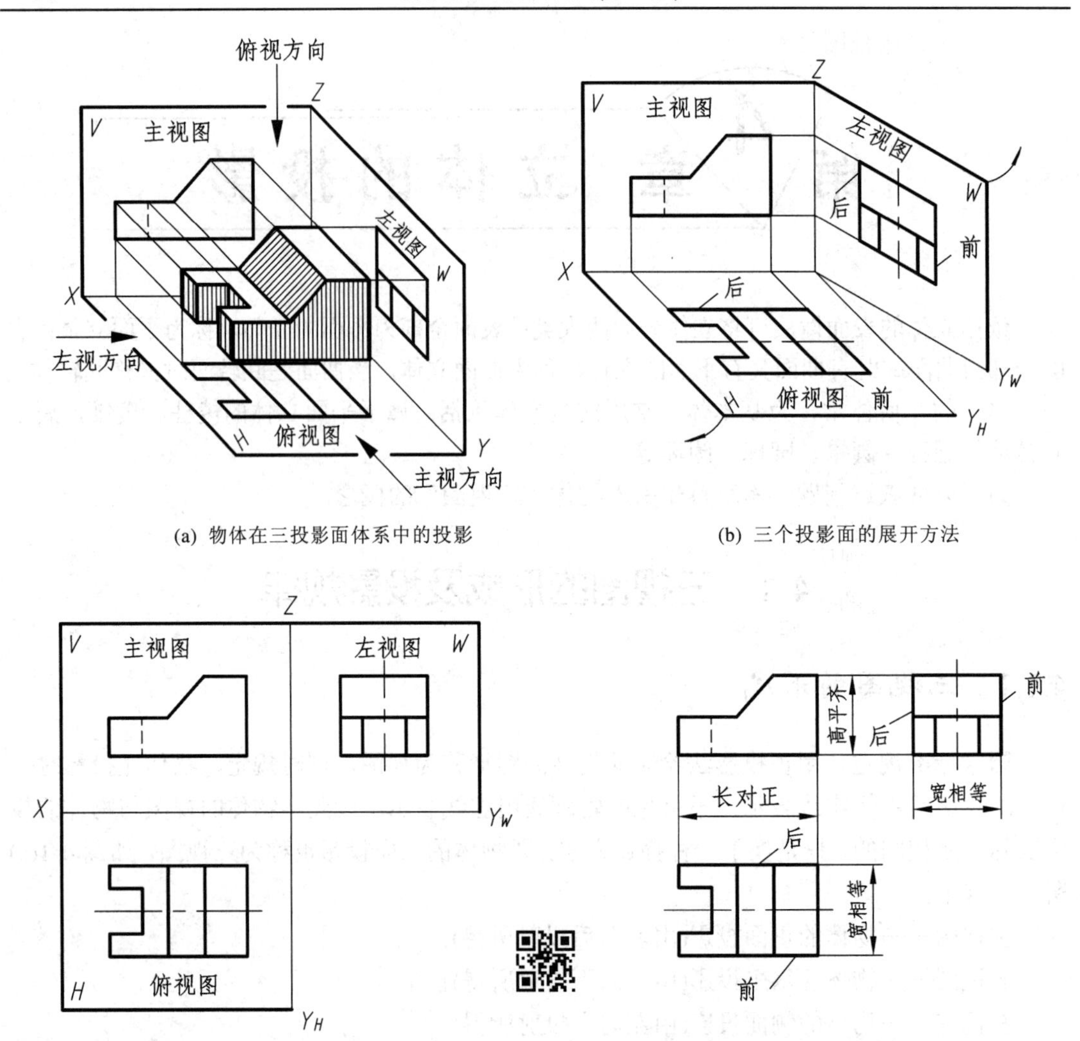

(a) 物体在三投影面体系中的投影　　(b) 三个投影面的展开方法

(c) 展开后的三视图　　(d) 三视图之间的投影规律

图 4-1　三视图的形成和投影规律

主视图反映了物体的长度和高度；

俯视图反映了物体的长度和宽度；

左视图反映了物体的宽度和高度。

主视图和俯视图同反映了物体的长度；

主视图和左视图同反映了物体的高度；

俯视图和左视图同反映了物体的宽度。

因而，三视图之间存在下面的投影规律：

① 主、俯视图——长对正；

② 主、左视图——高平齐；

③ 俯、左视图——宽相等。

该投影规律反映了三视图间的位置关系和度量关系：

(1) 主、俯视图——长对正：

位置关系：主视图与俯视图左右对正；

度量关系：主视图与俯视图长度相等。

(2) 主、左视图——高平齐：

位置关系：主视图与左视图上下平齐；

度量关系：主视图与左视图高度相等。

(3) 俯、左视图——宽相等：

位置关系：俯视图与左视图前后对应；

度量关系：俯视图与左视图宽度相等。

应该特别注意，俯、左视图除了反映宽相等以外，还有物体前、后位置的对应关系，俯视图的下方和左视图的右方表示立体的前面；俯视图的上方和左视图的左方表示立体的后面，如图 4-1(d)所示。

另外，在三视图中，可见的轮廓线画成粗实线；不可见的轮廓线画成虚线。例如，图 4-1(d)中左端的方槽，在主视图中的投影不可见，画成虚线。视图的对称中心线画成点画线，例如图 4-1(d)中的物体前后对称，在俯视图中和左视图中的对称中心线画成了点画线。

4.2 平面立体

棱柱和棱锥是常见的平面立体，它们都由棱面和底面围成的，相邻两棱面的交线称为棱线，底面与棱面的交线称为底边。本节讨论平面立体三视图的画法及表面取点、取线的方法。

4.2.1 棱柱

1. 棱柱的三视图

现以六棱柱为例，分析棱柱三视图的画法。

如图 4-2(a)所示，当六棱柱位于图示位置时，其上、下两个底面平行于 H 面，在俯视图上反映实形(正六边形)；在六棱柱的六个棱面中，前、后两个棱面为正平面，在主视图中反映实形(矩形)，在俯视图中积聚在正六边形的前、后两条边上，在左视图中积聚为前、后两条直线；其余四个棱面为铅垂面，在俯视图中积聚在正六边形的相应边上，在主视图和俯视图中反映类似形(矩形)。

作图步骤如下：

(1) 画出三个视图的对称中心线：主视图左右对称，左视图前后对称，各画出一条对称中心线；俯视图前后、左右对称，画出两条垂直相交的对称中心线(图 4-2(b))。

(2) 画出反映两底面实形(正六边形)的俯视图(图 4-2(c))。

(3) 根据棱柱的高度，按照“长对正”画出主视图；根据主视图和俯视图，按照“高平齐”和“宽相等 $y = y$”画出左视图(图 4-2(d))。

说明：当视图对称时，一般应先用点画线画出对称中心线。例如，六棱柱处在图 4-2(a)所示位置时，主视图左右对称，俯视图前后、左右均对称，左视图前后对称，应首先画出三个视图的对称中心线，以确定三个视图的位置，如图 4-2(b)所示。

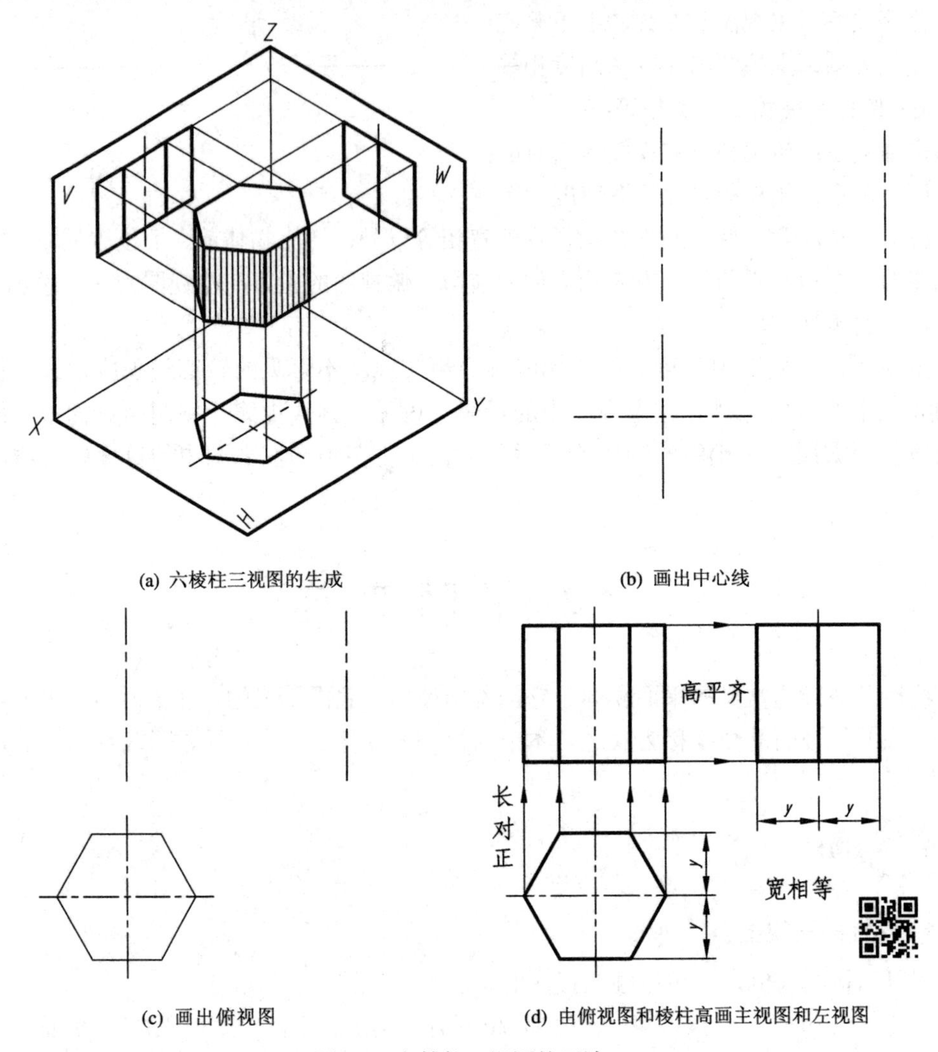

(a) 六棱柱三视图的生成　(b) 画出中心线

(c) 画出俯视图　(d) 由俯视图和棱柱高画主视图和左视图

图 4-2　六棱柱三视图的画法

2．棱柱表面取点、取线

因为棱柱的表面都是平面，所以棱柱体表面取点、取线的方法与第 2 章中介绍的在平面上取点和取线的方法是一样的。

【例 4-1】 在图 4-3 中，已知六棱柱表面 A 点的正面投影 a' 和 B 点的正面投影 b'，试求 A 点、B 点的水平投影和侧面投影。

【解】 在棱柱表面取点一般有以下三步：

(1) 判断点在棱柱面上的位置，需要根据已知投影的位置和可见性来判断。

(2) 根据已知点的投影求出其它投影，需要根据点的三面投影规律求出其它投影。

(3) 所求投影的可见性判断。判断可见性的原则是，若点所在的面的投影可见(或有积聚性)，则点的投影可见。

A 点：由图 4-3(a)可知，*A* 点位于左前侧棱面上(铅垂面)，因为该棱面的 *H* 面投影积聚为一直线，所以 *A* 点的水平投影 *a* 必在这一直线上，可由 a' 求出 *a*，再由 a'、*a* 与 a'' 之间的“高平齐、宽相等”的关系，求出 a''。因为 *A* 点的侧面投影所在的棱面是可见的，所以 a'' 可见；在 *A* 点水平投影所在的俯视图上，棱面具有积聚性，所以 *a* 可见，见图 4-3(b)。

B 点：由图 4-3(a)可知，*B* 点位于后棱面上(正平面)，该棱面在俯视图和左视图上都积聚为直线，可由(b')据“长对正”求出 *b*，再据“高平齐”求出 b''。因为 *B* 点的侧面投影所在的棱面有积聚性，且在 *B* 点的正左方没有其它已知点的遮挡，所以认为 b'' 可见。在 *B* 点水平投影所在的俯视图上，棱面具有积聚性，且在 *B* 点的正上方没有其它已知点的遮挡，所以认为 *b* 可见，见图 4-3(b)。

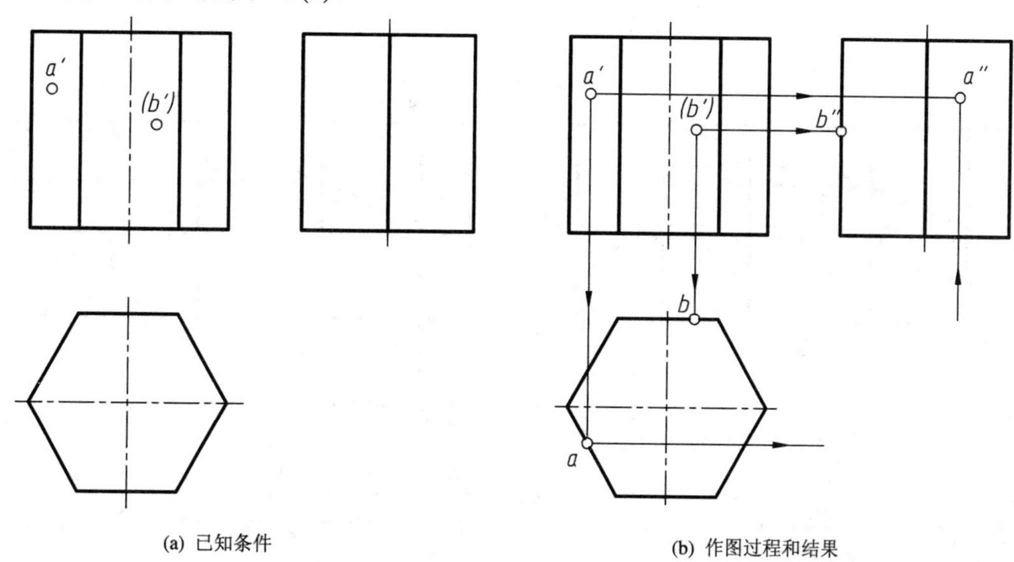

(a) 已知条件　　(b) 作图过程和结果

图 4-3　棱柱体表面取点

【例 4-2】　如图 4-4(a)所示，作出六棱柱表面折线 *ABCD* 的水平投影和侧面投影。

【解】　由图 4-4(a)可知，折线由三段直线 *AB*、*BC* 和 *CD* 构成。在主视图中，这三段直线分别位于六棱柱的三个可见棱面：*AB* 位于左前棱面(铅垂面)；*BC* 位于前棱面(正平面)；*CD* 位于右前棱面(铅垂面)。因此，可先求出各段直线端点的水平投影和侧面投影，在分析各段直线的可见性后，连接相应端点的同面投影即可。注意：棱面上直线的可见性取决于它所在棱面的可见性。在各视图中，只要棱面的投影可见或积聚为直线，其上直线的投影即可见，直线上的点的投影也可见。

作图步骤如下：

(1) 求各端点的水平投影和侧面投影。如图 4-4(b)所示，由主视图中各点的正面投影 a'、b'、c'、d'，在俯视图中求得水平投影 *a*、*b*、*c*、*d*；在左视图中求得侧面投影 a''、b''、c''、d''。

(2) 判断可见性并连线。如图 4-4(c)所示，在左视图中，直线 $a''b''$ 所在的铅垂面可见，$b''c''$ 所在的正平面积聚为直线，因此 $a''b''$ 和 $b''c''$ 是可见的，用粗实线连接；而 $c''d''$ 所在的铅垂面是不可见的，用虚线连接。

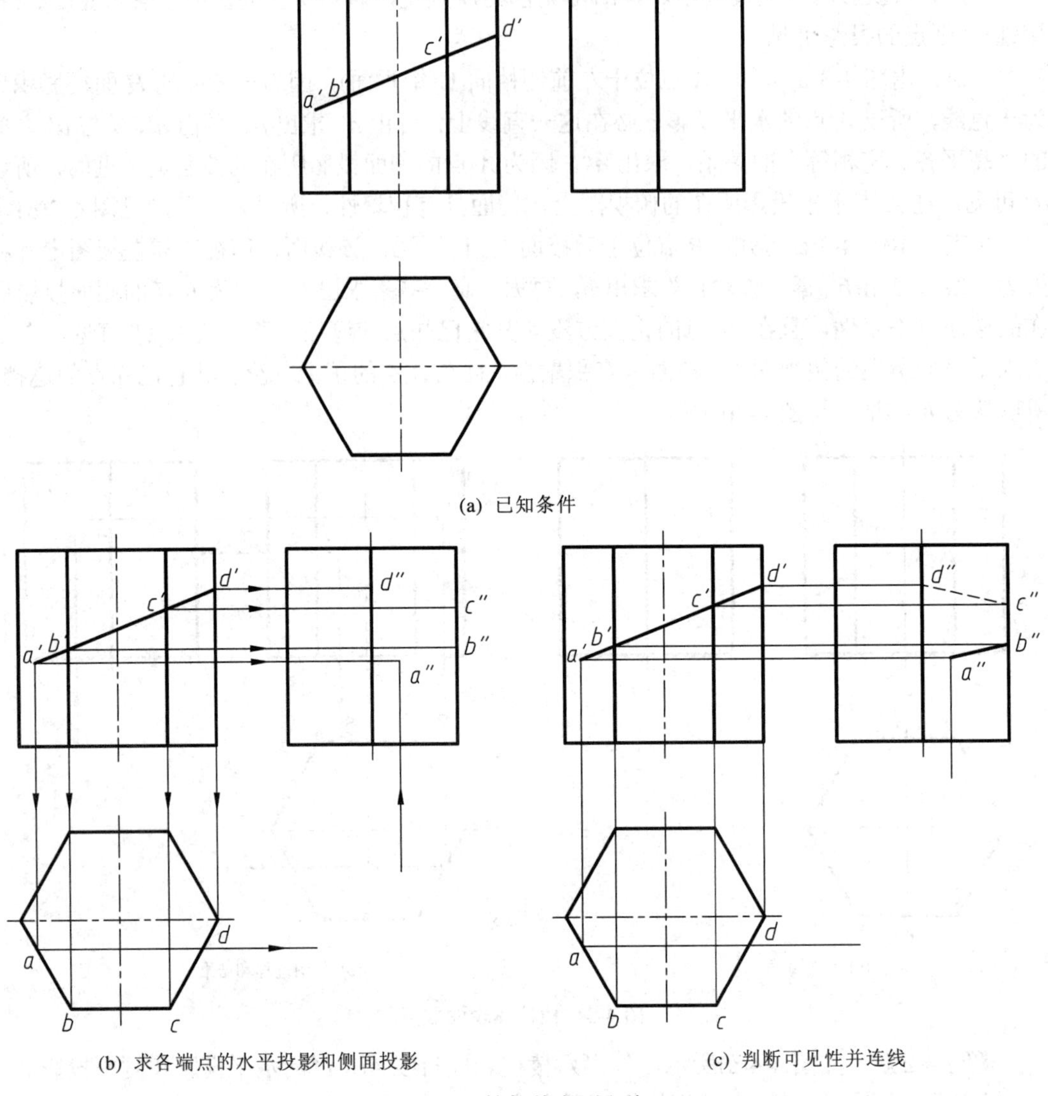

图 4-4　棱柱体表面取线

4.2.2　棱锥

1. 棱锥的三视图

棱锥与棱柱的区别在于棱锥的棱线交于一点，这一点就是锥顶。

1) 四棱锥的三视图

当四棱锥处于如图 4-5(a)所示的位置时，四棱锥的底面是水平面，在俯视图上反映实形(矩形)；前、后两个棱面是形状相同的三角形，为侧垂面，在左视图上积聚为前后对称的两条直线，在主、俯视图上反映类似形(三角形)；左右两个棱面是形状相同的三角形，为正垂面，在主视图中积聚为左右对称的两条直线，在俯、左视图上反映类似形(三角形)；四个棱面(或四条棱线)的交点即锥顶。

作图步骤如下：

(1) 画出三个视图的对称中心线。主、左视图左右和前后对称，各画出一条对称中心线；俯视图前后、左右对称，画出两条垂直相交的对称中心线(图 4-5(b))。

(2) 画出反映四棱锥底面实形及四个棱面的俯视图(图 4-5(c))。

(3) 根据棱锥的高度，按照“长对正”画出主视图(图 4-5(d))。

(4) 根据主视图和俯视图，按照“高平齐”和“宽相等 $y = y$”画出左视图(图 4-5(d))。

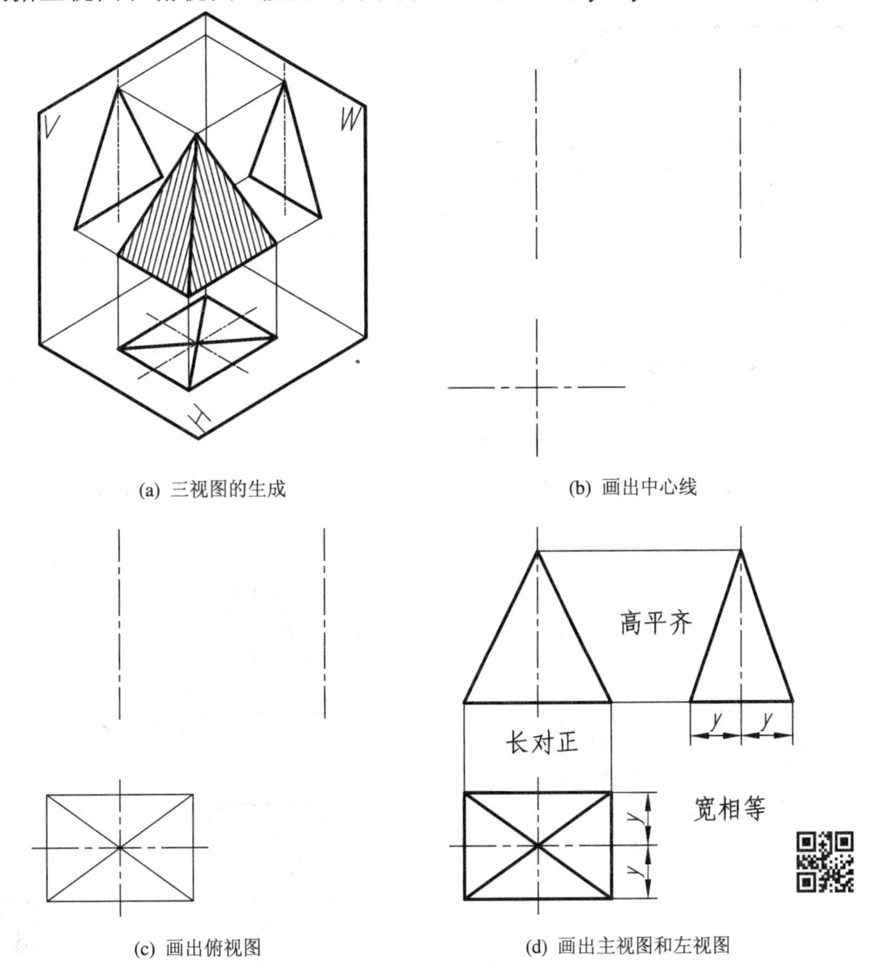

(a) 三视图的生成　(b) 画出中心线

(c) 画出俯视图　(d) 画出主视图和左视图

图 4-5　四棱锥三视图的画法

2) 三棱锥的三视图

当正三棱锥(底面为边长相等的正三角形)处于图 4-6(a)所示位置时，其底面 *ABC* 为水平面，在俯视图中反映正三角形的实形；三个棱面是形状相同的三角形，它们的交点即锥顶。

位于后面的棱面 *SBC* 是侧垂面，因为它包含了一条侧垂线 *BC*，所以在左视图上积聚成一条直线；左右对称的棱面 *SAB* 和 *SAC* 是一般位置平面，在三个视图中的投影均为类似形(三角形)。画正三棱锥的三视图时，只需画出底面正三角形 *ABC* 的三视图，再确定锥顶 *S* 的三面投影，并与相应的顶点相连即可。

作图步骤如下：

(1) 如图 4-6(b)所示，画出反映三棱锥底面正三角形实形的俯视图，由俯视图据投影关系画出底面的主视图和左视图(直线)。

(2) 如图 4-6(c)所示，画出三棱锥的俯视图，并确定锥顶在俯视图上的投影 s，s 应位于三角形角平分线的交点；由 s 和锥高，据“长对正”在主视图上得到 s'；在左视图上得到 s''，注意 s'' 与 s “宽相等 $y1 = y1$” 的前后对应关系。

(3) 如图 4-6(d)所示，将顶点 S 的各投影与底面三角形的相应同面投影连接，完成三棱锥的三视图。

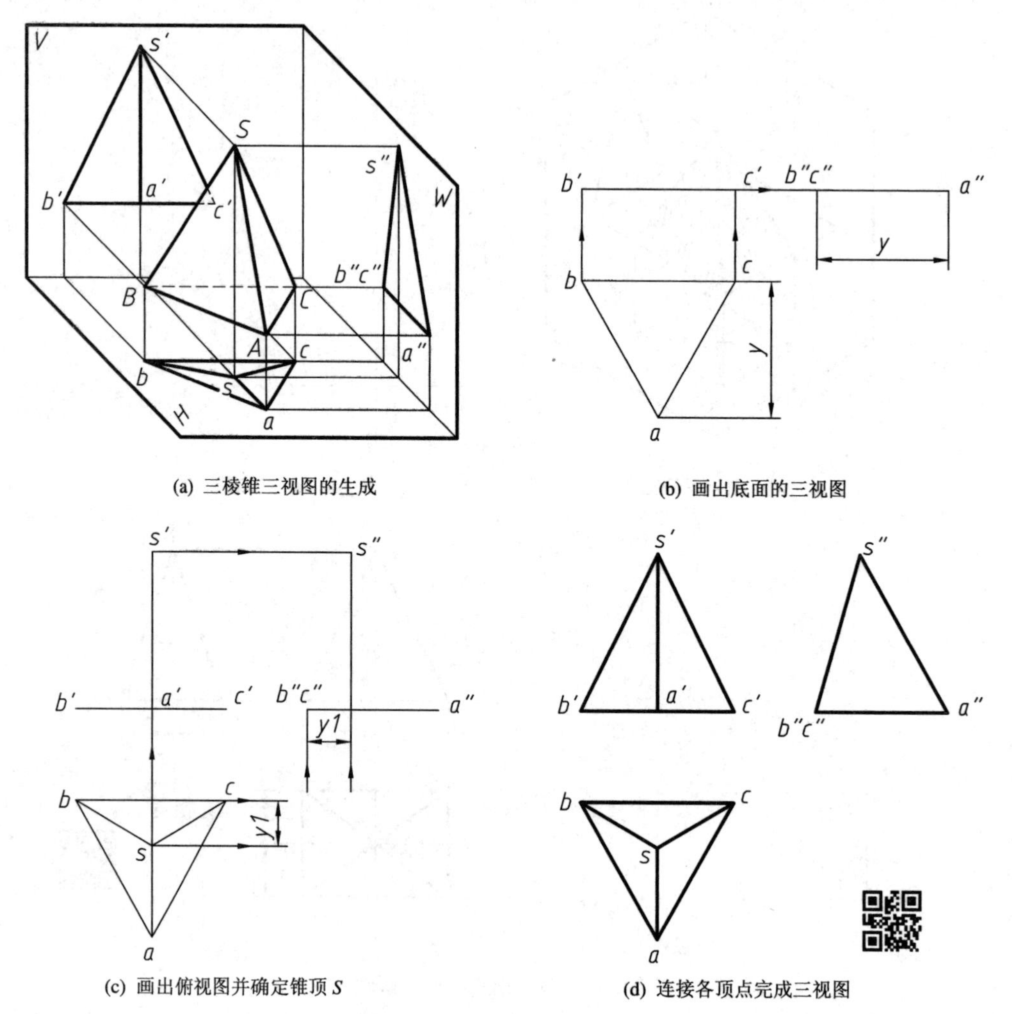

(a) 三棱锥三视图的生成　(b) 画出底面的三视图

(c) 画出俯视图并确定锥顶 S　(d) 连接各顶点完成三视图

图 4-6　三棱锥三视图的画法

2. 棱锥表面取点、取线

因为棱锥的表面都是平面，所以棱锥体表面取点、取线的方法与在棱柱表面取点和取线的方法是一样的。

若棱锥的棱面处于投影面垂直面位置，则其表面上的点可利用投影的积聚性求得；若棱面处于一般位置，则其表面上的点可以利用在平面上取点的方法，通过作辅助线求得。

在棱锥表面取点，一般有三种作辅助线的方法：① 作已知点与锥顶的连线；② 过已知点作底边的平行线；③ 过已知点作任意直线。

作图时，可根据具体情况选择便于作图的辅助线。

【例 4-3】 在图 4-7(a)中，已知三棱锥表面 *D* 点的正面投影 *d'*，试求出它的水平投影 *d* 和侧面投影 *d''*。

【解】 由图 4-7(a)可看出，该三棱锥的位置与图 4-6 相比，绕 *Z* 轴方向顺时针转动了 90°。由 *D* 点的正面投影 *d'* 及其位置，对照俯视图可知，*D* 点位于前棱面△*SAB* 上，因此，在俯视图中，*d* 应位于△*sab* 上，*d''* 应位于△*s''a''b''* 上，并均为可见。因为△*SAB* 为一般位置平面，可由上述作辅助线方法求出 *d*；由 *d* 和 *d'* 即可根据“二求三”求得 *d''*。

图 4-7(b)、(c)、(d)给出了用三种作辅助线的方法求解的作图过程。

方法一(图 4-7(b))：将点 *D* 与锥顶 *S* 相连。连 *s'd'* 并延长交 *a'b'* 于 1'；由 1' 求得 1、1''，连接 *s*1、*s''*1''，在 *s*1 上求得 *d*，在 *s''*1''上求得 *d''*。*d''* 也可据 *d*、*d'* 由“二求三”得到(已知点的两面投影，求第三面投影的过程，也称为“二求三”)。

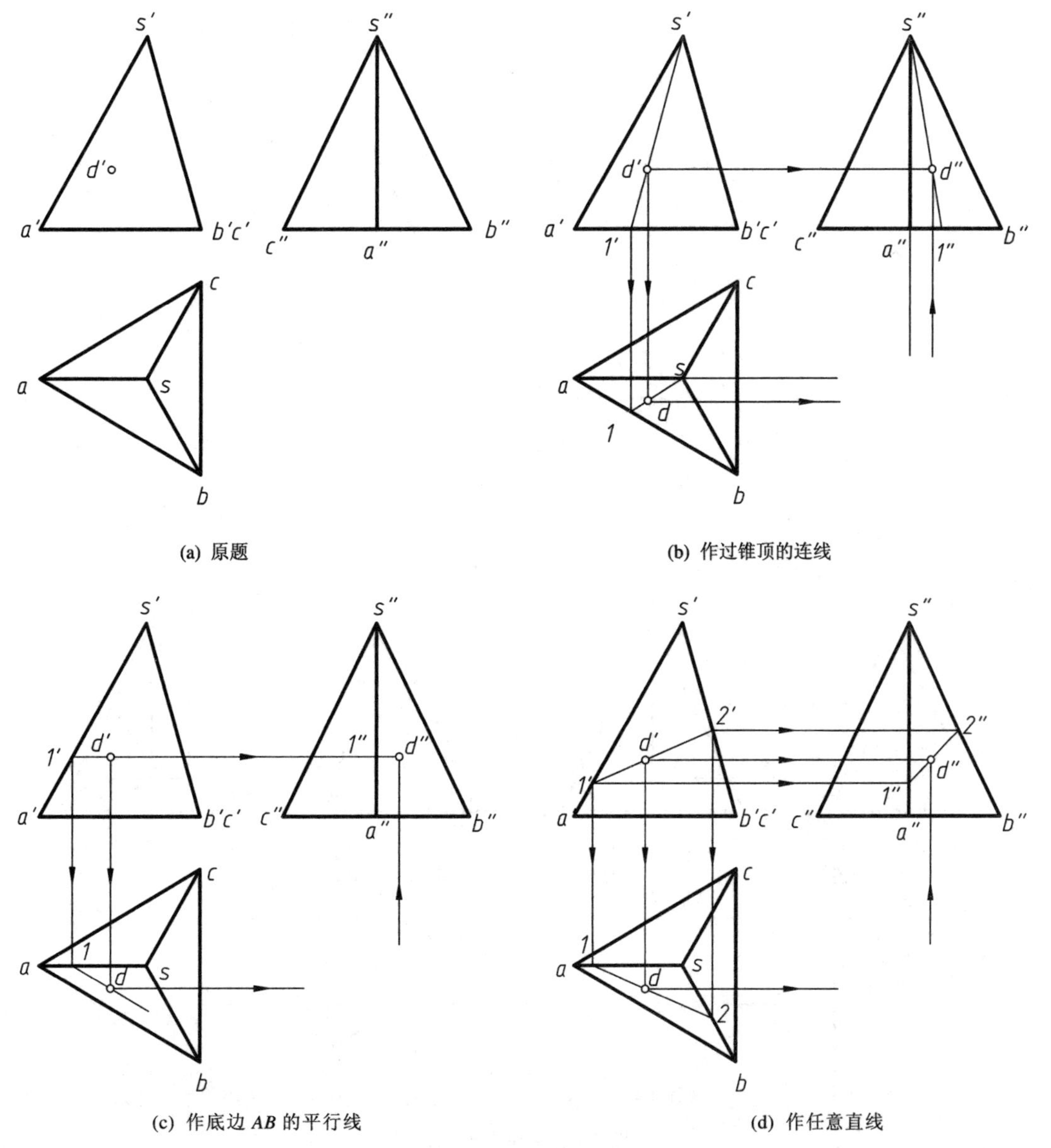

(a) 原题　　(b) 作过锥顶的连线

(c) 作底边 *AB* 的平行线　　(d) 作任意直线

图 4-7 棱锥表面取点

方法二(图 4-7(c))：过点 *D* 作一直线 *D Ⅰ* 平行于底边 *AB*。作 *d*′1′// *a*′*b*′；由 1′ 求得 1，过 1 作直线平行于 *ab*，在此直线上求得 *d*；*d*″ 由“二求三”得到。

方法三(图 4-7(d))：过点 *D* 在△*SAB* 作任意直线 *Ⅰ Ⅱ*。过 *d*′ 作直线交 *s*′*a*′ 于 1′，交 *s*′*b*′ 于 2′；由 1′、2′ 求出 1、2，在 12 上求得 *d*；*d*″ 可在求得 1″2″ 后求出，也可由“二求三”得到。

【例 4-4】 如图 4-8(a)所示，作出三棱锥表面折线 *Ⅰ ⅡⅢⅣ* 的水平投影和侧面投影。

【解】 由图 4-8(a)可知，折线由三段直线 *Ⅰ Ⅱ*、*ⅡⅢ*、*ⅢⅣ* 构成。在俯视图中，三段直线分别位于三棱锥的三个可见棱面：*Ⅰ Ⅱ* 和 *ⅡⅢ* 位于前后对称的棱面△*SAC* 和△*SAB* 上(这两个棱面都是一般位置平面)，并由俯视图可知 *Ⅰ Ⅱ* 平行于 *AB*；*ⅢⅣ* 位于棱面△*SBC* 上(正垂面)。因此，可先求出各段直线端点的正面投影和侧面投影，在分析各段直线的可见性后，连接相应端点的同面投影即可。棱面上直线的可见性取决于它所在棱面的可见性。

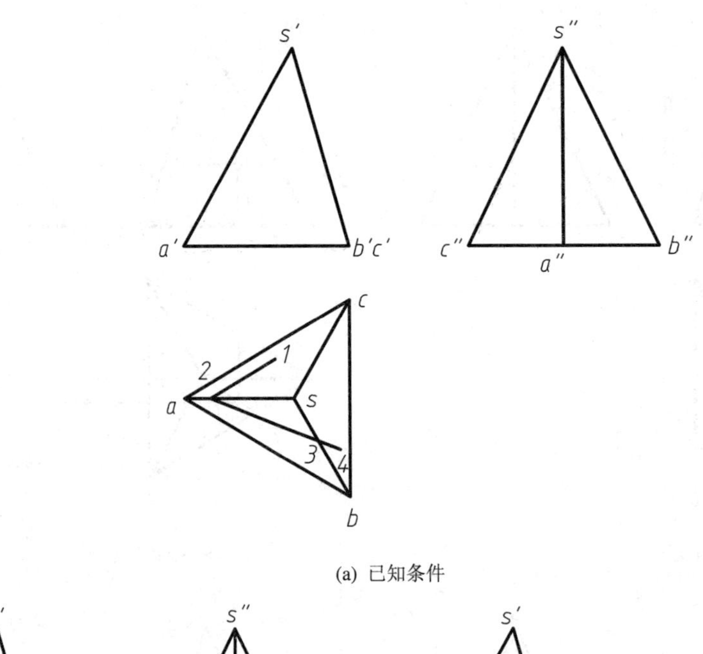

(a) 已知条件

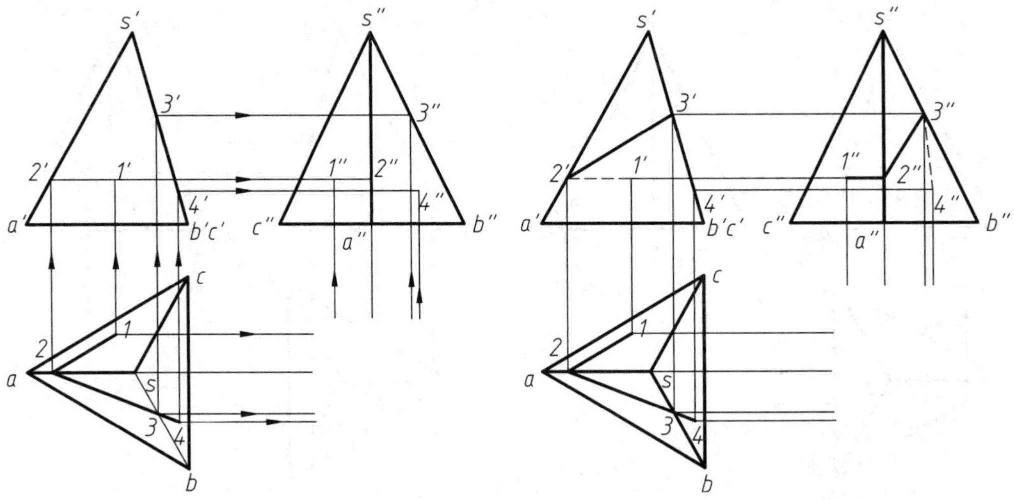

(b) 求各端点的正面投影和侧面投影　　(c) 判断可见性并连线，完成作图

图 4-8　棱锥表面取线

作图步骤如下：

(1) 求各端点的正面投影和侧面投影。如图4-8(b)所示，由俯视图中各点的水平投影1、2、3、4，在主视图中求得正面投影1′、2′、3′、4′，其中1′由2′作$a'b'$的平行线得到，在左视图中求得侧面投影1″、2″、3″、4″。

(2) 判断可见性并连线。如图4-8(c)所示，在主视图中，直线1′2′所在的棱面$\triangle s'a'c'$不可见，用虚线连接；直线2′3′所在的棱面$\triangle s'a'b'$是可见的，用粗实线连接；直线3′4′所在的棱面$\triangle s'b'c'$积聚为直线，无需再连接。在左视图中，直线1″2″和2″3″所在的棱面$\triangle s''a''c''$和$\triangle s''a''b''$都是可见的，直线1″2″和2″3″都用粗实线连接；直线3″4″所在的棱面$\triangle s''b''c''$是不可见的，3″4″用虚线相连。

4.3 常见回转体

曲面立体是由曲面或曲面和平面围成的。在曲面立体中，工程上使用较多的是回转体，圆柱体、圆锥体、圆球和圆环是常见的回转体，如图4-9所示。

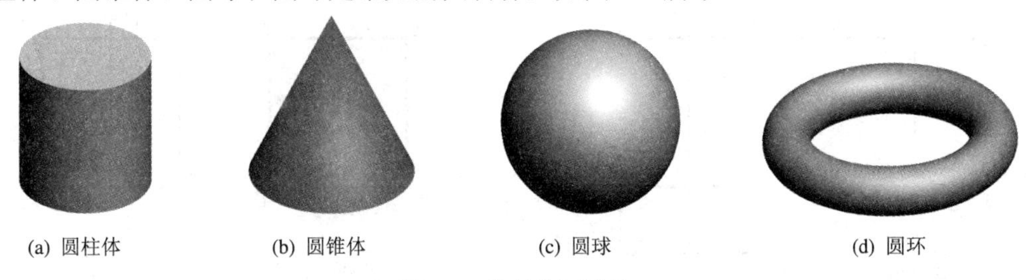

(a) 圆柱体　(b) 圆锥体　(c) 圆球　(d) 圆环

图4-9　常见的回转体

回转体是由回转面或回转面与平面所围成的。回转面是由一条线(动线)绕着一条轴线(定线)旋转而生成的。这条动线称为母线，母线上任一点的运动轨迹均为圆，此圆称为纬圆，纬圆所在的平面垂直于回转体的轴线；回转面上任意位置的母线称为素线，素线的形状与母线相同。

本节讨论常见回转体的形成、三视图的画法及表面取点、取线的方法。

4.3.1 圆柱体

1. 圆柱体的生成

如图4-10(a)所示，圆柱体由圆柱面及两个底面圆所围成。圆柱面是由直母线绕与它平行的轴线回转而成的。母线上任一点的运动轨迹均为圆，圆所在的平面垂直于轴线。圆柱面上平行于轴线的直线是圆柱的素线，即圆柱面上只有素线是直线，其余均为曲线。

2. 圆柱体的三视图

如图4-10(b)所示，将轴线为铅垂线的圆柱体置于三投影体系中，分别向三投影面投影，得到圆柱体的三视图。

俯视图是一个圆，它是圆柱面有积聚性的投影，也是圆柱体上、下底面圆(水平圆)反映实形的投影。

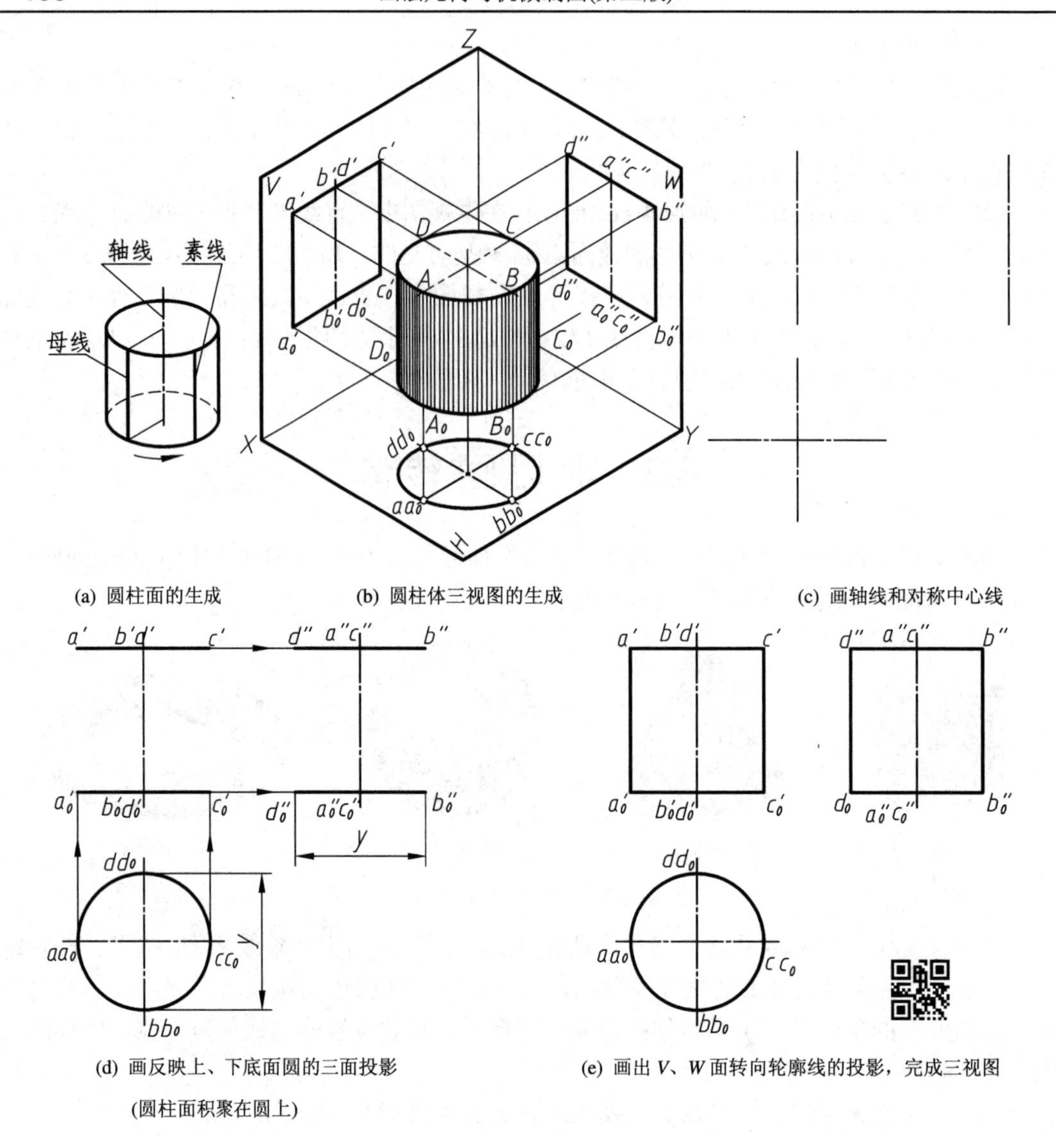

(a) 圆柱面的生成　(b) 圆柱体三视图的生成　(c) 画轴线和对称中心线

(d) 画反映上、下底面圆的三面投影(圆柱面积聚在圆上)　(e) 画出 V、W 面转向轮廓线的投影，完成三视图

图 4-10　圆柱体的三视图

主视图是一个矩形，矩形的上、下边是顶面圆和底面圆有积聚性的投影，左、右两边是圆柱面最左和最右两条素线 AA_0 和 CC_0 的正面投影 $a'a_0'$ 和 $c'c_0'$。最左、最右的两条素线，也是圆柱面对正面投影的前半个可见圆柱面与后半个不可见圆柱面的分界线，称为正面投影的转向轮廓线。

左视图的形状是与主视图完全相同的矩形，矩形的上、下边也是顶面圆和底面圆有积聚性的投影，右边和左边则是圆柱面最前和最后两条素线 BB_0 和 DD_0 的侧面投影 $b''b_0''$和 $d''d_0''$。最前、最后的两条素线，也是圆柱面对侧面投影的左半个可见圆柱面与右半个不可见圆柱面的分界线，称为侧面投影的转向轮廓线。

如图 4-10(c)、(d)、(e)所示，在画圆柱的三视图时，应首先用点画线画出圆的十字中心线，中心线的交点是轴线有积聚性的水平投影，在主视图和左视图中，也应该用点画线画出轴线的投影。然后画圆柱面有积聚性的俯视图，再画其它视图。某一投影面的转向轮廓线在其它视图中不单独画出。在图 4-10(c)中，正面投影的转向轮廓线 $a'a_0'$ 和 $c'c_0'$，在俯视图中积聚为两个点 aa_0 和 cc_0，在左视图中 $a''a_0''$ 和 $c''c_0''$ 则与轴线的侧面投影相重合，不单独画线。同样，可对侧面投影的转向轮廓线在其它投影面上的投影进行分析。

作图步骤如下：

(1) 在主视图和左视图中用点画线画出轴线(铅垂线)的投影，在俯视图中画出十字中心线，十字中心线的交点是轴线的水平投影(图 4-10(c))。

(2) 先画出反映上、下底面圆实形的俯视图，再根据圆柱体的高度，由“长对正、高平齐、宽相等”画出主视图和左视图(图 4-10(d))。

(3) 画出圆柱体 V 面和 W 面的转向轮廓线，完成圆柱体的三视图(图 4-10(e))。

注意：回转体的轴线在画三视图时必须画出，且应该首先画出；在回转体轴线所垂直的投影面上，即反映圆的视图中，应画出十字中心线。

3. 圆柱体表面取点、取线

圆柱体表面的点有三种情况：① 点在转向轮廓线上，② 点在底面上，③ 点在圆柱面上。一般情况下，若已知点的一面投影，需作出其它两面投影时，前两种情况可根据点在直线上和点在平面上取点的方法求解；第三种情况可先作出点在圆柱面有积聚性的圆上的投影，再求另外投影。下面分别举例说明。

【例 4-5】 如图 4-11(a)所示，已知圆柱体上的点 A、B、C 的正面投影 a'、侧面投影 b''、水平投影 c，作出其余两面投影。

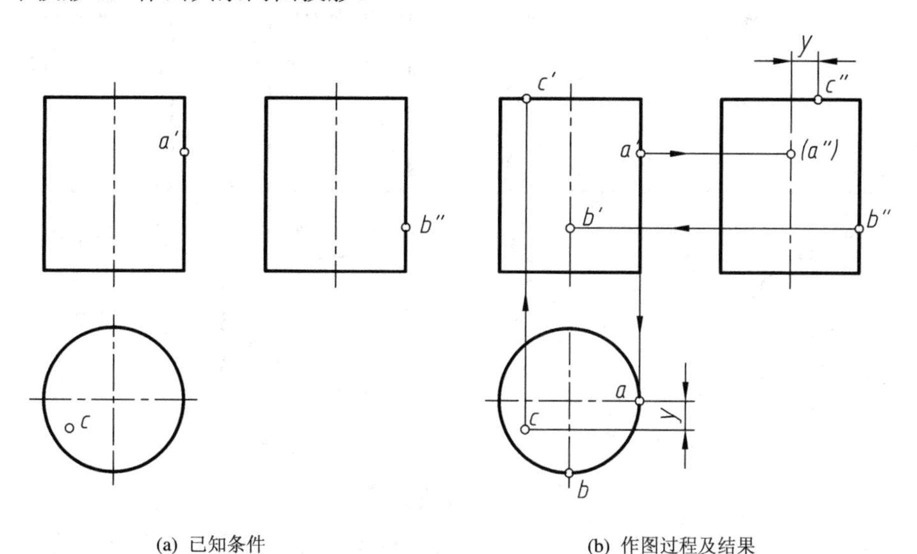

(a) 已知条件　　(b) 作图过程及结果

图 4-11　圆柱体转向轮廓线和顶面上取点

【解】 由已知条件可知，点 A 位于最右面的素线上(正面投影的转向轮廓线)，找到该素线的水平投影和侧面投影，即可作出其水平投影 a 和侧面投影 a''；A 点位于圆柱右面的正面投影转向轮廓线上，因此水平投影可见，侧面投影则不可见。同理可分析 B 点。由俯视图上 C 点的水平投影 c 可见，可判断 C 点位于顶面，由此可知 C 点的正面和侧面投影应在顶面圆有积聚性的直线上，从而作出正面投影 c' 和侧面投影 c''；因 C 点所在顶面圆的正面和侧面投影都有积聚性，因此 c' 和 c'' 可见。注意：当直线或平面有积聚性时，其上的点认为可见。

作图步骤(见图 4-11(b))如下：

(1) 据 *A* 点在最右面的素线上，由 *a'* 求得 *a* 和 *a''*，且 *a* 可见，*a''* 不可见。

(2) 再据 *B* 点在最前面的素线上，由 *b''* 求得 *b* 和 *b'*，且 *b* 和 *b'* 均可见。

(3) *C* 点位于顶面，据水平投影 *c*，由“长对正”求得正面投影 *c'*，据“宽相等”求得侧面投影 *c''*，*c'* 和 *c''* 均可见。

【例 4-6】 如图 4-12(a)所示，已知圆柱面上的点 *M* 的正面投影 *m'* 和点 *N* 的侧面投影 (*n''*)，作出其余两面投影。

【解】 由已知条件可知，*M* 点位于圆柱面的左、前方；*N* 点位于圆柱面的右、后方。根据已知点的投影，在圆柱面积聚成圆的俯视图上先求出水平投影，再求出另外一个投影。因 *M* 点位于圆柱面的左、前方，所以它的水平投影 *m* 和侧面投影 *m''* 均可见；*N* 点位于圆柱面的右、后方，所以正面投影(*n'*)不可见，水平投影 *n* 可见。注意：当圆柱面积聚成圆时，圆上的点认为可见。

作图步骤如下：

(1) 据 *M* 点在圆柱面的左、前方，由 *m'* 据“长对正”先在俯视图上求得 *m*，再据“高平齐、宽相等”求得 *m''*，*m* 和 *m''* 均可见(图 4-12(b))。

(2) 据 *N* 点在圆柱面的右、后方，由 *n''* 据“宽相等”先在俯视图上求得 *n*，再据“长对正、高平齐”在主视图上求得 *n'*，*n* 可见，(*n'*)不可见(图 4-12(b))。

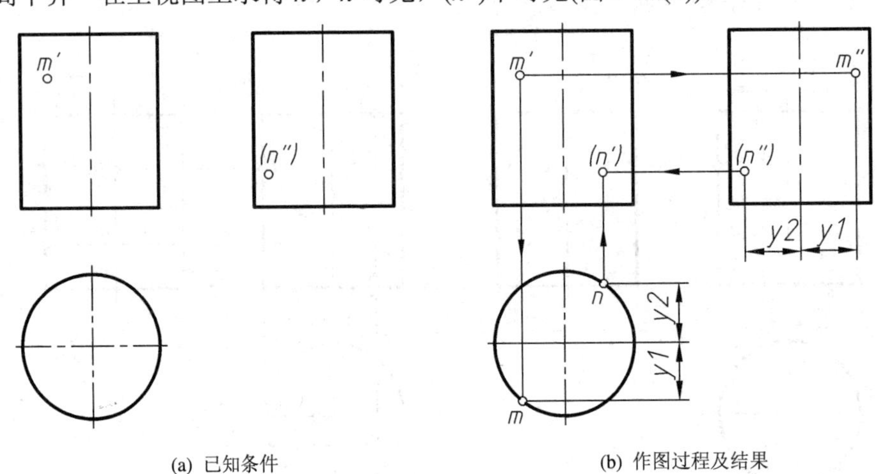

(a) 已知条件　　　　(b) 作图过程及结果

图 4-12　圆柱面上取点

【例 4-7】 如图 4-13(a)所示，已知圆柱面上两线段的正面投影 *a'b'c'* (曲线)和 *c'd'* (直线)，求其余两投影。

【解】 图示情况下，圆柱体的轴线为侧垂线，圆柱面的侧面投影有积聚性，即所求两线段的侧面投影在左视图中与圆重合。可先由各点的正面投影在左视图上先求出相应的侧面投影，然后根据“长对正、宽相等”依次求出各点的水平投影。主视图中添加的一般点 *s'* 和 *t'*，是为了提高作图准确性。线段 *ABC* 位于圆柱体的前半个圆柱面，*AB* 在前、下圆柱面，*BC* 在前、上圆柱面。因 *B* 点位于圆柱水平投影面的转向轮廓线上，其水平投影 *b* 是线段 *ABC* 的水平投影 *abc* 可见与不可见的分界点，即在俯视图中线段 *ab* 不可见，*bc* 可见。

线段 *CD* 位于前、上圆柱面，俯视图中 *cd* 可见。

作图步骤如下：

(1) 根据线段各点正面投影，在左视图中作出相应的侧面投影(图 4-13(b))。

(2) 根据线段各点正面投影和侧面投影，在俯视图中作出相应的水平投影(图 4-13(b))。图中 45° 斜线只是为了表示“宽相等”的关系，作图时可不画，直接量取“宽相等”即可。

(3) 判断可见性并连线。在左视图中，线段积聚在圆上，视为可见；在俯视图中，以 *b* 分界，左段 *ab* 不可见，右段 *bc* 可见。同样，位于上半个圆柱面的 *cd* 也是可见的，用粗实线和虚线区别线段的可见与不可见(图 4-13(c))。

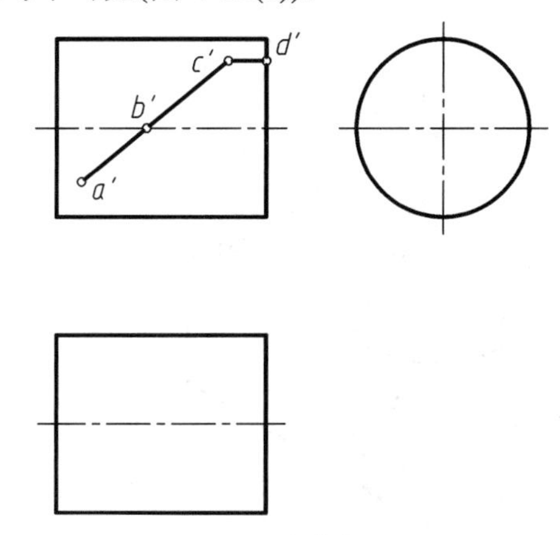

(a) 已知条件

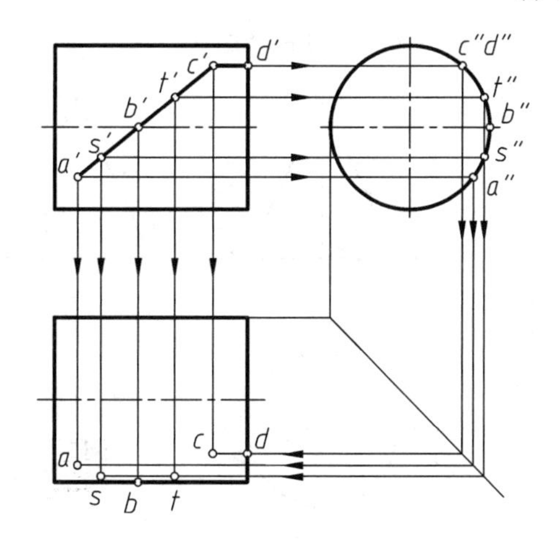

(b) 求各点的侧面投影和水平投影的过程

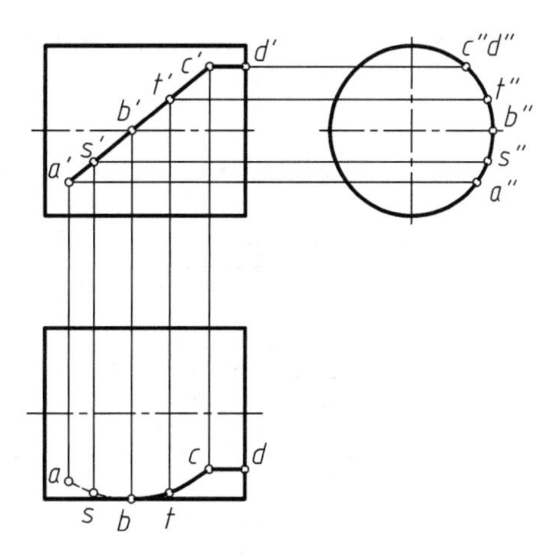

(c) 判断可见性并连接各点完成作图

图 4-13　圆柱面上取线

4.3.2　圆锥体

1. 圆锥体的形成

如图 4-14(a)所示，圆锥体由圆锥面和底面围成。圆锥面可看做由直母线绕与它相交的轴线旋转而成。母线上任一点的运动轨迹均为圆(纬圆)，纬圆所在的平面垂直于轴线。圆锥面上过锥顶的直线是圆锥的素线，即圆锥面上只有过锥顶的素线是直线，其余均为曲线。

2. 圆锥体的三视图

图 4-14(b)所示的圆锥体，其轴线为铅垂线，先用点画线画出轴线的正面投影和侧面投影，在水平投影中，用点画线画出十字中心线，十字中心线的交点是轴线的水平投影，又是锥顶 *S* 的水平投影 *s*。接下来画反映底面实形的俯视图，再画其它视图，如图 4-14(c)、(d)、(e)所示。

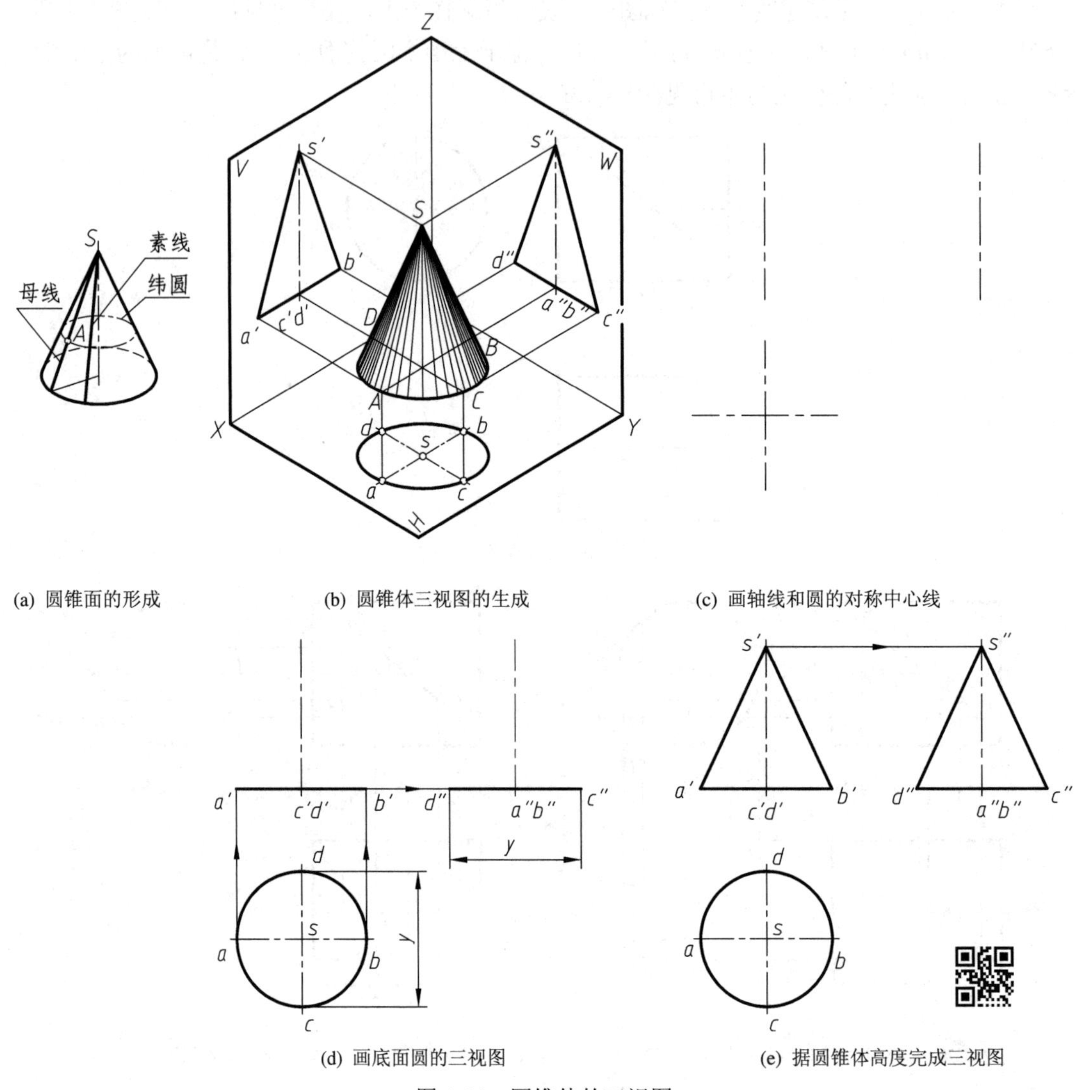

(a) 圆锥面的形成　(b) 圆锥体三视图的生成　(c) 画轴线和圆的对称中心线

(d) 画底面圆的三视图　(e) 据圆锥体高度完成三视图

图 4-14　圆锥体的三视图

圆锥体的主视图和左视图均为等腰三角形，其底边是圆锥底面圆有积聚性的投影。主视图三角形的两腰 *s′a′*、*s′b′* 分别为圆锥面上最左、最右的两条素线 *SA*、*SB* 的正面投影，也是主视图中可见的前半个圆锥面和不可见的后半个圆锥面的分界线，因此 *SA*、*SB* 是圆锥正面投影的转向轮廓线。*SA*、*SB* 的侧面投影 *s″a″*、*s″b″* 与轴线的侧面投影重合。同理，左视图三角形的两腰 *s″c″*、*s″d″* 分别为圆锥面上最前、最后的两条素线 *SC*、*SD* 的侧面投影，也是左视图中可见的左半个圆锥面和不可见的右半个圆锥面的分界线，因此 *SC*、*SD* 是圆锥侧面投影的转向轮廓线。*SC*、*SD* 的正面投影 *s′c′*、*s′d′* 与轴线的正面投影重合。底圆的正面投影、侧面投影分别积聚为长度等于其直径的直线(主视图、左视图三角形的底边)，水平投影反映底圆的实形，这也是圆锥的俯视图。转向轮廓线在其它投影中不单独画出。

由图4-14可见，圆锥面的水平投影在圆所包围的区域内，正面投影和侧面投影在三角形区域内，因此，圆锥面的三个投影都没有积聚性。

作图步骤如下：

(1) 在主视图和左视图中画出轴线(铅垂线)的投影，在俯视图中画出圆的十字中心线，十字中心线的交点是铅垂线的水平投影(见图4-14(c))。

(2) 先画出反映底面圆实形的俯视图，再根据“长对正、宽相等”画出其主视图和左视图(见图4-14(d))。

(3) 由圆锥体的高度，画出圆锥体 V 面和 W 面的转向轮廓线，即可完成圆锥体的三视图(见图4-14(e))。

3．圆锥体表面取点、取线

圆锥体表面的点有三种情况：① 点在转向轮廓线上；② 点在底面上；③ 点在圆锥面上(不包括前两种情况)。若已知点的一面投影，需作出其它两面投影时，前两种情况可根据点在直线上和点在平面上取点的方法求解；第三种情况需要作辅助线求解。辅助线有两种：过锥顶的素线和垂直于轴线的纬圆，也称辅助素线法和辅助纬圆法。下面举例说明。

【例4-8】 如图4-15(a)所示，已知圆锥体转向轮廓线上的点 B 的正面投影 b' 和底面上点 C 的水平投影 (c)，作出它们其余两面投影。

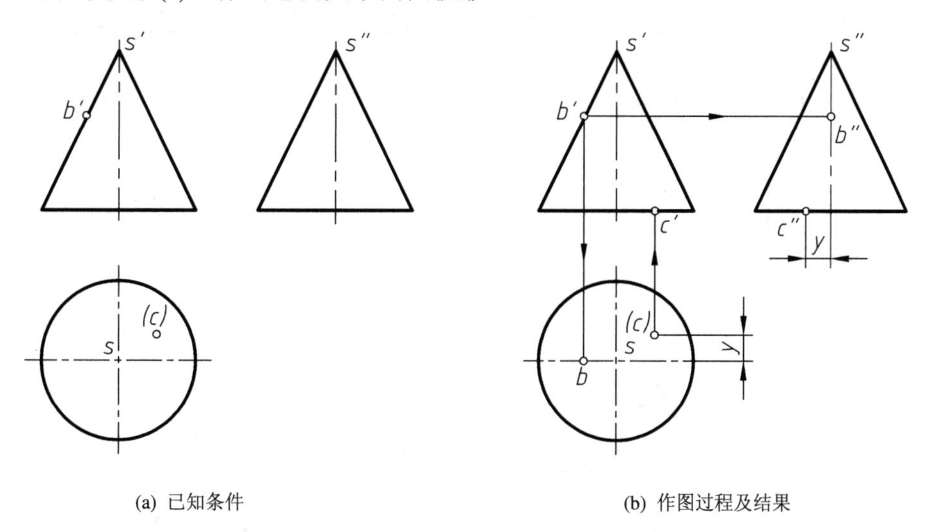

(a) 已知条件　　(b) 作图过程及结果

图4-15　圆锥体转向轮廓线和底面上取点

【解】 (1) 求作 b 和 b''。由已知条件可知，B 点位于圆锥对 V 面的转向轮廓线上。如图4-15(b)所示，在该转向轮廓线的水平投影和侧面投影上，根据已知的 b'，可直接由“长对正、高平齐”得到其水平投影 b 和侧面投影 b''。因 B 点位于圆锥体的圆锥面上，故 b 可见；又因 B 点位于圆锥体的左半个圆锥面上，故 b'' 可见。

(2) 求作 c' 和 c''。由已知条件可知，C 点位于圆锥体的底面上。如图4-15(b)所示，底面为一水平圆，该圆在主视图和左视图中积聚为直线(三角形的底边)，根据已知的水平投影 (c)，可直接由“长对正、宽相等”得到其正面投影 c' 和侧面投影 c''。因圆锥体的底面圆上的正面投影和侧面投影均积聚为直线，故 c' 和 c'' 均可见。

【例 4-9】 如图 4-16(a)所示，已知圆锥表面点 A 的正面投影 a'，求作水平投影 a 和侧面投影 a''。

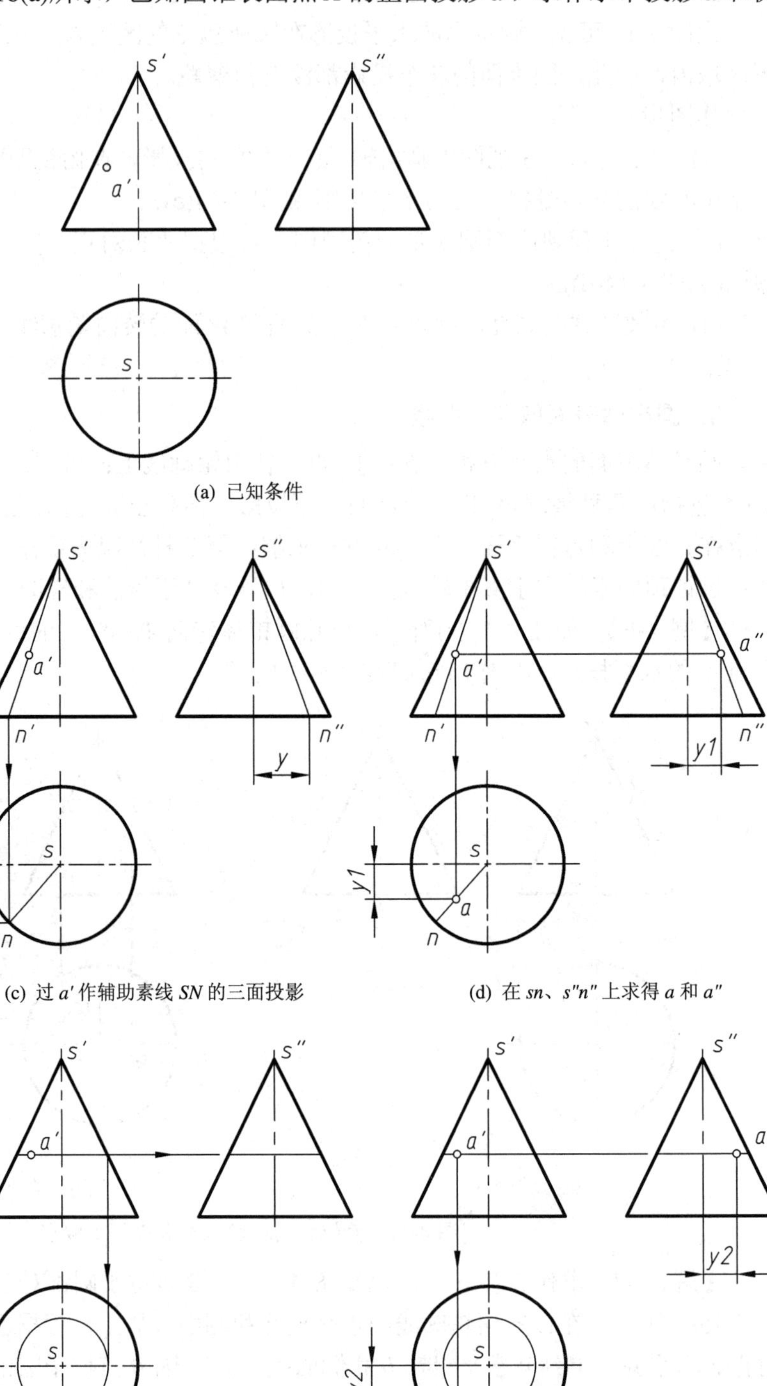

(a) 已知条件

(b) 辅助素线法空间情况　(c) 过 a' 作辅助素线 SN 的三面投影　(d) 在 sn、$s''n''$ 上求得 a 和 a''

(e) 辅助纬圆法空间情况　(f) 过 a' 作辅助圆的三面投影　(g) 在辅助圆上求得 a 和 a''

图 4-16　圆锥面上取点：辅助素线法和辅助纬圆法

【解】 由已知条件可知，点 A 位于圆锥面上，已知 a'，可用辅助素线法或辅助纬圆法求得 a 和 a''。A 点位于圆锥面的左半个锥面上，a 和 a'' 均可见。

方法一：辅助素线法(见图 4-16(b))。

(1) 如图 4-16(c)所示，过锥顶 S 和 A 点的已知投影 a' 作素线 SN 的正面投影 $s'n'$，再求出其水平投影 sn 和侧面投影 $s''n''$。

(2) 如图 4-16(d)所示，因 A 点在素线上，其投影必在素线的同面投影上，由 a'即可在 sn 和 $s''n''$ 上求得 a 和 a''。

方法二：辅助纬圆法。

(1) 如图 4-16(e)所示，过 A 点可作一个辅助圆，该圆是与圆锥的轴线垂直的水平圆。

(2) 如图 4-16(f)所示，过 a' 作出水平圆的正面投影，该投影是一条垂直于轴线的直线，两端与正面转向轮廓线相交，直线长度的一半是辅助圆的半径，由此作出辅助圆在俯视图中的圆，以及侧面投影有积聚性的直线。

(3) 如图 4-16(g)所示，因 A 点在辅助纬圆上，其投影必在辅助纬圆的同面投影上，因此可由 a' 在辅助纬圆的水平投影和侧面投影上求得 a 和 a''。

说明：在以上方法中，只要知道了点的两面投影后，就可以利用点的投影关系(“长对正、高平齐、宽相等”的三等关系)，求出另外一个投影。即图 4-16(d)、(g)中的 a'' 可以由 a 和 a' 根据“高平齐、宽相等”直接求得，而不必作出辅助素线和辅助纬圆的侧面投影。

【例 4-10】 如图 4-17(a)所示，已知圆锥面上曲线 $DBACE$ 的正面投影 $d'b'a'c'e'$，求曲线其余两投影。

【解】由图 4-17(a)给出的曲线上点的正面投影可知，$b'c'$ 和 $d'e'$ 是两对重影点，曲线前后对称。A 点位于 V 面转向轮廓线上；B 点和 C 点位于 W 面转向轮廓线上；D 点和 E 点位于圆锥面上。为了作图准确，以使曲线光滑连接，在已知点之间的圆锥面上，适当添加了两对一般点，如图 4-17(c)所示。位于转向轮廓线上点 A、B、C 的其余两投影，可以在相应的转向轮廓线的同面投影上直接求得；位于圆锥面上的点 D、E 和添加的两对一般点的其余投影，可以用辅助素线法或辅助纬圆法求得。在俯视图中，曲线可见；从图 4-17(a)可看到，曲线的一部分(BAC)位于圆锥体的左半个锥面，另一部分(DB 和 CE)位于圆锥体的右半个锥面，因此，在左视图中以 b'' 和 c'' 为界，上部的 $b''a''c''$ 可见，下部的 $d''b''$、$c''e''$ 不可见。

作图步骤如下：

(1) 求转向轮廓线上的点。如图 4-17(b)所示，A 点和 B、C 点的水平投影 a、b、c 及侧面投影 a''、b''、c''，在相应的转向轮廓线的同面投影上可直接求得。

(2) 用辅助素线法和辅助纬圆法求其它点的投影。

图 4-17(c)所示为用辅助素线法求点的方法，过曲线已知正面投影作与锥顶相连的各素线的正面投影，求出各素线的水平投影，据“长对正”在各素线的水平投影上作出相应各点的水平投影 d、e；再据“高平齐、宽相等”求出侧面投影 d''、e''，其它点的作图方法相同。

图 4-17(e)所示为用辅助纬圆法求点的方法。辅助圆为垂直于轴线的水平圆，在主视图上过各点作垂直于轴线的直线，求得各点所在水平圆的半径，在俯视图上作出各圆弧，由各点的正面投影，据“长对正”在俯视图的圆弧上求得各点的水平投影。图 4-17(e)中的箭头表明了用辅助纬圆法求 D、E 两点的水平投影 d、e 和据“高平齐、宽相等”求作侧面投影 d''、e'' 的方法，其它点的作图方法相同。

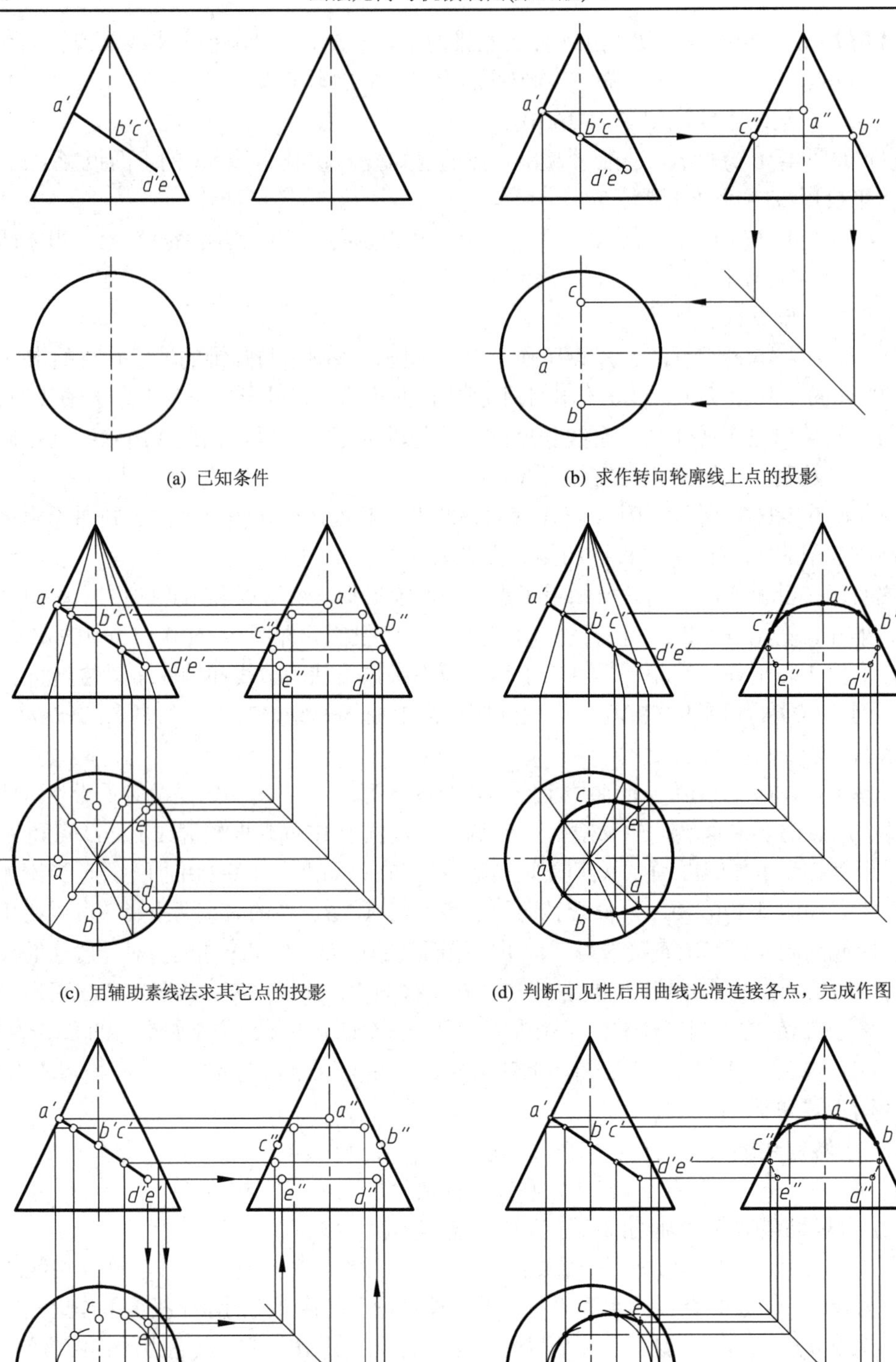

(a) 已知条件　　(b) 求作转向轮廓线上点的投影

(c) 用辅助素线法求其它点的投影　　(d) 判断可见性后用曲线光滑连接各点，完成作图

(e) 用辅助纬圆法求其它点的投影　　(f) 判断可见性后用曲线光滑连接各点，完成作图

图 4-17　圆锥面上取线

(3) 图 4-17(d)和图 4-17(f)是在判断了曲线的水平、侧面投影的可见性后，光滑连接曲线上各点得到的作图结果。比较二者的主视图和俯视图，可看出用辅助纬圆法比用辅助素线法作图简便，因此在圆锥面上取点时，推荐使用辅助纬圆法。尤其在圆锥台表面取点时，因截去了圆锥顶，故用辅助纬圆法求解更为方便。

4.3.3 圆球

1. 圆球的形成

如图 4-18(a)所示，圆球是由圆球面围成的。圆球面可看做由半圆形的母线绕其直径(轴线)回转而成。母线上任一点的运动轨迹均为圆，圆所在的平面垂直于圆球的轴线，过圆球球心的直线均可视为圆球的轴线，圆球面上没有直线。

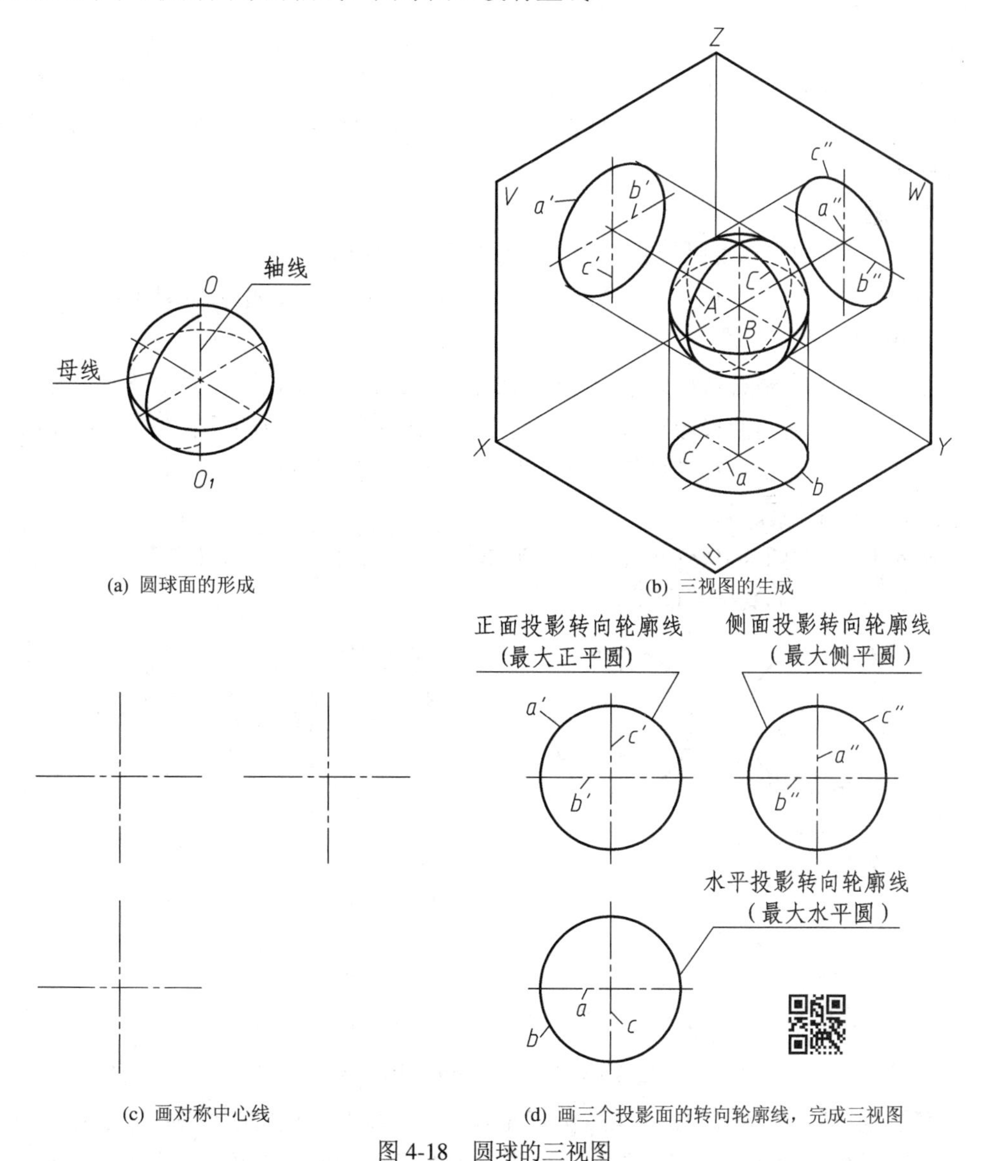

(a) 圆球面的形成　(b) 三视图的生成

(c) 画对称中心线　(d) 画三个投影面的转向轮廓线，完成三视图

图 4-18　圆球的三视图

2. 圆球的三视图

如图 4-18(b)、(d)所示，圆球的三个视图均为大小等于圆球直径的圆，它们分别是球面上平行于 V 面、H 面和 W 面的最大的圆的投影，也是三个投影面的转向轮廓线的投影。

球面上的圆 A 是正面投影转向轮廓线圆，也是圆球上最大的正平圆。圆 A 在主视图上的投影为正面转向轮廓线圆 a'，而在俯视图和左视图中的投影 a 和 a'' 都与中心线重合(不画出)，正面转向轮廓线 A 又是前半个球面和后半个球面的分界线，在主视图中可由此判断球面的可见性。

球面上的圆 B 是水平面投影转向轮廓线圆，也是圆球上最大的水平圆。圆 B 在俯视图上的投影为水平面转向轮廓线圆 b，而在主视图和左视图中的投影 b' 和 b'' 都与中心线重合(不画出)，水平面转向轮廓线 B 又是上半个球面和下半个球面的分界线，在俯视图中可由此判断球面的可见性。

球面上的圆 C 是侧面投影转向轮廓线圆，也是圆球上最大的侧平圆。圆 C 在左视图上的投影为侧面转向轮廓线圆 c''，而在主视图和俯视图中的投影 c' 和 c 都与中心线重合(不画出)，侧面转向轮廓线 C 又是左半个球面和右半个球面的分界线，在左视图中可由此判断球面的可见性。

作图步骤如下：

(1) 在三个视图中用点画线画出十字中心线(图 4-18(c))。

(2) 在三个视图中分别画出三个直径等于圆球直径的圆，完成作图(图 4-18(d))。

3. 圆球面上取点、取线

圆球面上的点有两种情况：① 点在转向轮廓线上；② 点在圆球面上。若已知点的一面投影，需作出其它两面投影时，第一种情况下，因转向轮廓线的投影在圆球的三视图中为已知，故可直接作出；第二种情况下，因为圆球表面没有直线，所以需要用辅助纬圆来帮助求点。下面举例说明。

【例 4-11】 如图 4-19(a)所示，已知圆球转向轮廓线上 A 点的正面投影 a' 和 B 点的侧面投影(b'')，作出它们其余两面投影。

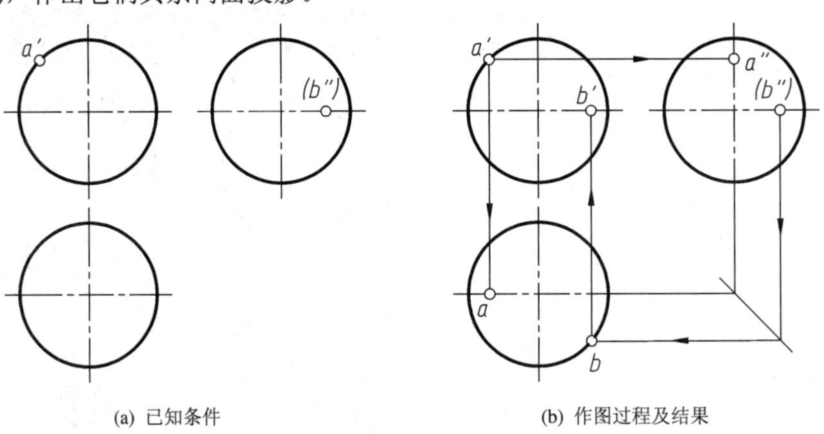

(a) 已知条件　　　　(b) 作图过程及结果

图 4-19　圆球转向轮廓线上取点

【解】 由已知条件可知，A 点位于正面转向轮廓线上，A 点的水平投影 a 和侧面投影 a'' 应在正面转向轮廓线的同面投影上。如图 4-19(b)所示，据“长对正、高平齐”即可由 a'

求得 a 和 a''。因 A 点位于上半个、左半个球面，所以 a 和 a'' 均可见。

由已知条件可知，B 点位于水平面转向轮廓线上，B 点的水平投影 b 和正面投影 b' 应在水平面转向轮廓线的同面投影上。如图 4-19(b)所示，据“宽相等、长对正”即可由(b'')求得 b 和 b'。因 B 点位于水平面转向轮廓线上，所以 b 可见；B 点又位于前半个球面，所以 b' 也可见。

【例 4-12】 如图 4-20(a)所示，已知圆球面上 A 点的正面投影 a'，求 A 点的其余两面投影。

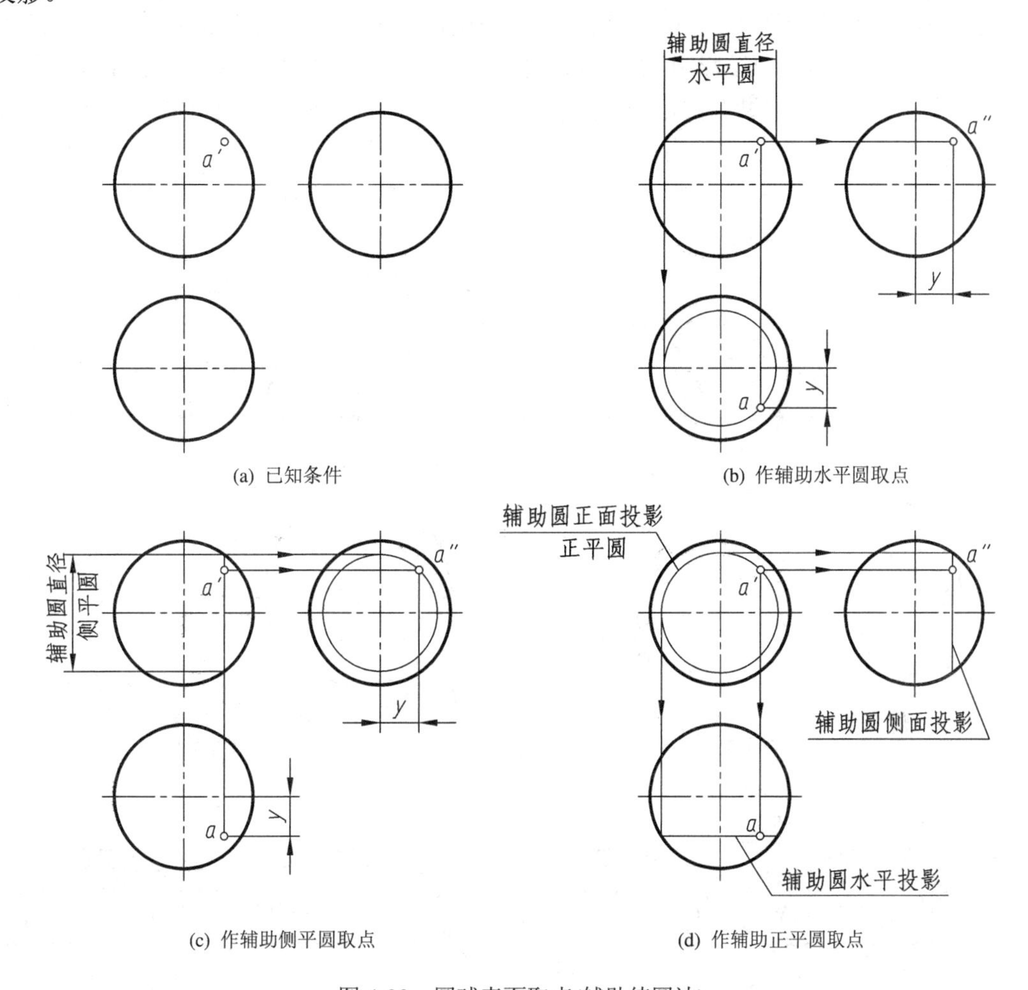

(a) 已知条件　(b) 作辅助水平圆取点

(c) 作辅助侧平圆取点　(d) 作辅助正平圆取点

图 4-20 圆球表面取点(辅助纬圆法)

【解】 由已知条件可知，A 点位于上半个球面，它的水平投影 a 可见；A 点又位于右半个球面，它的侧面投影 a'' 不可见。因为圆球的三个视图都没有积聚性，且球面上也不存在直线，所以，为方便作图，常选用平行于投影面的圆(纬圆)作为辅助圆。例如，求 a 和 a''，可过已知的 a' 作一个投影面的平行圆的正面投影(水平圆、侧平圆和正平圆均可)，求出该圆的另两面投影，即可在辅助圆的同面投影上求得 a 和 a''。

作图步骤如下：

(1) 作辅助水平圆(图 4-20(b))。过 a' 作一水平直线与圆球的正面投影圆相交，该直线是辅助水平圆的正面投影，其长度就是辅助水平圆的直径，在俯视图中据辅助圆的直径，画出辅助水平圆的水平投影圆，由 a' 据“长对正”即可在辅助圆的水平投影上求得 a；由 a 和 a' 即可据“高平齐、宽相等”求出 a''。

(2) 作辅助侧平圆(图 4-20(c))。过 a' 作一垂线与圆球的正面投影圆相交，该直线是辅助侧平圆的正面投影，其长度就是辅助侧平圆的直径，在左视图中据辅助圆的直径，画出辅助侧平圆的侧面投影圆，由 a' 据“高平齐”即可在辅助圆的侧面投影上求得 a''；由 a' 和 a'' 即可据“长对正、宽相等”求出 a。

(3) 作辅助正平圆(图 4-20(d))。以主视图的圆心为圆心，以圆心到 a' 的距离为半径(过 a')作出辅助正平圆的正面投影圆，据此作出辅助正平圆的水平投影和侧面投影，由 a' 据“长对正、高平齐”即可在辅助圆的水平投影和侧面投影上求得 a 和 a''；也可如图 4-20(b)、(c)那样，在求出 a 或 a'' 之一后，由点的“二求三”求出另外一个投影。

【例 4-13】 如图 4-21(a)所示，已知半圆球面上三段曲线的正面投影 $a'b'$、$b'c'$、$c'd'$，完成它们的水平投影和侧面投影。

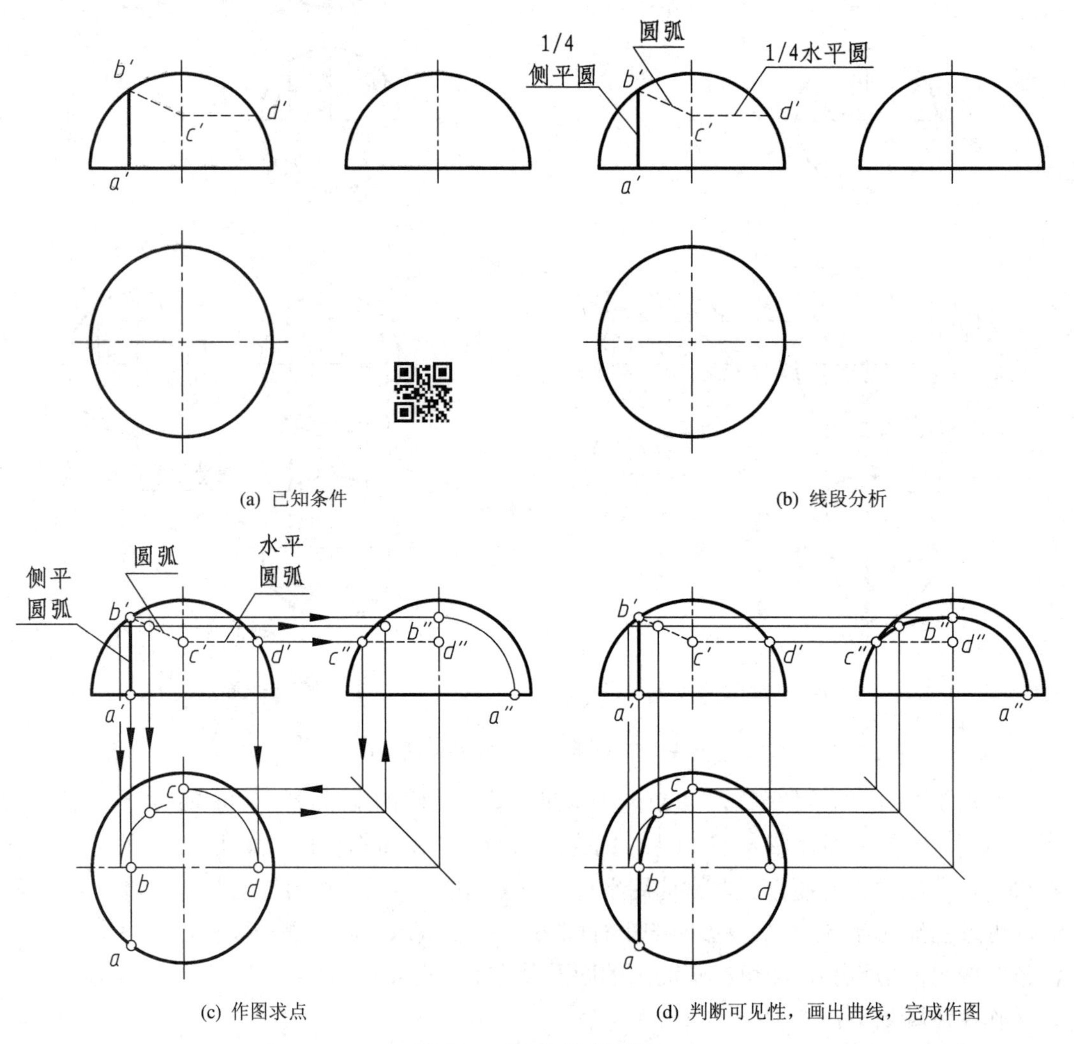

图 4-21　圆球表面取线

【解】 球面上没有直线，球面上任意画一条线均为曲线。由图 4-21(b)对曲线进行分析，这三段曲线中 AB 与 BC 共点 B，BC 与 CD 共点 C。由 $a'b'$ 平行于侧面及它的位置、可见性(可见)，可知 AB 应是位于半球前、左球面上的四分之一侧平圆，它的水平投影 ab、侧面投影 $a''b''$ 均可见。由 $c'd'$ 平行于水平面及它的位置、可见性(不可见)，可知 CD 应是位于半球右、后球面上的四分之一水平圆，它的水平投影 cd 可见，侧面投影 $c''d''$ 不可见。$b'c'$ 是一条斜线，表明 BC 是倾斜于水平面和侧面的圆弧，投影应是一段椭圆弧，由 $b'c'$ 的位置、可见性(不可见)，可知 BC 位于半球左、后球面上，它的水平投影 bc、侧面投影 $b''c''$ 均可见。按前面讲述的圆球表面取点的方法，即可求出曲线的各点。注意：对于本例中的水平圆和侧平圆，只要知道其半径即可直接画圆。

作图步骤如下：

(1) 曲线上各点(图 4-21(c))：

侧平圆弧 AB：据 $a'b'$ 作出 ab，侧平圆弧 AB 的半径 $= a'b' = ab$，作出圆弧得 $a''b''$。

圆弧 BC：B、C 两点分别在正面和侧面的转向轮廓线上，且 b 和 b'' 已求出，由 c' 求得 c''，再由 c'' 求得 c。为作图准确，在 $b'c'$ 之间适当位置取了一个中间点(未标名称)。

水平圆弧 CD：$c'd'$ 是水平圆弧的半径(c 和 c'' 已求出)，据此半径作出水平圆弧得到 d，D 点在正面转向轮廓线上，由 d' 求得 d''。

(2) 判断可见性，连接曲线上各点(图 4-21(d))。据以上分析，ab 和 $a''b''$ 均可见，画成粗实线；bc 和 $b''c''$ 均可见，画成粗实线；cd 可见，$c''d''$ 不可见，分别画成粗实线和虚线，完成作图。

4.3.4 圆环

1. 圆环的形成

如图 4-22(a)所示，圆环是由环面围成的。环面可看做由圆(母线)绕圆平面上不通过圆心的直线(轴线)回转而成。母线上任一点的运动轨迹均为圆，圆所在的平面垂直于轴线，圆环面上没有直线。

2. 圆环的三视图

如图 4-22(b)、(d)所示，圆环的轴线为铅垂线。主视图中的左、右两个小圆，是圆环面上最左、最右两个素线圆的正面投影，上、下两条公切线是环面上的最高、最低两个纬圆的正面投影，它们是对正面的转向轮廓线，其中粗实线是主视图中环面可见与不可见的分界线。俯视图中的两个实线圆是圆环上最大圆和最小圆的投影，它们是圆环面对水平面的转向轮廓线，也是俯视图中环面可见与不可见的分界线。俯视图中点画线圆是母线圆圆心轨迹的投影，母线上最高点和最低点轨迹的投影也重合在这个点画线圆上。左视图与主视图的形状相同，其特点类似，其上两个小圆是圆环面上最前、最后两个素线圆的侧面投影，上、下两条公切线是环面上的最高、最低两个纬圆的侧面投影，它们是对侧面的转向轮廓线，其中粗实线是左视图中环面可见与不可见的分界线。

可见性判断：如图 4-22(d)所示，俯视图点画线圆以外的圆环面为外环面，点画线圆以内的环面为内环面。对于主视图，前半个环面的外环面是可见的，其余不可见；对于俯视图，上半个环面是可见的，其余不可见；对于左视图，左半个环面的外环面是可见的，其余不可见。

作图步骤如下：

(1) 画出轴线、对称中心线等的三面投影(见图 4-22(c))；

(2) 在主视图中，画出左、右两个素线圆的投影，在素线圆的上、下各画一条公切线；在俯视图中，分别画出最大水平圆、最小水平圆和母线圆心轨迹圆(点画线圆)；主视图与左视图形状相同。视图中各部分相应的投影关系用名称表明(见图 4-22(d)。

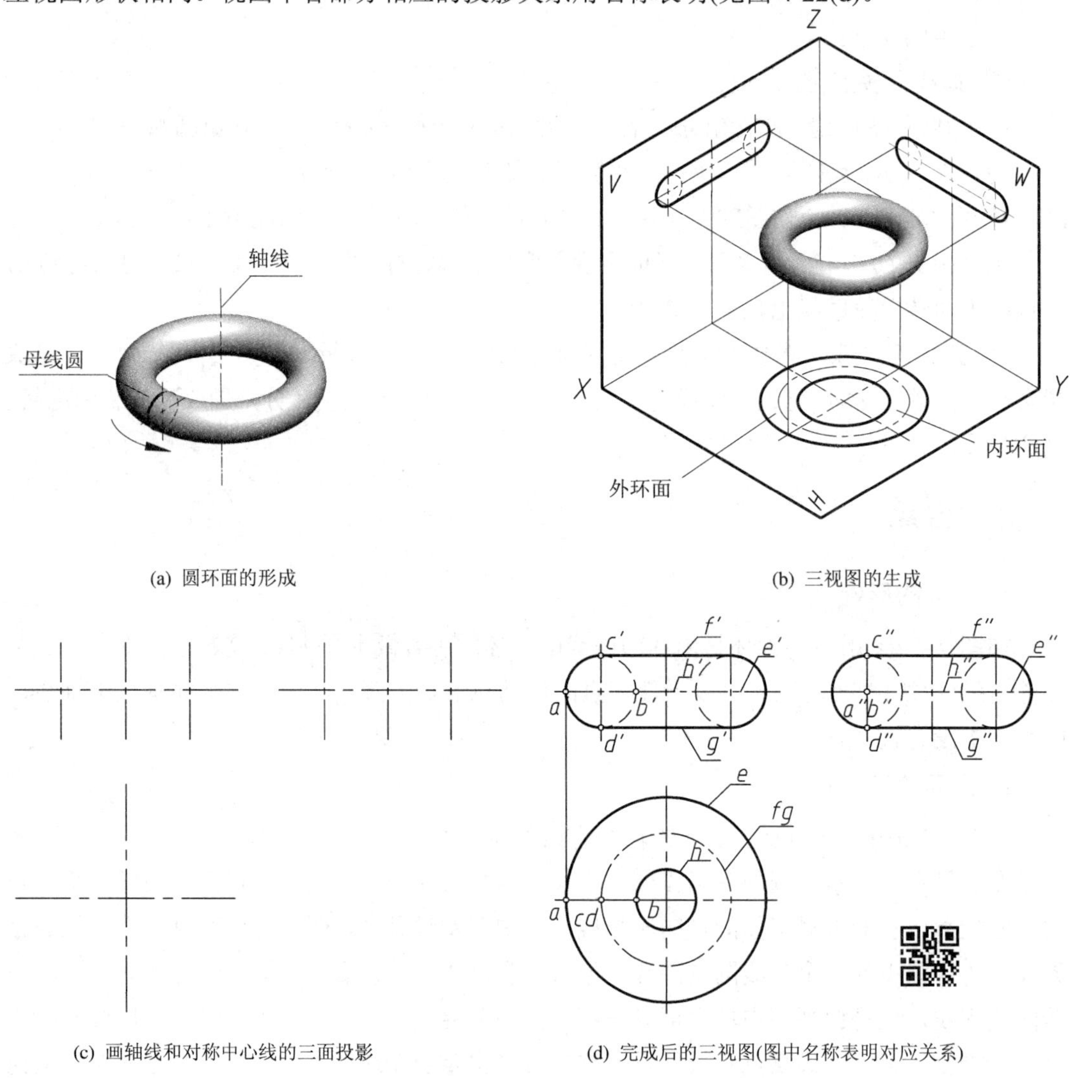

(a) 圆环面的形成　　(b) 三视图的生成

(c) 画轴线和对称中心线的三面投影　　(d) 完成后的三视图(图中名称表明对应关系)

图 4-22　圆环的三视图

图 4-23(a)、(b)分别表示了由单独的外环面、内环面及上、下顶平面围成的回转体的三视图。

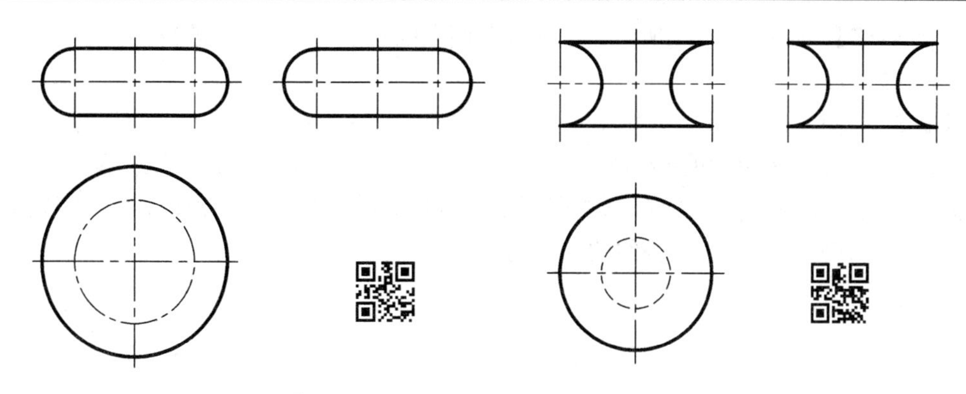

(a) 外环面回转体　　(b) 内环面回转体

图 4-23　内、外圆环面回转体的三视图

3. 圆环面上取点

如果点位于圆环面上的转向轮廓线上，因点所在线的三面投影在三视图中已经画出，所以在已知点的一面投影后，其余投影可在相应的同面投影中直接求得；如果点在圆环一般位置上，则因环面上没有直线，需要用辅助纬圆法求解。举例如下。

【例 4-14】 如图 4-24(a)所示，已知圆环上的点 A、B、C、D、E 的一面投影，求其余两面投影。

【解】 如图 4-24(a)、(b)所示，A、B 两点位于最左边的素线圆上，但 A 点位于上半个环面的内外环面分界线上，因此，A 点的水平、侧面投影均可见。B 点位于下半、左半个环面，因此 B 点的水平投影不可见，而侧面投影可见。由 a'、b' 即可求得 a、(b)和 a''、b''。因 C 点的水平投影不可见，所以 C 点位于母线圆最下点形成的纬圆上，由(c)可求得 c' 和 c''，c' 和 c'' 均可见。D 点位于对水平投影的转向轮廓线上，且在右半、后半个环面上，因此它的正面投影和侧面投影均不可见，由 d 可求得(d')和(d'')。E 点位于最前面的素线圆上，并在前半、上半个环面上，所以它的正面投影和水平投影均可见，由 e'' 可求得 e' 和 e。图 4-24(b)给出了求解作图的过程及结果。

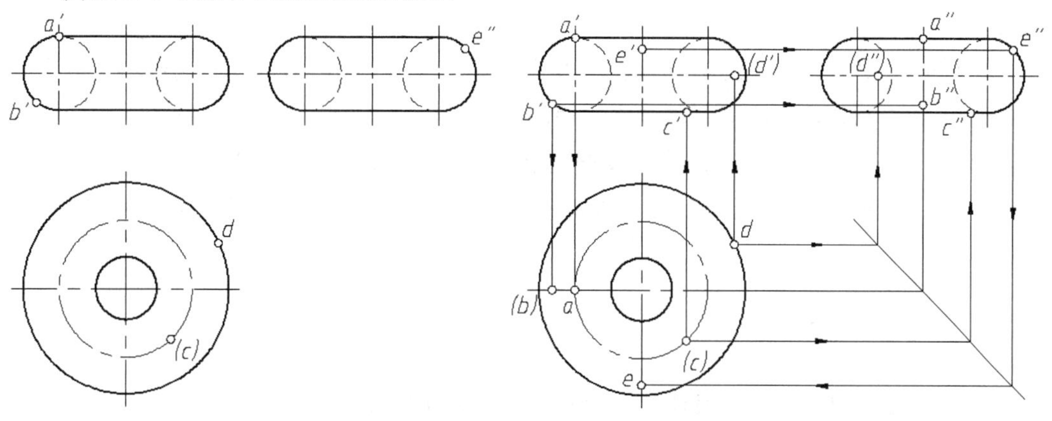

(a) 已知条件　　(b) 作图过程及结果

图 4-24　圆环转向轮廓线和素线上取点

【例 4-15】 如图 4-25(a)所示，已知圆环面上的点 M 的正面投影 m'，点 N 的水平投影(n)，求它们的其余投影。

【解】 如图 4-25(a)所示，由 m' 可知点 M 位于左、前、上、外环面，M 的水平投影和侧面投影均可见；由(n)可知 N 点位于右、后、下、内环面，N 点的正面投影和侧面投影均不可见。点 M、N 位于圆环面上，均需用辅助纬圆法帮助作图，因为该圆环的轴线为铅垂线，所以辅助纬圆应为垂直于轴线的水平圆。

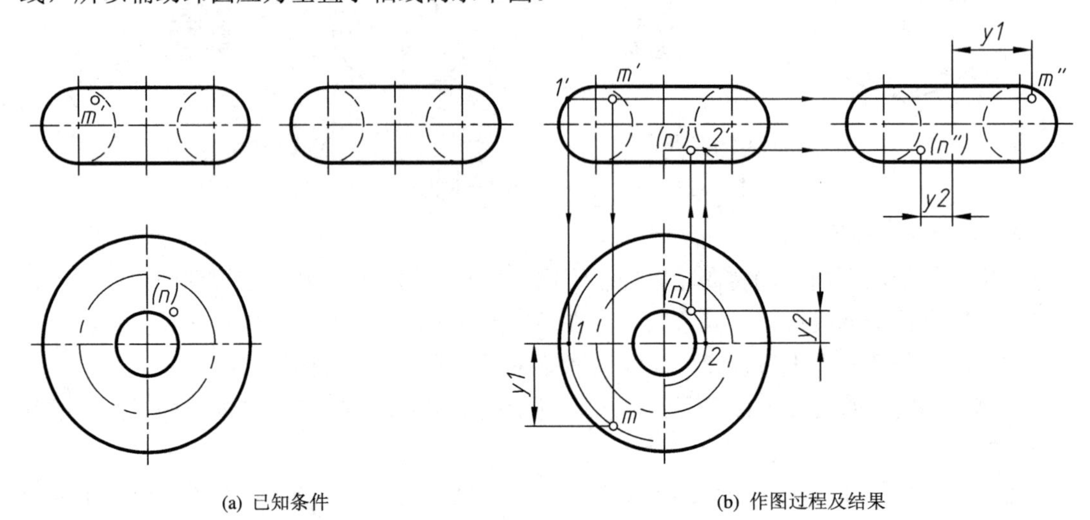

(a) 已知条件　　(b) 作图过程及结果

图 4-25　圆环表面取点(辅助纬圆法)

作图步骤如下：

(1) 求 m 和 m'。如图 4-25(b)所示，在主视图中，过 m' 作出辅助水平纬圆有积聚性的正面投影(直线)，交左素线圆于 1′，在俯视图中作出水平投影 1，以十字中心线的交点为圆心，圆心到 1 点长度为半径，画水平纬圆反映圆的投影(无需画完整圆，只需画出与 m 有关的一段圆弧即可)，由 m' 在水平纬圆弧上求出 m；由 m' 和 m 据“高平齐、宽相等($y1 = y1$)”求得 m''。

(2) 求 n' 和 n''。如图 4-25(b)所示，在俯视图中，以十字中心线的交点为圆心，以圆心到(n)点为半径画圆弧，该圆弧即辅助水平纬圆的水平投影，圆弧交右素线圆的水平投影于 2，由 2 在主视图上求得 2′，过 2′ 作直线垂直于轴线，该直线即为辅助水平纬圆的正面投影(直线)，由(n)在辅助纬圆的正面投影上求得(n')，由(n)、(n')据“高平齐、宽相等($y2 = y2$)”求得(n'')。

4.3.5　同轴回转体

工程中，经常用到几个回转体共轴线的机件，这种回转体称为同轴回转体。

1. 同轴回转体的形成和三视图

如图 4-26(a)所示，同轴回转体是由同轴回转面围成的。同轴回转面可看做由多段线(直线、曲线)为母线，绕一直线(轴线)回转而成。母线上任一点的运动轨迹均为圆，圆所在的平面垂直于轴线。图 4-26(b)给出了生成的同轴回转体，它由球面、圆柱面、圆锥面、内环面、外环面组成，它们在形成过程中共用了同一条轴线。图 4-26(c)给出了同轴回转体的三视图。

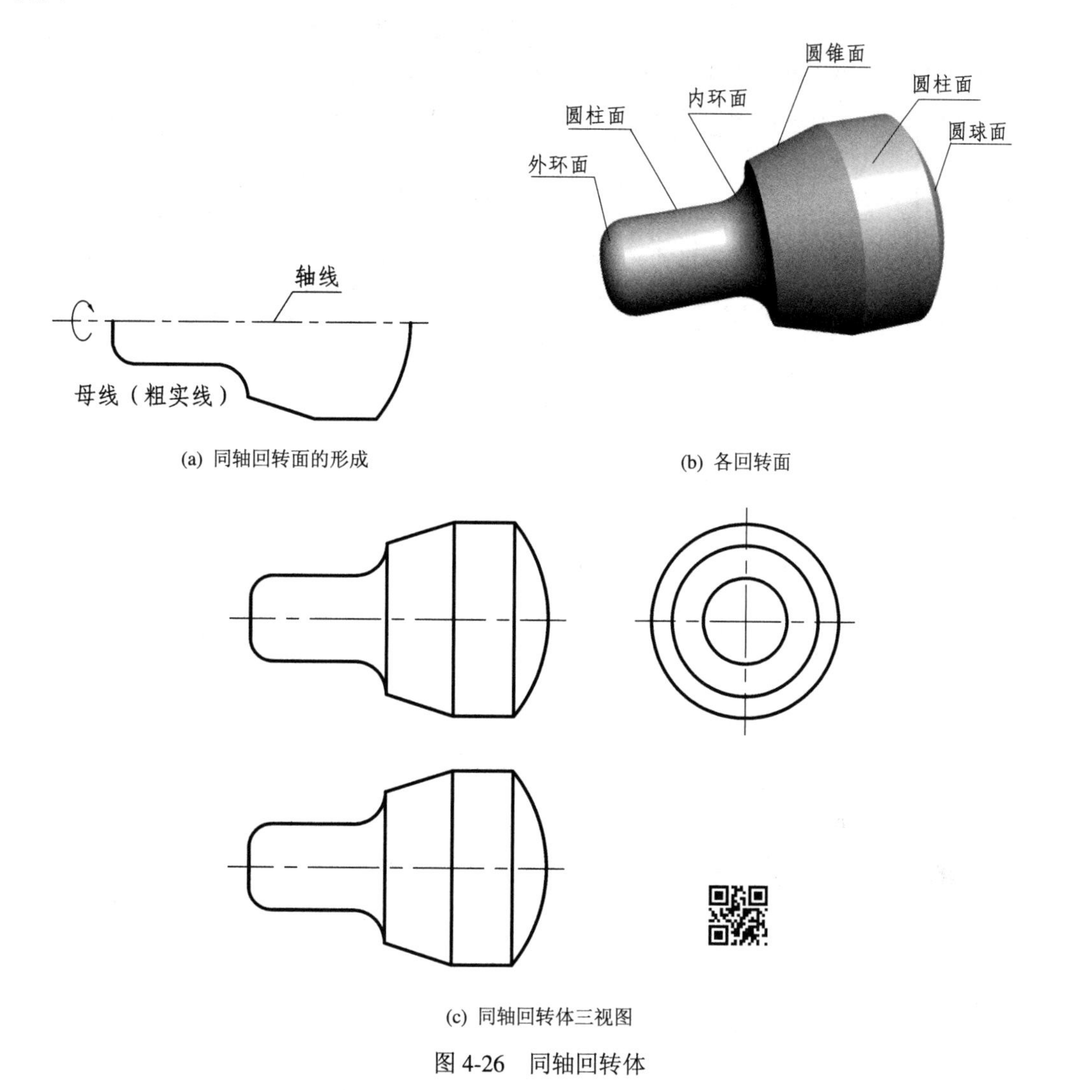

(a) 同轴回转面的形成　　(b) 各回转面

(c) 同轴回转体三视图

图 4-26　同轴回转体

2. 同轴回转体的表面取点

当点处于同轴回转体表面一般位置时，辅助纬圆法仍是表面取点的主要方法，只是应先判断点位于哪个回转面上，再作辅助纬圆。

【例 4-16】 如图 4-27(a)所示，已知同轴回转体表面上的点 *E*、*F*、*G* 的一面投影，求它们的另一面投影。

【解】 由已知条件可知，该同轴回转体由内环面、圆锥面和球面组成，见图 4-27(b)，*E* 点位于内环面、*F* 点位于球面、*G* 点位于圆锥面，因该回转体轴线为侧垂线，应选取侧平圆为辅助纬圆。

作图步骤如下：

(1) 求 e''：过 e' 作辅助纬圆(侧平圆)，在侧平圆的侧面投影上求得 e''。

(2) 求 f''：过 f' 作辅助纬圆(侧平圆)，在侧平圆的侧面投影上求得 f''。

(3) 求 g'：过 g'' 作辅助纬圆(侧平圆)，在侧平圆的正面投影上求得 g'。

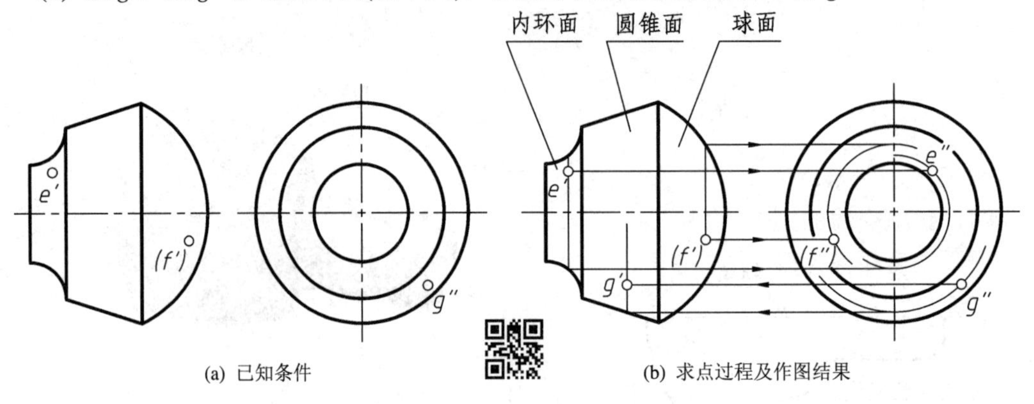

(a) 已知条件　　(b) 求点过程及作图结果

图 4-27　同轴回转体表面取点

第5章　平面与立体表面相交

如图 5-1 所示，平面与立体表面相交，就会在立体表面产生交线，为了清楚表达立体的形状，这些交线的投影需要正确画出。这里，将切割立体的平面称为截平面，截平面与立体表面的交线称为截交线，由截交线所围成的平面图形称为断面(*ABCD*)。

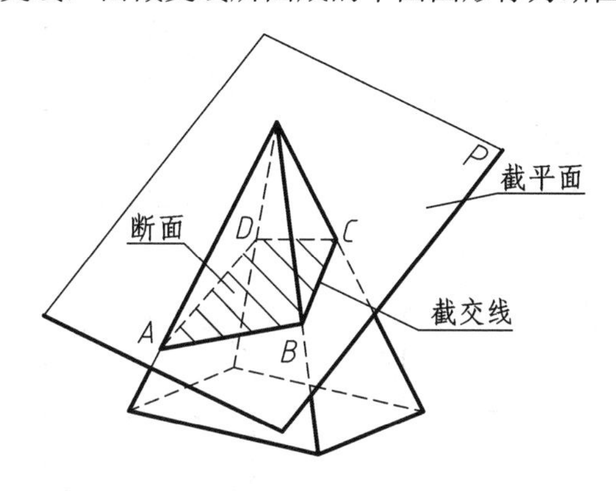

图 5-1　平面与立体表面相交

5.1　平面立体的截交线

5.1.1　概述

1. 平面立体截交线的性质

(1) 平面立体截交线是截平面与平面立体表面的共有线，截交线上的点是截平面与立体表面的共有点，即构成截交线的点与线，既属于截平面，也属于立体表面。

(2) 平面立体截交线是由直线围成的平面多边形，多边形的边数取决于平面立体自身的性质及截平面与立体的相对位置。多边形的边，就是截平面与立体表面的交线；多边形的顶点，就是截平面与立体上棱线的交点。

(3) 求平面立体的截交线，可归结为求截平面与立体表面的交线，而求交线又可转化为求截平面与立体上棱线的交点问题。

2. 求平面立体截交线的方法和步骤

(1) 空间情况和投影分析。根据截平面与被切割立体的相对位置，分析截交线空间形状，确定平面多边形的边数；根据截平面的位置和立体相对于投影面的位置，分析截交线的已知投影和待求投影。当截平面垂直于某一投影面时，截交线在这个投影面上的投影为已知。

(2) 作图方法。求出截平面与立体上棱线的交点(平面多边形的顶点)，依次连接各交点得到截交线(平面多边形)。

5.1.2　作图举例

【例 5-1】 如图 5-2(a)所示，已知被平面 *P* 切割的六棱柱的主视图，补画它的左视图并完成俯视图。

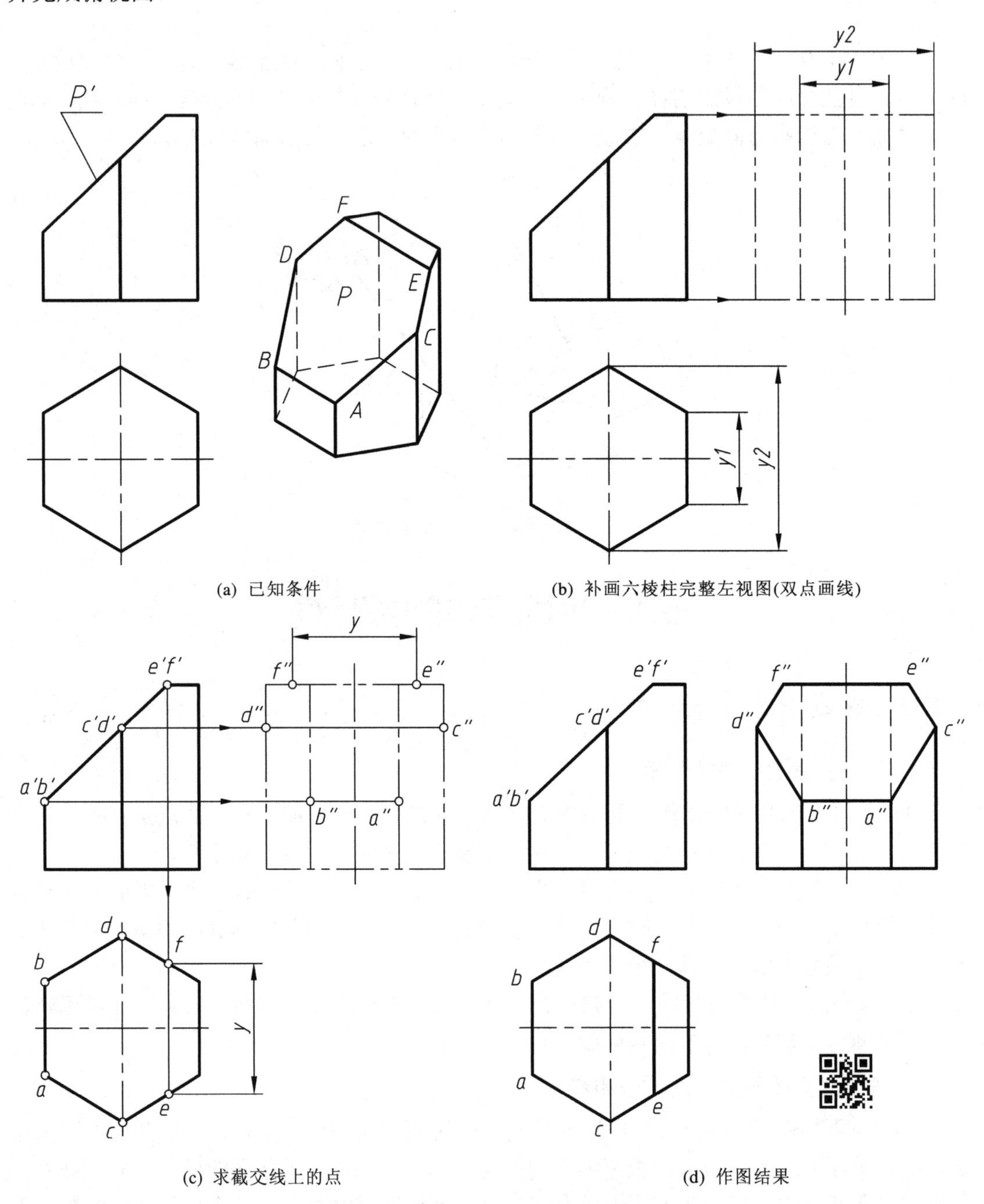

图 5-2　完成六棱柱被切割后的三视图

【解】 应首先补画出完整六棱柱的左视图(图 5-2(b))，然后再逐步画出截交线的投影。

(1) 空间情况和投影分析。由图 5-2(a)可知，因为截平面 *P* 是正垂面，所以截交线的正面投影积聚在截平面有积聚性的正面迹线 *p*′上，即截交线的正面投影为已知；因截平面 *P* 切割到五个棱面和一个顶面，故截交线应是六边形，其水平投影和侧面投影为类似形(六边形)。截交线位于棱线上的点可以直接求出；因棱面在俯视图中有积聚性，位于棱面上的点，如 *E*、*F* 点，可先由正面投影求出水平投影，再求出侧面投影。另外，六棱柱有四条棱线被 *P* 平面截去，在三视图中要擦除多余棱线的投影。同时，截交线和棱线还要考虑可见性问题。

(2) 作图方法。

① 补画六棱柱的左视图。如图 5-2(b)所示，根据“高平齐”和“宽相等(*y*1 = *y*1，*y*2 = *y*2)”画出完整六棱柱的左视图(因六棱柱被切割后图线有变化，先用双点画线画出)。

② 求截交线上的点。如图 5-2(c)所示，在截交线已知的正面投影中，确定截平面 *P* 与棱面及顶面交线端点的正面投影 *a*′、*b*′、*c*′、*d*′、*e*′、*f*′；由截交线的正面投影，根据“长对正”求出其水平投影 *a*、*b*、*c*、*d*、*e*、*f*；再由截交线的正面投影和水平投影根据“高平齐”和“宽相等”求出其侧面投影 *e*″、*f*″、*a*″、*b*″、*c*″、*d*″(其中 *a*″、*b*″、*c*″、*d*″ 可由其正面投影直接求得)。

③ 判断可见性，完成截交线和棱线的投影。如图 5-2(d)所示，截交线在俯视图、左视图中均可见，左视图中，*a*″ 和 *b*″ 所在的两条棱线的上段被切割，与这两条棱线投影重合的原本不可见的棱线，在 *a*″ 和 *b*″ 以上的部分应画成虚线；最前、最后两条棱线在 *c*″、*d*″ 以上部分被截去，上底面只剩下 *e*″ 和 *f*″ 之间的一段。

【例 5-2】 如图 5-3(a)所示，已知四棱锥被正垂面 *P* 切割后的主视图，完成俯视图，并画出左视图。(主视图中用双点画线画出了四棱锥被截去棱线的投影，俯视图中用双点画线画出了完整棱线的投影。)

【解】 (1) 空间情况和投影分析。由图 5-3(a)可知，截平面 *P* 与四棱锥的四个棱面相交，且完全切割四棱锥，所以截交线为四边形，其四个顶点即四棱锥的四条棱线与截平面 *P* 的交点。因为截平面为正垂面，所以截交线的正面投影积聚在截平面 *P* 的正面投影 *p*′ 上，即正面投影已知，其水平投影和侧面投影为截交线四边形的类似形。

(2) 作图方法。

① 作出完整四棱锥的左视图(可能变化的棱线用双点画线表示)，如图 5-3(b)所示。

② 作截交线四边形的投影。如图 5-3(c)所示，在主视图中确定 *p*′ 与棱线 *s*′1′、*s*′2′、*s*′3′ 和 *s*′4′ 的交点 *a*′、*b*′、*c*′、*d*′ (截交线上的点)；由截交线上点的正面投影 *a*′、*b*′、*c*′、*d*′ 求得相应的水平投影 *a*、*b*、*c*、*d* 和侧面投影 *a*″、*b*″、*c*″、*d*″；将同一棱面上的两点相连，得到截交线的水平投影 *abcd* 和侧面投影 *a*″*b*″*c*″*d*″。

③ 完成棱线的投影。如图 5-3(d)所示，从主视图可看到，棱线被切割后，*s*′1′ 剩下 *a*′1′，*s*′3′ 剩下 *c*′3′，重合的棱线 *s*′2′ 和 *s*′4′ 剩下 *b*′2′ 和 *d*′4′，这些棱线的变化需在俯视图中表示出来(被截去的棱线投影不画)。在左视图中，也表示出了各棱线投影的变化，原来重合的中间两条棱线，因 *a*″1″ 较短，因此棱线 *c*″3″ 在 *c*″*a*″ 之间应画成虚线(*c*″3″ 不可见)。

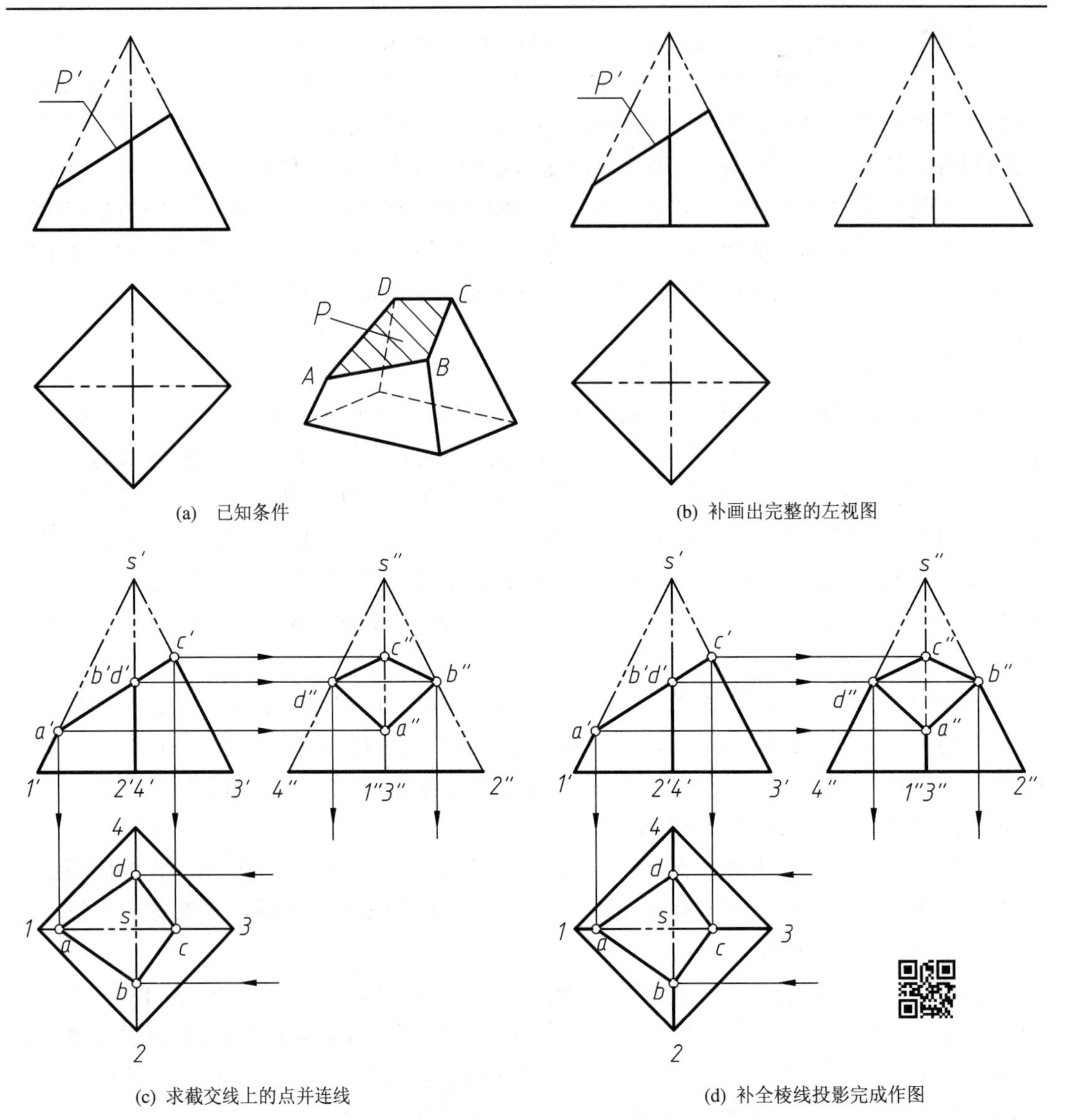

(a)　已知条件　　(b) 补画出完整的左视图

(c) 求截交线上的点并连线　　(d) 补全棱线投影完成作图

图 5-3　四棱锥被一个平面切割

【例 5-3】 如图 5-4(a)所示，试完成四棱锥被截平面 *P* 和 *Q* 切割后的三视图。

【解】 一个平面立体被组合的几个截平面切割时，一般应逐个分析每个截平面切割所产生的截交线，再分析几个截平面之间所产生的交线，最终完成作图。

在组合切割的情况下，单一截平面不是完全切割立体，这样会使截交线的分析难度加大。这时，可以采用“截平面扩展法”，即想象将每一个有限的截平面扩大，使之完全切割立体，这样再去对该截平面切割产生的截交线进行分析，从而将问题简化。

(1) 空间情况和投影分析。如图 5-4(a)所示，截平面 *P* 为水平面，*Q* 为正垂面，它们的交线是正垂线。由于 *Q* 平面的影响，平面 *P* 并没有完全截断四棱锥，使用“截平面扩展法”将 *P* 扩大后，可知它切割四棱锥的截交线是封闭四边形，实际上它并没有切割到最右棱线，但却与四个棱面都相交，因此截交线仍是四条，但没有封闭。又因 *P* 平行于四棱锥的底面，因此它与四棱锥四个棱面的截交线与四棱锥对应底面的边平行；截平面 *Q* 为正垂面，将 *Q*

扩展后，它与四棱锥四个棱面的截交线也是一个封闭的四边形，由于 *P* 平面的影响，*Q* 平面实际上只切割到四棱锥的三条棱线，但也切割到四棱锥的四个棱面，因此截交线仍是不封闭的四边形。两截平面 *P* 与 *Q* 也相交，交线为正垂线，所以截平面 *P* 和 *Q* 切割四棱锥的交线分别是四条截交线与一条交线(两截平面的交线)构成的封闭五边形。

(2) 作图方法。

① 求截交线上的点。如图 5-4(b)所示，在主视图中确定截交线上八个点的正面投影：截平面 *P* 切割产生的截交线上的点是 *a*′、*b*′、*c*′、*d*′、*e*′，其中 *b*′*c*′、*d*′*e*′ 是两对重影点；截平面 *Q* 切割产生的截交线上的点是 *d*′、*e*′、*f*′、*g*′、*h*′，其中 *f*′*g*′、*d*′*e*′ 是两对重影点，且 *d*′*e*′ 是平面 *P*、*Q* 交线的正面投影。如图 5-4(c)所示，由截交线的正面投影依次求出截交线上各点的水平投影和侧面投影。

② 判断可见性并连线。如图 5-4(d)、(e)所示，截交线的水平投影和侧面投影均可见，而 *P*、*Q* 交线的水平投影不可见，侧面投影可见。依次连接截交线的各点(在连线时应该注意观察，同一个截平面切割产生的交线上的点才能相连)，完成截交线的投影。

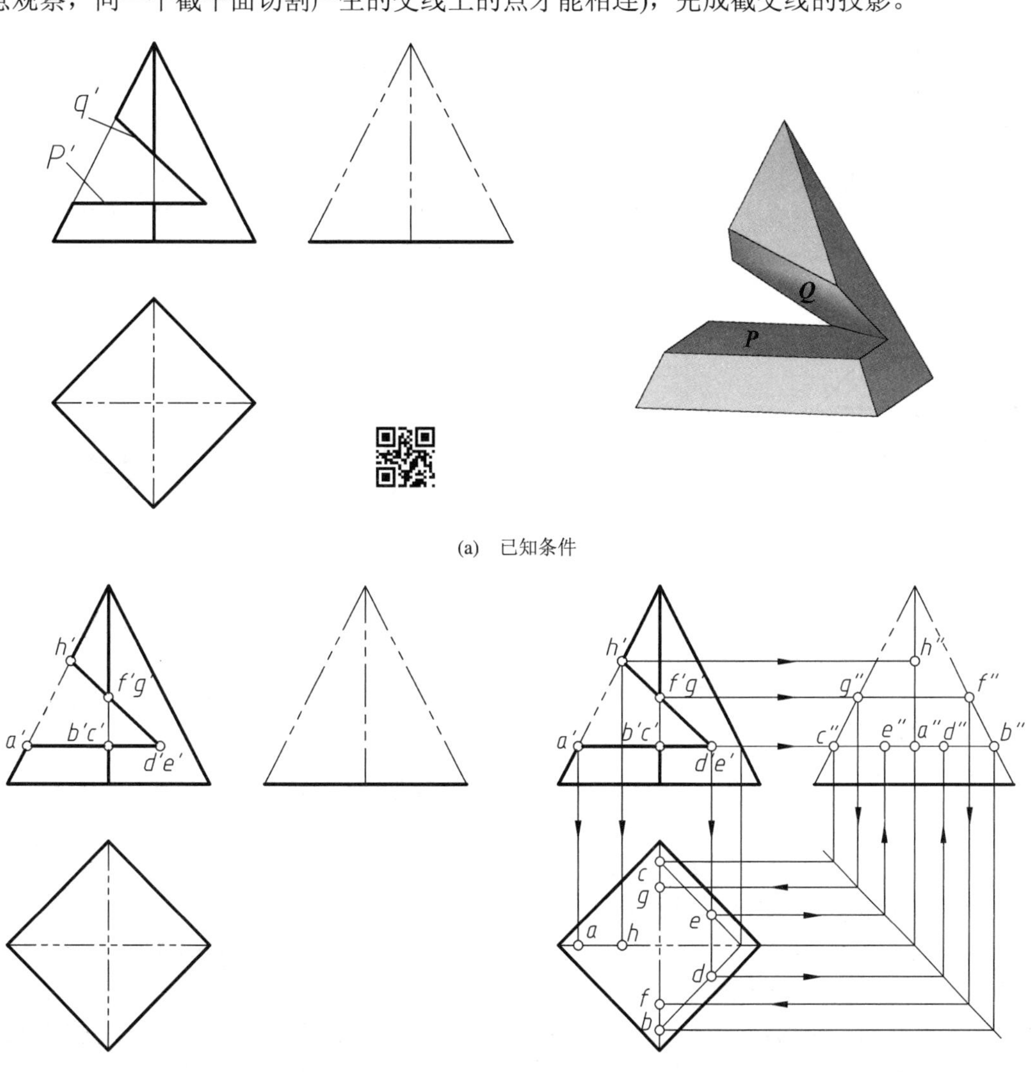

(a)　已知条件

(b) 确定截交线上点的正面投影

(c) 求截交线上点的水平和侧面投影

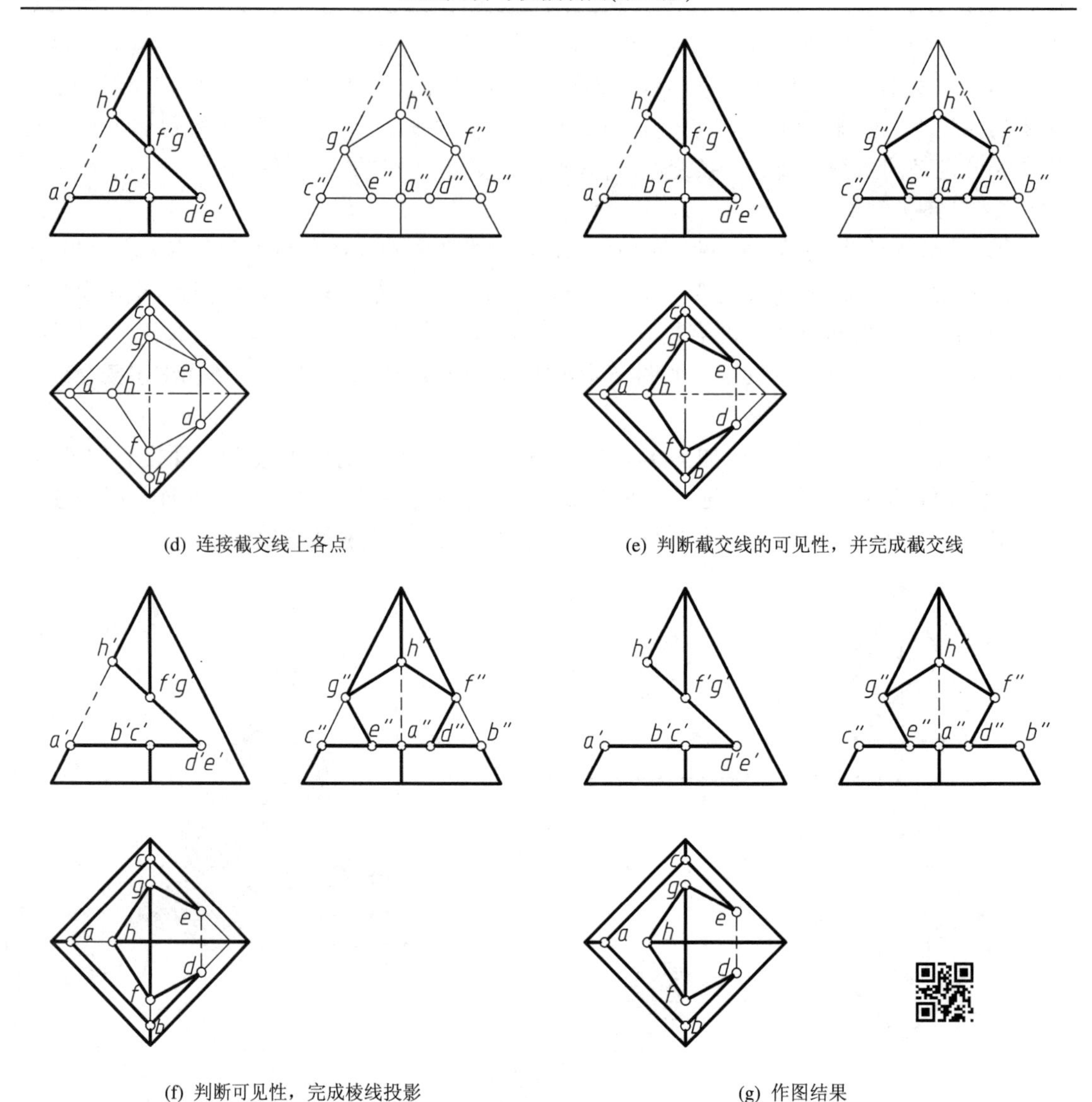

图 5-4　四棱锥被两个平面切割

③ 完成棱线的投影。如图 5-4(f)所示，四棱锥被切割时，棱线也有部分被截去，被截去的部分在投影中应擦去原有图线，剩余的部分可见则用粗实线画出，不可见则用虚线画出。作图结果如图 5-4(g)所示。

【例 5-4】 如图 5-5(a)所示，已知一个缺口三棱锥的主视图，试完成它的俯视图和左视图。

【解】 (1) 空间情况和投影分析，分析方法同前例。由图 5-5(a)可见，缺口是由两个截平面(水平面 *P*、正垂面 *Q*)切割三棱锥而形成的。因为水平面 *P* 平行于底面，它与三个棱面的截交线 *Ⅴ Ⅵ*、*Ⅴ Ⅲ*、*Ⅵ Ⅳ* 分别平行于相应的底边 *AB*、*BC*、*AC*，是不封闭的三边形；正垂截平面 *Q* 与三个棱面的交线分别为 *Ⅰ Ⅱ*、*Ⅱ Ⅲ*、*Ⅰ Ⅳ*，也是不封闭的三边形。由于两个截平面都垂直于正面，二者的交线 *Ⅲ Ⅳ* 为正垂线，因此截平面 *P* 和 *Q* 切割三棱锥的交线分别是三条截交线与一条交线构成的封闭四边形 *Ⅲ Ⅳ Ⅵ Ⅴ* 和 *Ⅲ Ⅳ Ⅰ Ⅱ*。

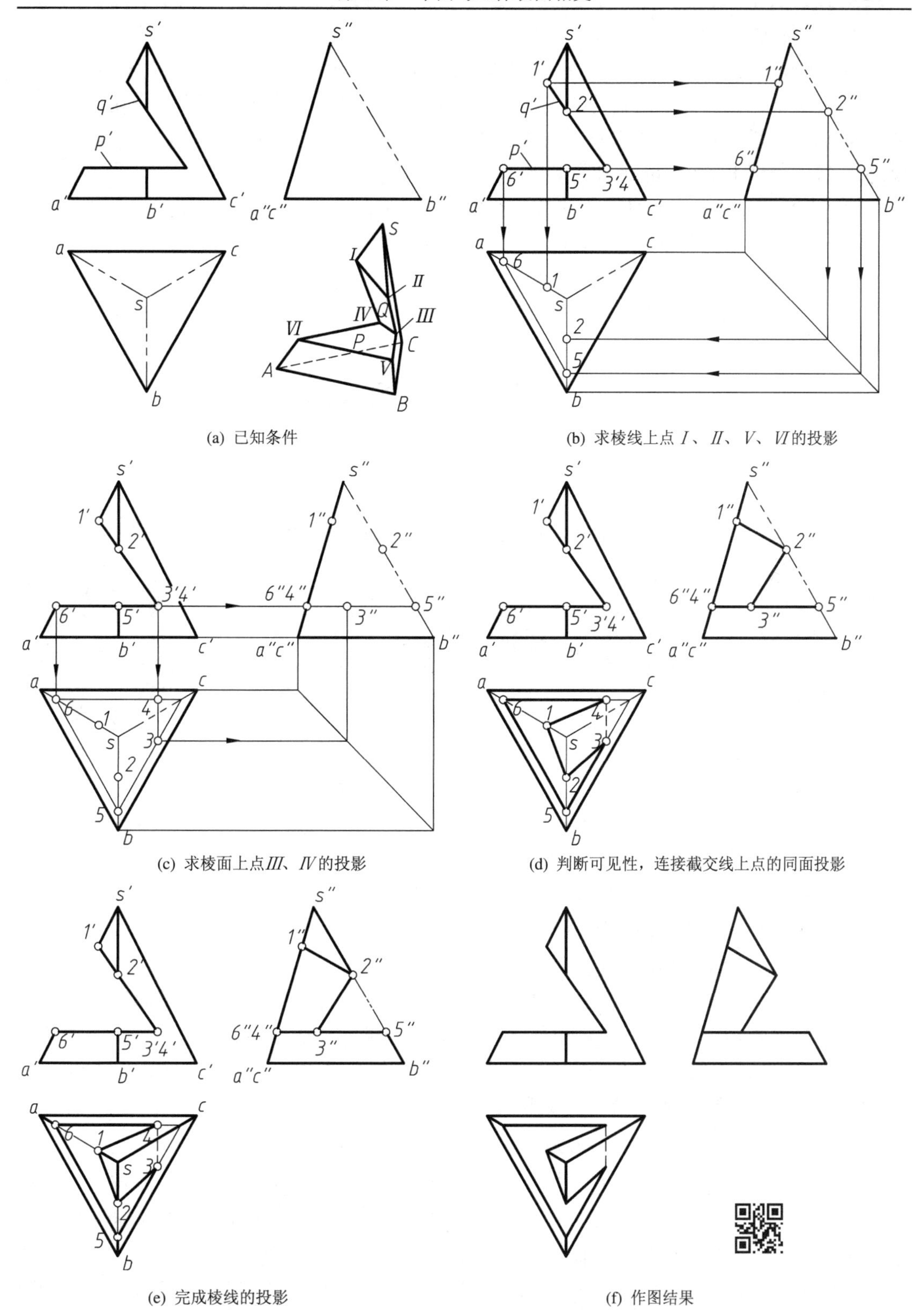

(a) 已知条件　　(b) 求棱线上点 Ⅰ、Ⅱ、Ⅴ、Ⅵ 的投影

(c) 求棱面上点Ⅲ、Ⅳ的投影　　(d) 判断可见性，连接截交线上点的同面投影

(e) 完成棱线的投影　　(f) 作图结果

图 5-5　缺口三棱锥的三视图

(2) 作图方法。

① 求截交线上各点投影。如图 5-5(b)、(c)所示，因为两个截平面都垂直于正面，所以截交线分别重合在它们有积聚性的正面投影 p' 和 q' 上。因此，在主视图中可直接确定截交线上各点的投影：棱线上的点有 *I*、*II*、 *V*、*VI*，棱面上的点有*III*、*IV*。按照棱锥表面取点的方法，分别求出它们的水平投影和侧面投影。

② 判断截交线的可见性，连接截交线上各点。如图 5-5(d)所示，顺序连接截交线上点的同面投影，在俯视图中，只有*III IV*不可见，左视图中均可见。

③ 画出棱线投影，完成作图。如图 5-5(e)所示，棱线 *SA*、*SB* 的中间一段被切割，在俯视图和左视图中的相应投影中间一段应断开，棱线 *SC* 完整。作图结果如图 5-5(f)所示。

5.2 回转体的截交线

5.2.1 概述

在一些零件上，平面与回转体表面相交所产生的截交线是经常见到的，如图 5-6 所示。

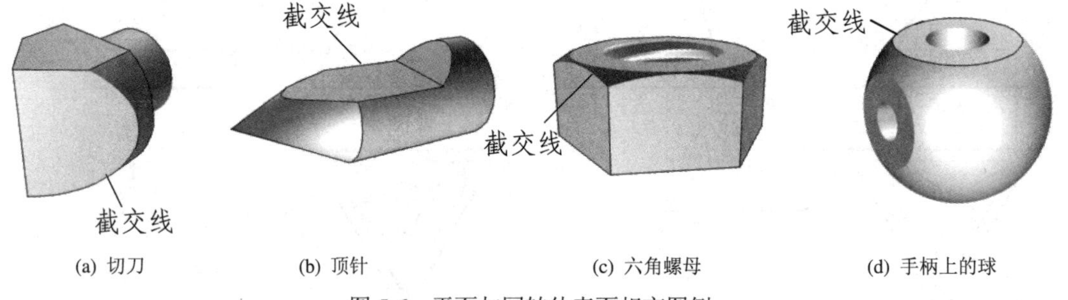

(a) 切刀 (b) 顶针 (c) 六角螺母 (d) 手柄上的球

图 5-6 平面与回转体表面相交图例

1. 回转体截交线的性质

(1) 回转体的截交线是截平面与回转体表面的共有线，截交线上的点是截平面与回转体表面的共有点，即构成截交线的点和线，既属于截平面，也属于回转体表面。

(2) 截交线的形状取决于回转体自身的形状和截平面与回转体的相对位置。回转体的截交线可为封闭的平面曲线、直线、曲线与直线、直线与直线组成的封闭平面图形。

平面与回转体表面相交，当平面只与回转体的回转面相交，截交线一般为封闭的平面曲线(圆、椭圆)或直线；当平面既与回转体的回转面相交也与回转体的平面(底面)相交时，截交线可为曲线与直线或直线与直线组成的封闭平面图形。

2. 求回转体截交线的方法和步骤

求回转体的截交线，即求截平面与回转体表面的交线。截交线即属于截平面，又属于回转体表面，而属于回转体表面的截交线本身又是由回转体表面的某些点组成的，因此求截交线归根结底还是在回转体表面取点(属于截交线上的点)的问题。

(1) 空间情况和投影分析。因为回转体截交线的形状较多，所以，在求截交线的投影前，应首先分析截交线的大致形状。当截平面有积聚性时，截交线的投影重合在截平面有积聚性的投影上，即该投影面的截交线为已知；当回转体的回转面有积聚性时，截交线的投影重合在回转面有积聚性的同面投影上。

(2) 作图方法。当截交线为非圆曲线时，一般需求出曲线上一系列的点，再连接成曲线。这些点包括能够确定截交线形状和范围的特殊点，以及能使曲线作图精确一些，在特殊点之间适当选取的一般点(也称中间点)。特殊点包括截交线的极限点(最高、最低、最左、最右、最前、最后点)，可见与不可见的分界点，椭圆长、短轴的端点，抛物线、双曲线的顶点和端点等，这些点大都位于回转体的转向轮廓线上。

5.2.2　圆柱体的截交线

平面切割圆柱体表面产生的截交线，据截平面与圆柱体轴线的位置不同，有以下三种情况(见表 5-1)：

(1) 当截平面平行于圆柱体轴线切割时，截平面与圆柱面及上、下底面相交，截交线为平行于圆柱体轴线的矩形(平行于圆柱体轴线的两条素线和截平面与上、下底面相交的两条交线所构成的矩形)。

(2) 当截平面垂直于圆柱体轴线切割时，截平面与圆柱面相交，截交线为垂直于圆柱体轴线的圆。

(3) 当截平面倾斜于圆柱体轴线切割时，截平面与圆柱面斜交，截交线为倾斜于圆柱体轴线的椭圆。

表 5-1　圆柱体的截交线

截平面的位置	截平面平行于轴线	截平面垂直于轴线	截平面倾斜于轴线
截交线的形状	矩形	圆	椭圆
立体图	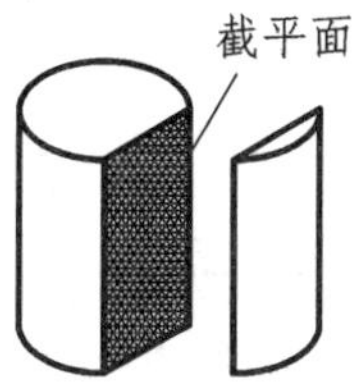 截平面	 截平面	 截平面
投影图	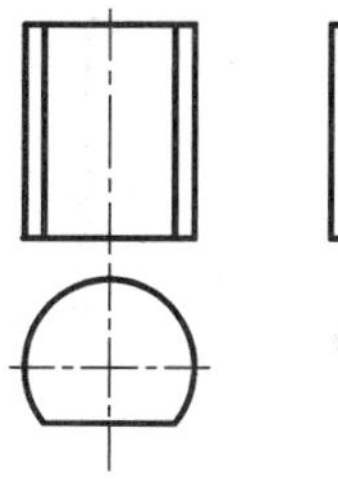	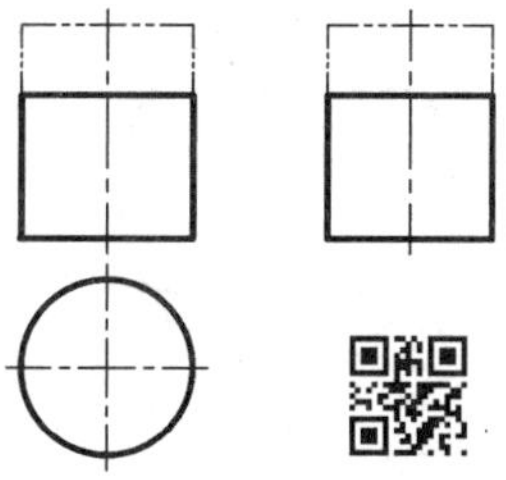	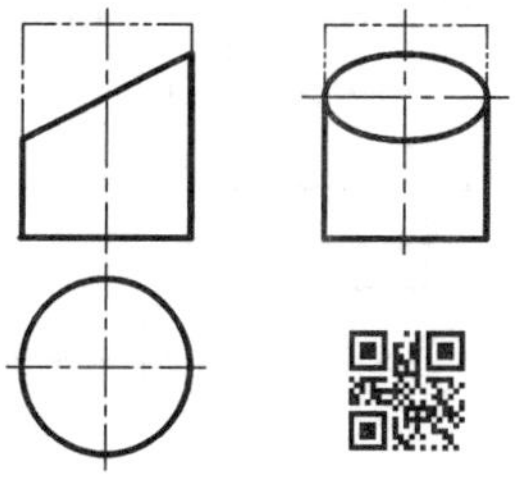

【例 5-5】 如图 5-7(a)所示，已知圆柱体被切割后的主视图和左视图，补画出俯视图。

【解】 因两个截平面 P 和 Q 都没有完全切割圆柱体，故可利用“截平面扩展法”，先逐个分析截平面扩大后与圆柱体表面相交的截交线形式，然后再考虑由于两个截平面的相互影响，使得完整的截交线只剩下某一部分的情况，这样有助于截交线形状的分析和判断。

(1) 空间情况和投影分析。由已知条件可知，这是一个轴线为侧垂线的圆柱体被两个截平面 P(水平面)和 Q(侧平面)切割形成的立体，且上下对称，可只分析立体上半部分截交线的水平投影。将水平面 P 扩大到完全切割圆柱体，因 P 平行于圆柱体的轴线，故截交线是矩形。由于 Q 的影响使得 P 切割产生的矩形截交线长度变小，矩形截交线的两条对边的正面投影 $a'c'$、$b'd'$ 积聚在 p'上；由于截平面 P 与圆柱面的侧面投影均有积聚性，截交线的侧面投影 $a''c''$、$b''d''$ 应在 p'' 与圆的交点。将侧平面 Q 扩大到完全切割圆柱体，因 Q 垂直于圆柱体的轴线，故截交线是圆。由于 P 的影响使得 Q 切割产生的截交线圆只剩下一段圆弧。截交线圆弧 CD 的正面投影积聚在 q'上，侧面投影为圆弧 $c''d''$。直线 CD 是 P 与 Q 的交线。

(2) 作图方法。

① 补画出完整圆柱体的俯视图(见图 5-7(b))。

② 由截交线的正面投影和侧面投影，按照“三等”关系求出水平投影(见图 5-7(c))。

③ 整理外轮廓线。由主视图可见，圆柱体水平面的转向轮廓线未被切割，在俯视图中应是完整的。图 5-7(d)是作图结果。

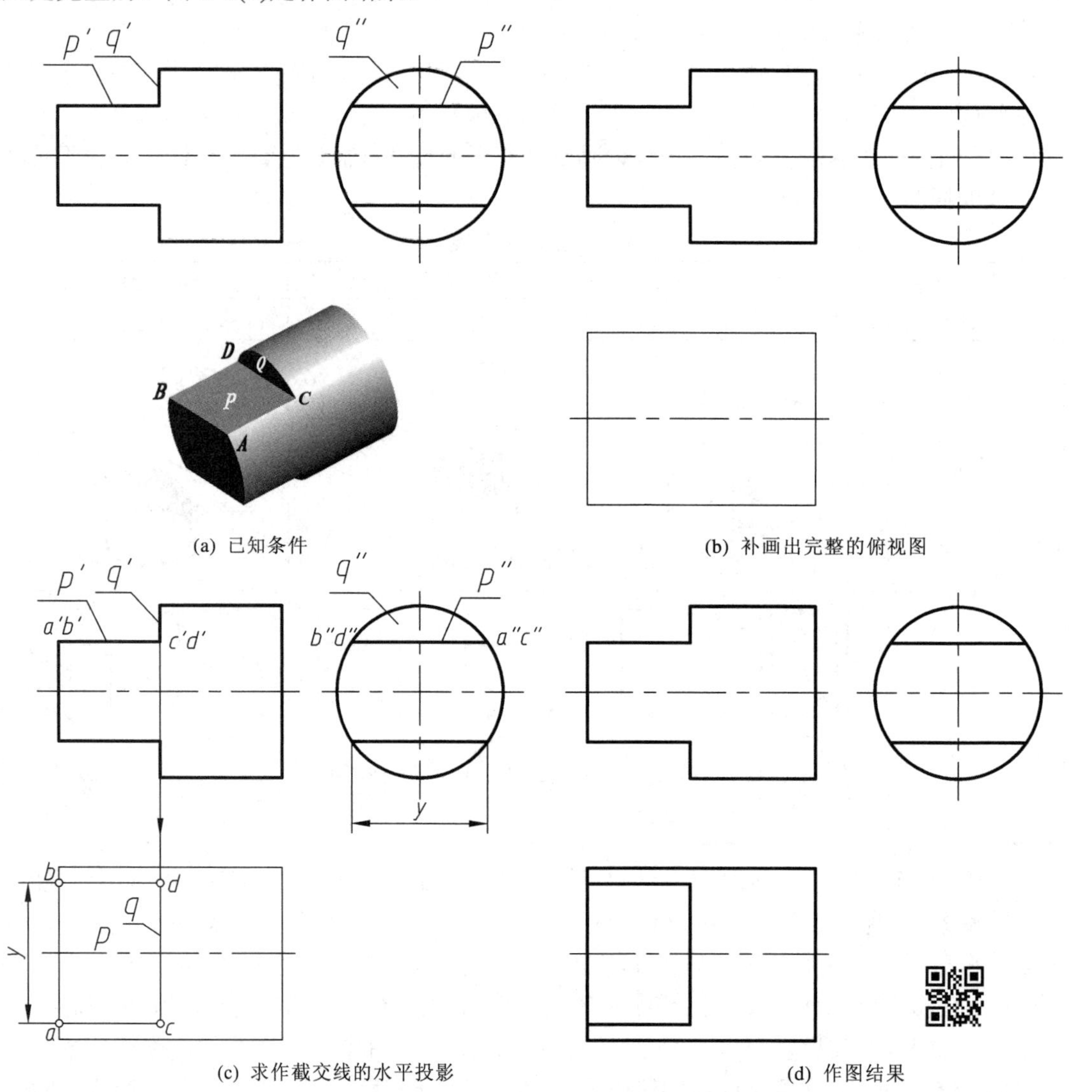

(a) 已知条件　　(b) 补画出完整的俯视图

(c) 求作截交线的水平投影　　(d) 作图结果

图 5-7　求作圆柱体被切割后的俯视图

【例 5-6】 如图 5-8(a)所示，已知被切槽圆柱体的主视图和左视图，求作俯视图。

【解】 本例中的截平面形式和截交线分析与例 5-5 相似，不同的是，本例是由上下对称的水平面 P 和侧垂面 Q 共同在圆柱体上开了一个方槽。

(1) 空间情况和投影分析。因立体上下对称，故只分析圆柱体上半部分的截交线。水平面 P 平行于圆柱体轴线，截交线是矩形，矩形与轴线平行的两条对边是 AC 和 BD，它们的正面投影 $a'c'$、$b'd'$ 重合在 p' 上，侧面投影 $a''c''$、$b''d''$ 重合在 p'' 与圆的交点。侧平面 Q 垂直于圆柱体轴线，截交线是两段圆弧 CE 和 DF(受平面 P 的影响)，它们的正面投影 $c'e'$、$d'f'$ 重合在 q' 上；侧面投影 $c''e''$、$d''f''$ 重合在圆上。平面 P 与 Q 的交线为正垂线，其正面投影 $c'd'$ 位于平面 p' 和 q' 的交点，侧面投影重合在 p'' 上。

(2) 作图方法。

① 求截交线和截平面 P、Q 交线的投影。如图 5-8(b)所示，在补画出完整的俯视图后，由正面投影和侧面投影求出截交线矩形的水平投影 ac 和 bd；求出两段圆弧的水平投影 ce 和 df；c 和 d 的连线是两平面交线 CD 的水平投影，cd 重合在 q 上。

② 整理轮廓线，判断可见性。从主视图可见，圆柱体水平投影面的转向轮廓线在 Q 平面之左被切割，俯视图中转向轮廓线相对应的一段投影不存在了。Q 平面由于 P 平面的遮挡，在俯视图中，cd 之间的直线不可见。作图结果如图 5-8(c)所示。

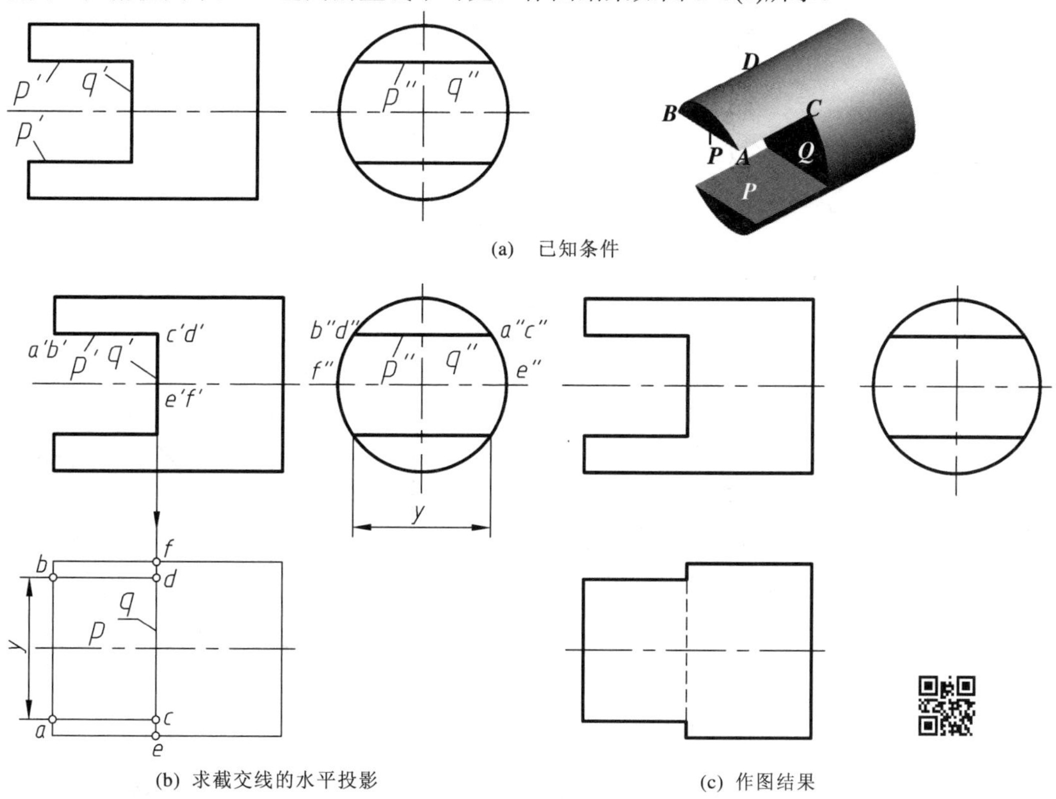

(a)　已知条件

(b) 求截交线的水平投影　　(c) 作图结果

图 5-8　求作圆柱体被切槽后的俯视图

【例 5-7】 如图 5-9(a)所示，已知被切槽圆柱筒的主视图和左视图，求作俯视图。

【解】 (1) 空间情况和投影分析。本例与例 5-6 的区别仅在于所切割的立体是圆柱筒，因此截交线分析方法类似，不再重复。只是在分析和求作截交线时，可先考虑截平面切割圆柱体，再考虑切割圆柱孔。

(2) 作图方法如下：

① 在画出完整的俯视图后，求作截平面 *P*、*Q* 切割圆柱体的完整截交线(见图 5-9(b)、(c))。

② 求作截平面 *P*、*Q* 切割圆柱孔的截交线(见图 5-9(d))。

③ 判断可见性，整理转向轮廓线，完成作图(见图 5-9(e))。

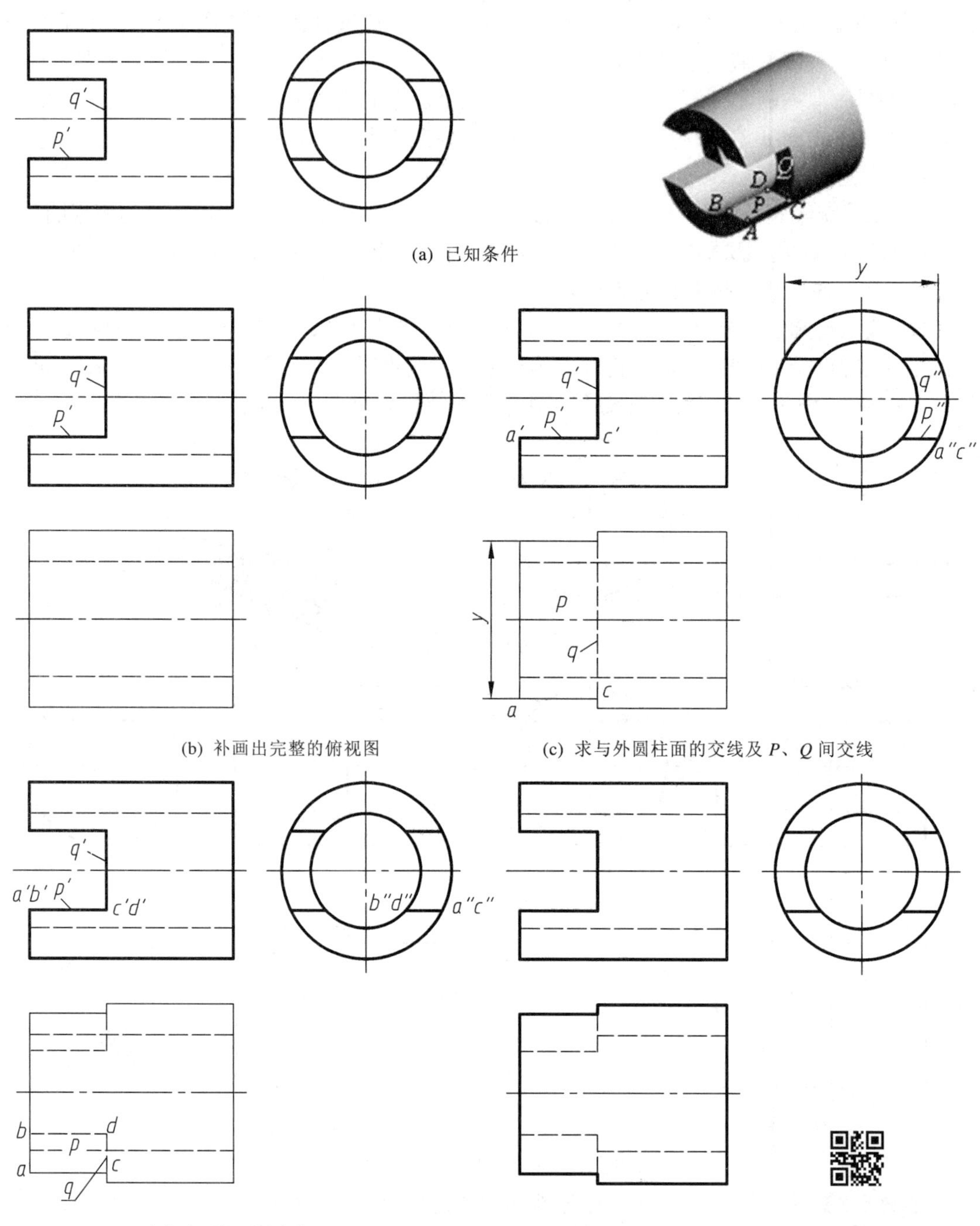

图 5-9　求作圆柱筒被切槽后的俯视图

【例 5-8】 如图 5-10(a)所示，根据斜截圆柱体的主视图和俯视图，补画出左视图。

【解】 (1) 空间情况和投影分析。由图 5-10(a)可知，该立体是由一个正垂面 *P* 斜切圆柱体形成的，因截平面 *P* 倾斜于圆柱体的轴线，截交线为椭圆。截交线的正面投影重合在截平面有积聚性的正面投影 *p′* 上，水平投影重合在圆上，侧面投影为椭圆。作图时，只要先作出特殊点(椭圆长、短轴的端点)，再作出一般点，用曲线光滑连接各点即可。

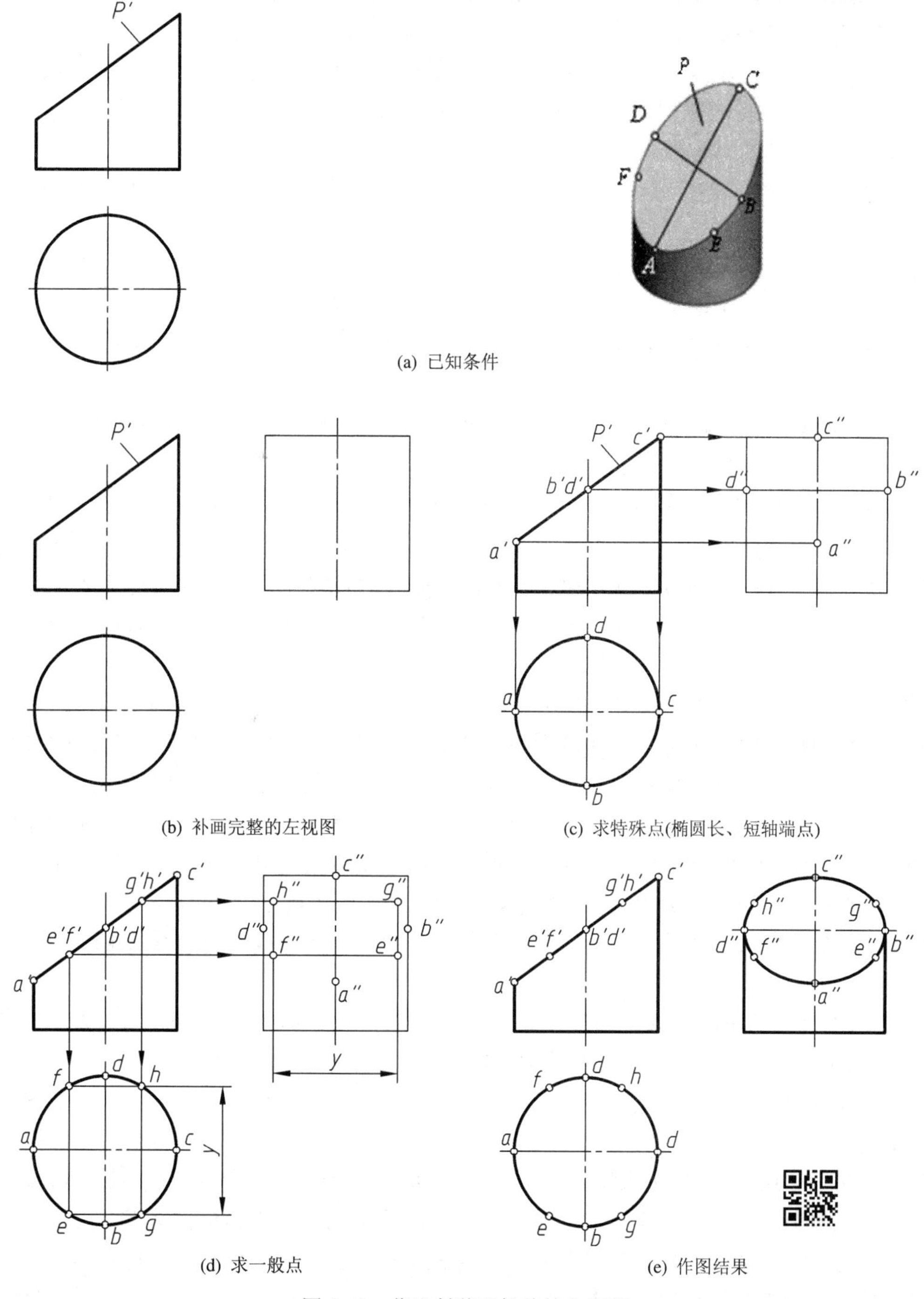

(a) 已知条件

(b) 补画完整的左视图

(c) 求特殊点(椭圆长、短轴端点)

(d) 求一般点

(e) 作图结果

图 5-10　作出斜截圆柱体的左视图

(2) 作图方法。先用细实线或双点画线画出未被切割的完整左视图的轮廓，待求出截交线后，再确定轮廓线的范围与可见性(见图 5-10(b))。

① 求特殊点(见图 5-10(c))。椭圆长、短轴的端点 *A*、*B*、*C*、*D* 是四个特殊点，四个点均位于相应的转向轮廓线，也是椭圆截交线的极限点。根据它们的正面投影 *a*′、*b*′、*c*′、*d*′，可求得水平投影 *a*、*b*、*c*、*d* 和侧面投影 *a*″、*b*″、*c*″、*d*″。由于 *b*″*d*″ 和 *a*″*c*″ 互相垂直，且 *b*″*d*″＞*a*″*c*″，因此截交线的侧面投影中 *b*″*d*″ 为长轴，*a*″*c*″ 为短轴。

② 求一般点(见图 5-10(d))。在特殊点之间的适当位置确定一般点 *E*、*F* 的正面投影 *e*′*f*′(一对重影点)，由 *e*′、*f*′ 求出水平投影 *e*、*f*，再求出侧面投影 *e*″ 和 *f*″。另一对一般点 *G*、*H* 的投影也可由椭圆的对称性求得。

③ 判断可见性，连接截交线上的点(见图 5-10(e))。截交线的侧面投影椭圆是可见的，椭圆可用曲线板光滑连接各点而成。

④ 整理外轮廓线(见图 5-10(e))。当回转体被平面切割后，使得其转向轮廓线的存在与否发生了变化，在左视图中，对侧面的转向轮廓线只剩下 *d*″、*b*″ 以下的一部分。

本例的作图步骤也是求回转体截交线的一般步骤。当截交线发生的范围较小时，也可省略一般点。

【例 5-9】 如图 5-11(a)所示，根据立体的主视图和左视图，补画出俯视图(用细实线画出了完整俯视图的轮廓线)。

【解】 (1) 空间情况和投影分析。由图 5-11(a)可知，该立体可看成是轴线为侧垂线的圆柱，被一个水平面 *P* 和一个正垂面 *Q* 切割去左上角而形成的。因为两个截平面都垂直于正面，所以截交线的正面投影就积聚在截平面积聚成的直线 *p*′*q*′ 上，即截交线的正面投影为已知。又因为圆柱的轴线为侧垂线，所以截交线的侧面投影积聚在圆上。该题可归结为：已知截交线的正面投影和侧面投影求水平投影的问题。

因为是两个相交的截平面切割圆柱体，每一个截平面都没有完全切割立体，所以，在分析截交线的形状时，仍可用前面讲到的“截平面扩展法”。水平面 *P* 平行于圆柱的轴线，截交线是一矩形，它的正面投影和侧面投影积聚为直线，其水平投影反映矩形的实形，可由它的正面投影和侧面投影求出水平投影。正垂面 *Q* 倾斜于圆柱的轴线，截交线应为椭圆(一部分)，它的正面投影积聚为直线，侧面投影积聚在圆上，可由它的正面投影和侧面投影求出水平投影。截平面 *P* 和 *Q* 的交线是正垂线。由于 *P* 和 *Q* 的相互影响，使得所产生的截交线只是完整截交线的一部分，但作图方法一般与求完整截交线的方法相同。

(2) 作图方法。

① 求圆柱被水平面 *P* 切割后产生矩形截交线的水平投影。由 *a*′*d*′、*b*′*c*′ 和 *a*″*b*″、*d*″*c*″ 求得矩形 *abcd*，其中 *bc* 为两截平面交线 *BC* 的水平投影(见图 5-11(b))。

② 求圆柱被正垂面 *Q* 切割产生部分椭圆截交线的水平投影。在主视图和左视图中确定截交线的特殊点 *e*′、*f*′、*g*′ 和 *e*″、*f*″、*g*″，从而求出 *e*、*f*、*g*。其中 *G* 点是对正面投影的转向轮廓线上的点，*E*、*F* 为对水平投影的转向轮廓线上的点，它们也是椭圆长、短轴的端点。另外，两个截平面的交线 *BC* 是不完整椭圆的两个端点，也属于特殊点。为了作图精确，再适当求些一般点：如图 5-11(d)所示，先在主视图上合适的位置取一对重影点的投影 1′、2′，然后在左视图上求出 1″、2″，据 1′、2′ 和 1″、2″ 在俯视图上求出 1、2(见图 5-11(d))。

③ 整理俯视图上的轮廓线。如图 5-11(d)所示，对水平投影的转向轮廓线在 e、f 以左部分被切割，这从主视图中可清楚地看到，因此，e、f 以左部分的转向轮廓线应擦除。作图结果如图 5-11(e)所示。

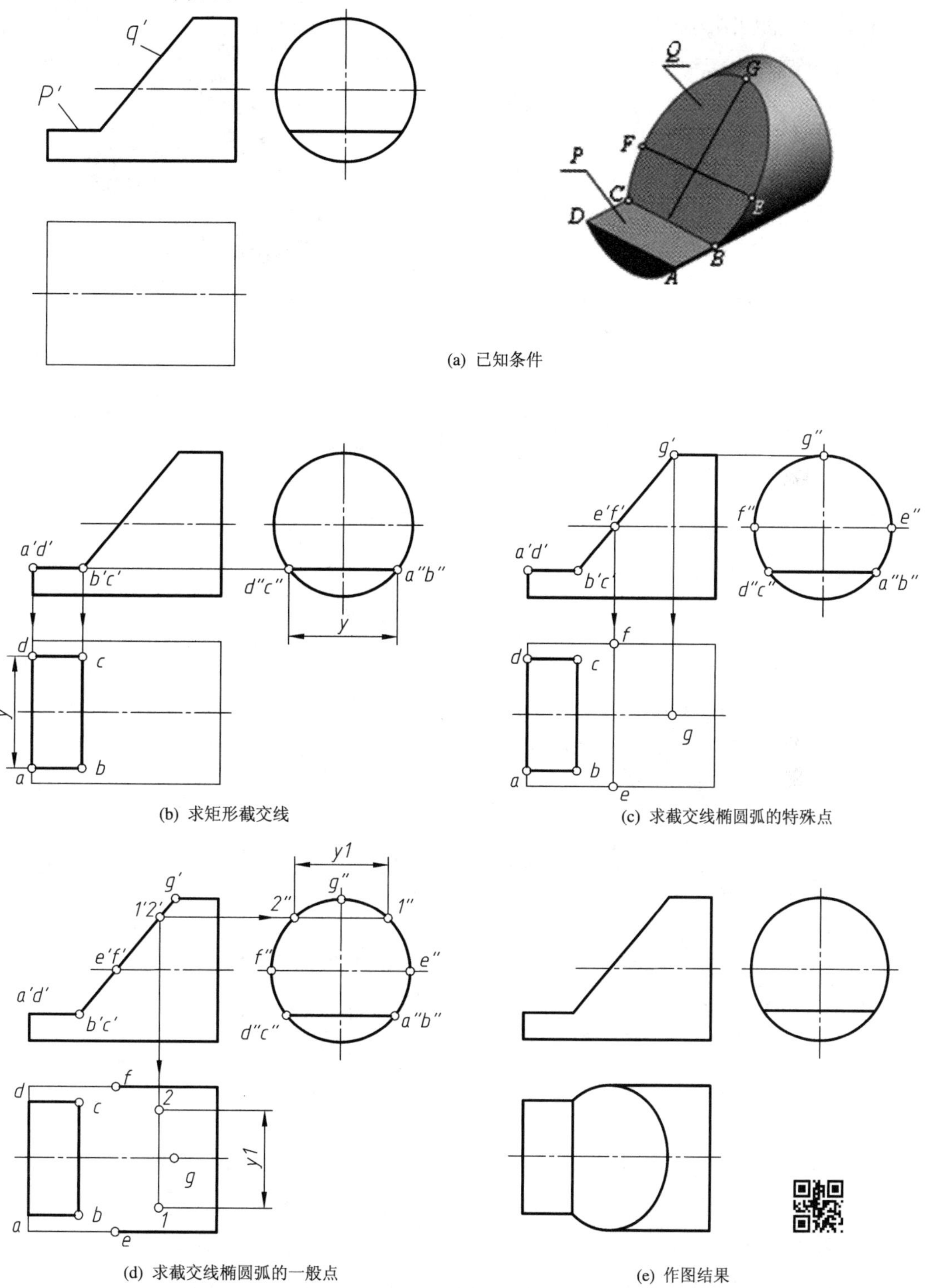

(a) 已知条件

(b) 求矩形截交线

(c) 求截交线椭圆弧的特殊点

(d) 求截交线椭圆弧的一般点

(e) 作图结果

图 5-11　作出圆柱被切割后的俯视图

【例 5-10】 如图 5-12(a)所示，根据圆柱筒被切割后的主视图和左视图，补画出俯视图。

【解】(1) 空间情况和投影分析。该例与例 5-9 的区别仅在于所切割的立体是圆柱筒，因此截交线分析方法类似，不再重复。只是在分析和求作截交线时，可先考虑截平面切割圆柱体，再考虑切割圆柱孔。

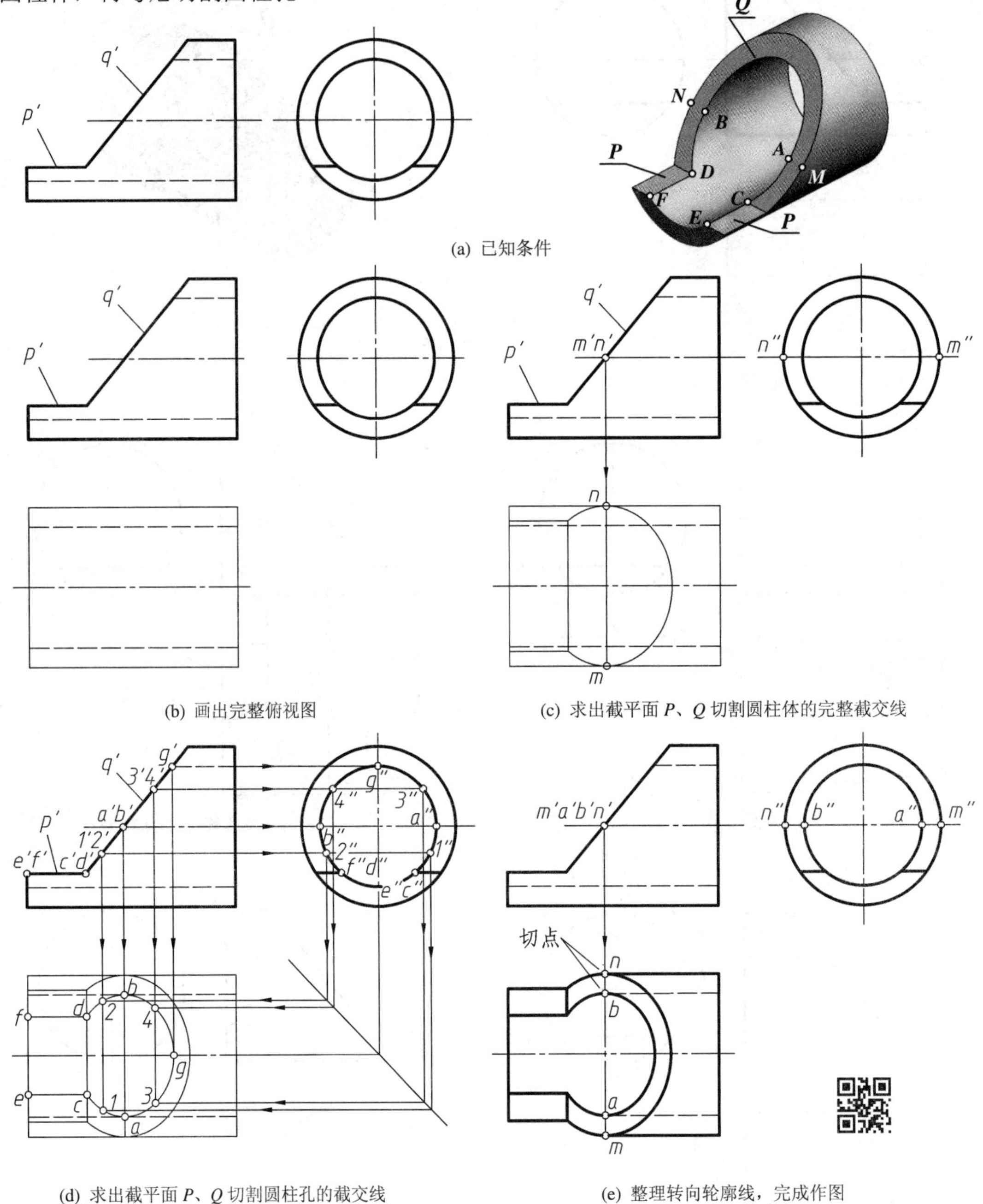

图 5-12　作出圆柱筒被切割后的俯视图

(2) 作图方法。

① 在画出完整的俯视图后，求作截平面 P、Q 切割圆柱体的完整截交线(见图 5-12(b)、(c))。

② 求作截平面 P、Q 切割圆柱孔的截交线(见图 5-12(d))。

③ 整理转向轮廓线，完成作图(见图 5-12(e))。

5.2.3　圆锥体的截交线

平面与圆锥体表面的截交线据截平面与圆锥轴线的位置不同，有五种形式：相交两直线(三角形)、圆、椭圆、抛物线、双曲线，见表 5-2。

表 5-2　圆锥体的截交线

截平面的位置	过 锥 顶	不 过 锥 顶			
		$\theta=90°$	$\theta>\alpha$	$\theta=\alpha$	$0°\leqslant\theta<\alpha$
截交线的情况	相交两直线 (三角形)	圆	椭 圆	抛 物 线	双 曲 线
立体图					
投影图					

注：θ 为截平面与圆锥轴线的夹角；α 为半锥顶角。

【例 5-11】 如图 5-13(a)所示，完成圆锥体被正垂面切割后的俯视图，补画左视图。

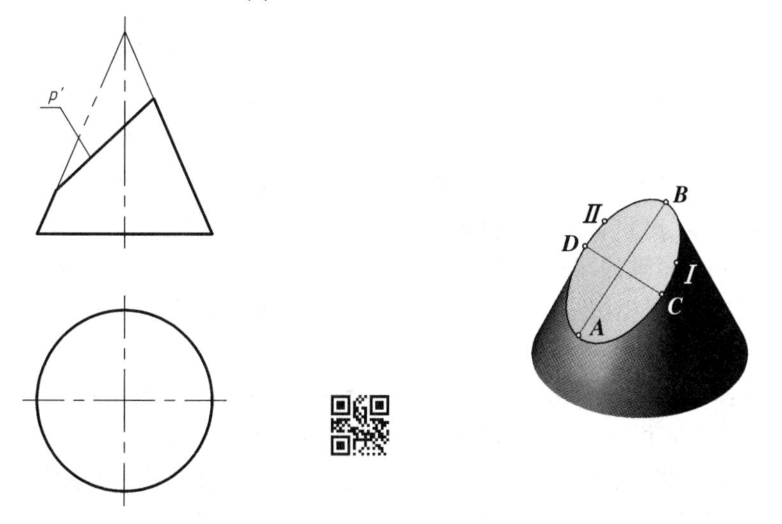

(a) 已知条件

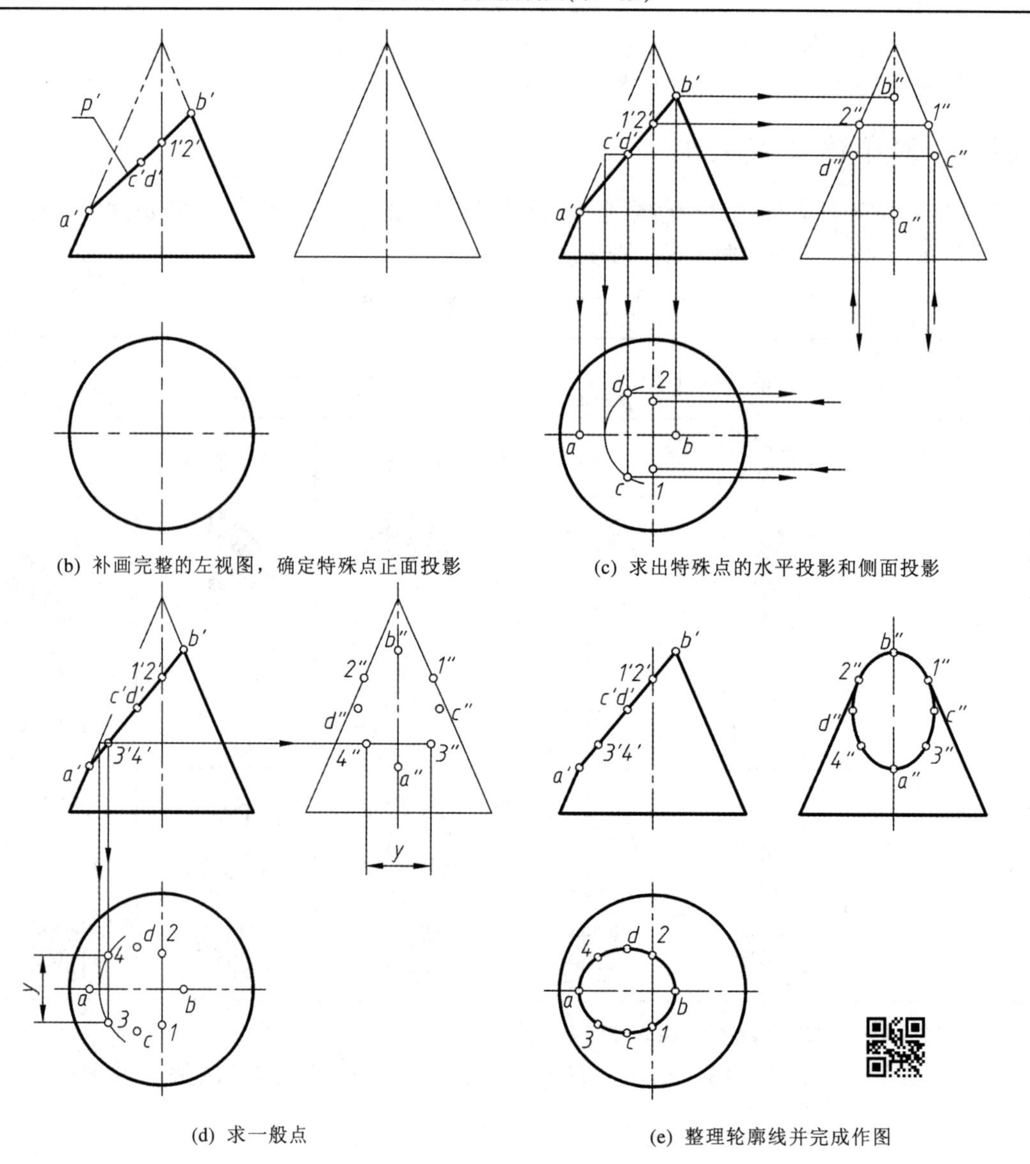

(b) 补画完整的左视图，确定特殊点正面投影

(c) 求出特殊点的水平投影和侧面投影

(d) 求一般点

(e) 整理轮廓线并完成作图

图 5-13　完成圆锥体被正垂面切割后的三视图

【解】 (1) 空间情况和投影分析。由图 5-13(a)可知，圆锥轴线为铅垂线，截平面 *P* 为正垂面，且与圆锥轴线的夹角大于圆锥的半锥顶角，所以截交线为椭圆。截交线的正面投影与截平面的正面投影 *p*′ 重合，水平投影和侧面投影均为椭圆(待求)。作图时，只要求出作为特殊点的椭圆长、短轴的端点，及侧面转向轮廓线上的点 *I*、*II*(圆锥体侧面的转向轮廓线在 1″、2″ 两点与椭圆相切)，再适当求些一般点，用曲线光滑连接各点即可。

(2) 作图方法。

① 求特殊点(见图 5-13(b)、(c))。作出圆锥体完整的左视图。在 *p*′ 上确定椭圆长轴与短轴端点的正面投影 *a*′、*b*′和 *c*′、*d*′(*c*′、*d*′ 在 *a*′*b*′ 的中点)，并由正面投影 *a*′、*b*′、*c*′、*d*′ 求出水平投影 *a*、*b*、*c*、*d* 和侧面投影 *a*″、*b*″、*c*″、*d*″。在 *p*′ 上确定侧面转向轮廓线上的点 *I*、*II*的正面投影 1′、2′，并由 1′、2′ 求得侧面投影 1″、2″ 和水平投影 1、2。

② 求一般点。求一般点Ⅲ、Ⅳ，作图过程见图 5-13(d)。若连接点还不够，则可适当多求几个一般点。

③ 连接截交线椭圆上的各点，整理左视图上的外轮廓线，完成作图。从主视图可看出，对侧面投影的转向轮廓线只剩下 1″和 2″以下的一段。作图结果如图 5-13(e)所示。

【例 5-12】 如图 5-14(a)所示，圆锥体被平行于轴线的正平面 *P* 切割，完成截交线的正面投影。

【解】 (1) 空间情况和投影分析。由图 5-14(a)可看出，截平面 *P* 是平行于圆锥体轴线的正平面，因此截交线是一平行于正面的双曲线。截交线的水平投影重合在截平面有积聚性的直线上，由截交线的水平投影可求出其正面投影。

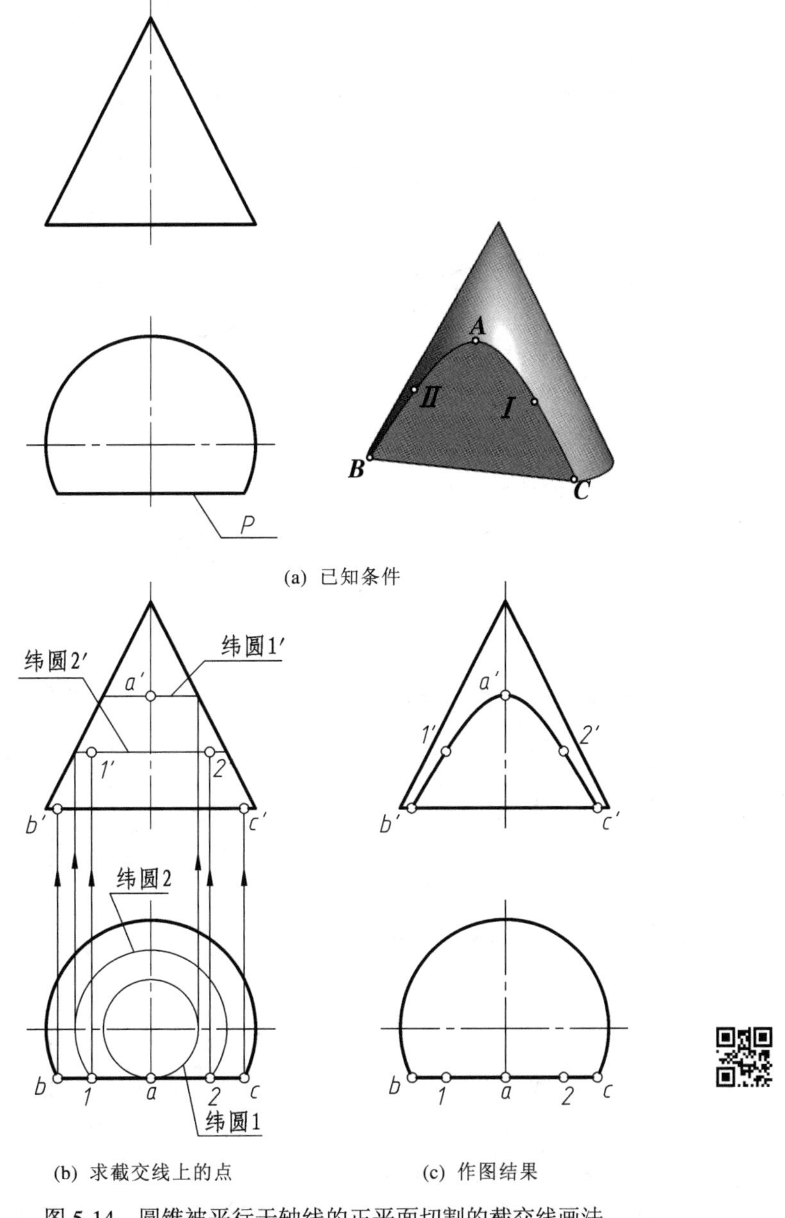

(a) 已知条件

(b) 求截交线上的点　　(c) 作图结果

图 5-14　圆锥被平行于轴线的正平面切割的截交线画法

(2) 作图方法(见图 5-14(b)、(c))如下：

① 求特殊点。双曲线的顶点 *A* 和两个端点 *B*、*C* 是特殊点。*A* 点也是圆锥面对侧面的转向轮廓线上的点。*B*、*C* 也是截平面 *P* 与圆锥底面交线上的两个端点。*A* 点位于垂直于轴线的最小的纬圆 1 上，可在俯视图上作出与直线段相切的纬圆 1，切点即 *a*，求出此纬圆积聚为直线的正面投影纬圆 1′，该直线与轴线的交点即为 *a*′。*B*、*C* 两点位于圆锥底圆上，可由 *b*、*c* 直接求得 *b*′、*c*′。

② 求一般点。因为截交线的水平投影已知，故可在俯视图上取点。为便于作图，应在适当位置作一辅助纬圆 2，该纬圆交直线于左右对称的 1、2，在主视图上求出纬圆 2 的正面投影纬圆 2′的直线，然后由 1、2 求出 1′、2′。

③ 用曲线依次连接各点的正面投影，完成作图。圆锥对正面的转向轮廓线未被切到，因此是完整的。

【例 5-13】 如图 5-15(a)所示，完成圆锥体被平面 *P* 和 *Q* 切割后的俯视图和左视图。

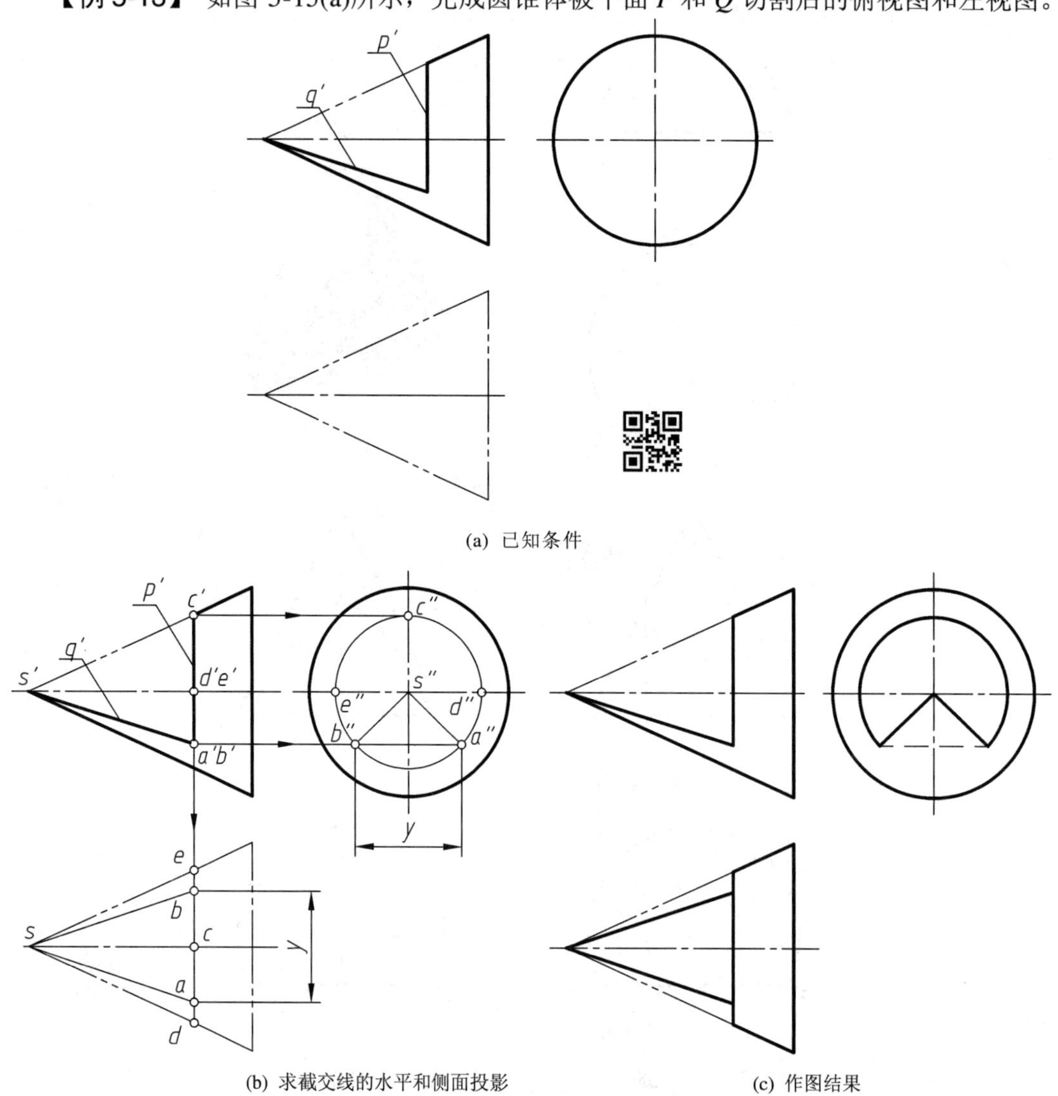

图 5-15　完成圆锥体被平面 *P*、*Q* 切割后的俯视图和左视图

【解】 (1) 空间情况和投影分析。由图 5-15(a)可看出，这是由两个截平面切割去圆锥体的一部分而产生的立体。利用“截平面扩展法”分析截交线：截平面 *P* 是垂直于圆锥体轴线的侧平面，因此截交线是一垂直于轴线的侧平圆，圆的正面投影重合在 p'上，其水平投影为直线，侧面投影反映圆的实形；截平面 *Q* 为正垂面，且 *Q* 过圆锥体的锥顶，因此截交线为过锥顶的三角形，三角形的正面投影重合在 q'上，水平投影和侧面投影均为三角形的类似形。因 *P* 和 *Q* 的互相影响，两截交线均不完整；同时，*P*、*Q* 间还有交线。

(2) 作图方法。

① 求截交线的水平投影和侧面投影。如图 5-15(b)所示，分别作出截交线圆弧的水平投影 *adceb* 和侧面投影 $a''d''c''e''b''$，截交线三角形的水平投影 *sab* 和侧面投影 $s''a''b''$。

② 判断可见性，整理轮廓线，完成作图。如图 5-15(c)所示，俯视图中的转向轮廓线只剩下 *d*、*e* 右边的一段，*P* 和 *Q* 的交线 $a''b''$ 在左视图中不可见。

5.2.4　圆球的截交线

平面与圆球相交，不论截平面处于何种位置，其截交线的实形总是圆。当截平面平行于投影面时，截交线为投影面平行圆；当截平面为投影面垂直面时，截交线的一个投影为直线，其余投影为椭圆。

【例 5-14】 如图 5-16(a)所示，求圆球被平面 *P*、*Q* 切割后的俯视图和左视图。

【解】 因为截平面 *P* 和 *Q* 分别为侧平面和水平面，因此截交线分别为侧平圆和水平圆，根据截交线圆的半径即可作出截交线的投影。作图方法和过程如图 5-16(b)所示。

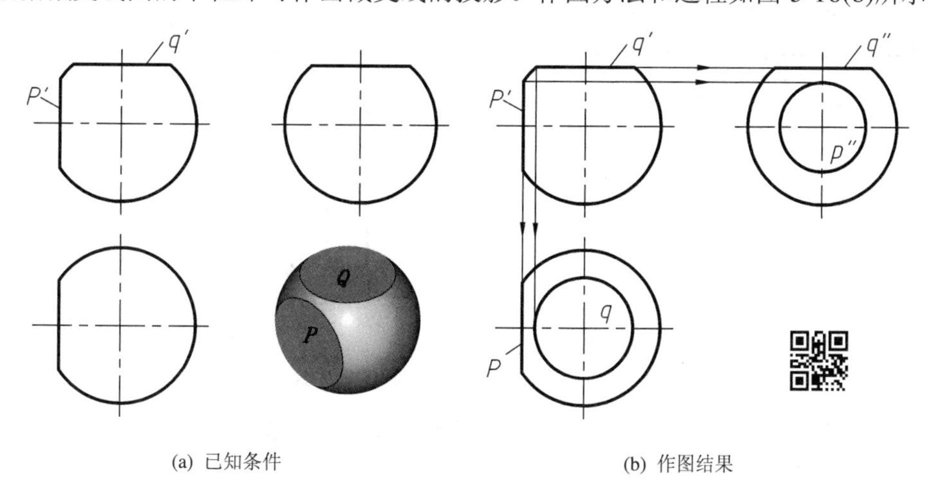

(a) 已知条件　　(b) 作图结果

图 5-16　投影面平行面切割圆球的截交线画法

【例 5-15】 如图 5-17(a)所示，已知半球被切割方槽后的主视图，试作出它的俯视图和左视图。

【解】 (1) 空间情况和投影分析(见图 5-17(a))。用“截平面扩展法”分析截平面 *P* 和 *Q* 完全切割半球的截交线，然后分析两截平面共同切割时的交线和截交线的范围。半球被一个水平面 *Q* 和两个左右对称的侧平面 *P* 切割出了一个方槽。截平面 *Q* 是水平面，它产生的截交线为平行于水平面的圆；截平面 *P* 是侧平面，它产生的截交线为平行于侧面的半圆。*P* 与 *Q* 的交线为两条正垂线。

(2) 作图方法。

① 完成平面 P 产生截交线圆(水平圆)的投影(图 5-17(b))。将 P 延长，确定截交线水平圆的半径，在俯视图中画出水平圆 p，在左视图中画出水平圆的侧面投影 p''。

② 完成侧平面 Q 产生截交线的投影(见图 5-17(c))。由 q' 确定截交线侧平圆的半径 R，在左视图中画出侧平圆的投影 q''，在俯视图中画出侧平圆的水平投影 q。

③ 考虑 P、Q 的相互影响，确定两组截交线的范围，并判断可见性。作图结果如图 5-17(d)所示。

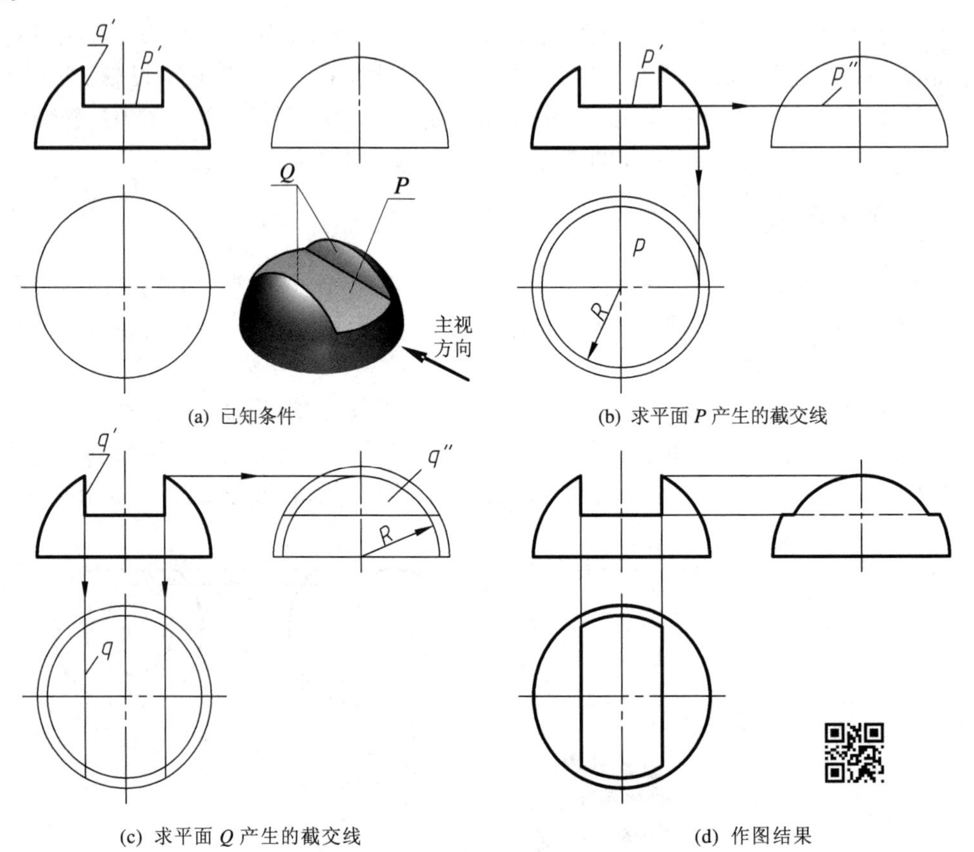

(a) 已知条件　(b) 求平面 P 产生的截交线

(c) 求平面 Q 产生的截交线　(d) 作图结果

图 5-17　补画半球切割方槽后的俯视图和左视图

【例 5-16】 如图 5-18(a)所示，完成圆球被正垂面 P 切割后的俯视图和左视图。

【解】 (1) 空间情况和投影分析。如图 5-18(a)所示，正垂面 P 与圆球相交，截交线的实形为圆。截交线圆的正面投影重合在截平面有积聚性的投影 p'上；因截交线圆所在正垂面 P 倾斜于水平面和侧平面，因此截交线圆为正垂圆，其在俯视图和左视图上的投影均为椭圆。

(2) 作图方法。

① 求作特殊点(图 5-18(b)、(c))。求椭圆长、短轴的端点 A、B 和 C、D。在主视图上定出长、短轴端点的正面投影 a'、b' 和 c'、d' (c'、d' 在 $a'b'$ 的中点)，因 A、B 两点位于球对正面的转向轮廓线上，可直接求出其水平投影 a、b 和侧面投影 a''、b''。C、D 两点位于球面上，可用辅助纬圆法求出，本例中采用了水平纬圆。由正面投影 c'、d' 求得水平投影 c、

d 后，可据“高平齐、宽相等($y1 = y1$)”求得侧面投影 c''、d''。

求转向轮廓线上的点 E、F、G、H。E、F 两点是圆球对水平面转向轮廓线上的点，在俯视图上，截交线与外轮廓线相切于这两点。E、F 的水平投影 e、f 和侧面投影 e''、f'' 可通过“长对正、宽相等($y2 = y2$)”直接求得。G、H 两点是球对侧面转向轮廓线上的点，在左视图上，截交线与外轮廓线相切于这两点。G、H 的侧面投影 g''、h'' 和水平投影 g、h 可通过“高平齐、宽相等($y3 = y3$)”直接求得。

② 求一般点。可先在截交线正面投影上适当取两对一般点 1′、2′ 和 3′、4′，求一般点的作图过程如图 5-18(d)所示，注意宽相等($y4 = y4$、$y5 = y5$)。

③ 判断可见性，完成作图。截交线的水平、侧面投影均可见，用粗实线连接得截交线的投影；在俯视图上，转向轮廓线只剩 e、f 点以右的部分；左视图上，转向轮廓线只剩 g''、h'' 以下一段，e、f 和 g''、h'' 分别为俯视图和左视图中截交线的投影(椭圆)与转向轮廓线的切点。图 5-18(e)是作图结果。

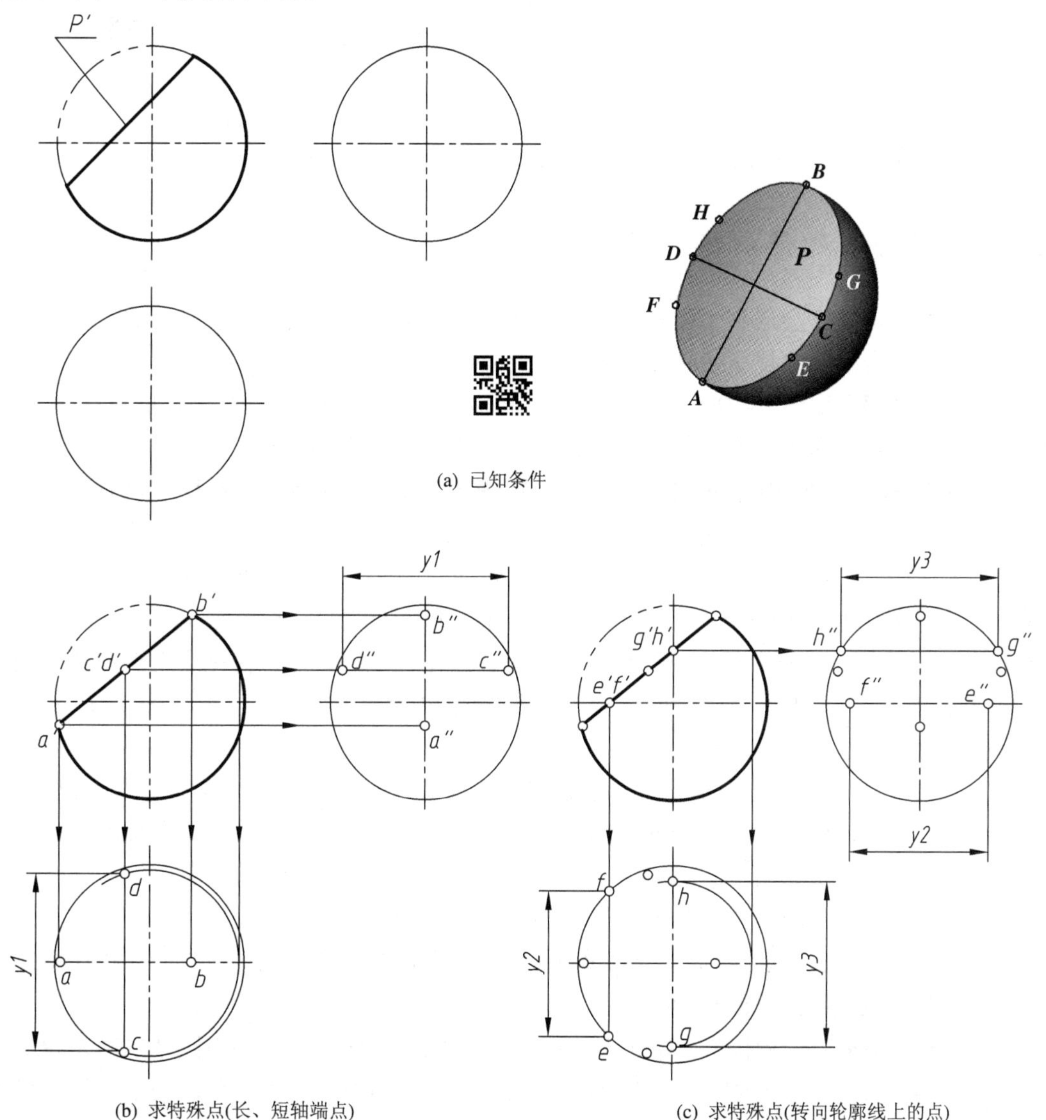

(a) 已知条件

(b) 求特殊点(长、短轴端点)

(c) 求特殊点(转向轮廓线上的点)

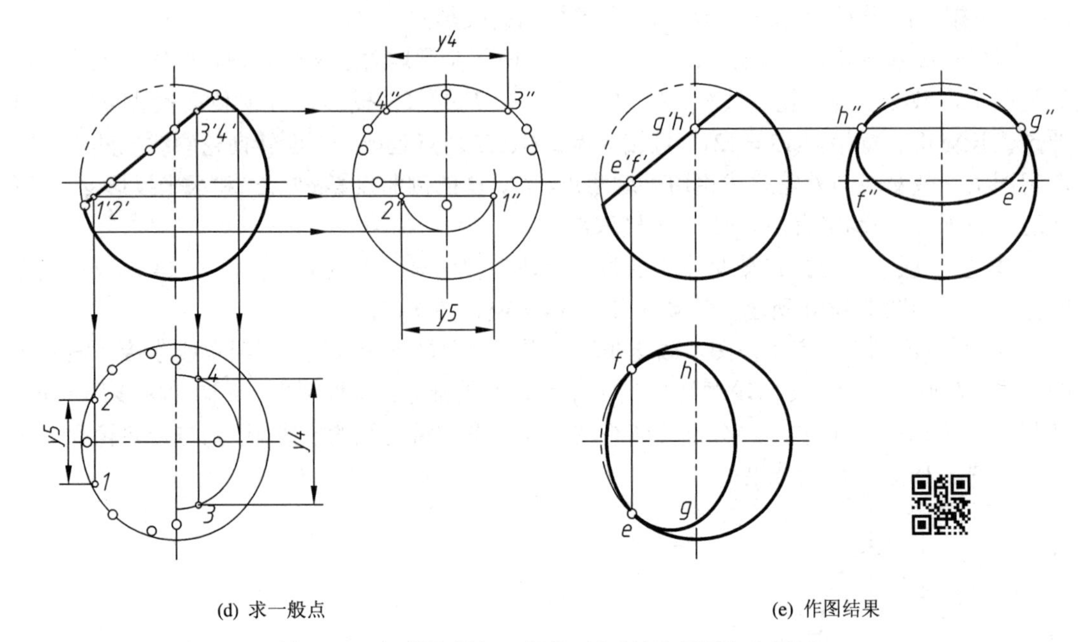

(d) 求一般点　　　　(e) 作图结果

图 5-18　完成圆球被正垂面切割后的俯视图和左视图

5.2.5　组合回转体的截交线

在机件上，经常会遇到平面与组合回转体表面相交产生截交线的情况。下面通过两个例题，介绍组合回转体截交线的作图方法。

【例 5-17】 如图 5-19(a)所示，一个由同轴的圆柱、圆锥、圆环(内环面)和球构成的组合回转体被截平面 *P* 切割，补全该组合回转体被切割后的主视图。

【解】 (1) 空间情况和投影分析。由已知条件可知，该立体上下对称，截平面 *P* 是正平面，它的侧面投影积聚为直线，截交线的侧面投影重合在该直线上。*P* 平行于组合回转体的轴线切割到了组合回转体中各回转体的回转面，因此产生了上下对称的一组截交线：截圆柱的截交线为矩形(或平行于轴线的两直线)；截圆锥的截交线为双曲线；截圆环(内环面)的截交线为平面曲线；截圆球的截交线为圆。因是同轴回转体，在完成主视图截交线的同时，还应考虑同轴回转体中两两回转体之间交线的投影。

(2) 作图方法。

① 求各段截交线。分别求出每一个独立回转体被平面切割产生的截交线，求截交线的方法以“辅助纬圆法”为主，辅助纬圆为垂直于轴线的侧平圆，在主视图中反映纬圆的实形。图 5-19(b)、(c)给出了求各段截交线上特殊点和一般点的投影作图方法。因截交线上下对称，只需求出下半(或上半)部分的点，据对称性求出对称点即可。

② 连接截交线上的点。如图 5-19(d)所示，在主视图中截交线均可见，连接截交线上的各点，得到截交线的正面投影。

③ 补全图线，完成作图。由图 5-19(a)可知，圆锥与内环、内环与圆球之间是相切过渡，不画交线，只有圆柱和圆锥之间的交线需要画出，但由于上半部分的切割，使得可见

的交线只剩下 b' 及对称点以外的部分，在 b' 及对称点之间的交线位于后方，不可见。作图结果如图 5-19(e)所示。

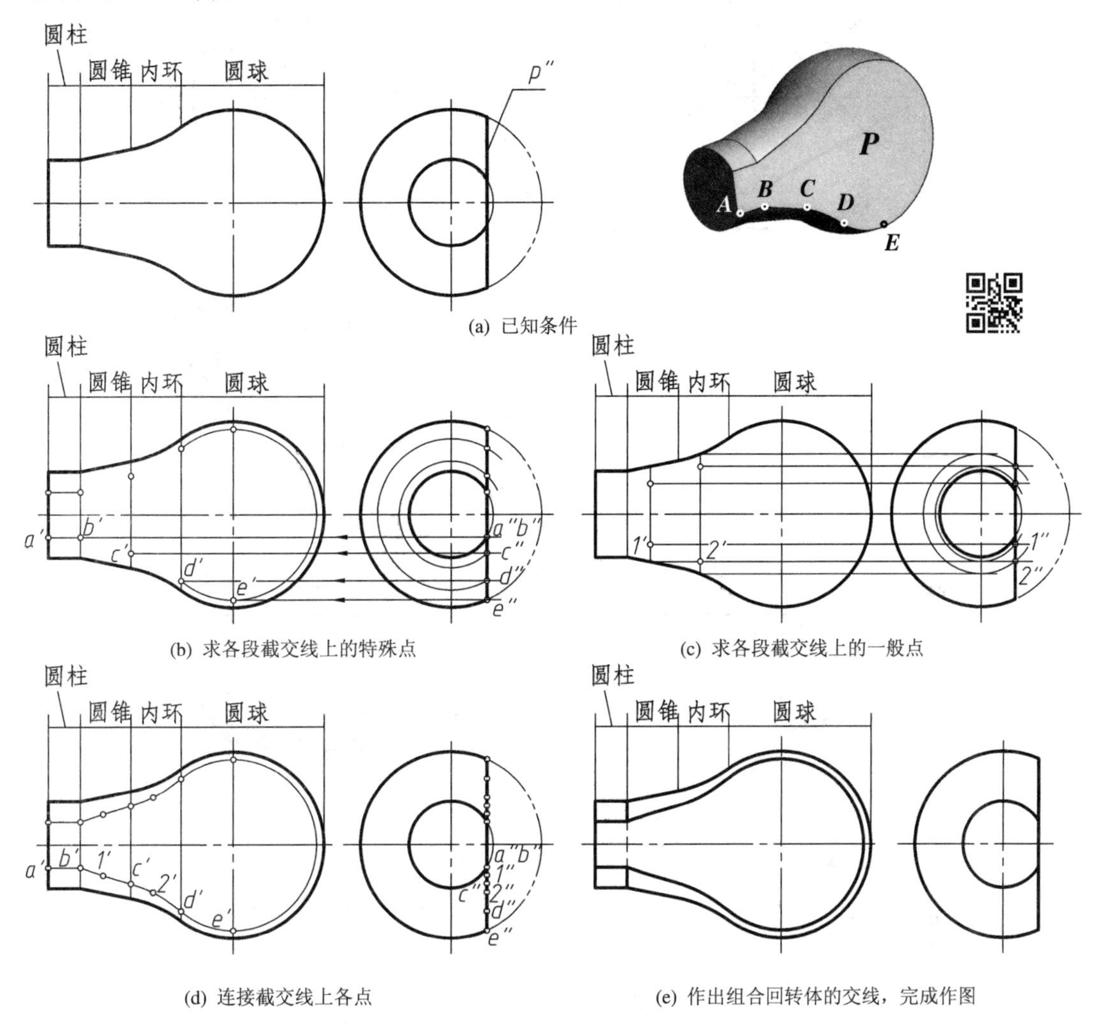

图 5-19　组合回转体截交线的画法(一)

【例 5-18】 如图 5-20(a)所示，一个由同轴的圆锥、圆柱构成的组合回转体被四个平面 *P*、*Q*、*R*、*S* 截切，画出这个组合回转体被切割后的俯视图，并补全左视图。

【解】 对于这类问题，应先将组合回转体分解为单个回转体，画出截平面与单个回转体相交的截交线，从而得到整个组合回转体的截交线，然后考虑各回转体之间的交线问题。

(1) 空间情况和投影分析。由图 5-20(a)可知，这是一个圆锥体和圆柱体同轴形成的组合回转体。正垂面 *P* 斜切左端圆锥面(轴线为侧垂线)，截交线为椭圆的一部分，圆锥面同时又被平行于轴线的水平面 *Q* 切割，截交线为双曲线一部分；轴线为侧垂线的圆柱被水平面 *Q*、*S* 及正垂面 *R* 切割，截交线分别为矩形和椭圆一部分。该例中，截交线的正面投影重合在截平面有积聚性的投影上，即截交线的正面投影为已知，截交线的侧面投影只有正垂面 *P* 切割圆锥面产生的椭圆的一部分待求；截交线的水平投影也待求。

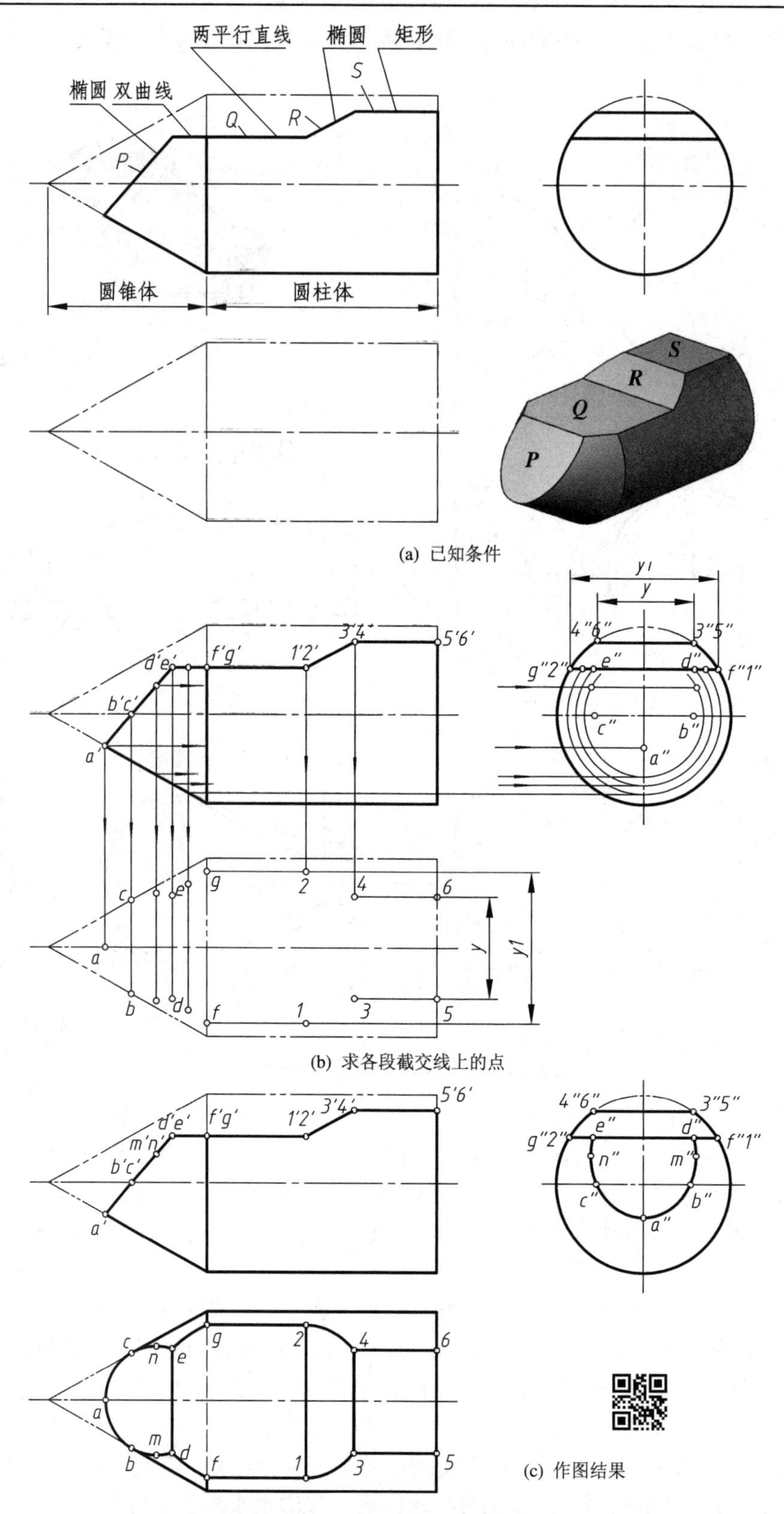

图 5-20　组合回转体截交线的画法(二)

(2) 作图方法(见图 5-20(b)、(c))。

① 求各段截交线。分别求出每一个独立回转体被平面切割产生的截交线，图 5-20(b)给出了求各段截交线上点的投影的作图方法。其中，切割圆锥的截交线可由辅助纬圆法(侧平圆)求点；圆柱体被切割产生的截交线，先由正面投影求出侧面投影，再据“长对正”和“宽相等”求出水平投影。

② 连接截交线上的点。截交线的正面投影和侧面投影均可见，顺序连接俯视图上的点，得到截交线的水平投影；顺序连接左视图中的各点，即补全了截交线的侧面投影。

③ 作出截平面间的交线和两回转体之间的交线，整理转向轮廓线，完成作图。

截平面 *P* 和 *Q* 之间的交线是 *DE*，*Q*、*R* 之间的交线是 *Ⅰ Ⅱ*，*R*、*S* 之间的交线是 *Ⅲ Ⅳ*，这些交线均为正垂线，其水平投影 *de*、12、34 因可见用粗实线连接。同轴圆锥体与圆柱体之间的交线被平面 *Q* 切割去上半部的一部分，但交线的下半部分还存在，因此在 *fg* 以外的交线，因可见画成粗实线，*fg* 之间的部分只剩下下面的交线，因不可见画成虚线。圆锥对水平投影面的转向轮廓线与截交线相切，两切点是 *b* 点和 *c* 点。*b*、*c* 以左部分的转向轮廓线因被截平面 *P* 切割而不存在。

第6章　立体与立体表面相交

在物体上，经常会见到立体表面相交的情形。立体表面相交时产生的交线称为相贯线，相交的立体称为相贯体。立体表面相交常见的形式有三种：① 平面立体与平面立体表面相交；② 平面立体与回转体表面相交；③ 回转体与回转体表面相交，如图 6-1 所示。在视图上画出立体表面交线(相贯线)的投影，能帮助我们弄清各形体之间的分界线，有助于看图和想象物体形状。

在图 6-1(a)中，平面立体可看做由若干个平面围成的实体，因此，两平面立体表面相交产生的相贯线，可转换成平面与平面相交求交线的问题去解决。本章重点讨论图 6-1(b)、(c)所示相贯线投影作图问题。

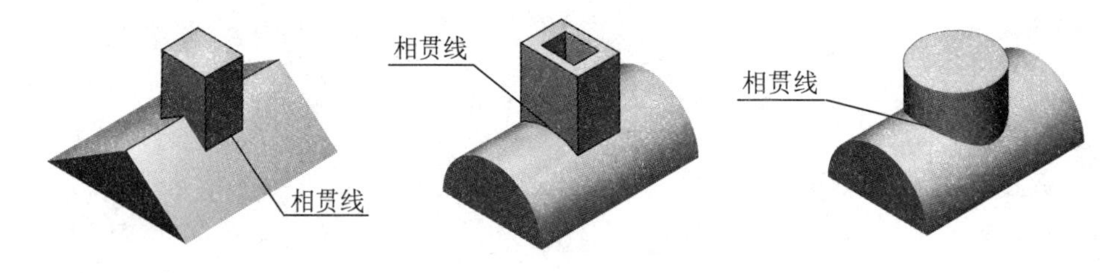

(a) 平面立体与平面立体表面相交　(b) 平面立体与回转体表面相交　(c) 回转体与回转体表面相交

图 6-1　立体表面相交的三种常见形式

相贯线随相交两立体的表面形状、大小及相对位置的变化而形状各异，但相贯线均具有如下性质：

(1) 相贯线上的点是两立体表面的共有点，相贯线是两立体表面的共有线，即分界线。

(2) 相贯线一般是闭合的。

由性质(1)可知，求相贯线的基本问题就是求出相交两个表面的共有点。

相贯线上的点包括特殊点和一般点。特殊点是指能够确定相贯线形状和范围的点，包括相贯线上的结合点，可见与不可见的分界点，最高和最低、最左和最右、最前和最后的点，转向轮廓线上的点等，在条件允许的情况下，这些特殊点应全部求出。一般点则是在相贯线发生的范围内、位于特殊点之间的一些点，一般点是为了作图准确而适当选取的，有时也称为中间点。

求相贯线的常用方法有积聚性法、辅助平面法和辅助球面法。本章讨论常用的前两种方法，辅助球面法读者可参阅相关教材。

(1) 积聚性法：两立体相交，当其中有一个立体的表面(平面或圆柱面)垂直于某一投影面时，立体的表面具有积聚性(积聚为直线或圆)，相贯线在这个投影面上的投影则重合在有积聚性的直线或圆上，即相贯线在这个投影面上的投影是已知的，从而可利用积聚性求出相贯线在其它投影面上的投影，即可作出相贯线。

(2) 辅助平面法：利用一个与参加相贯的两个立体均相交(含相切)的辅助平面切割相贯体，所产生的两组截交线的交点是辅助平面与两立体表面的三面共点，即为相贯线上的点，从而作出相贯线的投影。

能够利用积聚性求解的相贯线也可以利用辅助平面法求解。在解题中，一般也可根据具体情况，灵活应用这两种方法。

6.1　平面立体与回转体表面相交

如图 6-1(b)所示，平面立体与回转体表面相交产生的相贯线，一般是由若干段平面曲线(或直线)组成的空间封闭图形，而每段平面曲线(或直线)也是平面立体的各个棱面与回转体表面相交产生的截交线。因此，求相贯线的问题可简化为求截交线的问题，只要能够求出各段截交线的投影，即可得到相贯线的投影。

【例 6-1】　如图 6-2(a)所示，已知三棱柱与半球相贯，试完成相贯体的三视图(主视图和左视图中的双点画线表示立体未确定的图线)。

【解】 (1) 空间情况和投影分析。由已知条件可知，相贯体在主视图中左右对称，因此相贯线也左右对称。三棱柱在俯视图中具有积聚性，所以相贯线的水平投影是已知的，可利用积聚性求出其它投影。三棱柱与半球相贯，可以看做半球被三棱柱的三个棱面(截平面)切割，每一个棱面切割半球面产生一条截交线，求出每一条截交线的投影，即得到相贯线的投影。三棱柱的三个棱面均垂直于水平面，因此相贯线的水平投影重合在三个棱面有积聚性的直线上。三个棱面分别切割半球所产生的截交线实形均为圆弧，因棱面 M 和 N 为铅垂面，它倾斜于正面和侧面，所以截交线的正面投影和侧面投影都是椭圆弧；棱面 P 是正平面，它平行于正面、垂直于侧面，因此截交线的正面投影仍是圆弧，其侧面投影积聚为直线。因三棱柱的三条棱线均与半球表面相交，所以其交点就是相贯线上的结合点，三条棱线的投影长度一直延伸到结合点。

(2) 作图方法。为作图清晰，作图中间步骤的轮廓线暂用细线表示。

① 确定并求出相贯线上的特殊点。如图 6-2(b)所示，相贯线上结合点的水平投影 a、b、c 和正面转向轮廓线上的点的水平投影 d、e 分别重合在棱面有积聚性的相应直线上，由辅助纬圆法或直接投影可求出其正面投影 a'、b'、c'、d'、e' 和侧面投影 a''、b''、c''、d''、e''，在求 b'、c' 的同时求出了棱面 P 所产生的截交线圆弧 $b'c'$，并确定了该圆弧的侧面投影到 $b''c''$ 为止；如图 6-2(c)所示，截交线的最高点应位于最小的水平纬圆上，在俯视图中作出与三角形相切的圆即最小水平纬圆，得到最高点的水平投影 f 和 g，从而求出其正面投影 f'、g' 和侧面投影 f'' 和 g''。以上各点同时还具有其它特殊点的含义，请读者自行分析。

② 求一般点。如图 6-2(d)所示，利用积聚性在俯视图适当的位置定出几对一般点的水平投影 1、2 和 3、4，进而求出其正面投影 1'、2'、3'、4' 和侧面投影 1''、2''、3''、4''。

③ 判断可见性，连接截交线上的各点，确定各棱线的投影，完成作图。如图 6-2(e)、(f)所示，在主视图中，d'、e' 以外的部分位于半球的后半个球面上，所以不可见；d'、e' 以内的部分位于半球的前半个球面上，所以可见。三棱柱左、右两条棱线延伸到 b'、c'，中间棱线延伸到 a'。在左视图中，由于相贯线左右对称，因此，位于左、右半个球面上的

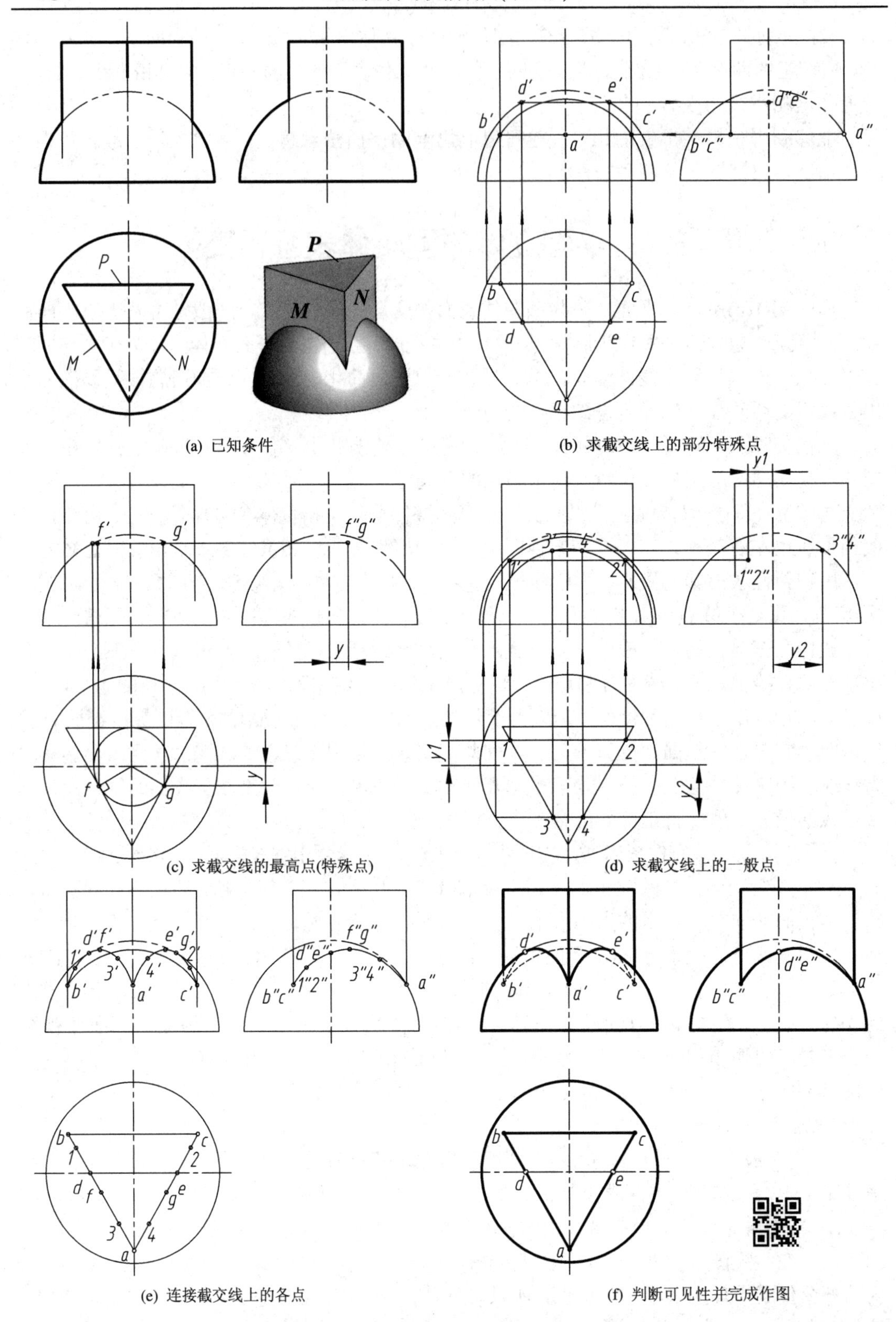

(a) 已知条件　　(b) 求截交线上的部分特殊点

(c) 求截交线的最高点(特殊点)　　(d) 求截交线上的一般点

(e) 连接截交线上的各点　　(f) 判断可见性并完成作图

图 6-2　求三棱柱与半球表面相交的相贯线

相贯线重合，而位于左半个球面上的相贯线可见。三棱柱左、右两条棱线延伸到 b''、c''，中间棱线延伸到 a''。

6.2　两回转体表面相交

如图 6-3(a)所示，两回转体表面相交产生的相贯线，一般是一条封闭且光滑的空间曲线，特殊情况下也会呈现平面曲线的形式，如圆或椭圆等。

当参加相贯的回转体之一为轴线垂直于投影面的圆柱体时，可利用积聚性法求作相贯线上的点；不属于上述情况的，一般需要使用辅助平面法求解或用两种方法综合求解。

6.2.1　积聚性法求相贯线

积聚性法就是利用回转体的回转面在某一个投影面上的投影具有积聚性，即在该投影面上，相贯线的投影重合在回转面有积聚性的投影上的特点，来求相贯线上一般点或特殊点的一种方法。

利用积聚性法求两回转体相贯线的条件为：参加相贯的两个回转体中，必须有一个是轴线垂直于投影面的圆柱，且该圆柱面的积聚性投影为已知。

【例 6-2】 如图 6-3(a)所示，求直径不等、轴线垂直相交(正交)两圆柱的相贯线。

【解】 (1) 空间情况和投影分析。由图 6-3(a)可知，这是直径不等、轴线分别为铅垂线和侧垂线(轴线垂直且相交)的两圆柱相贯(正贯)。该题满足利用积聚性法求解相贯线的条件。相贯体具有前后、左右的对称性，相贯线也应是一前后、左右对称的封闭空间曲线，如图 6-3(a)中的立体图所示。小圆柱的水平投影和大圆柱的侧面投影都积聚为圆，相贯线的水平投影和侧面投影积聚在两圆柱的积聚性投影上，即相贯线的水平投影和侧面投影是已知的，分别与两圆柱有积聚性的圆重合。也就是说，相贯线的水平投影是圆，相贯线的侧面投影是圆弧。因为相贯线前后对称，所以它的正面投影中，相贯线前半部分曲线与后半部分曲线重合为一段曲线。显然，只要求出相贯线上点的正面投影，即可得到相贯线的正面投影。

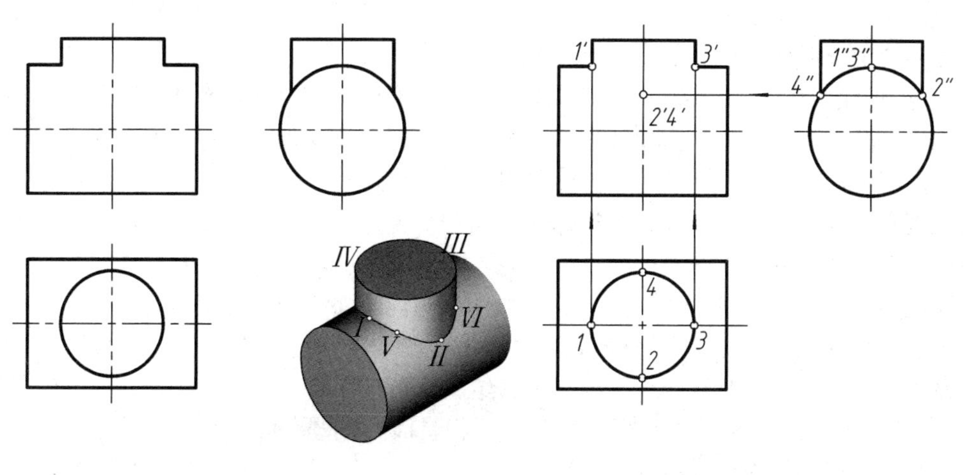

(a) 已知条件　　(b) 求特殊点

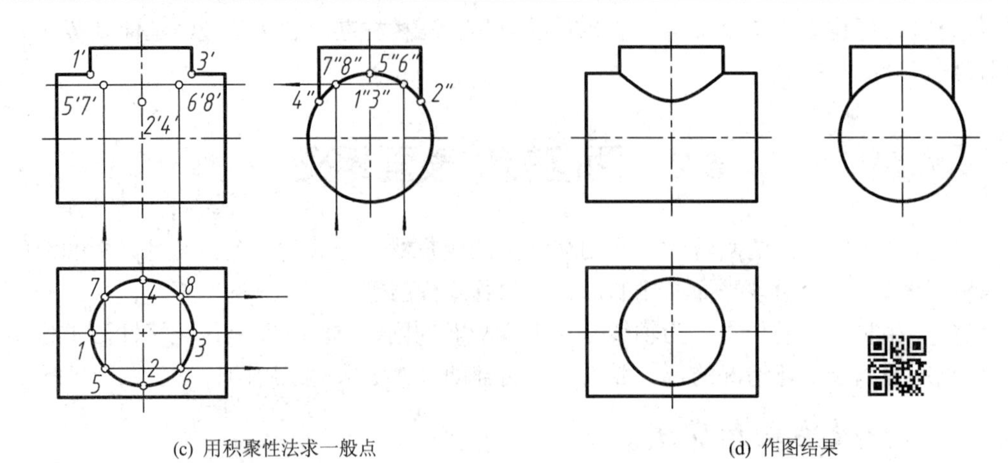

(c) 用积聚性法求一般点　　(d) 作图结果

图 6-3　直径不等、轴线垂直相交两圆柱的相贯线

(2) 作图方法如下：

① 求特殊点(见图 6-3(b))。该例中，转向轮廓线上的点有 I、II、III、IV，其中 I 点是最高、最左点；III 点是最高、最右点；II 点是最前、最低点；IV 点是最后、最低点；同时，I、III 两点又是相贯线对正面投影可见与不可见的分界点，II、IV 两点是相贯线对侧面投影可见与不可见的分界点。可利用转向轮廓线上取点的方法，由 1、2、3、4 和 1″、2″、3″、4″ 求出 1′、2′、3′、4′。

② 求一般点(利用积聚性法，见图 6-3(c))。在俯视图中相贯线有积聚性的圆上，根据对称性在特殊点之间的适当位置，取一般点 V、VI、VII、VIII的水平投影 5、6、7、8，据“宽相等”在左视图中相贯线有积聚性的圆弧上求出 5″、6″、7″、8″，再求出正面投影 5′、6′、7′、8′。

③ 判断可见性后用曲线光滑连接(见图 6-3(d))。因为相贯线是两回转体表面的共有线，所以只有参加相贯的两回转体表面在该投影面上的投影均可见时，相贯线才可见。两圆柱的前半个柱面的正面投影是可见的，而后半个柱面是不可见的，所以，位于前半圆柱面上的相贯线的正面投影 1′、5′、2′、6′、3′ 可见，位于后半圆柱面上的相贯线的正面投影不可见，1′、3′ 两点是可见与不可见的分界点。因相贯线前后对称，所以前半相贯线遮住了后半相贯线，即粗实线遮住了虚线。在主视图上，用粗实线将相贯线上的各点按俯视图上各点的顺序光滑地连成曲线。

④ 整理轮廓线(见图 6-3(d))。完成相贯线后，有时立体的外轮廓线，特别是转向轮廓线因相贯的影响而不完整，需要整理。例如，在主视图中，大圆柱对正面的转向轮廓线在相贯线之间的部分已经不存在，这从俯视图中可以看到。

上例求圆柱与圆柱相贯线的分析方法和作图步骤，也适用于求其它回转体的相贯线。有时，当相贯线发生的范围较小或形状趋势较明显时，也可省略求一般点。

两圆柱体相交有三种形式：两外表面相交、两内表面相交、外表面与内表面相交。图 6-4 给出了圆柱体相交的常见三种形式，其相贯线的分析和作图与例 6-2 相同。

从以上几种圆柱相贯线的作图结果可总结出以下规律：

(1) 当直径不等，轴线垂直相交的两圆柱相贯时，在圆柱面有积聚性的视图中，相贯线为已知，在两圆柱面均无积聚性的视图中(如图 6-3、图 6-4 中的主视图)，相贯线待求。

(2) 相贯线总是发生在直径较小的圆柱周围(见图 6-4 主视图)。

(3) 相贯线总是向直径较大圆柱的轴线方向凸起(见图6-4主视图)。

当相交的两个圆柱体的直径和两轴线的相对位置发生变化时，相贯线的形状也随之发生变化，但是其相贯线的分析和作图方法是类似的。

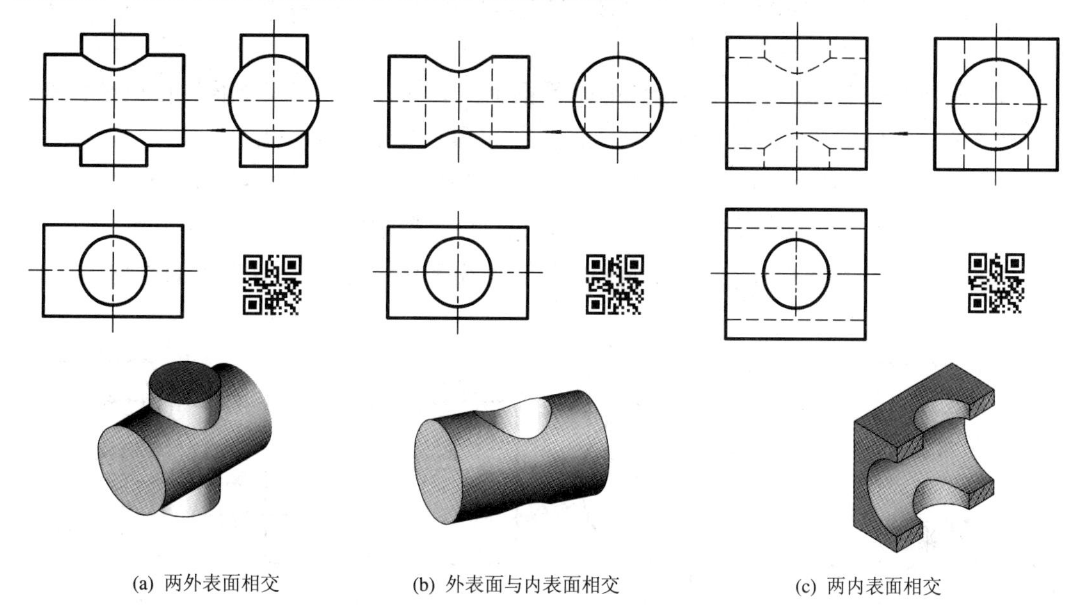

(a) 两外表面相交　(b) 外表面与内表面相交　(c) 两内表面相交

图6-4　两圆柱体相交常见的三种形式

6.2.2　辅助平面法求相贯线

如图6-5所示，利用“辅助平面法”求相贯线上点的原理和方法如下：

(1) 作辅助平面*P*(或平面*Q*)，如图6-5(b)、(c)所示。在选择辅助平面时应注意：应选

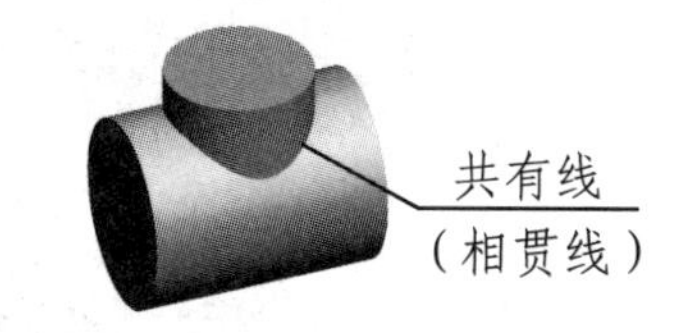

(a) 两回转体表面相交

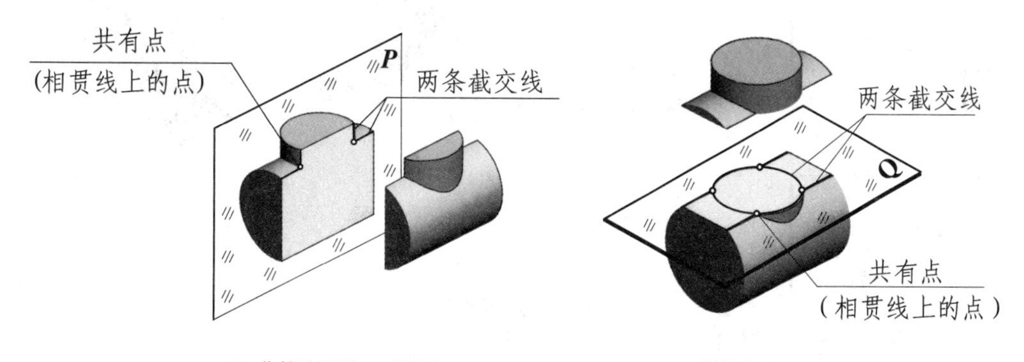

(b) 作辅助平面*P*(正平面)　(c) 作辅助平面*Q*(水平面)

图6-5　利用辅助平面法求相贯线上的点

择特殊位置平面为辅助平面；辅助平面与参加相贯的两个已知回转面均相交；辅助平面与两回转面产生的交线都应是简单图形，如圆(圆弧)或直线。

(2) 分别作出 *P* 平面(或 *Q* 平面)与两个已知回转面相交的交线(截交线)，如图 6-5(b)、(c)所示。

(3) 两交线的交点既在 *P* 平面上(或 *Q* 平面上)，又属于两回转体表面，因此是辅助平面与两个回转面的三面共点，即相贯线上的点，如图 6-5(b)、(c)所示。

辅助平面法求相贯线的使用场合较多，凡可用积聚性法求得的相贯线，均可采用辅助平面法；对于相贯线的投影无积聚性的情况，也可以采用辅助平面法求得相贯线。

【例 6-3】 如图 6-6(a)所示，求直径不等、轴线垂直交叉(偏交)两圆柱的相贯线。

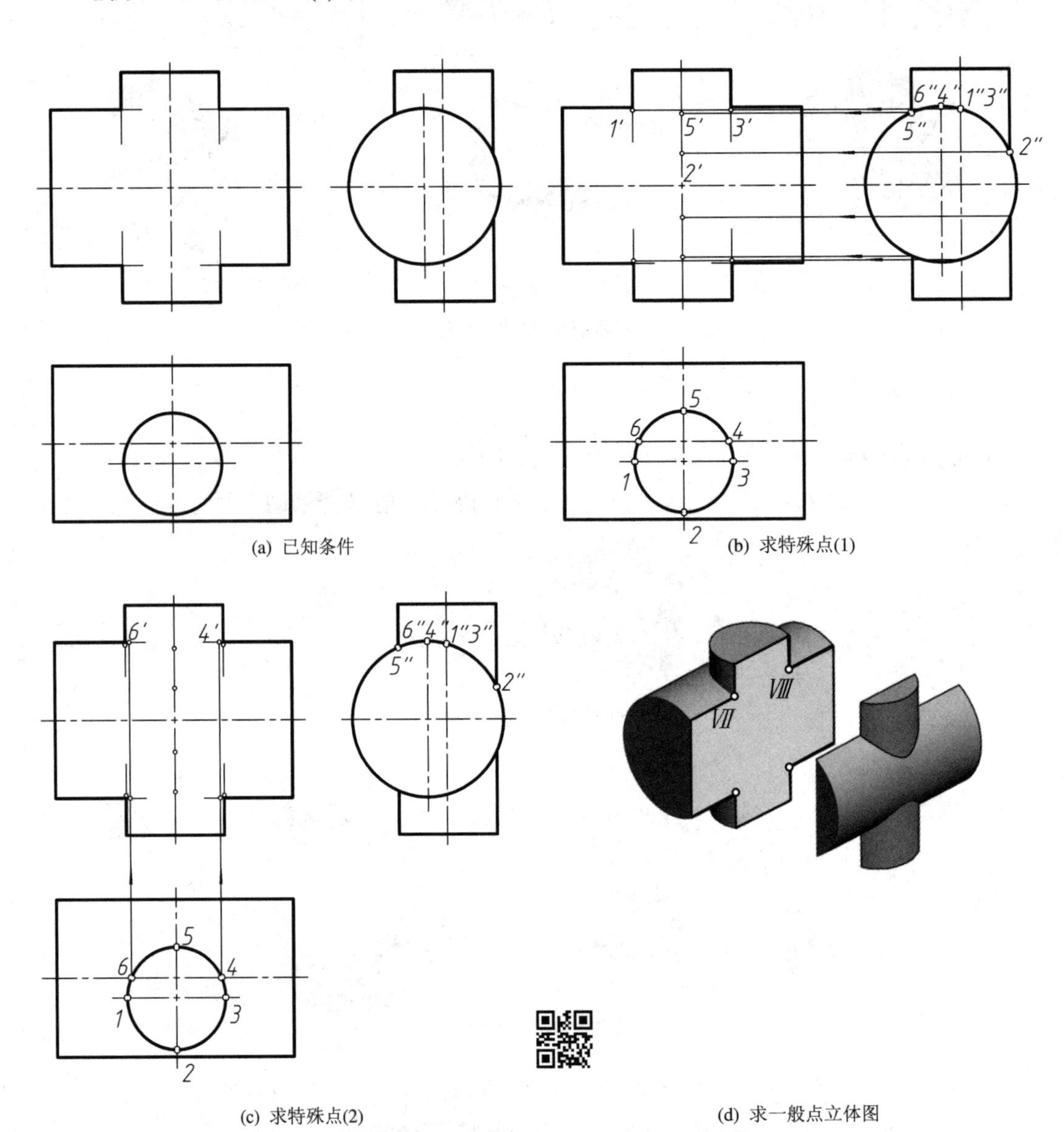

(a) 已知条件　　(b) 求特殊点(1)

(c) 求特殊点(2)　　(d) 求一般点立体图

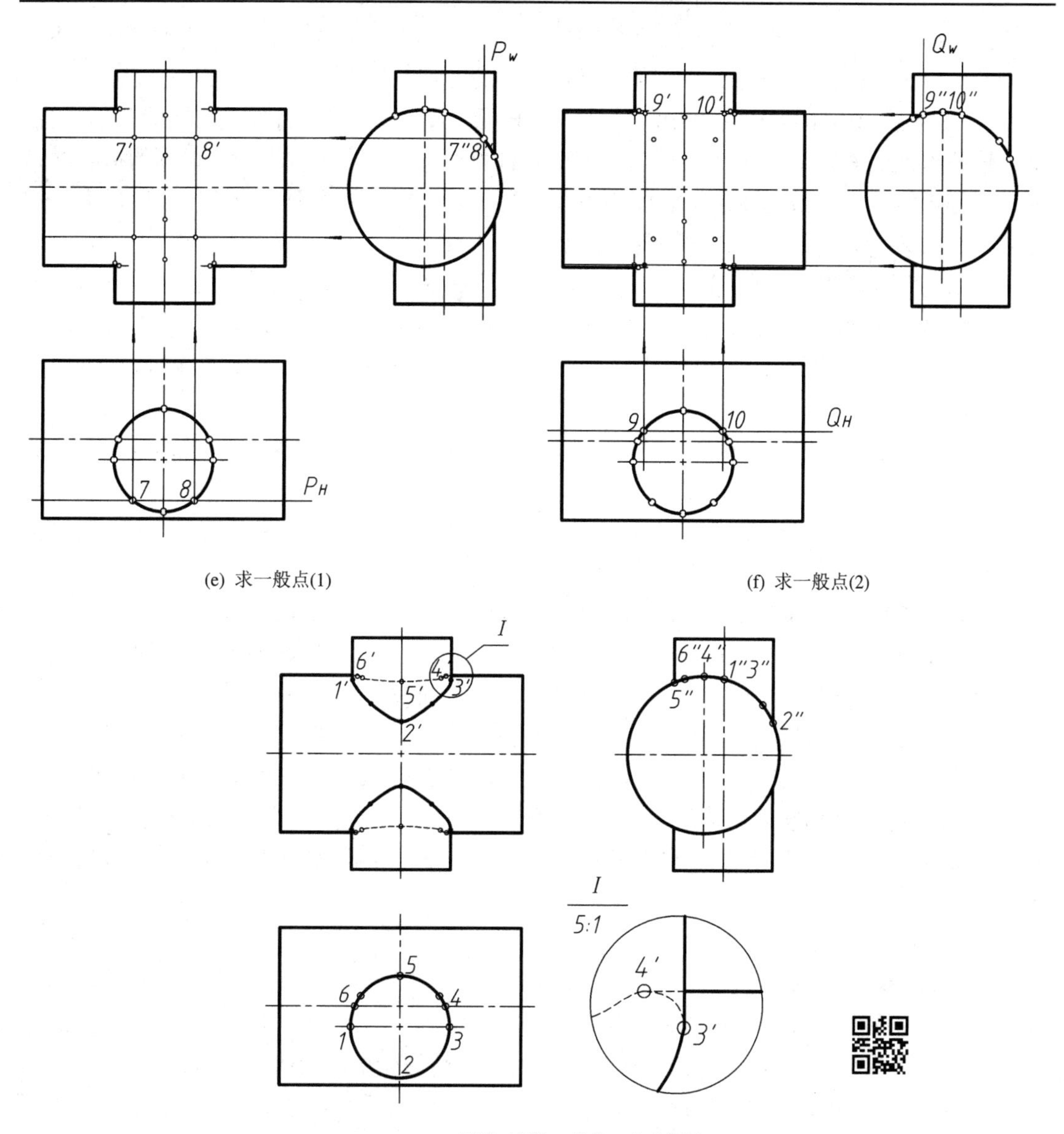

(e) 求一般点(1)

(f) 求一般点(2)

(g) 判断可见性，连线，完成作图

图 6-6　直径不等、轴线垂直交叉两圆柱的相贯线

【解】 (1) 空间情况和投影分析。由图 6-6(a)可知，这是直径不等、轴线分别为铅垂线和侧垂线(轴线垂直但不相交)的两圆柱相贯(偏贯)，小圆柱全部贯穿大圆柱。相贯体具有上下、左右的对称性，因此相贯线是上下对称的两条封闭、光滑的空间曲线，且每条相贯线自身左右对称。因为小圆柱的水平投影和大圆柱的侧面投影都积聚为圆，所以相贯线的水平投影和侧面投影也为已知的圆和圆弧(显然，该例也可以采用积聚性法求解)。因相贯线上下对称，所以只讨论上面一支相贯线的求法。

(2) 作图方法。

① 求特殊点(见图 6-6(b)、(c))。特殊点有 *I*(最左点)、*III*(最右点)、*II*(最前点)、*V*(最后点)，这四个点也分别是小圆柱对正面和侧面转向轮廓线上的点；*IV*、*VI* 两点是最高点，

也是大圆柱对正面转向轮廓线上的点；相贯线相应的投影在这六个点与转向轮廓线相切。这些点可由水平投影和侧面投影，利用转向轮廓线上取点的方法直接求得正面投影。

② 求一般点(见图 6-6(e)、(f))。采用辅助平面法求一般点。在特殊点之间的适当位置，作一辅助正平面 $P(P_H, P_W)$与两圆柱面相交(参看图 6-6(d))，在主视图中，得到的截交线是两组平行直线，两组截交线的交点即相贯线上的一对一般点的正面投影 7′、8′。同理，用辅助正平面 $Q(Q_H, Q_W)$可求出另一对一般点的正面投影 9′、10′。

③ 判断可见性后用曲线光滑连接(图 6-6(g))。对正面投影的可见性，可由俯视图和左视图作出判断。在主视图中，以 1′ 和 3′ 分界，这两点以前的相贯线可见，之后的不可见。在判断可见性后，即可用相应图线顺序光滑连接相贯线上的点，得到相贯线的投影。

④ 整理轮廓线(见图 6-6(g))。在主视图中，大圆柱对正面的转向轮廓线延伸到点 6′ 和 4′ 为止，伸入的一段不可见；小圆柱对正面的转向轮廓线延伸到 1′ 和 3′ 为止，伸入的一段可见，这些可从俯视图中观察到。因图形较小，图 6-6(g)中用局部放大图表示了相贯线与转向轮廓线的切点及相贯线、转向轮廓线的可见性。

【例 6-4】 求作如图 6-7(a)所示的圆柱体与圆锥体(圆台)正贯的相贯线。

【解】 (1) 空间情况和投影分析。由图 6-7(a)可知，这是轴线垂直相交的圆柱体与圆锥体正贯，相贯线是一条前后、左右对称的空间曲线；圆柱的轴线为侧垂线，圆柱面的侧面投影积聚成圆，因此相贯线的侧面投影必定重合在圆上，且在圆锥体的侧面投影与圆重合的范围内，即图 6-7(b)中的 1″ 和 2″ 之间的圆弧是相贯线的侧面投影(显然，该例也可以采用积聚性法求解)。相贯线待求的投影为正面投影和水平投影：因为相贯线前后对称，所以相贯线的正面投影重合为一段曲线；相贯线的水平投影是一条前后、左右对称的封闭曲线。

(2) 作图方法。

① 求特殊点(见图 6-7(b))。先定出特殊点 *Ⅰ*、*Ⅱ*、*Ⅲ*、*Ⅳ* 的侧面投影 1″、2″、3″、4″。*Ⅰ*、*Ⅱ* 两点是圆锥对侧面投影转向轮廓线上的点，可由 1″、2″ 求得 1′、2′，再据“宽相等”求得水平投影 1、2。*Ⅲ*、*Ⅳ* 两点是圆锥对正面投影转向轮廓线上的点，可由 3″、4″ 求得 3′、4′，再由 3′、4′ 求得水平投影 3、4。*Ⅰ*、*Ⅱ*、*Ⅲ*、*Ⅳ* 四个特殊点的其它意义请自行分析。

② 求一般点(见图 6-7(c))。采用辅助平面法求一般点。在适当位置作水平面 $P(P_V, P_W)$，P 与圆柱面和圆锥面相交得一组截交线矩形和纬圆(立体图见图 6-7(d))，两组截交线的交点即为相贯线上的一般点 *Ⅴ*、*Ⅵ*、*Ⅶ*、*Ⅷ*，它们的侧面投影是 5″、6″、7″、8″，由此求得正面投影 5′、6′、7′、8′ 和水平投影 5、6、7、8 (见图 6-7(c))。

③ 判断可见性后用曲线光滑连接。相贯线正面投影的可见性分析与例 6-3 相似，不再赘述；因相贯线位于圆锥面和上半个圆柱面上，而上半个圆柱面和圆锥面(轴线为铅垂线)的水平投影均可见，所以相贯线的水平投影也可见。在主视图和俯视图上用粗实线将相贯线上的各点光滑连成曲线即可(见图 6-7(e))。

④ 整理轮廓线。在主视图中，圆柱对正面的转向轮廓线和圆锥对正面的转向轮廓线到 3′、4′ 为止(见图 6-7(e))。

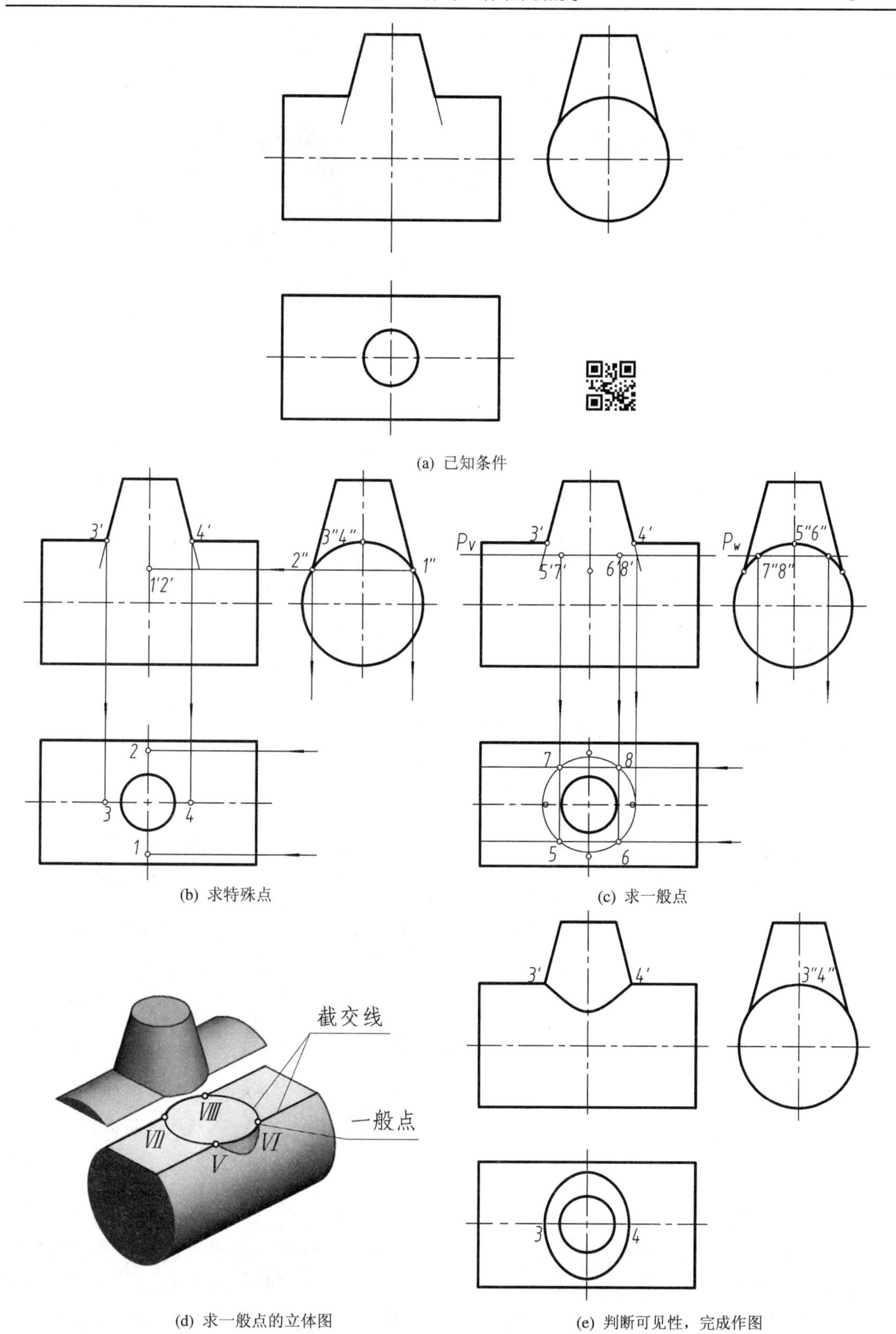

(a) 已知条件

(b) 求特殊点

(c) 求一般点

(d) 求一般点的立体图

(e) 判断可见性，完成作图

图6-7　圆柱体与圆锥(台)正贯的相贯线

【例 6-5】 试求图 6-8(a)所示的圆柱体与半球相贯的相贯线。

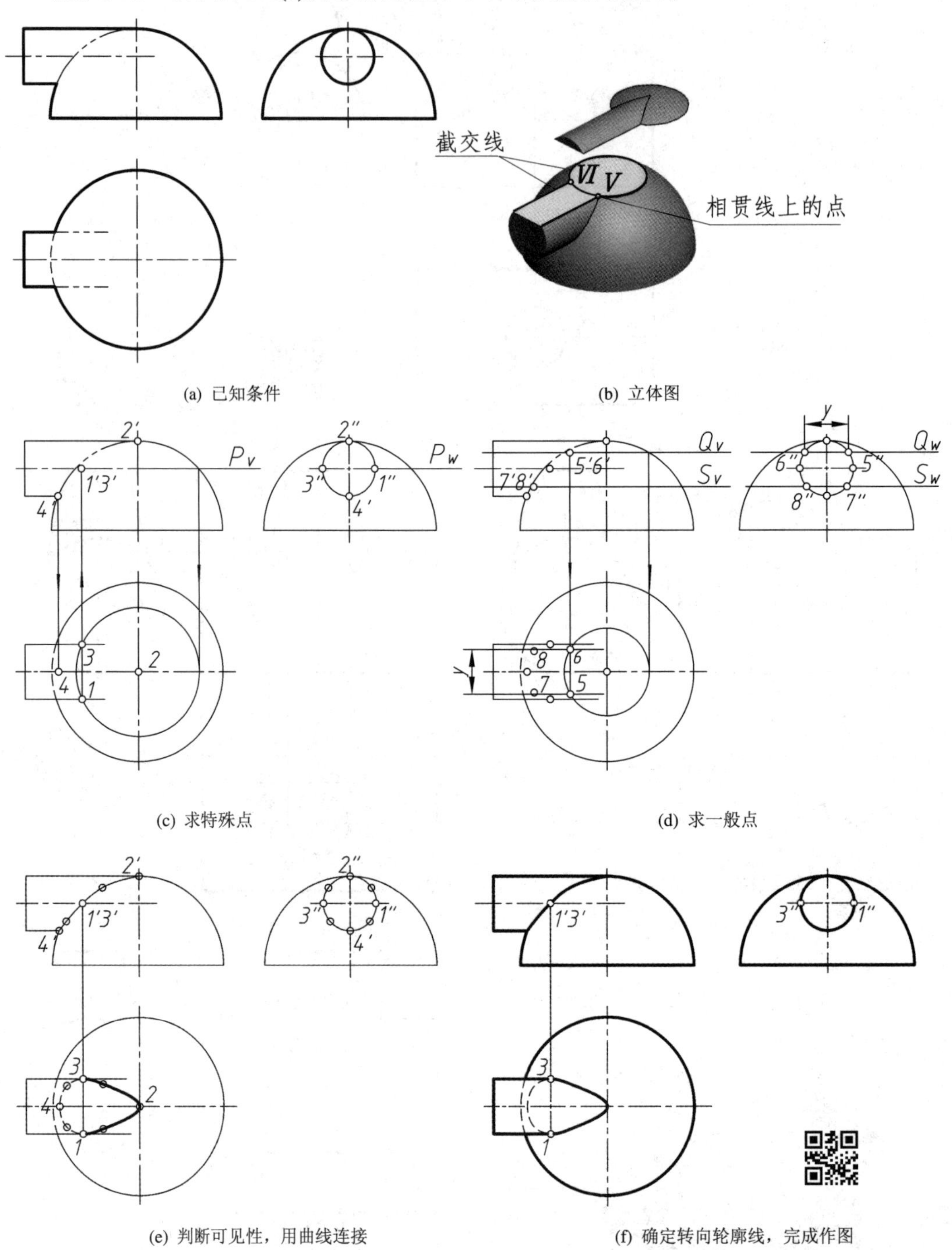

(a) 已知条件　　(b) 立体图

(c) 求特殊点　　(d) 求一般点

(e) 判断可见性，用曲线连接　　(f) 确定转向轮廓线，完成作图

图 6-8　求半球与圆柱体的相贯线

【解】 (1) 空间情况和投影分析。由已知条件可知，这是一个半球与一个轴线为侧垂线的圆柱体相贯，相贯体前后对称，因此相贯线为一条前后对称的空间曲线。相贯线的侧面投影重合在圆柱体有积聚性的圆上(该例也可以利用积聚性求解)；相贯线的水平投影为一条前后对称的封闭空间曲线；相贯线正面投影和水平投影待求。

采用辅助平面法求相贯线上的点：选择水平面 P、Q、S 作为辅助平面，辅助平面切割圆柱体和半球得到的截交线为直线和圆，由此可求得特殊点和一般点(参考图 6-8(b)立体图)。

(2) 作图方法。为作图清晰，作图中间步骤的轮廓线暂用细线表示。

① 求特殊点(见图 6-8(c))。先定出特殊点 Ⅰ、Ⅱ、Ⅲ、Ⅳ 的侧面投影 1″、2″、3″、4″。其中 Ⅰ、Ⅲ 为最前、最后点，Ⅱ、Ⅳ 为最高、最低点，这些也是转向轮廓线上的点。可将 Ⅱ、Ⅳ点看做球面对正面投影的转向轮廓线上的点，据侧面投影 2″、4″ 在正面投影的半圆上，可直接求出 2′、4′，从而求得水平投影 2、4。Ⅰ、Ⅲ 两点在圆柱对水平面的转向轮廓线上，也是球面上的一般点，包含圆柱体主视图中的轴线作辅助平面 $P(P_V、P_W)$，P 切割圆柱体和半球，在俯视图中得到直线和圆两组截交线(图 6-8(b)立体图)，两组截交线的交点即为 Ⅰ、Ⅲ 点的水平投影 1、3，由 1、3 在主视图的 P_V 上得到正面投影 1′、3′。

② 求一般点(见图 6-8(d))。在特殊点之间适当的位置作出辅助平面 $Q(Q_V、Q_W)$，求出一般点 Ⅴ、Ⅵ 的三面投影，空间情况见图 6-8(b)立体图；用辅助平面 $S(S_V、S_W)$求一般点 Ⅶ、Ⅷ 的三面投影。

③ 判断可见性，用曲线连接。如图 6-8(e)所示，相贯线的正面投影中，前半相贯线位于圆柱和球的可见表面上，所以其正面投影 4′、1′、2′ 为可见，而后半相贯线的投影 4′、3′、2′ 为不可见，与可见的一半重合，因此正面投影为一段可见的曲线；在俯视图中，因相贯线上的点 1、2、3 位于圆柱体和球可见的上半个表面上，所以是可见的，应用粗实线连接，点 1、4、3 则位于圆柱不可见的下半个柱面，所以它们不可见。注意：1、3 两点为相贯线对水平面可见与不可见的分界点，也是相贯线与圆柱对水平面转向轮廓线的切点。

④ 确定转向轮廓线，完成作图。如图 6-8(f)所示，半球对正面的转向轮廓线到 2′、4′ 为止；圆柱对 H 面的转向轮廓线到 1、3 为止。注意：相贯线的水平投影与圆柱对 H 面的转向轮廓线相切于 1、3 两点。

【例 6-6】 试求如图 6-9(a)所示的圆台与半球的相贯线。

【解】 (1) 空间情况和投影分析。由图 6-9(a)可知，由于相贯体前后对称，且圆台全部贯入半球，因此相贯线应为一条前后对称的封闭空间曲线；因参加相贯的圆台和半球表面在三个投影面上均无积聚性，所以相贯线的三面投影均为待求(不能采用积聚性法求解)。在主视图中，相贯线重合为一段曲线，在俯视图和左视图中是一条前后对称的封闭曲线。参考图 6-9 中的立体图，分析特殊点的位置：最左点(最低点) Ⅰ 和最右点(最高点) Ⅱ 应在圆台最左和最右的两条素线上，即对正面的两条转向轮廓线上；最前点 Ⅲ 和最后点 Ⅳ 应在圆台最前和最后的两条素线上，即对侧面的两条转向轮廓线上。可包含圆台对正面和侧面的转向轮廓线作辅助平面，来求出特殊点；一般点可采用水平辅助平面求得，水平面与圆台、球相交的截交线均为圆。

(2) 作图方法。

① 求特殊点(见图 6-9(b)、(c))。包含圆台对正面的转向轮廓线作辅助正平面 $P(P_H、P_W)$，P 平面切割圆台的截交线就是其对正面的两条转向轮廓线，切割半球的截交线是半球对正面的转向轮廓线(半圆弧)，因此两组截交线的交点即为相贯线的最左(最低)点 Ⅰ、最右(最高)点 Ⅱ，由此得到 Ⅰ、Ⅱ 点的正面投影 1′、2′，从而求得其它两面投影 1、2 和 1″、2″；同理，包含圆台对侧面的转向轮廓线作辅助侧平面 $Q(Q_H、Q_V)$，求得最前点 Ⅲ、最后点 Ⅳ 的三面投影 3″、4″，3、4 和 3′、4′。

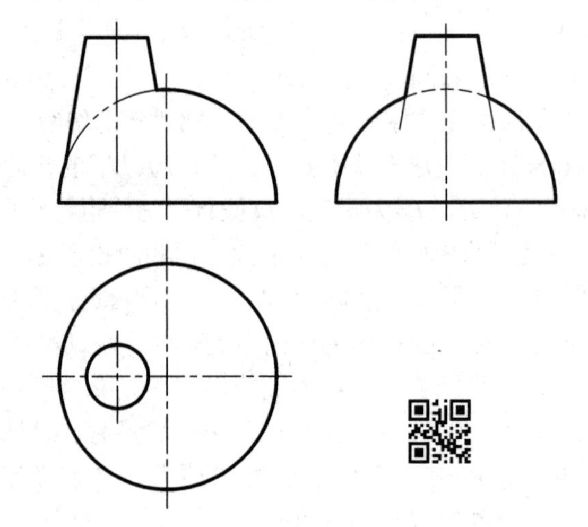

(a) 已知条件

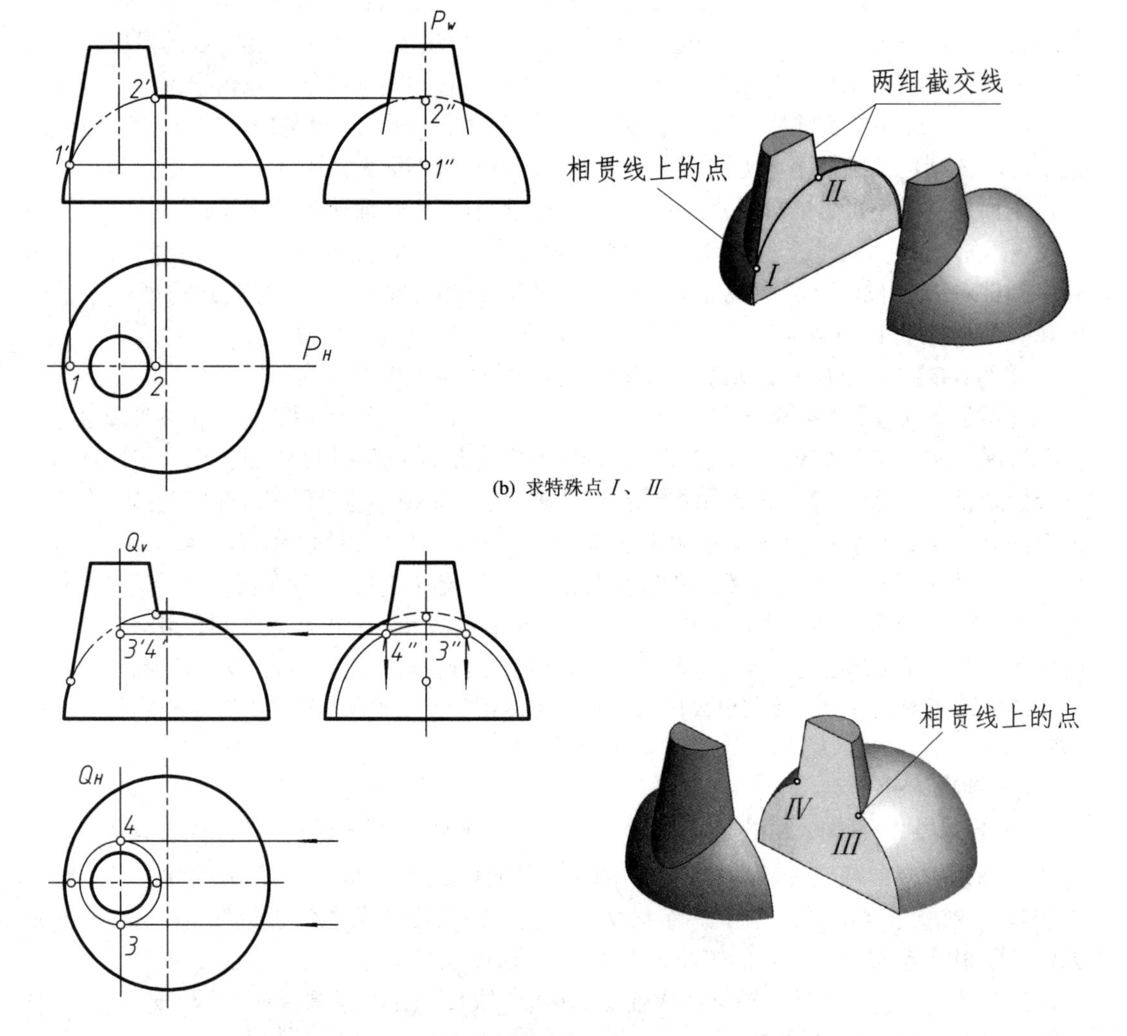

(b) 求特殊点 I、II

(c) 求特殊点 III、IV

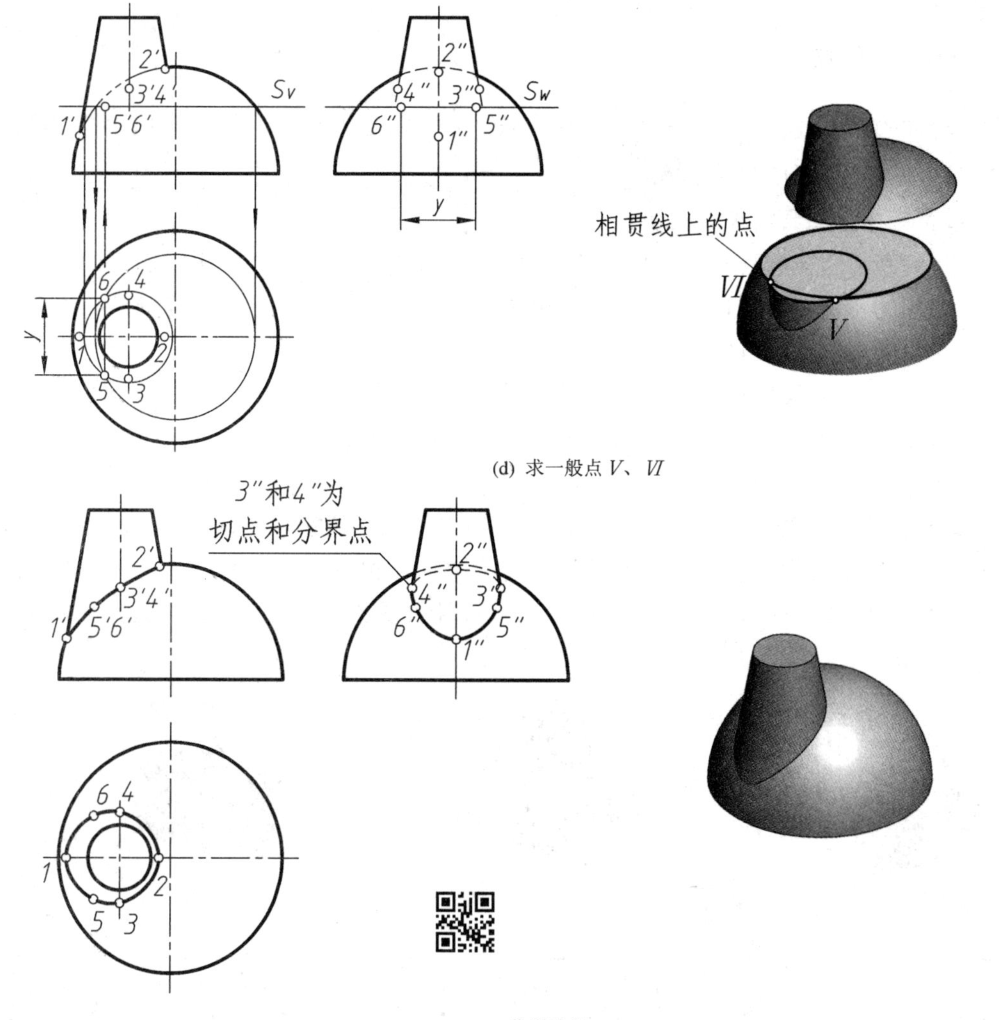

(d) 求一般点 Ⅴ、Ⅵ

(e) 作图结果

图 6-9　求圆台与半球的相贯线

② 求一般点(见图 6-9(d))。在特殊点之间适当的位置作出辅助水平面 $S(S_V$、$S_W)$，S 垂直于圆台和半球的轴线切割，在俯视图中得到两个截交线圆，两圆的交点即为相贯线上的一般点 Ⅴ、Ⅵ的水平投影 5、6，据投影关系在 S_V 和 S_W 上得到正面投影 5′、6′和侧面投影 5″、6″。

③ 判断可见性，用曲线光滑连接各点，完成作图(图 6-9(e))。在相贯线的正面投影中，前半相贯线位于圆台和半球的可见表面上，所以其正面投影 1′、5′、3′、2′为可见，而后半相贯线的投影 1′、6′、4′、2′为不可见，并与可见的一半重合，因此正面投影应为一段可见的曲线；在俯视图中，因相贯线上的点全部位于圆台和半球可见的上半个表面上，所以是可见的；在左视图中，以 3″、4″为界，之上的相贯线位于圆台的右半个表面，是不可见的，之下的相贯线位于圆台的左半个表面，是可见的，3″、4″是可见与不可见的分界点，也是相贯线与圆台转向轮廓线相切的切点。注意：圆台对侧面的转向轮廓线应延伸到 3″、4″为止。

6.2.3　相贯线的特殊情况

两回转体的相贯线在一般情况下是空间曲线，在特殊情况下也会呈现平面曲线的形式。下面介绍几种常见的特殊相贯的情况。

1．相贯的两个回转体轴线相交

当相贯的两个回转体的轴线相交，且轴线同平行于某一投影面，如果它们公切于一个球面，则它们的相贯线为垂直于这个投影面的椭圆，这种情况存在于圆柱与圆柱、圆柱与圆锥、圆锥与圆锥相贯等情况。

1) 圆柱与圆柱特殊相贯

图 6-10(a)为正交的两圆柱体，它们的轴线均平行于正面，并公切于一个球面，其相贯线为垂直于正面的、形状相同的两个椭圆。在两圆柱轴线所平行的正面上，相贯线(椭圆)的投影为直线；在圆柱轴线所垂直的水平面和侧面上，相贯线(椭圆)的投影为圆或圆弧。图 6-10 给出了轴线垂直相交、等径相贯的两圆柱体相贯线常见的三种形式，它们同样可发生在圆柱与圆柱外表面、圆柱外表面与圆柱内表面、圆柱内表面与圆柱内表面之间。

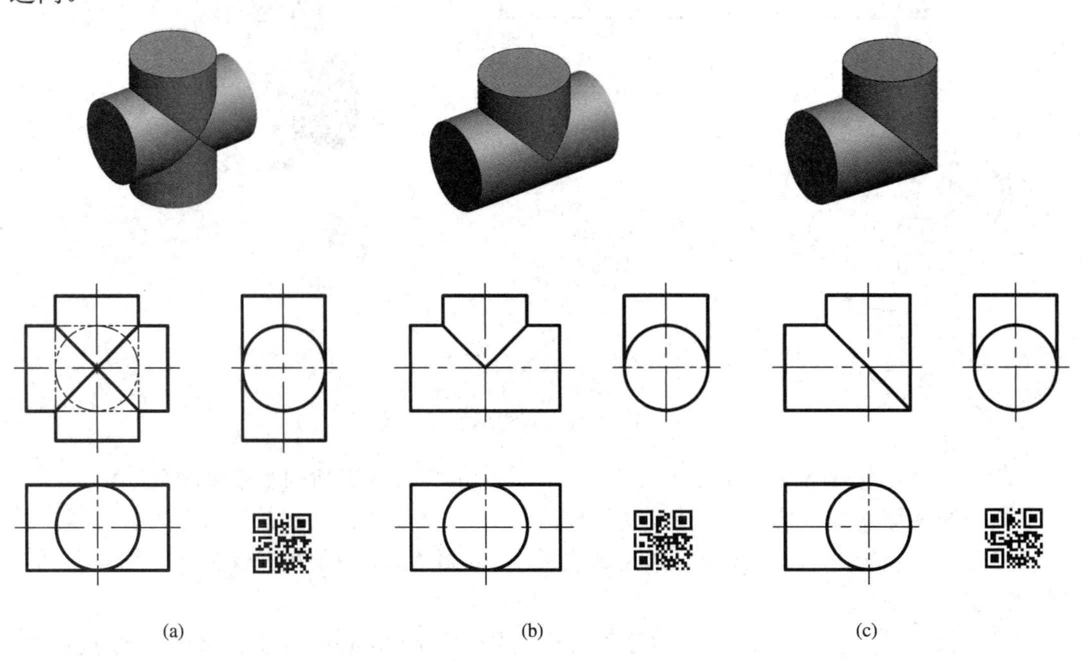

图 6-10　两圆柱特殊相贯的三种常见形式

2) 圆锥与圆柱、圆锥与圆锥特殊相贯

图 6-11(a)为圆锥与圆柱的特殊相贯，圆柱与圆锥的轴线相交，它们的轴线均平行于正面，并公切于一个球面，其相贯线为垂直于正面的两个椭圆；图 6-11(b)为圆锥与圆锥的特殊相贯，圆锥与圆锥的轴线相交，它们的轴线均平行于正面，并公切于一个球面，其相贯线为垂直于正面的两个椭圆。

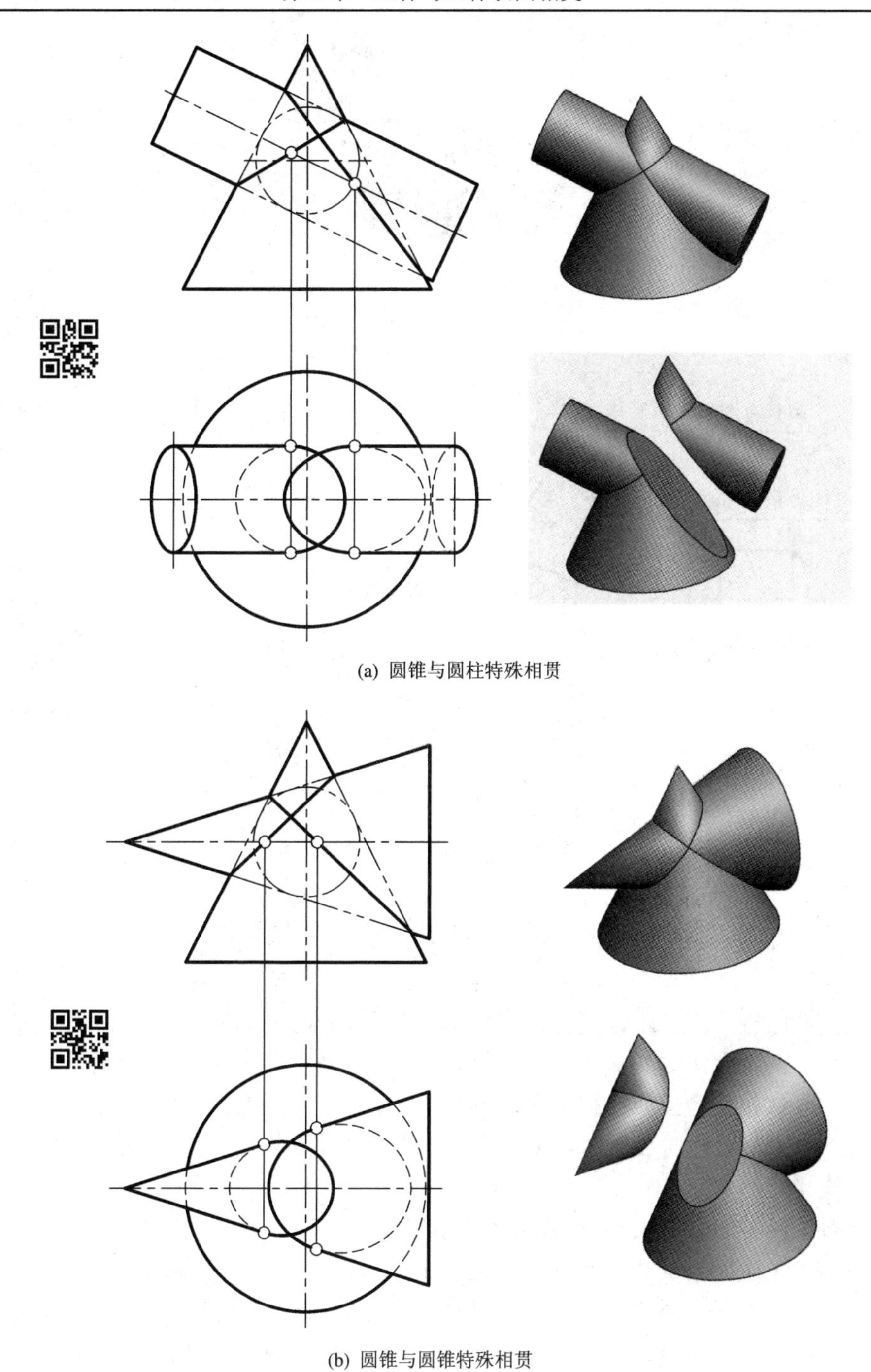

(a) 圆锥与圆柱特殊相贯

(b) 圆锥与圆锥特殊相贯

图 6-11　圆锥与圆柱、圆锥与圆锥特殊相贯的相贯线

2. 同轴回转体

当两回转体共轴线时(也称为同轴回转体)，其相贯线为垂直于轴线的圆。据圆所在平面相对于投影面的位置，其投影可为直线、圆或椭圆，如图 6-12 所示。

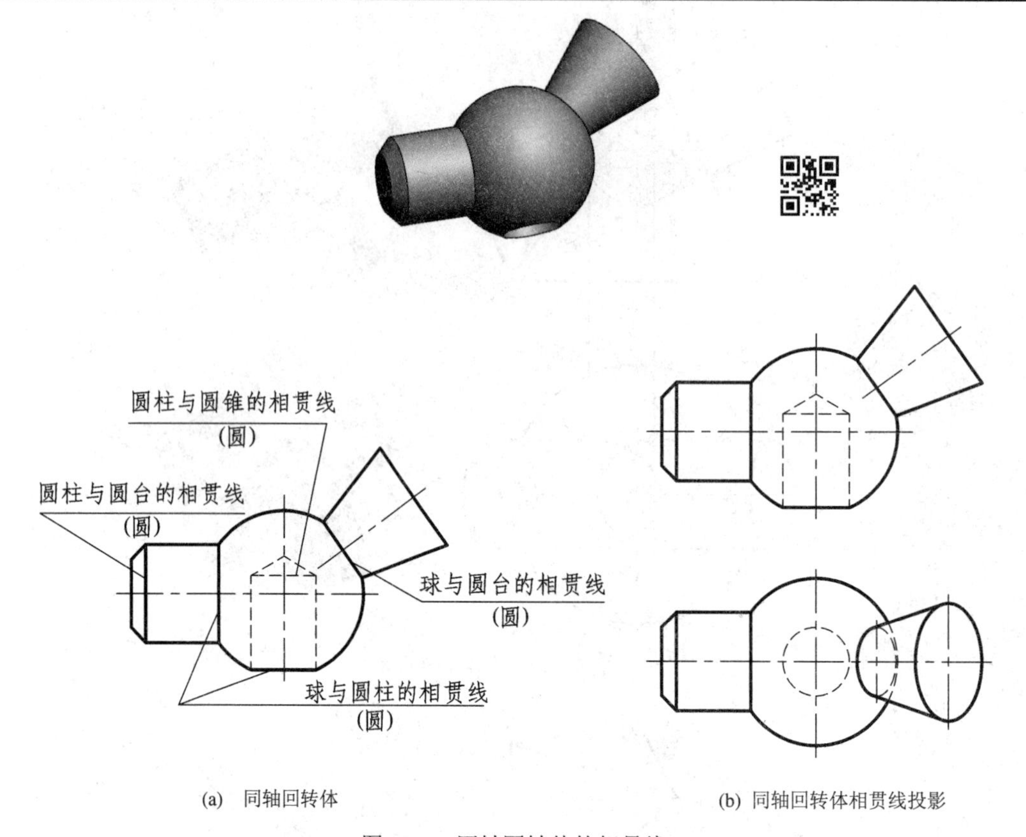

(a)　同轴回转体　　(b) 同轴回转体相贯线投影

图 6-12　同轴回转体的相贯线

6.3　多个立体表面相交

有些机件的表面交线比较复杂，常会出现多个立体表面相交的情况。三个或三个以上的立体相交，其表面形成的交线常称为组合相贯线。组合相贯线由几段相贯线组成，相贯体上每两个立体相贯产生一段相贯线，各段相贯线的连接点则是相贯体上三个表面的共有点。因此，在画组合相贯线时，需要分别求出两两立体的相贯线、连接点，再综合考虑其组合相贯线。

【例 6-7】 求如图 6-13(a)所示的组合相贯线。

【解】 (1) 空间情况和投影分析。从图 6-13(a)可见，该相贯体由 *I*、*II*、*III* 三部分组成，其中 *II*、*III* 是轴线垂直相交的两圆柱体，它们的表面相交产生相贯线。*I* 为带有半圆柱面的柱体，*I* 的左端面 *A* 和侧表面 *B*、*C* 均为平面，它们与 *II* 相交产生的交线为求截交线的问题；*I* 上的侧表面 *B*、*C* 与 *III* 相交产生的交线也是求截交线的问题；*I* 上的圆柱面与 *III* 相交产生相贯线。其中 *I*、*II* 的外表面垂直于侧面，故其侧面投影具有积聚性，相贯线的侧面投影皆积聚在其上。*III* 的外表面垂直于水平面，其水平投影具有积聚性，相贯线的水平面投影皆积聚在一段圆弧上，因此只有正面投影上的相贯线待求。

(2) 作图方法。因相贯线前后对称，所以在求作相贯线时，仅分析前半部分。

① 求特殊点。如图 6-13(b)所示，首先确定 *I* 与 *III* 的相贯线、截交线上三个特殊点的侧

面投影 1″、2″、3″，在俯视图上得到相应的水平投影 1、2、3，再求出正面投影 1′、2′、3′。

如图 6-13(c)所示，确定 *II*、*III* 两圆柱相交所产生的相贯线上的特殊点的侧面投影 3″、4″、5″，在俯视图上得到相应的水平投影 3、4、5，再求出正面投影 3′、4′、5′。

如图 6-13(d)所示，因为 *I* 上的平面 *A*、*B*、*C* 均垂直于水平面，它们的水平投影具有积聚性，所以平面 *A*、*B*、*C* 与 *II* 产生的截交线的水平投影重合在这三个平面有积聚性的投影上。首先确定截交线上三个特殊点的水平投影 3、6、7，在左视图上得到相应的侧面投影 3″、6″、7″，再求出正面投影 3′、6′、7′。连接点 3′ 已包含在特殊点中求得。

② 求一般点。求一般点的方法同前，本例略。

③ 连接各段相贯线，完成作图。按顺序连接主视图上各点，得相贯线的正面投影。作图结果参见图 6-13(d)。

对于此类问题，一般是将参与相贯的各个单体两两之间的交线求出，最后考虑各单体之间的连接关系。

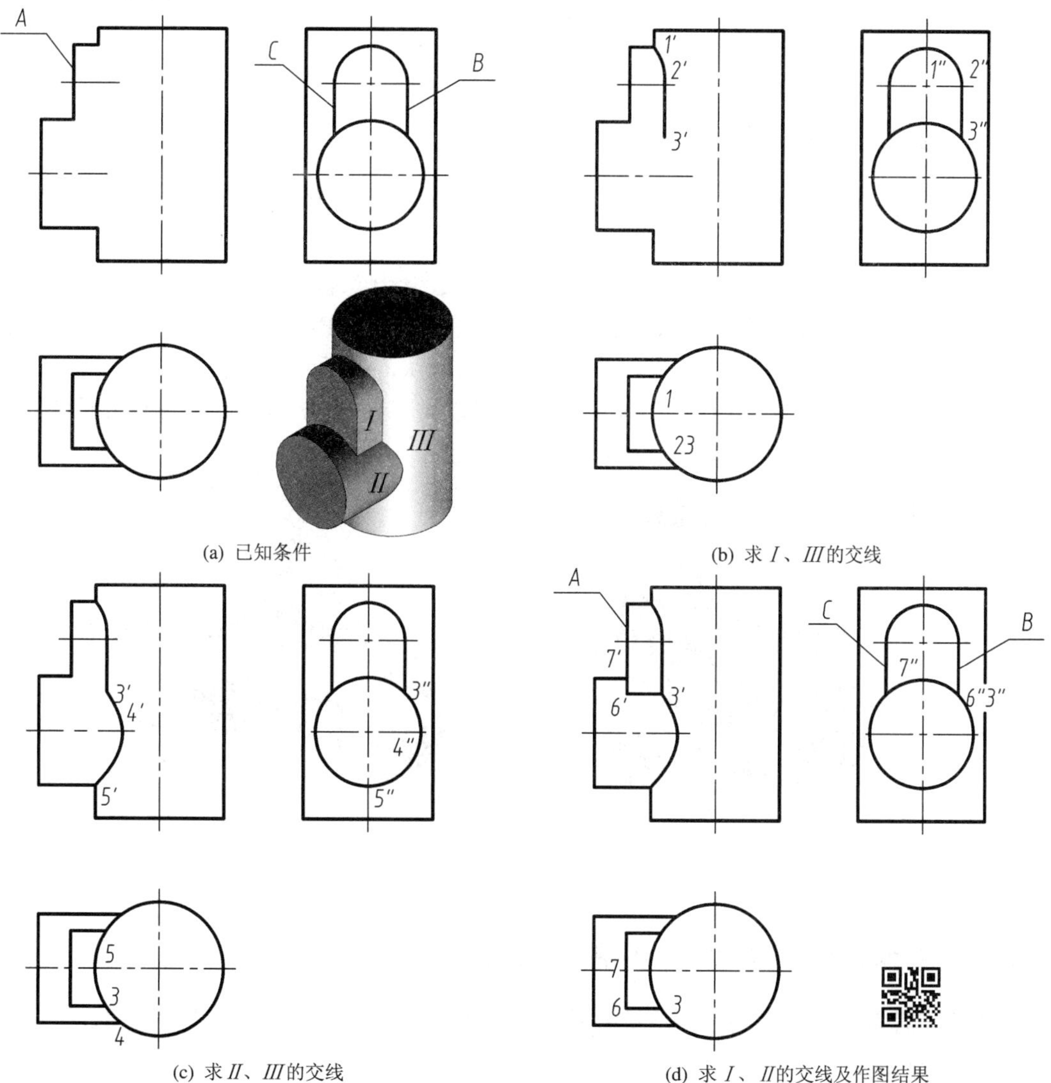

(a) 已知条件　　(b) 求 *I*、*III* 的交线

(c) 求 *II*、*III* 的交线　　(d) 求 *I*、*II* 的交线及作图结果

图 6-13　组合相贯线

第7章　组合体的视图与尺寸标注

如果从几何形状观察，机器零件一般都可以看做由若干简单立体(称为基本体，如棱柱、棱锥、圆柱、圆锥、球、环等)通过叠加、切割等方式而形成的组合体。本章将在前面所学知识的基础上，进一步研究如何应用正投影基本理论，解决组合体画图、看图以及尺寸标注等问题。

7.1　组合体的分析

7.1.1　组合体的形成方式

为了方便对组合体进行分析，按其形成的方式习惯将组合体分为叠加式(以叠加式为主)和切割式(以切割式为主)两类。

图 7-1(a)所示的立体是一个叠加式组合体，它是由几个基本体通过叠加而形成的。图7-1(b)所示的立体是切割式组合体，它可看做是由长方体经过切割、穿孔而形成的。将组合体分解为若干基本体的叠加或切割，弄清各部分的形状，分析它们的表面关系、组合方式和相对位置，从而产生对整个组合体形状的完整概念，这种分析方法称为形体分析法。形体分析法是组合体画图、看图和尺寸标注的基本方法。

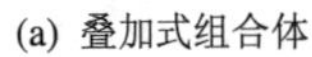

(a) 叠加式组合体

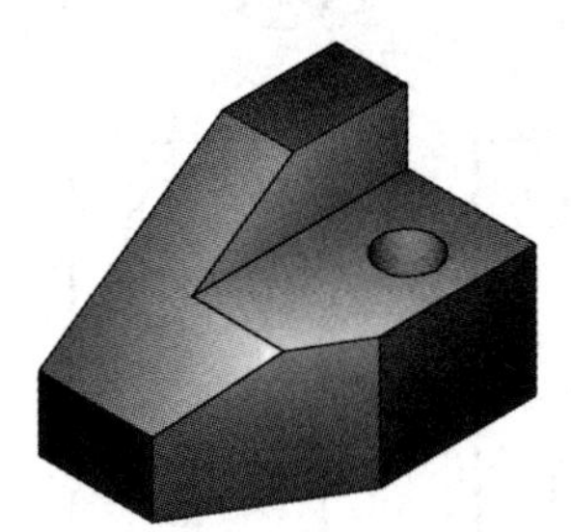

(b) 切割式组合体

图 7-1　组合体的形成方式

7.1.2　基本体之间的连接关系及画法

弄清楚各基本体之间的表面连接关系，对正确绘制组合体的视图有重要意义。

1. 连接关系

图 7-2 是基本体之间表面连接关系的几种常见情况：平齐(共面)、相错、相切和相交。

在视图中，必须注意这些关系的画法，才能做到不多线，不漏线。

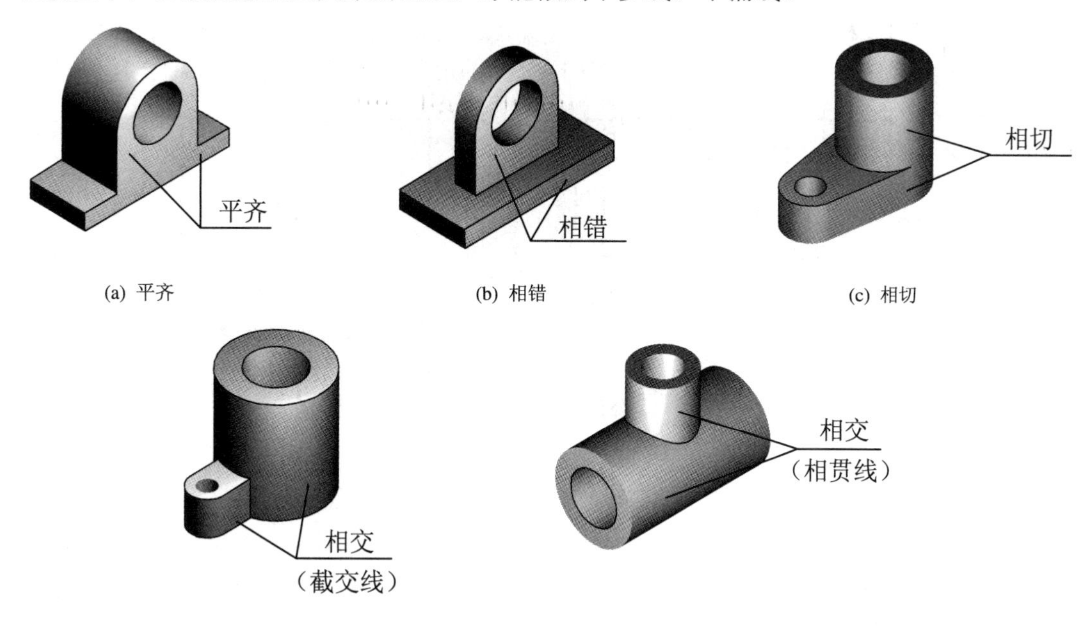

(a) 平齐　(b) 相错　(c) 相切

(d) 相交

图 7-2　基本体之间的表面连接关系

2. 画法

1) 平齐(共面)、相错的画法

图 7-3 给出了基本体表面之间平齐、相错的正确画法和错误画法的比较，立体图参见图 7-2(a)、(b)。

(1) 当两基本体的表面平齐时，中间不应该有线，如图 7-3(a)所示。图 7-3(a)左图是正确的，右图的错误是多线。因为若中间有线隔开，就成了两个表面了。

(2) 当两形体的表面相错时，中间应该有线隔开，如图 7-3(b)所示。图 7-3(b)左图是正确的，右图的错误是漏线。因为若中间没有线隔开，就成了一个连续的表面了。

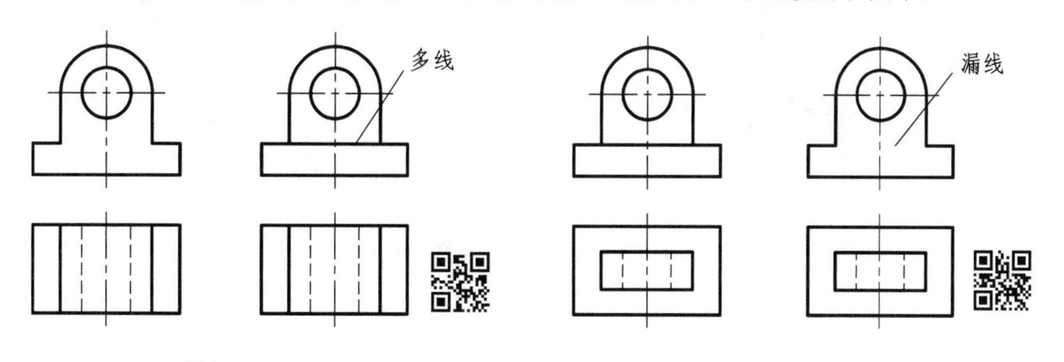

(a) 平齐的正、误画法　(b) 相错的正、误画法

图 7-3　表面平齐、相错画法的正误对比

2) 相切的画法

图 7-4 给出了基本体表面之间相切的正确画法和错误画法的比较。当两基本体的表面

相切时，切线不画，相应的图线画到切点为止。图 7-4(a)是正确的画法，图中给出了求切点 *A*、*B* 的作图过程，在主视图和左视图中，相应的图线画到切点 *a'b'*，*a''*、*b''* 为止；图 7-4(b)是错误的画法，在主视图和左视图中不应画出切线的投影，立体图参见图 7-2(c)。

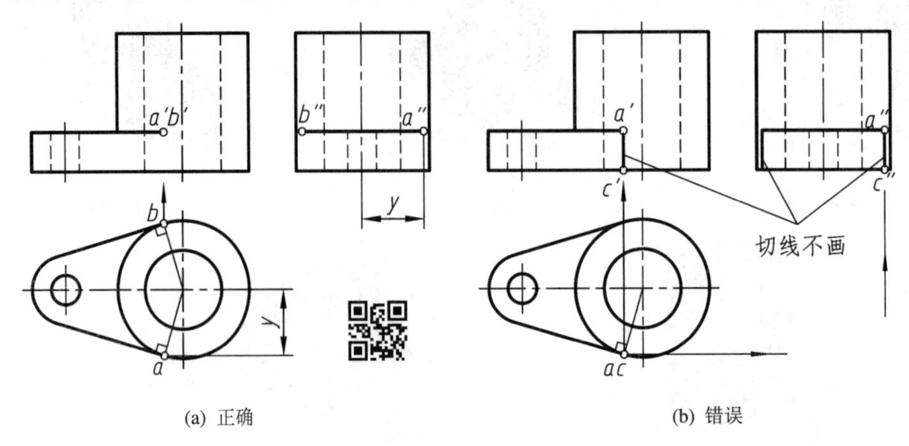

(a) 正确　　(b) 错误

图 7-4　表面相切画法的正、误对比

3) 相交的画法

如图 7-5 所示，基本体表面之间相交所产生的截交线或相贯线应该画出其投影。

如图 7-5(a)所示，平面与圆柱表面相交产生的截交线 *AB* 需要画出；如图 7-5(b)所示，两圆柱外表面相交产生的相贯线和两圆柱孔相交产生的相贯线需要画出。

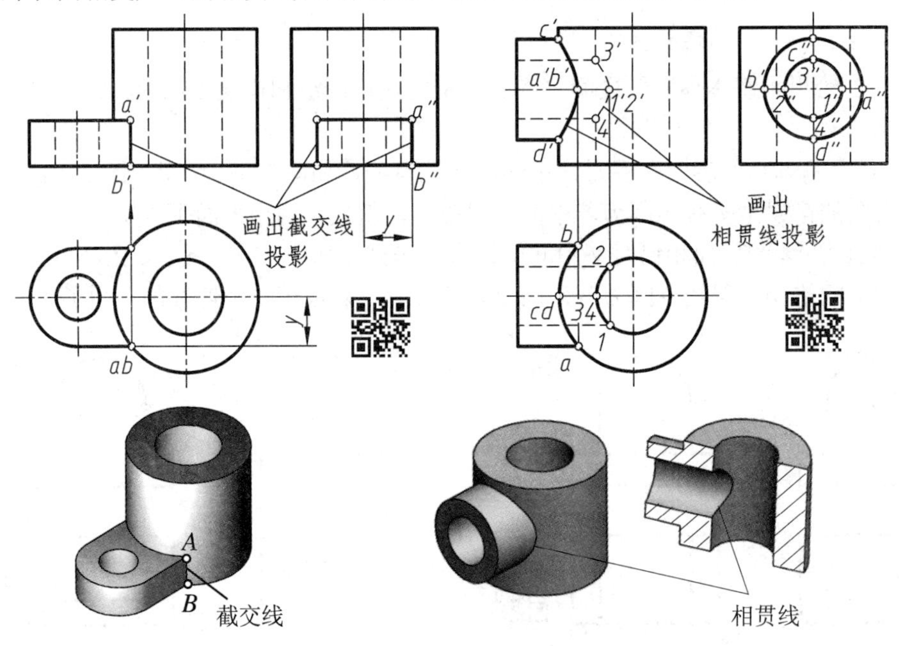

(a) 画出截交线的投影　　(b) 画出相贯线的投影

图 7-5　表面相交时的截交线和相贯线

在工程图中，两圆柱正交的情况经常遇到，为方便作图，当两圆柱的直径差别较大时，允许采用简化画法，即用圆弧来代替相贯线，作图方法如图 7-6 所示。

① 如图 7-6(a)所示，首先确定替代相贯线圆弧的圆心：在相贯线待求的主视图中，以两圆柱转向轮廓线的交点 A 或 B 为圆心，$R(R=D/2)$为半径画弧，交轴线于 O，O 即相贯线圆弧的圆心。

② 如图 7-6(b)所示，以 O 为圆心，以 $OA=OB=R$ 为半径画弧，得到替代相贯线的圆弧。此简化画法也适用于圆柱外表面与圆柱孔表面相交、两圆柱孔表面相交的情况。

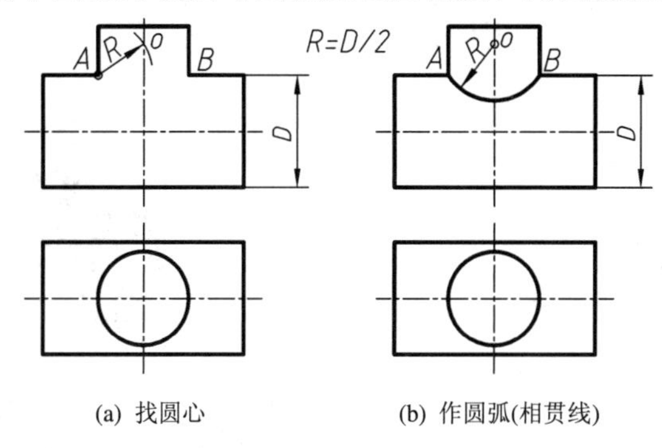

(a) 找圆心　(b) 作圆弧(相贯线)

图 7-6　两圆柱正交时相贯线的简化画法

7.2　组合体三视图的绘制

本节主要介绍根据组合体的立体图(或实物、模型)绘制组合体三视图的一般方法和步骤。

7.2.1　叠加式组合体三视图的画法

1．形体分析

应用形体分析法，可将图 7-7 所示的轴承座分解为五个简单形体：上部的凸台 1、轴承 2、支承板 3、肋板 4 及底板 5。凸台 1 与轴承 2 是两个垂直相交的圆柱筒，在外表面和内表面上都有相贯线；支承板 3、肋板 4 和底板 5 分别是不同形状的平板，支承板 3 的左右侧面与轴承 2 的外圆柱面相切，肋板 4 的左右侧面与轴承 2 的外圆柱面相交，支承板 3、肋板 4 叠放在底板上。

2．选择主视图

在三视图中，主视图是最重要的视图，主视图应该尽量反映组合体的形状特征。

选择主视图时一般有以下三个方面要求：

(1) 将组合体按自然位置摆放平稳，主要的表面应平行或垂直于投影面，以有利于画图。

(2) 以最能够反映组合体形状特征的投射方向作为主视图的投射方向。

(3) 在其它视图中不可见的形体最少，即尽量减少在其它视图中的虚线。

根据以上要求，如图 7-7 所示，将轴承座按自然位置安放后，对由箭头所示的 A、B、C、D 四个方向投射所得的视图进行比较，以确定主视图。对照图 7-7 和图 7-8，比较 C 向和 A 向，C 向与 A 向视图虽然虚线情况相同，但若以 C 向作为主视图，则左视图上会出现较多不可见形体，虚线较多，所以没有 *A* 向好；比较 *D* 向和 *B* 向，若以 *D* 向作为主视图，虚线较多，显然没有 *B* 向清楚；再比较 *A* 向与 *B* 向，A 向和 *B* 向都能比较好地反映轴承座各部分的形状特征，从图纸的使用来看，*A* 向适合选用竖放图纸，*B* 向适合选用横放图纸，图纸横放更符合使用习惯。因此，确定以 *B* 向作为主视图的投射方向。

主视图的投射方向确定以后，俯视图和左视图的投射方向也就确定了，即图 7-7 中的 *E* 向为俯视图投射方向，*C* 向为左视图投射方向。

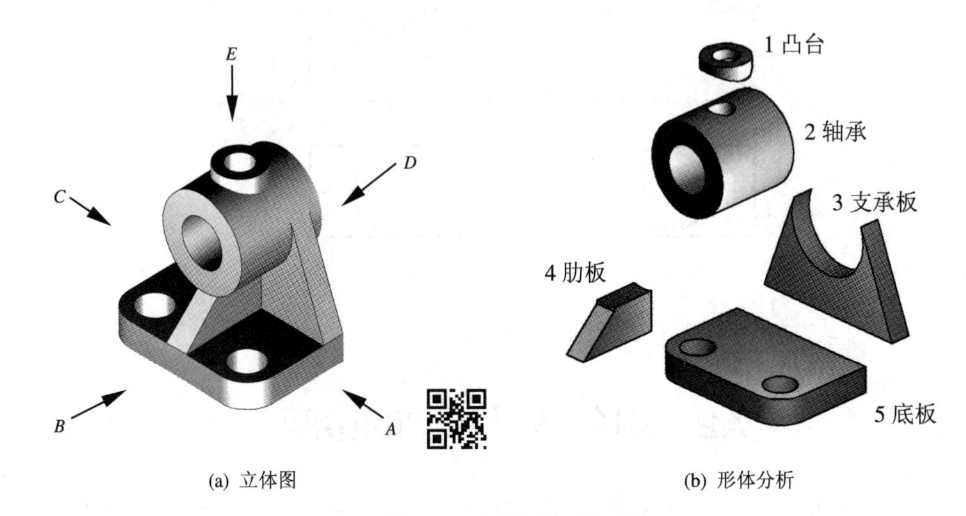

(a) 立体图　　(b) 形体分析

图 7-7　轴承座的形体分析

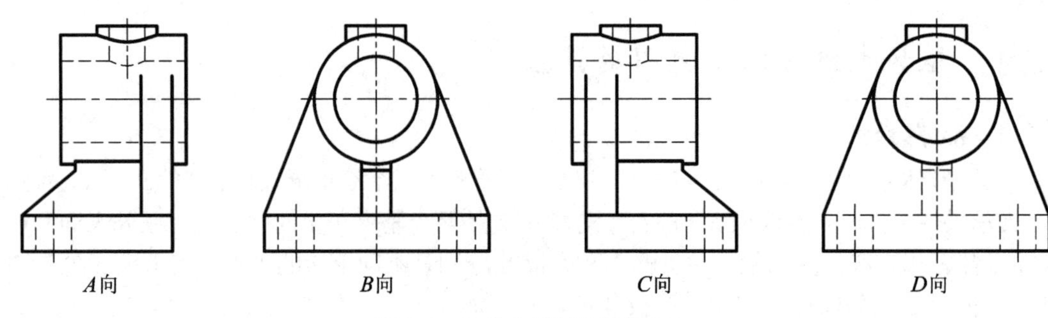

图 7-8　选择主视图的投射方向

3. 画图步骤

具体画图步骤见图 7-9。

1) 选比例、定图幅

视图确定以后，便可根据实物的大小按国家标准选定作图比例和图幅大小。注意，所选幅面要留有余地，以便标注尺寸、画标题栏等。

2) 布置视图

应按各个视图方向的最大尺寸布置视图，并在各个视图之间留有空间，所留空间应保证在标注尺寸后视图间仍有适当距离。布图要匀称美观，不要过稀或过密。

3) 画底稿

如图 7-9(a)～(e)所示，细、轻、准地逐个画出各个基本体的视图(图中为区别起见，用

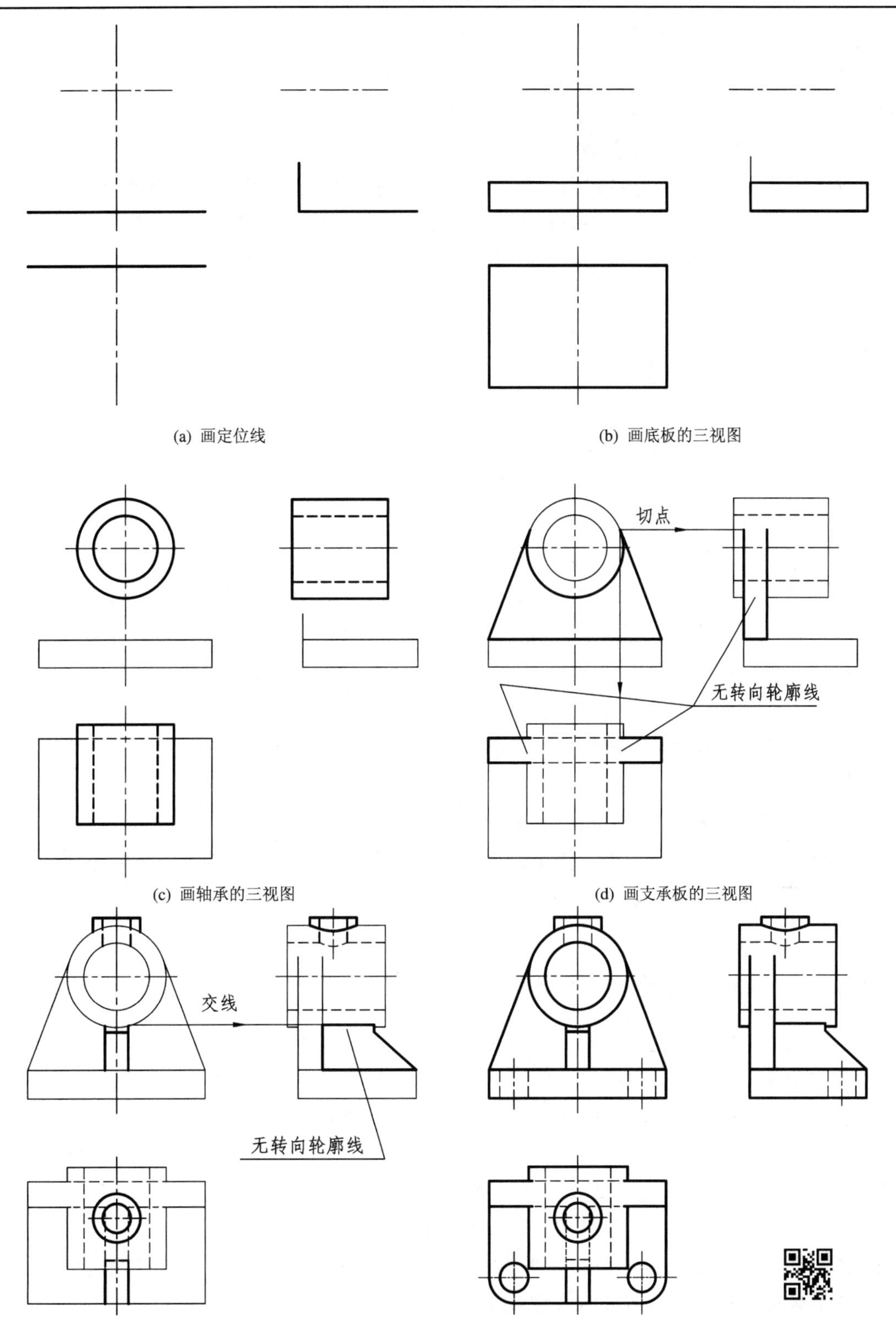

(a) 画定位线

(b) 画底板的三视图

(c) 画轴承的三视图

(d) 画支承板的三视图

(e) 画凸台、肋板的三视图

(f) 画底板细节的三视图，加深图线，完成作图

图 7-9　轴承座三视图画图步骤

了粗线，实际画底稿时均用细线)。画底稿的一般顺序是：先画出各视图的定位线，后画形状；先画主要形体，后画次要形体；先画主体结构，后画细节结构；先画具有形状特征的视图，再画其它视图；先画各基本形体，后画各形体间的交线等。

画底稿时应注意的几个问题：

(1) 画图时，一般不是先完成一个视图再去画另一个视图，而是几个视图配合起来画，即画每个基本体时，可三个视图同时画，以便保证投影关系的正确，使作图快速而准确。

(2) 各基本体三视图之间的相对位置要正确。例如，在画图 7-9(c)所示的轴承时，注意轴承的后端面超出了底板的后表面，二者是相错的关系；在画图 7-9(d)所示的支承板时，注意支承板的两侧表面与轴承的外表面相切，支承板的后表面与底板的后表面平齐等。

(3) 各基本体表面之间的关系要正确表示。例如，图 7-9(d)中支承板的两侧表面与轴承的外表面相切，即光滑过渡，切线不画，但注意相关图线要画到切点为止。先由主视图确定切点的正面投影，再根据投影关系作出俯视图和左视图中切点的投影，图中用箭头表示了求切点的方法。图 7-9(e)中，肋板的两侧面与轴承的外表面相交，交线为正垂线，可由正面投影求出侧面投影，图中用箭头表明了交线的投影关系。

(4) 明确各基本形体之间，只有表面存在连接关系，内部是融合一体的。各基本形体在内部是融合成一体的，因此两基本形体接触后，内部是没有线的。例如，图 7-9(d)中，支承板与轴承的相切位置超过了轴承外圆柱面对水平面的转向轮廓线，支承板与轴承外表面融合成一体，因此，在俯视图中，轴承圆柱体外表面的转向轮廓线在与支承板重合的部分不存在了；左视图中也有同样的问题。图 7-9(e)的左视图中，画出了肋板与轴承外圆柱面的交线，在交线存在的范围内，圆柱面的转向轮廓线是没有的，原因也是二者的内部是一体的。

4) 检查并修改错误，按要求加深图线

底稿完成后，要认真检查，修正错误，擦去多余的图线，再按规定的线型加深。一般底稿中的所有图线都需要加深，包括粗实线、虚线、点画线(中心线、轴线等)，最终完成作图。

7.2.2　切割式组合体三视图的画法

切割式组合体三视图的画法与叠加式组合体三视图的画法基本相同。图 7-10(a)所示的切割式组合体，可以看做是由基本形体长方体 1 切去基本体 2、3、4、5 而形成的。切割的过程如图 7-10(b)所示，这也是对切割式组合体进行形体分析的过程。

如图 7-11 所示，*A* 向为主视图的投射方向。绘制切割式组合体三视图时，通常先画出未被切割前完整的基本形体(如长方体、圆柱体)等的投影，再一步步画出切割后的形体。当切割的是两底面形状相同的柱体时，一般先画反映两底面形状特征的视图，再画其它视图。图 7-10 中所切去的四个基本体都是柱体，在画图时，均应先画出反映底面实形的那个视图，具体情况见图 7-11 中的文字说明。

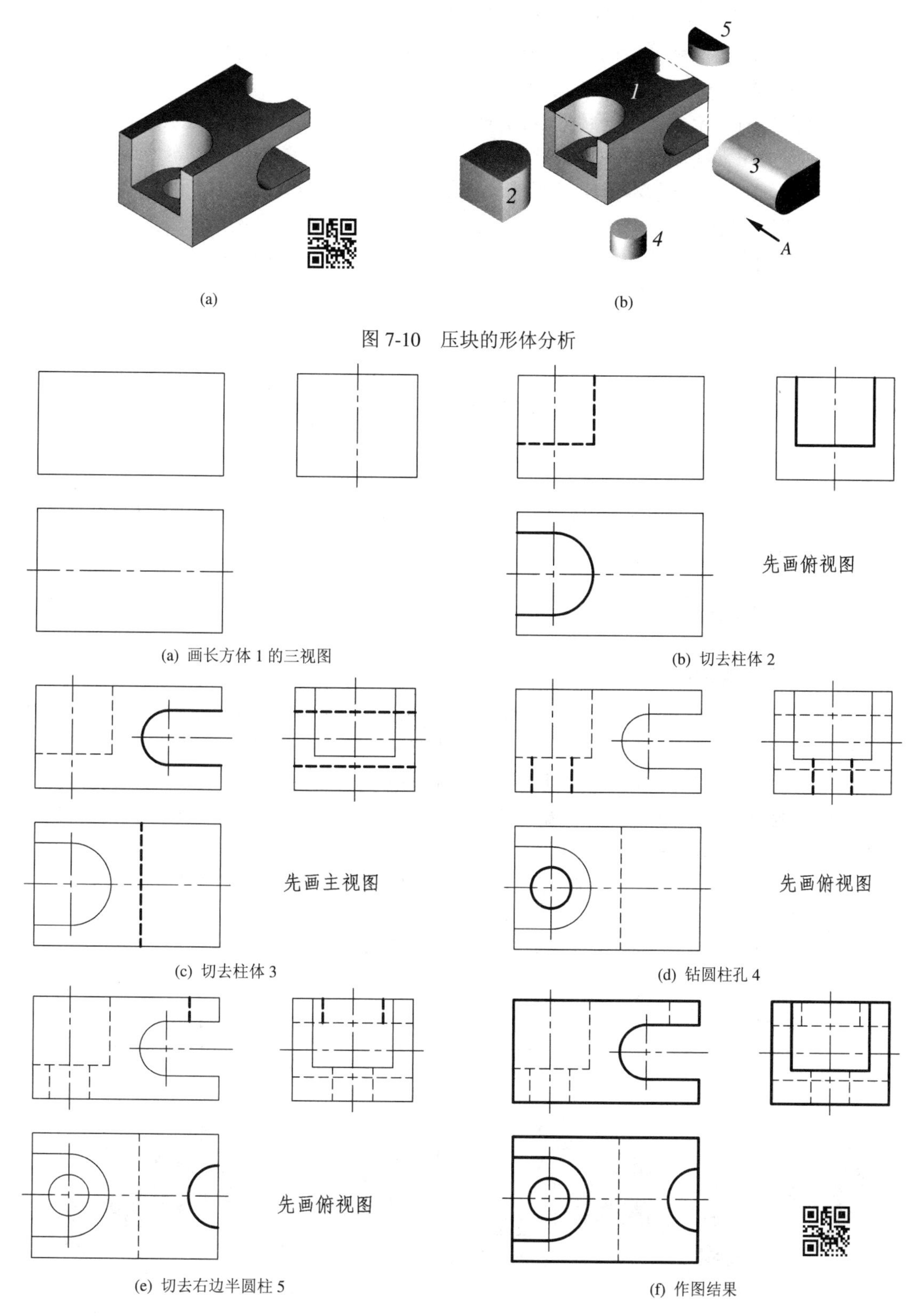

图 7-10　压块的形体分析

图 7-11　压块三视图的画图步骤

从上述画两类组合体三视图的过程，可以总结出以下几点：

(1) 要善于运用形体分析的方法分析组合体，将组合体适当地分解，在分解方法上不强求一致，以便于画图和符合个人习惯为前提。

(2) 画图之前一定要对组合体的各部分形状及相互位置关系有明确认识，画图时要保证这些关系表达正确。

(3) 在画分解后的各基本体的三视图时，应从最能反映该形体形状特征的视图画起。

(4) 要细致地分析组合体各基本形体之间的表面连接关系。注意，不要漏线或多线。为此，需要对连接部分作具体分析，弄清楚它代表的是物体上哪个面或哪条线的投影，这些面或线在其它视图上的投影如何，等等。只有这样，才算做到有分析、有步骤地画图，才能通过画图进一步掌握投影规律，逐步提高投影分析的能力。

7.3　组合体视图的阅读

阅读组合体视图也称为读(或看)组合体视图。画图和看图是学习本课程的重要环节之一。画图是把空间形体用视图表现在平面上，而看图则是根据正投影的规律和特性，通过对视图的分析，想象出空间形体的过程。

7.3.1　读图须知

1. 几个视图要联系起来看

看图是一个构思过程，它的依据是前面学过的投影知识以及从画图的实践中总结归纳出的一些规律。组合体的形状是通过几个视图来表达的，每个视图只能反映物体一个方向的结构形状，因此，仅仅由一个视图往往不能唯一地表达一个空间立体的几何形状。

如图7-12所示的四种组合体，其主视图完全相同，但是联系起俯视图来看，就知道它们表达的是四个不同的立体。

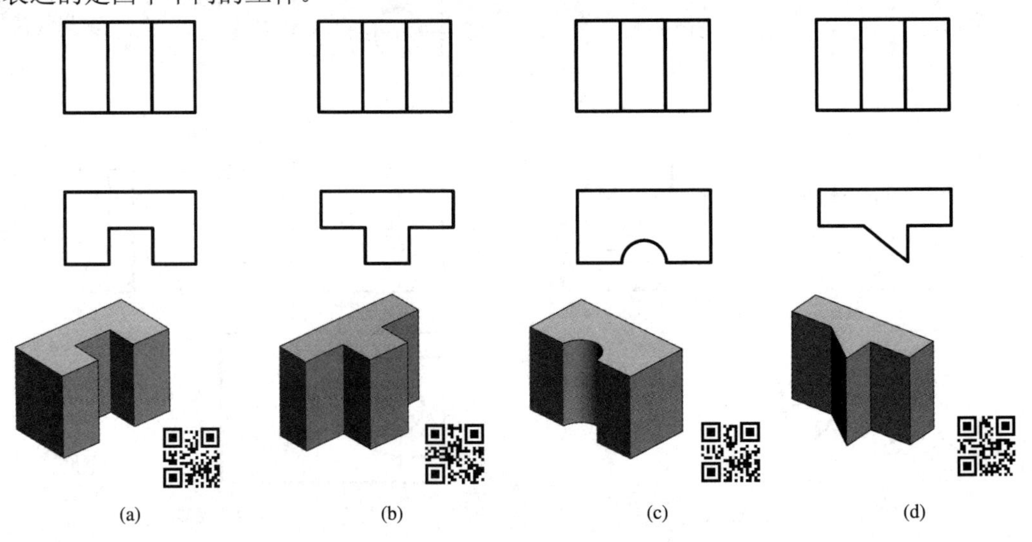

图7-12　不同的组合体可有一个相同的视图

有些情况下，两个视图也不能唯一确定一个空间立体的形状。对比图 7-13 所示的组合体的三组视图，可看到它们有相同的主视图和左视图，但俯视图不同，因此是三个不同形状的空间立体。

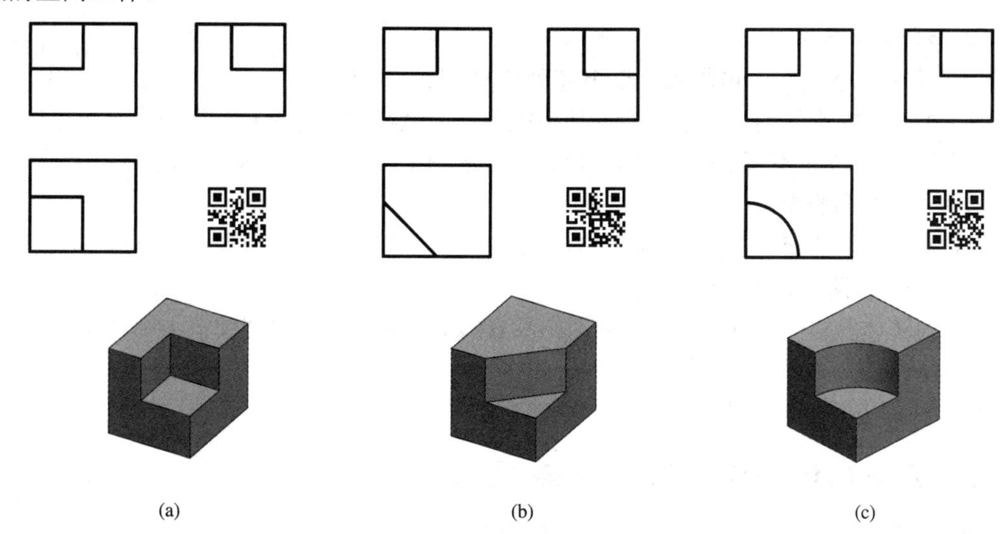

(a)　(b)　(c)

图 7-13　不同的组合体可有两个相同的视图

2．明确视图中线框和图线的含义

视图中每个封闭线框通常表示物体上的一个表面(平面或曲面)或基本形体的投影等。视图中的每条图线则可能是平面或曲面有积聚性的投影，也可能是两表面交线的投影，或是回转体转向轮廓线的投影等。因此，只有将几个视图联系起来对照分析，才能明确视图中的线框和图线的真正含义。

1) 线框的含义

视图中每个封闭的线框，可能表示以下几种情况(见图 7-14(a))。

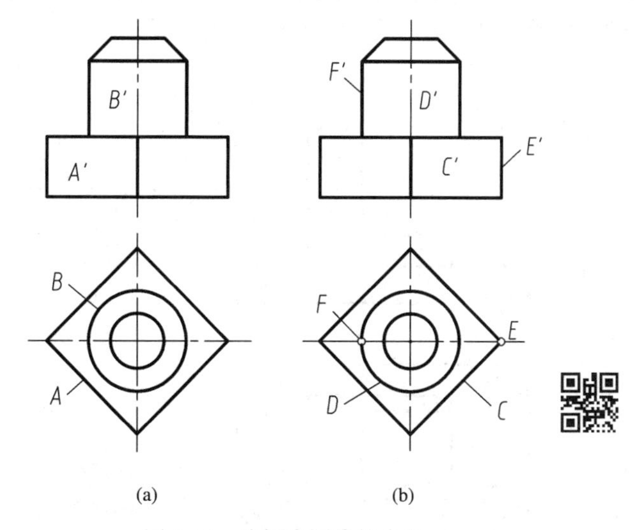

(a)　(b)

图 7-14　线框和图线的含义

(1) 平面。如主视图中的线框 A' 对应着俯视图中的斜线 A，表示四棱柱左前棱面(铅垂面)的投影。

(2) 曲面。如主视图中的线框 B' 对着俯视图中的圆线框 B，表示一个圆柱面的投影。

(3) 基本形体。如俯视图中的外框四边形，对照主视图可知为一四棱柱。

2) 图线的含义

视图中的每条图线，可能表示以下几种情况(见图 7-14(b))：

(1) 垂直于投影面的平面或曲面。如俯视图中的直线 C，对应着主视图中的四边形 C'，它是四棱柱右前棱面(铅垂面)的投影；俯视图中的圆 D，对应着主视图中的 D' 线框，表示一个圆柱面(曲面)的投影。

(2) 两个表面的交线。如主视图中的直线 E'，对应着俯视图中积聚成一点的 E，它是四棱柱右前和右后两个棱面交线的投影。

(3) 回转体的转向轮廓线。如主视图中的直线 F'，对应着俯视图圆框中的最左点 F，显然，它表示的是圆柱面对正面的转向轮廓线。

用同样的方法也可以去分析其它图线的含义。

7.3.2 叠加式组合体视图的阅读

叠加式组合体视图的读图，主要应用的是形体分析法。通常是从反映组合体形状特征较明显的视图(一般是主视图)着手，对照其它视图，分析该组合体是由哪几部分组成以及组成的方式，然后按照投影规律逐个找出每一基本形体在其它视图中的位置，并想象出它们的形状，最终得到组合体的整体形状。下面将通过图 7-15 所示的支座视图的阅读，说明叠加式组合体读图的基本方法和步骤。

1) 分析视图、划分线框

如图 7-15 所示，首先从最能反映支座形状特征的主视图入手，将几个视图联系起来进行分析，初步可分成两个封闭线框，一个是下部的底板，一个是上部的支承部分，而上部的支承部分又可从横板和竖板分开。所以，这个组合体分成了如图 7-15(a)所示的三个部分，每一个部分对应一个封闭的线框(有时需要加线让其封闭)，每一个线框表达一个简单的基本形体。

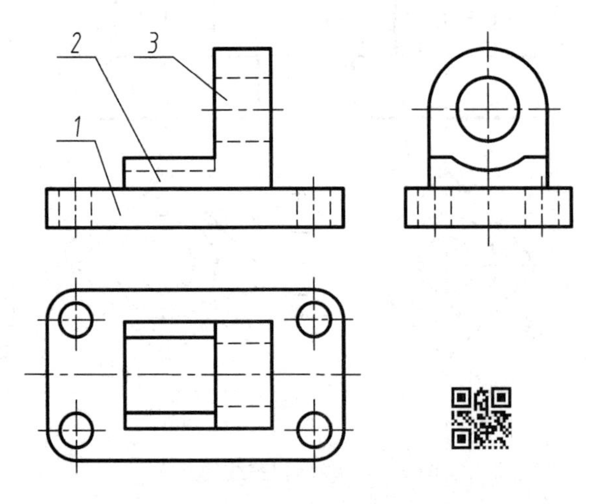

图 7-15 支座的三视图

注意：

(1) 分出的每一个线框应表示一个简单的基本形体。

(2) 分出的基本形体的形状较简单，表面连接关系较明显，以便于读图。

(3) 根据具体情况，分线框也可以在其它视图上进行，不是只能在主视图上划分。

2) 对投影关系，想象出各基本体的形状

按照三个视图之间的投影关系，找到每一个基本形体在不同视图上相应的投影，想象出各基本形体的形状。图 7-16 表示了对三个基本形体进行视图分析和想象形状的过程，给出了采用形体分析法读图的过程。

3) 综合起来想象出支座的形状

在分析想象出组成支座的三个基本体的形状后，再分别考虑各基本体之间的相对位置和表面连接的关系，最终想象出支座的形状，如图 7-16(d)所示。

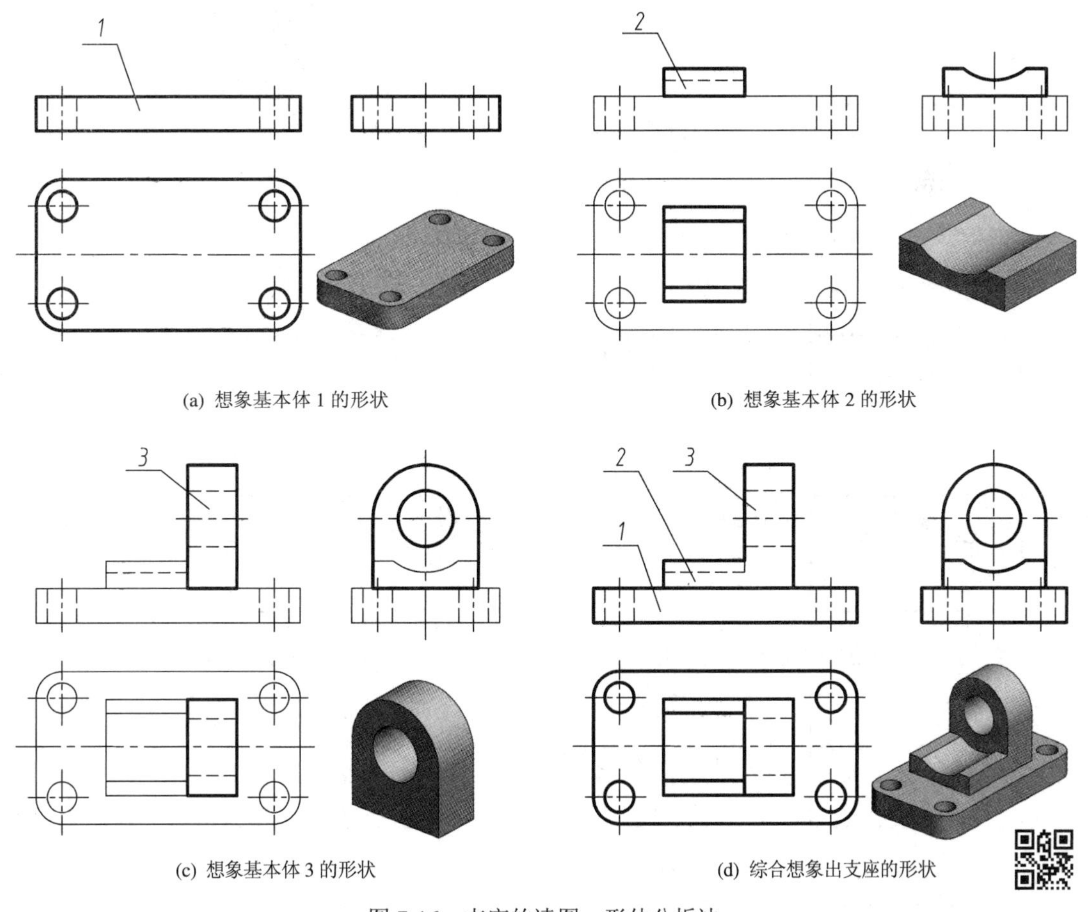

(a) 想象基本体 1 的形状

(b) 想象基本体 2 的形状

(c) 想象基本体 3 的形状

(d) 综合想象出支座的形状

图 7-16　支座的读图－形体分析法

7.3.3　切割式组合体视图的阅读

切割式组合体视图的读图，通常是在运用形体分析法的基础上，对不易看懂的局部，再结合线面分析法对组合体上的线框和图线进行投影分析，来帮助看懂和想象这些局部的形状和相互位置，最终想象出空间立体的形状。下面将通过图 7-17 所示滑块的三视图阅读，说明切割式组合体读图的基本方法和步骤。

1) 分析视图、划分线框

由前面的“读图须知”分析可知，视图中的每个封闭线框可能对应着空间立体的一个表面(平面或曲面)；每一条图线也可能对应着空间立体的一个表面(平面或曲面)。

如图 7-17(a)、(b)所示，由主视图入手并对照其它视图，在主视图中分出 *A*、*B*、*C* 三个封闭线框，在俯视图中划分出 *D*、*E*、*F* 三个封闭线框；在左视图划分出一个封闭线框 *G*。

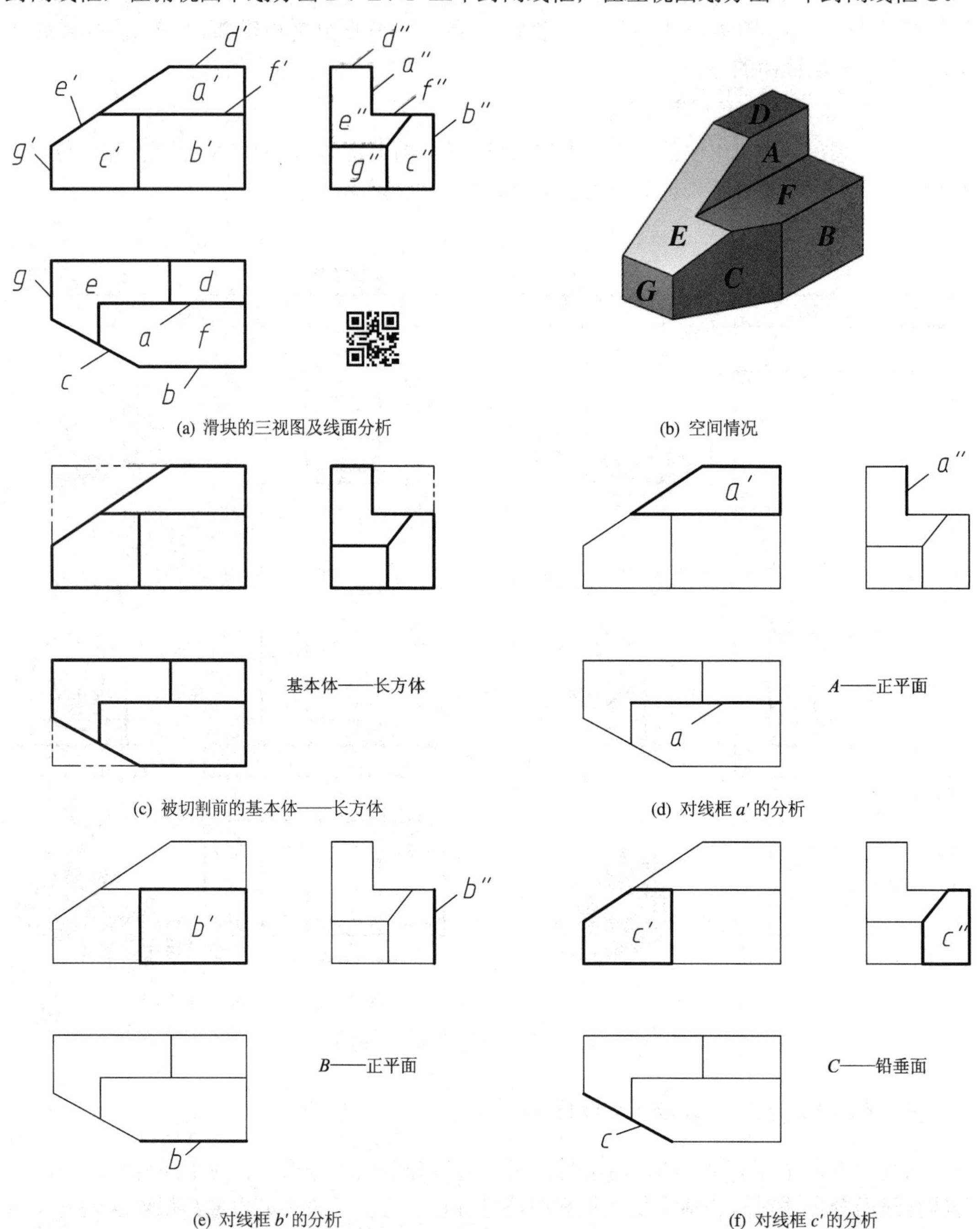

(a) 滑块的三视图及线面分析　(b) 空间情况

(c) 被切割前的基本体——长方体　(d) 对线框 *a*′ 的分析

(e) 对线框 *b*′ 的分析　(f) 对线框 *c*′ 的分析

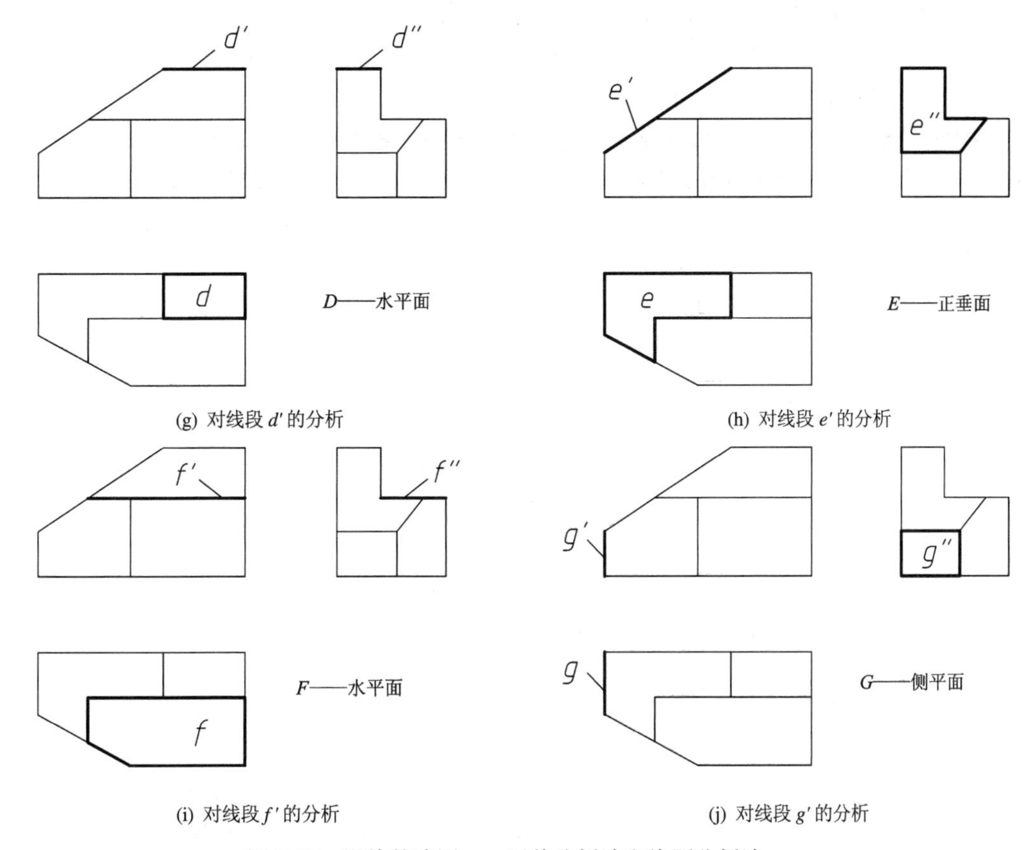

(g) 对线段 d' 的分析　(h) 对线段 e' 的分析

(i) 对线段 f' 的分析　(j) 对线段 g' 的分析

图 7-17　滑块的读图——形体分析法和线面分析法

2) 对照投影关系，分析线框所对应的空间情况

如图 7-17(c)所示，在三视图中补上被切割的部分(双点画线)，由形体分析法可知，滑块被切割前的基本体为长方体。下面将通过对主视图的封闭线框和图线的投影分析，介绍对视图进行线面分析的具体方法。

(1) 封闭线框分析。

① 如图 7-17(d)所示，从主视图中的封闭线框 a'，在俯视图和左视图中找到对应的水平线段 a 和垂直线段 a''，可知平面 A 是一个正平面。

② 如图 7-17(e)所示，从主视图中的封闭线框 b'，在俯视图和左视图中找到对应的水平线段 b 和垂直线段 b''，可知平面 B 是一个正平面。

③ 如图 7-17(f)所示，从主视图中的封闭线框 c'，在俯视图和左视图中找到对应的斜线 c 和封闭线框 c''，可知平面 C 是一个铅垂面。

(2) 图线分析。

① 如图 7-17(g)所示，从主视图中的水平线段 d'，在俯视图和左视图中找到对应的封闭线框 d 和水平线段 d''，可知空间对应的是一个水平面 D。

② 如图 7-17(h)所示，从主视图中的斜线段 e'，在俯视图和左视图中找到对应的封闭线框 e 和类似形 e''，可知空间对应的是一个正垂面 E。

③ 如图 7-17(i)所示，从主视图中的水平线段 f'，在俯视图和左视图中找到对应的封闭

线框 f 和水平线段 f''，可知空间对应的是一个水平面 F。

④ 如图 7-17(j)所示，从主视图中的垂直线段 g'，在俯视图和左视图中找到对应的垂直线段 g 和封闭线框 g''，可知空间对应的是一个侧平面 G。

同理，也可以对俯视图和左视图中的封闭线框和图线进行分析，会得到与对主视图分析相同的结果。通过线面分析以后，对于图中不易看懂的部分，就比较容易想象出空间形状了。

7.3.4　由组合体的两视图补画第三视图

多数情况下，组合体的两个视图能够唯一地确定该空间立体，这样，就可以通过组合体的两个视图，想象出空间立体的形状，补画出另外一个视图。这个由组合体的两个视图补画第三个视图的过程常称为“二求三”。“二求三”是提高读图能力和空间想象能力的重要方法和手段。因此，该部分内容的掌握情况，将直接影响下一阶段的学习。

下面，以实例的形式介绍“二求三”的思路和方法。

【例 7-1】 如图 7-18(a)所示，由支座的主视图、左视图想象出支座的形状，并补画出俯视图。

【解】 由已知条件可知，这是一个叠加式组合体。

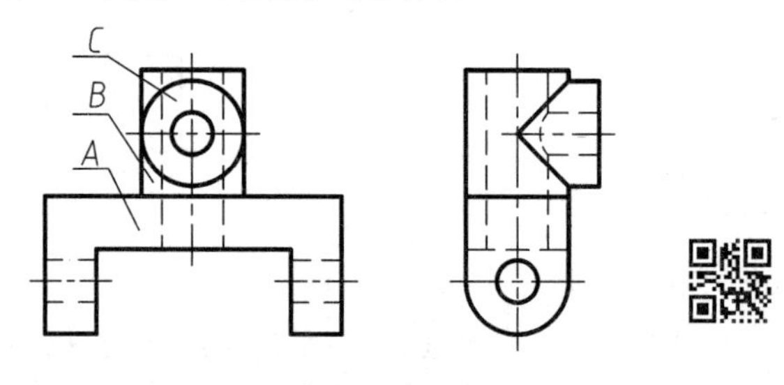

图 7-18　支座的两视图

(1) 将两个视图联系起来观察，可看出该组合体由三个基本形体组成。将主视图划分为三个封闭的实线线框 A、B、C，这三个封闭的线框即表示了三个基本形体，每一个基本体对照左视图可知：支座由底板 A、竖直圆柱筒 B 和横放圆柱筒 C 叠加而成，再分析它们的相对位置，对整体有一个初步了解。

(2) 想象各基本体的形状，分析各基本体之间的相对位置，逐步补画出俯视图。作图过程如图 7-19 所示。

① 底板 A。如图 7-19(a)所示，由底板在主视图中的封闭线框 A，对照左视图，可想象出这是一个倒凹字形状的底板，上方是一个带有圆柱通孔的矩形板，两侧耳板上部为长方体，下部为半圆柱体，耳板上各有一圆柱形通孔。据此画出了底板的俯视图。

② 竖直圆柱筒 B。如图 7-19(b)所示，主视图中的封闭矩形线框 B，对应左视图上仍是矩形，不能判断是长方体还是圆柱体，但从图 7-18 左视图 B 与横放圆柱筒 C 的内、外交线形状分析可知，它是一个轴线为铅垂线的圆柱筒。该圆柱筒位于底板 A 的上方正中位置，圆柱筒 B 的内孔与底板 A 的圆柱孔为直径相同且共轴线的同一个孔。从左视图可看到，圆柱筒外圆柱面与底板的前、后表面均相切，表明圆柱筒外圆柱面的直径与底板的宽度相等，通过分析补画出 B 的俯视图。

③ 横放圆柱筒 C。如图 7-19(c)所示，由主视图上分离出来上部的圆形线框 C(包括框

中小圆)，对照左视图可知，它是一个中间有圆柱孔的轴线垂直于正面的圆柱筒，它的直径与竖放的圆柱筒 *B* 的直径相等，且轴线垂直相交，这是从左视图中的相贯线投影成直线(相贯线为平面曲线)的形式分析判断的(因为只有当两圆柱直径相等、轴线垂直相交时，才会产生这种形式的相贯线)。由左视图可知，圆柱筒 *B* 中的圆柱孔与圆柱筒 *C* 中圆柱孔正贯(轴线垂直相交)，由此可补画出 *C* 的俯视图。由于垂直于正面的圆柱高于底板，且在前方超出底板前表面，因此在俯视图中底板前表面在此圆柱的投影范围内的轮廓线应为虚线。

④ 如图 7-19(d)所示，根据底板和两个圆柱体以及几个圆柱孔的形状与位置，可以想象出这个支承的整体形状。经认真检查、校核底稿后，按规定线型加深各图线，完成该题。

此例题的求解过程，即叠加式组合体的“二求三”求解过程。

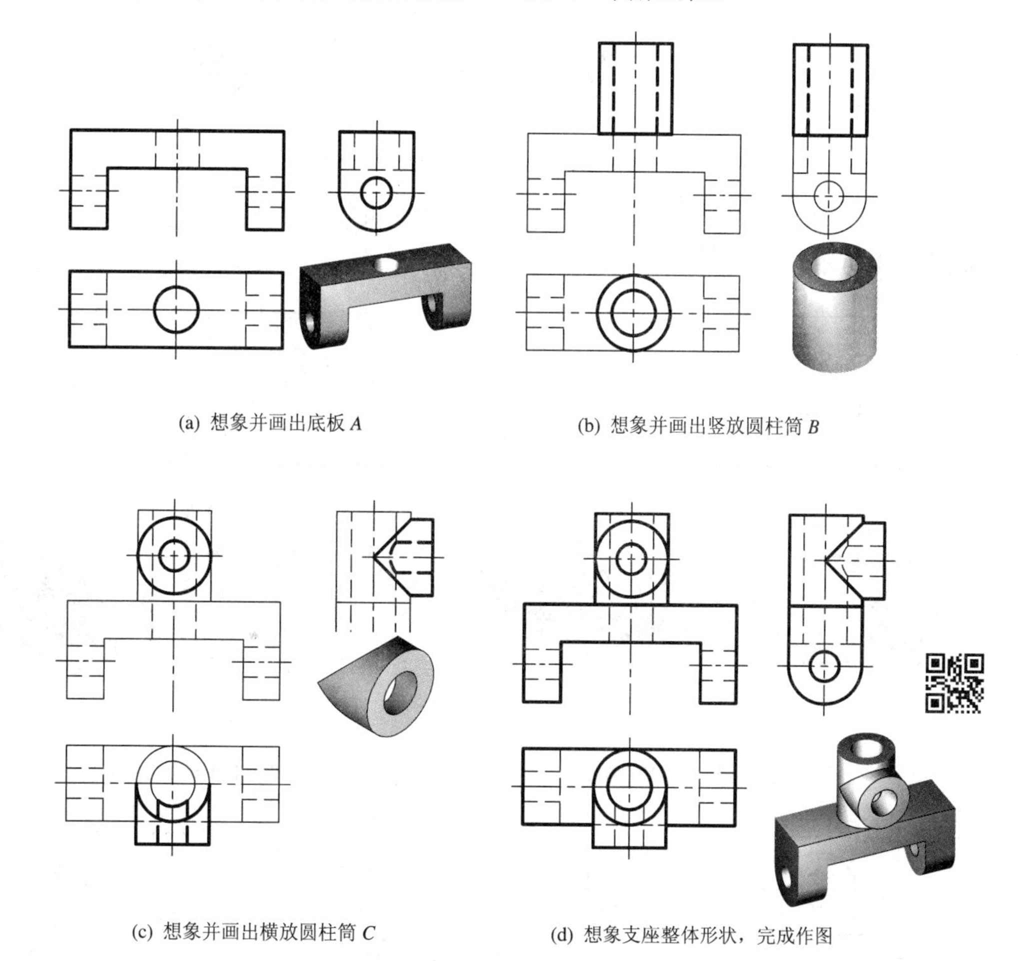

(a) 想象并画出底板 *A*　(b) 想象并画出竖放圆柱筒 *B*

(c) 想象并画出横放圆柱筒 *C*　(d) 想象支座整体形状，完成作图

图 7-19　由支座的主视图和左视图补画俯视图

【例 7-2】 如图 7-20(a)所示，已知座体的主视图和俯视图，求作左视图。

【解】 由已知条件可知，座体是一个叠加式组合体。

(1) 首先对座体进行形体分析，在主视图中将其分成四个封闭线框 *I*、*II*、*III*、*IV*。

从主、俯两个视图可以看出，该座体左右对称。组成它的四个基本形体中，形体 *I* 的基本形状是以水平投影形状为底面的柱体(上下底面形状相同的立体称为柱体)；形体 *IV* 有左右对称的两个，它是带有半圆面的柱体，其下底面与形体 *I* 的底面平齐，前、后与切槽等宽，其上还有与半圆柱面共轴线的小圆柱孔；形体*II*、*III*的具体形状和位置，读者可自行分析。该座体的空间形状见图 7-21(f)。

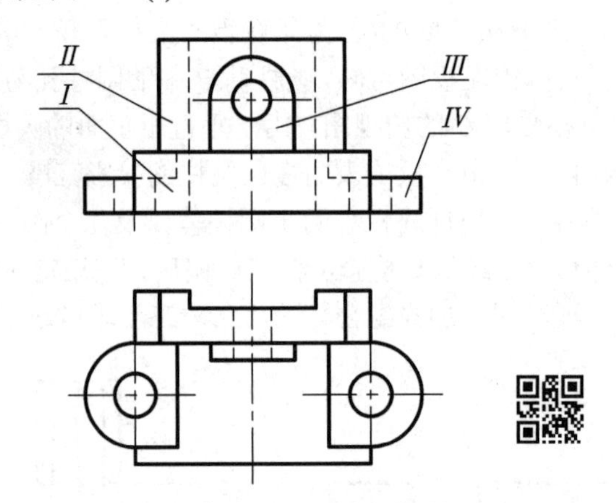

图 7-20　座体的主视图和俯视图

(2) 在想象出座体的大致形状后，便可按形体分析法逐步补画出左视图，具体作图步骤如图 7-21 所示。

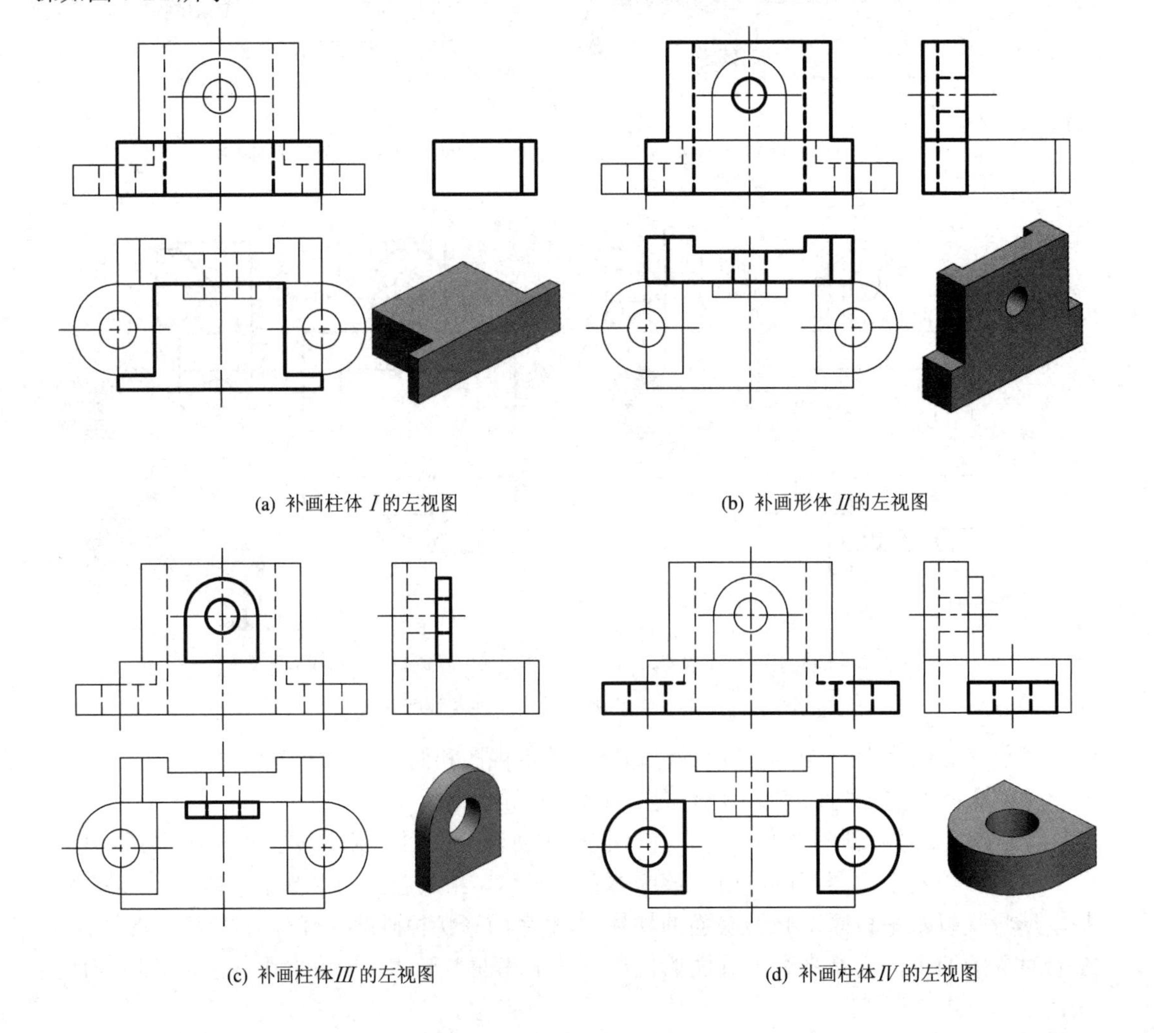

(a) 补画柱体 *I* 的左视图　　(b) 补画形体 *II* 的左视图

(c) 补画柱体 *III* 的左视图　　(d) 补画柱体 *IV* 的左视图

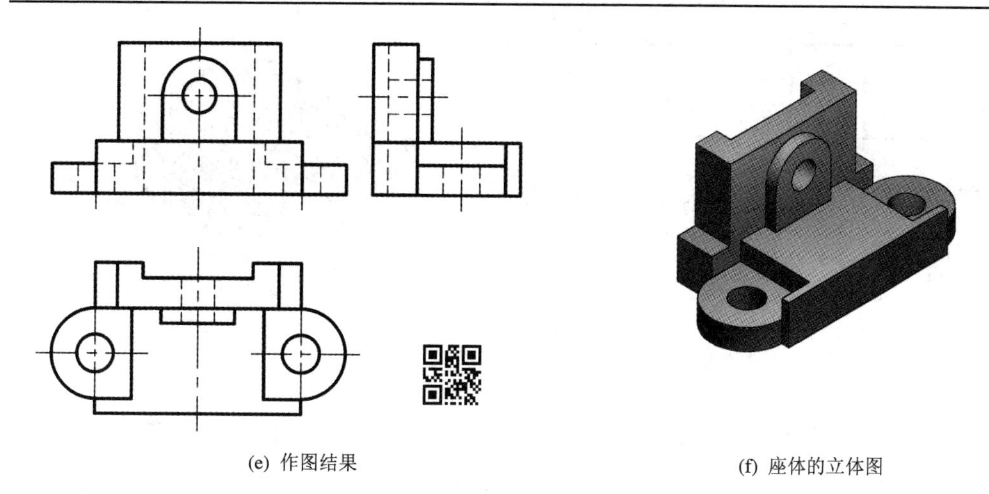

(e) 作图结果　　(f) 座体的立体图

图 7-21　由座体的两个视图补画第三视图

【例 7-3】 如图 7-22 所示，已知压板的主视图和俯视图，求作左视图。

【解】 对照压板的主、俯视图，可看出压板具有前后对称的形状结构，它可看做是由长方体经过切割得到的，属切割式组合体，切割的过程如图 7-23 所示。

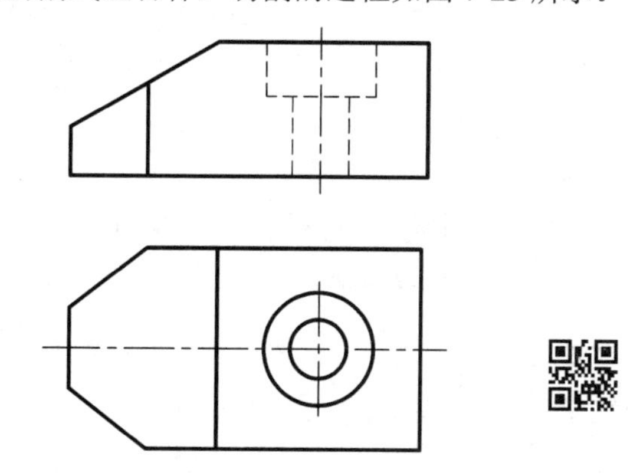

图 7-22　由压板的主、俯视图补画左视图

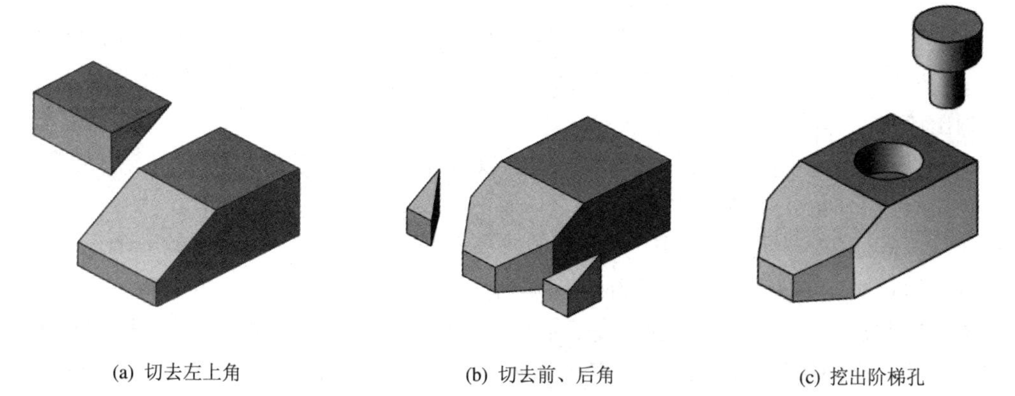

(a) 切去左上角　　(b) 切去前、后角　　(c) 挖出阶梯孔

图 7-23　由长方体切割得到压板

在分析补画切割式组合体的三视图时，需要使用线面分析法。补画压板的左视图的过程如图 7-24 所示。

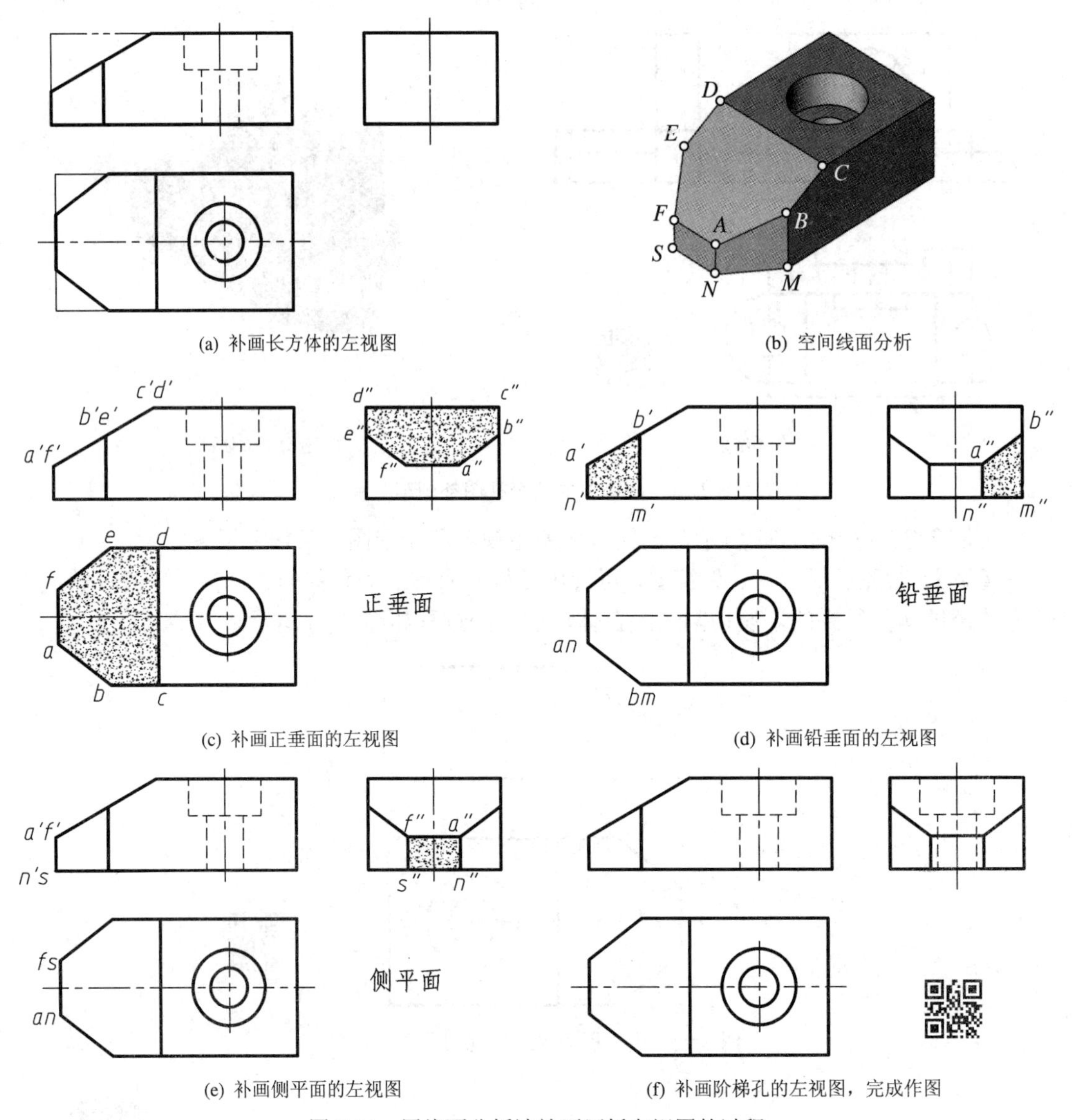

(a) 补画长方体的左视图　　(b) 空间线面分析

(c) 补画正垂面的左视图　　(d) 补画铅垂面的左视图

(e) 补画侧平面的左视图　　(f) 补画阶梯孔的左视图，完成作图

图 7-24　用线面分析法补画压板左视图的过程

① 补画长方体的左视图。如图 7-24(a)所示，添画出表示长方体外轮廓的双点划线，并补画出该长方体的左视图。

② 对压板进行线面分析。图 7-24(b)为压板空间的线面分析图。

③ 补画正垂面 *ABCDEF* 的侧面投影。如图 7-24(c)所示，俯视图中左端有一个六边形的封闭线框 *abcdef*，对应主视图的左上角的一条斜线 *a'b'c'd'e'f'*，显然这是一个正垂面的两面投影，据正垂面的投影特性即可补画出侧面投影的类似形(六边形) *a"b"c"d"e"f"*。

④ 补画铅垂面 *ABMN* 的侧面投影(因前后对称，仅分析左端前方)。如图 7-24(d)所示，主视图中的一个四边形 *a'b'm'n'* 对应着俯视图中左端前方对称的斜线 *abmn*，可分析出压板的左侧前角被一个铅垂面切割，由铅垂面的投影特性可补画出具有类似形(四边形)的侧面投影 *a"b"m"n"*。

⑤ 补画侧平面 *ANSF* 的侧面投影。如图 7-24(e)所示，主视图最左端有一条直线，对应

着俯视图也是一条直线，仅从正面和侧面投影来判断，它可能是一条侧平线，也可能是一个侧平面，那么如何确定呢？由图 7-24(c)、(d)可知，正垂面六边形的左边是一条正垂线 *AF*，铅垂面四边形的左边是一条铅垂线 *AN*，因此可断定压板的左端是由正垂线 *AF* 和铅垂线 *AN* 构成的一个矩形侧平面(两条相交直线确定一个平面)，这个侧平面的侧面投影实际上已在前几步作图中作出了。

⑥ 补画阶梯孔的侧面投影。如图 7-24(f)所示，压板的右端有两个共轴线的上大下小的圆柱孔(也称阶梯孔)，补画出其侧面投影，并加深图线，完成作图。

【例 7-4】 如图 7-25(a)所示，由架体的主、俯视图想象出它的整体形状，并画出左视图。

【解】 由已知条件可初步判断这是一个长方体切割后形成的组合体。如图 7-25(b)所示，主视图中有三个封闭线框 *a*′、*b*′、*c*′，对照俯视图，这三个线框在俯视图中可能分别对应 *a*、*b*、*c* 三条直线。如果存在这种对应关系，它们表示的则是三个相互平行的正平面：*A* 位于最前面，*B* 位于中间，*C* 在最后面。那么，前后的位置关系是否按我们分析的那样对应着呢？从主、俯视图可看出，这个架体分成前、中、后三层：前层和后层被切割去一块直径较小的半圆柱体，这两个半圆柱体直径相等；中间被切割去一块直径较大的半圆柱体，直径与架体等宽；另外，在中后层有一个圆柱形的通孔。由于被切割掉的较小半圆柱槽，在主视图和俯视图中均可见，因此最低的较小半圆柱槽必位于最前面；具有较大半圆柱槽的那一层位于中层；而具有较小半圆柱槽的最高的一层定位于最后层，这证明最初的分析是正确的。

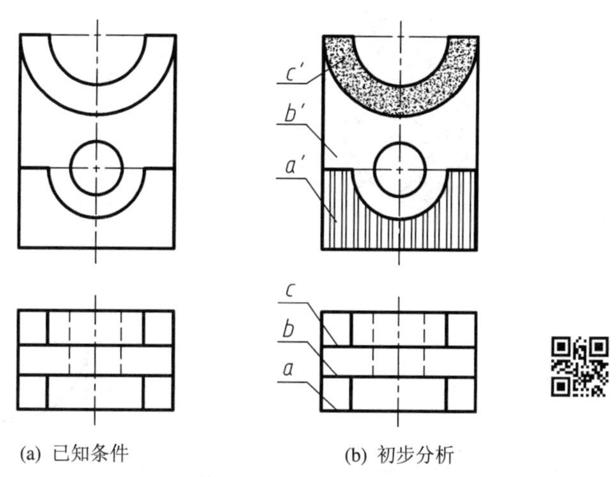

(a) 已知条件　　(b) 初步分析

图 7-25　由架体的主、俯视图补画左视图的分析

图 7-26 给出了补画架体左视图的分析和作图过程。

实际上，有许多组合体从总体来看可认为是叠加形成的，但参与叠加的一些主要部分又是切割形成的。在读这种形式的组合体时，可以结合叠加式组合体与切割式组合体读图的方法，灵活运用形体分析法和线面分析法。其实，前面所讨论的叠加式和切割式组合体有时也可以看成总体是叠加的，局部是切割形成的，如图 7-21 所示，读者可自行分析。这种组合体在有些教科书中也把它们归类为综合式组合体。应该指出，无论如何划分组合体的构成类型，都是以方便读图为出发点的，读者可在学习的过程中，总结出适合于自身的读图分析方法，不断提高读图水平。

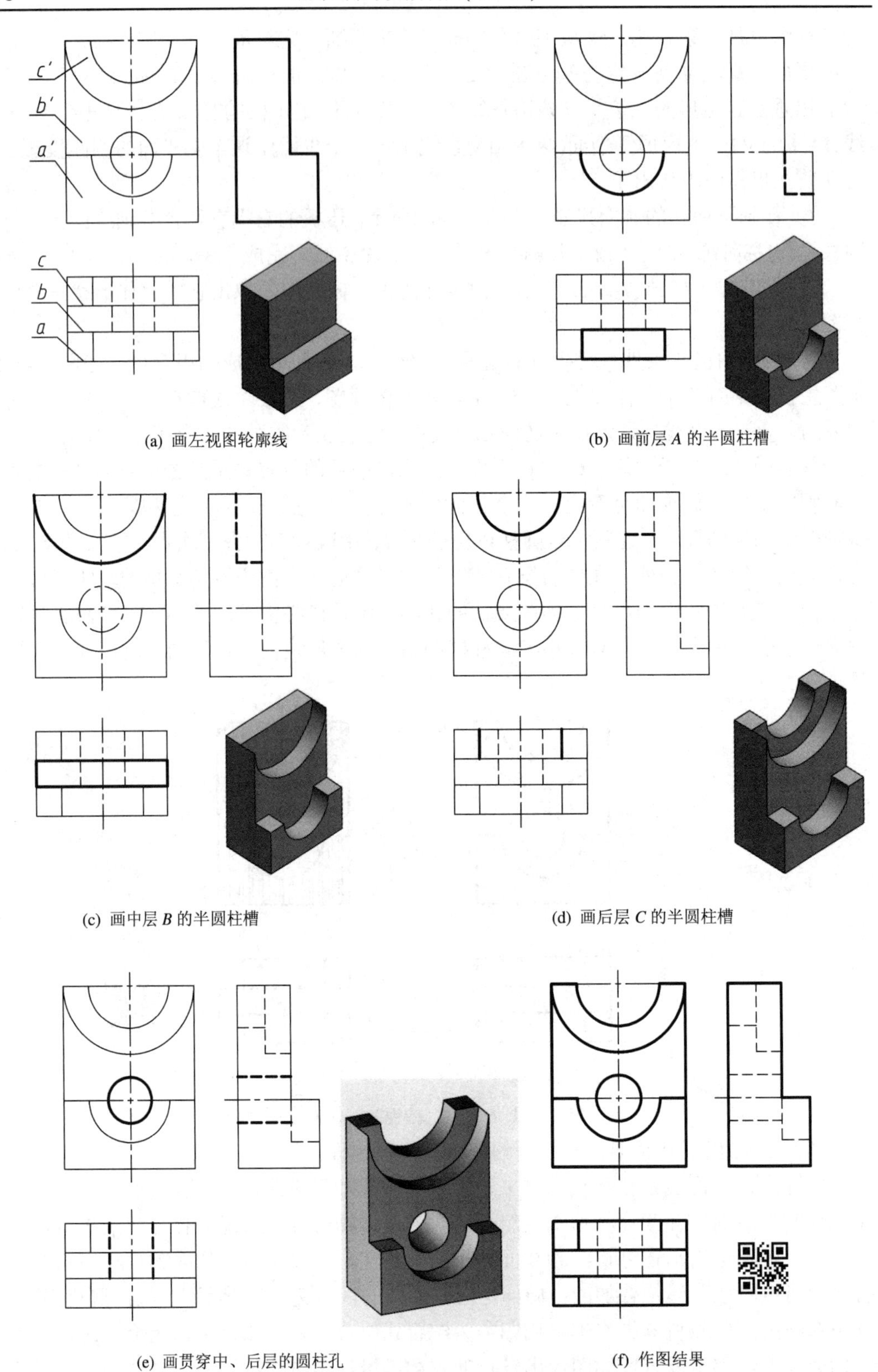

(a) 画左视图轮廓线

(b) 画前层 *A* 的半圆柱槽

(c) 画中层 *B* 的半圆柱槽

(d) 画后层 *C* 的半圆柱槽

(e) 画贯穿中、后层的圆柱孔

(f) 作图结果

图 7-26　补画架体左视图的分析和作图过程

下面通过例题介绍“综合式组合体”的读图方法。

【例 7-5】 由支座的主、俯视图想象出它的形状，并补画左视图(图 7-27)。

【解】 对图 7-27 进行初步分析，可将支座大致分为三个部分：A、B、C，其中 A、B 均为柱体；C 是由底面为矩形和半圆构成的柱体，经过挖孔和切割而形成的。

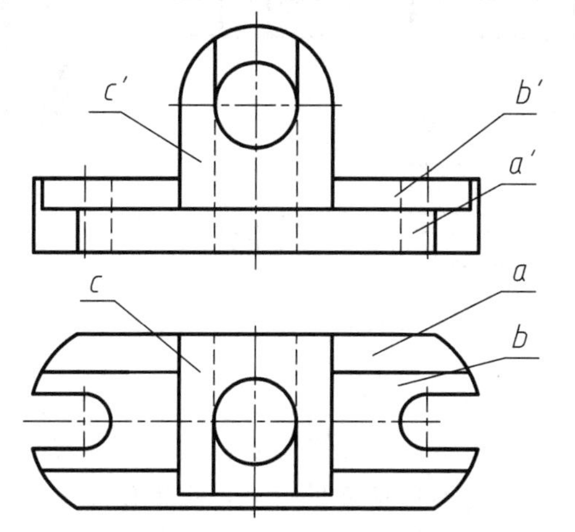

图 7-27　由座体的主、俯视图补画左视图

图 7-28 给出了支座读图的分析和补画左视图的作图过程。

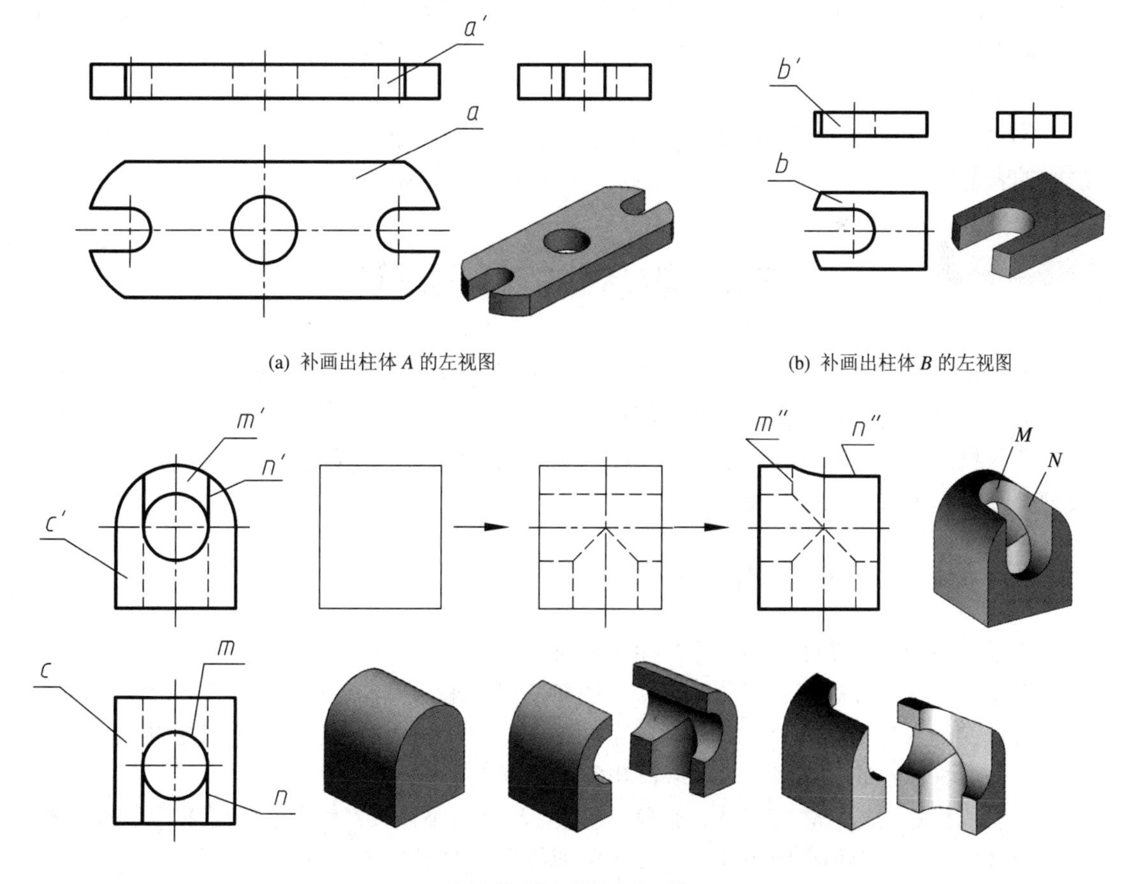

(a) 补画出柱体 A 的左视图　(b) 补画出柱体 B 的左视图

(c) 逐步补画出切割形成的形体 C

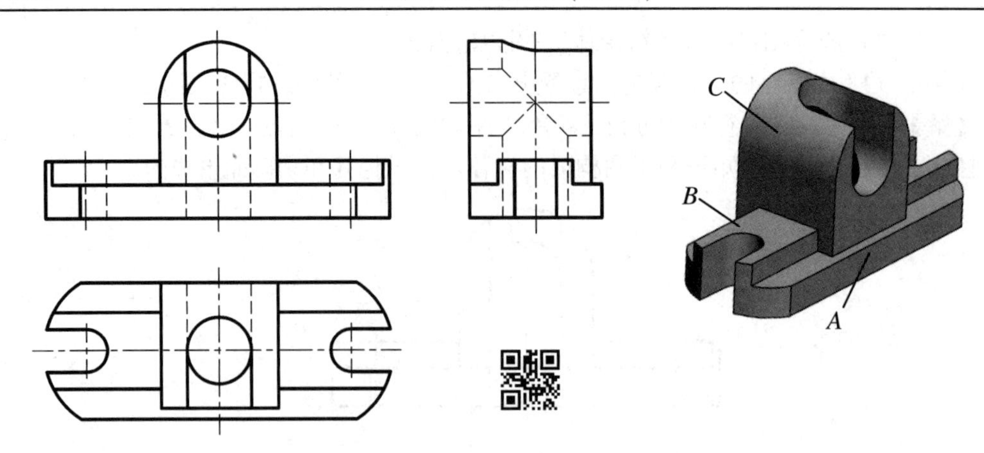

(d) 将 A、B、C 叠加后得到作图结果

图 7-28　支座的读图分析和补画左视图

① 如图 7-28(a)所示，想象出柱体 *A* 的形状，根据投影关系补画出 *A* 的左视图；

② 如图 7-28(b)所示，想象出柱体 *B* 的形状，根据投影关系补画出 *B* 的左视图；

③ 如图 7-28(c)所示，想象出形体 *C* 的形状，根据投影关系补画出 *C* 的左视图：*C* 是由基本体切割形成的，可根据切割的顺序逐步补画出 *C* 的左视图。图中，*M* 表示一个半圆柱面，*N* 表示左右对称的两个侧平面，*M* 和 *N* 组合切割形体 *C* 的上部外表面，产生了相贯线和截交线。*M* 还与轴线为正垂线的圆柱孔相贯，二者直径相同，产生了特殊相贯线，并在左视图中积聚为直线。

④ 图 7-28(d)是将形体 *A*、*B*、*C* 叠加后得到的作图结果，应注意分析叠加时每个部分之间的表面连接关系，以判断二者表面之间图线的有、无和形状。

7.4　组合体的构形设计

根据不能唯一确定组合体形状的视图，构思不同的空间立体，并补全所缺视图，使之唯一确定，这种过程称为构形设计。组合体的构形设计能把空间想象、形体构思和图形表达三者有机结合，在对读图和画图能力全面提升的同时，还能够提高并充分发挥构思者的发散、联想和创造性思维的能力。

7.4.1　构形设计的基本方法

由组合体的一个或两个不充分视图所构思的组合体不止一个(如图 7-12、图 7-13 所示)，因此在由已知视图补画其它视图时，比读图时的“二求三”具有更广阔的想象空间。这种构形设计的基本方法可充分发挥读者的空间想象能力，运用发散性的联想构思出已知视图所对应的两种以上的空间形体，并补画出它们的其余视图。

要求所构思的组合体应简洁、美观、新颖、独特且不怪异；应为实际可以存在的实体，即组合体中的基本形体之间不能出现点接触或线连接的情况，如图 7-29 所示。

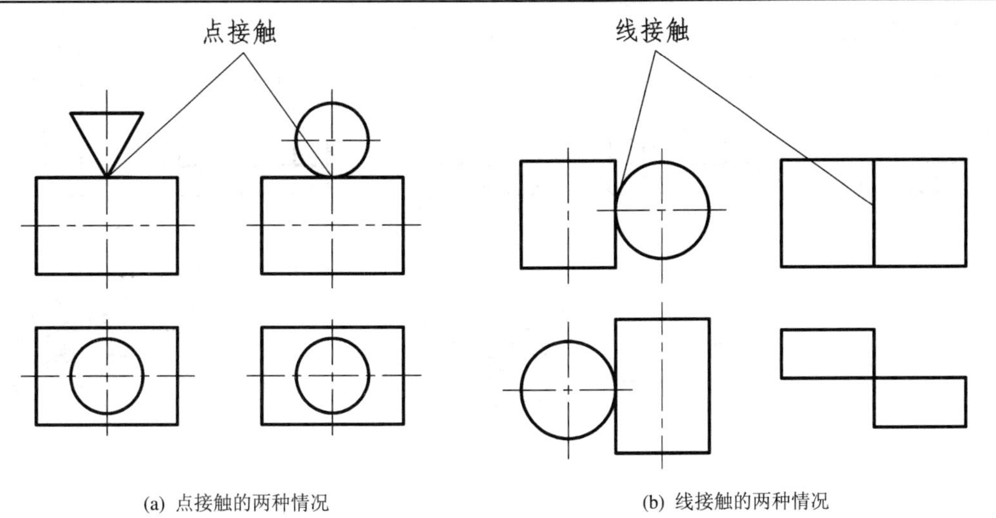

(a) 点接触的两种情况　(b) 线接触的两种情况

图 7-29　基本体之间不能出现点接触和线接触

7.4.2　构形设计举例

下面通过几个实例说明组合体构形设计的方法和过程。

【例 7-6】 如图 7-30(a)所示，由相同的主视图和俯视图构思出几个不同的组合体，并补画出它们的左视图。

【解】 由图 7-30(a)的已知条件可以想象出多种组合体，这些组合体的主视图和俯视图只要能够满足已知条件即可。由外轮廓看，可以假设它的原型是一个长方体，长方体的前面应该有三个相错的表面，才能够形成主视图的三个封闭线框；长方体的上面也应该有三个相错的表面，才能够形成俯视图中的三个封闭线框。这三个表面的形状不同，则形成了不同的组合体。图 7-30(b)～(e)给出了以左视图形状为底面的四种柱体，还可以构思出更多。

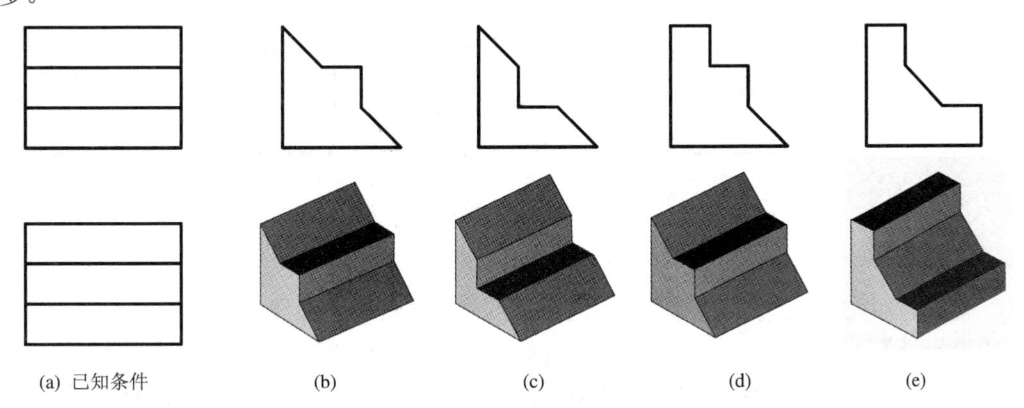

(a) 已知条件　(b)　(c)　(d)　(e)

图 7-30　由相同的主视图和俯视图画出左视图

【例 7-7】 如图 7-31(a)所示，由相同的主视图构思出几个不同的组合体，并补画出它们的俯视图和左视图。

【解】 由图 7-31(a)的已知条件可知，只要主视图相同的组合体均满足题目要求，显然答案很多。图 7-31(b)～(e)给出了四种不同的组合体。

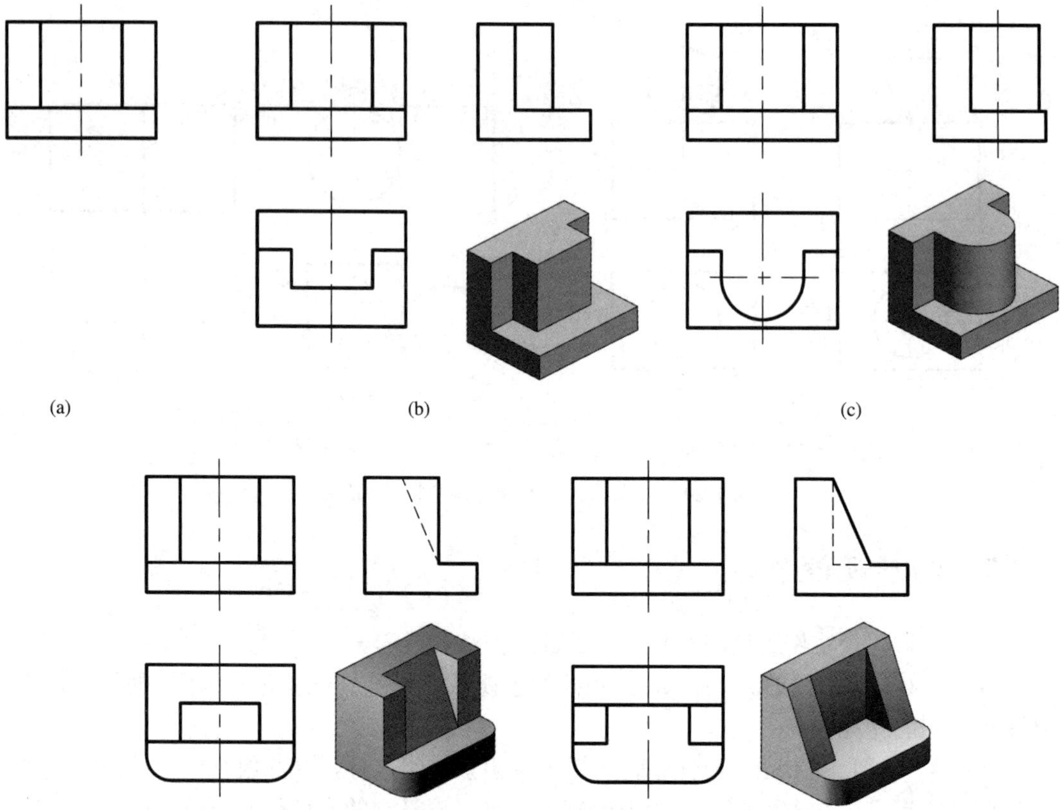

(a)　　(b)　　(c)

(d)　　(e)

图 7-31　主视图相同的不同组合体

【例 7-8】 如图 7-32 所示，已知一个组合体三视图的外轮廓，构思出组合体的形状，并补画外轮廓线内部的图线，作出完整的三视图。

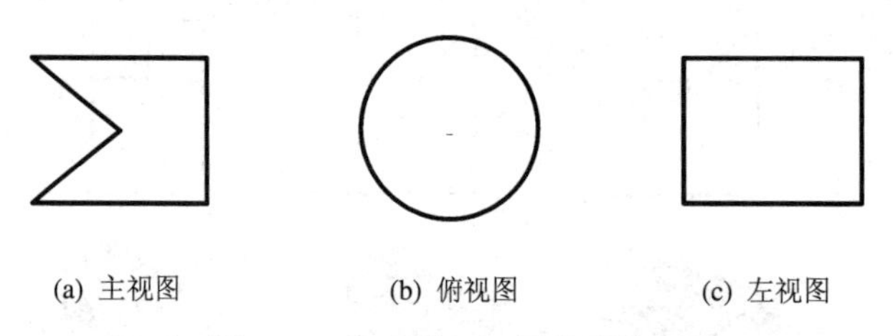

(a) 主视图　　(b) 俯视图　　(c) 左视图

图 7-32　组合体三视图的外轮廓

【解】 由题意可知，所构思出的组合体三视图，其外轮廓线的形状位置及三个视图之间的投影等量关系为已知，不能改变。据此可分别构思出外轮廓线满足已知条件的一些组合体，如图 7-33(a)、(b)、(c)所示。从图中可以看到，同时符合已知条件的组合体就是图 7-33(a)的最后一个立体。该组合体是轴线为铅垂线的圆柱，被两个对称的正垂面切割了中间一部分，两个正垂面的交线是正垂线，在俯视图中为反映实长的虚线，在左视图中则是一条可见的反映实长的直线。两正垂面切割圆柱产生的截交线是上下对称的椭圆(半个)，在俯视图中积聚在圆上，在左视图中的投影为上下对称的半椭圆弧。图 7-33(d)给出了所构思组合体完整的三视图，立体图见图 7-33(e)。

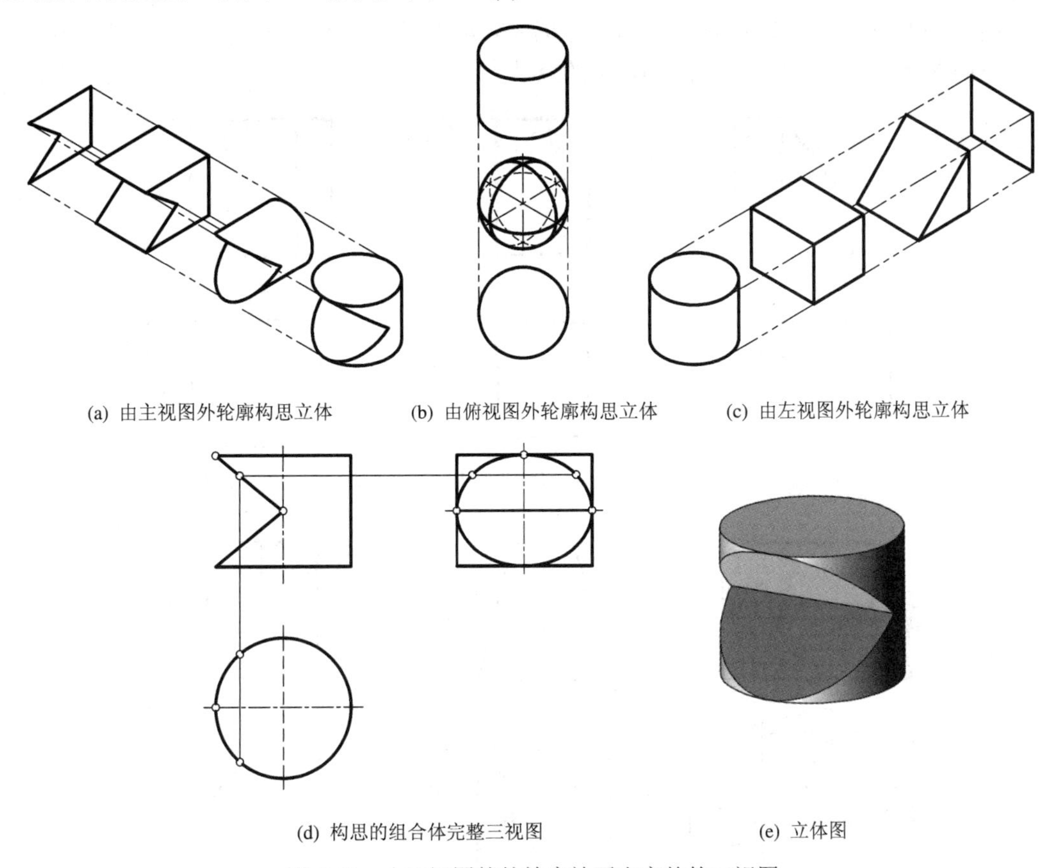

(a) 由主视图外轮廓构思立体　(b) 由俯视图外轮廓构思立体　(c) 由左视图外轮廓构思立体

(d) 构思的组合体完整三视图　(e) 立体图

图 7-33　由三视图的外轮廓补画出完整的三视图

7.5　组合体的尺寸标注

视图只能表达组合体的形状，而构成组合体的各基本形体的真实大小及其相对位置，则需要通过标注尺寸才能够确定。本节是在学习第 1 章中平面图形尺寸标注的基础上，进一步学习组合体的尺寸标注方法。

组合体尺寸标注的基本要求为：

(1) 正确。严格遵守国家标准中有关尺寸标注的规定(详见第 1 章)。

(2) 完整。所注尺寸必须齐全，能够完全确定立体的形状和大小，不重复，不遗漏。

(3) 清晰。尺寸在视图中应布置适当、清楚，便于看图。

7.5.1　简单立体的尺寸标注

组合体的形状无论复杂与否，一般都可以认为是由简单立体通过叠加或切割得到的。要掌握组合体的尺寸标注，必须先熟悉和掌握一些简单立体的尺寸标注方法。这些尺寸标注法已经规范化，一般不能随意改变。

1．常用基本体的尺寸标注

图 7-34 给出了一些常用基本体的尺寸标注。对于基本体，一般应注出它的长、宽、高三个方向的尺寸，例如图 7-34(a)～(e)中的立体。

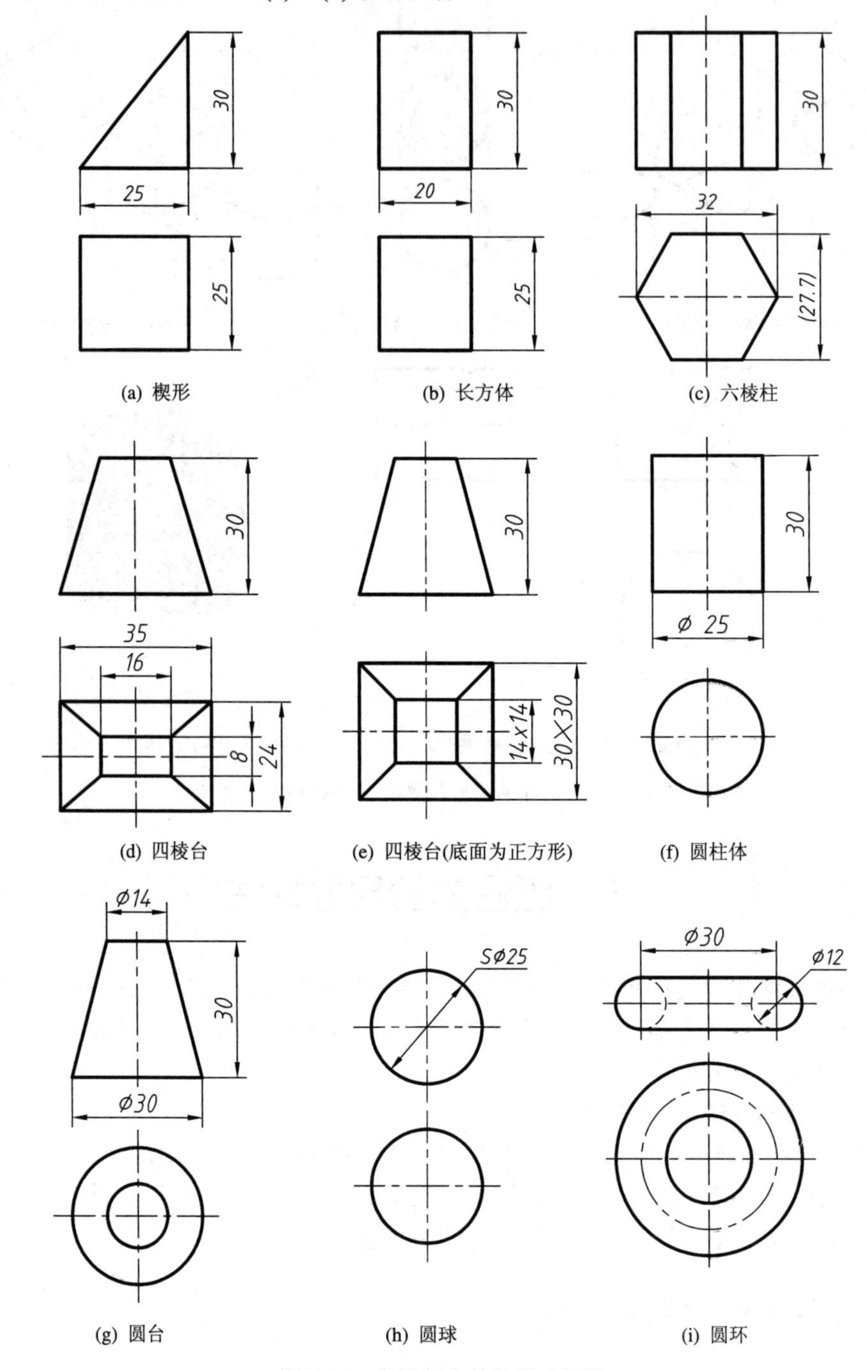

(a) 楔形　(b) 长方体　(c) 六棱柱

(d) 四棱台　(e) 四棱台(底面为正方形)　(f) 圆柱体

(g) 圆台　(h) 圆球　(i) 圆环

图 7-34　常用基本体的尺寸标注

六棱柱(图 7-34(c))的俯视图中有一个表示六边形对边距的尺寸(27.7)中参考尺寸，也可以不注。六棱柱的标注中，其六边形单独标注对角距 32 或对边距都可以。在回转体的尺寸标注中，有时可用一个径向尺寸表达两个方向的尺寸。如图 7-34(f)～(i)所示，在标注圆柱体、圆台(或圆锥体)、圆球和圆环的尺寸时，可在其投影为非圆的视图上注出直径尺寸“ϕ”即可，因为直径尺寸“ϕ”具有双向尺寸功能，它同时表明了该回转体的长度和宽度方向尺寸；在回转体的非圆视图中标注出径向尺寸后，还可省略一个反映圆的视图，即图 7-34(f)～(i)中可以省略俯视图。

2．具有切口的基本体和相贯体的尺寸标注

图 7-35 给出了一些常见切割体和相贯体的尺寸标注。在标注切割体和相贯体的尺寸时，应首先注出被切割前的基本体及参加相贯的基本体的“定形尺寸”，然后再注出确定截平面位置的“定位尺寸”和确定参加相贯的基本体之间相对位置的“定位尺寸”(定形尺寸和定位尺寸见 7.5.2 节内容)，而截交线和相贯线本身是不允许标注尺寸的。

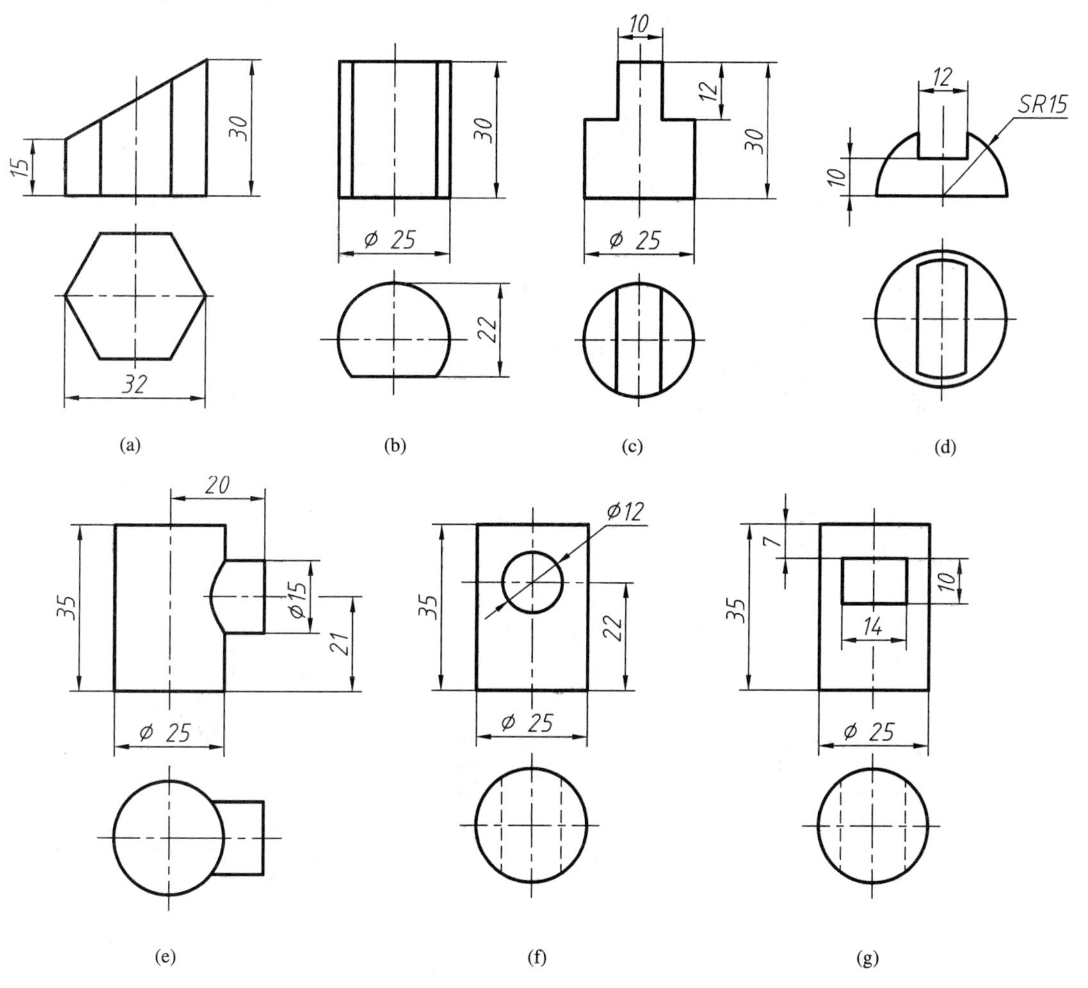

图 7-35　常见切割体和相贯体的尺寸标注

3．常见薄板的尺寸标注

图 7-36 列举了几种常见薄板的尺寸标注，这些薄板是机件中的底板、竖板和法兰的常见形式。从图中可以看出，这些薄板为顶面和底面具有相同形状的柱体，只要按照平面图

形的尺寸注法注出顶面或底面的尺寸，再注出板的厚度就可以了。

图 7-36(a)所示底板的四个圆角，无论与小孔是否同心，整个形体的长度尺寸(26)和宽度尺寸(16)、圆角半径(*R*4)、小孔的直径(4 ×*ϕ*4)以及确定小孔位置的中心距(18、8)等尺寸都要注出。当圆角与小孔同心时，应注意上述尺寸间不要发生矛盾。注意：对称结构中的相同尺寸圆弧，只标注一个即可，如四个圆角的半径 4，不必注明圆弧的个数；而相同的圆孔尺寸，只标注一个直径尺寸，但同时要说明圆孔的个数，如四个圆孔的直径均为 4 mm，在图中标注为 4 ×*ϕ*4。以后遇到相同或类似情况，均可采用这种方法标注。

图 7-36(b)所示板的前后对称圆弧位于同一直径的圆上，应标注直径尺寸(*ϕ*16)，长度方向的总体尺寸则由小孔中心距(18)与两个圆弧半径(*R*4)之和得到，不允许直接注出。

图 7-36(c)中底板是由一圆柱体切割得到的，应注出圆柱被切割前的直径(*ϕ*24)，左右两端分别开了两个带半圆的槽，注出半圆槽的中心距(16)后，只要再注出槽宽(4)即可。因两端由切割得到，所以不标注总长尺寸。

在图 7-36(d)中，底板上四个小孔的圆心在同一个直径的圆周上，应注出其直径(*ϕ*18)。

在图 7-36(e)中，底板上四个小孔需标注出孔在长度和宽度方向的中心距(均为 14)。

在图 7-36(f)中，底板上四个小孔的圆心在同一个直径的圆周上，应注出其直径(*ϕ*17)。

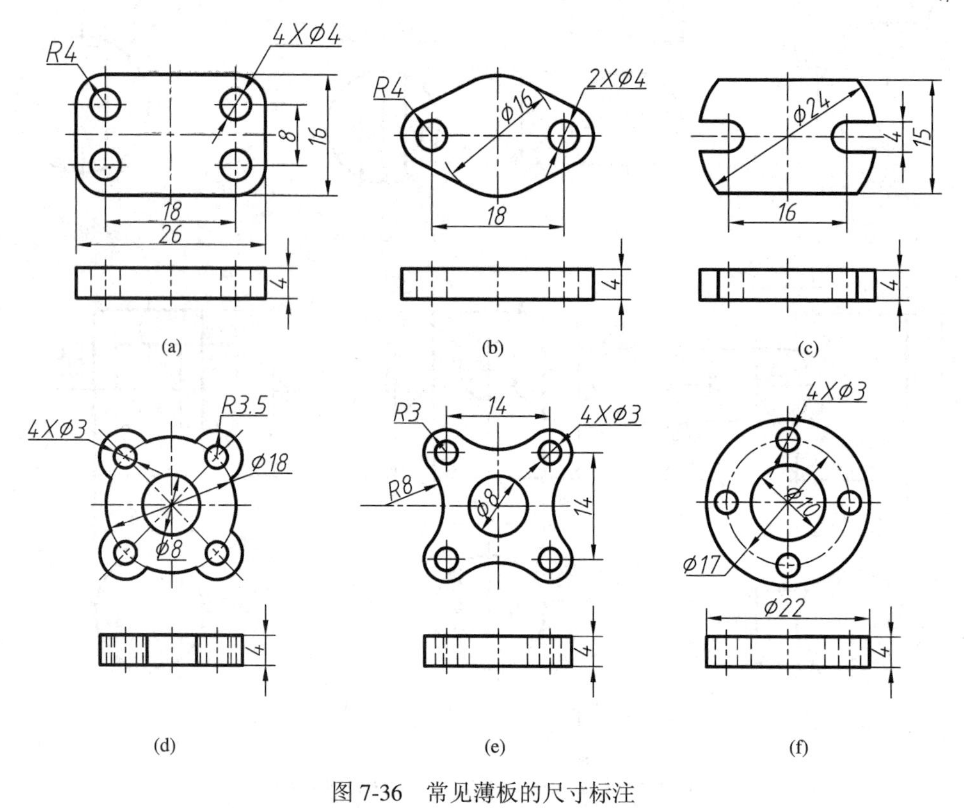

图 7-36　常见薄板的尺寸标注

7.5.2　组合体的尺寸标注

要确定组合体的形状和大小，从形体分析的角度来看，需确定组合体中各基本体的形状和大小，并确定它们之间的相对位置。组合体尺寸标注的核心内容，是用形体分析法来保证尺寸标注的完全，既不多注尺寸，也不遗漏尺寸。

1．形体分析和尺寸基准

在组合体视图上标注尺寸，首先要在形体分析的基础上确定尺寸基准(简称基准)。

基准分为主要基准和辅助基准，要详尽讨论基准问题，需要涉及设计、制造、检测等多方面的知识，有待于后续课程去逐步讨论。

这里仅讨论在标注组合体定位尺寸时的主要基准选择。

因为组合体需要在长、宽、高三个方向标注尺寸，所以在每一个方向都应有一个尺寸基准。一般选取组合体的对称平面、底面、重要的端面、主要轴线等几何元素作为尺寸基准。

图 7-37 是一个支架的立体图和三视图，通过形体分析可看出它由三部分组成：底板、竖板和肋。它在长度方向具有对称平面，在高度方向具有能使立体平稳放置的底面，在宽度方向上底板和竖板的后表面平齐(共面)。应选取支架的对称平面作为长度方向的尺寸基准；平齐的后表面作为宽度方向的尺寸基准；底面作为高度方向的尺寸基准。

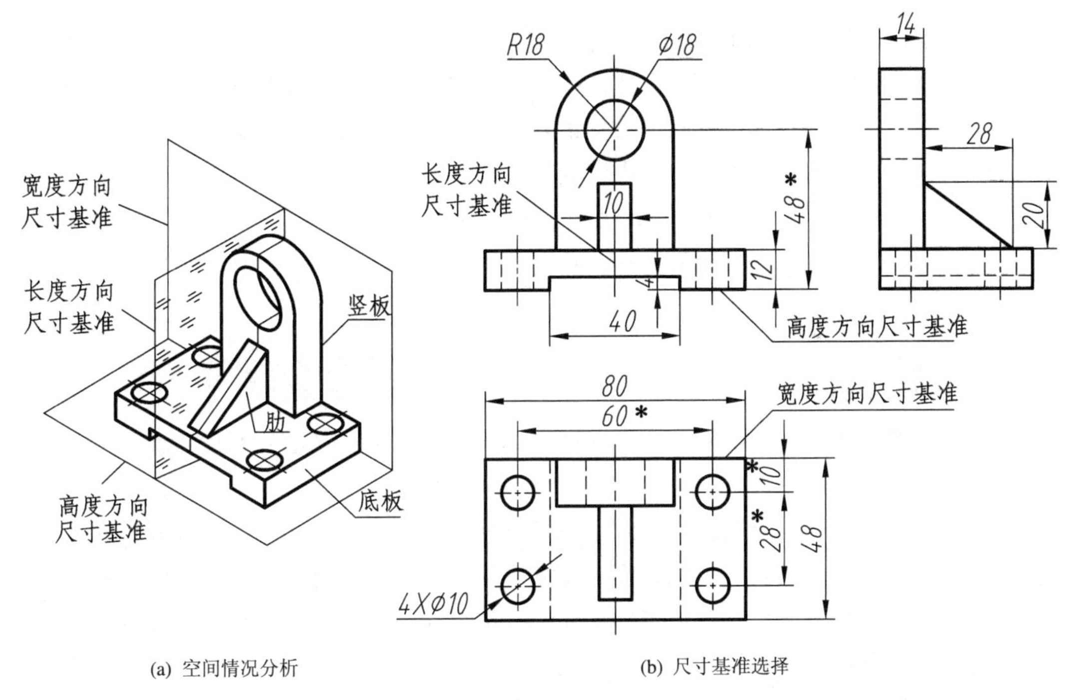

(a) 空间情况分析　　(b) 尺寸基准选择

图 7-37　支架的形体分析和尺寸基准

2．尺寸的种类

组合体中的尺寸，可以根据作用将其分为三类：定形尺寸、定位尺寸和总体尺寸。图 7-37 所示的组合体已经标注了尺寸，下面通过它来分析这三类尺寸。

1) 定形尺寸

定形尺寸是指用来确定组合体上各基本形体大小的尺寸。

图 7-37(b)注出了支架的各基本形体的定形尺寸，如：

- 底板的定形尺寸：长 80、宽 48、高(厚度)12；凹槽的尺寸 40、4；4 个孔的尺寸 $4\times\phi10$。
- 竖板的定形尺寸：上部半圆柱面的半径(长度)$R18$、厚度(宽度)14、圆柱孔直径$\phi18$。

一般情况下，每一个基本体均需要定形尺寸来确定其形状大小，但考虑到各基本形体组合以后形体之间的相互联系和影响，有些基本体的定形尺寸可能由其它基本体的某些尺寸代替了，而无需重复标注；有的定形尺寸不能直接注出，而是间接得到。如竖板的高度尺寸不单独注出，由 $48 - 12 + R18$ 间接得到。

- 肋的定形尺寸：三角形尺寸 28、20 和厚度 10。

2) 定位尺寸

定位尺寸是指确定构成组合体的各基本形体之间(包括孔、槽等)相对位置的尺寸。

图 7-37(b)给出了各基本形体间的定位尺寸(标注*的尺寸)，如：

- 俯视图中的尺寸 60(长度)和 28(宽度)，确定了底板上 4 个圆柱孔的中心距；尺寸 10 则确定了孔到后端面(宽度方向尺寸基准)的距离。
- 主视图中的尺寸 48，确定了竖板上部圆柱孔的轴线距离底板底面(高度方向尺寸基准)的尺寸。

一般情况下，每一个基本体在三个方向均需定位，但考虑到各基本形体组合以后，其定位关系已经在视图中体现，可以不注，如竖板上的半圆柱面 $R18$ 和圆柱孔$\phi18$ 的轴线及底板上的四个孔的轴线，均位于长度方向的对称平面上，一目了然，无需再注定位尺寸；肋板的位置在视图中也很清楚，无需再注定位尺寸。

3) 总体尺寸

总体尺寸用来确定组合体在长、宽、高三个方向的总长、总宽、总高的尺寸，如：

- 总长：80。
- 总宽：48。
- 总高：$48 + R18$。

总体尺寸有时就是某一基本体的定形尺寸，如 80 和 48 既是底板的长和宽，也是组合体的总长和总宽。

在标注总体尺寸时，如遇到回转体，一般不直接注出其总体尺寸，如图 7-37(b)所示，在注总高尺寸时，遇到了 $R18$ 的圆柱面，不能直接注出总高，而是由 $48 + R18$ 间接得到。

实际上，将组合体的尺寸分为定形尺寸、定位尺寸和总体尺寸只是在对组合体进行尺寸标注时的一种分析方法和手段，其实各类尺寸并不是孤立的，它们可能同时兼有几类尺寸的功能。如底板的厚度尺寸 12 也是竖板和肋板高度方向的定位尺寸，竖板的宽度 14 也是肋板宽度方向的定位尺寸等。一般只要正确地选择尺寸基准，注全定形尺寸和定位尺寸及总体尺寸，就能做到尺寸齐全。当然，组合体的尺寸标注并不是几个基本形体尺寸的机械组合，有时为了避免重复尺寸以及尺寸布置的清晰问题，还要对所注尺寸作适当调整。

3. 组合体尺寸标注应注意的问题

(1) 组合体的端部是回转体时，该处的总体尺寸一般不直接注出。图 7-38(a)是正确的注法，图 7-38(b)是错误的注法。

(2) 对称的定位尺寸应以尺寸基准对称面为对称直接注出，不应在尺寸基准两边分别注出。图 7-39(a)是正确的注法，图 7-39(b)是错误的注法。

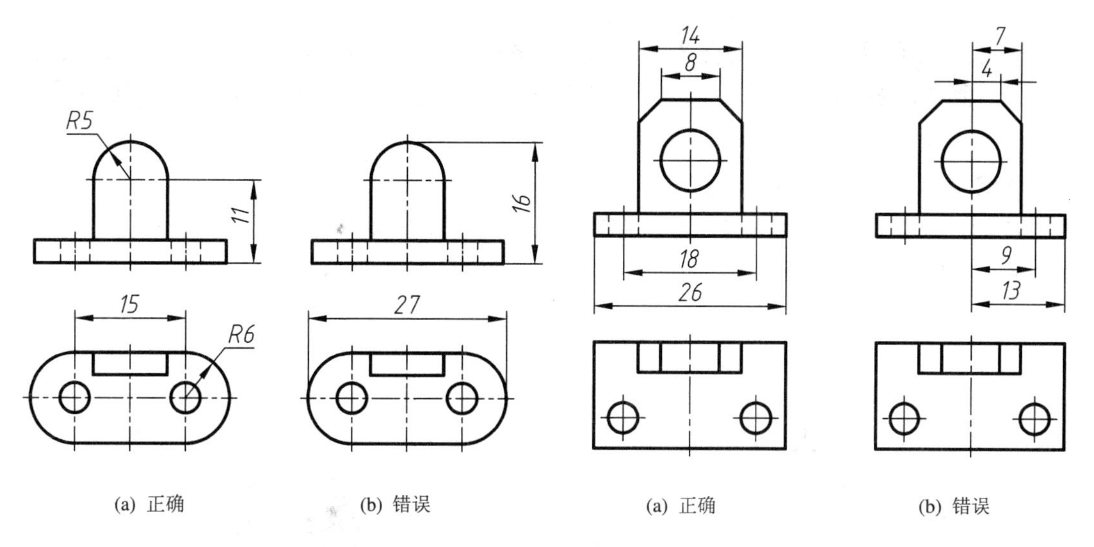

(a) 正确　(b) 错误

图 7-38　总体尺寸不能直接注出的情况

(a) 正确　(b) 错误

图 7-39　对称尺寸的注法

(3) 标注尺寸要注意排列整齐、清晰，尺寸尽量注在视图之外、两个视图之间。如图 7-40(a)左视图中的 12、15。对每一个基本体的有关尺寸尽量集中在特征视图上，如图 7-40(a)所示：三角肋的尺寸 6、14 应集中标注在主视图中；底板的尺寸 26、4、11、9、*R*2 应集中标注在俯视图上；竖板的尺寸 15、9、15、12、*R*3、2 × ϕ3 应集中标注在左视图上，以便于看图时查找尺寸。尽量避免在虚线上标注尺寸，如图 7-40(b)所示主视图的孔 2 × ϕ3，应如图 7-40(a)那样标注在左视图中。对于同一个组合体，图 7-40(a)的尺寸标注比较清晰，图 7-40(b)的尺寸标注不够清晰。

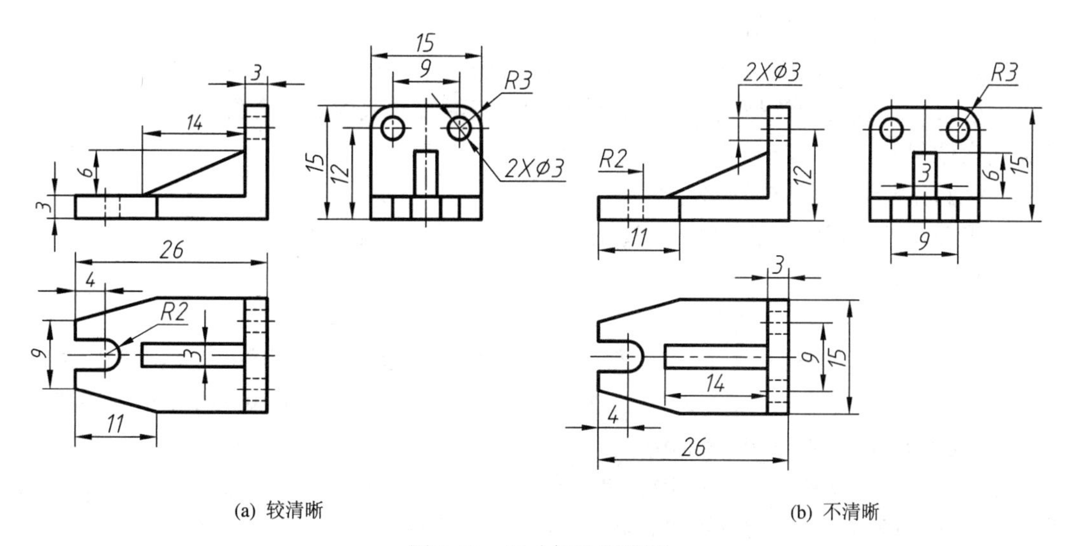

(a) 较清晰　(b) 不清晰

图 7-40　尺寸标注要清晰

4．组合体尺寸标注示例

现以图 7-41 所示的支座为例，来进一步说明标注组合体尺寸的方法和步骤。

1) 形体分析

如图 7-41 右图所示，该组合体由四个基本形体组成：底板、圆筒、凸台、肋板。具有一个前后基本对称的平面(凸台除外)；圆筒和肋板叠加在底板上，凸台与圆筒轴线垂直相交。

2) 选择尺寸基准

如图 7-41 左图所示，根据形体分析的结果，选取圆筒的轴线作为长度方向的尺寸基准；选择基本对称的正平面为宽度方向的尺寸基准；选取底板底面为高度方向的尺寸基准。

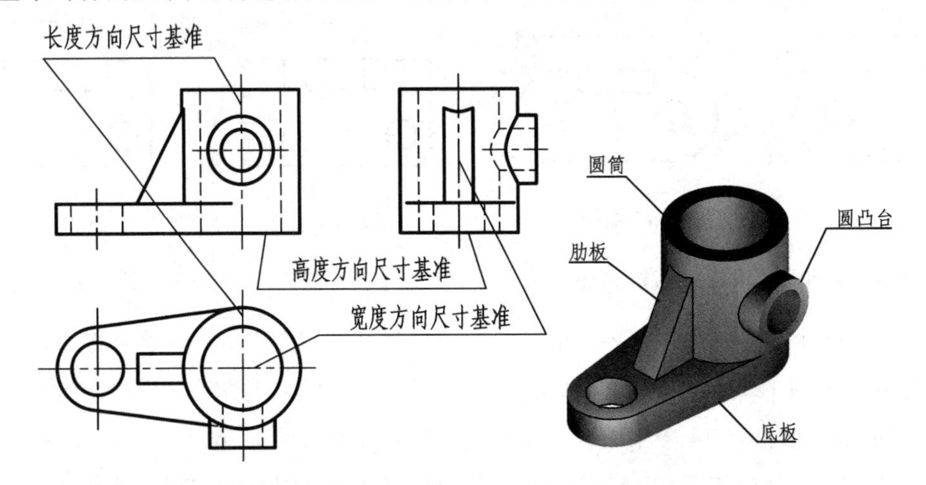

图 7-41　支座形体分析和尺寸基准选择

3) 逐步注出各基本形体的定形和定位尺寸

通常先注出组合体中最主要基本形体的尺寸，然后注出其余基本形体的尺寸。标注尺寸的顺序如下：

(1) 标注圆筒的尺寸(图 7-42(a))。

定形尺寸：主视图中的ϕ40、48，俯视图中的ϕ28 是圆筒的定形尺寸；

定位尺寸：因为圆筒是整个组合体的基础，其轴线和底面是组合体尺寸基准，所以圆筒无需定位尺寸。

(2) 标注凸台的尺寸(图 7-42(a))。

定形尺寸：左视图中的ϕ22、主视图中的ϕ15 是凸台的定形尺寸。

定位尺寸：

长度方向(*X* 方向)——省略，因为凸台的轴线与长度方向的尺寸基准重合；

宽度方向(*Y* 方向)——尺寸 26(在左视图中)，确定凸台端面与宽度尺寸基准的距离；

高度方向(*Z* 方向)——尺寸 28(在左视图中)，确定凸台轴线与高度尺寸基准的距离。

(3) 标注底板的尺寸(图 7-42(b))。

定形尺寸：主视图中的尺寸 10，俯视图中的尺寸 *R*14 和ϕ16，是底板的定形尺寸。因为底板右端的圆弧与圆筒的外圆直径ϕ40 相同，故省略标注。

定位尺寸：

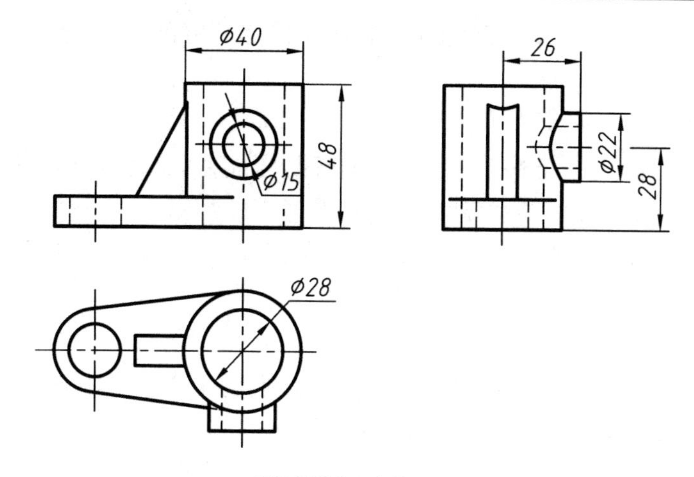

(a) 标注圆筒和凸台的尺寸

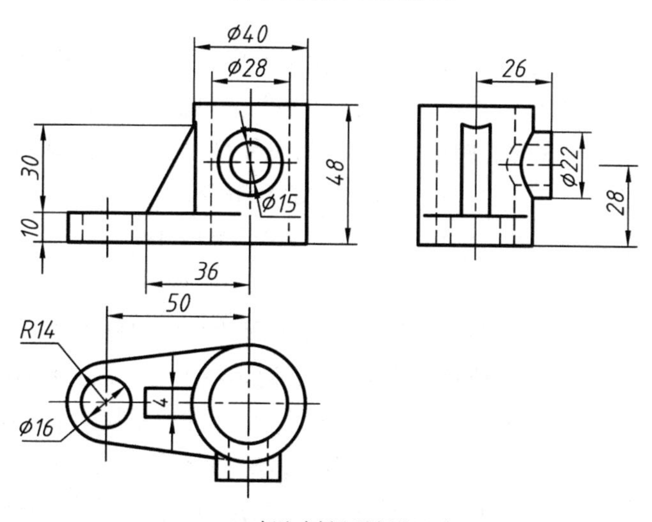

(b) 标注底板和肋板的尺寸

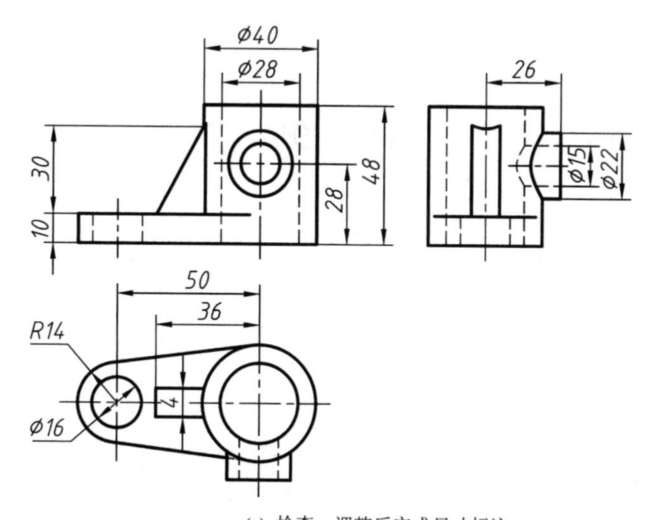

(c) 检查、调整后完成尺寸标注

图 7-42　支座尺寸标注的方法步骤

长度方向(X方向)——尺寸50(在俯视图中)，确定左端圆柱孔的轴线与长度方向尺寸基准的距离；

宽度方向(Y方向)——省略，因为底板前后对称中心线与宽度方向的尺寸基准重合；

高度方向(Z方向)——省略，因为底板的底面是高度方向的尺寸基准。

(4) 标注肋板的尺寸(图7-42(b))。

定形尺寸：主视图中的尺寸30，俯视图中的尺寸4，是肋的定形尺寸。因为肋右端的圆弧与圆筒的外圆直径$\phi40$相同，故省略标注。

定位尺寸：

长度方向(X方向)—尺寸36(在俯视图中)，确定肋的左端与长度方向尺寸基准的距离；

宽度方向(Y方向)——省略，因为肋前后对称中心线与宽度方向的尺寸基准重合；

高度方向(Z方向)——省略，因为底板的厚度10，也同时确定了肋在Z方向的位置。

(5) 标注总体尺寸(图7-42(b))。

总长尺寸(X方向)——该方向的总体尺寸不能直接标注，因为两端均为回转体，可以由几个尺寸相加得到。从俯视图中看出，总长尺寸应为$R14 + 50 + \phi40/2$。

总宽尺寸(Y方向)——因为有圆筒，该方向的总体尺寸也不能直接标注，可以由几个尺寸相加得到。从左视图可看出，总宽尺寸应为$26 + \phi40/2$。

总高尺寸(Z方向)——该方向的总体尺寸为圆筒的高度48。

4) 检查、调整尺寸

按基本形体逐个检查其定形尺寸和定位尺寸，以及组合体的总体尺寸(看是否需要单独标注)，补上漏注的尺寸，去除多余或重复的尺寸，并对标注不清晰和位置不恰当的尺寸进行调整，使尺寸布置清晰，便于看图。如图7-42(c)所示，原标注在主视图中的尺寸36，调整到了俯视图上，使标注意图更清晰；原俯视图中的尺寸$\phi28$，调整到了主视图中，虽然标在了虚线上，但圆柱筒的内、外径尺寸一目了然，原主视图中的$\phi15$，调整到了左视图中，也是同样道理；原左视图中的尺寸28调整到了主视图中，并放在了两个视图之间，更方便看图。

该支座完成后的尺寸标注如图7-42(c)所示。

7.6 轴　测　图

在机械制图中，一般采用多面正投影图(包括三视图)来表达机件。这种图的主要优点是作图简便且度量性好，缺点是缺乏立体感。因此，在生产中有时也用轴测图(也称立体图)作为辅助图样。GB/T 14692—2008《技术制图 投影法》和GB/T 4458.3—2013《机械制图 轴测图》给出了绘制轴测图的相关规定。

7.6.1 轴测图的基本知识

1. 轴测图的形成

如图7-43所示，将物体连同其参考直角坐标系，沿不平行于任一坐标面的方向，用平行投影法将其投射在单一投影面上所得到的具有立体感的图形，称为轴测图。这个单一的投影面 P 称为轴测投影面，空间直角坐标轴 O_0X_0、O_0Y_0、O_0Z_0 在轴测投影面上的投影 OX、OY、OZ 称为轴测轴。

用正投影法形成的轴测图称为正轴测图，如图 7-43(a)所示；用斜投影法形成的轴测图称为斜轴测图，如图 7-43(b)所示。

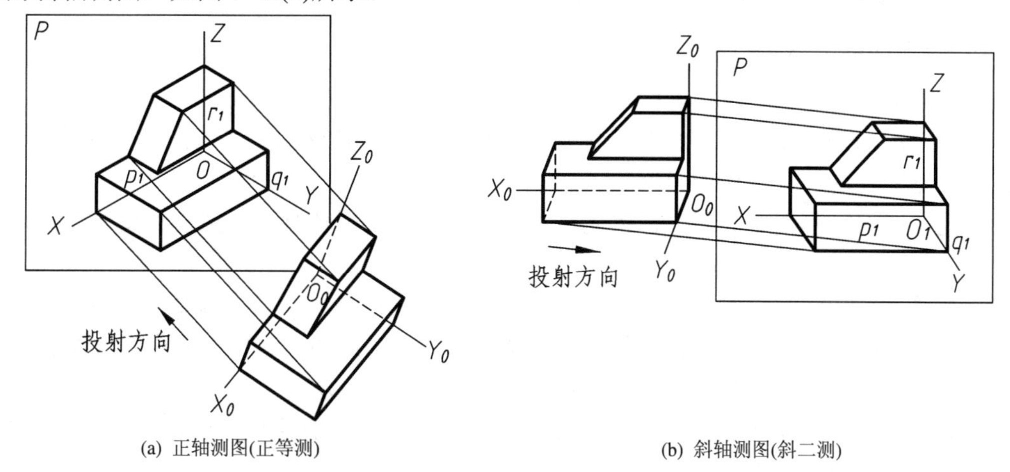

(a) 正轴测图(正等测)　　(b) 斜轴测图(斜二测)

图 7-43　轴测图的形成

2．轴间角和轴向伸缩系数

1) 轴间角

轴测轴之间的夹角∠*XOY*，∠*YOZ* 及∠*XOZ* 称为轴间角，如图 7-43 所示。

2) 轴向伸缩系数

轴测轴上的单位长度与相应投影轴(空间直角坐标轴)上的单位长度的比值，称为轴向伸缩系数。由于三个坐标轴与轴测投影面倾斜角度可不同，所以三个轴的伸缩系数也可不同，分别表示如下：

p_1——沿 OX 轴的轴向伸缩系数；

q_1——沿 OY 轴的轴向伸缩系数；

r_1——沿 OZ 轴的轴向伸缩系数。

如果知道了轴间角和轴向伸缩系数，便可根据立体的视图来绘制轴测图了。在画轴测图时，只能沿轴测轴方向并按相应的轴向伸缩系数量取有关线段的尺寸，“轴测图”即由此得名。

3．轴测图的投影特性

由于轴测图是由平行投影法得到的，因此它应具有平行投影的投影特点(参考图 7-43)：

(1) 立体上互相平行的线段，在轴测图中仍互相平行；立体上平行于空间坐标轴的线段，在轴测图上仍平行于相应的轴测轴。

(2) 立体上两平行线段或同一直线上的两线段长度之比值，在轴测图上保持不变。

(3) 立体上平行于轴测投影面的直线和平面，在轴测图上反映实长和实形。

4．轴测图的种类

轴测图分为正轴测图和斜轴测图两大类。根据不同的伸缩系数，正轴测图和斜轴测图又各分为三种。

正轴测图可分为：① 正等轴测图(简称正等测)：$p_1=q_1=r_1$；② 正二轴测图(简称正二测)：$p_1=r_1\neq q_1$；③ 正三轴测图(简称正三测)：$p_1\neq q_1\neq r_1$。

斜轴测图可分为：① 斜等轴测图(简称斜等测)：$p_1=q_1=r_1$；② 斜二轴测图(简称斜二测)：$p_1=r_1\neq q_1$；③ 斜三轴测图(简称斜三测)：$p_1\neq q_1\neq r_1$。

5. 轴测图的画法

画轴测图的方法有三种：坐标法、切割法和叠加法。其中坐标法是最基本的画法。

坐标法：沿坐标轴测量并按照坐标画出立体上的一些特殊点的轴测图(如顶点等)，再连线成轴测图，这种方法称为坐标法。

切割法：对切割形成的立体，可先将被切割前的完整形体画出，然后再逐块切割，得到轴测图，这种方法称为切割法。

叠加法：用形体分析的方法，将立体分为几个基本体叠加而成，按照基本体之间的相对位置，逐一叠加画出各基本体，从而得到整个立体的轴测图，这种方法称为叠加法。

在具体作图时，应根据立体的形状特点灵活运用这些方法。

在轴测图中，用粗实线画出可见轮廓，为清晰起见，一般不画不可见的轮廓线，但有表达需要时，也可以用虚线画出。

工程上使用较多的轴测图有两种：正等测和斜二测。下面介绍它们的相关知识和画法。

7.6.2　正等测的画法

1. 形成

如图 7-43(a)所示，当三根坐标轴与轴测投影面倾斜的角度相同时，用正投影法得到的投影图称为正等测图，简称正等测。

2. 轴间角及轴向伸缩系数

如图 7-44 所示，正等测的三个轴间角相等，均为 120°，规定 OZ 画成铅垂方向，三根轴测轴上的轴向伸缩系数相同，即 $p_1=q_1=r_1=0.82$。为了作图简便，常采用轴向伸缩系数为 1 来作图，即 $p=q=r=1$。这样画出的正等测，三个方向的尺寸都放大了 1/0.82=1.22 倍。图 7-45 是分别用两种轴向伸缩系数画出的同一立体的正等测。

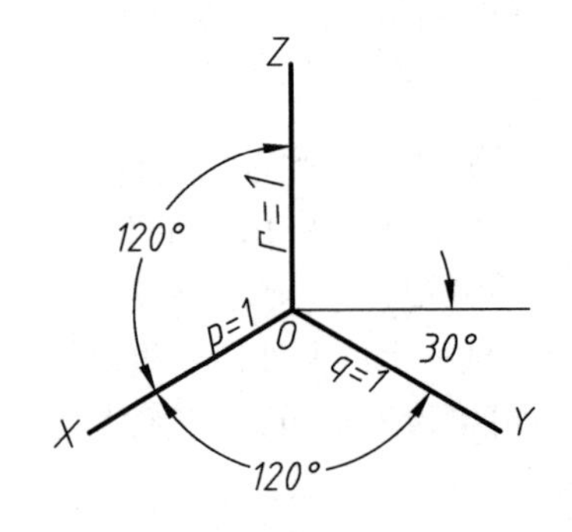

图 7-44　正等测的轴间角

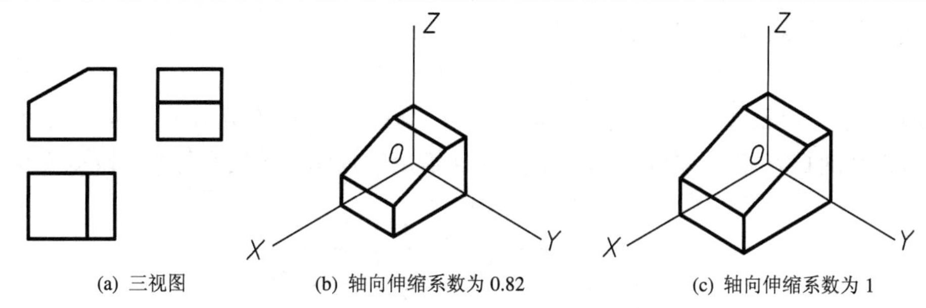

(a) 三视图　(b) 轴向伸缩系数为 0.82　(c) 轴向伸缩系数为 1

图 7-45　两种轴向伸缩系数的正等测

3. 平面立体正等测画法举例

【例 7-9】 根据图 7-46 六棱柱的视图，画出它的正等测。

【解】(1) 分析。画出正六棱柱顶面的正六边形是画出其轴测图的关键。如图 7-46 所示，因六棱柱的顶面六边形的前后、左右均对称，选取它的两条对称中心线分别作为 *X* 轴和 *Y* 轴，并选取六棱柱外接圆柱的轴线(铅垂线)作为 *Z* 轴。原点 *O* 则位于顶面的中心，向下的方向作为 *Z* 方向，这样选取坐标系有利于作图，且可避免画较多的不必要图线。为作图和叙述方便，标注出了相关的尺寸：*a*、*b*、*h*；并标注顶面的有关各点：1、2、3、4、5、6、7、8。

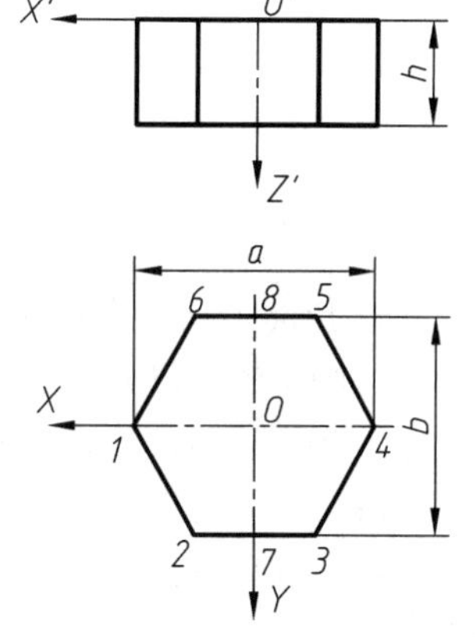

图 7-46　正六棱柱坐标系的确定

说明：坐标系的选择没有固定模式，只要便于按坐标定位和度量，方便作图即可。

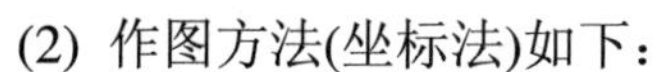

(2) 作图方法(坐标法)如下：

① 画轴测轴 *X*、*Y*，交点为 *O*，在 *X* 轴上以 *O* 为对称点量取距离 *a* 得 1、4 两点，用同样的方法在 *Y* 轴上量取距离 *b* 得 7、8 两点，见图 7-47(a)。

② 过 7、8 两点作 *X* 轴的平行线，并量取 72(图 7-46 中的 72)，73(图 7-46 中的 73)等，作出六边形的轴测投影，再过六边形的顶点向下画出可见的棱线，见图 7-47(b)。

③ 在棱线上量取高度 *h*，得底面上各点，并连接起来，见图 7-47(c)。

④ 擦去多余的图线并描深，即完成全图，见图 7-47(d)。

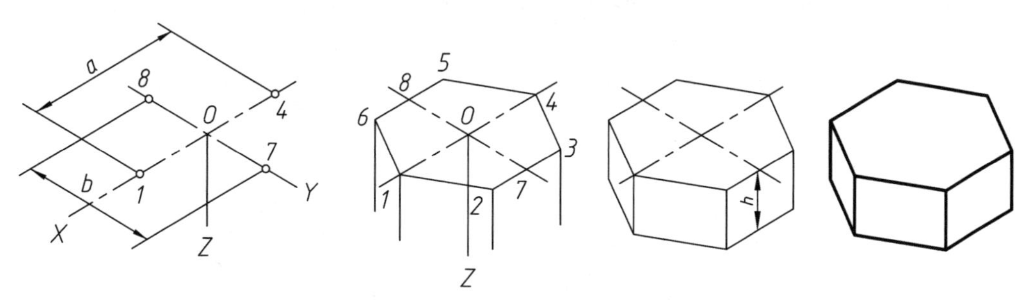

(a) 画轴测轴 *X* 和 *Y*，并确定端点 1、4、7、8　(b) 画出正六边形的轴测投影，并过各顶点，沿 *Z* 轴画出可见棱线　(c) 以 *h* 确定棱线的长度，连接底面上的各点(虚线不画)　(d) 擦除多余图线、并加粗图线，完成作图

图 7-47　六棱柱正等测的画法

4．切割式组合体正等测画法举例

【例 7-10】 画出图 7-48 所示切割式组合体的正等测。

【解】 (1) 分析。该组合体可以看成是长方体被切去某些部分后形成的。画轴测图时，可先画出完整的长方体，再画切割部分。首先在给定的视图上选定坐标系，如图 7-48 所示。

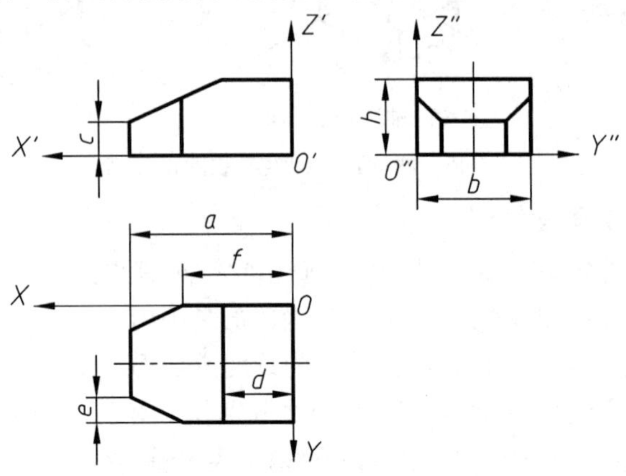

图 7-48　切割式组合体坐标系的确定

(2) 作图方法(切割法)如下：

① 画出轴测轴。根据尺寸 a、b、h 作出完整的长方体，如图 7-49(a)所示。

② 在相应棱线上，沿轴测轴方向量取尺寸 d 及 c，应用“平行性”完成立体左上部被正垂面截切的轴测投影，如图 7-49(b)所示。

③ 在立体底边上相应位置量取尺寸 f 及 e，作出立体左端前后对称的两个铅垂面的轴测投影，如图 7-49(c)所示。

④ 擦去多余的作图线，加深后完成立体的正等测，如图 7-49(d)所示。

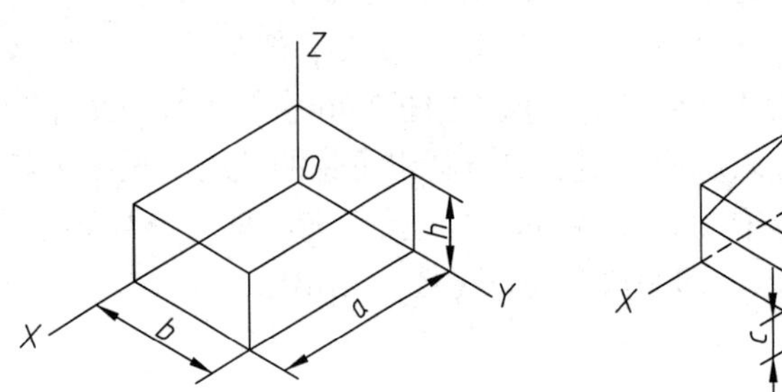

(a) 画出三条轴测轴并画出长方体的轴测图

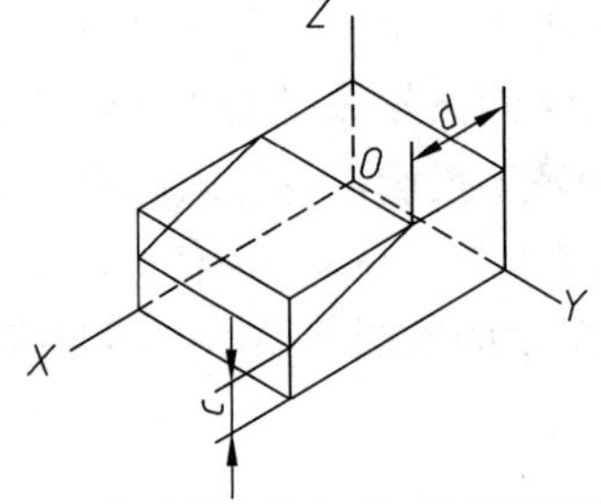

(b) 画出左端被正垂面切割后的轴测投影

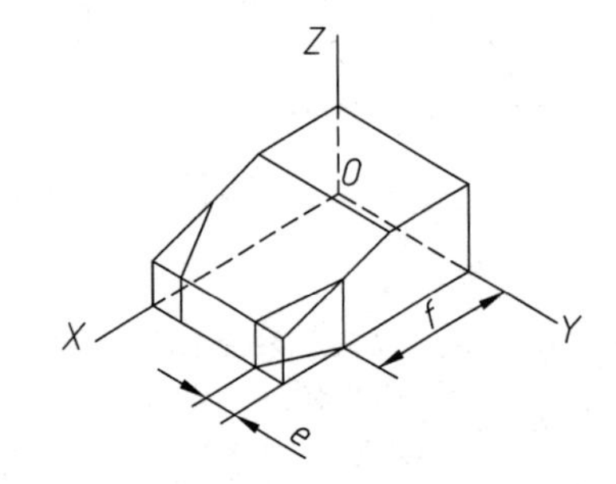

(c) 画出左端被铅垂面(前后对称)切割后的轴测投影

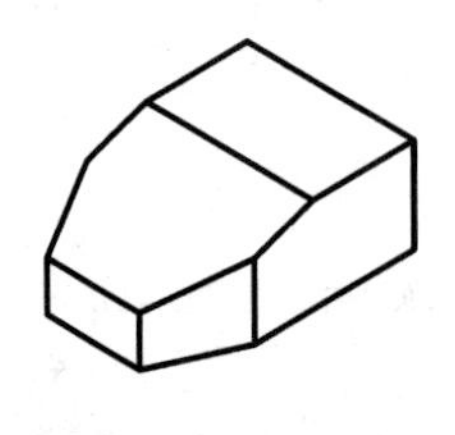

(d) 擦除多余图线并加粗，完成作图

图 7-49　切割式组合体的正等测画法

④ 擦去多余的作图线，加深后完成立体的正等测，如图 7-49(d)所示。

5．回转体正等测画法举例

圆的正等测是椭圆，为了便于作图，一般用四段圆弧连接的方法来画椭圆，即椭圆近似画法。表 7-1 介绍了水平圆正等测中椭圆的近似画法。

表 7-1　正等测中椭圆的近似画法(以水平圆为例)

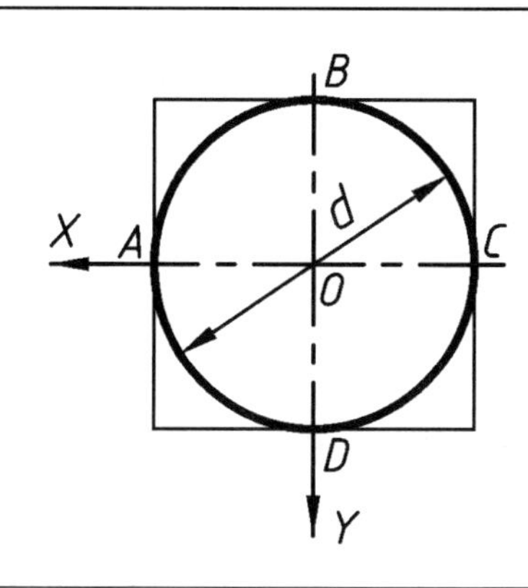	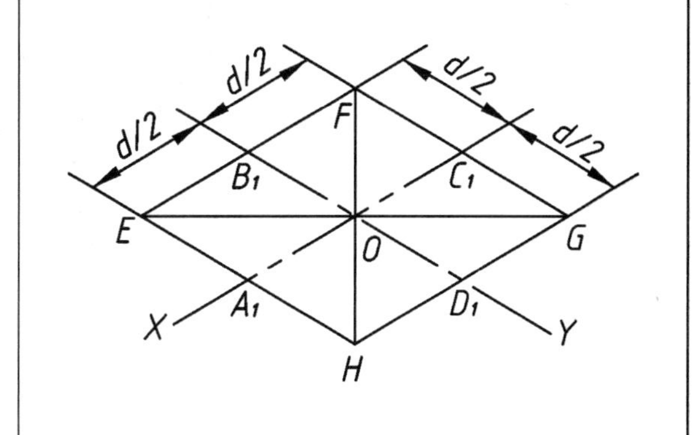
(a) 已知直径为 d 的水平圆，确定视图的坐标系，画出圆的外接正方形，正方形的边长为圆的直径 d	(b) 画出圆外接正方形的正等测菱形：在 OX 轴上取点 A_1、C_1，在 OY 轴上取点 B_1、D_1，各点距圆心 O 均为 $d/2$。过 A_1、C_1 作平行于 Y 轴的直线，过 B_1、D_1 作平行于 X 轴的直线，各直线相交得到菱形 $EFGH$，将菱形的对角 E、G 和 F、H 相连
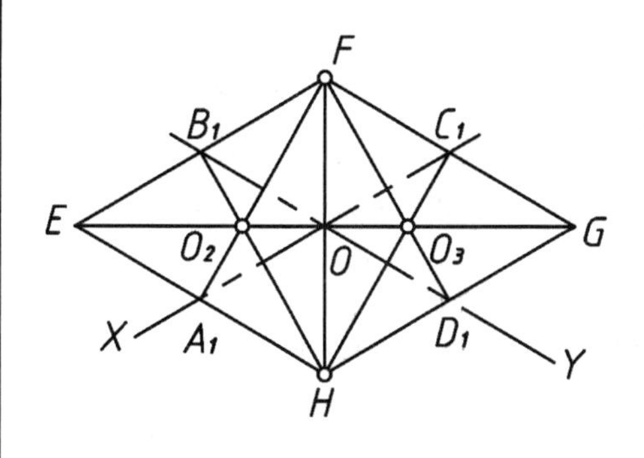	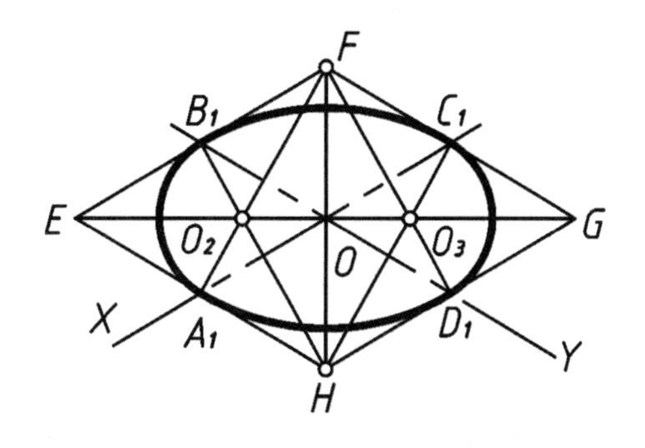
(c) 确定左、右小圆弧和上、下大圆弧的圆心：将 F 分别与对边中点 A_1、D_1 相连，将 H 分别与对边中点 B_1、C_1 相连，在 EG 上得到的交点 O_2、O_3，分别为左、右小圆弧的圆心；点 F、H 分别为上、下大圆弧的圆心。A_1、B_1、C_1、D_1 这四个点是四段圆弧的连接点即切点。注意图中四个位置的垂直关系	(d) 画出四段圆弧，完成椭圆：分别以 O_2、O_3 为圆心，以 O_2A_1(或 $O_2B_1=O_3C_1=O_3D_1$)为半径，在 A_1、B_1 和 C_1、D_1 之间画左、右两端小圆弧；分别以 F、H 为圆心，以 FA_1(或 $FD_1=HB_1=HC_1$)为半径，在 A_1、D_1 和 B_1、C_1 之间画上、下大圆弧，完成作图。四段圆弧相切于点 A_1、B_1、C_1、D_1

投影面平行圆有正平圆、水平圆和侧平圆，在正等测中均为椭圆，正平圆、侧平圆的作图方法与表 7-1 中水平圆正等测画法相同，只是椭圆长、短轴的方向发生了变化，画图时可参考图 7-50 来确定轴测轴的方向。

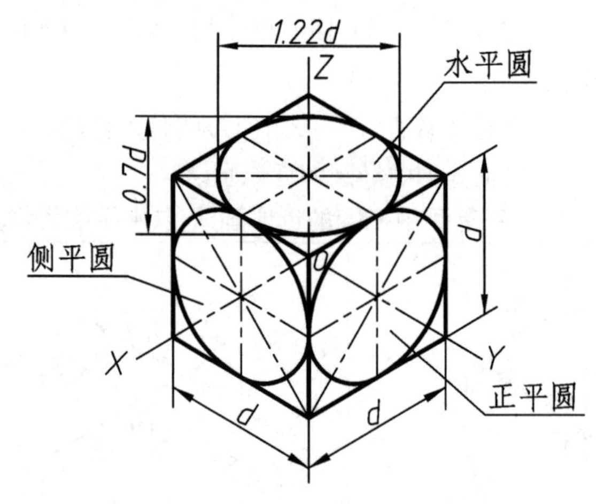

图 7-50　投影面平行圆的正等测画法

【例 7-11】 如图 7-51(a)所示，已知一轴线为铅垂线的圆柱体的两视图，画出它的正等测。

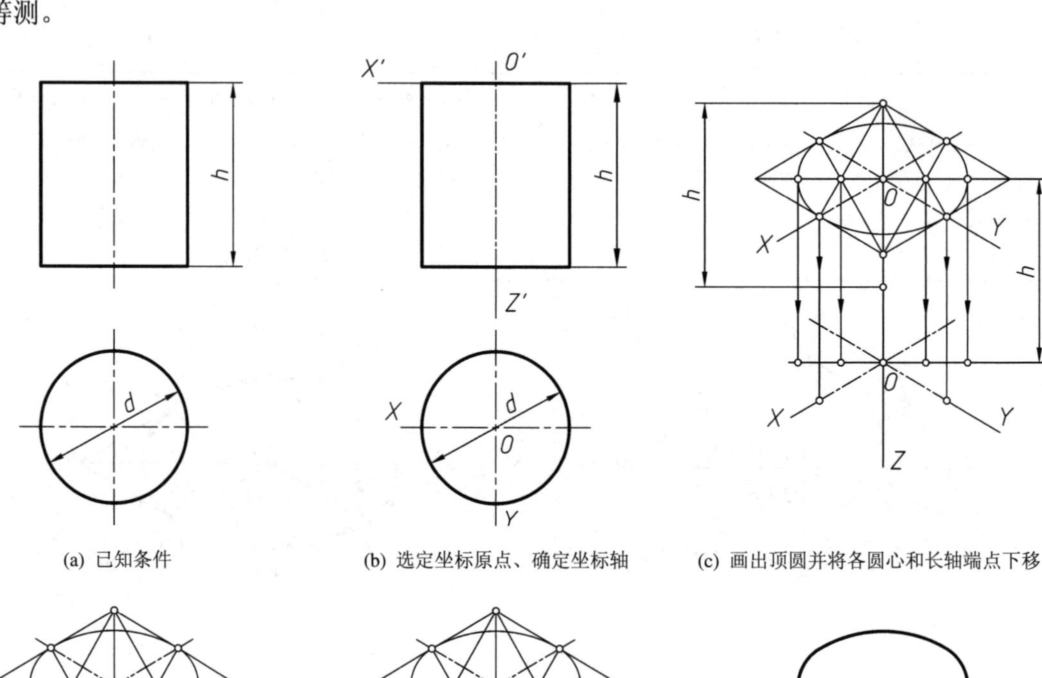

(a) 已知条件　　(b) 选定坐标原点、确定坐标轴　　(c) 画出顶圆并将各圆心和长轴端点下移

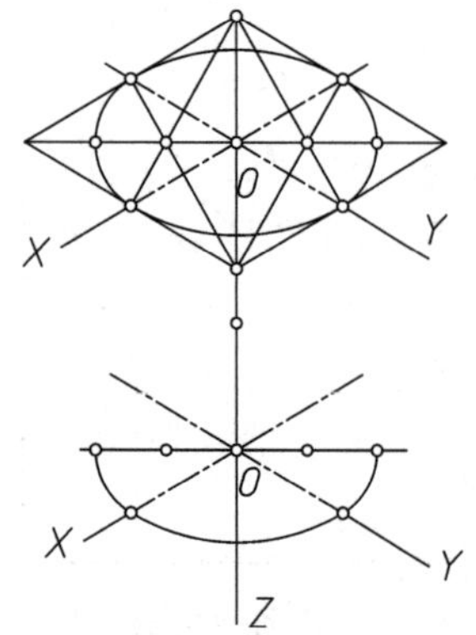

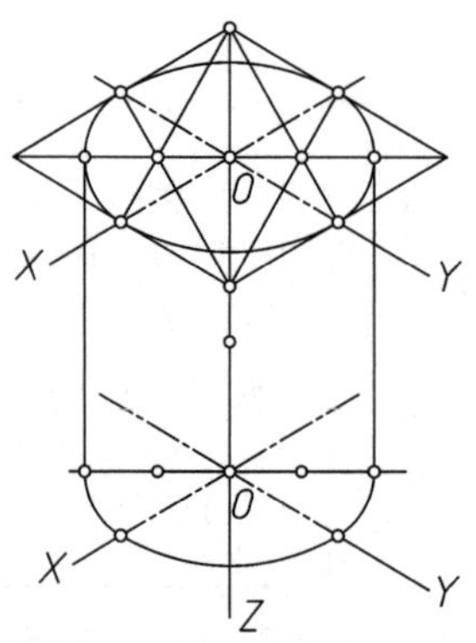

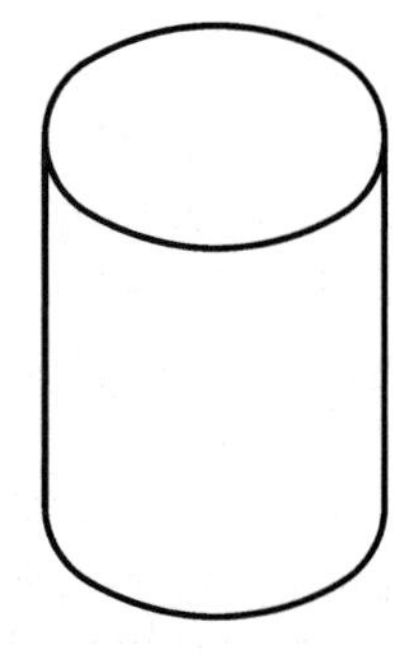

(d) 画出底圆可见圆弧　　(e) 画出两边的转向轮廓线　　(f) 擦去多余图线，完成作图

图 7-51　圆柱体的正等测

【解】 (1) 分析。根据圆柱体的直径 d 和高 h，先画出上、下底的椭圆，然后作椭圆的公切线(转向轮廓线)即可。

(2) 作图方法。

① 选定坐标原点并确定坐标轴(图 7-51(b))。

② 画轴测轴和圆柱顶面椭圆，作图方法参见表 7-1。将此椭圆前、左、右三段圆弧的圆心沿 Z 轴下移 h，并将长轴上的两个端点同时下移 h。这种将圆柱顶面椭圆各段圆弧的圆心按圆柱高度下移求得底面椭圆的方法称为移心法。移心法是在画轴测图中常用的方法，它可以简化作图步骤，提高作图速度(图 7-51(c))。

③ 画出底面上可见的圆弧(图 7-51(d))。

④ 如图 7-51(e)所示，连接顶面和底面椭圆长轴的对应端点，即画出圆柱的转向轮廓线(椭圆的外公切线)。

⑤ 擦去多余图线，加深得到圆柱体的正等测(图 7-51(f))。

【例 7-12】 如图 7-52(a)所示，已知一切槽圆柱体的两视图，画出它的正等测。

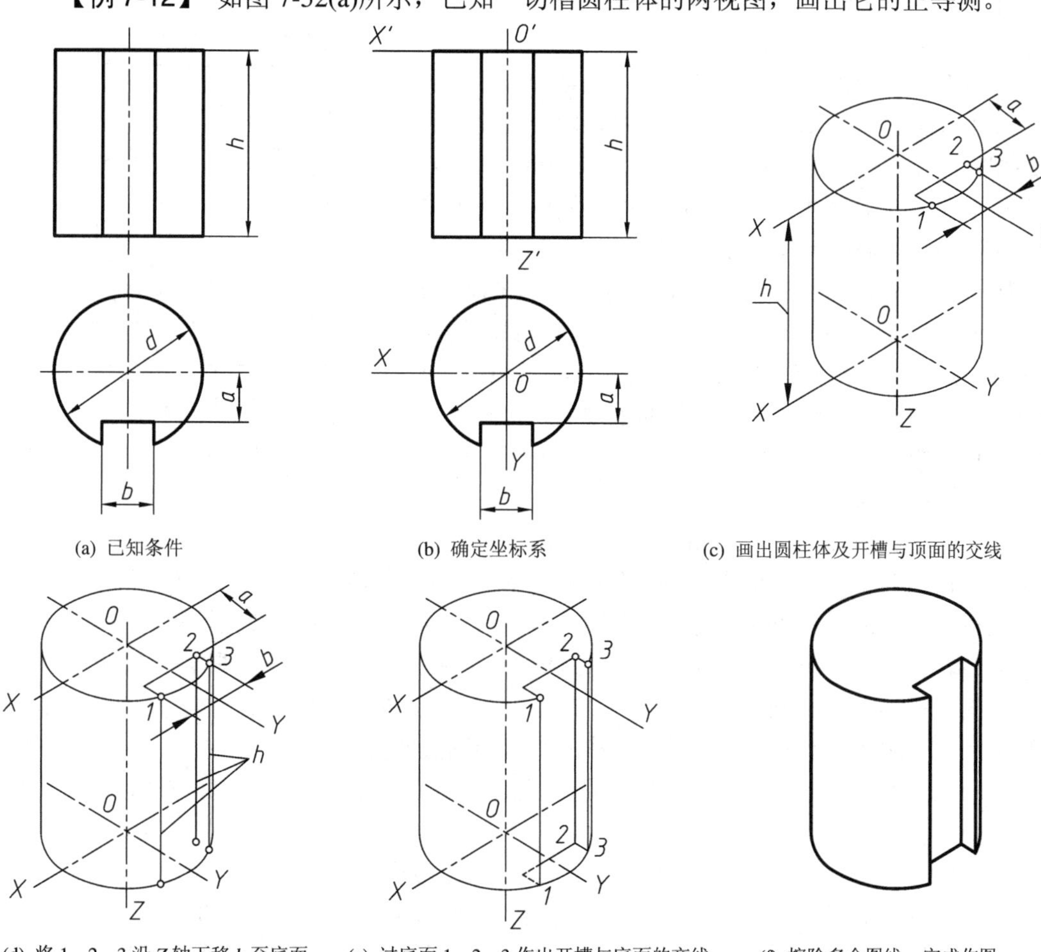

(a) 已知条件　(b) 确定坐标系　(c) 画出圆柱体及开槽与顶面的交线

(d) 将 1、2、3 沿 Z 轴下移 h 至底面　(e) 过底面 1、2、3 作出开槽与底面的交线　(f) 擦除多余图线，完成作图

图 7-52　切槽圆柱体正等测画法

【解】 (1) 分析。如图 7-52(b)所示，圆柱的轴线为铅垂线，顶面和底面都是水平圆，取顶圆的圆心为坐标原点，确定三个方向的坐标轴；尺寸 a 确定了切槽的正平面距离圆柱

轴线的位置，b 表示了切槽的两个左右对称的侧平面间的距离，它们是画切槽所必需的尺寸。首先应画出圆柱体未切槽的圆柱体，作图方法参见图 7-51，不再赘述。在画出圆柱的基础上，由圆柱的上顶面，沿轴测轴的方向定出槽的位置并画出槽的轴测投影即可。

(2) 作图方法。

① 确定坐标系。如图 7-52(b)所示，选取圆柱体上顶面的圆心作为坐标系原点，向左为 X 轴、向前为 Y 轴、向下为 Z 轴的正方向。

② 按照图 7-51 画出圆柱体，在圆柱体的顶面，据尺寸 a 和 b 作出切槽与顶面的交线，并定出 1、2、3 点，如图 7-52(c)所示。

③ 过顶面上的 1、2、3 点沿 Z 轴方向下移 h，作出切槽与圆柱顶面的交线，并得到底面上的 1、2、3 点，如图 7-52(d)所示。

④ 过底面上的 1、2、3 点作顶面与切槽交线的平行线，得到切槽与底面的交线。

⑤ 擦去多余图线和不可见轮廓线，加深后得到切槽圆柱体的正等测。

【例 7-13】 如图 7-53 所示，已知一底板的主视图和俯视图，画出它的正等测。

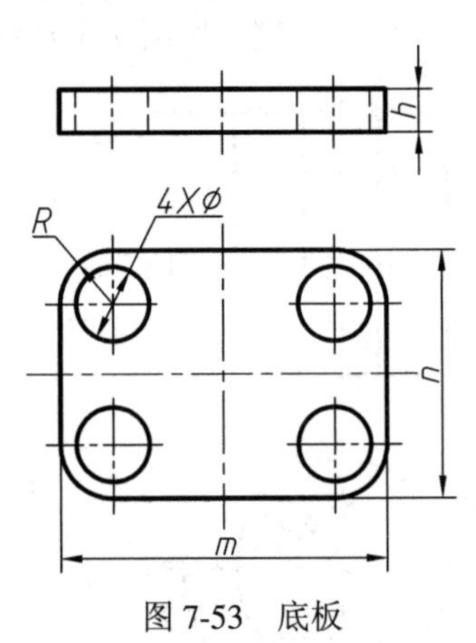

图 7-53　底板

【解】 (1) 分析。如图 7-53 所示，这是一个带圆角(1/4 圆柱面)的矩形底板，上有四个通孔，四个通孔与四角的相应圆弧同心。四个角各为 1/4 圆弧，这四个 1/4 圆弧可组合为一个整圆。每 1/4 圆弧的轴测图对应水平圆轴测图的一段椭圆弧(以圆弧代替)，即图 7-54(a)中的 AD 对应着图 7-54(b)中的 A_1D_1，DC 对应着 D_1C_1，CB 对应着 C_1B_1，BA 对应着 B_1A_1。通孔在顶面和底面均为水平圆，圆角也是水平圆的一部分，其正等测参照表 7-1 画出即可。画图时，应先画出可见的上顶面，再画出底面的可见投影。

(2) 作图方法。

① 确定坐标系。如图 7-54(a)所示，选取底板对称中心线的交点为坐标系原点，向左为 X 轴、向前为 Y 轴、向下为 Z 轴的正方向。在以下作图步骤中，为突出表达重点，未标全轴测投影的坐标原点和轴线的名称。图 7-54(b)是下面要画的水平圆正等测的参考图。

② 画出长方体并确定四角圆弧的圆心和切点。如图 7-54(c)所示，据 m、n、h 画出长方体；据圆弧半径 R 先确定切点 A_1、D_1，D_1、C_1，C_1、B_1 和 B_1、A_1，过各切点作它们所在矩形相应长边和短边的垂线，两条垂线的交点即圆弧的圆心。例如，过 A_1、D_1 分别作矩形短边和长边的垂线，两条垂线的交点即为圆弧 A_1D_1 的圆心 O_2。用同样方法，可得到顶面另三段圆弧的圆心 O_4、O_1 和 O_3。

③ 画出顶面四角圆弧并下移圆心、切点至底面。如图 7-54(d)所示，将各段圆弧的圆心和切点向下移动板厚 h，得到下底面可见圆弧的圆心 O_2 、O_3 、O_4 和切点 A_1、D_1。

④ 完成四个圆角的作图。如图 7-54(e)所示，画出底面可见圆角的圆弧，在左、右两端画上、下圆弧的切线(圆柱体的转向轮廓线)，即完成了四个圆角的作图。

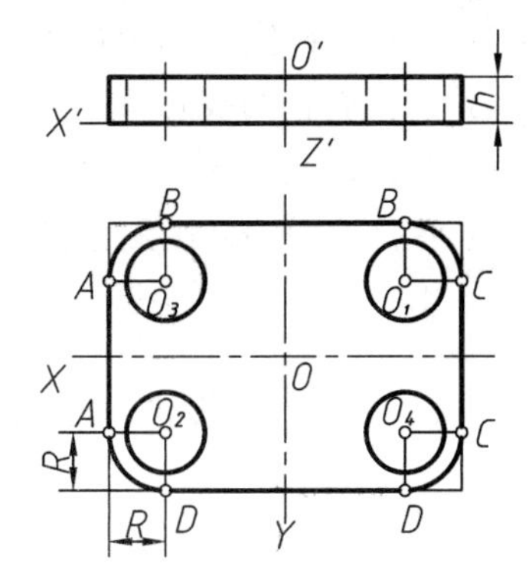

(a) 确定坐标系

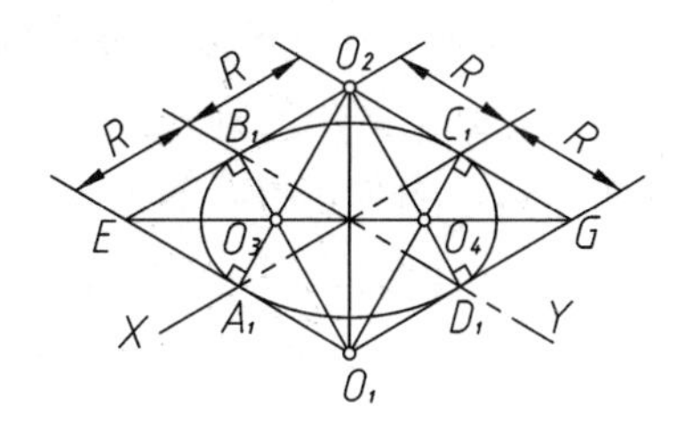

(b) 画水平圆正等测的参考图

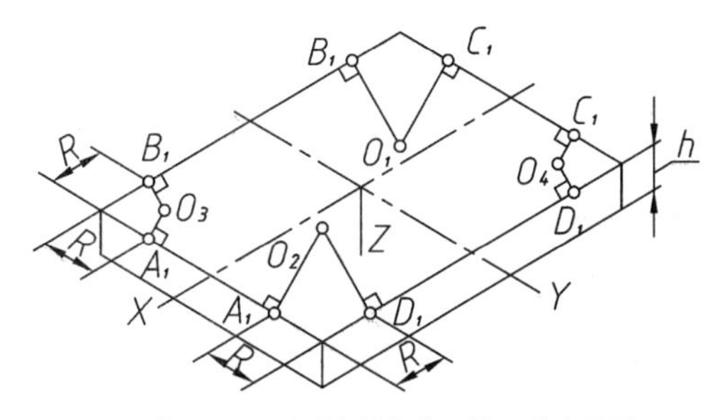

(c) 据 m、n、h 画出长方体：据 R 确定顶面四段圆弧的圆心 O_1、O_2、O_3、O_4 和切点 A_1、B_1、C_1、D_1

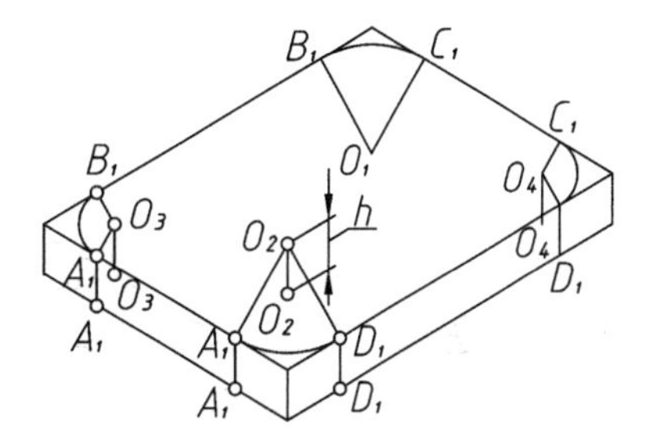

(d) 画出顶面四角圆弧，据 h 将四个圆心及各切点下移至底面，得到圆心 O_2、O_3、O_4 和切点 A_1、D_1

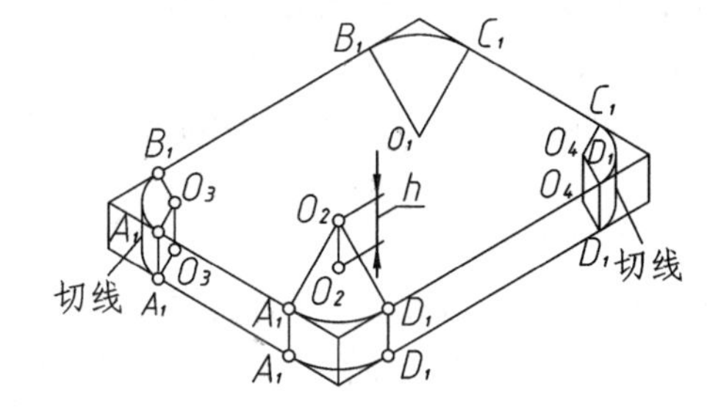

(e) 画出底面可见角圆弧，在左、右两端画上、下圆弧的切线，完成四个圆角的作图

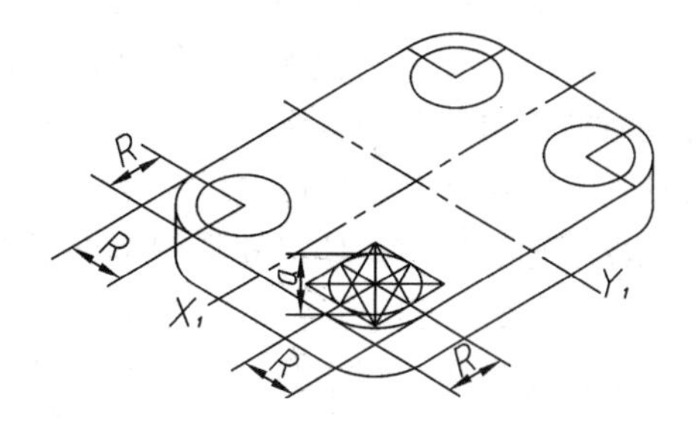

(f) 画通孔上表面，据 R 分别作 X 和 Y 的平行线，得到圆心，画圆正等测参考图 7-54(b)。a 为椭圆短轴的长度

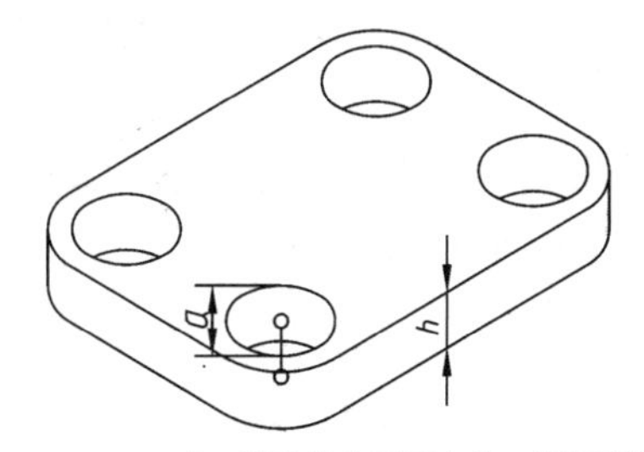

(g) $a > h$ 时，通孔的底圆露出的一段圆弧使用“移心法”画出

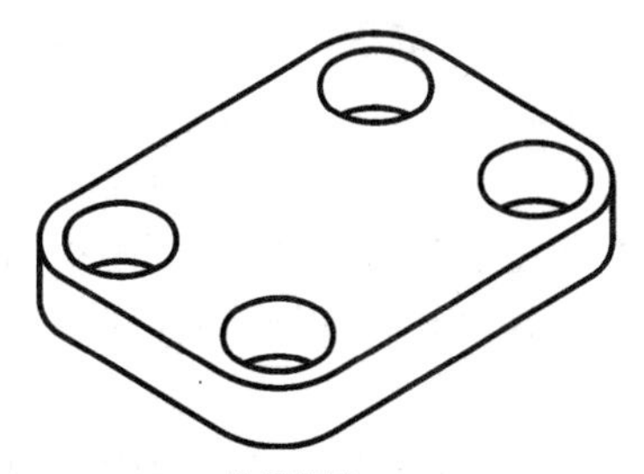

(h) 作图结果

图 7-54　带圆角和通孔的底板正等测画法

⑤ 画通孔上表面。如图 7-54(f)所示，据 R 分别作 X 和 Y 的平行线，得到圆心，画圆正等测(参考图 7-54(b))，图中 a 为椭圆短轴的长度。当 $a \leqslant h$ 时，通孔的底圆看不见，图中不画；当 $a > h$ 时，通孔的底圆露出的一段圆弧，应将上表面那段圆弧的圆心，使用“移心法”下移，并画出露出的圆弧(见图 7-54(g))。因此，在作出通孔顶面的椭圆后，是否需要作出底面的弧，应对 a 与 h 的大小进行比较后决定。

6. 叠加式组合体正等测画法举例

【例 7-14】 画出如图 7-55 所示叠加式组合体的正等测。

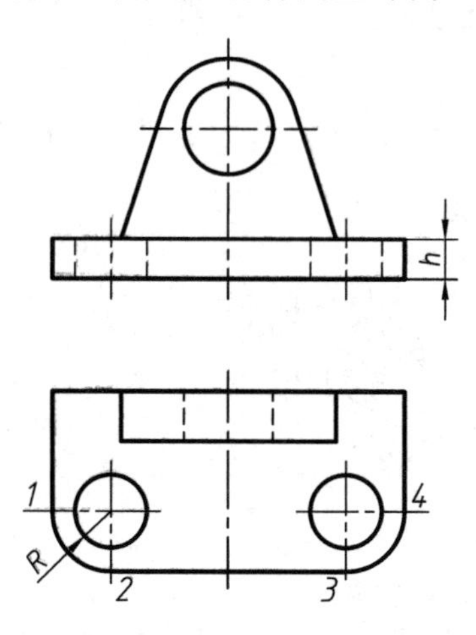

图 7-55　叠加式组合体的视图和坐标系确定

【解】 (1) 分析。如图 7-55 所示，这是一个底板与竖板叠加形成的组合体，对于叠加式组合体一般采用叠加式的画法，即按形体分析法，根据相对位置，逐步画出各基本形体的轴测图最终完成作图。对于圆柱面和圆柱孔的正等测，其椭圆长短轴的倾斜方向作图方法可参考图 7-50 和图 7-51。

(2) 作图方法(具体尺寸从图 7-55 量取)如下：

① 画底板的长方体和上底面的圆角的正等测，如图 7-56(a)所示。上底面的两个圆角的正等测是利用“四心圆弧法”画正等测圆弧其中一段的画法来完成的(见表 7-1)，注意表 7-1(c)中的垂直关系。

② 画底板下底面的圆角。将圆心和切点移至下底面，画出下底面的圆角和切线，如图 7-56(b)所示。

③ 画底板的圆柱孔及竖板的下表面，确定画竖板中圆弧及圆孔的坐标系，如图 7-56(c)所示。

④ 画出竖板上端圆柱面，也就是要画出竖板上前、后表面的一部分正平圆的轴测投影。参考图 7-56(d)右上角的例图，注意正平圆的正等测椭圆长短轴方向的确定。

⑤ 画出竖板的圆柱孔及圆弧与竖板下表面的连线，注意各相切的关系，如图 7-56(e)所示。

⑥ 擦除多余图线完成作图，结果如图 7-56(f)所示。

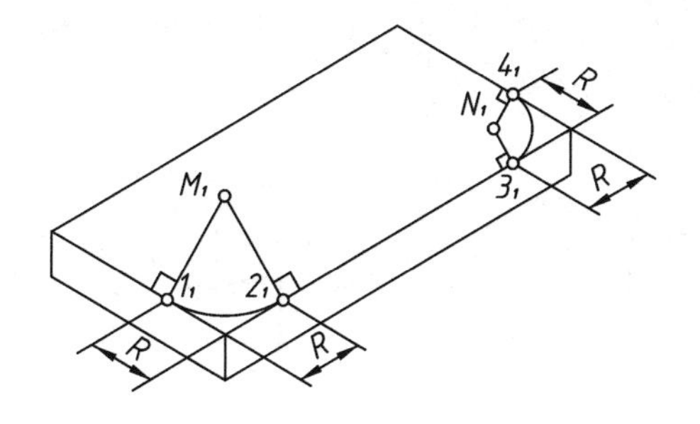

(a) 画底板的长方体和上底面的圆角

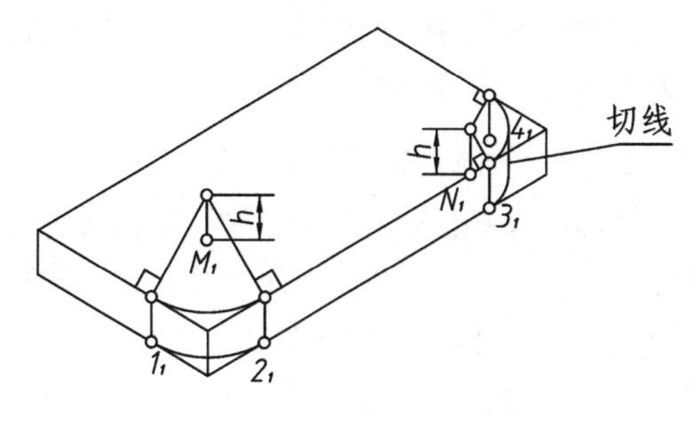

(b) 将圆心和切点移至下底面，画下底面圆角和切线

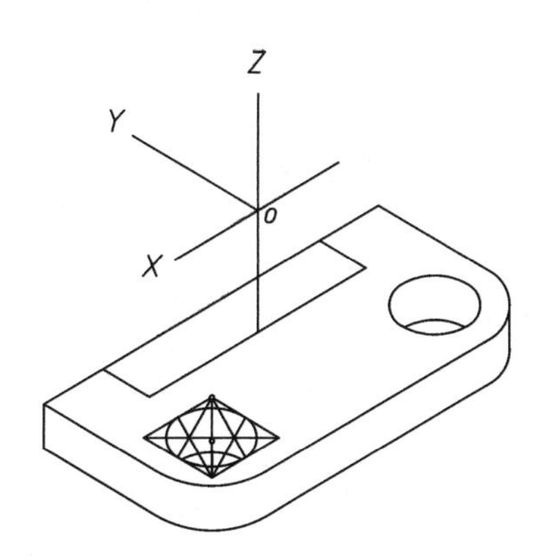

(c) 画底板的圆柱孔及竖板的下表面，确定画竖板中圆弧及圆孔的坐标系

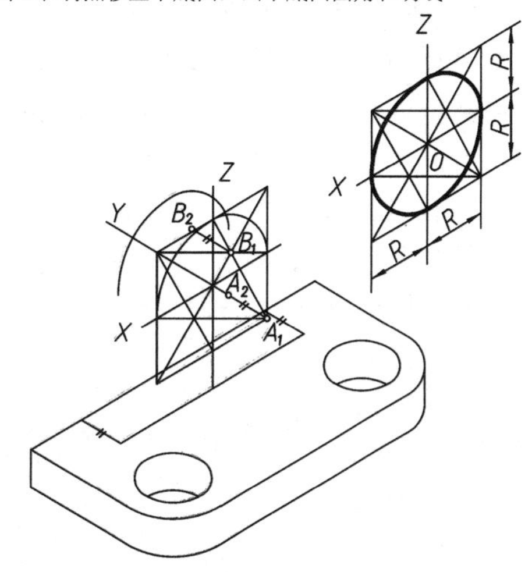

(d) 参考右上角例图，画出竖板前、后表面圆弧(正平圆)

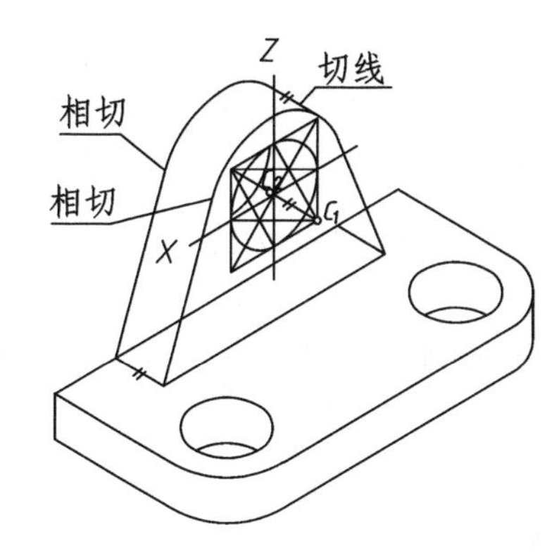

(e) 画出竖板的圆柱孔及圆弧与竖板下表面的连线，注意各相切的关系

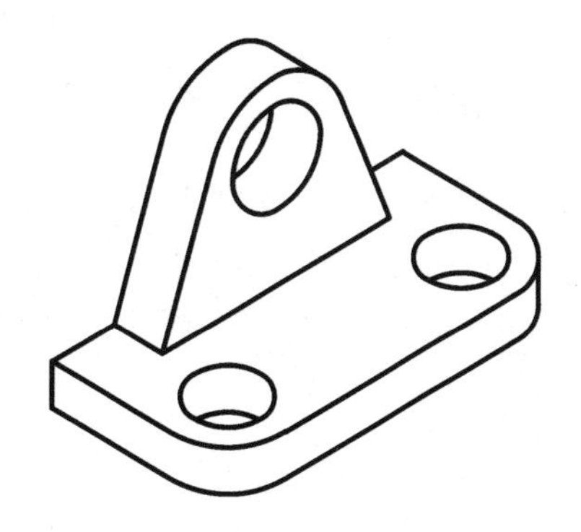

(f) 擦除多余的和不可见的图线完成作图

图 7-56　叠加式组合体的正等测画法

7.6.3　斜二测的画法

1. 形成

如图 7-43(b)所示，让空间坐标轴 O_0X_0 处于水平位置，并将空间直角坐标面 $X_0O_0Z_0$ 平

行于轴测投影面 P，用斜投影法将三个空间坐标轴投射到 P 上，当 Y_0 的投影 Y 与水平线夹角为 45° 时，得到的轴测投影图即为斜二等轴测图，简称斜二测。

2．轴间角及轴向伸缩系数

如图 7-43(b)所示，形成斜二测时，因为 $X_0O_0Z_0$ 坐标面平行于轴测投影面 P，所以这个坐标面的轴测投影反映了实形。如图 7-57 所示，斜二测的轴间角为：OX 与 OZ 成 90°，这两根轴的轴向伸缩系数 $p_1=r_1=1$；OY 与水平线成 45°，其轴向伸缩系数 $q_1=0.5$。

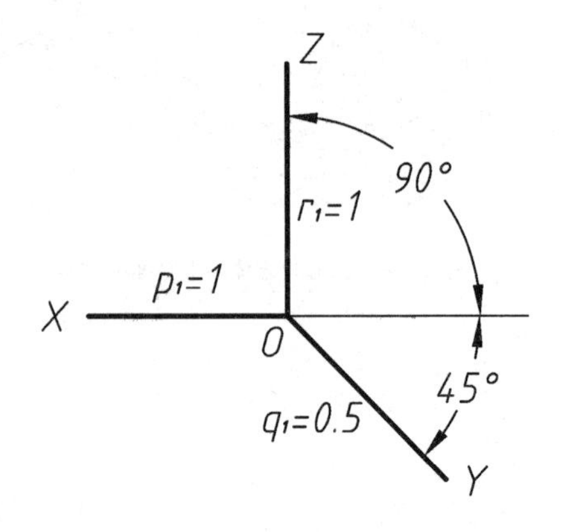

图 7-57　斜二测的轴间角和轴向伸缩系数

3．投影面平行圆的斜二测画法

投影面平行圆的斜二测画法是画回转体斜二测的基础，由上述斜二测的特点可知(见图 7-58)：平行于 XOZ 坐标面的圆的斜二测反映圆的实形；平行于 XOY、YOZ 两个坐标面的圆的斜二测则为椭圆，这些椭圆的长、短轴不与相应的轴测轴平行。

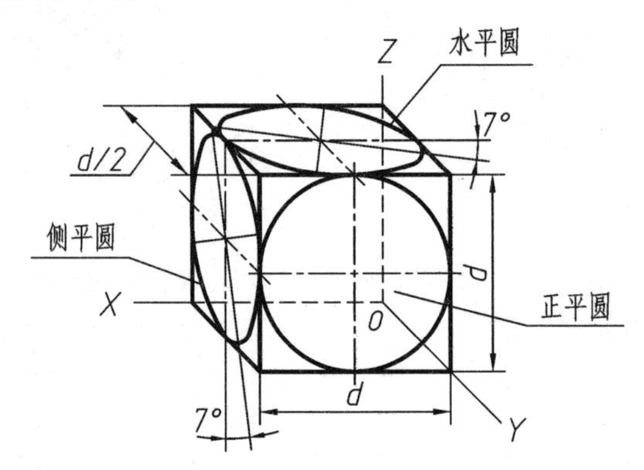

图 7-58　投影面平行圆的斜二测

斜二测为椭圆的水平圆的画法见表 7-2。侧平圆的斜二测与水平圆的斜二测画法相同，只是长、短轴的方向不同而已。

表 7-2　斜二测中椭圆的近似画法

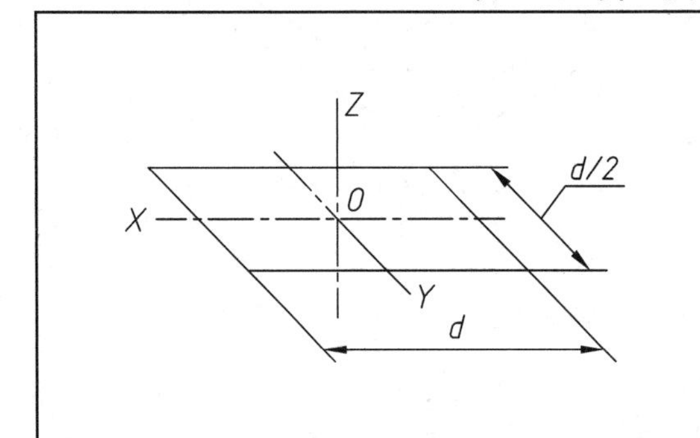	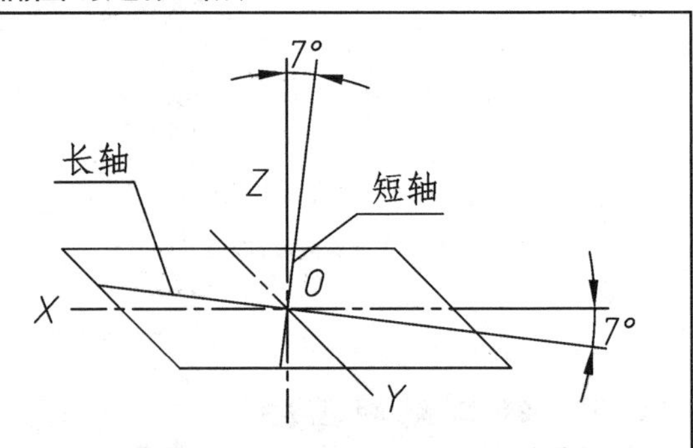
(a) 据圆的直径 d，画出圆的外接正方形的斜二测	(b) 确定椭圆长轴和短轴的方向：长轴与 OX 成 7° 的角，短轴与 OZ 成 7° 的角，长轴与短轴垂直

续表

<table>
<tr><td>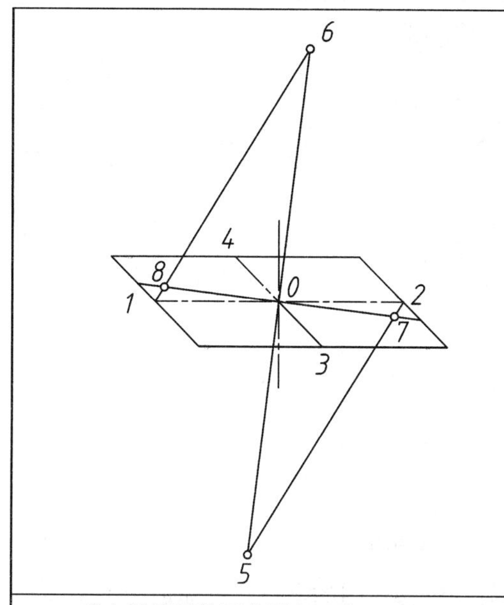
</td><td>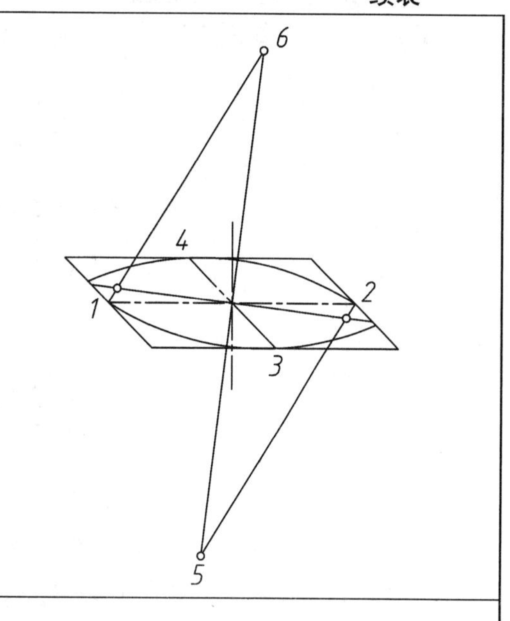
</td></tr>
<tr><td>(c) 确定椭圆弧的四个圆心：取 $O5 = O6 = d$，连接 5、2 和 6、1 交长轴于 7、8，5、6 为两段大圆弧的圆心，7、8 为两段小圆弧的圆心</td><td>(d) 分别以 5 和 6 为圆心，以线段 52 和 61 为半径，画出两段大圆弧</td></tr>
<tr><td>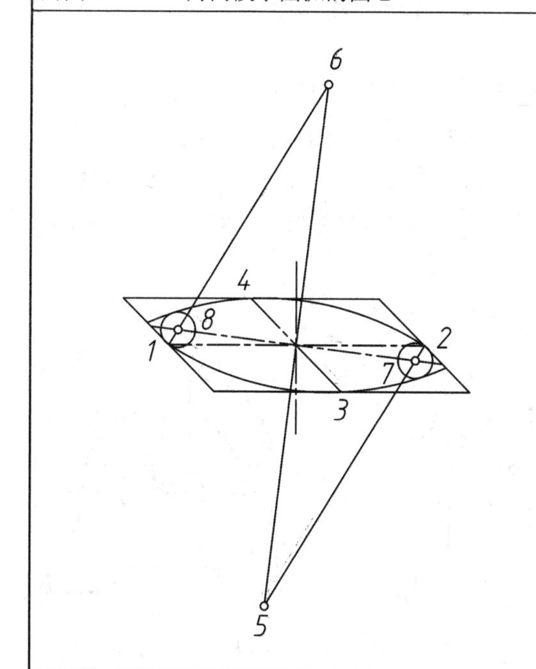
</td><td>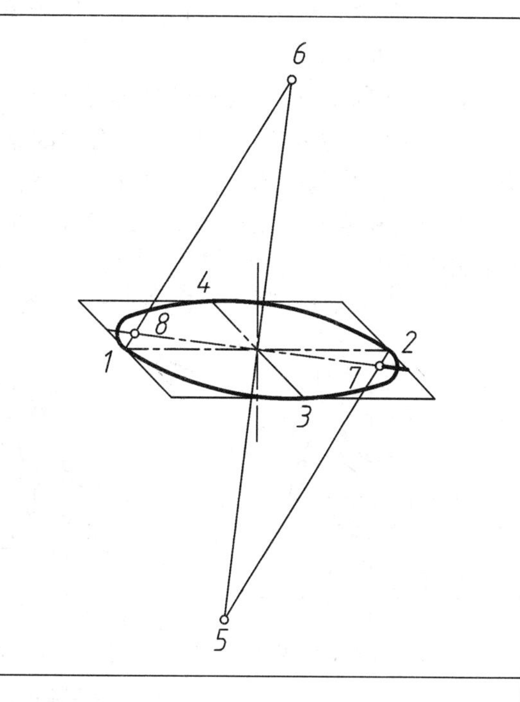
</td></tr>
<tr><td>(e) 分别以 7 和 8 为圆心，以线段 72 和 81 为半径，画出两段与大圆弧相切的小圆弧</td><td>(f) 加粗得到近似椭圆</td></tr>
</table>

斜二测中椭圆的作图较繁琐，因此，斜二测一般用来表达圆和圆弧平行于同一坐标面的立体。为便于作图，常将圆和圆弧所在平面平行于某一坐标面，而将这一坐标面平行于轴测投影面，这时，在轴测投影面上的投影便可直接反映出这些圆或圆弧的实形，图 7-58

中的正平圆就是平行于轴测投影面的圆，所以它的斜二测反映圆的实形。

【例 7-15】 如图 7-59 所示，画出该组合体的斜二测。

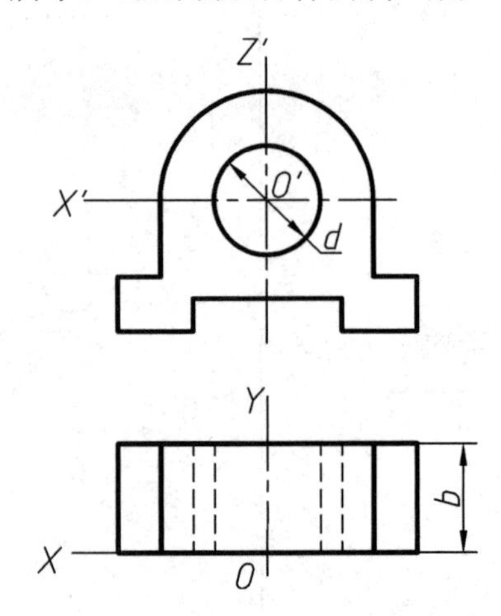

图 7-59　组合体的视图及坐标系确定

【解】 (1) 分析。如图 7-59 所示，这是一个前后表面相同的立体，上部是一个半圆柱面，还有一个与半圆柱面同心的圆柱孔，选择坐标系时让圆和圆弧平行于 *XOZ* 坐标面，则它们在轴测图中平行于轴测投影面，其斜二测反映圆和圆弧的实形。画出前表面的斜二测，再向后移动 *b*/2，画出后表面可见投影，作出相应切线，即可完成作图。

(2) 作图方法。

① 画出轴测轴，并画出前表面的斜二测，它反映了前表面的实形(见图 7-60(a))。

② 沿 *Y* 后移 *b*/2，画出其余部分。因 $q_1 = 0.5$，将圆心 *O* 后移 *b*/2(移心法)，得到 O_1，画出后表面的圆和圆弧(见图 7-60(b))。通孔在后表面的圆是否要画出来，应看它是否能从孔的前表面中看到。比较 *d* 和 *b*/2，若 *d*＞*b*/2，则应画出可见的部分；若 *d*≤*b*/2，则不画。此图中应画出。

③ 画全并加深可见轮廓线(注意：切线平行于 *Y* 轴)，完成作图。

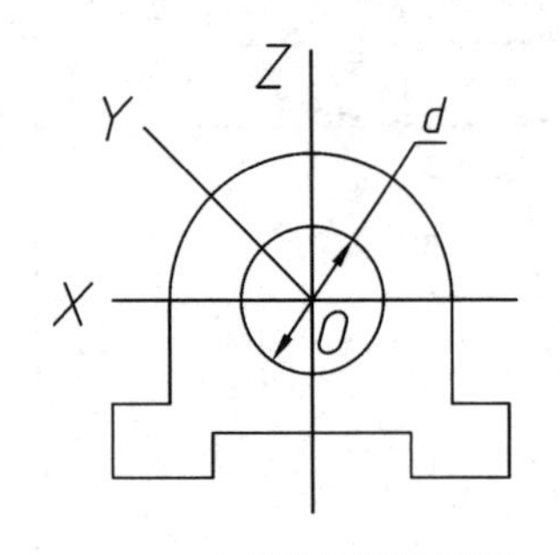

(a) 画轴测轴和前表面

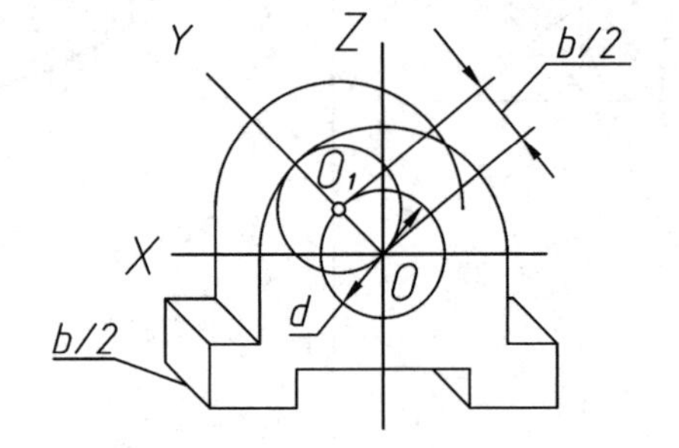

(b) 沿 *Y* 后移 *b*/2，画出后表面等

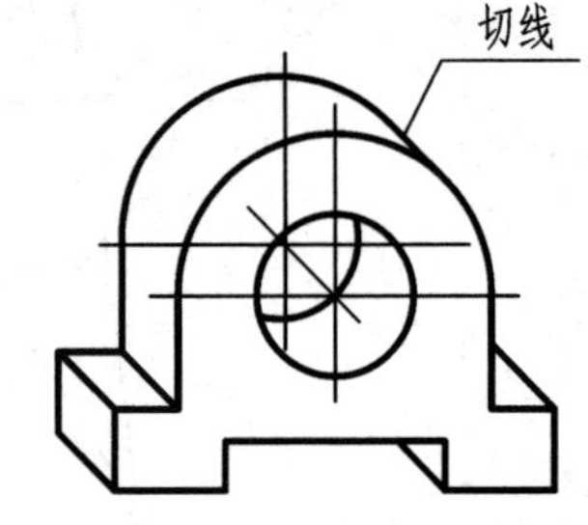

(c) 画全并加深可见轮廓线，完成作图

图 7-60　带有圆柱面和圆孔的组合体斜二测

第 8 章　机件常用表达方法

机件是对机械产品中零件、部件和机器的统称。由于在生产实际中，机件的形状千变万化，使用基本的三视图表示物体的方法不足以将机件的内外部形状和结构表示清楚，为此，国家标准规定了各种表达方法，包括：GB/T 17451—1998《技术制图　图样画法　视图》、GB/T 4458.1—2002《机械制图　图样画法　视图》、GB/T 17452—1998《技术制图　图样画法　剖视图和断面图》、GB/T 4458.6—2002《机械制图　图样画法　剖视图和断面图》、GB/T 17453—2005《技术制图　图样画法　剖面区域的表示法》、GB/T 4457.5—2013《机械制图　剖面区域的表示法》、GB/T 16675.1—2012《技术制图　简化表示法　第 1 部分：图样画法》、GB/T 16675.2—2012《技术制图　简化表示法　第 2 部分：尺寸注法》。在学习中，应注重掌握这些表达方法的使用特点、图形画法、图形的配置(指图形之间的相对位置安排)及标注方法等。

8.1　视　　图

视图用于表达机件的外部结构和形状，根据相关标准的规定，视图包含基本视图、向视图、局部视图和斜视图。

8.1.1　基本视图

当机件的外部形状较复杂时，为了清晰地表示出它的各个方向的形状，在原有三个投影面的基础上再增设三个投影面，构成一个正六面体。正六面体的六个面(投影面)称为基本投影面，机件向基本投影面投射所得的视图称为基本视图，如图 8-1 所示。除了主视图、俯视图、左视图外，在增设的三个投影面上得到的视图分别称为右视图——从右向左投射所得视图；仰视图——从下向上投射所得视图；后视图——由后向前投射所得视图。

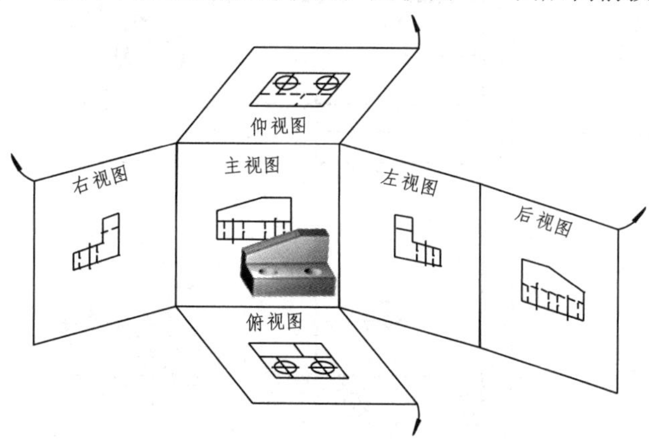

图 8-1　六个基本投影面及其展开

以上六个视图称为基本视图。六个基本投影面展开的方法如图 8-1 所示。

六个基本视图的基本配置如图 8-2 所示。当基本视图按基本配置安排时，六个基本视图之间的投影规律是：主、俯、仰视图长对正；主、左、右、后视图高平齐；俯、左、仰、右视图宽相等；且主、俯、仰、后视图之间具有“长相等”的关系。基本视图按图 8-2 配置时，无需写出各个视图的名称(即图 8-2 中图形上方括号中的视图名称)。

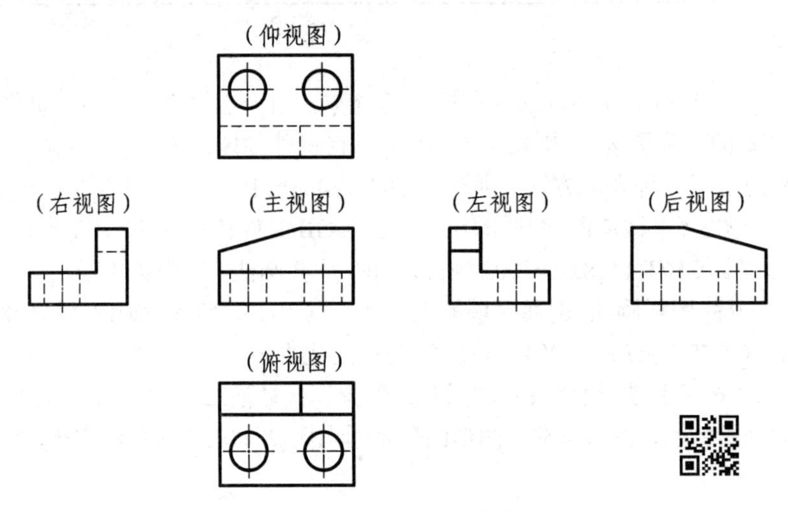

图 8-2　六个基本视图的基本配置

应用时，通常无需画出六个基本视图，应该根据机件的形状和结构特点，选用必要的几个基本视图。

图 8-3 是一个适当选择基本视图的例子。图中，表达阀体的四个基本视图——主视图、俯视图、左视图和右视图，是在对机件进行形体分析的基础上选择的。按图示位置，选择能够较全面表达该机件形状特征的视图作为主视图(上排中间的视图)。考虑到该阀体左右两端形状不同，因此分别采用了左视图和右视图，并且不画虚线。若不采用右视图，而在左视图上一并表达右端的外形，就必须在左视图上增加表达右端面形状的虚线，从而影响了视图的清晰感，也给尺寸标注增加了困难。采用俯视图的目的主要是为了表示底板和凸台的形状，孔的位置和形状等。

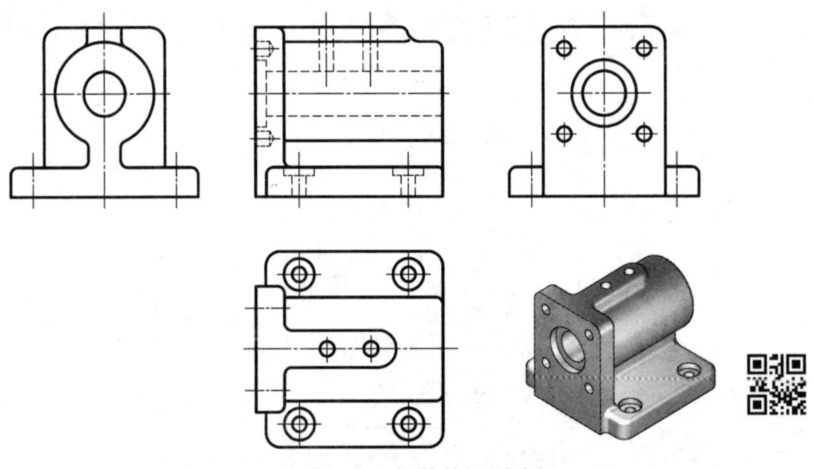

图 8-3　阀体的视图选择

国家标准规定，在绘制机械图样时，应首先考虑到看图方便，在完整、清晰地表达机件各部分形状的前提下，力求作图简便。视图一般只画机件的可见部分，必要时(如不画出不可见部分，则局部形状不能表达清楚)才画出不可见部分。阀体的视图就是按照这个规定绘制的，主视图中的虚线是表达内部形状不可缺少的，必须画出；左视图中，反映阀体内部形状和右端形状的虚线省略不画；在右视图中，反映阀体内部结构和左端形状的虚线省略不画；在主视图、左视图和右视图中，阀体的内部形状已经表达清楚了，俯视图中也无须再画出表达内部结构的虚线。因此，阀体的俯视图、左视图和右视图均为外形图。

8.1.2　向视图

在实际绘图时，为了合理地利用图纸，视图也可以自由配置(即可以根据需要画在适当的位置)，如图 8-4 所示。这种可自由配置的视图称为向视图。

1. 向视图的标注

若视图不按图 8-2 的位置配置，则要像图 8-4 那样，在视图的上方用大写拉丁字母标注，如“*A*”、“*B*”等，在相应视图的附近用箭头指明投射方向，并标上同样的字母“*A*”、“*B*”等。

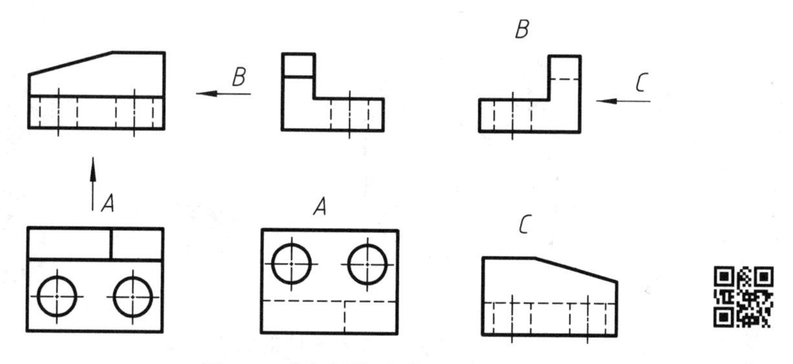

图 8-4　向视图标注的方法

2. 画向视图时应注意的问题

(1) 向视图无论如何配置，各个视图之间仍存在相应的“等长、等宽、等高”的等量关系。

(2) 表示投射方向的箭头应尽量配置在主视图上，只是表示后视图投射方向的箭头才配置在其它视图上，如图 8-4 中 *C* 向的投影方向箭头标在了右视图上。

(3) 俯视图、左视图也可以按向视图配置(见 GB/T 17451—1998)。

8.1.3　局部视图

将机件的某一部分向基本投影面投射，所得到的视图称为局部视图，如图 8-5 中的 *A* 向视图。

1. 局部视图的画法

(1) 局部视图的断裂边界线一般使用波浪线表示，如图 8-5 中的“*B*”、“*C*”向视图。

(2) 当所表示的机件局部结构形状完整，且外轮廓线自行封闭时，波浪线或双折线可省略，如图 8-5 中的“*A*”向局部视图及图 8-7(b)中的“*B*”向局部视图。

2. 局部视图的配置和标注

(1) 一般按向视图的形式配置并标注，绘图时，一般在局部视图的上方标出视图的名称，在相应视图的附近用箭头指明投射方向，并注上相同的名称，如图 8-5 中的“*A*”、“*B*”以及图 8-7(b)中的“*B*”。

(2) 也可按基本视图的形式配置，如图 8-5 中的 *C* 向视图、图 8-7(a)中的 *B* 向局部视图和图 8-7(b)中俯视方向的局部视图。当局部视图按基本视图配置，中间又无其它图形隔开时，可省略标注，如图图 8-5 中的 *C* 向视图、图 8-7(b)中俯视方向的局部视图。

主视图中交线处的细实线为过渡线，具体画法请参见 8.4 节。

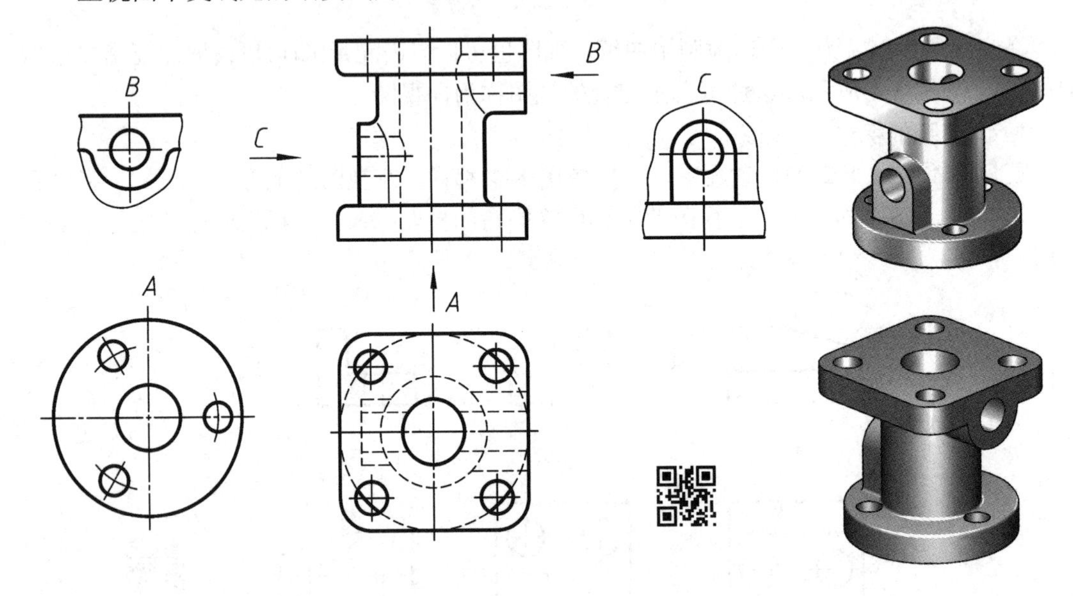

图 8-5　局部视图的画法

8.1.4 斜视图

当机件的某些表面与基本投影面成倾斜位置时，在基本视图上就不能反映这些表面的实形。如图 8-6(a)所示的压紧杆，其左端的耳板是倾斜的，它的俯视图和左视图都不能反映实形。这时可如图 8-6(b)那样，增加一个投影面 H_1(这里为正垂面)，新增的投影面平行于倾斜结构，然后再将倾斜部分向这个投影面作正投影，即可清楚地反映该倾斜部分的实形(相当于换面)。

这种将机件向不平行于任何基本投影面的平面投射所得到的视图，称为斜视图。

画斜视图应注意的问题如下：

(1) 因为画斜视图的目的只是为了得到倾斜部分的局部实形，所以斜视图一般采用局部视图的画法，在画出实形后，断裂边界使用波浪线或双折线表示，如图 8-7(a)所示。画图时，必须在斜视图上方用拉丁字母标出视图的名称，在相应的视图附近用箭头指明投射方向，并注上相同的名称。例如图 8-7(a)中带“*A*”的箭头与斜视图上方的“*A*”。

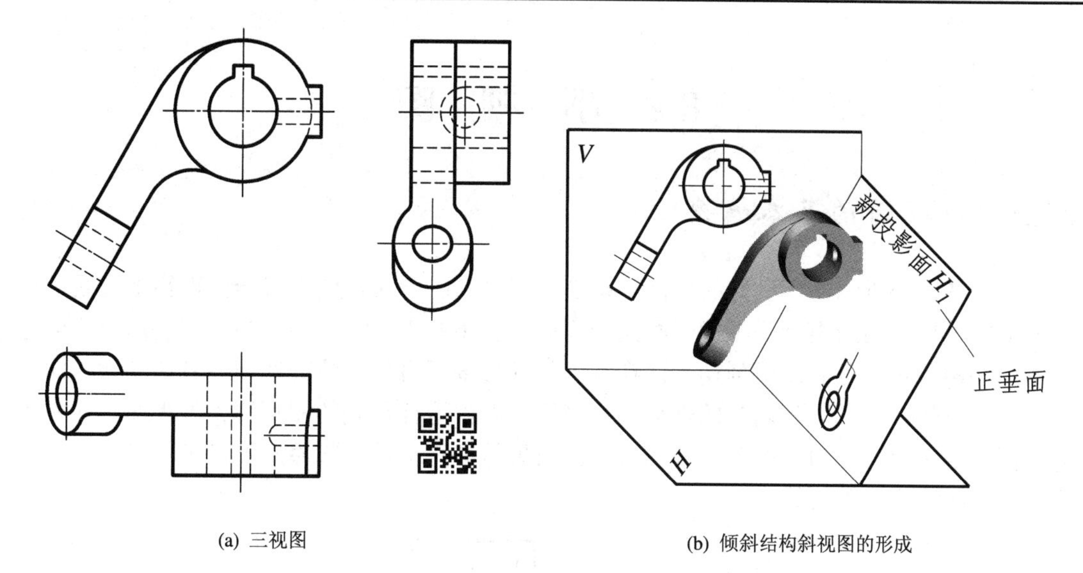

(a) 三视图　(b) 倾斜结构斜视图的形成

图 8-6　压紧杆的三视图及斜视图的形成

(2) 通常，斜视图按向视图的形式配置并标注，必要时也可画在其它适当的位置上。在不至于引起歧义时，允许将图形旋转后画图，这时需要在标注视图名称时加注旋转符号“⌒↘”或“↙⌒”，该符号是半径为字高的半圆弧，且箭头指向与图形的旋转方向一致，同时表示该视图名称的字母应书写在旋转符号的箭头端。必要时，还可在字母后标明旋转的角度，标注形式如图 8-7(b)所示。

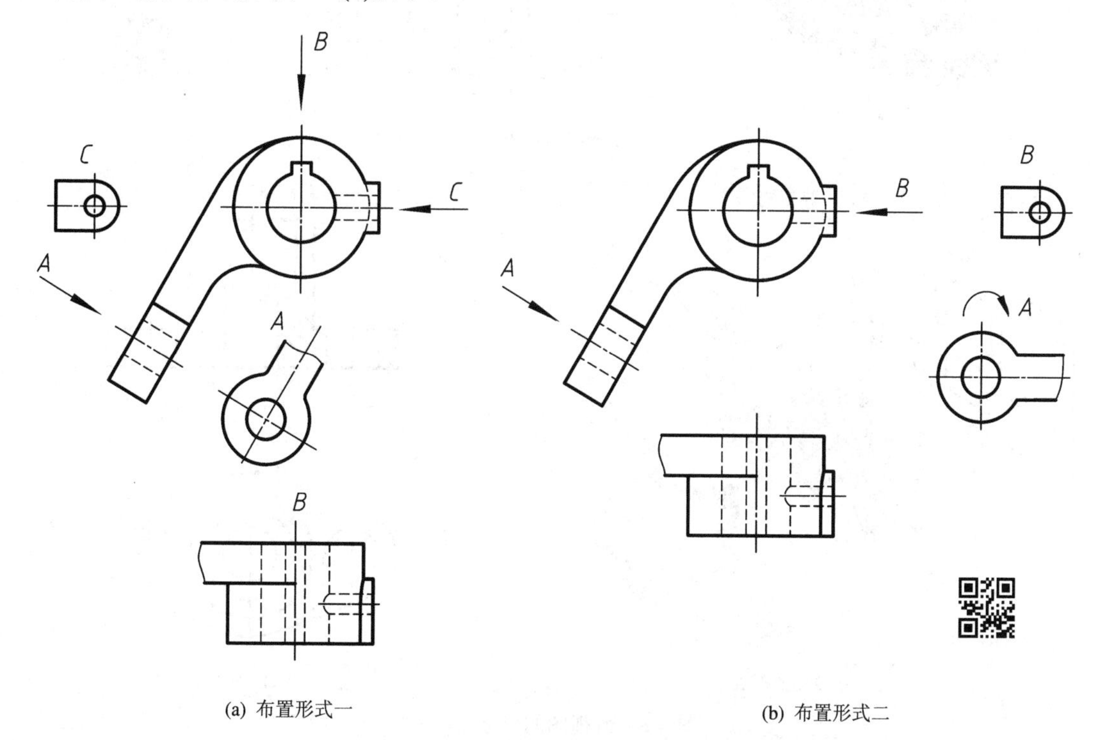

(a) 布置形式一　(b) 布置形式二

图 8-7　压紧杆斜视图的两种布置形式

8.2 剖 视 图

8.2.1 剖视图的基本概念

如图 8-8(a)所示，当机件的内部结构形状较复杂时，在视图中就会出现很多虚线，这样就影响了视图的清晰度，不便于画图和看图，也不利于尺寸标注。为了解决这个问题，如图 8-8(b)所示，可假想用剖切平面在适当的部位剖开机件，将处在观察者和剖切平面之间的部分形体移去，而将剩余的部分向投影面投射，这样得到的图形称为剖视图，简称剖视。图 8-8(c)为机件的剖视图。剖切表达的结果是——机件内部原来不可见的形状结构变为可见，虚线变成了实线。

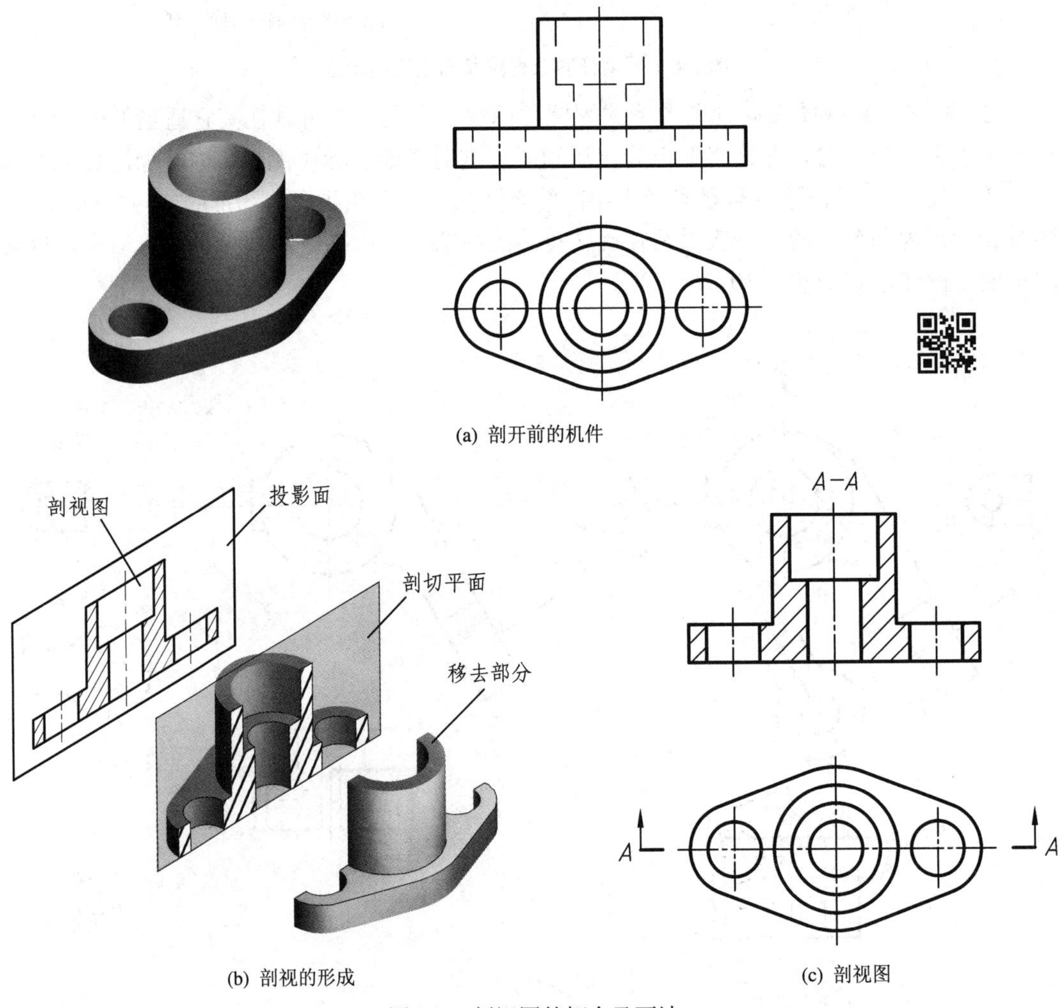

图 8-8　剖视图的概念及画法

8.2.2　剖视图的画法和规定标注

1. 确定剖切平面的位置

为了能表达机件完整的内部形状，剖切平面一般应通过机件内部结构的对称平面或轴线。如图 8-8(b)所示，其剖切平面为正平面，且通过了机件内部孔的轴线(也通过了机件对称面)。

2. 画剖视图

画机件被假想剖切后的断面图形和断面后可见形体的投影，并在断面上画出剖面符号。断面后不可见的轮廓，可在其它视图上表达清楚时，一般不再画虚线，如图 8-8(c)主视图中，底板上表面被圆柱遮挡的部分没有画虚线。对于在其它视图上难以表达清楚的部分，必要时允许在剖视图中画出虚线。因为剖切平面是假想的，实际上机件并没有被切去一块，因此在对某个视图作剖视后，其它视图不受影响，仍应完整画出。如图 8-8(c)中的俯视图仍按完整机件画出。

3. 画剖面符号

为了区别机件上被剖切面剖切到的部分与未被剖切到的部分，国家标准规定被剖切到的部分(断面)应画上剖面符号。机件材料不同，剖面符号也不同，各种常用材料的剖面符号见表 8-1。

表 8-1　剖 面 符 号

金属材料(已有规定剖面符号者除外)	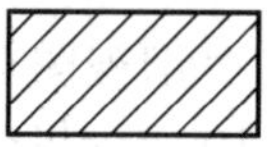	线圈绕组元件	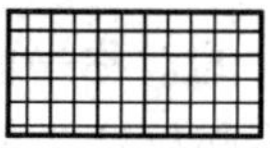	格网(筛网、过滤网等)	
非金属材料(已有规定剖面符号者除外)	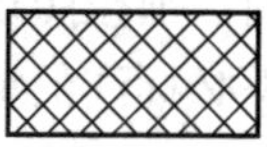	基础周围的泥土		混凝土	
型砂、填砂、粉末冶金、砂轮、陶瓷刀片、硬质合金刀片等		木材　纵断面		钢筋混凝土	
转子、电枢、变压器和电抗器等的叠钢片	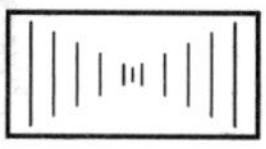	木材　横断面		砖	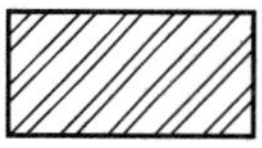
玻璃及供观察用的其它透明材料	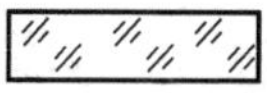	木质胶合板(不分层数)		液　体	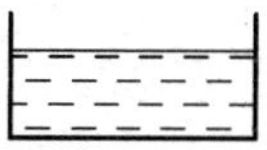

金属材料的剖面符号为与水平方向成 45°的细实线，该线称为剖面线，如图 8-8(c)中的主视图。同一机件不同视图中的剖面线方向、间隔应相同。当图形中的主要轮廓线与水平方向成 45°或接近 45°时，该图形剖面线应画成与水平方向成 30°或 60°的平行线，其倾斜方向仍与其它图形的剖面线方向一致，如图 8-9 所示。

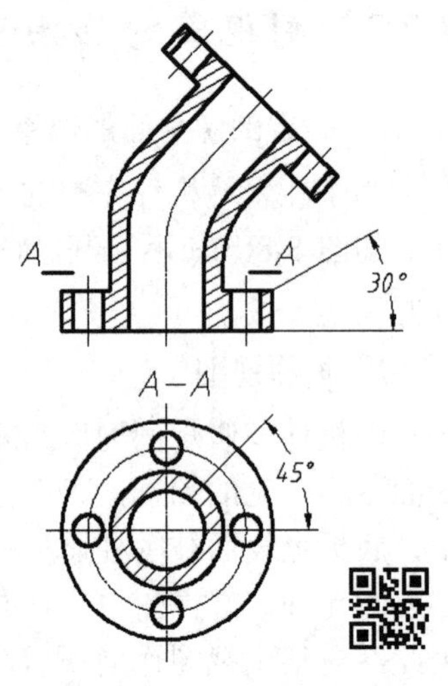

图 8-9　剖面线的画法

4. 剖视图的标注

对剖视图进行标注的目的是为了便于看图，标注时有以下几种情况：

1) 完整标注的内容

一般应在剖视图的上方用大写拉丁字母标出剖视图的名称“×—×”(如图 8-8(c)中的“*A*—*A*”和图 8-10 中的“*B*—*B*”所示)，同时在相应的视图上用剖切符号“┌”表示剖切位置(5 mm 左右粗短画)和投射方向(箭头)，并标注与名称相同的字母。

2) 省略标注的情况

当剖视图按投影关系配置，中间又没有其它图形隔开时，可省略箭头。例如，在图 8-9 和图 8-10 中，俯视图采用了 *A*—*A* 剖视图，*A*—*A* 剖视图与主视图按投影关系配置，中间无其它图形隔开，所以按规定省略了主视图上剖切符号中投射方向的箭头。

3) 不必标注的情况

当单一剖切平面通过机件的对称平面或基本对称平面，且剖视图按投影关系配置，中间又没有其它图形隔开时，不必标注。例如，图 8-9 和图 8-10 所示机件都是前后对称的，剖切平面通过了机件的前后对称平面，即剖切平面与机件的对称平面(正平面)重合，且视图按投影关系配置，中间无其它图形隔开，所以主视图的剖视图，都按照规定没有标注(没标注剖切符号和剖视图的名称)。图 8-8(c)中主视图的剖切也符合不必标注的情况，也可不标注。

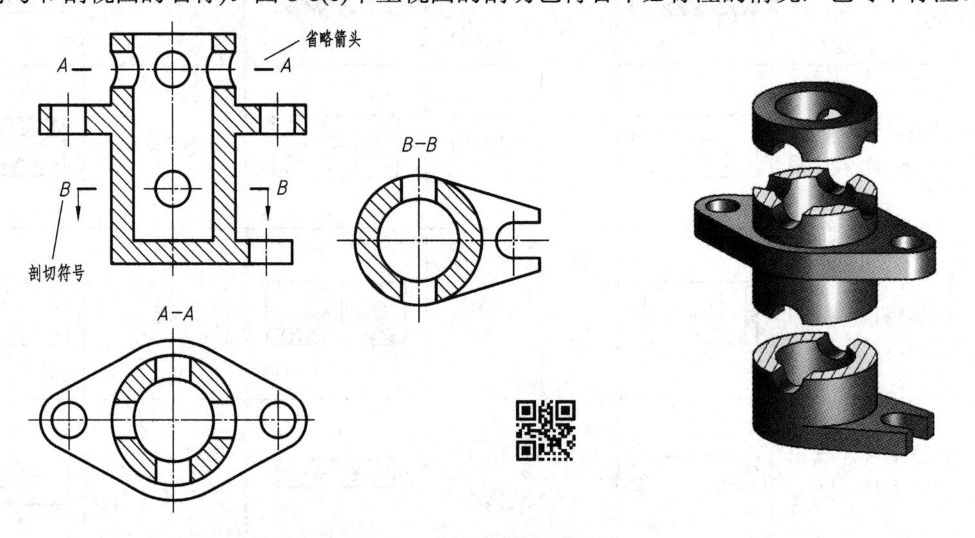

图 8-10　剖视图的标注

8.2.3　剖视图的种类和适用条件

国家标准规定，剖视图按剖切范围的大小可分为全剖视图、半剖视图和局部剖视图。

1. 全剖视图

用剖切平面完全地剖开机件所得的剖视图，称为全剖视图。

图 8-8(c)中的主视图，图 8-9 中的主视图、俯视图以及图 8-10 中的主视图、*A*—*A* 向视图、*B*—*B* 向视图三个剖视图均为全剖视图。其中，图 8-8、图 8-9 和图 8-10 主视图的全剖视图，剖切平面都是通过机件对称平面的正平面；图 8-9 俯视图的全剖视图，剖切平面是垂直于弯孔轴线的水平面；图 8-10 俯视图的 *A*—*A* 全剖视图，剖切平面是通过上方四个通孔轴线的水平面；图 8-10 中的 *B*—*B* 全剖视图，剖切平面是通过下方两个通孔轴线的水平面。从以上分析可以看出，一般情况下，剖切平面应平行于所画剖视图的投影面。

1) 适用条件

对于外形较简单的机件可以采用全剖视图来表达内部结构。图 8-8、图 8-9 和图 8-10 所示均为外形较简单，但内部结构需要表达的机件，所以采用全剖视图清晰地表达了内部结构。

图 8-11 是一个拨叉的全剖视图，拨叉的左右两端之间用水平板连接，中间有起加强作用的肋。按国家标准的规定，对于机件的肋、轮辐及薄壁等结构，如按纵向剖切，这些结构通常按不剖绘制，即不画剖面符号，而用粗实线作为分界线将它与相邻的部分隔开。在图 8-11 中，肋是按纵向剖切的，即剖切平面通过了肋的对称平面，因此，在全剖的主视图中肋按不剖画，它与两端圆柱面的分界线是圆柱对正面的转向轮廓线。肋的其它剖切画法将在图 8-53 中详细介绍。

2) 标注方法

图 8-8、图 8-9 和图 8-10 所示机件，都采用了全剖视图，其标注方法在 8.2.2 小节中已进行了详细说明，请参考。

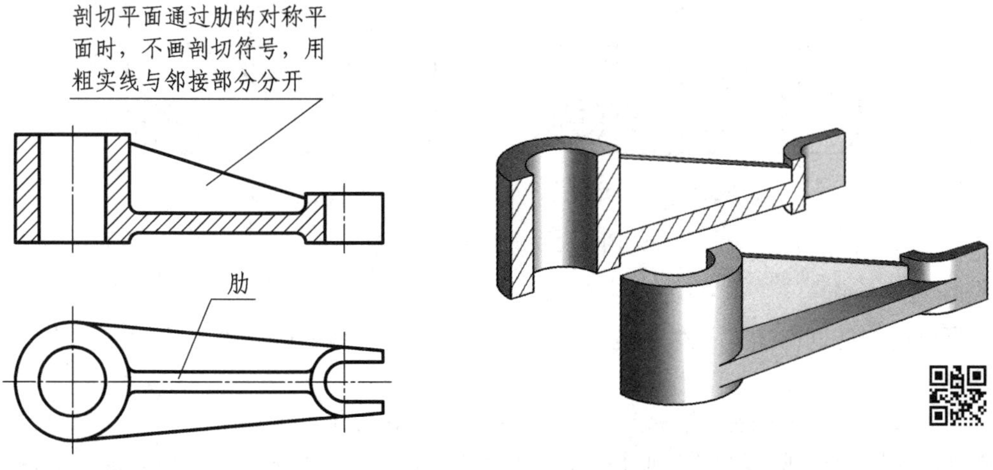

剖切平面通过肋的对称平面时，不画剖切符号，用粗实线与邻接部分分开

肋

图 8-11　拨叉的全剖视图和肋的规定画法

2. 半剖视图

当机件具有对称平面时，在垂直于对称平面的投影面上投射所得的视图，可以对称中

心线(对称平面的投影)为界，一半画成剖视图，另一半画成视图，这种剖视图称为半剖视图，如图 8-12 所示。

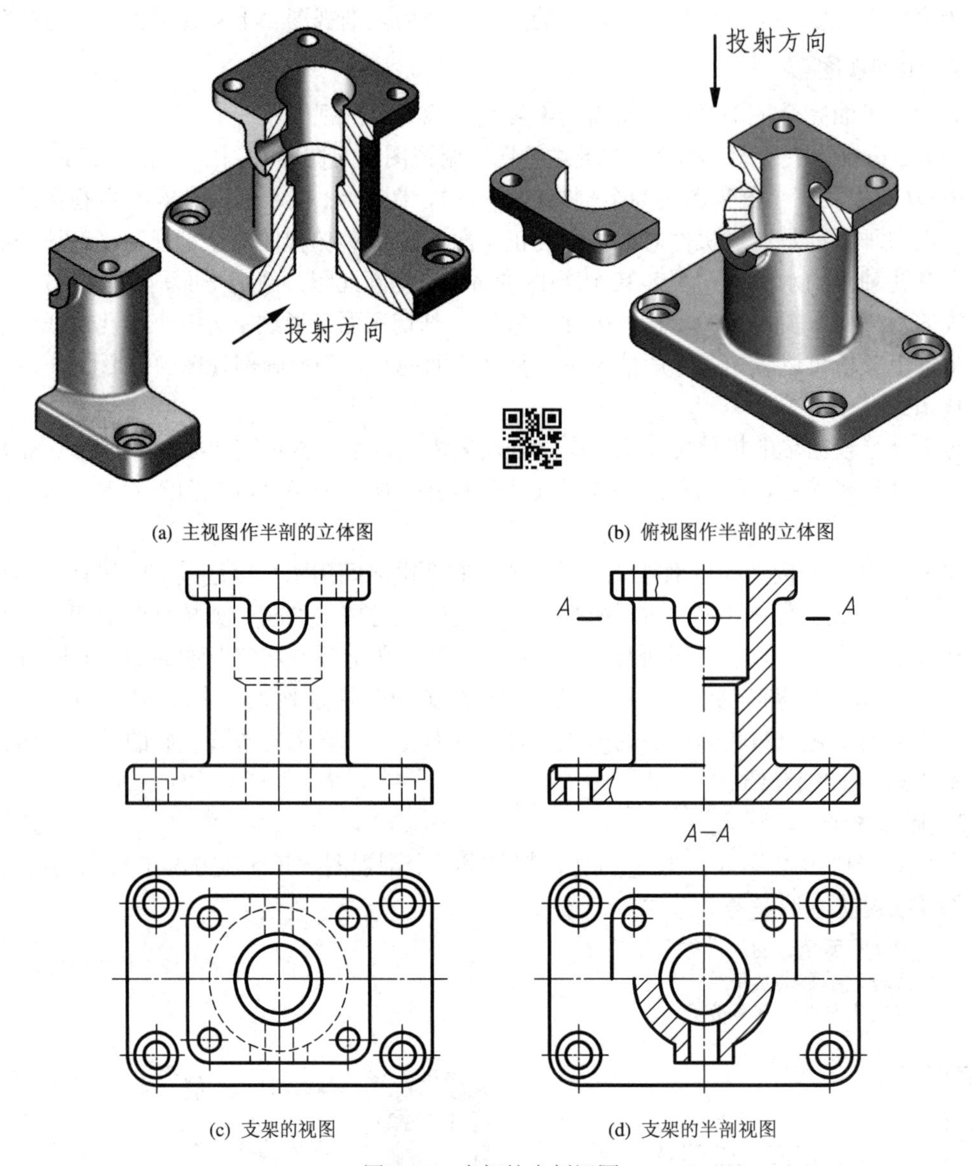

(a) 主视图作半剖的立体图　　(b) 俯视图作半剖的立体图

(c) 支架的视图　　(d) 支架的半剖视图

图 8-12　支架的半剖视图

1) 适用条件

半剖视图能同时表达机件的内、外部结构形状，适用于内、外形状均需表达的对称机件。

图 8-12(c)为支架的主、俯视图，结合图 8-12(a)、(b)可见，支架的内外部形状都较复杂。若主视图采用全剖视图，则与顶板相邻的凸台就不能表达清楚；若俯视图画成全剖视图，则顶板和其上的四个小孔的形状和相对位置也不能表达出来。进一步分析发现，支架具有前后对称和左右对称的结构，为了能在表达外形的同时，清楚地表达支架的内外形状，主视图和俯视图都可以画成由一半外形和一半剖视组成的半剖视图，这样就弥补了全剖视图

的不足。图 8-12(d)为支架的半剖视图，主视图和俯视图半剖的位置如图 8-12(a)、(b)所示：在图 8-12(a)中，主视图半剖的剖切平面通过机件的前后对称平面(正平面)；在图 8-12(b)中，俯视图半剖的剖切平面通过上方凸台孔的轴线(水平面)。因为机件左右对称，对称平面垂直于正平面，所以在主视图中可以左右对称中心线为界，画半剖视图(8-12(d)主视图)；机件前后对称，对称平面垂直于水平面，所以可以前后对称中心线为界，画半剖视图(8-12(d)俯视图)。当然，俯视图也可以左右对称中心线为界画半剖视图，请读者自行分析。在图 8-12(d)主视图中左方上、下角的通孔和阶梯孔，采用的是局部剖视图，这部分内容接下来就会讲到。

2) 标注方法

半剖视图的标注方法和省略标注情况与全剖视图完全相同，如图 8-12(d)所示：主视图的半剖，采用通过机件前后对称平面的单一剖切平面，且剖视图按基本视图关系配置，中间又没有其它图形隔开，满足不必标注的条件，所以没有标注；半剖的俯视图 *A—A* 按投影关系配置，中间也没有其它图形隔开，满足省略投射方向箭头的条件，所以省略了箭头(标注方法参照 8.2.2 小节)。

3) 画半剖视图时应该注意的问题

半个外形视图和半个剖视图的分界线是机件的对称中心线，用细点画线画出，不能画成粗实线等其它图线。

因为图形对称，机件内部形状已经在半个剖视图中表达清楚了，因此在另外半个外形视图中不再画出表示内部形状的虚线。

一般情况下，机件左右对称时，主视图和俯视图的半剖视图，右边画剖视，左边画视图(如图 8-12(d)主视图)；机件前后对称时，俯视图和左视图的半剖视图，前方画剖视，后方画视图(如图 8-12(d)俯视图和图 8-74 的左视图)；机件上下对称时，主视图和左视图的半剖视图，下方画剖视，上方画视图。

如果机件的形状接近于对称，且不对称部分已另有图形表达清楚时，也可采用半剖视图。如图 8-13 所示，该齿轮上下基本对称，只有孔的键槽部分上下不对称，但采用了局部视图表达出了不对称部分，所以该齿轮的主视图仍可画成半剖视图。

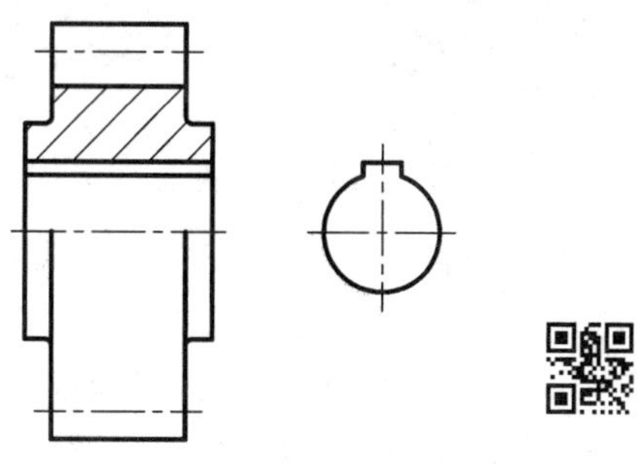

图 8-13　齿轮的半剖视图

3. 局部剖视图

为表达机件的内部形状，若没有必要或不适合作全剖视图或半剖视图，可用剖切平面局部地剖开机件，用剖切平面局部地剖开机件所得的剖视图，称为局部剖视图。画局部剖视图时，剖视与视图部分用波浪线(图 8-14～图 8-16)或双折线(图 8-17(b))分界。

1) 适用条件

局部剖视图使用十分灵活，在机件的内部结构需要表达，又不适宜或不需要采用全剖和半剖视图时，均可采用局部剖视图。局部剖视图并不是说只能剖开机件上的一个较小的局部，剖切范围的大小可根据需要自行决定。一般适用于下列几种情况：

(1) 当机件上的小孔等小结构需要剖开表示，又不宜采用全剖时(如图 8-12d 主视图左上角和左下角的小孔)。

(2) 当不对称机件的内、外形都需要表达时(如图 8-14、图 8-15 和图 8-16)。

(3) 当实心件如轴、杆、手柄上的孔、槽等内部结构需剖开表达时(如图 8-17)。

(4) 当对称机件的轮廓线在投影上与对称中心线重合，不宜采用半剖视图时(如图 8-18)。

如图 8-14 所示的机件，在结构上不对称，且内外部形状都需要表达，又不适合作全剖和半剖视，因此主、俯视图均适合采用局部剖视图。主视图在两个位置采用了局部剖，一个位置在机件底板左端，为表达孔的情况，对阶梯孔和通孔进行了局部剖；另一个位置在机件右端，局部剖的目的是表达圆柱筒的孔深及底板上的通孔，外形部分保留了位于圆柱筒前方的小圆柱筒凸台。俯视图仅小圆柱筒凸台进行了局部剖，表达了凸台的小孔与圆柱筒是穿通的。

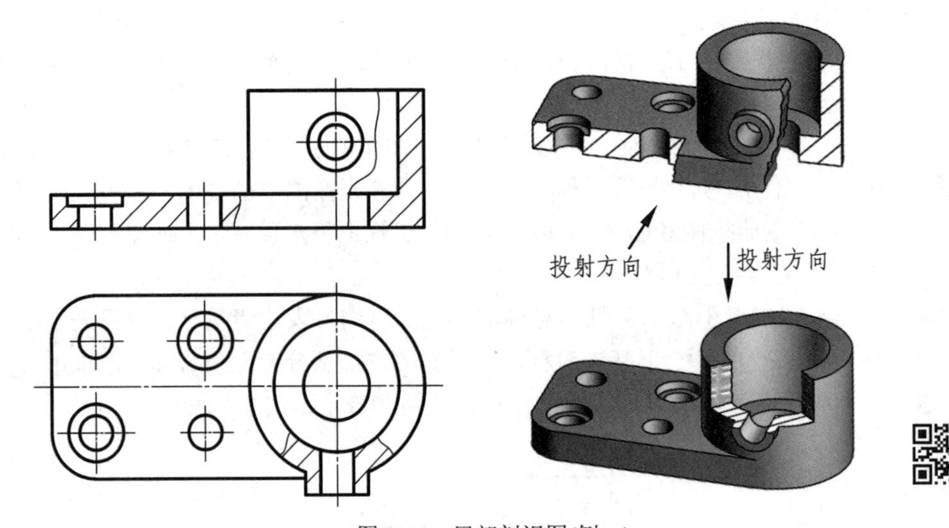

图 8-14　局部剖视图(例一)

如图 8-15 所示机件，主视图若采用全剖视图，则上部小孔的形状和位置不能表示出来，而左视图上只有小孔的深度需要表达，没有必要也不适合作全剖视图或半剖视图。因此，主视图采用了局部剖视图，表达了内部结构的同时保留了小孔的外形，且剖切范围较大；左视图仅对小孔采用了局部剖，反映了小孔的情况。图 8-12 所示支架主视图中顶板和底板上的孔也是采用局部剖视图来表达的。

如图 8-16 所示，该机件的主视图采用了局部剖视图来表示上部圆柱凸台孔与箱体内腔的穿通关系，以及箱体的壁厚和内腔的深度；俯视图的局部剖表示了前方凸台孔与内腔的穿通关系，以及内腔的形状，并保留了上方凸台的部分外形。

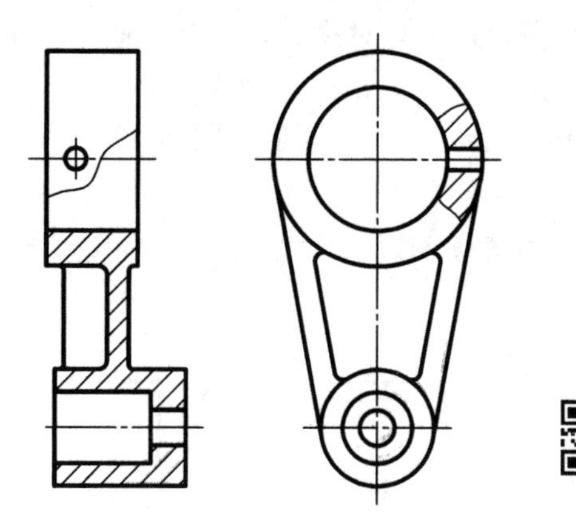

图 8-15　局部剖视图(例二)

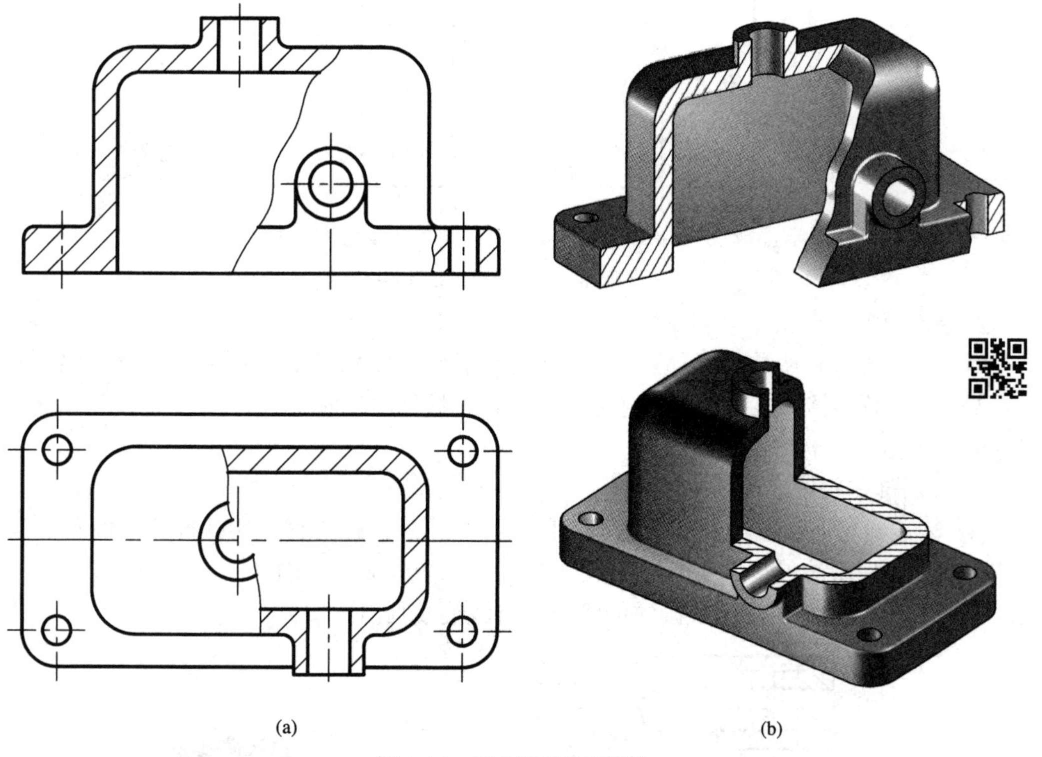

图 8-16　局部剖视图(例三)

如图 8-17 所示机件左端的顶尖孔、中部的通孔以及右面的键槽都采用了局部剖视图。

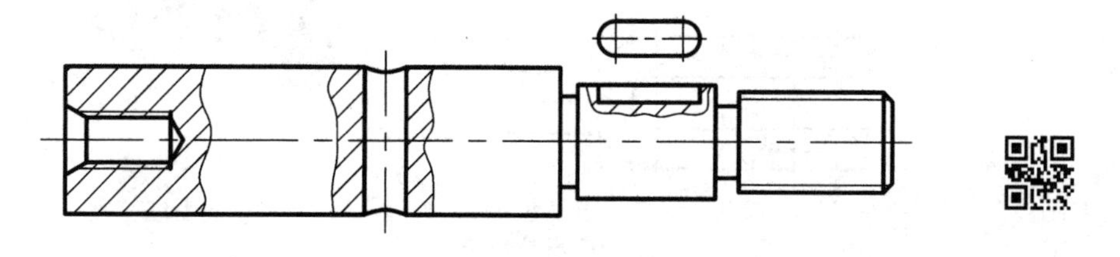

图 8-17　局部剖视图(例四)

当对称机件的轮廓线在投影上与对称中心线重合时，不宜采用半剖视图，而应采用局部剖视图来表达，如图 8-18 所示。图 8-18(a)画成了半剖视图，位于对称平面上的轮廓线与半剖视图的分界线(中心线)重合了，是错误的；图 8-18(b)画成了局部剖视图，避免了这种错误。

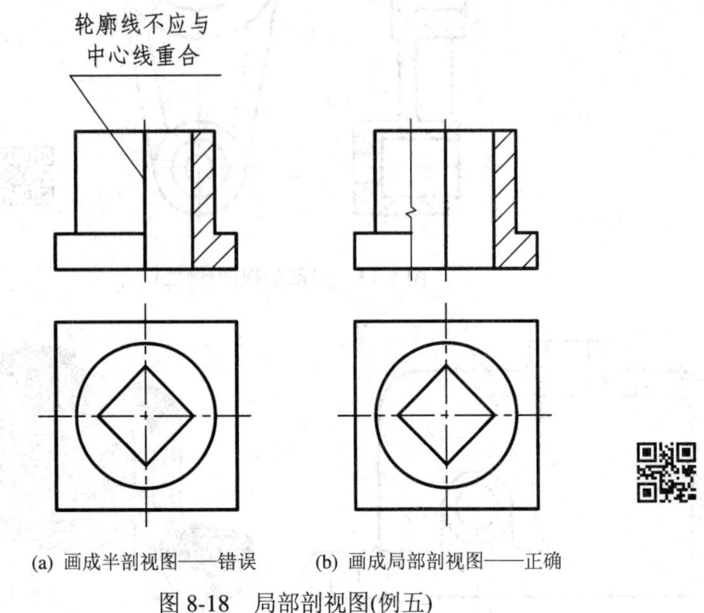

(a) 画成半剖视图——错误　　(b) 画成局部剖视图——正确

图 8-18　局部剖视图(例五)

2) 标注方法

对于剖切位置较明显的局部结构，一般不用标注，如图 8-12(d)、图 8-14～图 8-18 所示。若剖切位置不够明显，则应进行标注，一般按照前述剖视图的标注方法，将剖切符号、名称等标注在局部剖的附近。

3) 画局部剖视图应注意的问题

(1) 波浪线可看做机件断裂痕迹的投射，因此只能画在机件的实体部分，而孔、槽等非实体部分不应画波浪线；图 8-19 给出了机件主视图画成局部剖视图时，波浪线画法的正误对比，图 8-19(b)中的波浪线画法的错误是将波浪线画出了实体。

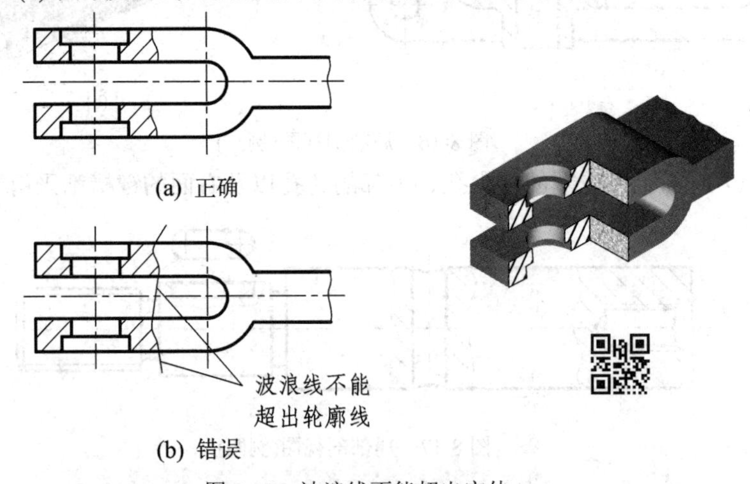

图 8-19　波浪线不能超出实体

(2) 表示剖切范围的波浪线和双折线不能与其它图线重合，也不能用其他图线代替，应单独画出，以免造成误解。图 8-20 中的波浪线画法的错误是波浪线没有单独画出，用其它图线代替了。

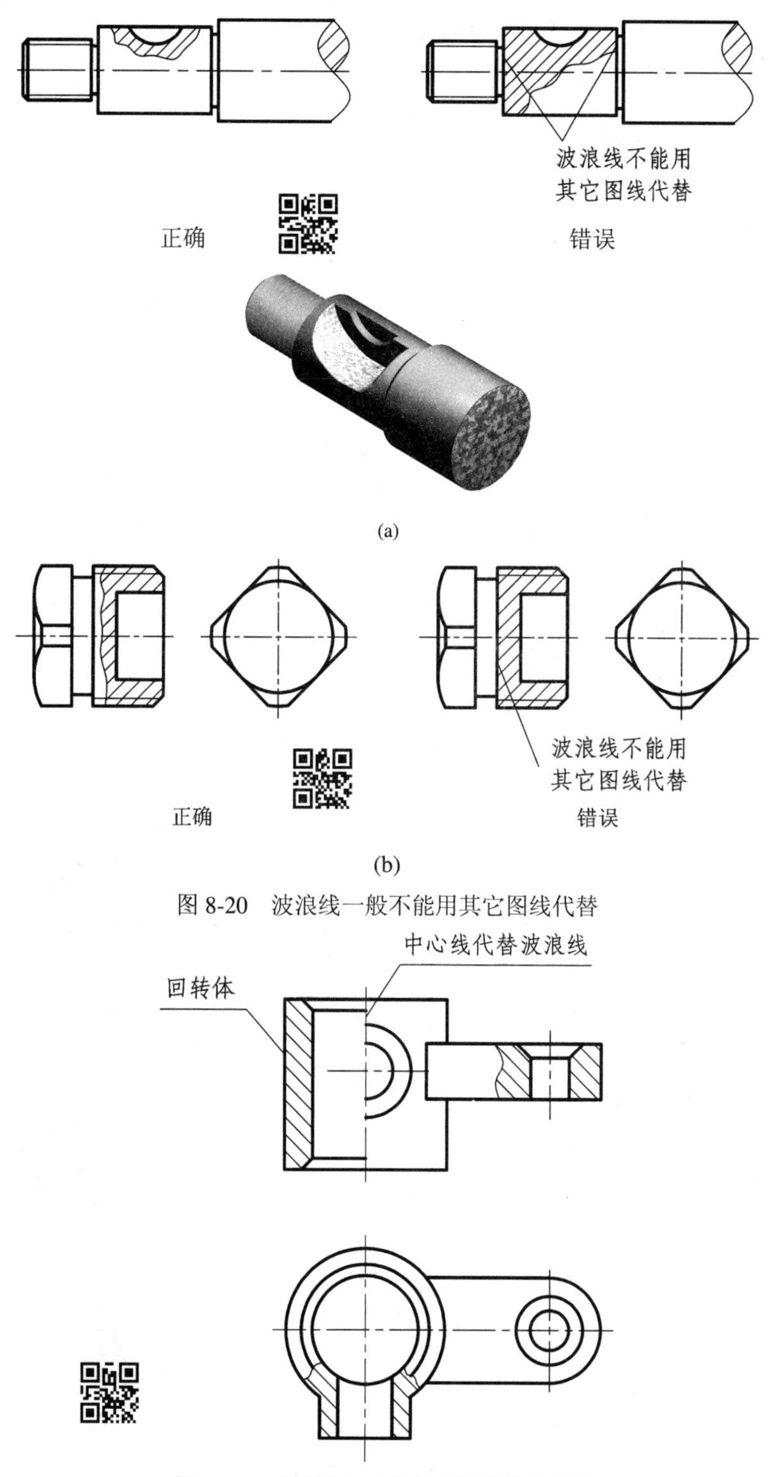

图 8-20　波浪线一般不能用其它图线代替

图 8-21　允许用中心线代替波浪线的情况

(3) 当被剖切结构为回转体时，允许以该结构的中心线代替波浪线，作为局部剖视图与视图的分界线。如图 8-21 所示，机件的左方是一个带有凸台的圆柱筒(回转体)，在对圆柱筒作局部剖视时，可以中心线代替波浪线，作为剖视图和视图的分界线。

(4) 在同一个视图上，采用局部剖的数量不宜过多，以免使图形支离破碎，影响视图清晰度。

8.2.4　剖切面的种类

国家标准规定的剖切面包括三类：单一剖切面、几个相交的剖切面和几个平行的剖切平面。其中剖切面一般是平面，有时也可以使用柱面。这些剖切面可以根据需要单独使用，也可以组合起来使用。无论采用哪一种剖切面、使用何种方法来剖切，都可以得到全剖视图、半剖视图和局部剖视图。

1. 单一剖切面及使用方法

单一剖切面包括单一剖切平面和单一剖切柱面。下面介绍它们的使用方法。

1) 单一平行剖切平面——单一剖切平面位于投影面平行面(即平行于基本投影面)

单一剖切平面最常见的用法是使用平行于基本投影面的单一平行剖切平面剖切。前面所介绍的全剖视图(图 8-8～图 8-11)、半剖视图(图 8-12、图 8-13)和局部剖视图(图 8-14～图 8-21)，都是用平行于某一基本投影面的单一剖切平面剖切得到的，这是表达机件内部结构最常用的剖切面使用方法。使用单一平行剖切平面剖切机件的方法习惯称做全剖、半剖、局部剖。

2) 单一斜剖切平面——单一剖切平面位于投影面垂直面(即垂直于基本投影面)

将单一剖切平面放置于投影面垂直面位置剖开机件，这种剖切方法习惯称为斜剖。

图 8-22(a)中的“*A*—*A*”剖视即为用斜剖所得的全剖视图。

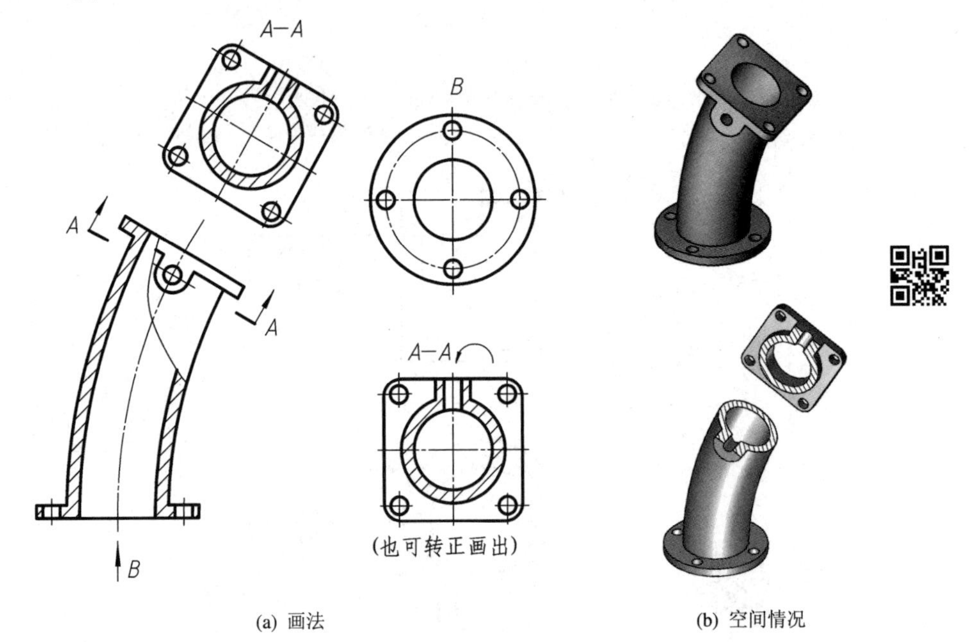

(a) 画法　　(b) 空间情况

图 8-22　斜剖的全剖视图

该机件的上方具有倾斜的方板，方板上有小孔，方板前下方有凸台，为了清楚表达这部分的形状结构，必须采用通过凸台的轴线并与倾斜结构轴线垂直(与方板平行)的剖切平面进行剖切，然后投射到与剖切平面平行的投影面上得到斜剖的全剖视图。

采用斜剖时，必须标全剖切符号、投影方向以及注明剖视图的名称，如图 8-22(a)所示。

采用斜剖得到的剖视图，最好按投影关系配置(见图 8-22(a)左上方的 *A*—*A*)；必要时也可放置在其它位置；在不致于引起误解时，也可将剖视图转正画出，旋转的方向和角度由表达需要来决定，但在被旋转的剖视图上方，应该用旋转符号(图 8-22(a)的右下方)标明旋转方向，注意剖视图名称 *A*—*A* 写在箭头一侧。

3) 用单一剖切柱面剖切

按照国家标准的规定，采用单一剖切柱面剖开机件时，剖视图一般应按展开绘制。如图 8-23 中的 *B*—*B* 剖视图所示，将采用柱面剖切后的机件展开成平行于投影面后，再画出剖视图，并在视图名称后加上展开符号(○➤，圆圈直径为字高 *h*)，例如“ *B*-*B* ○➤ ”。

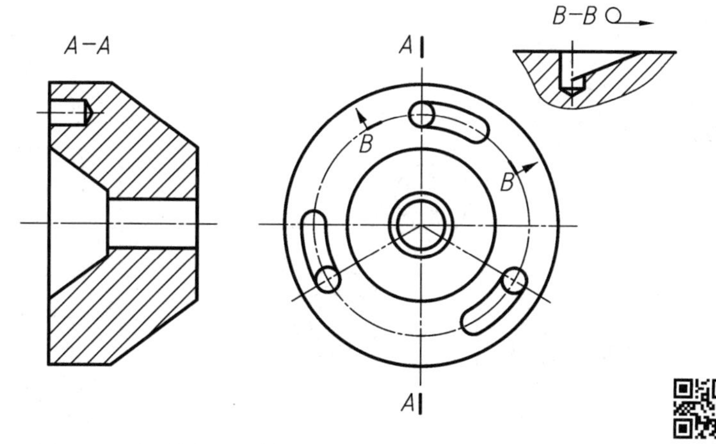

图 8-23　柱面剖切(用单一剖切柱面剖切得到的局部剖视图)

2．几个相交的剖切平面(旋转剖)

几个相交的剖切平面是指交线垂直于某一基本投影面的一组剖切平面。这样剖开机件的方法习惯称为旋转剖。图 8-24(a)中的“*A*－*A*”剖视，即为用旋转剖的方法得的全剖视图。

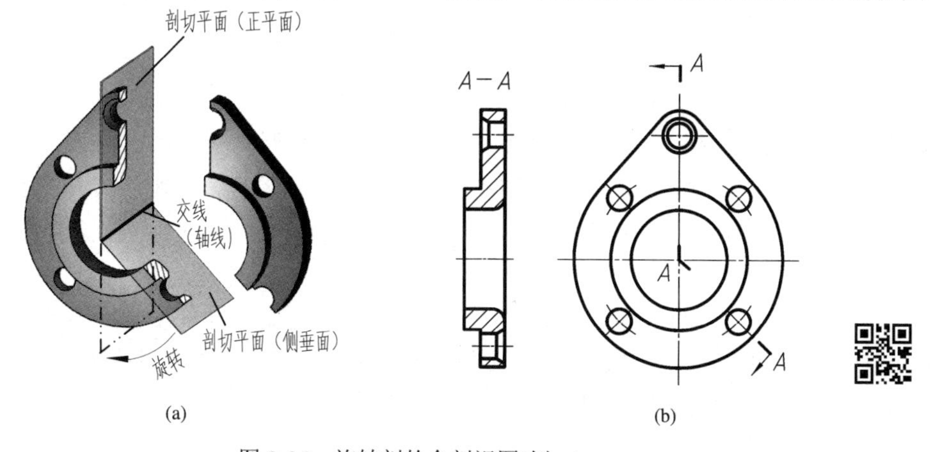

图 8-24　旋转剖的全剖视图(例一)

如图 8-24 所示，采用旋转剖的方法画剖视图时，被倾斜的剖切平面(侧垂面)剖开的结构(下方孔)及有关部分，应绕着两相交剖切平面的交线旋转到(见图 8-24(a)中箭头所指方向)与选定的投影面(正平面)平行后再进行投射。

旋转剖中两剖切平面的交线一般应与机件主要孔的轴线重合，如该例中的剖切面的交线与大孔的轴线重合。因此，采用旋转剖时，机件上一般应具有明显的回转轴线。

采用旋转剖时，必须标全剖切符号、投影方向以及注明剖视图的名称，并在剖切平面的起迄和转折处标出相同的字母，如图 8-24 所示。但如转折处位置较小，且不标注字母不容易引起误解，允许省略字母，如图 8-25 主视图和图 8-28 俯视图。

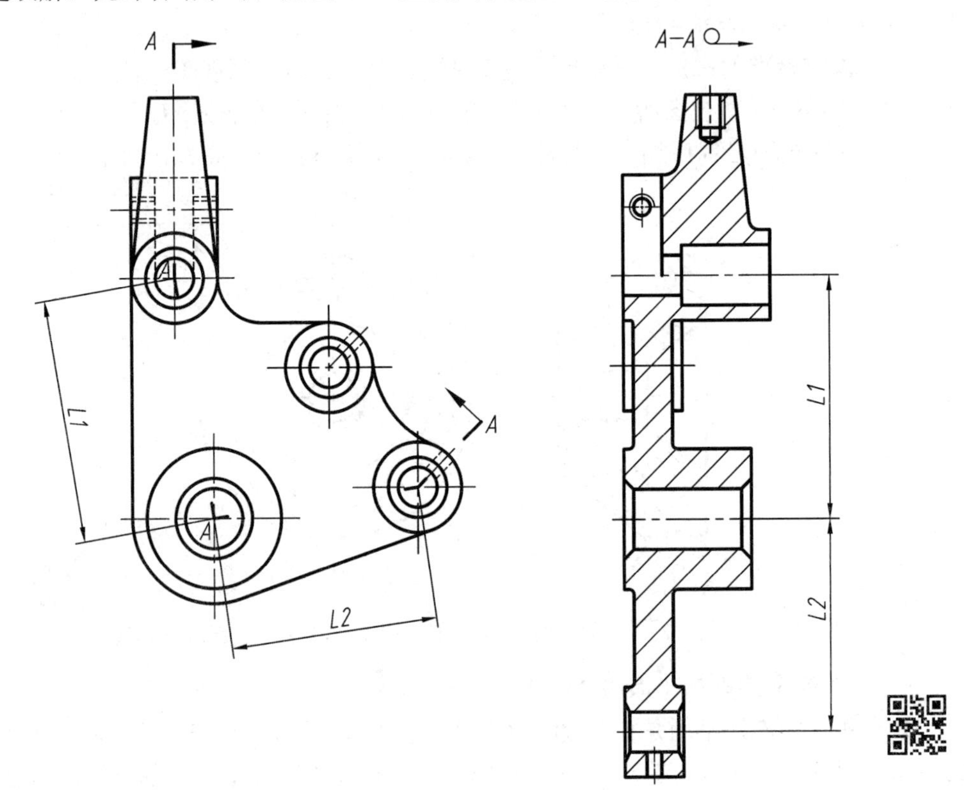

图 8-25　旋转剖的全剖视图(例二)

如图 8-25，旋转剖可以画成展开图，在用展开画法时，剖视图上的名称后应加注展开符号，例如图 8-25 左视图上方的“A—A ○➝”。在画展开图时，应注意被展开部分的定位。在图 8-25 的主视图中，需要剖切三种不同形状结构的孔，在画成展开图的左视图中，处在不平行于侧面的剖切平面上的孔的中心距与主视图中的中心距应该是相等的，即 $L1 = L1$，$L2 = L2$。

在剖切平面之后的机件上，其它结构形状一般仍按原来位置投射，不进行旋转，如图 8-26 俯视图中的小孔。当剖切后产生不完整结构要素时，这部分按不剖绘制。图 8-27 的中臂只是部分被剖切平面切割，因此在主视图中按不剖来画。

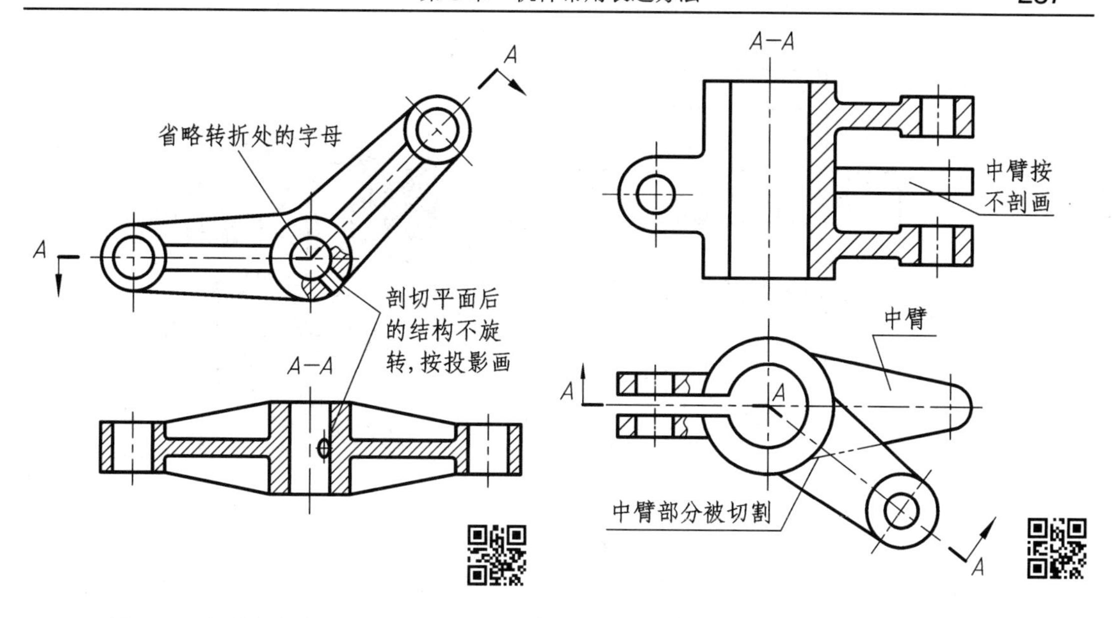

图 8-26　旋转剖的全剖视图(例三)　　图 8-27　旋转剖的全剖视图(例四)

图 8-28 中的“*A*—*A*”剖视图为用旋转剖的方法得到的半剖视图。该机件左右对称，符合画成半剖视图的条件。

图 8-29 中的“*A*—*A*”剖视图为用旋转剖的方法得到的局部剖视图。该机件前上方 U 形槽的形状需要在主视图中保留，因此画成了局部剖视图。

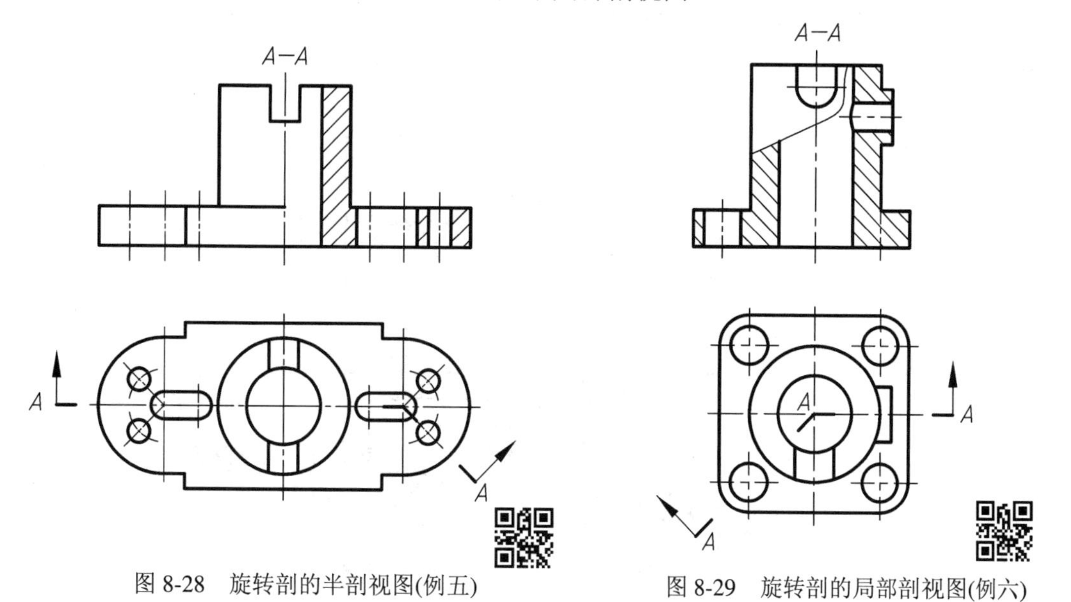

图 8-28　旋转剖的半剖视图(例五)　　图 8-29　旋转剖的局部剖视图(例六)

3．几个平行的剖切平面(阶梯剖)

几个平行的剖切平面是指平面之间相互平行的一组剖切平面。这样剖开机件的方法习惯称为阶梯剖。图 8-30 中的“*A*—*A*”剖视图即为用阶梯剖的方法得到的全剖视图。

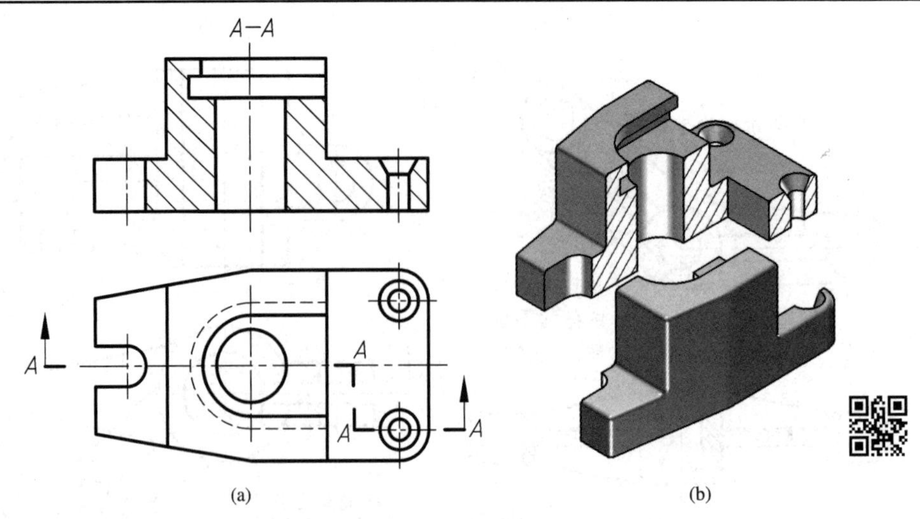

图 8-30　阶梯剖的全剖视图(例一)

观察图 8-30 所示的机件，可知需要剖切的孔、槽和内部结构的轴线或对称中心线不在同一个平面内，所以用一个平面剖切就不能全部表示出它们的内部形状。进一步观察发现，这些需要剖切的结构位于两个平行的平面上，因此采用阶梯剖就可以方便地解决这个问题，即采两个互相平行的剖切平面(正平面)，分别通过孔和槽的中心线剖开机件，然后投射到投影面上，得到阶梯剖的全剖视图。

图 8-31 是使用两个以上的平行剖切平面剖切的机件，其中需要剖切的孔位于三个互相平行的剖切平面上，因此用了三个平行的剖切平面 *A—A* 剖切后，得到阶梯剖全剖的主视图。

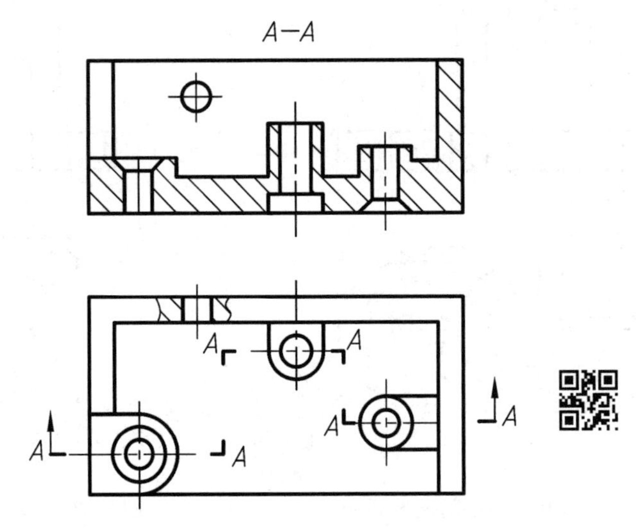

图 8-31　阶梯剖的全剖视图(例二)

采用阶梯剖时，必须标出剖视图的名称、剖切符号，在剖切平面的起迄和转折处标上相同的字母，如图 8-30 所示。但当转折处位置有限，不注字母不致于引起误解时可像旋转剖一样省略转折处字母。

当剖视图按投影关系配置，中间没有其它图形隔开时，可省略表示投影方向的箭头，如图 8-35 所示，图 8-30 的箭头也可省略。

采用阶梯剖时，要注意以下几点：

(1) 每两个平行的剖切平面之间需要有转折平面，转折处的位置不能与轮廓线重合。由图 8-32 所示的俯视图可见，转折处位置与轮廓线重合了，因此是错误的。

(2) 每两个剖切平面转折处(平面)的投影在剖视图中不应画出。图 8-32 所示的主视图中画出了转折处的投影，因此是错误的。

(3) 在选择剖切平面的剖切位置时，一般不能在剖视图中出现不完整的要素。图 8-33 中，由于转折处选择不当，使完整的沉孔在主视图中只画出了一半，即出现了不完整的要素，这是应该避免的。

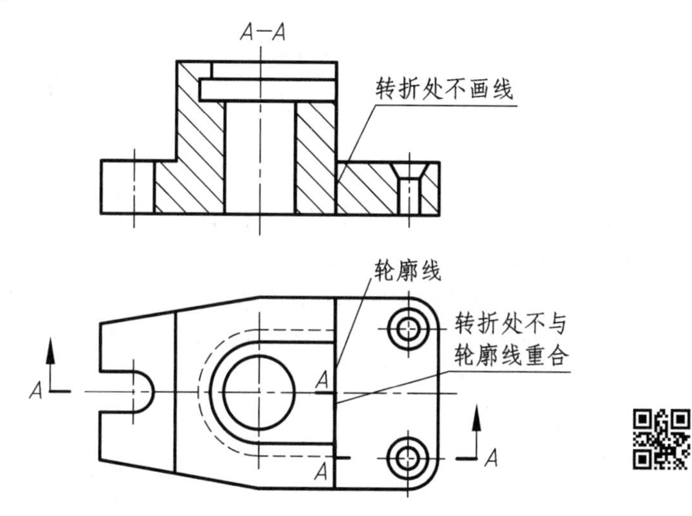

图 8-32　阶梯剖的错误画法(一)

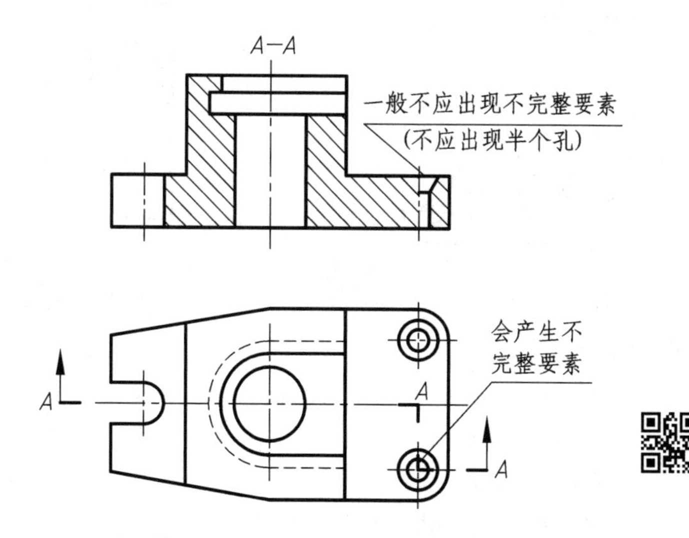

图 8-33　阶梯剖的错误画法(二)

(4) 只有当两个要素在图形上具有公共对称中心线或轴线时，允许出现不完整要素，可以各画一半，合并成一个剖视图，如图 8-34 所示。该立体左右对称，需要剖切的槽和孔也左右对称且具有公共的对称中心线，所以可按照俯视图选取剖切位置转折处，在主视图中槽和孔各画出一半合成一个剖视图。

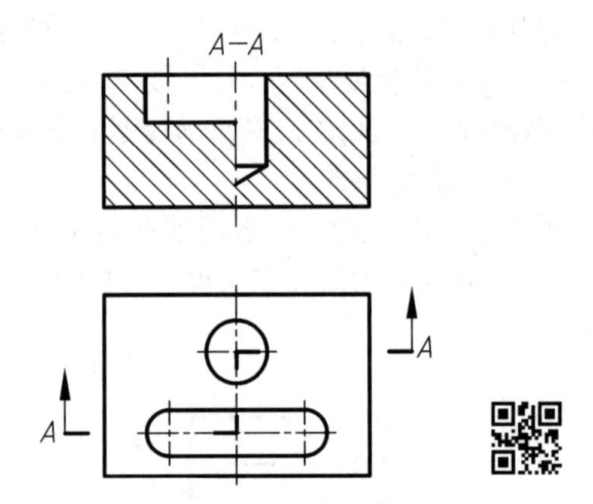

图 8-34　阶梯剖时允许出现不完整要素的情况

图 8-35 主视图中的“$A—A$”剖视图为用阶梯剖的方法得到的半剖视图。该机件左右对称，符合画成半剖视图的条件。

图 8-36 主视图中的“$A—A$”剖视图为用阶梯剖的方法得到的局部剖视图。该机件下方有斜槽和孔需要用阶梯剖来表达，但位于上方的圆柱筒的形状和与其它部分的联系情况，需要在主视图中保留，因此画成了局部剖视图。

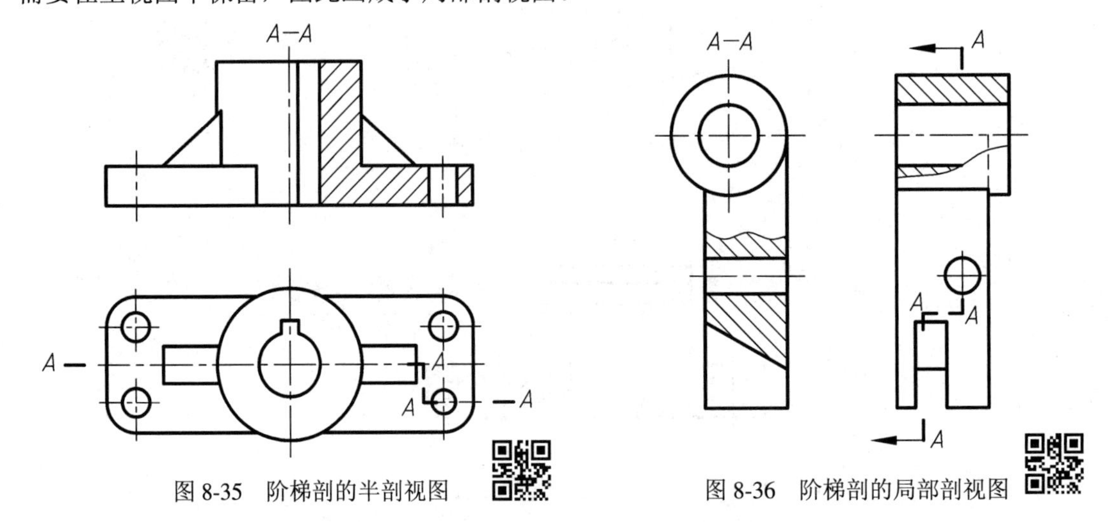

图 8-35　阶梯剖的半剖视图　　图 8-36　阶梯剖的局部剖视图

4．组合使用剖切面

上述的三种剖切面可以单独使用，也可以根据需要组合起来使用。这种将剖切面组合起来剖切的方法，习惯上也称为复合剖。图 8-37 是用复合剖的方法得到的全剖视图、复合剖视图的标注方法如图 8-37、图 8-38 所示。

由图 8-37 可知，孔、槽和内部结构的表达需要组合的剖切平面 $A—A$ 剖开机件。组合的剖切平面中有的与投影面(水平面)平行，有的与投影面(水平面)倾斜，但它们都同时垂直于同一投影面(正面)。用组合的剖切面剖开机件后，需将倾斜的剖切面切到的部分旋转到与选定的投影面(水平面)平行后再进行投射，类似于旋转剖。

剖切面可以是平面也可以是曲面，图 8-37 主视图的组合剖切面中用到了一个圆柱面，以保证圆柱孔上键槽的位置在剖视图中不发生改变。

图 8-38 采用了阶梯剖与旋转剖组合的剖切方法，在左视图上得到了复合剖的全剖视图 *A*—*A*。

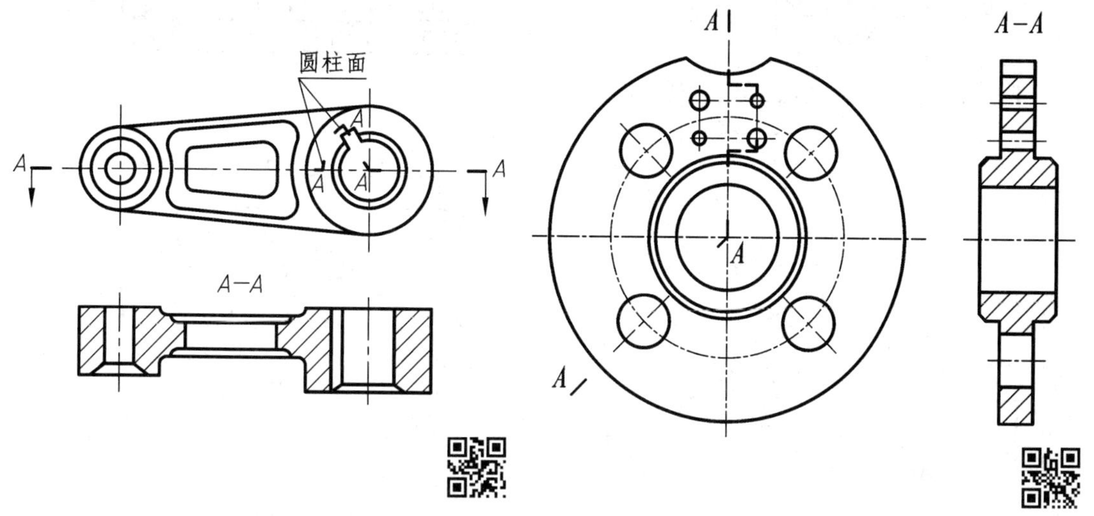

图 8-37　复合剖的全剖视图(例一)　　图 8-38　复合剖的全剖视图(例二)

8.2.5　剖视图中尺寸标注的特点

在视图中，物体内部结构的尺寸有时不可避免地要注在虚线上，这影响了视图的清晰。采用了剖视后，表达内部结构的虚线变成了实线，尺寸就可注在实线上了。剖视图尺寸标注的基本方法同组合体的尺寸标注，但也有其特点。

(1) 外形尺寸和内部结构尺寸尽量分注在视图的两侧，以便于看图，如图 8-39 所示。

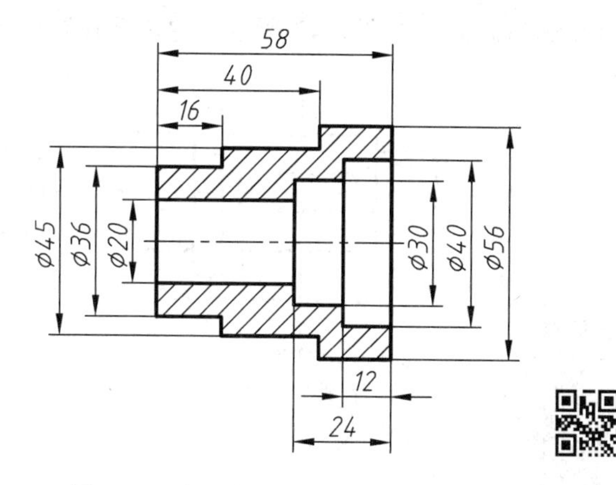

图 8-39　内、外尺寸分注在视图两侧

(2) 在剖视图(半剖、局部剖)中，表示内部结构的虚线有时省略不画，因此标注机件内部结构对称方向的尺寸时，尺寸线应该超过对称线，并且只画单边箭头，如图 8-40 主视图中的ϕ30、俯视图中的ϕ40、28、40 和图 8-41 主视图中的ϕ34、ϕ20。

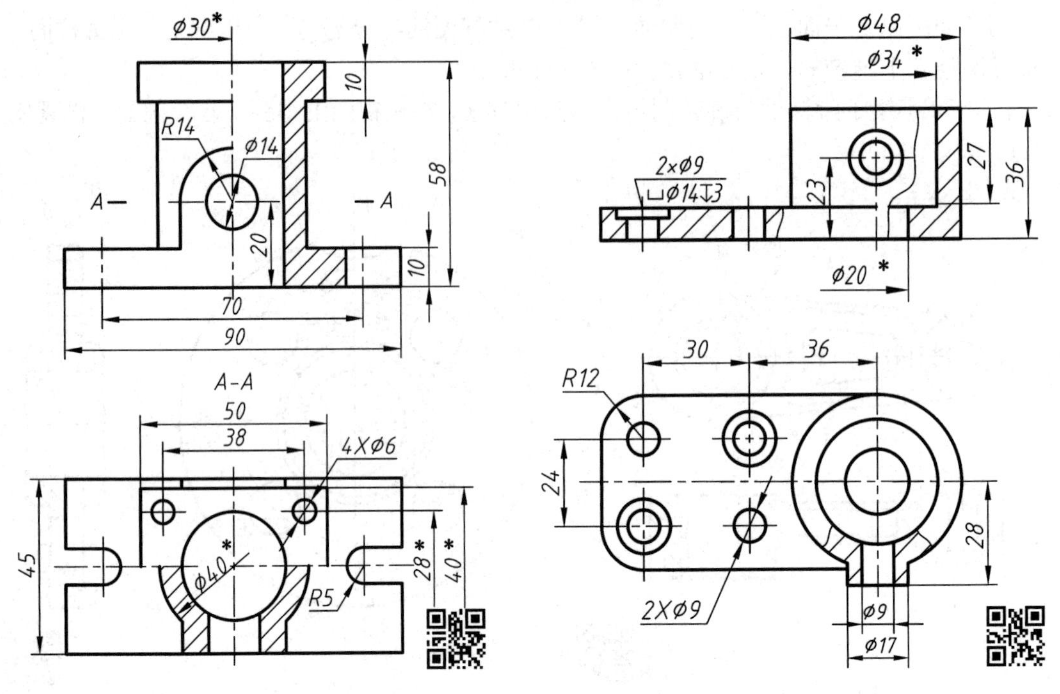

图 8-40　半剖视图中的尺寸注法　　　　图 8-41　局部剖视图中的尺寸注法

8.3 断 面 图

8.3.1 断面图的基本概念

假想用剖切平面将机件的某处断开，仅画出该剖切平面与机件接触部分的图形，这种图称为断面图，也可简称为断面，如图 8-42 所示。通常要在断面图上画出剖面符号。

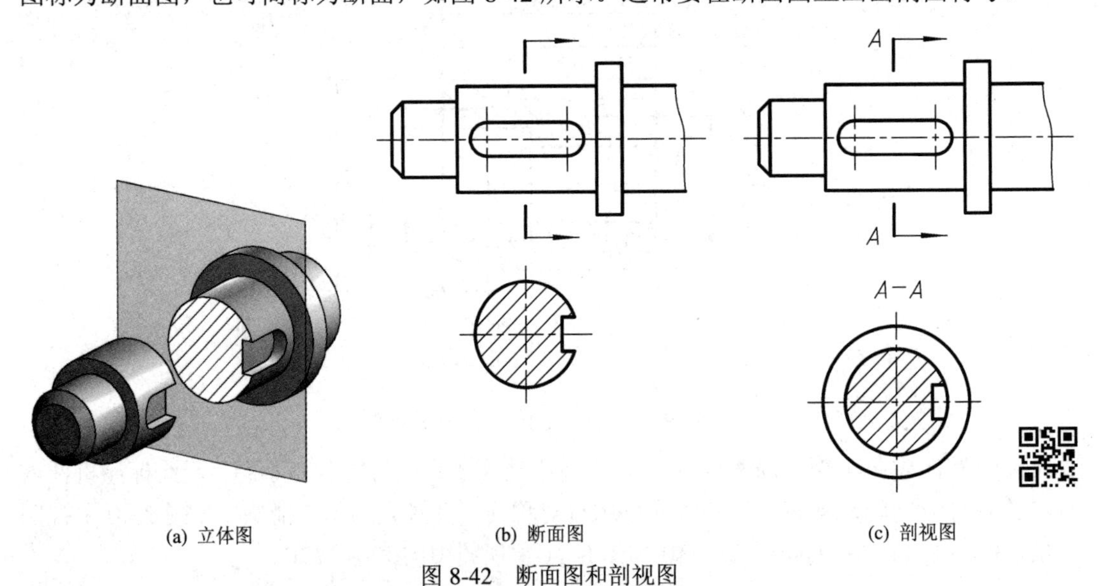

(a) 立体图　　(b) 断面图　　(c) 剖视图

图 8-42　断面图和剖视图

图8-42(b)和(c)为机件上同一位置的断面图和剖视图。对比图8-42(b)和图8-42(c)可见，断面图和剖视图的区别在于：断面图一般仅画出断面的图形；而剖视图不仅要画出断面图形，还要画出断面以后形体的投影。在仅需表达机件断面形状时，采用断面图要比剖视图更为清晰。

8.3.2 断面的种类和画法

根据断面图配置的位置不同，断面分为移出断面和重合断面两种。

1. 移出断面的画法和标注

画在视图之外的断面，称为移出断面，如图8-43所示。为了能表达机件断面的实形，剖切平面应垂直于被剖切结构的主要轮廓线。

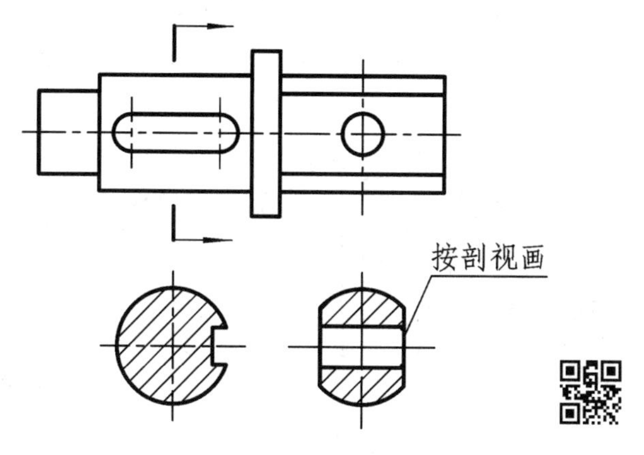

图8-43　移出断面(一)

1) 移出断面的画法

(1) 移出断面的轮廓线用粗实线绘制。移出断面应尽量配置在剖切线的延长线上，如图8-43和图8-54(b)所示。

(2) 断面图形对称时，也可画在视图的中断处，如图8-44所示。

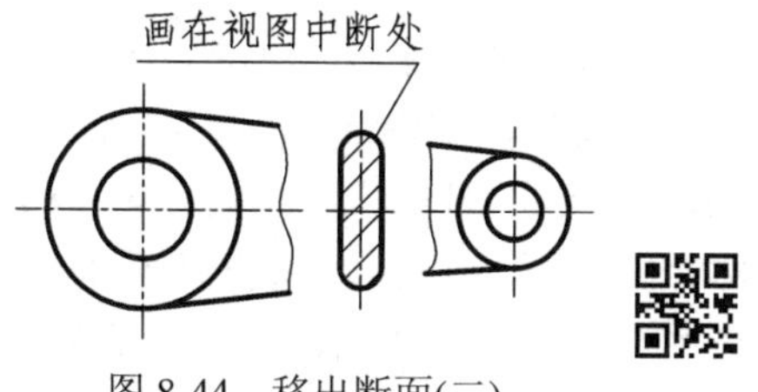

图8-44　移出断面(二)

(3) 必要时，移出断面可按基本视图关系配置，如图8-45中“$B-B$”配置在左视图的位置上；也可以配置在其它适当的地方，如图8-45中“$A-A$”所示的位置。

(4) 当剖切平面通过回转面形成的孔或凹坑的轴线时，这些结构均按剖视图要求绘制，如图8-43中右边的断面图和图8-45中的$B-B$断面图。

(5) 当剖切平面通过非圆孔会导致出现完全分离的两个或多个断面图形时，该结构也应按剖视图要求绘制，如图8-46所示。在不至于引起误解时，允许将图形旋转，其标注形式见图8-46。

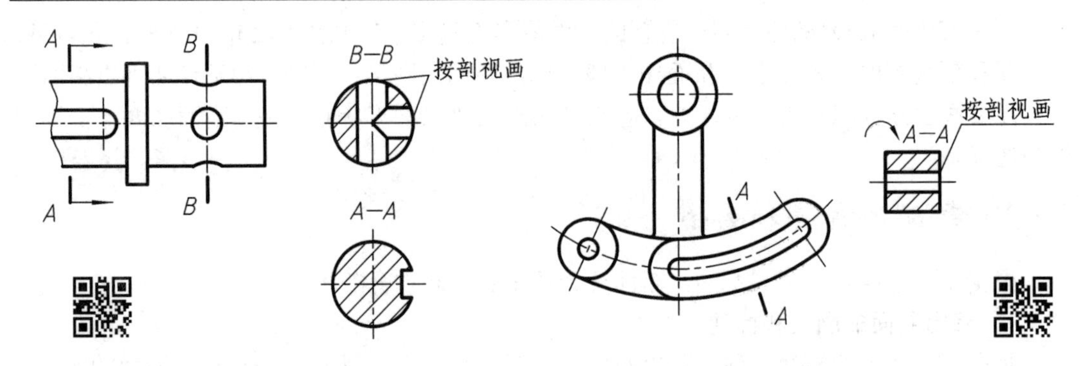

图 8-45　移出断面(三)　　图 8-46　移出断面(四)

(6) 由两个或多个相交的剖切平面剖切机件所得的移出断面图，中间一段应断开，如图 8-47 所示。应注意，所选的剖切平面均应垂直于被剖切的主要轮廓线。

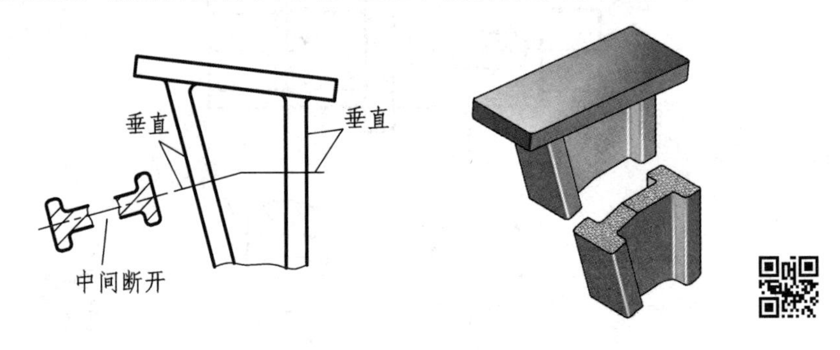

图 8-47　移出断面(五)

2) 移出断面的标注

移出断面的标注与剖视图的标注基本相同。断面放置的位置以及图形是否对称，影响着它的标注内容。图 8-45 中的 *A*—*A* 断面图是一个完整的标注，还有些可省略标注内容的情况：

(1) 移出断面一般应用剖切符号和字母表示剖切位置和名称，用箭头表示投射方向，并在断面图的上方标注相应的名称，如图 8-45 中的“*A*—*A*”断面。

(2) 配置在剖切线延长线上的不对称移出断面，可省略名称字母(见图 8-43 左)；配置在剖切线延长线上的对称移出断面，可不必标注(见图 8-43 右和图 8-54(b))。

(3) 按投影关系配置的不对称移出断面，可省略表示投影方向的箭头。图 8-45 中的“*B*—*B*”断面放置在左视图的位置上，是按投影关系配置的，所以可省略箭头。

2．重合断面的画法和标注

画在视图内的断面称为重合断面，如图 8-48 和图 8-49 所示。只有当断面图形比较简单，且不影响视图清晰的情况下，才采用重合断面。

1) 重合断面的画法

重合断面的外轮廓线用细实线绘制。当视图中的轮廓线与重合断面图形重合时，视图中的轮廓线仍应连续画出，不可间断，如图 8-48、图 8-49 和图 8-54(a)所示。

2) 重合断面的标注

(1) 对称的重合断面不必标注，如图 8-48 和图 8-54(a)所示。

(2) 不对称重合断面可按图 8-49 所示进行标注，也可省略标注。

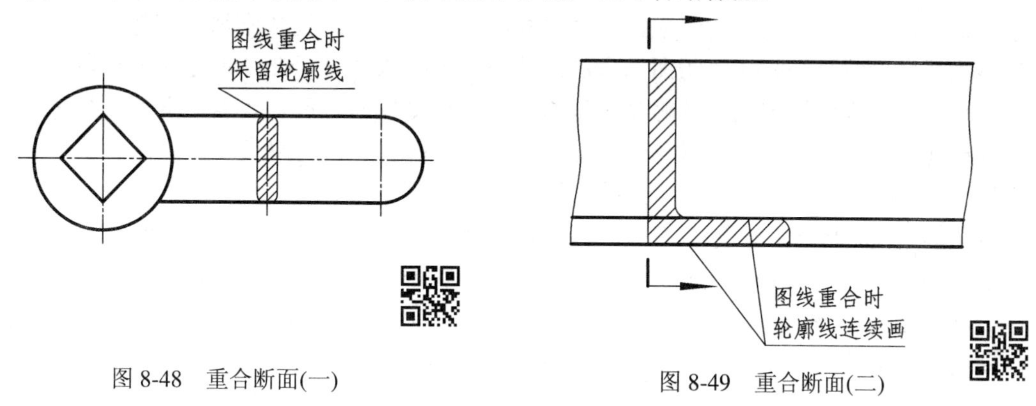

图 8-48　重合断面(一)

图 8-49　重合断面(二)

8.4　其它表达方法

8.4.1　局部放大图

机件上的一些细小结构，经常由于图形过小而表达不清楚或标注尺寸的位置不够，此时根据 GB/T 4458.1－2002 的规定，可将这些结构用大于原图形所采用的比例放大画出，这样得到的图形称为局部放大图，如图 8-50 所示。画局部放大图应注意以下几点：

(1) 局部放大图可以画成视图、剖视图或断面图，它的画法与被放大部分的表达方法无关，如图 8-50 的“Ⅱ”处。局部放大图应尽量配置在被放大部分的附近。局部放大图上被放大的范围用波浪线确定。

(2) 绘制局部放大图时，除螺纹牙型、齿轮和链轮的齿形外，在原视图上用细实线圆圈出被放大的部位。当同一机件上有多个被放大的部位时，须用罗马数字依次标明被放大部位，并在局部放大图的上方标注出相应的罗马数字和所采用的比例，如图 8-50 中的“Ⅰ”和“Ⅱ”处。

(3) 同一机件上不同部位的局部放大图，当图形相同或对称时，只需画出其中的一个。

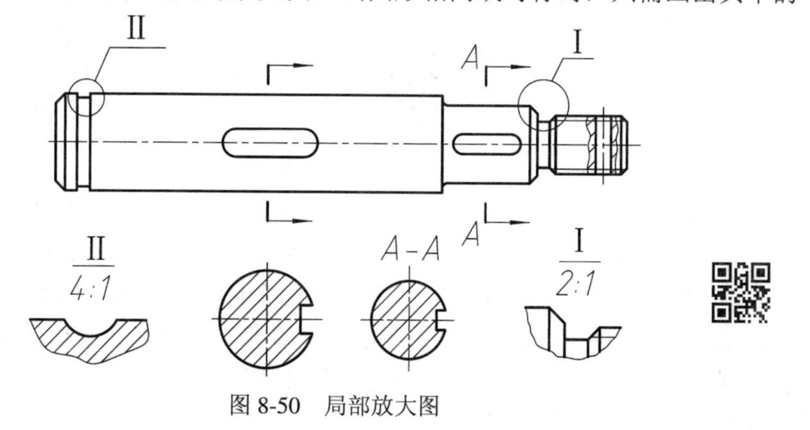

图 8-50　局部放大图

8.4.2　简化画法

简化画法是在能够准确表示机件形状和结构的前提下，力求绘图和读图简便的一些表达方法，在绘图中应用比较广泛。按照 GB/T 13361－2012，简化画法是指包括规定画法、省略画法、示意画法等在内的图示方法：其中规定画法是对标准中规定的某些特定表达对象所采用的特殊图示方法；省略画法是通过省略重复投影、重复要素、重复图形等达到使图样简化的图示方法；示意画法是用规定符号和(或)较形象的图线绘制图样的表意性图示方法，第 14 章图 14-15 的齿轮油泵装配示意图采用了这种画法。

依据 GB/T 4458.1—2002、GB/ T 4458.6—2002、GB/ T 16675.1—2012 和 GB/ T 16675. 2—2012 的规定，对常用的简化画法归纳如下，未涉及部分请查阅上述国标。

(1) 在不至于引起误解时，零件中的移出断面，允许省略剖面符号，但剖切位置和断面图的标注必须按原规定，如图 8-51 所示。

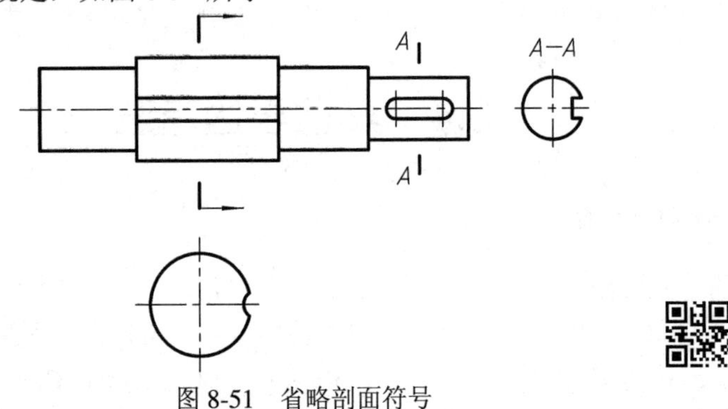

图 8-51　省略剖面符号

(2) 当机件上具有若干直径相同且成规律分布的孔时，可仅画出一个或少量几个，其余只需用细点画线表示其中心位置，如图 8-52(a)所示。当机件具有若干相同结构(如齿、槽等)并按一定规律分布时，只需画出几个完整的结构，其余用细实线连接，在零件图中则应注明该结构的总数，如图 8-52(b)所示。

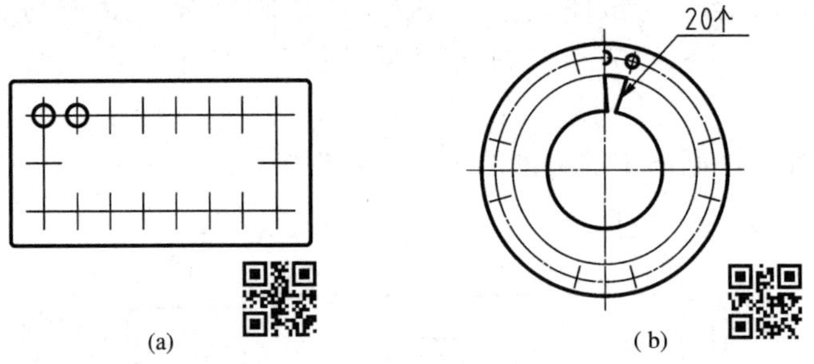

图 8-52　成规律分布相同结构的简化画法

(3) 对于机件的肋、轮辐及薄壁等，若按纵向剖切，即剖切平面通过其厚度的基本轴线或对称平面，这些结构在剖视图上不画剖面符号，而是用粗实线将它与其邻接部分分开。

例如，在图 8-53 中，轴承座的轴承用肋 1(支承板)和肋 2 两个肋支撑。在俯视图(见图 8-53(b))上，肋 1 和肋 2 被剖切平面横向剖切，所以在剖切范围内应画出剖面线(见图 8-53(b)、(d))。在左视图(见图 8-53(c))上，肋 1 被剖切平面横向剖切，所以肋 1 上要画剖面线；肋 2 被剖切平面沿对称平面纵向剖切，所以肋上不画剖面线(见图 8-53(c)、(d))。

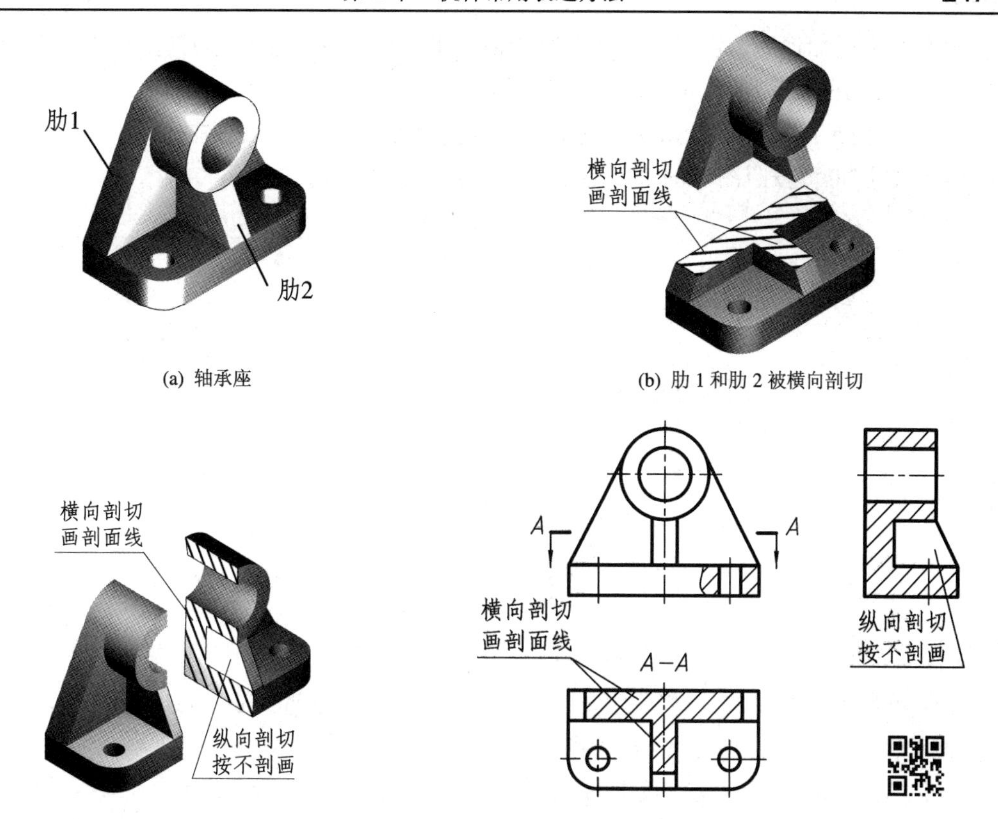

(a) 轴承座　(b) 肋 1 和肋 2 被横向剖切

(c) 肋 1 被横向剖切、肋 2 被纵向剖切　(d) 肋被横向、纵向剖视的画法

图 8-53　剖视图中肋的画法

(4) 机件回转结构上均匀分布的肋、轮辐、孔等不处于剖切平面上时，可将这些结构旋转到剖切平面上画出。如图 8-54(a)所示，对于不处于对称平面上的阶梯孔(4 个)，可将一个旋转到剖切平面上画出；如图 8-54(b)所示，对于不对称的肋(3 个)，可将不对称的一个肋旋转后按对称画出。图 8-54(a)中肋的重合断面和图 8-54(b)中肋的移出断面是表达肋断面形状常用的方法，因为其仅用视图不能确定断面的形状。

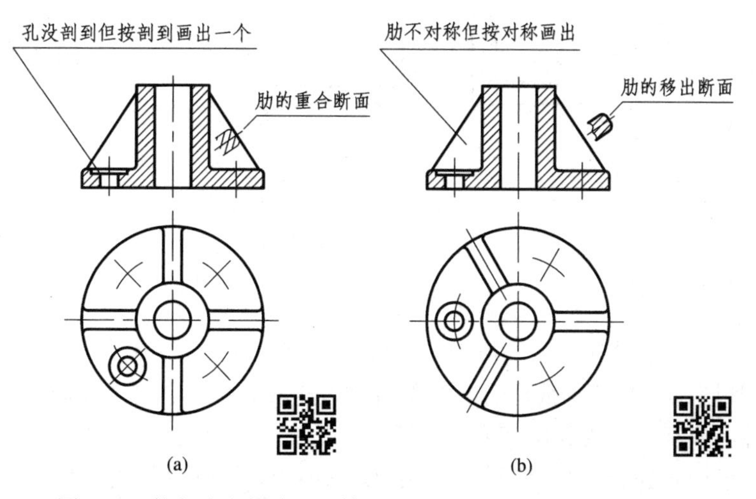

(a)　(b)

图 8-54　均匀分布的肋、孔等不处于剖切平面上时的简化画法

(5) 在不增加视图、剖视图或断面图的情况下，当图形不能充分表达平面时，可用平面符号(相交的两细实线)表示，如图 8-55 所示。

(6) 图 8-55 左端和图 8-56 分别是折断的实心圆柱杆件和空心圆柱杆件的简化画法，其折断后的画法也可按照图 8-64 的画法。

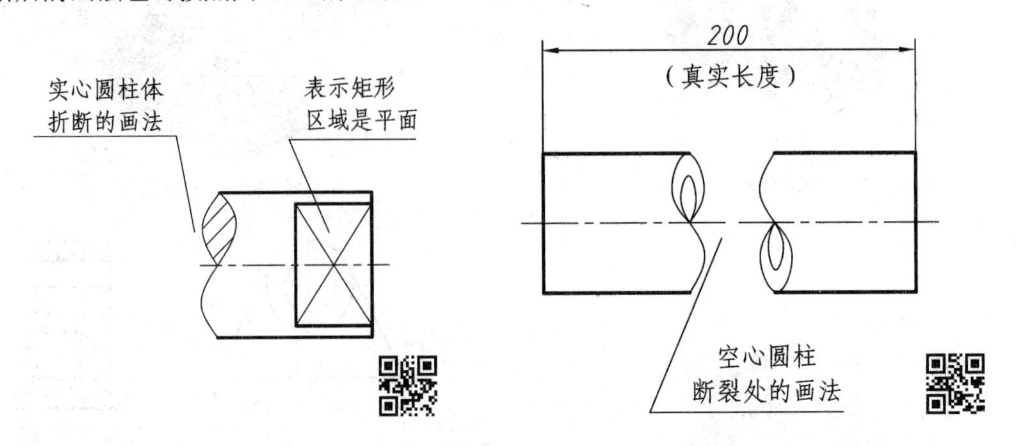

图 8-55　平面符号和实心杆件折断的简化画法　　图 8-56　空心杆件折断的简化画法

(7) 机件上的沟槽和滚花等网状结构一般应在轮廓线附近用粗实线局部画出，也可省略不画，但在图中应注明这些结构的具体要求，如图 8-57 所示。

(8) 机件上斜度和锥度等较小的结构，若在一个图中已经表达清楚了，其它图形可按小端画出。如图 8-58(a)中左视图只画了斜度的小端，图 8-58(b)中俯视图只画了锥度的小端。

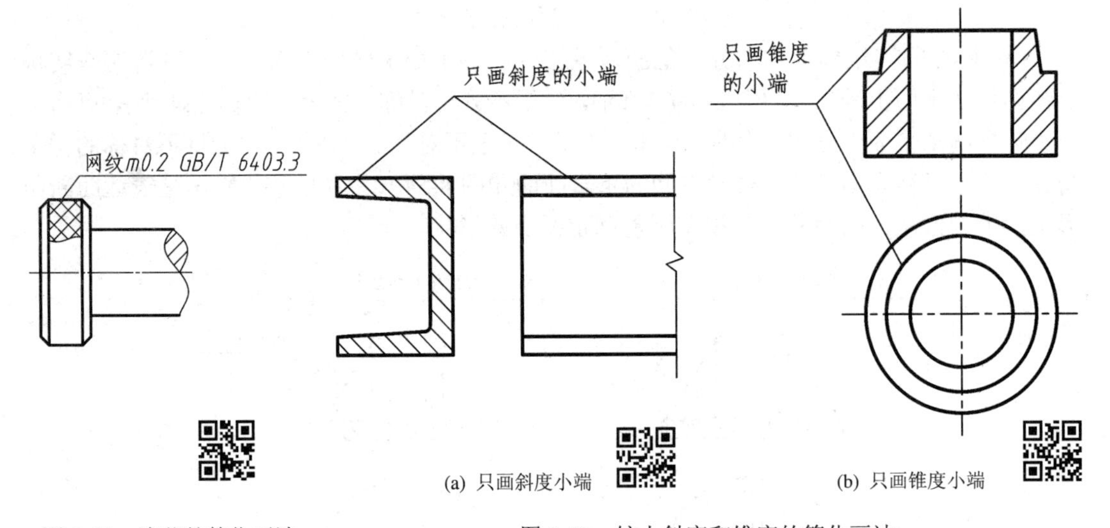

图 8-57　滚花的简化画法　　图 8-58　较小斜度和锥度的简化画法

(9) 在不至于引起误解时，图形中的过渡线、相贯线可以简化，例如用圆弧或直线代替非圆曲线。如图 7-6 中用圆弧替代相贯线，图 8-59(a)主视图中用直线替代相贯线，图 8-60 主视图和俯视图分别用直线和圆替代相贯线。

也可采用模糊画法表示相贯形体，如图 8-59(b)所示为圆台与圆柱相贯。

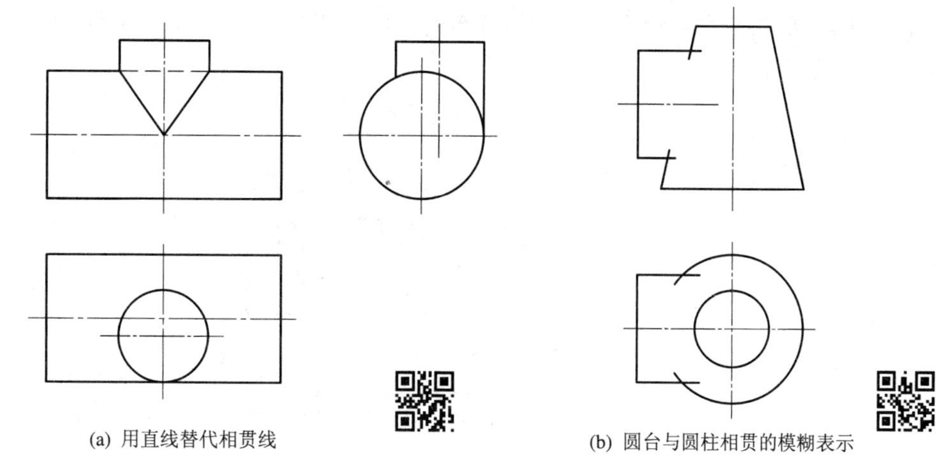

(a) 用直线替代相贯线　(b) 圆台与圆柱相贯的模糊表示

图 8-59　相贯线的简化画法和相贯形体的模糊表示

(10) 当机件上较小结构已在一个图形中表达清楚时，其它图形应当简化或省略。如图 8-60(a)中的圆锥孔在俯视图中只画出了最大和最小的两个圆，图 8-60(b)中的移出断面图表达清楚了机件左端的情况，在主视图中，机件左端上下位置简化画出，即省略了截交线。

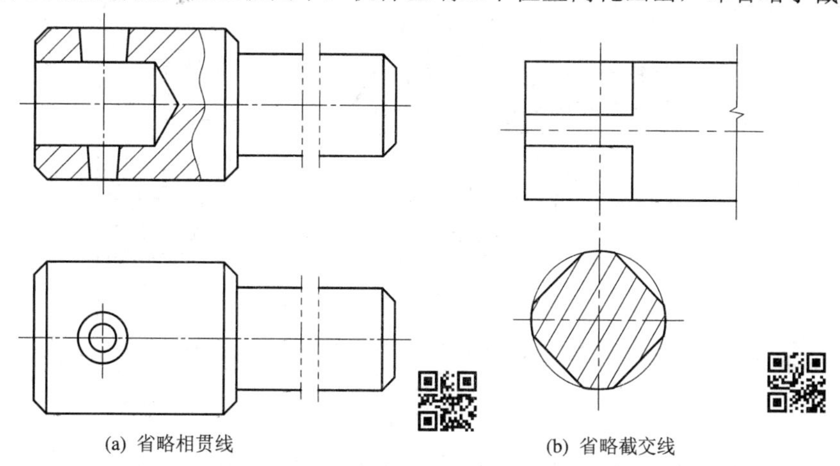

(a) 省略相贯线　(b) 省略截交线

图 8-60　较小结构的简化和省略

(11) 在需要表示位于剖切平面前的结构时，这些结构可假想地用细双点画线绘制。如图 8-61 所示的机件，在采用全剖时，位于剖切平面之前的腰圆形槽用细双点画线画在了剖视图中。该简化画法中应该是较小的结构，并在画入剖视图后不影响图形清晰。

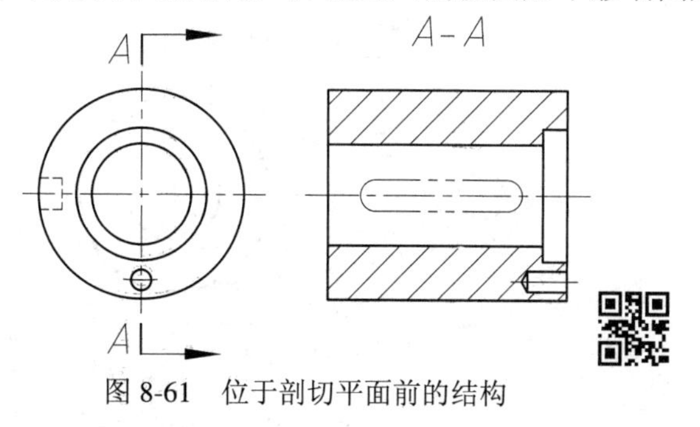

图 8-61　位于剖切平面前的结构

(12) 圆柱形法兰和类似机件上均匀分布的孔可按图 8-62 的方法来表示，即仅画出均布孔局部结构的一半。

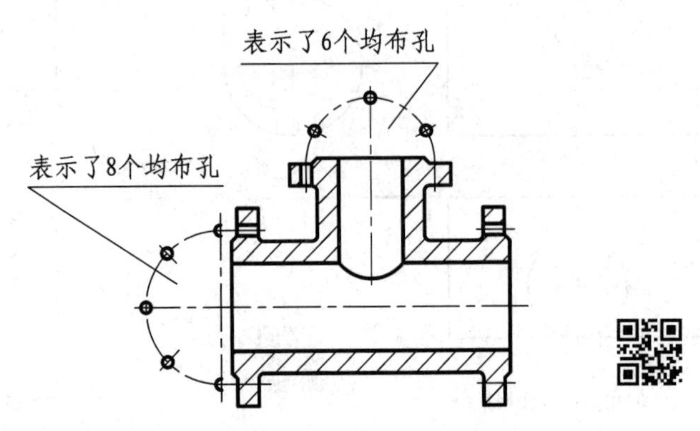

图 8-62　均布孔的简化画法

(13) 在不至于引起误解时，对称机件的视图可画一半(如图 8-63(a)所示)或四分之一(如图 8-63(b)所示)，并在对称中心线的两端画出对称符号，即两条与对称中心线垂直的平行细实线。

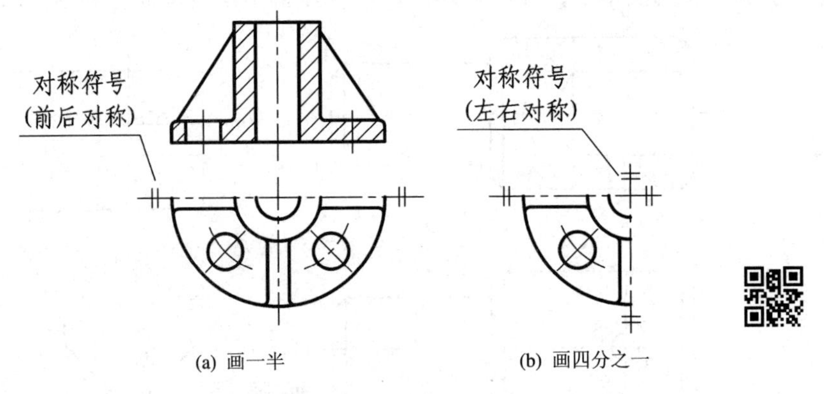

(a) 画一半　(b) 画四分之一

图 8-63　对称机件的简化画法

(14) 较长的机件(如轴、杆等)，当其沿长度方向的形状一致或按一定规律变化时，可断开后缩短绘制，但标注尺寸时要注出原长，如图 8-64 所示。断裂边界可以使用波浪线绘制，也可以使用双折线(见图 8-58(a)和图 8-60(b))或细双点画线(见图 8-60(a))绘制。

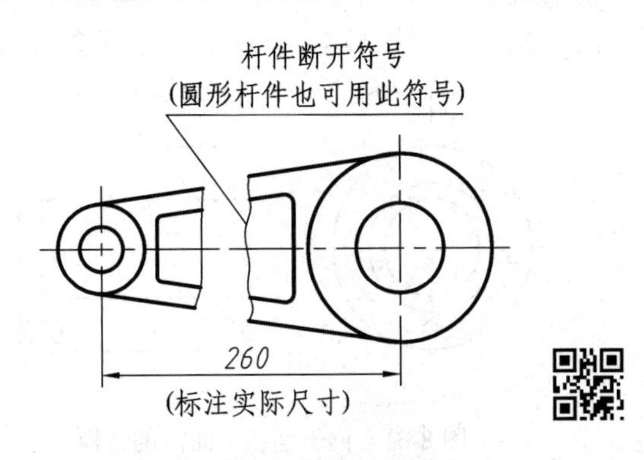

图 8-64　较长机件的简化画法

(15) 与投影面倾斜角度小于或等于 30°的圆或圆弧，手工绘图时，其投影可用圆或圆弧代替，如图 8-65 所示。

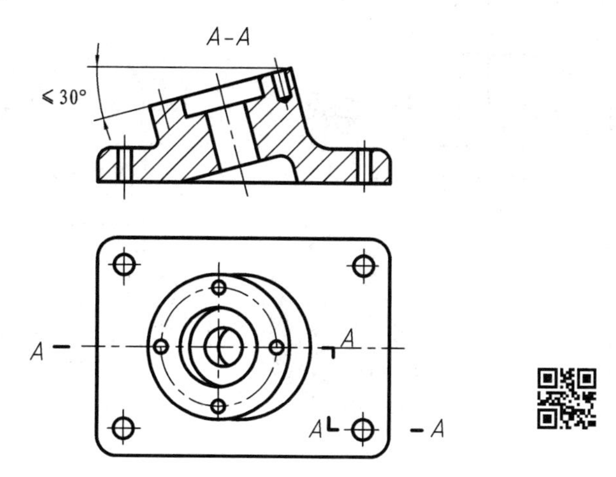

图 8-65　小角度斜面上圆投影的简化画法

8.4.3　过渡线的画法

由于铸造工艺的要求，在铸件的两个表面之间常常用一个不大的圆弧面进行圆角过渡，该圆角称为铸造圆角(见 11.3 节)。由于铸造圆角的影响，使铸件表面的交线(相贯线和截交线)变得不够明显，但为了区分机件上的不同表面和便于看图，在图样上仍然要画出这些交线，一般称这种交线为过渡线。

过渡线的画法与第 5 章、第 6 章介绍的截交线和相贯线的画法完全相同，只是这些交线在图中不与铸造圆角的轮廓线相交，且用细实线画出。

(1) 如图 8-66(a)所示，当两曲面相交时，过渡线不应与圆角轮廓接触；如图 8-66(b)所示，当两曲面的轮廓线相切时，过渡线在切点附近应断开。

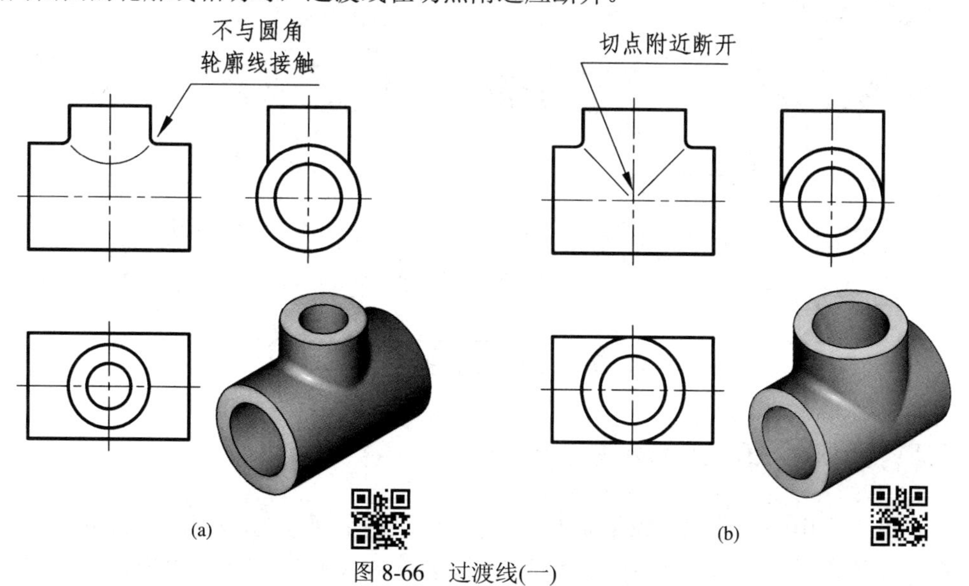

图 8-66　过渡线(一)

(2) 在画平面与平面或平面与曲面的过渡线时，应该在转角处断开，并加画过渡圆弧。其弯曲方向与铸造圆角的弯曲方向一致，如图 8-67 所示。

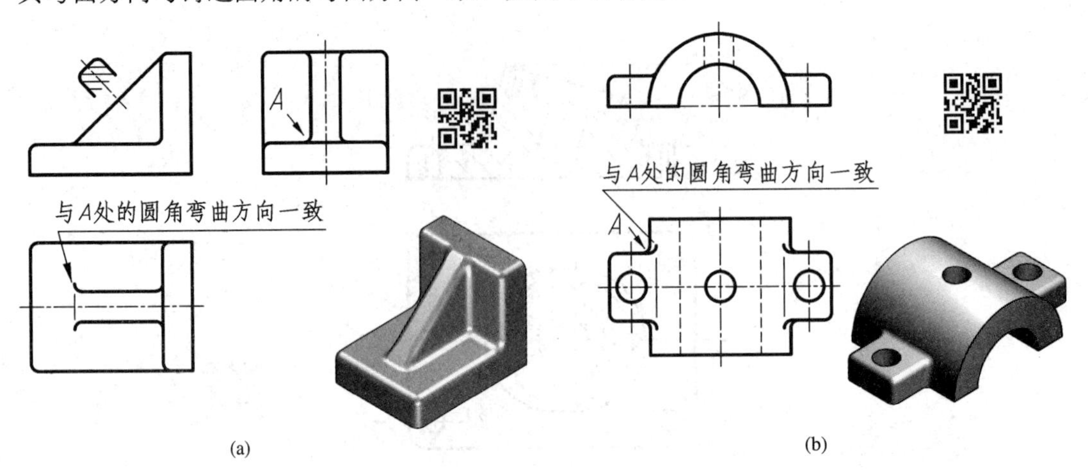

(a)　　(b)

图 8-67　过渡线(二)

(3) 铸件上常见的肋板与圆柱的组合，也存在圆角过渡时的画法问题。从图 8-68 中可以看出，过渡线的形状决定于肋板的断面形状及相交或相切的关系。

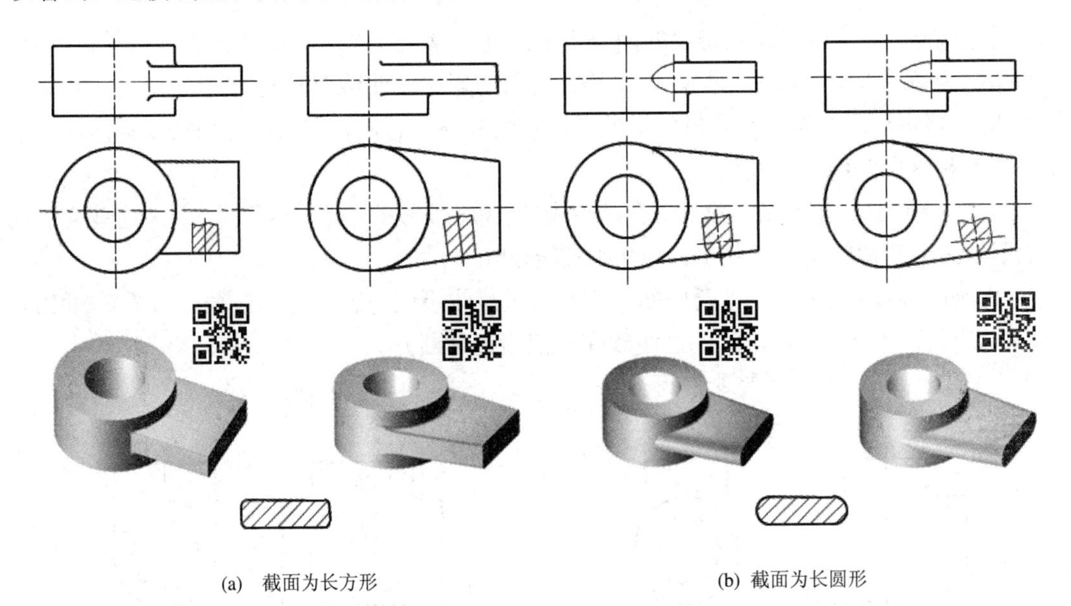

(a)　截面为长方形　　(b) 截面为长圆形

图 8-68　过渡线(三)

8.5　第三角画法简介

8.5.1　第三角画法的相关规定

在第 2 章中介绍了三个投影面 *V*、*H*、*W* 可以把空间分成八个分角(见图 2-5)，并介绍了第一分角的画法，本节将简要介绍第三角画法。在 GB/T 14692—2008《技术制图 投影法》中规定：采用第三角画法时，物体置于第三分角内，即投影面处于观察者与物体之间进行投射，然后按规定展开投影面，如图 8-69 所示。

三个投影面的展开方法为(见图 8-69(a))：沿 *OY* 轴分开 *H* 面和 *W* 面，主视图所在 *V* 面不动，俯视图所在 *H* 面绕 *OX* 轴向上旋转 90°，右视图所在 *W* 面绕 *OZ* 轴向前旋转 90°，得到图 8-69(d)所示的三视图。

三视图之间的投影关系为(见图 8-69(b))：三个视图之间保持长对正、高平齐和宽相等的投影关系，即主、俯视图长对正；主、右视图高平齐；俯、右视图宽相等。

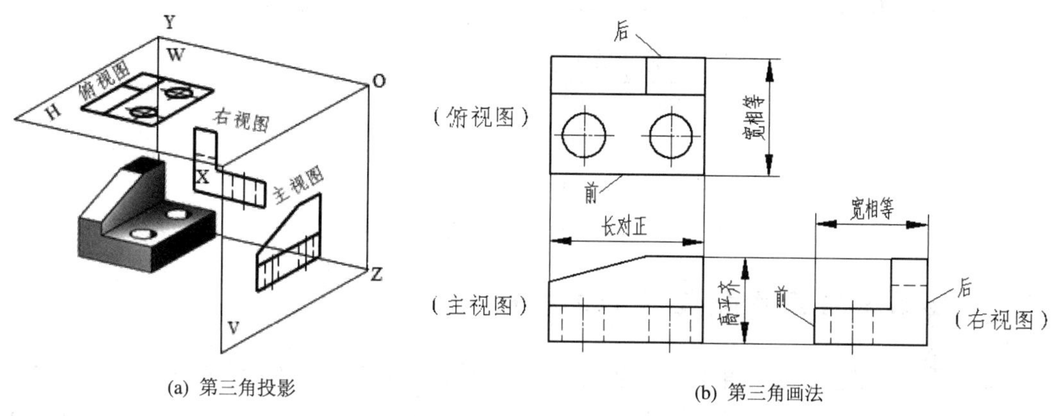

(a) 第三角投影　　(b) 第三角画法

图 8-69　第三角投影和画法

8.5.2　第三角画法中基本视图的配置

把三视图扩展到六个基本视图时，展开方法如图 8-70 所示。展开后的视图配置见图 8-71。采用第三角画法时，应在 GB 标题栏右下角的“投影符号”栏中画出第三角投影的识别符号，具体可参见第 1 章图 1-4(a)和图 1-8。

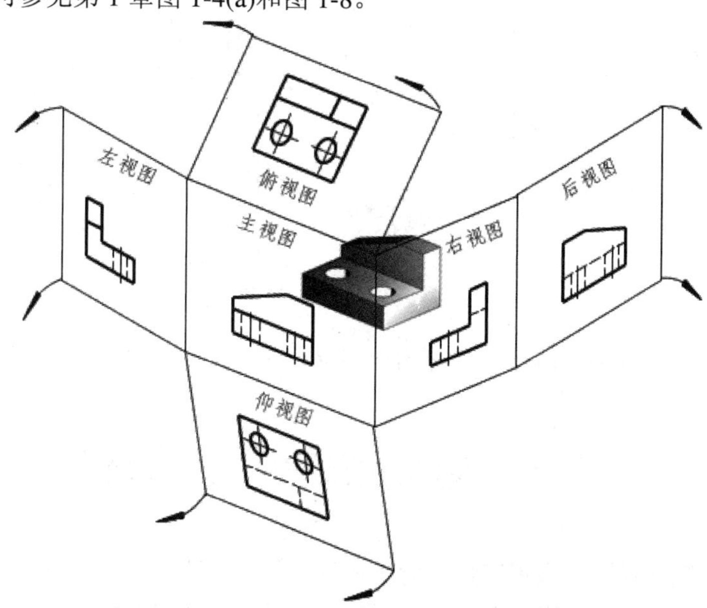

图 8-70　第三角画法基本投影面的展开方法

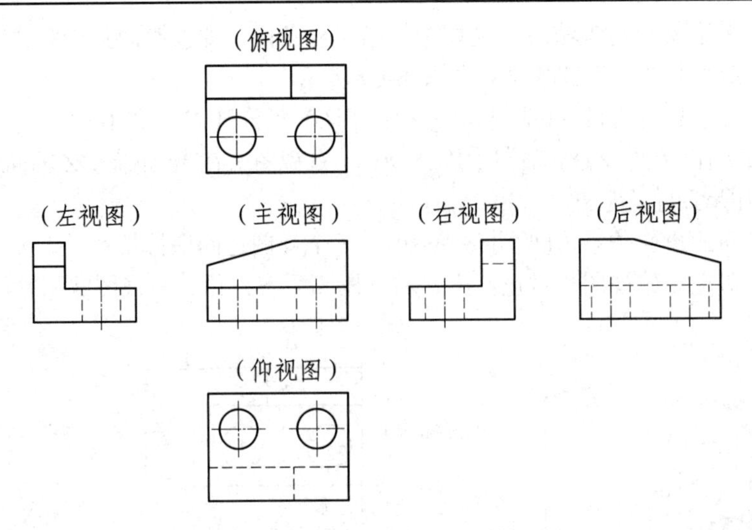

图 8-71 第三角画法基本视图的配置

8.5.3 按第三角画法配置的局部视图

局部视图可以按照第三角画法配置在视图上需要表示的物体局部结构的附近，并用细点画线将两者相连。如图 8-72 为俯视方向的局部视图第三角画法，图 8-73 为右视方向的局部视图第三角画法。

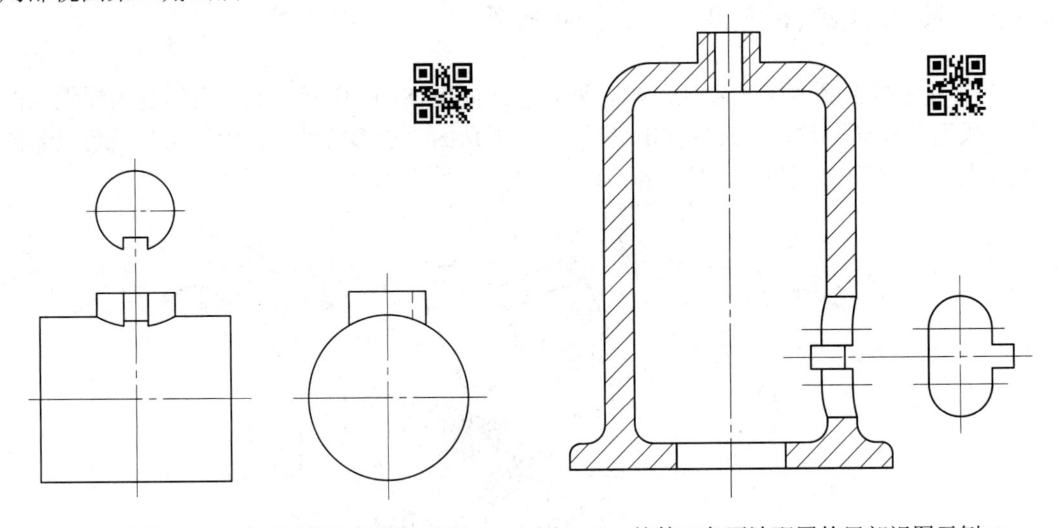

图 8-72 按第三角画法配置的局部视图示例一　　图 8-73 按第三角画法配置的局部视图示例二

8.6 表达方法应用分析举例

在绘制机械图样时，常根据机件的结构特点等具体情况，综合运用视图、剖视图、断面图等表达方法画出一组视图，完整、清晰地表示该机件的形状和结构。下面通过几个实例，分析讨论机件的表达方法。

【例 8-1】 对如图 8-74 所示支架的视图进行分析。

【解】 对照立体图可知，支架是由圆筒、底板和连接板三个部分组成的。主视图为全剖视图，是通过支架轴孔的前后对称面剖切得到的。这样就把支架内部的主要结构表达清楚了。左端凸缘上的螺孔，本来剖不到，但主视图上采用简化画法，按剖了一个的情形画出，其位置和数目则在左视图中表达。主视方向的外形简单，配合俯视图和左视图可以看清形状，无需特别表达。

俯视图是外形图，主要目的是反映底板的形状，以及安装孔和销孔的形状、位置等。

根据支架前后对称的特点，左视图采用了半剖视图。从“$A-A$”的位置剖切，既反映了圆筒、底板和连接板之间的连接关系，又表现了底板上销孔的穿通情况；左边的外形主要表达圆筒端面上螺孔的数量和分布；左下角的局部剖视图表示了底板上的阶梯孔。

从以上分析可以看出，图 8-74 所示支架的三个视图，表达方法搭配适当，每个视图都有表达的重点，表达目的明确，既起到了相互配合和补充的作用，又达到了视图适量的要求，因此是一种较好的表达方案。

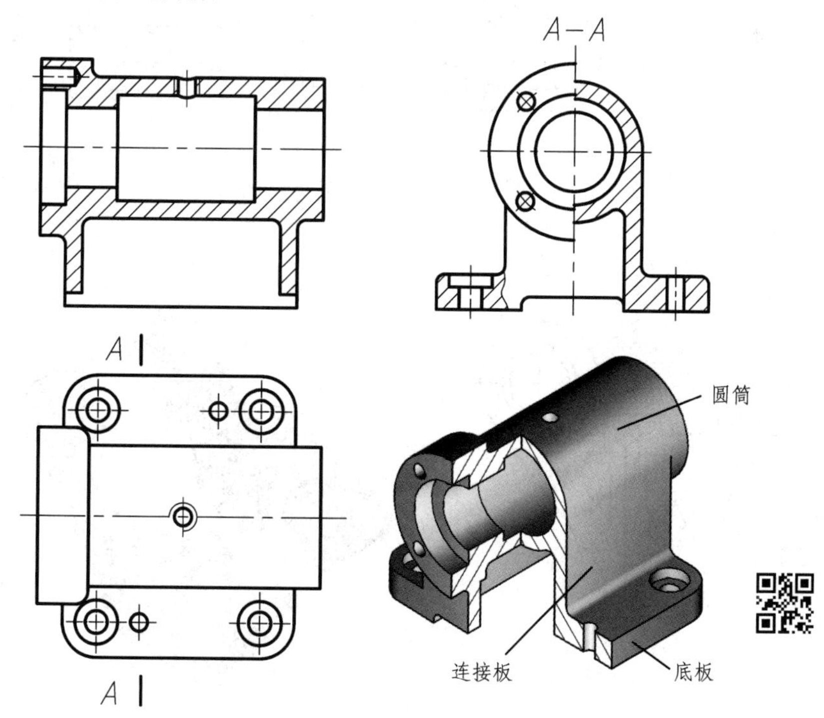

图 8-74　支架的视图分析

【例 8-2】 分析比较图 8-75 和图 8-76 所示摇臂座的表达方案。

【解】 方案(一)(见图 8-75)：共采用了 8 个图，其中主、俯、左视图和仰视图用来表达机件的外形，其余四个剖视图主要表示机件的内部结构和形状。“$A-A$”用来表达左端孔的穿通情况；“$B-B$”用来表达竖孔的穿通与否；“$C-C$”用来表达肋板的形状及与其它部分的连接关系；“$D-D$”用来表达右上部圆柱孔等的情况。

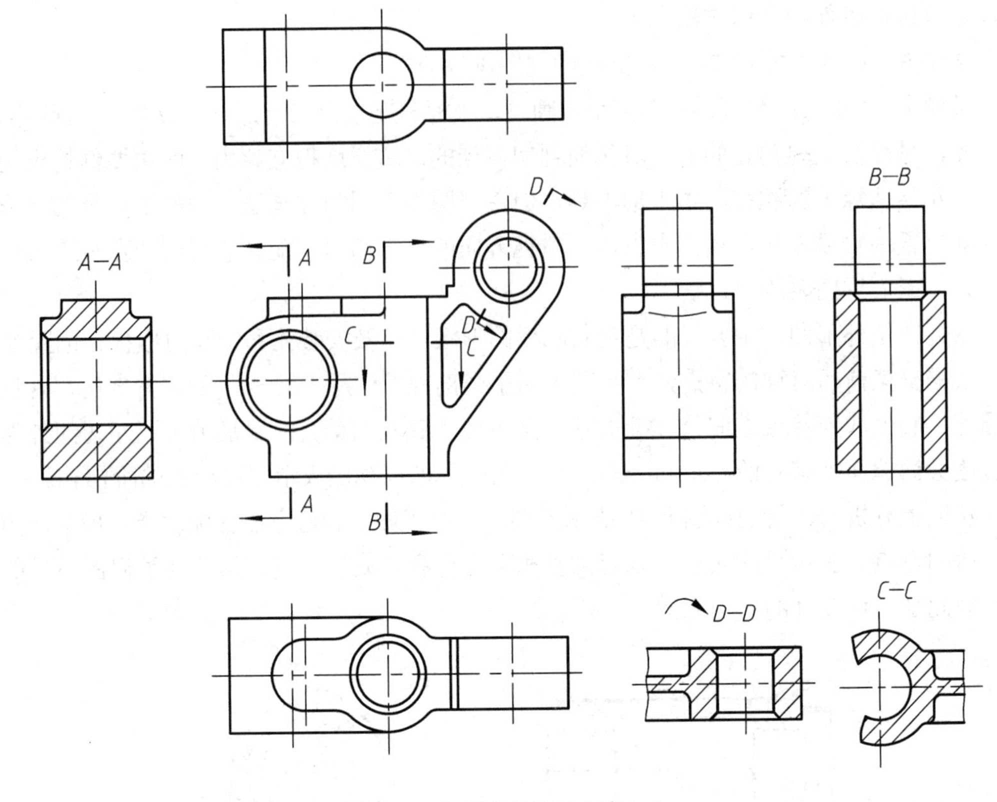

图 8-75　摇臂座的表达方案(一)

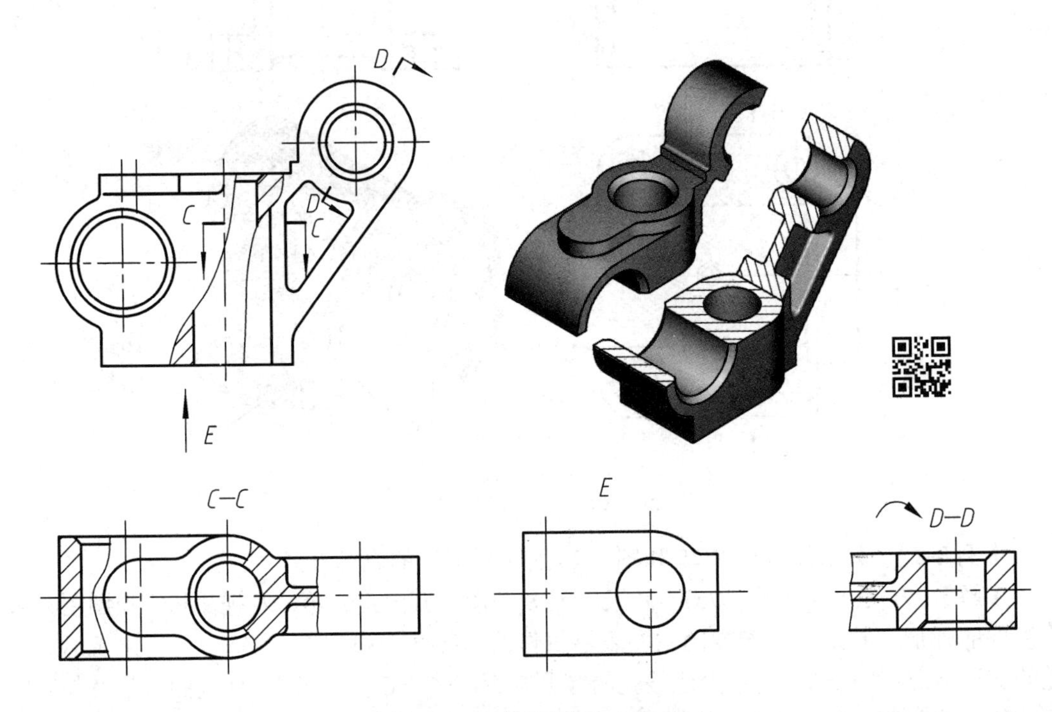

图 8-76　摇臂座的表达方案(二)

方案(二)(见图 8-76)：共采用了 4 个图。其中，在主视图和俯视图上采用了局部剖视，表达了该机件主要的内、外部结构形状；未表达清楚的下底面采用了局部视图“*E*”；“*D*—*D*”的斜剖表示了右上部的圆柱通孔。

方案(一)虽然较好地表达了机件的内外部结构和形状，但视图数量多，给读图带来不便。主要原因是将一个图就能完成的表达任务分在两个图中来表达而造成的。另外，表达方法不灵活，有的图形多余、重复。例如，用仰视图表达底部外形时，左端和右上部图形无需画出，因为这两部分的形状由主视图和俯视图已经表达清楚了。

方案(二)与方案(一)相比不仅表达完整、清晰，且表达简练，图形数量较少，便于画图和看图，因此方案(二)是较好的表达方案。

图 8-77 为蜗轮减速箱的表达图例，供读者分析参考。

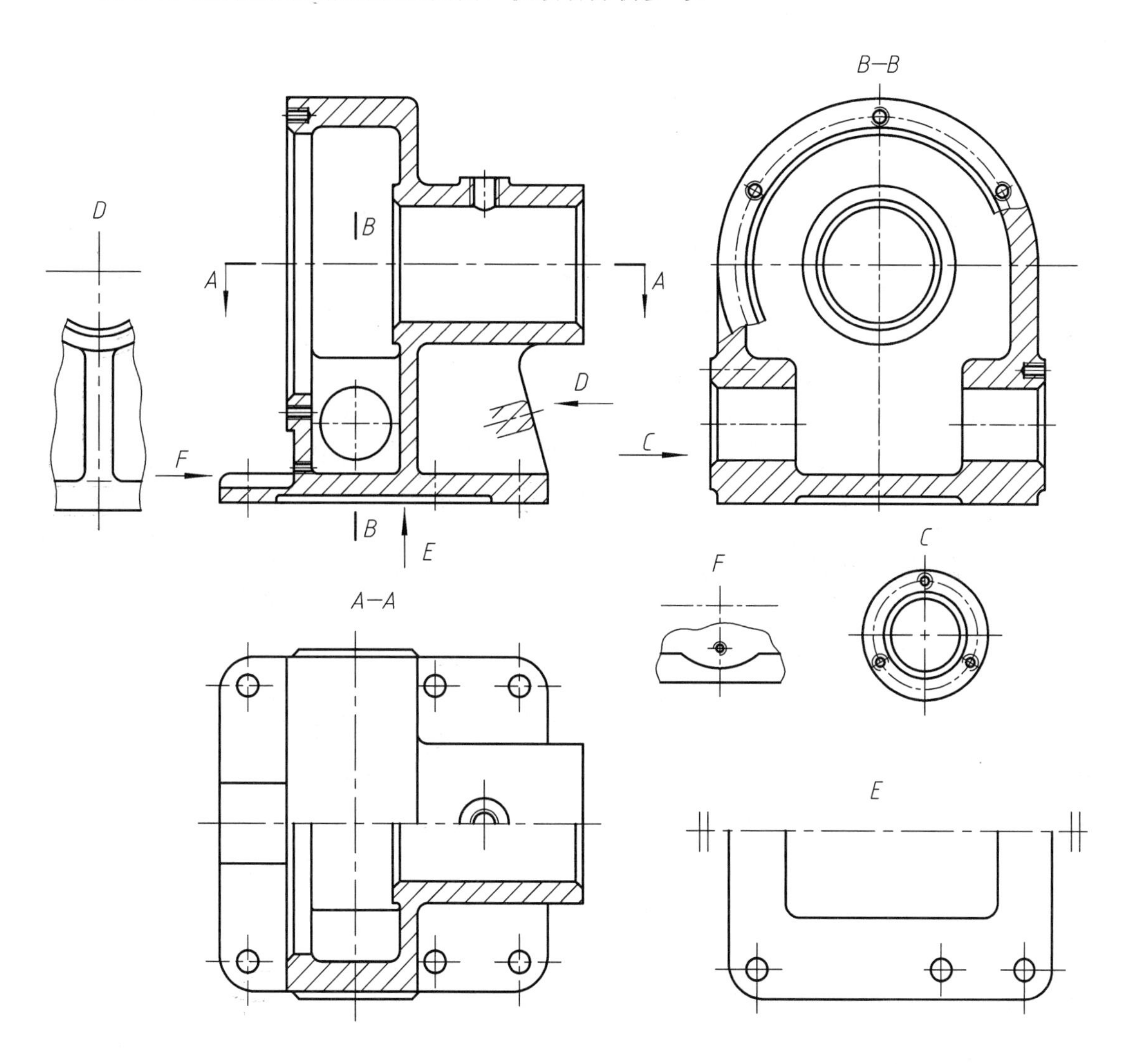

图 8-77　蜗轮减速箱表达方案图例

第 9 章　螺纹、常用标准件和齿轮

标准化、系列化和通用化是现代工业化生产的重要标志。在机器和设备中，零件分为两类：标准件和一般零件。当零件的使用量很大时，为了便于组织专业化生产，国家标准对它们的结构形式、尺寸大小、表面质量和画法等制定了统一标准，这类零件称为标准件，例如螺纹紧固件(螺栓、螺柱、螺钉、螺母、垫圈等)、键、销、滚动轴承、弹簧等；一般零件中的一些常用结构也做了标准化，称为标准结构，例如螺纹、键槽等。齿轮是使用量较大的一般零件，它的主要结构轮齿国家对其的一些参数也制定了标准。

在图 9-1 中，螺栓、螺钉、螺母、垫圈、键、销是标准件，螺纹、键槽、内六角圆柱头螺钉沉孔是标准结构，齿轮、泵体、泵盖等均为一般零件。本章将介绍螺纹和常用标准件的结构、规定画法、代号和标记，以及齿轮的结构、参数计算和画法等。

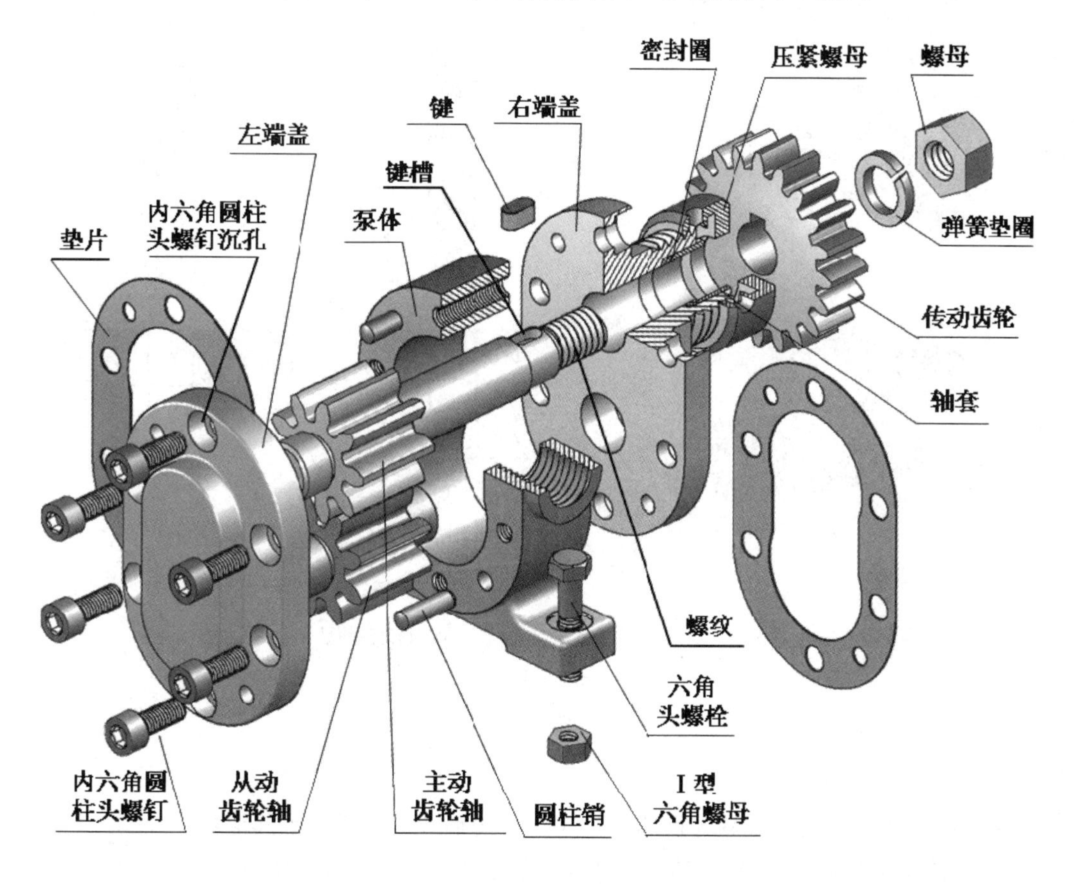

图 9-1　齿轮油泵零件分解图

9.1 螺　纹

9.1.1 螺纹的形成和结构

1. 螺纹的形成

在机器设备中，螺纹是重要的连接和传动结构，它是指在圆柱或圆锥表面上沿螺旋线形成的、具有相同剖面的连续凸起和沟槽。在圆柱表面上加工的螺纹称为圆柱螺纹；在圆锥表面上加工的螺纹称为圆锥螺纹。在圆柱(或圆锥)外表面形成的螺纹称为外螺纹，在圆柱(或圆锥)内表面形成的螺纹称为内螺纹。

螺纹通常是车削而成的，图 9-2 所示为在车床上车削外螺纹和内螺纹的情况。将工件夹在与车床主轴相连的卡盘上，卡盘带动工件作匀速旋转，同时使车刀沿工件轴线方向作匀速直线移动，当车刀尖给工件一个适当的切入深度时，便在工件表面车出了螺纹。对于直径较小的螺纹孔，也可以先用钻头钻出光孔，再用丝锥攻丝制成内螺纹。由于钻头端部接近于 120°，所以孔的锥顶角画成 120°。

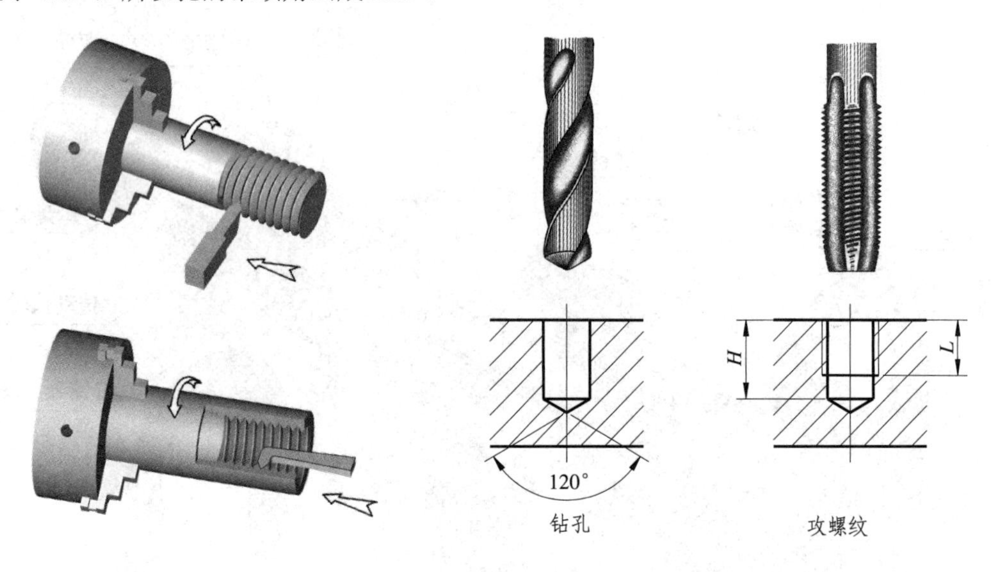

(a) 车削外螺纹和内螺纹　　(b) 内螺纹的另一种加工方法

图 9-2　螺纹的加工

2. 螺纹的结构

1) 螺纹的端部结构

为方便装配并防止螺纹端部损坏，常在螺纹的端部加工成规定的形状，如倒角、倒圆等，端部结构的图形表达如图 9-3 所示。其尺寸参数可以查阅附录的 F.14 节或 GB/T 2—2001《紧固件 外螺纹零件的末端》。

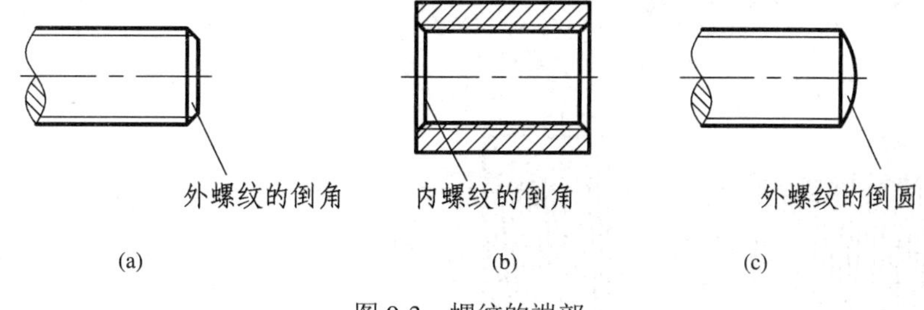

图 9-3　螺纹的端部

2) 螺纹的螺尾和退刀槽

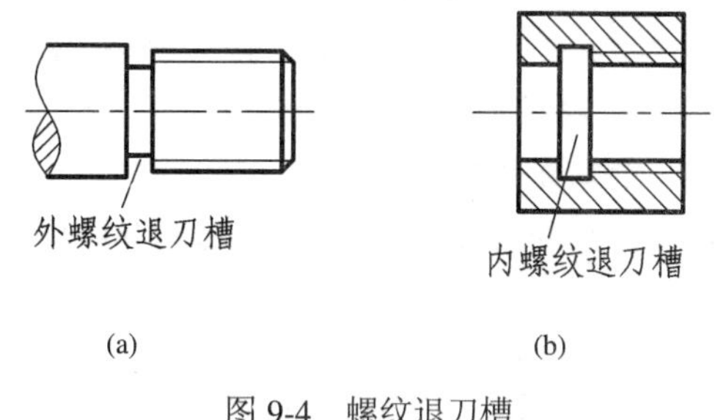

图 9-4　螺纹退刀槽

在车削螺纹时，刀具接近螺纹末尾处需逐渐离开工作表面时(参见图 9-2(a))，会出现一段不完整的螺纹，称为螺纹的收尾，简称螺尾，螺尾是一段不能正常工作的部分。因此，为了避免产生螺尾，可以预先在螺纹的末尾处加工出退刀槽，退刀槽结构的图形表达如图 9-4 所示。外螺纹退刀槽的直径小于螺纹的小径，内螺纹退刀槽的直径大于螺纹的大径，车刀在车削到螺纹端部时稍稍越过工件表面，使退刀时不产生螺尾。螺纹退刀槽尺寸参数可以查阅附表 29 或相关国家标准。

9.1.2　螺纹的要素

螺纹的结构包含五个要素：牙型、直径、螺距、线数和旋向。内、外螺纹一般是旋合在一起使用的，只有当螺纹的五个要素完全相同时，才能够正确旋合。

1) 螺纹的牙型

在通过螺纹轴线的断面上，螺纹的轮廓形状称为螺纹牙型。常用的螺纹牙型有三角形、梯形、锯齿形等，如图 9-5 所示。

图 9-5　螺纹的牙型

2) 螺纹的直径

(1) 大径。与外螺纹牙顶或与内螺纹牙底重合的假想圆柱面的直径，称为螺纹的大径，如图 9-6 所示。外螺纹的大径用 d 表示，内螺纹的大径用 D 表示。螺纹的大径是代表螺纹规格的直径，称为公称直径。

(2) 小径。与外螺纹牙底或与内螺纹牙顶重合的假想圆柱面的直径，称为螺纹的小径，如图 9-6 所示。外螺纹的小径用 d_1 表示，内螺纹的小径用 D_1 表示。

(3) 中径。假想在大径和小径之间有一圆柱面，圆柱面母线上螺纹牙型的凸起宽度与沟槽宽度相等(均为 $P/2$)，此圆柱面的直径称为螺纹中径，如图 9-7 所示。外螺纹的中径用

d_2表示，内螺纹的中径用D_2表示。

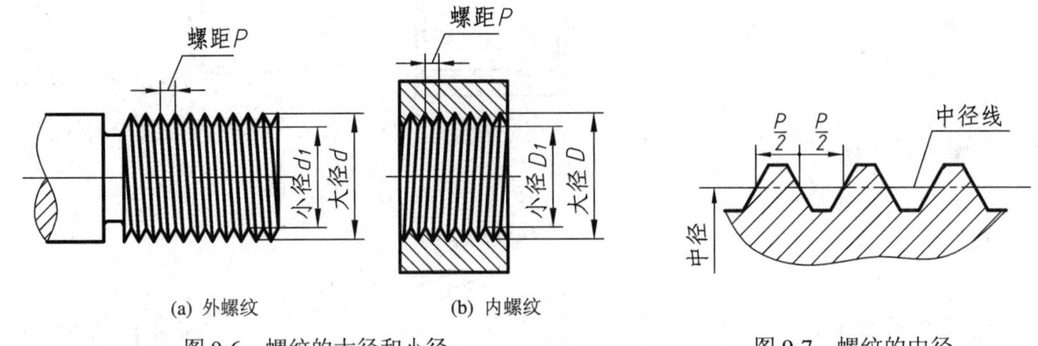

(a) 外螺纹　(b) 内螺纹

图 9-6　螺纹的大径和小径　　图 9-7　螺纹的中径

3) 螺纹的线数 n

线数是指同一圆柱表面生成螺纹的条数。只有一条螺纹时称为单线螺纹；两条或两条以上在轴向等距分布的螺纹称为双线或多线螺纹，如图 9-8 所示。

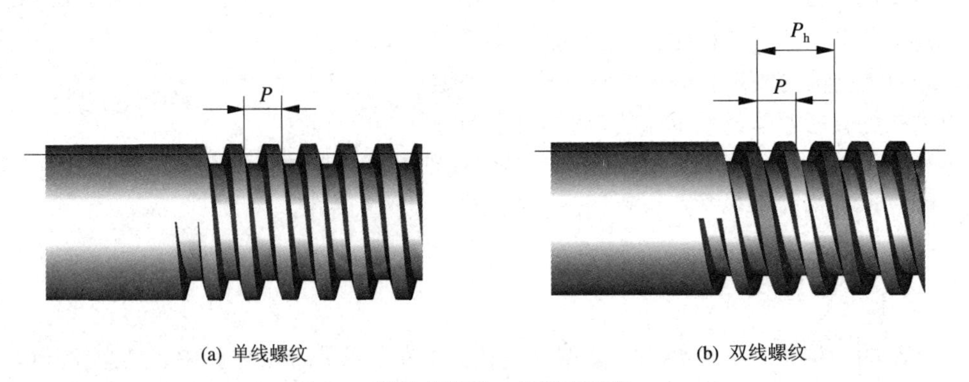

(a) 单线螺纹　(b) 双线螺纹

图 9-8　螺纹的线数、螺距和导程

4) 螺距 P 和导程 P_h

螺纹相邻两牙在中径线上对应两点间的距离，称为螺距，用 P 表示，如图 9-6 和图 9-8 所示。同一条螺纹上相邻两牙在中径线上对应两点间的距离，称为导程，用 P_h 表示。单线螺纹的导程等于螺距，螺距、导程和线数之间的关系为 $P_h = nP$，如图 9-8 所示。

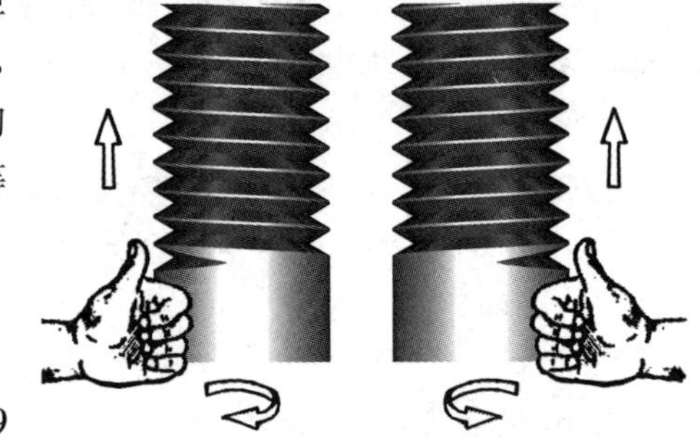

(a) 左旋螺纹　(b) 右旋螺纹

图 9-9　螺纹的旋向

5) 旋向

螺纹分为右旋螺纹和左旋螺纹两种，如图 9-9 所示。内外螺纹旋合时，顺时针旋转旋入的螺纹，称为右旋螺纹；逆时针旋转旋入的螺纹，称为左旋螺纹。工程上使用右旋螺纹较多。从外观来观察螺纹，螺纹左边高、右边低的为左旋螺纹；螺纹右边高、左边低的为右旋螺纹。

9.1.3　螺纹的规定画法

国家标准 GB/T 4459.1—1995《机械制图 螺纹及螺纹紧固件表示法》规定了机械图样

中螺纹的画法，其适用于各种牙型螺纹的表达。

1. 内、外螺纹的画法

螺纹的牙顶用粗实线表示，牙底用细实线表示，外螺纹的倒角和倒圆部分均应画出螺纹牙底线。在投影为圆的视图上，用 3/4 圈细实线圆弧表示牙底，螺纹终止线用粗实线表示。内螺纹和外螺纹的具体画法及说明见表 9-1。

2. 内、外螺纹旋合的画法

内、外螺纹旋合后其旋合部分按外螺纹画，其余部分仍按照各自的画法去画。内外螺纹旋合的具体画法及说明见表 9-1。

表 9-1　外螺纹、内螺纹和螺纹旋合的规定画法

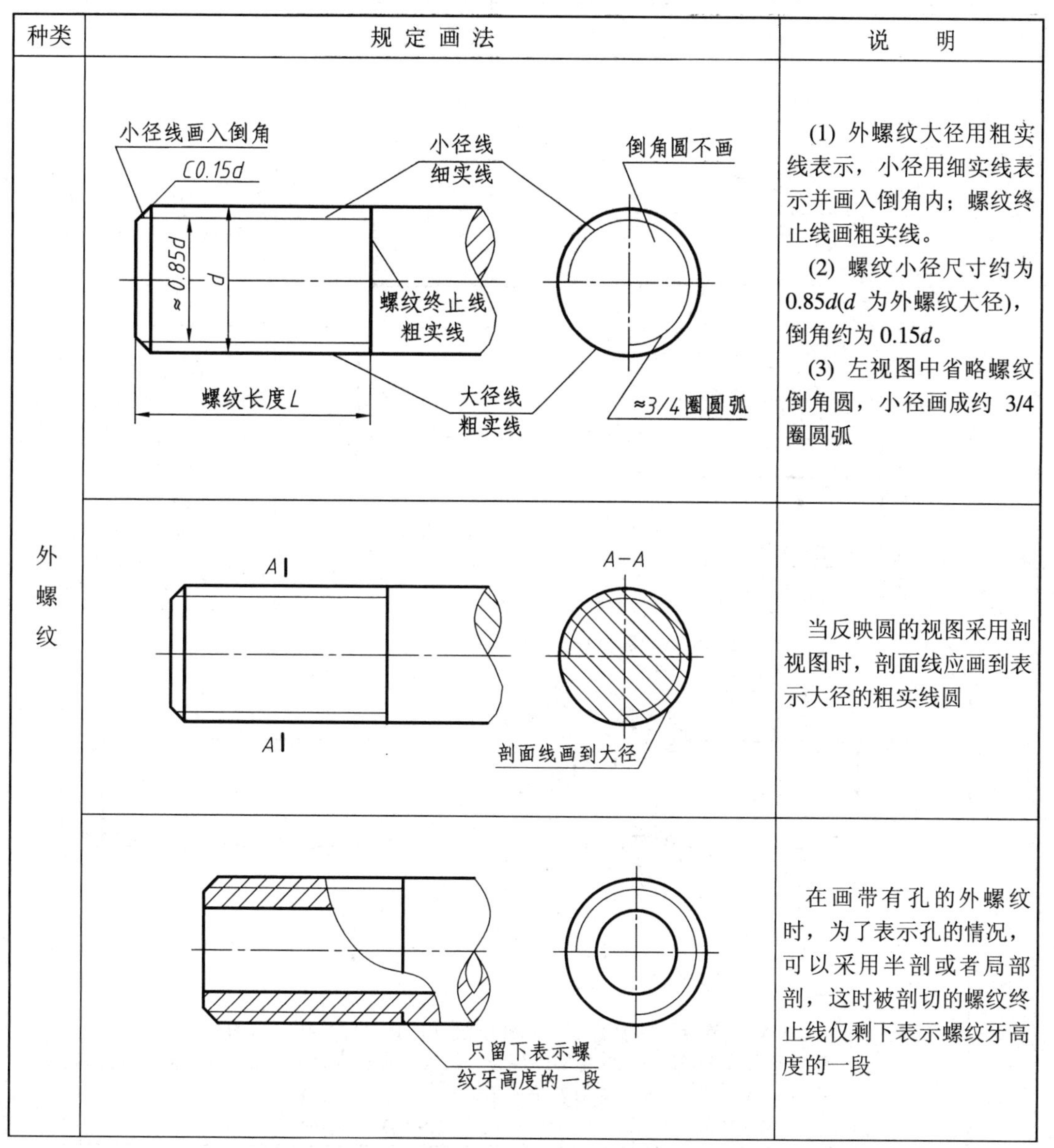

种类	规定画法	说明
外螺纹		(1) 外螺纹大径用粗实线表示，小径用细实线表示并画入倒角内；螺纹终止线画粗实线。 (2) 螺纹小径尺寸约为 0.85*d*(*d* 为外螺纹大径)，倒角约为 0.15*d*。 (3) 左视图中省略螺纹倒角圆，小径画成约 3/4 圈圆弧
		当反映圆的视图采用剖视图时，剖面线应画到表示大径的粗实线圆
		在画带有孔的外螺纹时，为了表示孔的情况，可以采用半剖或者局部剖，这时被剖切的螺纹终止线仅剩下表示螺纹牙高度的一段

续表

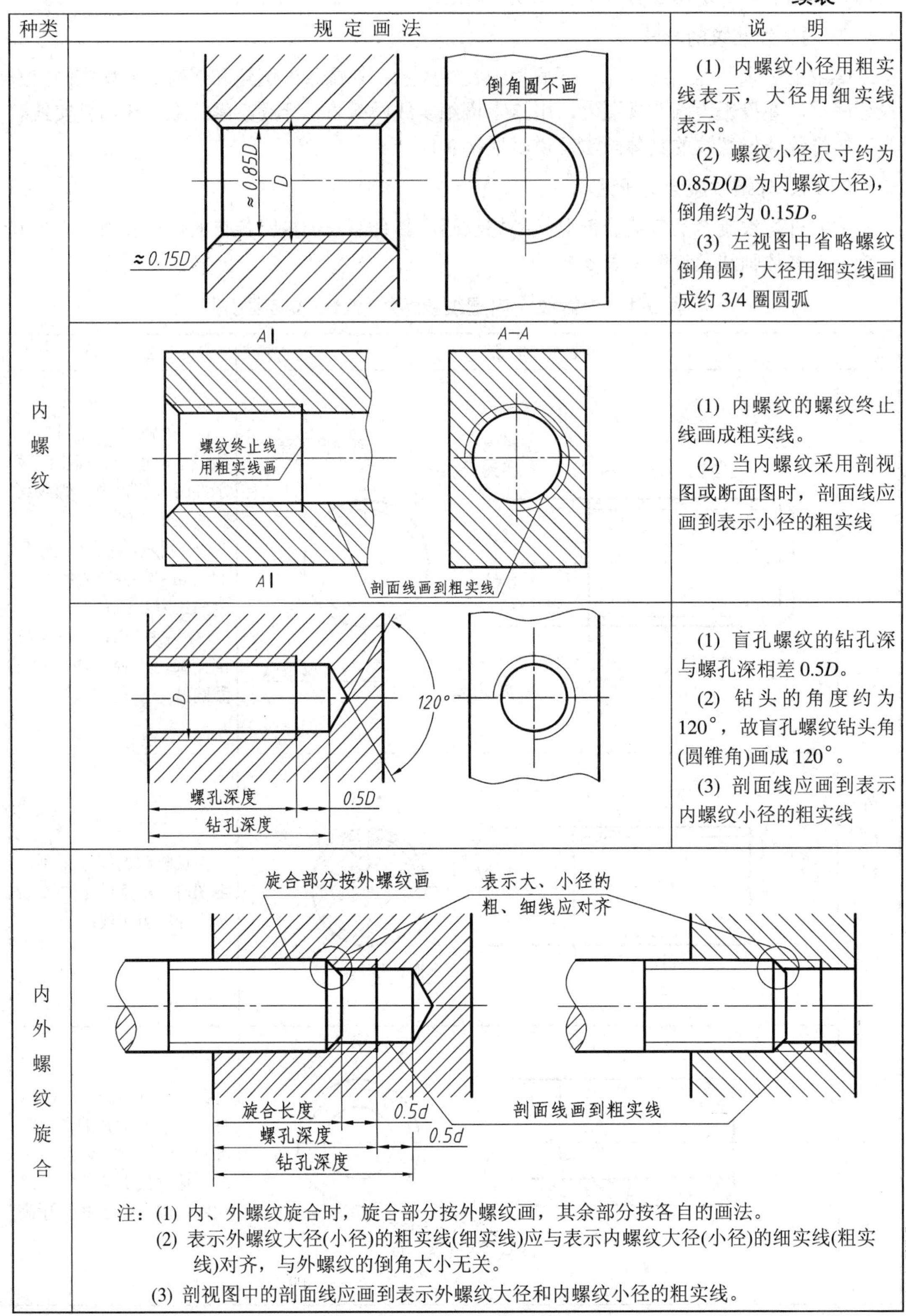

种类	规定画法	说明
内螺纹		(1) 内螺纹小径用粗实线表示，大径用细实线表示。 (2) 螺纹小径尺寸约为0.85D(D为内螺纹大径)，倒角约为0.15D。 (3) 左视图中省略螺纹倒角圆，大径用细实线画成约3/4圈圆弧
		(1) 内螺纹的螺纹终止线画成粗实线。 (2) 当内螺纹采用剖视图或断面图时，剖面线应画到表示小径的粗实线
		(1) 盲孔螺纹的钻孔深与螺孔深相差0.5D。 (2) 钻头的角度约为120°，故盲孔螺纹钻头角(圆锥角)画成120°。 (3) 剖面线应画到表示内螺纹小径的粗实线
内外螺纹旋合	注：(1) 内、外螺纹旋合时，旋合部分按外螺纹画，其余部分按各自的画法。 (2) 表示外螺纹大径(小径)的粗实线(细实线)应与表示内螺纹大径(小径)的细实线(粗实线)对齐，与外螺纹的倒角大小无关。 (3) 剖视图中的剖面线应画到表示外螺纹大径和内螺纹小径的粗实线。	

3．螺纹孔相交的画法

图 9-10(a)为两螺孔相交的画法，图 9-10(b)为螺孔与圆柱孔相交的画法。

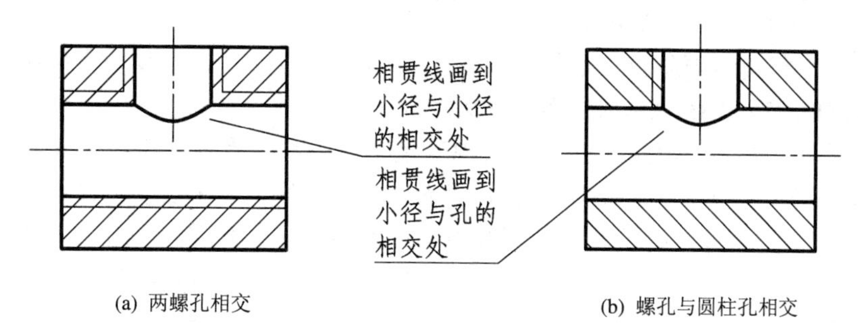

(a) 两螺孔相交　(b) 螺孔与圆柱孔相交

图 9-10　螺纹孔相交的画法

4．螺纹牙型的表示法

在需要表示螺纹牙型，并注出所需的尺寸及要求时，可按图 9-11 所示画成局部剖视图或局部放大图。

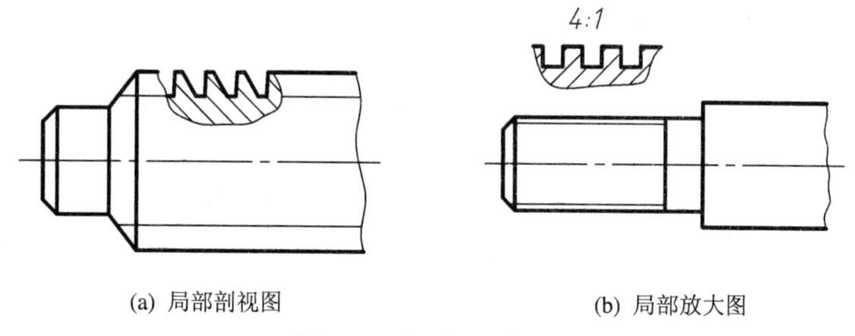

(a) 局部剖视图　(b) 局部放大图

图 9-11　螺纹牙型表示

9.1.4 螺纹的种类和标记

1．螺纹的种类

螺纹按其用途分，可分为连接螺纹和传动螺纹两大类。

连接螺纹起连接作用，用于将两个或两个以上的零件连接固定或密封。常用的连接螺纹包括普通螺纹和管螺纹，螺纹牙型为三角形，一般为单线螺纹。相同公称直径的普通螺纹一般包含几种不同的螺距，其中螺距最大的普通螺纹称做粗牙普通螺纹，其它螺距的普通螺纹称为细牙普通螺纹。细牙普通螺纹一般用于薄壁零件和精密零件。

传动螺纹用于传递运动和动力。梯形螺纹和锯齿形螺纹是常用的传动螺纹，传动螺纹有单线螺纹和多线螺纹。

国家标准为不同的螺纹规定了相应的特征代号，见表 9-2～表 9-5。

2．螺纹的标记

不论是何种螺纹，国标所规定的画法是相同的，因此螺纹需要根据规定标记来加以区别。

1) 普通螺纹

普通螺纹主要用来连接和紧固机器设备的零部件，普通螺纹的有关参数可查阅附表 1

或相关国家标准。普通螺纹标记的格式和内容如下：

螺纹特征代号 尺寸代号—公差带代号—旋合长度代号—旋向代号

(1) 螺纹特征代号。普通螺纹的特征代号用“M”表示。

(2) 尺寸代号。单线螺纹的尺寸代号为“公称直径×螺距”。多线普通螺纹的尺寸代号参见国标 GB/T 197—2003《普通螺纹 公差》。

其中，螺距：粗牙普通螺纹的同一公称直径只对应一种螺距，所以不注螺距；细牙普通螺纹同一公称直径对应几个螺距，需注出螺距。粗牙螺纹和细牙螺纹的螺距可查阅附表 1。

(3) 公差带代号。螺纹的公差带代号指螺纹的允许误差范围(参见 GB/T 197—2003)，由表示公差等级的数字和表示基本偏差的字母组成(见第 10 章)。内螺纹的基本偏差用大写字母表示(如 6H)，外螺纹的基本偏差用小写字母表示(如 6g)。螺纹公差带包含中径公差带和顶径公差带，顶径指外螺纹的大径或内螺纹的小径。当中径和顶径公差带相同时，只注一个代号。

(4) 旋合长度代号。普通螺纹的旋合长度分短(S)、中等(N)、长(L)三种。在一般情况下，均为中等旋合长度(N)，无需标注；必要时加注旋合长度代号 S 或 L。

(5) 旋向代号。左旋螺纹用 LH 表示，需要注出。因常用的是右旋螺纹，所以右旋螺纹不标注。

普通螺纹的标注示例见表 9-2(依据 GB/T 197—2003《普通螺纹 公差》和 GB/T 4459.1—1995 整理)。

表 9-2　普通螺纹的规定标记示例

螺纹种类	螺纹特征代号	标记图例	标记形式	标记说明
粗牙	M	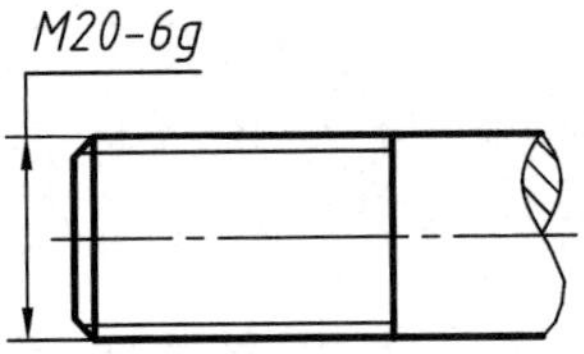 M20-6g	M20-6g 中径和顶径公差带代号 螺纹公称直径 注：公差带代号中，外螺纹用小写字母，内螺纹用大写字母	粗牙普通螺纹，公称直径 20 mm，粗牙普通螺纹不注螺距；中径和顶径公差带代号均为 6g，中等旋合长度(N 不注)，右旋(不标注)
粗牙	M	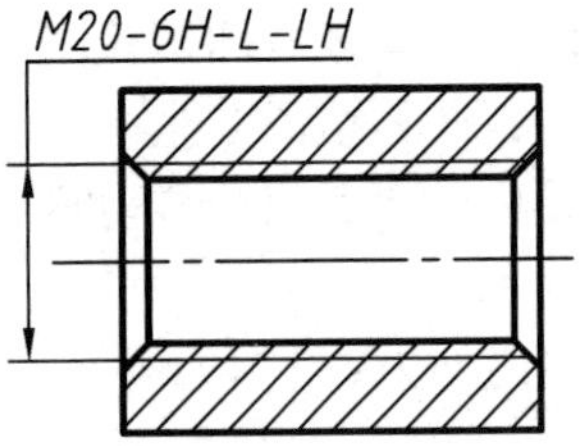 M20-6H-L-LH	M20-6H-L-LH 旋向(左旋) 旋合长度 中径和顶径公差带代号	粗牙普通螺纹，公称直径 20 mm；中径和顶径公差带代号均为 6H，旋合长度为 L(长)，左旋(LH)
细牙	M	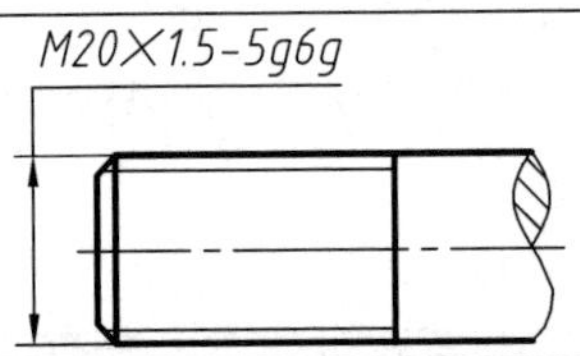 M20×1.5-5g6g	M20×1.5-5g6g 螺距 注：细牙普通螺纹要标注螺距	细牙普通螺纹，公称直径 20 mm，螺距 1.5 mm；中径和顶径公差带代号分别为 5g 和 6g，中等旋合长度，右旋

2) 管螺纹

在水管、油管、煤气管等连接管道中，常用英寸制管螺纹或英寸制锥管螺纹。常用的管螺纹有非螺纹密封的管螺纹和用螺纹密封的管螺纹。管螺纹的有关参数可查阅附表 3 或相关国家标准。

管螺纹标记的内容和格式如下：

螺纹特征代号 | 尺寸代号 | 公差等级 — 旋向代号

(1) 螺纹特征代号。非螺纹密封的管螺纹的特征代号为 G。用螺纹密封的圆锥内管螺纹的特征代号是 Rc；用螺纹密封的圆柱内管螺纹的特征代号是 Rp；与圆柱内螺纹配合的圆锥外管螺纹的特征代号是 R_1；与圆锥内螺纹配合的圆锥外管螺纹的特征代号是 R_2。

(2) 尺寸代号。管螺纹的尺寸代号用英寸表示。它与带有外螺纹的管子的孔径相近，而不是管螺纹的公称直径。非螺纹密封的管螺纹的大径、小径和螺距等参数可由附表 3 查出。

(3) 公差等级。非螺纹密封的外管螺纹的公差等级分为 A 级和 B 级，需标注；内管螺纹的公差等级只有一种，不需标注。用螺纹密封的管螺纹内外螺纹公差等级均只有一种，不需标注。

(4) 旋向代号。左旋螺纹用 LH 表示，需要注出；右旋螺纹不标注。

管螺纹的标注示例见表 9-3。表 9-3 依据 GB-T 7307—2001《55° 非密封管螺纹》、GB/T 7306.1—2000《55° 密封管螺纹 第 1 部分：圆柱内螺纹与圆锥外螺纹》、GB/T 7306.1—2000《55° 密封管螺纹 第 2 部分：圆锥内螺纹与圆锥外螺纹》和 GB/T 4459.1—1995 整理。

表 9-3　管螺纹的规定标记示例

螺纹种类	螺纹特征代号	标记图例		标记形式	标记说明
非螺纹密封	G	用指引线引出标注	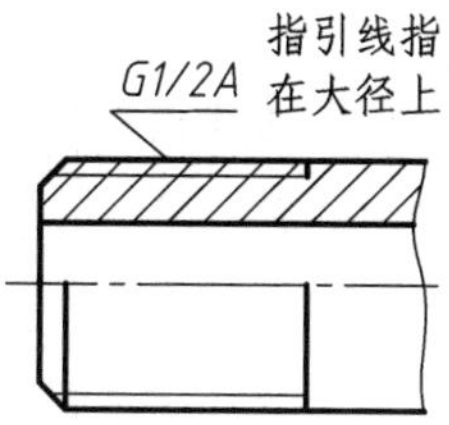 G1/2A 指引线指在大径上	G1/2A 公差等级 尺寸代号 注：管螺纹的尺寸代号不是螺纹的公称直径，公称直径等可查表得到	非螺纹密封的外管螺纹，尺寸代号 1/2 英寸，公差等级为 A 级，右旋(不注)
			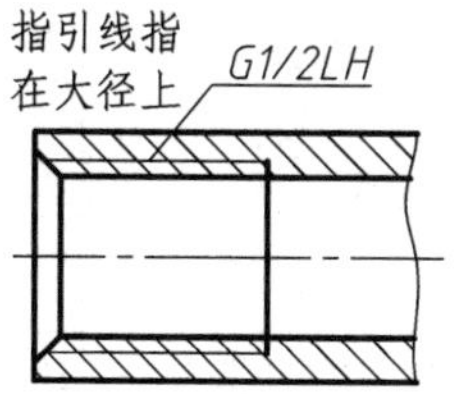 指引线指在大径上 G1/2LH	G1/2LH 旋向（左旋） 尺寸代号	非螺纹密封的内管螺纹，尺寸代号 1/2 英寸，左旋
用螺纹密封	Rc Rp R_1 R_2		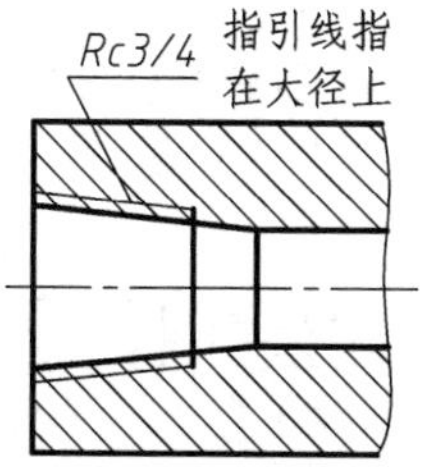 Rc3/4 指引线指在大径上	Rc3/4 尺寸代号	螺纹密封的圆锥内管螺纹，尺寸代号 3/4 英寸，右旋

3) 梯形螺纹

梯形螺纹用来传递双向动力，如机床的丝杠。梯形螺纹的直径和螺距系列、基本尺寸，可查阅附表 2 或相关国家标准。

梯形螺纹标记的内容和格式如下：

[螺纹特征代号][尺寸代号]－[公差带代号]－[旋合长度代号]

(1) 螺纹特征代号。梯形螺纹的特征代号为“Tr”。

(2) 尺寸代号。梯形螺纹的尺寸代号为“公称直径×导程(*P* 螺距) 旋向代号”，其中：导程(*P* 螺距)形式只用于多线螺纹标注，即多线螺纹要标注导程和螺距；单线螺纹只注螺距，所以在单线螺纹中“导程(*P* 螺距)”只注“螺距”。旋向代号：旋向分为左旋和右旋。右旋时不标旋向，左旋时标注“LH”。

(3) 公差带代号。梯形螺纹的公差带代号只注中径公差带代号。

(4) 旋合长度代号。旋合长度分为中等旋合长度(N)和长旋合长度(L)两种。旋合长度为中等旋合长度时，不用标注“N”。

梯形螺纹的标注示例见表 9-4。表 9-4 依据 GB/T 5796.2—2005《梯形螺纹　第 2 部分：直径与螺距系列》、GB/T 5796.4—2005《梯形螺纹　第 4 部分：公差》和 GB/T 4459.1—1995 整理。

表 9-4　梯形螺纹的规定标记示例

螺纹种类	螺纹特征代号	标记图例	标记形式	标记说明
单线	Tr	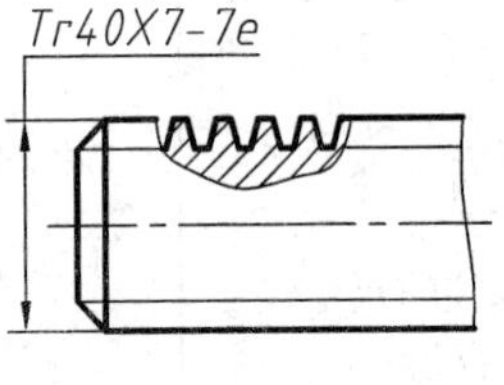 Tr40X7-7e	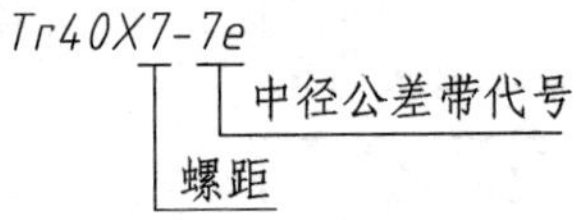 Tr40X7-7e 中径公差带代号 螺距	梯形螺纹，公称直径 40 mm，螺距 7 mm，单线，右旋(不标注)，螺纹公差带代号：中径公差带代号为 7e(外螺纹用小写字母，内螺纹用大写字母)，中等旋合长度(N 不注)
多线		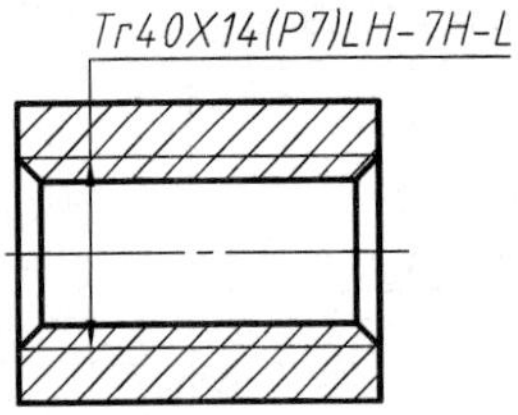 Tr40X14(P7)LH-7H-L	 Tr40X14(P7)LH-7H-L 螺距 导程	梯形螺纹，公称直径 40mm，导程 14mm，螺距 7mm(双线)，左旋，中径公差带代号为 7H，旋合长度为 L(长)

4) 锯齿形螺纹

锯齿形螺纹用来传递单向动力，如螺旋千斤顶中螺杆上的螺纹。锯齿形螺纹的直径和螺距系列、基本尺寸可查阅相关国家标准。

锯齿形螺纹标记的内容和格式如下：

[螺纹特征代号][尺寸代号]－[公差带代号]－[旋合长度代号]

(1) 螺纹特征代号。锯齿形螺纹的特征代号为“B”。

(2) 尺寸代号。锯齿形梯形螺纹的尺寸代号为“公称直径×导程(*P* 螺距) 旋向代号”，其中：导程(*P* 螺距)形式只用于多线螺纹标注，即多线螺纹要标导程和螺距；单线螺纹只注螺距，所以在单线螺纹中“导程(*P* 螺距)”只注“螺距”。旋向代号：旋向分为左旋和右旋。右旋时不标旋向，左旋时标注“LH”。

(3) 公差带代号。锯齿形螺纹的公差带代号只注中径公差带代号。

(4) 旋合长度代号。旋合长度分为中等旋合长度(N)和长旋合长度(L)两种。旋合长度为中等旋合长度时，不用标注“N”。

锯齿形螺纹的标注示例见表 9-5。表 9-5 依据 GB/T 13576.2—2008《锯齿形(3°、30°)螺纹 第 2 部分：直径与螺距系列》、GB/T 13576.4—2008《锯齿形(3°、30°)螺纹 第 4 部分：公差》和 GB/T 4459.1—1995 整理。

表 9-5　锯齿形螺纹的规定标记示例

螺纹种类	螺纹特征代号	标记图例	标记形式	标记说明
单线	B	B40X14LH-7e	B40X7LH-7e 中径公差带代号 螺距 注：除螺纹代号外，其余规定标记与梯形螺纹相同	锯齿形螺纹，公称直径 40 mm，螺距 7 mm，单线，左旋，中径公差带代号为 7e，中等旋合长度 N(不注)
多线		B40X14(P7)-7e-L	B40X14(P7)-7e-L 螺距 导程	锯齿形螺纹，公称直径 40 mm，导程 14 mm，螺距 7 mm，双线，右旋，中径公差带代号为 7e，旋合长度为 L(长)

5) 螺纹副的标注

需要时，在装配图中应标注出螺纹副(内、外螺纹装配在一起)的标记，该标记应按照如下规定：普通螺纹、梯形螺纹和锯齿形螺纹的螺纹副，可将内、外螺纹的公差带代号用斜线分开，左边表示内螺纹公差带代号，右边表示外螺纹公差带代号即可，例如 M20×2－6H/6g，标注方法如图 9-12 所示。其它螺纹副的标注参见 GB/T 4459.1—1995。

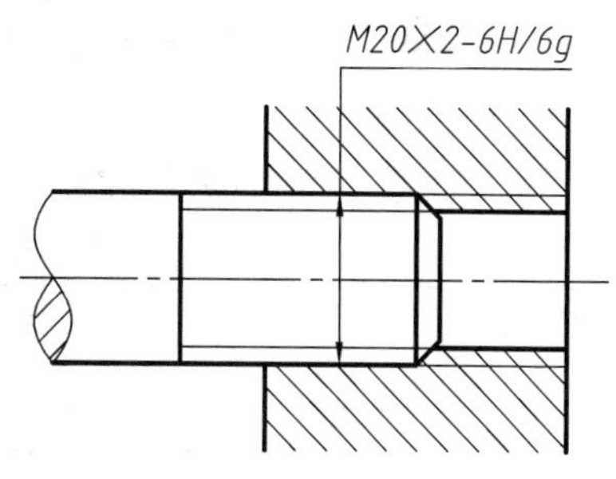

图 9-12　螺纹副的标注

9.2　常用螺纹紧固件

9.2.1　常用螺纹紧固件及其规定标记

1. 螺纹紧固件

螺纹紧固件也称螺纹连接件，就是运用一对内、外螺纹的连接作用来连接和紧固一些零件。如图 9-13 所示，常用的螺纹紧固件有螺钉(开槽盘头螺钉、内六角圆柱头螺钉、十字槽沉头螺钉、开槽锥端紧定螺钉等)、螺栓(六角头螺栓等)、螺柱(也称双头螺柱)、螺母(六角螺母、六角开槽螺母等)、垫圈(平垫圈、弹簧垫圈等)等。螺纹紧固件属于标准件，其结构、尺寸等均已标准化。因此，对符合标准的螺纹紧固件，不需再详细画出它们的零件图。

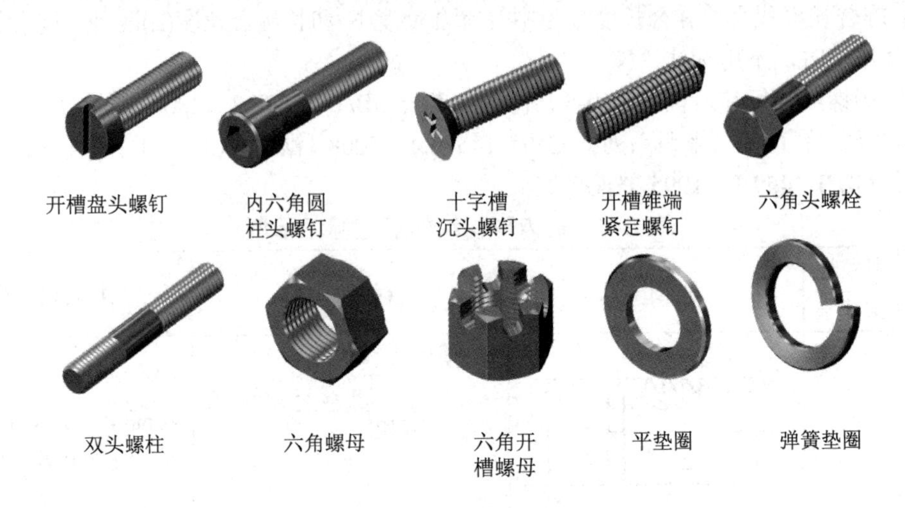

图 9-13　常见螺纹紧固件

2．螺纹紧固件的规定标记

国家标准 GB/T1237—2000《紧固件规定标记》规定了螺纹紧固件的标记格式，包括完整标记和简化标记，本书仅介绍其中常用的简化标记，其格式如下：

螺纹紧固件名称　标准编号　螺纹紧固件规格尺寸

例如：

螺栓　GB 5780－2016　M12×80

其中：“螺栓”为螺纹紧固件名称；“GB 5780－2016”为标准编号；“M12×80”为螺纹紧固件螺栓的规格尺寸(表示螺栓的螺纹规格 d = M12，螺栓的公称长度 l = 80 mm)。

常用螺纹紧固件的规定标记见表 9-6。

表 9-6　常用螺纹紧固件的规定标记

名　称	图　例	规定标记及说明
六角头螺栓	M6 30	规定标记：螺栓 GB/T 5780－2016　M6×30 名称：螺栓 标准编号：GB/T 5780－2016 螺纹规格：M6 公称长度：30 mm
双头螺柱	M10 bm　45 注：旋入端的长度 b_m 由被旋入零件的材料决定	规定标记：螺柱 GB/T 898－1988　M10×45 名称：螺柱 标准编号：GB/T 898－1988 螺纹规格：M10 公称长度：45 mm

续表

名　称	图　例	规定标记及说明
开槽盘头螺钉	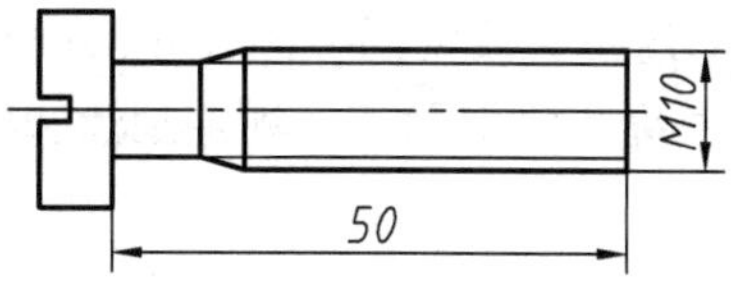 M10 50	规定标记：螺钉 GB/T 67－2016　M10×50 名称：螺钉 标准编号：GB/T 67－2016 螺纹规格：M10 公称长度：50 mm
开槽沉头螺钉	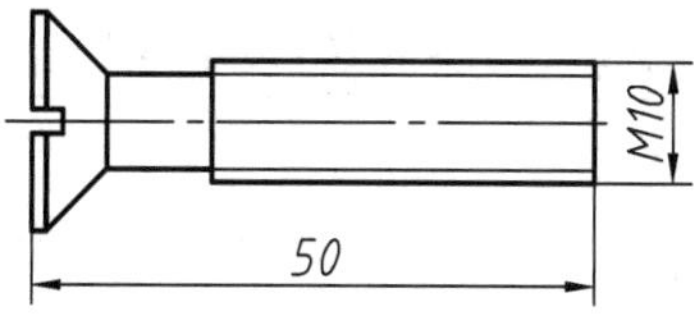 M10 50	规定标记：螺钉 GB/T 68－2016　M10×50 名称：螺钉 标准编号：GB/T 68－2016 螺纹规格：M10 公称长度：50 mm
开槽锥端紧定螺钉	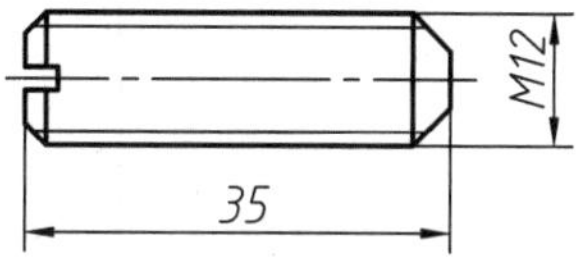 M12 35	规定标记：螺钉 GB/T 71－1985　M12×35 名称：螺钉 标准编号：GB/T 71－1985 螺纹规格：M12 公称长度：35 mm
六角螺母	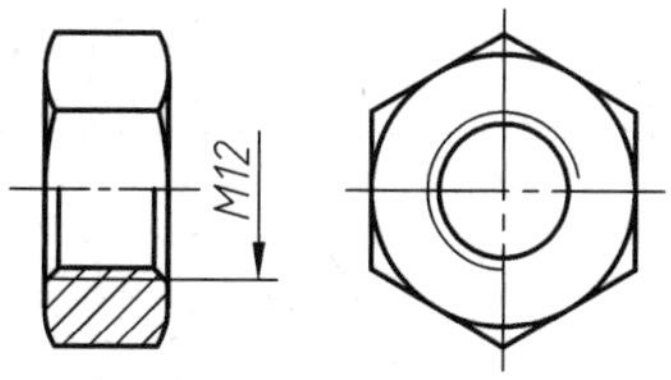 M12	规定标记：螺母 GB/T 6170－2015　M12 名称：螺母 标准编号：GB/T 6170－2015 螺纹规格：M12
平垫圈	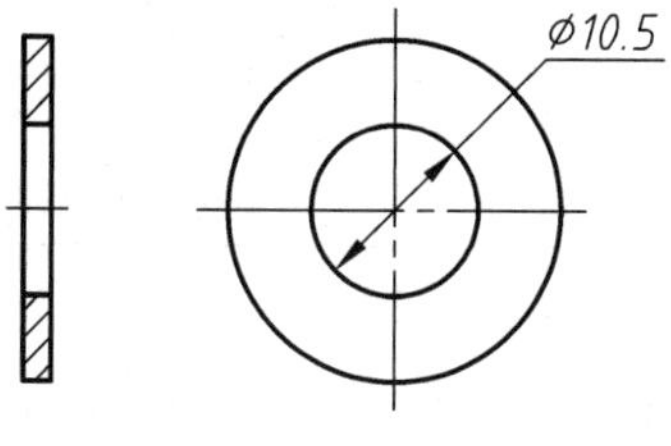 ϕ10.5	规定标记：垫圈 GB/T 97.1－2002　10 名称：垫圈 标准编号：GB/T 97.1－2002 公称尺寸：ϕ10.5 螺纹规格：10(表示与之配合使用的螺栓或螺柱的螺纹规格为 M10)
标准弹簧垫圈	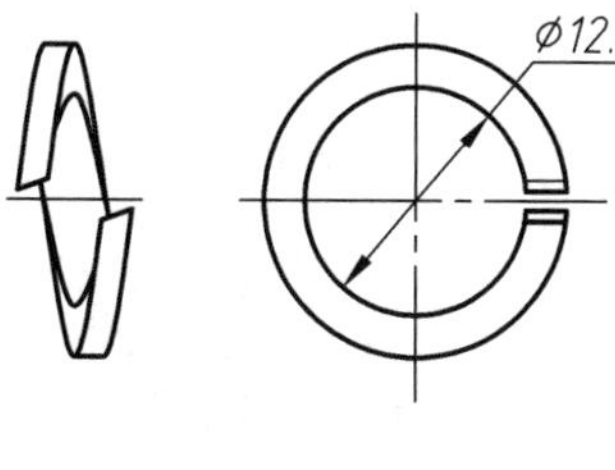 ϕ12.2	规定标记：垫圈 GB/T 93－1987　12 名称：垫圈 标准编号：GB/T 97－1987 公称尺寸：ϕ12.2 螺纹规格：12(表示与之配合使用的螺栓或螺柱的螺纹规格为 M12)

9.2.2　常用螺纹紧固件的画法

对于在螺纹紧固件连接装配图中所用到的螺栓、双头螺柱、垫圈、螺母、螺钉等常用螺纹紧固件，一般采用简化画法，国标规定可分为规定画法和省略画法两种。因为螺纹紧固件是标准件，所以根据它们的规定标记，可以从有关标准中查到它们的结构形式和全部尺寸，直接按标准的尺寸画图，习惯上称为查表画法。因为该方法费时费力，绘图中很少使用。画图时常采用按比例作图的方法，即这些螺纹紧固件的尺寸都按照与螺纹大径 d 或 D 成一定比例来确定，所以这种画法习惯上称为比例画法。规定画法和省略画法都可以采用比例画法绘制。

表 9-7 给出了螺栓、六角螺母、双头螺柱、几种螺钉及垫圈规定画法和省略画法的比例画法示例。

表 9-7 螺栓、六角螺母、双头螺柱、几种螺钉及垫圈的比例画法

名 称	规 定 画 法	省 略 画 法
螺栓	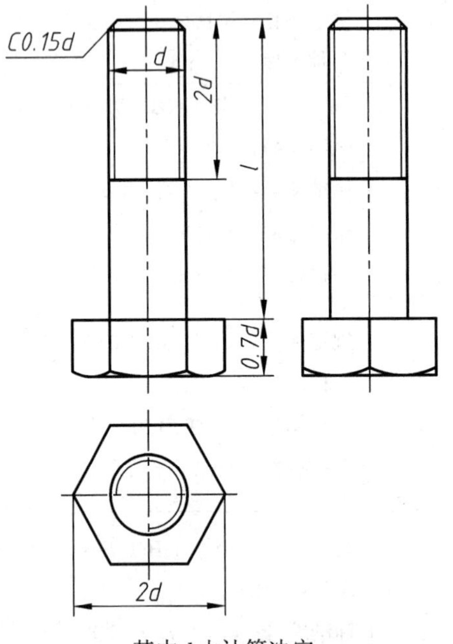 C0.15d　d　2d　l　0.7d　2d 其中 l 由计算决定	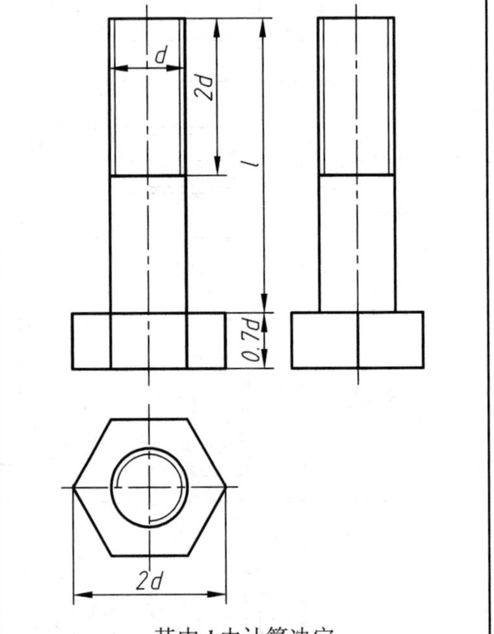 d　2d　l　0.7d　2d 其中 l 由计算决定
六角螺母	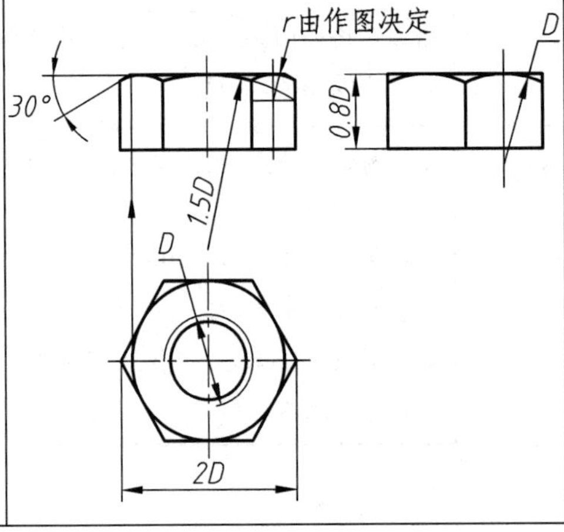 r由作图决定　D　30°　0.8D　1.5D　D　2D	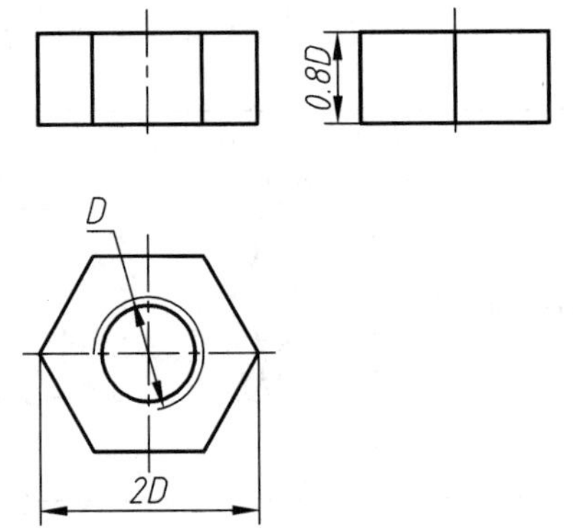 0.8D　D　2D

续表

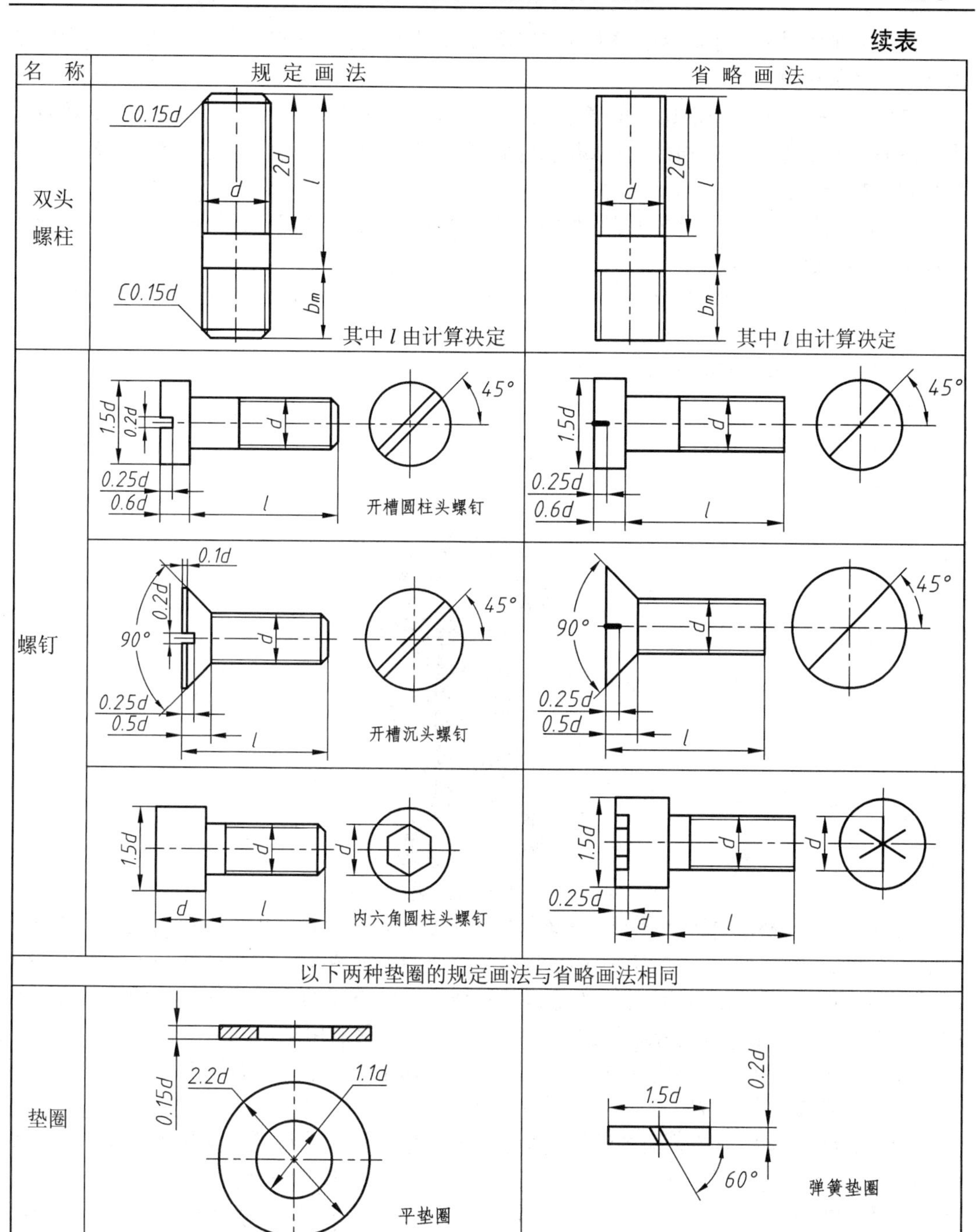

9.2.3　常用螺纹紧固件连接的装配图画法

国标 GB/T 4459.1—1995《机械制图 螺纹及螺纹紧固件表示法》中对螺纹紧固件连接的装配图画法作了规定。

画螺纹紧固件装配图应遵循的一般规定为：

(1) 在装配图中，两零件接触表面画一条线，不接触表面画两条线。

(2) 在剖视图中，相邻两个零件的剖面线方向应相反；同一个零件在不同视图中的剖面线方向和间隔必须一致。

(3) 在装配图中，当剖切平面通过螺杆的轴线时，对于螺柱、螺栓、螺钉、螺母及垫圈等均按未剖切绘制，即画外形；螺纹紧固件的工艺结构，如倒角、退刀槽、缩颈、凸肩等均可省略不画。

(4) 在装配图中，不穿通的螺纹孔(螺纹盲孔)可不画出钻孔深度，仅按有效螺纹部分的深度画出(不包括螺尾)。

常见螺纹紧固件的连接有三种：螺栓连接、双头螺柱连接和螺钉连接。下面分别介绍这三种连接装配图的简化画法(采用比例画法绘制)。

1．螺栓连接装配图的简化画法

1) 画法

螺栓用来连接不太厚的、并允许钻成通孔的零件。螺栓连接由螺栓、螺母、垫圈组成，图 9-14 是用螺栓连接两块板的装配示意图。

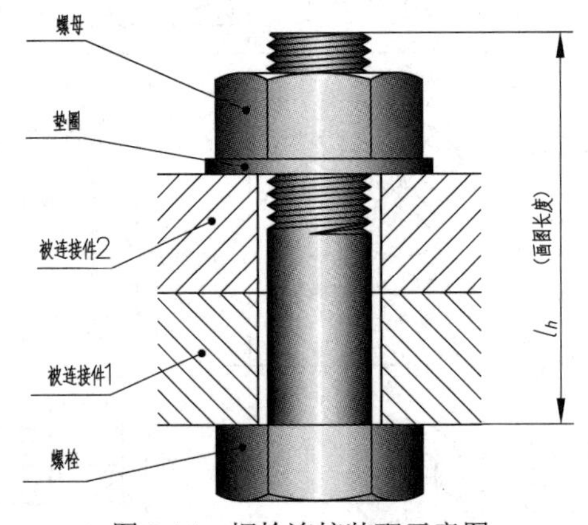

图 9-14　螺栓连接装配示意图

图 9-15(a)是螺栓连接前的情况，被连接的两块板上钻有直径略大于螺纹大径的孔(孔径≈1.1*d*，设计时可按螺纹大径由相关国标或附表 30 选用)，连接时，先将两块被连接板上的孔对准，再将螺栓穿入孔中，使螺栓头部抵住被连接板的下表面，然后在螺栓的上部套上平垫圈，以增加支承面积并防止被连接板的上表面损伤，最后用螺母拧紧。

图 9-15(b)、(c)是螺栓连接装配图的比例画法，这里给出了全剖视图和外形图的画法示例。采用查表画法也应按照示例绘图。

图 9-15(b)是螺栓连接装配图的规定画法，在规定画法中，螺栓、螺母和垫圈均采用图 9-15(a)或表 9-7 所示的规定画法；图 9-15(c)是螺栓连接装配图的省略画法，在省略画法中，螺栓、螺母和垫圈均采用表 9-7 所示的省略画法(主要尺寸与图 9-15(a)相同)。在省略画法中，螺栓头部、螺母和螺栓上螺纹的倒角都省略不画，在机器或部件的装配图中常用这种画法。

由图 9-15(b)、(c)可知，在画螺栓连接装配图时，可先计算出螺栓的画图长度 l_h：

$$l_h = \delta_1 + \delta_2 + 0.15d + 0.8d + 0.3d$$

式中：δ_1 和 δ_2 为被连接板的厚度；d 为螺栓的螺纹大径。例如，当 $\delta_1 = 25$ mm，$\delta_2 = 25$ mm，$d = 20$ mm 时，代入上式，即可得到螺栓的画图长度 $l_h = 75$mm。

说明：这里螺栓的画图长度 l_h 是画螺栓连接装配图用到的尺寸，与下面要介绍的注写螺栓规定标记中用到的该螺栓的公称长度 l(设计长度)无关。

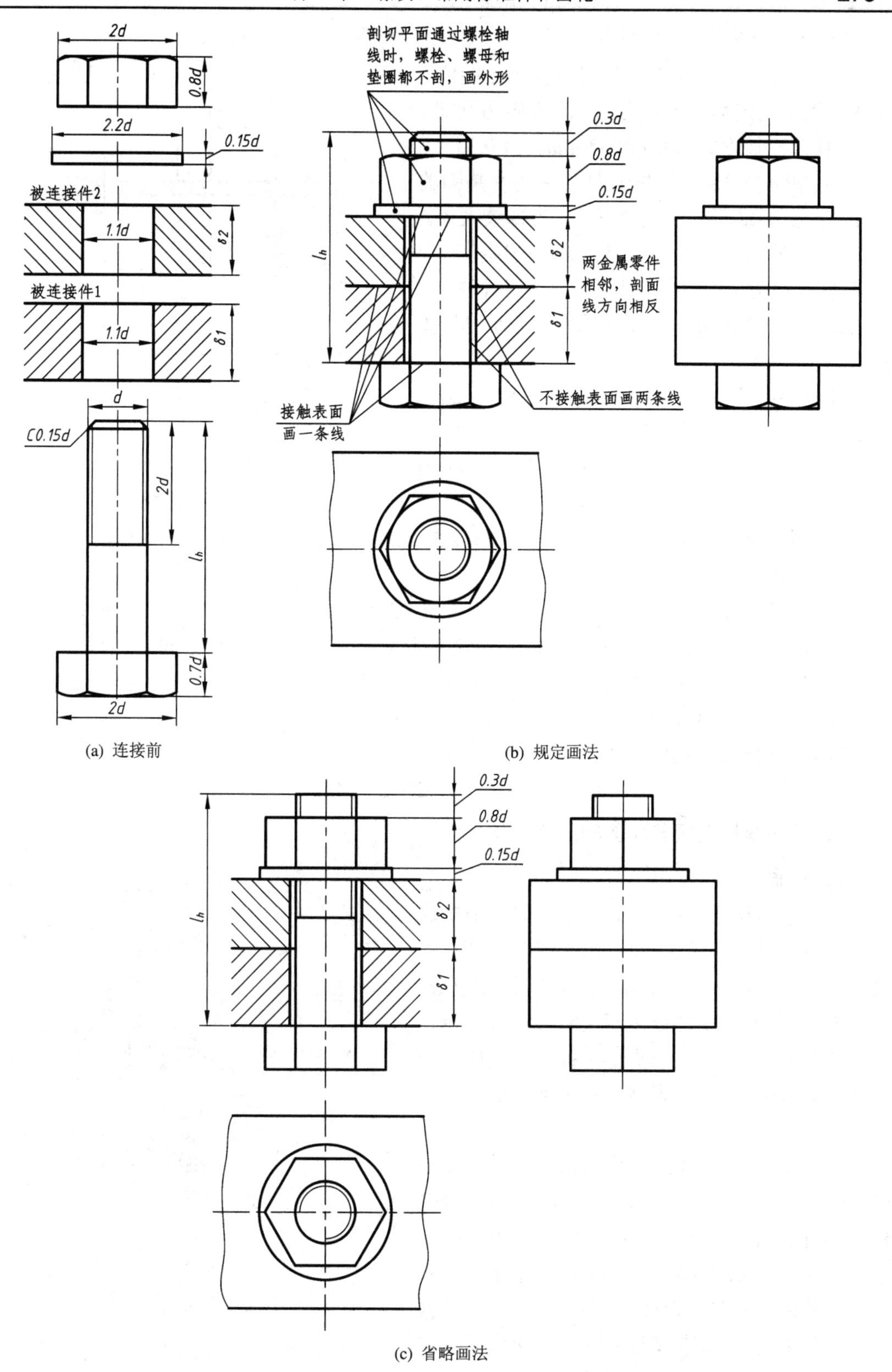

(a) 连接前　(b) 规定画法

(c) 省略画法

图 9-15　螺栓连接装配图的画法

2) 螺栓公称长度 l 的计算

螺栓公称长度 l 是在设计时需要确定的值，在注写螺栓规定标记时要用到。由图 9-16 可知：

螺栓公称长度 $l \geqslant \delta_1 + \delta_2 + h + m_{max} + 0.3d$

式中：δ_1 和 δ_2 为被连接件的厚度；h 为平垫圈的厚度；m_{max} 为螺母的最大厚度；d 为螺纹大径。h 和 m_{max} 的数值可根据垫圈和螺母的国标号查附表 11、附表 10 或国标得到。由上式计算出 l 的数值后，再由附表 4 或相应国标确定 l 的具体数值。

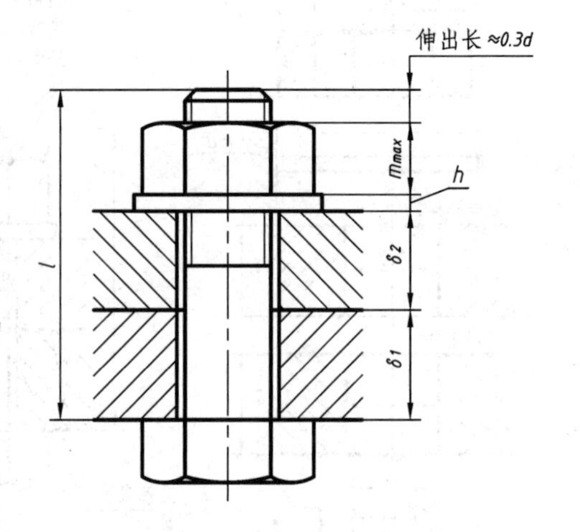

图 9-16　螺栓公称长度 l 的计算

【例 9-1】 用螺栓(GB/T 5780—2016 M12×l)、垫圈(GB/T 97.1—2002 12)和螺母(GB/T 6170—2015 M12)，连接厚度 $\delta_1 = 20$ mm 和 $\delta_2 = 30$ mm 的两个零件，试求出螺栓的公称长度 l，并写出螺栓的规定标记。

【解】 由附表 11 和附表 10 查得 $h = 2.5$ mm，$m_{max} = 10.8$ mm，则螺栓的公称长度 l 应为

$$l \geqslant \delta_1 + \delta_2 + h + m_{max} + 0.3d = 20 + 30 + 2.5 + 10.8 + 0.3 \times 12 = 66.9 \text{ mm}$$

查附表 4，当螺纹规格 d = M12 时，l 的商品规格范围是 50～120 mm，但并不是说在此区间的每一个尺寸都可以选择，还必须由 l 系列选出有产品生产的尺寸数值，由 l 系列可选取螺栓的公称长度 $l = 70$ mm。

因此，螺栓的规定标记应为

螺栓 GB/T 5780—2016　M12×70

2. 双头螺柱连接装配图的简化画法

1) 画法

当两个被连接零件中，有一个太厚不能钻成通孔或不宜采用螺栓连接时，可采用双头螺柱连接。双头螺柱连接由双头螺柱、螺母、垫圈组成，图 9-17 是用双头螺柱连接两个零件的装配示意图。如图 9-17 所示，双头螺柱拧入被连接零件的一端称为旋入端；与垫圈、螺母连接的一端称为紧固端。

图 9-18(a)是双头螺柱连接前的情况，先在较薄的连接件上钻出一个直径约为 1.1d(d 为螺柱公称直径)的孔，在较厚的零件上加工出螺纹盲孔，将双头螺柱的旋入端旋进螺纹盲孔中，将较薄的零件套入双头螺柱，再穿过零件通孔的紧固端，套上弹簧垫圈(弹簧垫圈有防松作用，也可用平垫圈)，再拧上螺母即可。

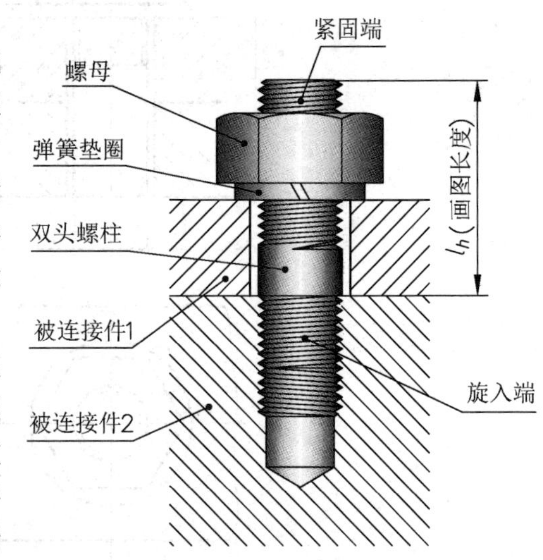

图 9-17　双头螺柱连接装配示意图

图 9-18(b)、(c)采用的是双头螺柱连接装配图的比例画法，这里给出了全剖视图和外形图的画法示例。采用查表画法也应按照示例绘图。

图 9-18(b)为双头螺柱连接装配图的规定画法，其中：双头螺柱、螺母和弹簧垫圈均采用图 9-18(a)或表 9-7 所示的规定画法；从图 9-18(b)中可以看出，双头螺柱连接的上半部与螺栓连接相似，下部画法注意(见图 9-18(b)、(c))：① 旋入端的螺纹终止线要与螺孔的上表面平齐，即图中旋入端的螺纹终止线要与螺孔的上表面重合；② 旋入端的旋入深度 b_m 与螺孔深度相差 $0.5d$；③ 螺孔深度与钻孔深度相差 $0.5d$ 且底部有 120° 的锥角(钻头角)。

图 9-18(c)是双头螺柱连接装配图的省略画法，其中，双头螺柱头部倒角、螺纹的倒角、螺母的倒角都省略不画，且在下部省略了钻孔深度，在机器或部件的装配图中常用这种画法。

由图 9-18(b)、(c)可知，在画双头螺柱连接的装配图时，可先计算螺柱的画图长度 l_h：

$$l_h = \delta + 0.2d + 0.8d + 0.3d$$

式中：δ 为已知，d 为螺栓的螺纹大径。例如，当 $\delta = 30$ mm、$d = 16$ mm 时，代入上式，即可得到螺柱的画图长度 $l_h = 50.8$ mm，取整数后，$l_h = 51$ mm。

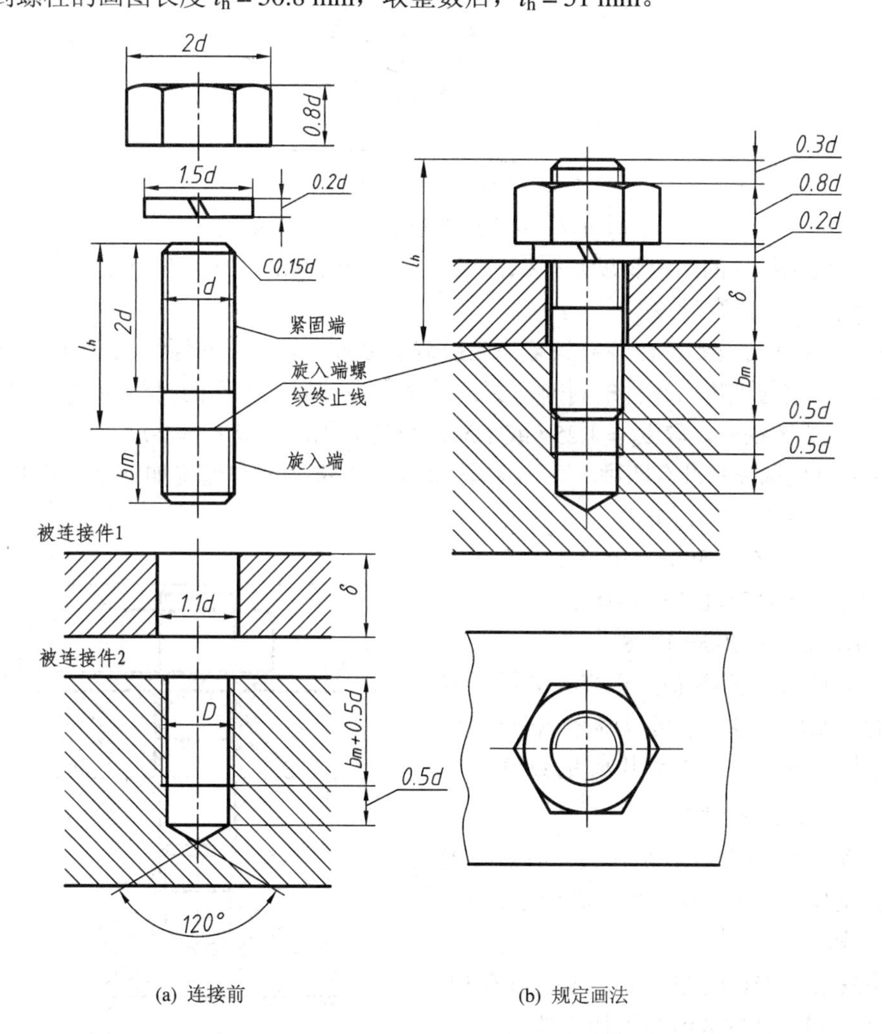

(a) 连接前　　(b) 规定画法

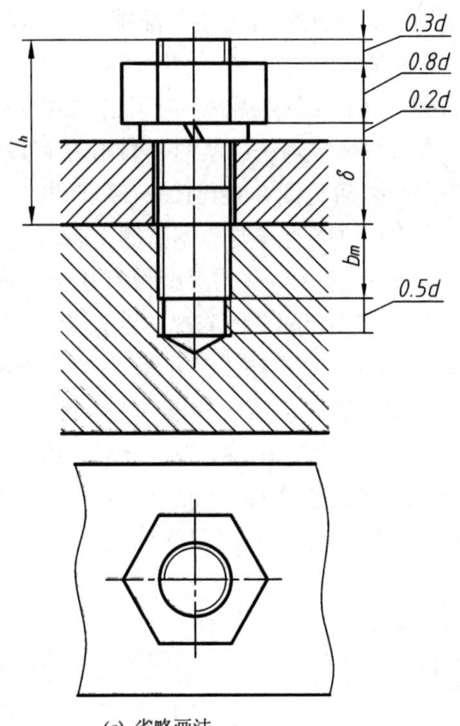

(c) 省略画法

图 9-18　双头螺柱连接装配图的画法

说明：这里螺柱的画图长度是画螺柱连接装配图用到的尺寸，与下面要介绍的该螺柱的公称长度 l(设计长度)无关。

由图 9-18 还可看到，在画双头螺柱连接装配图时，旋入端的螺纹长度 b_m 的尺寸也是需要知道的，它与被旋入零件的材料有关。通常，当被旋入零件的材料为钢或青铜时，取 $b_m = d$；材料为铸铁时，取 $b_m = 1.25d$ 或 $1.5d$；材料为铝时，取 $b_m = 2d$。

双头螺柱的国家标准有四种，每一种国标对应一个 b_m，具体情况如下(也可参阅附表 5)：

(1) $b_m = d$(GB 897—1988)；

(2) $b_m = 1.25d$(GB 898—1988)；

(3) $b_m = 1.5d$(GB 899—1988)；

(4) $b_m = 2d$(GB 900—1988)。

由上可知，如果已知被旋入零件的材料或双头螺柱的国家标准号，就可以确定 b_m 与螺纹大径 d 的比例关系，从而计算出 b_m 的数值。

2) 公称长度 l 的计算

双头螺柱的公称长度 l 是在设计时需要确定的值，在注写双头螺柱规定标记时要用到 l。由图 9-19 可知：

双头螺柱公称长度 $l \geqslant \delta + h + m_{max} + 0.3d$。

式中：δ 为钻成通孔的较薄被连接零件的厚度(已

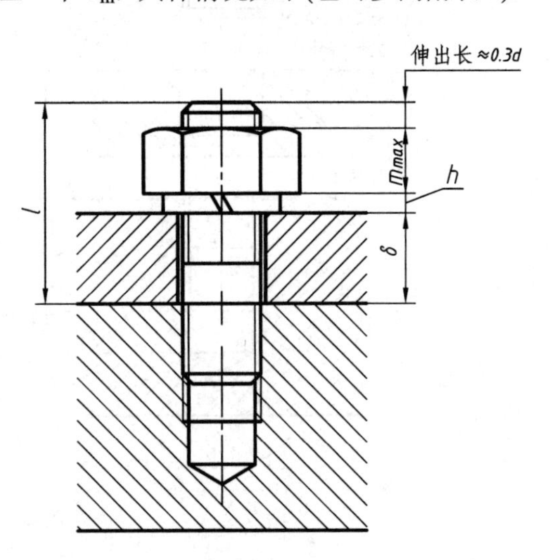

图 9-19　双头螺柱公称长度 l 的计算

知)；h 为弹簧垫圈的厚度；m_{max} 为螺母的最大厚度；h 和 m_{max} 的数值可根据垫圈和螺母的国标号查国标或附表 12 和附表 10 得到；d 为螺纹大径。由上式计算出 l 的数值后，再由双头螺柱的相应国标或附表 5 确定 l 的具体数值。

【例 9-2】 用螺柱(GB/T 899—1988　M24×l)、垫圈(GB/T 93—1987　24)和螺母(GB/T 6170—2015　M24)，连接厚度 $\delta = 45$ mm 的零件和一块厚板零件，试求出螺柱的公称长度 l，并写出螺柱的规定标记。

【解】 由附表 12 和附表 10 查得 $h = 6$ mm，$m_{max} = 21.5$ mm，则螺柱的公称长度 l 应为

$$l \geqslant \delta + h + m_{max} + 0.3d = 45 + 6 + 21.5 + 0.3 \times 24 = 79.7 \text{ mm}$$

查附表 5，当螺纹规格 $d =$ M24 时，从 l(系列)可知当 $l \geqslant 79.7$ mm 时，应选 $l = 80$ mm。因此，双头螺柱的规定标应记为

螺柱 GB/T 899—1988　M24×80

3. 螺钉连接装配图的简化画法

螺钉按用途分为连接螺钉和紧定螺钉两类。螺钉的形式、尺寸及规定标记，可查阅附表 6～附表 9 或有关国家标准。螺钉连接中的几种螺钉的规定画法和省略画法见表 9-7。

1) 连接螺钉连接的装配图画法

螺钉连接一般用于受力不大且不经常拆卸的地方。图 9-20 是常见的两种螺钉连接装配图的省略画法(螺钉用表 9-7 所示省略画法)。图 9-20(a)为开槽圆柱头螺钉连接的省略画法；图 9-20(b)为开槽沉头螺钉连接的省略画法。在连接螺钉装配图中，旋入螺孔一端的画法与

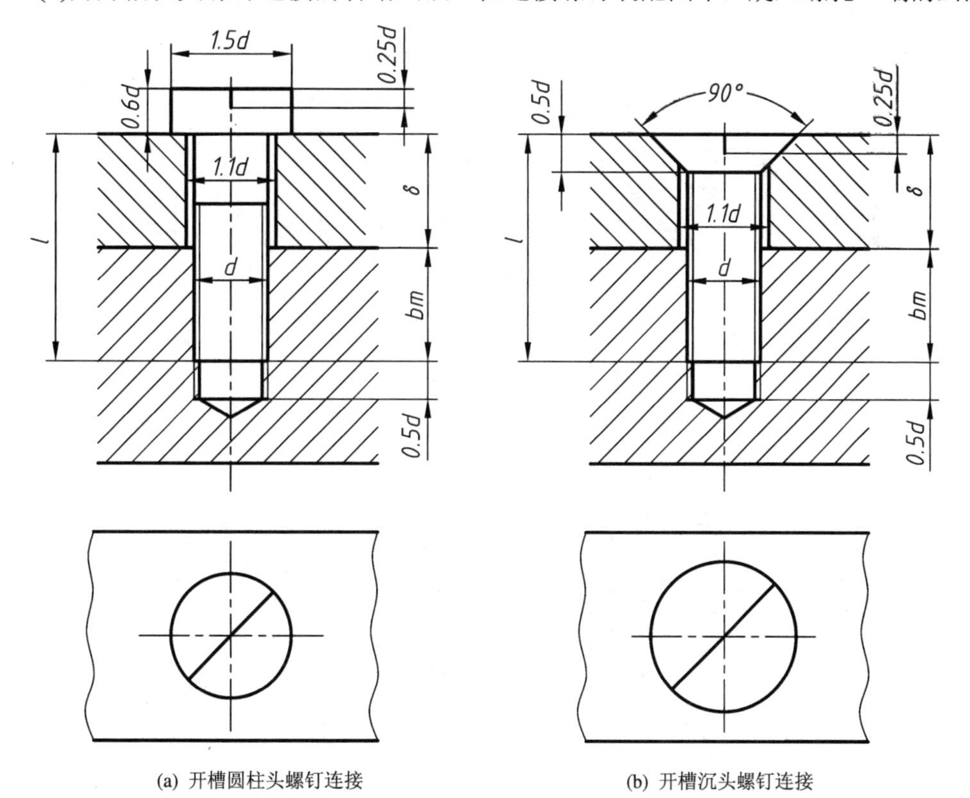

(a) 开槽圆柱头螺钉连接　　(b) 开槽沉头螺钉连接

图 9-20　螺钉连接装配图的省略画法

双头螺柱相似，但螺纹终止线必须高于螺孔孔口，以使连接可靠。在螺钉连接中，螺孔部分有的是通孔，有的是盲孔，是盲孔时与双头螺柱连接的下部画法相同(见图 9-18(a)、(b))，也可省略钻孔深度，如图 9-20 所示。注意：在俯视图中，螺钉头部螺丝刀槽按规定画成与水平线倾斜 45°，而主视图中的螺丝刀槽正对读者。

由图 9-20 可知，螺钉的公称长度 $l \geqslant \delta + b_m$，其中 δ 为钻有通孔的较薄被连接件的厚度，旋入长度 b_m 的确定与双头螺柱连接时相同，它与被旋入零件的材料有关。当被旋入零件的材料为钢和青铜时，取 $b_m = d$；材料为铸铁时，取 $b_m = 1.25d$ 或 $1.5d$；材料为铝时，取 $b_m = 2d$。计算出公称长度 l 的数值后，由附表 6～附表 8 最终确定公称长度 l。为了使螺钉头能压紧被连接件，螺钉的螺纹终止线应画在螺孔的端面之上(见图 9-20(a))，或在螺杆的全长上画出螺纹(见图 9-20(b))。

2) 紧定螺钉连接的装配图画法

紧定螺钉主要用来防止两相配合零件之间发生相对运动。常用的紧定螺钉分为锥端、柱端和平端三种。使用时，锥端紧定螺钉旋入一个零件的螺纹孔中，将其尾端压进另一零件的凹坑中(见图 9-21(a))；柱端紧定螺钉旋入一个零件的螺纹孔中，将其尾端插入另一零件的环形槽中(见图 9-21(b))或压进另一零件的圆孔中(见图 9-21(c))；平端紧定螺钉有时利用其平端面的摩擦作用来固定两个零件的相对位置，也常将其骑缝旋入加工在两个相邻零

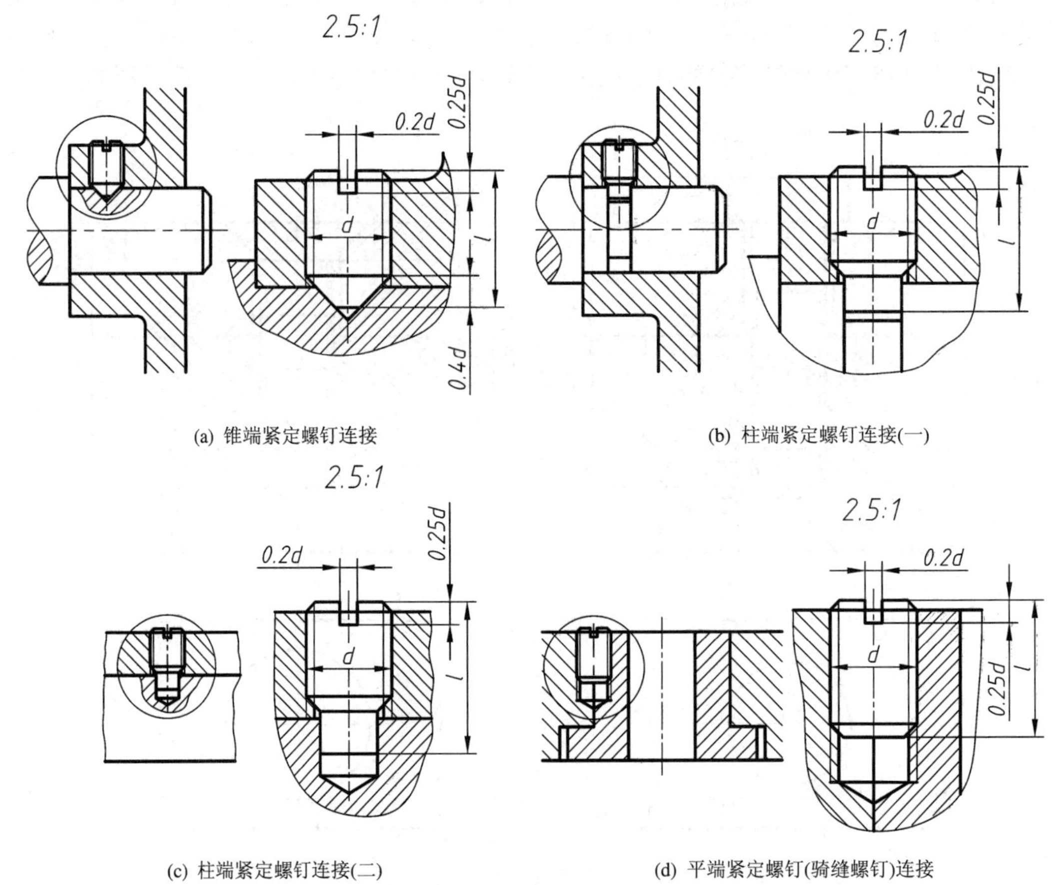

(a) 锥端紧定螺钉连接　　(b) 柱端紧定螺钉连接(一)

(c) 柱端紧定螺钉连接(二)　　(d) 平端紧定螺钉(骑缝螺钉)连接

图 9-21　紧定螺钉连接装配图的规定画法

件之间的螺孔中(见图 9-21(d))，因此也称为“骑缝螺钉”。图 9-21 所示的三种紧定螺钉除了可以按与 d 成一定比例可确定的参数外，其余各部分参数的数值可由附表 9 或相应国家标准选定。

9.3　键　和　销

9.3.1　键

键是标准件。键的作用是连接轴和装在轴上的零件，如齿轮、带轮等，使它们一起转动，用以传递力和运动。常用的键有普通平键、半圆键和楔键，常用键的形式和标注方法如表 9-8 所示。

表 9-8　常用键的形式和标注方法

名称和国标	形式和图例		规定标记及说明
普通型　平键 GB/T 1096－2003	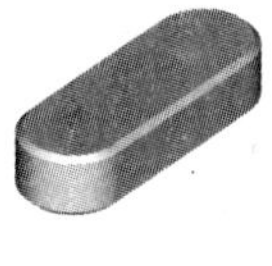	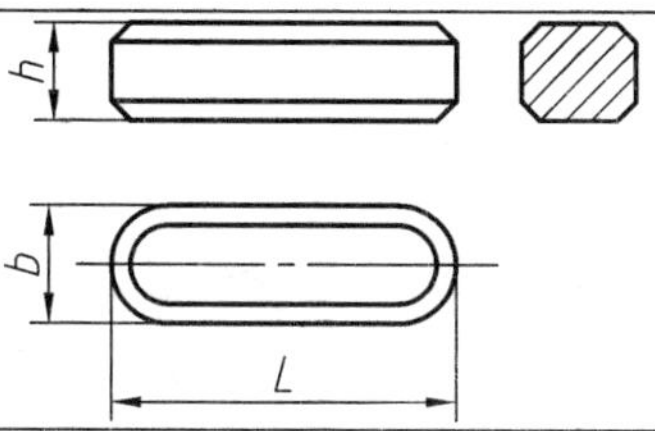	GB/T 1096－2003 键 $b\times h\times L$
普通型　半圆键 GB/T 1099.1－2003		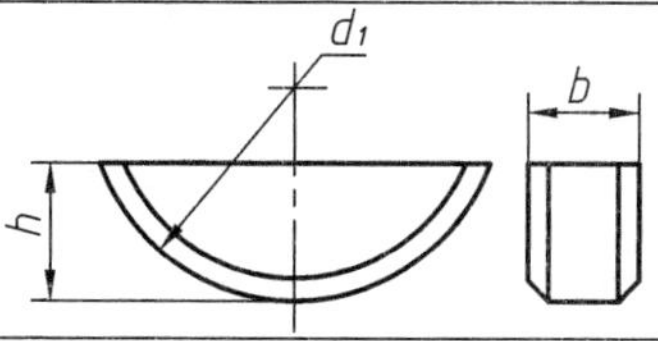	GB/T 1099.1－2003 键 $b\times h\times d_1$
钩头型　楔键 GB/T 1565－2003		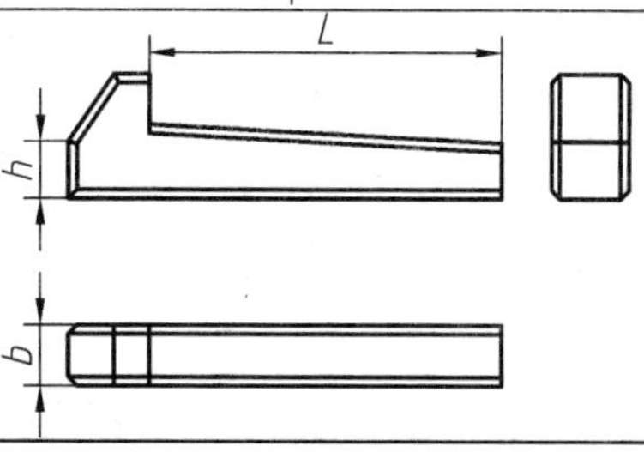	GB/T 1565－2003 键 $b\times L$

1. 常用键连接及画法

1) 普通平键连接

普通平键使用时，键的两侧面是工作面，连接时与键槽的两个侧面接触，键的底面也与轴上键槽的底面接触，因此在绘制键连接的装配图时，这些接触的表面画成一条线；键的顶面为非工作表面，连接时与孔上键槽的顶面不接触，应画出间隙，如图 9-22(a)所示。普通平键有 A 型、B 型、C 型三种，普通平键及键槽的规格尺寸等可根据轴径大小查附表 13 或有关国家标准得到。另外，在图 9-22(a)全剖的左视图 A—A 中，有三个相邻的零件被剖切，剖面线方向相同的两个零件其剖面线间隔不能相同。

2) 普通半圆键连接

普通半圆键形似半圆，可以在键槽中摆动，以适应轮毂键槽底面形状，常用于锥形轴端，且连接负荷不大的场合，如图 9-22(b)所示。

3) 钩头楔键连接

钩头楔键常用在对中要求不高，不受冲击振动或变载荷的低速轴的联结中，一般用于轴端。钩头楔键的顶面有 1:100 的斜度，装配时需打入键槽内，键的顶面和底面与键槽上下底面紧密接触，这些接触的表面在图中画成一条线；键的两侧与键槽的两侧面有配合关系，连接时与键槽的侧面接触，应画成一条线，如图 9-22(c)所示。

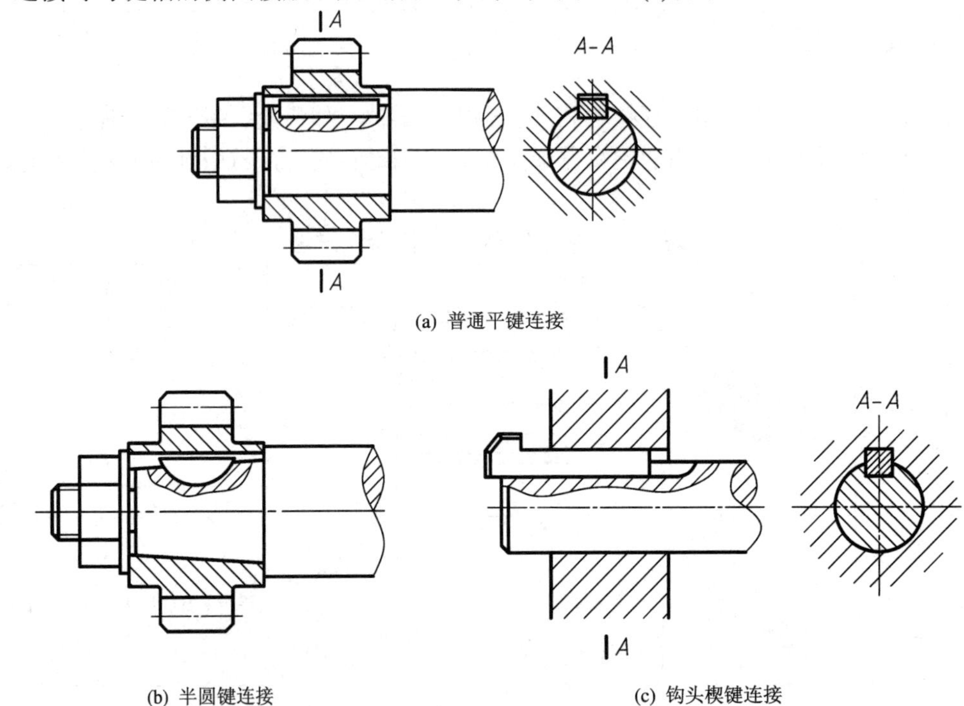

(a) 普通平键连接

(b) 半圆键连接　(c) 钩头楔键连接

图 9-22　常用的键连接的装配图画法

2．普通平键连接的键槽画法及尺寸标注

图 9-23 是普通平键连接的轴上键槽和轮毂上键槽的画法及尺寸标注，具体数值可查附表 14 或有关国家标准得到。

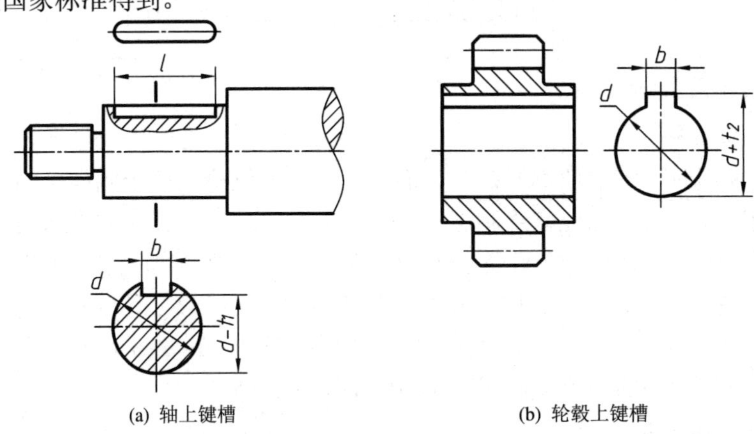

(a) 轴上键槽　(b) 轮毂上键槽

图 9-23　普通平键轴上键槽和轮毂上键槽的画法及尺寸标注

9.3.2　销

销是标准件。销用来连接和固定零件，或在装配时起定位作用。常用的销有圆柱销、圆锥销和开口销(常和带孔螺栓和六角开槽螺母配合使用，防松止脱)。常用销的形式及标注方法见表 9-9。具体形式和规格尺寸等可分别查阅附表 15 和附表 16。

表 9-9　常用销的形式及规定标记

名称和国标	形式和图例		规定标记及说明
圆柱销 GB/T 119.1—2000		d　l	公称直径 $d=10$，公差为 m6，公称长度 $l=40$，材料为钢，不经淬火、不经表面处理的圆柱销的规定标记为 销 GB/T 119.1—2000　10m6×40
圆锥销 GB/T 117—2000		A型（磨削） d　l 注：B型(车削)，表面粗糙度为 3.2	公称直径 $d=10$，公称长度 $l=60$，材料为 35 钢，热处理硬度为 28～38HRC，表面氧化处理的 A 型圆锥销的标记为 销 GB/T 117—2000　10×60
开口销 GB/T 91—2000		b　l　c　d	公称直径 $d=5$，公称长度 $l=50$，材料为低碳钢，不经表面处理的开口销规定标记为 销 GB/T 91—2000　5×50

圆柱销和圆锥销连接装配图的画法如图 9-24 所示。当剖切平面通过销的轴线时，销按不剖画。

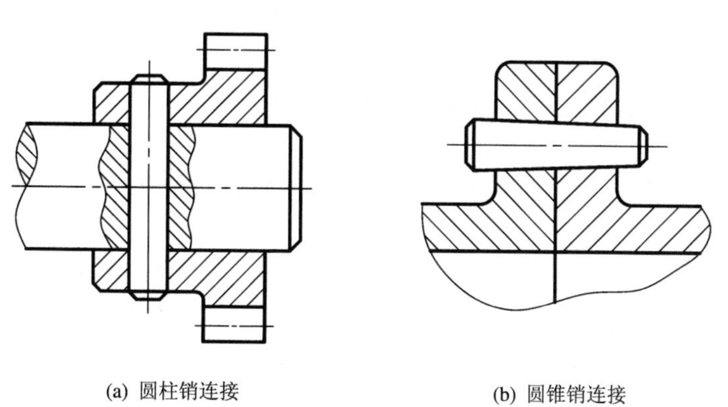

(a) 圆柱销连接　　(b) 圆锥销连接

图 9-24　圆柱销和圆锥销连接的画法

9.4 滚动轴承

轴承分为滚动轴承和滑动轴承。轴承是常见的支承件，用来支承轴。滚动轴承是标准件，具有结构紧凑、摩擦阻力小、转动灵活、便于维修等特点，在机械设备中广泛应用。它一般由外圈、内圈、滚动体及保持架组成，见图 9-25。其外圈装在机座的孔内，内圈套在转动的轴上。一般外圈固定不动，内圈随轴一起转动。

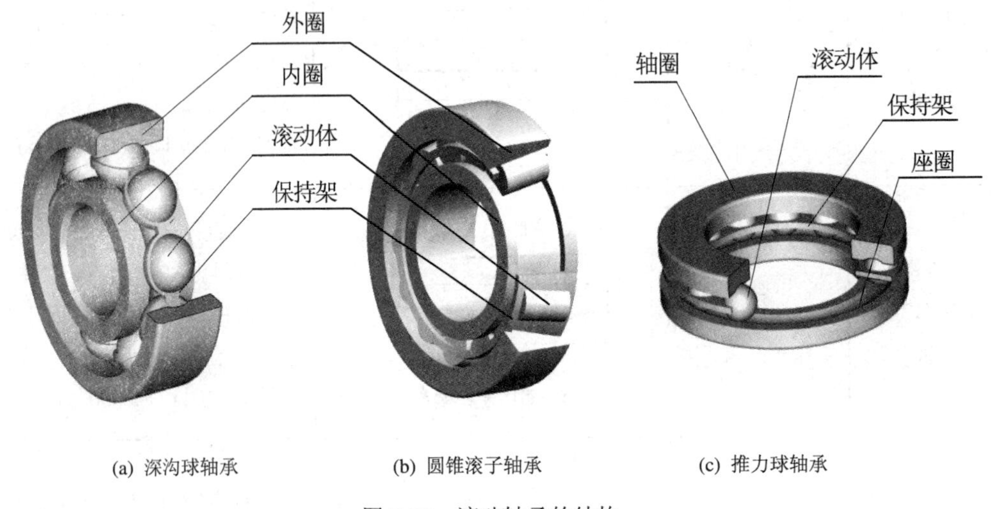

(a) 深沟球轴承　(b) 圆锥滚子轴承　(c) 推力球轴承

图 9-25　滚动轴承的结构

9.4.1 滚动轴承的类型

滚动轴承按其所能承受的力的方向，可分为三种：

(1) 向心轴承：主要承受径向力，如图 9-25(a)所示的深沟球轴承；

(2) 向心推力轴承：能同时承受径向力和轴向力，如图 9-25(b)所示的圆锥滚子轴承；

(3) 推力轴承：只能承受轴向力，如图 9-25(c)所示的推力球轴承。

9.4.2 滚动轴承的代号和规定标记

滚动轴承的代号和分类可分别查阅 GB/T 272—1994 和 GB/T 271—2017。

1) 滚动轴承的基本代号

当游隙为基本组、公差等级为 C 级时，滚动轴承常用基本代号表示。滚动轴承的基本代号包括：轴承类型代号、尺寸系列代号、内径代号。

(1) 轴承类型代号：用数字或字母表示，见表 9-10。

表 9-10　滚动轴承的类型代号

代　号	轴承类型	代　号	轴承类型
0	双列角接触球轴承	6	深沟球轴承
1	调心球轴承	7	角接触球轴承
2	调心滚子轴承	8	推力圆柱滚子轴承
3	圆锥滚子轴承	N	圆柱滚子轴承
4	双列深沟球轴承	U	外球面球轴承
5	推力球轴承	QJ	四点接触球轴承

(2) 尺寸系列代号：由轴承的宽(高)度系列代号(一位数字)和外径系列代号(一位数字)左、右排列组成。

(3) 内径代号：当 10 mm≤内径 d≤495 mm 时，代号数字 00、01、02、03 分别表示内径 d = 10 mm，d = 12 mm，d = 15 mm 和 d = 17 mm；代号数字大于等于 04，则代号数字乘以 5，即为轴承内径 d 的尺寸的毫米数值。

例如：轴承的基本代号为 6201。其中，6 为滚动轴承类型代号，表示深沟球轴承；2 为尺寸系列代号，实际为 02 系列，深沟球轴承左边为 0 时可省略；01 为内径代号，内径尺寸为 12 mm。

例如：轴承的基本代号为 30308。其中，3 为滚动轴承类型代号，表示圆锥滚子轴承；03 为尺寸系列代号；08 为内径代号，内径尺寸为 8 × 5 = 40 mm。

2) 滚动轴承的规定标记

滚动轴承的规定标记为

滚动轴承　基本代号　标准编号

例如：滚动轴承　6204　GB/T 276－2013；滚动轴承　51306　GB/T 301－2015。其中，基本代号 6204 表示深沟球轴承，尺寸系列代号为 2，内径尺寸为 20 mm，GB/T 276－2013 则是该滚动轴承的标准编号；基本代号 51306 表示推力球轴承，尺寸系列代号为 13，内径尺寸为 30 mm，GB/T 301－2015 则是该滚动轴承的标准编号。

9.4.3　滚动轴承的画法

GB/T 4459.7—2017 中规定了滚动轴承的画法，包括通用画法、特征画法和规定画法。无论采用哪种画法，在画图时应先根据轴承代号由相应国家标准查出其外径 *D*、内径 *d* 和宽度 *B*、*T* 后，按表 9-11 的比例关系绘制。几种常用滚动轴承的规定画法见表 9-11，其中三种滚动轴承的尺寸等可查阅附表 17～附表 19。

表 9-11　常用滚动轴承的画法及基本代号

轴承名称、类型及标准号	规定画法	特征画法	通用画法
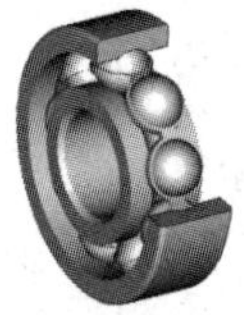 深沟球轴承 60000 型 GB/T 276－2013	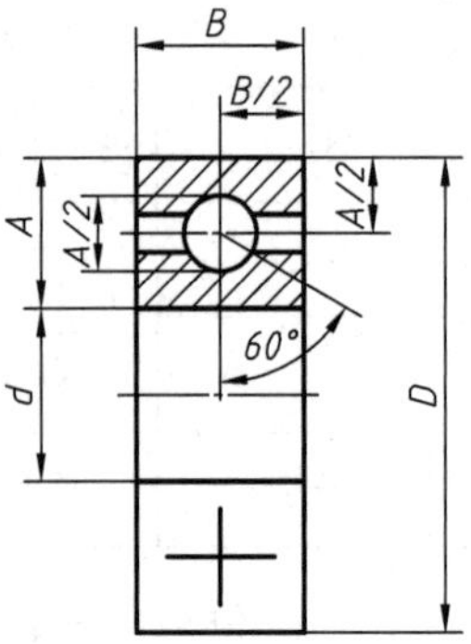	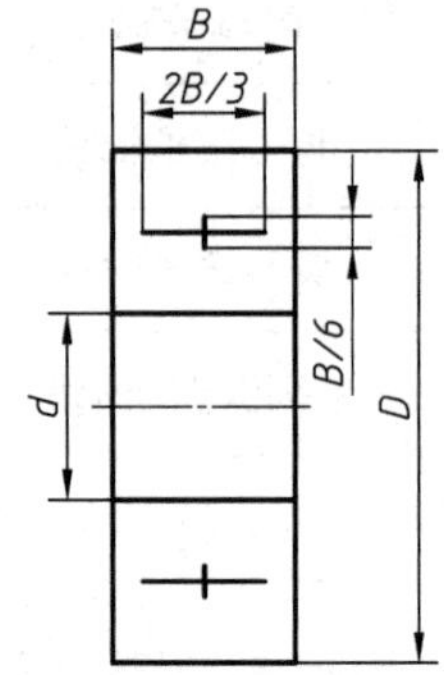	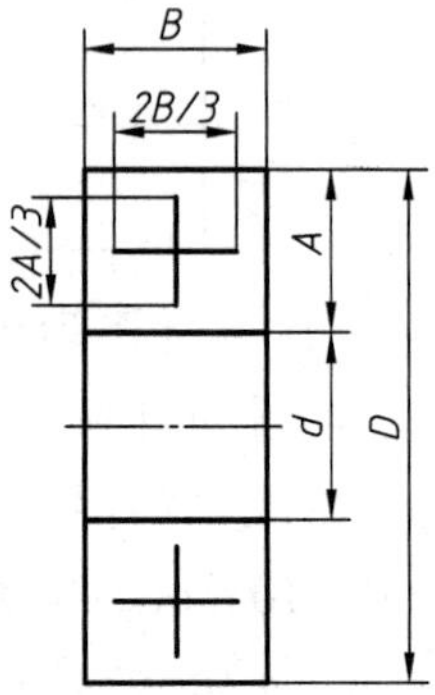 (尺寸比例)
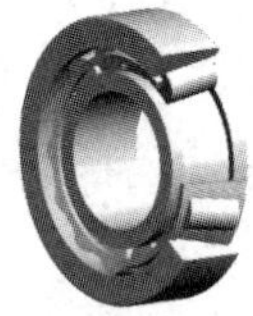 圆锥滚子轴承 30000 型 GB/T 297－2013	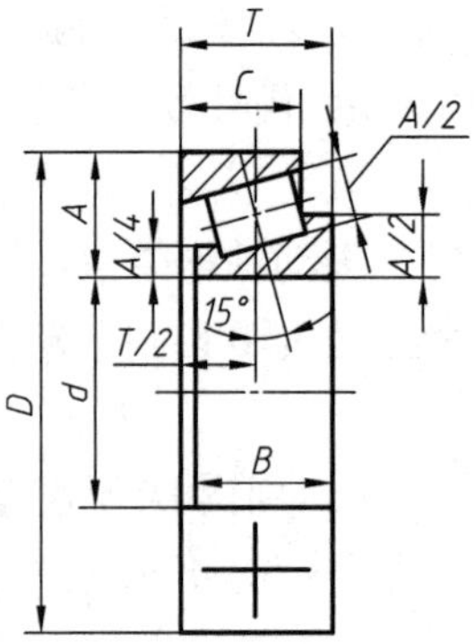	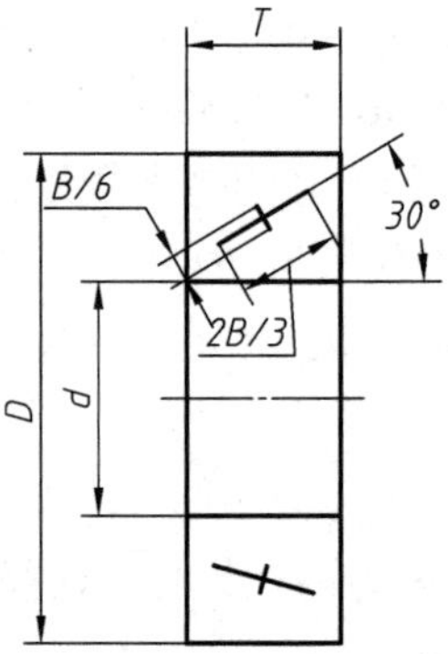	
 单向推力球轴承 51000 型 GB/T 301－2015	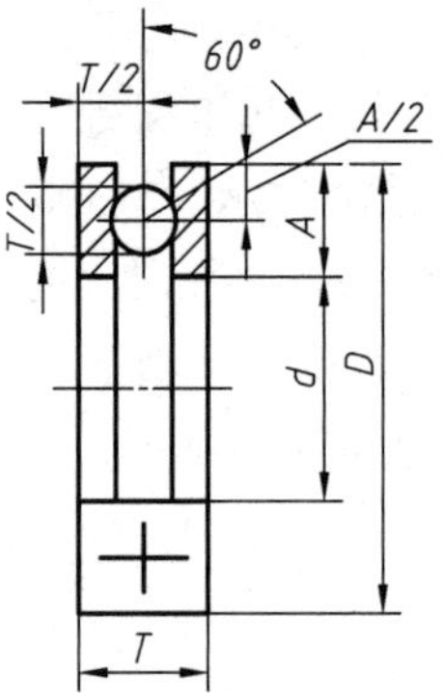	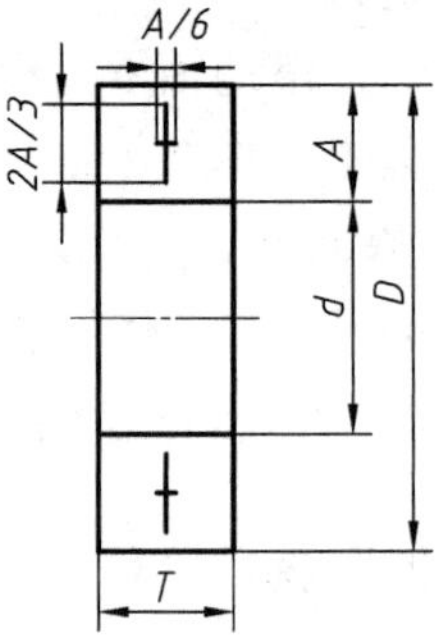	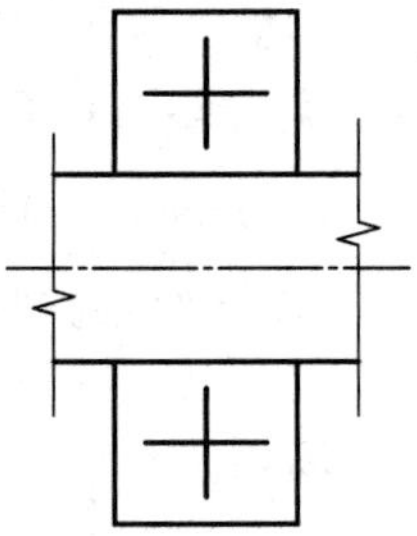 (在轴两侧的画法)

通用画法适用于不需要确切表达轴承的外形轮廓、载荷特性结构特征的场合，并应画在轴的两侧；特征画法能够较形象地表达滚动轴承的结构特征和载荷特性，绘图时应画在轴的两侧；必要时，可以采用规定画法绘制轴承，规定画法一般只画在轴的一侧，另一侧用通用画法绘制。

滚动轴承在装配图中的画法可参见图 10-11 和图 12-3。

9.5 弹　　簧

在机器或设备中弹簧的使用也很多。弹簧是标准件，可用来减震、夹紧、储能和测力等。其特点是当外力去除后能立即恢复原状。

弹簧的种类很多，常用的有螺旋弹簧和蜗卷弹簧等，如图 9-26 所示。

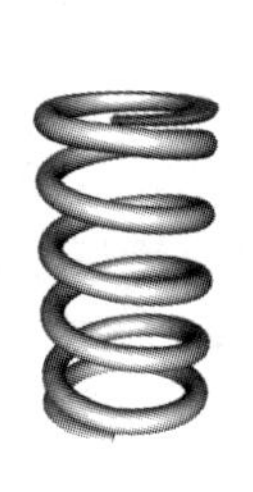

(a) 螺旋压缩弹簧

(b) 螺旋拉伸弹簧

(c) 螺旋扭转弹簧

(d) 平面蜗卷弹簧

图 9-26　常用的弹簧

弹簧应按照 GB/T 4459.4－2003《机械制图 弹簧表示法》来绘制。本节只介绍圆柱螺旋压缩弹簧的画法、尺寸计算和规定标记。圆柱螺旋压缩弹簧的的尺寸和参数由 GB/T 2089－2009 规定。

9.5.1 圆柱螺旋压缩弹簧的规定画法

圆柱螺旋压缩弹簧的规定画法如图 9-27 和图 9-28 所示。

(1) 在平行于螺旋弹簧轴线的投影面的视图中，各圈的轮廓画成直线，如图 9-27 所示。

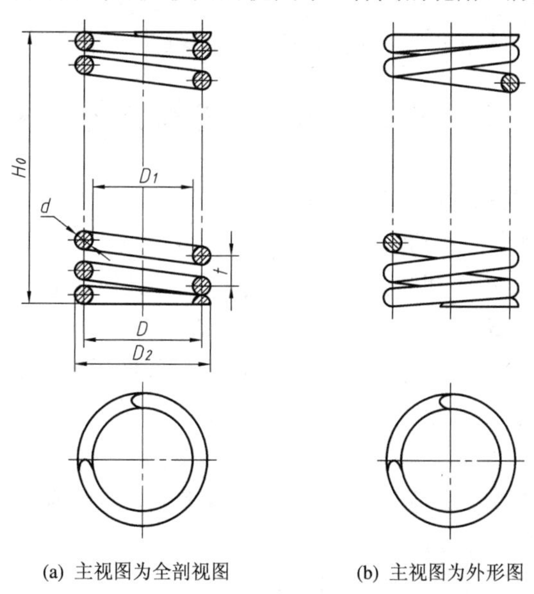

(a) 主视图为全剖视图　(b) 主视图为外形图

图 9-27　圆柱螺旋压缩弹簧的规定画法

(2) 螺旋弹簧均可画成右旋，对必须保证的旋向要求应在“技术要求”中注明。

(3) 螺旋压缩弹簧如要求两端并紧且磨平时，不论支承圈的圈数多少和末端贴紧情况如何，均按图 9-27 所示的支承圈数为 2.5 圈的形式绘制，必要时也可按支承圈的实际结构绘制。

(4) 有效圈数在 4 圈以上的螺旋弹簧中间部分可省略。圆柱螺旋弹簧中间部分省略后，允许适当缩短图形的长度。

(5) 在装配图中，被弹簧挡住的结构一般不画出，可见部分应从弹簧的外轮廓线或从弹簧钢丝剖面的中心线画起，如图 9-28(a)所示。

(6) 在装配图中，如弹簧钢丝(簧丝)断面的直径，在图形上小于或等于 2 mm 时，允许用示意图表示，如图 9-28(b)所示；当弹簧被剖切时，簧丝的断面也可以涂黑表示。

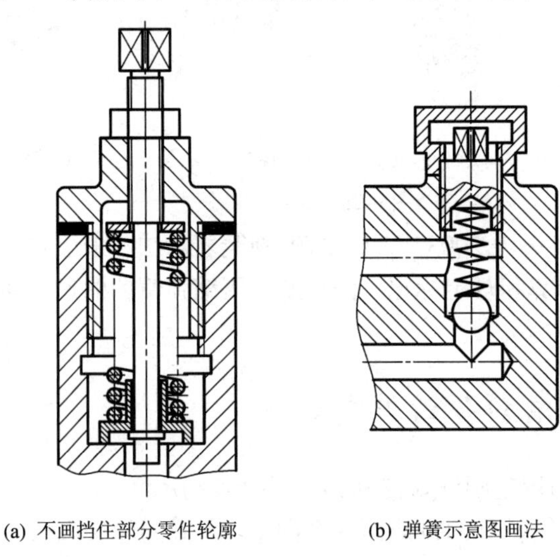

(a) 不画挡住部分零件轮廓　　(b) 弹簧示意图画法

图 9-28　圆柱螺旋压缩弹簧在装配图中的画法

9.5.2　圆柱螺旋压缩弹簧的术语、代号及尺寸关系

弹簧的参数及尺寸关系如图 9-27(a)所示。

(1) 材料直径 d：制造弹簧的钢丝直径。

(2) 弹簧直径：弹簧中径 D 为弹簧的平均直径；弹簧内径 D_1 为弹簧的最小直径，$D_1 = D - d$；弹簧外径 D_2 为弹簧的最大直径，$D_2 = D + d$。

(3) 节距 t：除支承圈外，两相邻有效圈截面中心线的轴向距离。

(4) 圈数：有效圈数 n 为弹簧上能保持相同节距的圈数。支承圈数 n_2 为使弹簧受力均匀，放置平稳，一般将弹簧的两端并紧、磨平。这些圈数工作时起支承作用，称为支承圈。支承圈一般有 1.5 圈、2 圈、2.5 圈三种，后两种较常见。总圈数 n_1 是有效圈数与支承圈数之和，称为总圈数，即 $n_1 = n + n_2$。

(5) 自由高度 H_0：弹簧在不受外力作用时的高度，$H_0 = nt + (n_2 - 0.5)d$。

(6) 展开长度 L：制造弹簧时坯料的长度，$L = n_1\sqrt{(\pi D)^2 + t^2}$。

9.5.3　圆柱螺旋压缩弹簧画图步骤示例

若已知弹簧的中径 D、簧丝直径 d、节距 t、有效圈数 n 和支承圈数 n_2，先算出自由高度 H_0，然后按以下步骤作图：

(1) 以 D 和 H_0 为边长，画出矩形，如图 9-29(a)所示；

(2) 根据材料直径 d，画出两端支承部分的圆和半圆，如图 9-29(b)所示；

(3) 根据节距 t，画有效圈部分的圆，当有效圈数在 4 圈以上，可省略中间的几圈，如图 9-29(c)所示；

(4) 按右旋方向作相应圆的公切线并画剖面线，完成后的圆柱螺旋压缩弹簧如图 9-29(d)所示。

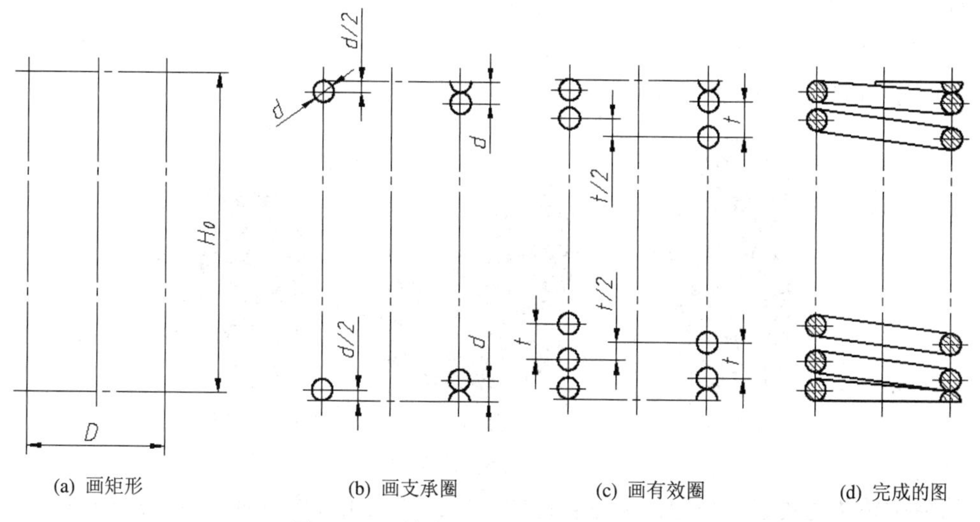

(a) 画矩形　(b) 画支承圈　(c) 画有效圈　(d) 完成的图

图 9-29　圆柱螺旋压缩弹簧的画图步骤

9.5.4　圆柱螺旋压缩弹簧的规定标记

GB/T 2089－2009 对圆柱螺旋压缩弹簧的标记作了规定，由类型代号、规格、精度代号、旋向代号和标准编号组成，如图 9-30 所示。

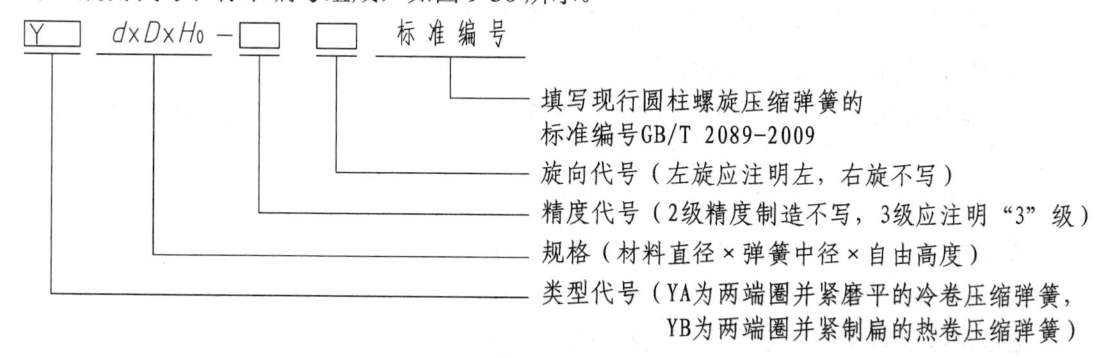

图 9-30　圆柱螺旋压缩弹簧的规定标记

例如：YA 型弹簧，材料直径为 1.2 mm，弹簧中径为 8 mm，自由高度为 40 mm，精度

等级为 2 级，左旋、两端并紧冷卷压缩弹簧，其规定标记为

YA 1.2×8×40 左 GB/T 2089—2009

圆柱螺旋压缩弹簧的图样格式请参阅 GB/T 4459.4－2003；有关表面粗糙度图形符号和标注方法请参阅 GB/T 131－2006 和 GB/T 2089－2009。

9.6 齿　轮

齿轮是机械传动中广泛应用的传动零件，它可以用来传递动力，改变转速和回转方向。齿轮只有部分结构、参数和画法有国家标准的规定，没有完全标准化，所以齿轮归为一般零件。齿轮的种类很多，图 9-31 是常见的三种齿轮传动形式。

(1) 圆柱齿轮传动：用于两平行轴之间的传动，见图 9-31(a)；

(2) 锥齿轮传动：用于两相交轴之间的传动，见图 9-31(b)；

(3) 蜗轮蜗杆传动：用于两交叉轴之间的传动，见图 9-31(c)。

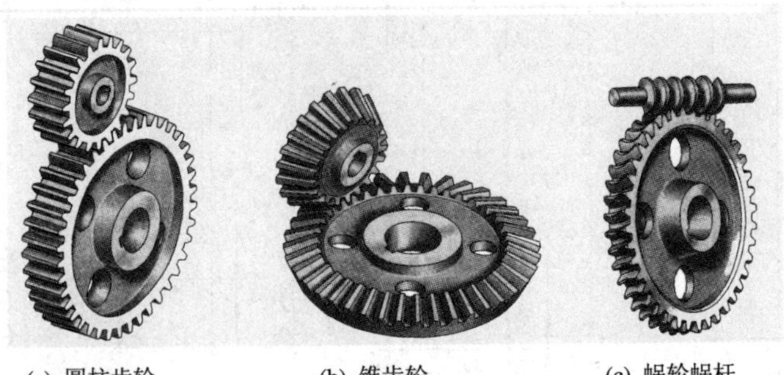

(a) 圆柱齿轮　(b) 锥齿轮　(c) 蜗轮蜗杆

图 9-31　常见的齿轮传动

为使齿轮传动的运动平稳，齿轮轮齿的齿廓曲线加工成渐开线、摆线或圆弧，其中渐开线齿轮最为常用，而渐开线齿轮的参数中只有模数、齿形角是标准化的。这里主要介绍渐开线齿轮中直齿圆柱齿轮的参数及画法、锥齿轮和蜗轮蜗杆的画法等，更多内容可查阅 GB/T 4459.2－2003《机械制图 齿轮表示法》。

9.6.1 圆柱齿轮

圆柱齿轮按其齿线方向可分为直齿、斜齿和人字齿等。

1. 圆柱齿轮各部分的名称和代号

以直齿圆柱齿轮为例，说明标准圆柱齿轮各部分的名称和代号，如图 9-32 所示。图中，下标 1 为主动齿轮，下标 2 为从动齿轮。

1) 齿顶圆

通过轮齿顶的圆称为齿顶圆，其直径用 d_a 表示。

2) 齿根圆

通过轮齿根的圆称为齿根圆，其直径用 d_f 表示。

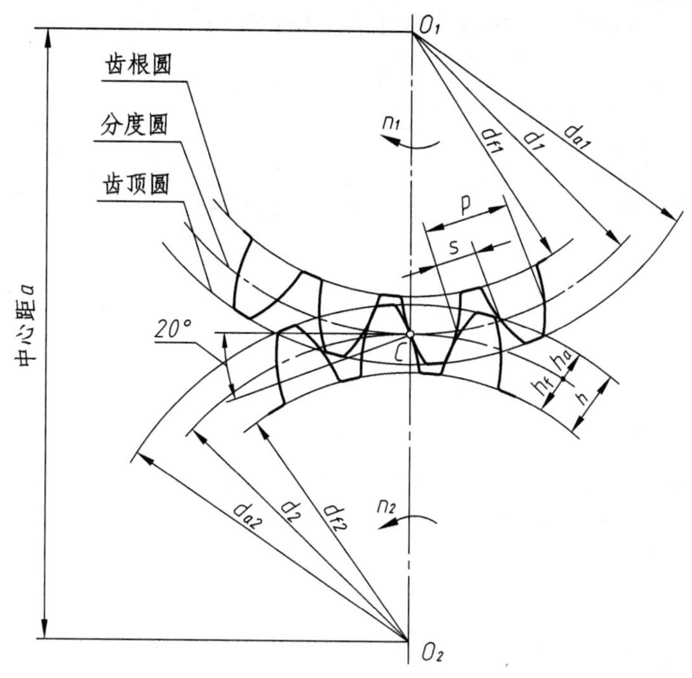

图 9-32　直齿圆柱齿轮各部分的名称和代号

3) 分度圆

通过轮齿上齿厚等于齿槽宽度处的圆。分度圆是设计齿轮时进行各部分尺寸计算的基准圆，是加工齿轮的分齿圆，其直径用 d 表示。

4) 齿高、齿顶高和齿根高

齿顶圆和分度圆之间的径向距离称为齿顶高，用 h_a 表示；

齿根圆和分度圆之间的径向距离称为齿根高，用 h_f 表示；

齿顶圆与齿根圆之间的径向距离称为齿高，用 h 表示，$h = h_a + h_f$。

5) 齿距和齿厚

分度圆上相邻两齿廓对应点之间的弧长称为齿距，用 p 表示。每个齿廓在分度圆上的弧长，称为分度圆齿厚，用 s 表示。对于标准齿轮来说，齿厚为齿距的一半，即 $s = p/2$。

6) 齿数

齿轮的轮齿个数称为齿数，用 z 表示。

7) 模数

模数是设计和制造齿轮的一个重要参数，用 m 表示。

设齿轮齿数为 z，则分度圆周长 $= \pi d = zp$，即 $d = \dfrac{p}{\pi} z$，令 $\dfrac{p}{\pi} = m$，则 $d = mz$。

这里，把 m 称为齿轮的模数，单位为毫米。两啮合齿轮的模数 m 必须相等。

加工不同模数的齿轮要用不同的刀具，为了便于设计加工，国标已经将模数标准化，其标准值见表 9-12。由模数的计算式可知：模数 m 越大，则齿距 p 越大，随之齿厚 s 也越大，因而齿轮的承载能力也越大。不同模数的齿轮，要用不同模数的刀具来加工制造。

表 9-12　通用机械和重型机械用圆柱齿轮的模数(GB/T 1357—2008)

第一系列	1　1.25　1.5　2　2.5　3　4　5　6　8　10　12　16　20　25　32　40　50
第二系列	1.125　1.375　1.75　2.25　2.75　3.5　4.5　5.5 (6.5)　7　9　11　14　18　22　28　36　45

注：优先选用第一系列，应避免选用第二系列括号内的模数。

8) 齿形角 α

一对啮合齿轮的轮齿齿廓在接触点 C 处的公法线与两分度圆的内公切线之间的夹角，称为齿形角，用 α 表示。我国采用的齿形角一般为 20°。

9) 中心距

一对啮合齿轮轴线之间的最短距离称为中心距，用 a 表示。

在渐开线齿轮中，只有模数和压力角都相等的齿轮，才能正确啮合。

进行齿轮设计时，确定齿轮的模数 m、齿数 z 后，齿轮其它几何要素可以由模数和齿数计算获得。直齿圆柱齿轮的计算公式如表 9-13 所示。

10) 传动比

传动比 i 为主动齿轮的转速 n_1(单位为 r/min)与从动齿轮的转速 n_2(单位为 r/min)之比，即 n_1/n_2。用于减速的一对啮合齿轮，其传动比 $i>1$，由 $n_1z_1=n_2z_2$ 可得

$$i=\frac{n_1}{n_2}=\frac{z_2}{z_1}$$

表 9-13　直齿圆柱齿轮几何要素的尺寸计算

基本几何要素：模数 m，齿数 z		
名　称	代　号	计 算 公 式
分度圆直径	d	$d=mz$
齿顶圆直径	d_a	$d_a=m(z+2)$
齿根圆直径	d_f	$d_f=m(z-2.5)$
齿　顶　高	h_a	$h_a=m$
齿　根　高	h_f	$h_f=1.25m$
齿　　高	h	$h=2.25m$
齿　　距	p	$p=\pi m$
齿　　厚	s	$s=/2$
中　心　距	a	$a=m(z_1+z_2)/2$

2. 圆柱齿轮的规定画法

国家标准 GB/T 4459.2—2003 对圆柱齿轮的画法规定如下：

1) 单个圆柱齿轮的画法

单个齿轮一般用全剖或不剖的非圆视图(主视图)和反映圆的端视图(左视图)这两个视图来表示，如图 9-33(a)、(b)所示；或者用一个视图和一个局部视图来表示(见图 8-13)。

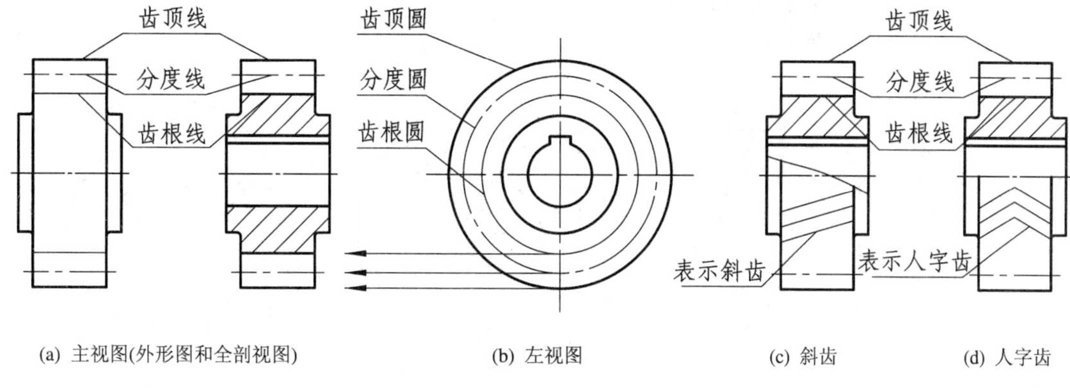

(a) 主视图(外形图和全剖视图) (b) 左视图 (c) 斜齿 (d) 人字齿

图 9-33 单个圆柱齿轮的画法

单个圆柱齿轮的规定画法如下：

(1) 用粗实线画齿顶圆和齿顶线；

(2) 用细点画线画分度圆和分度线(分度线的两端应超出轮廓线)；

(3) 在剖视图中(见图 9-33(a)右、(c)、(d))，当剖切平面通过齿轮的轴线时，轮齿按不剖画，齿根线用粗实线画；

(4) 在视图中用细实线画齿根线(见图 9-33(a)左)，齿根圆也用细实线画(见图 9-33(b))，齿根线和齿根圆也可省略不画；

(5) 斜齿与人字齿的齿线的形状，可用三条与齿线方向一致的平行细实线在非圆外形视图中表示(见图 9-33(c)、(d))。

(6) 其它部分根据实际情况按投影关系绘制。

2) 圆柱齿轮啮合的画法

两圆柱齿轮正确啮合时，它们的分度圆相切，分度圆此时也称做节圆。

齿轮啮合的画法：一般用剖切(也可不剖)的非圆视图(主视图)和反映圆的端视图(左视图)这两个视图来表示，如图 9-34 所示。

圆柱齿轮啮合的规定画法如下：

(1) 非啮合区的画法与单个圆柱齿轮的画法相同(见图 9-33)，即用粗实线画齿顶圆和齿顶线；用细点画线画分度圆和分度线；在剖视图中，当剖切平面通过齿轮的轴线时，轮齿按不剖画，齿根线用粗实线画；不剖时齿根圆和齿根线可省略不画；其它部分按投影关系画。

(2) 啮合区的画法如图 9-34(a)右所示，在主视图采用剖视图时，两齿轮的节线重合，用一条点画线表示；一个齿轮的齿顶线用粗实线绘制，另一齿轮的齿顶线用虚线绘制；两个齿轮的齿根线均用粗实线绘制。如图 9-34(a)左所示，在主视图画外形图时，啮合区两齿轮重合的节线画成粗实线，两齿轮的齿顶线和齿根线省略不画。左视图在啮合区有两种画法：一种在啮合区画出齿顶线(见图 9-34(b))，另一种在啮合区不画齿顶线(见图 9-34(c))；如图 9-35 所示，因齿根高与齿顶高相差 0.25m，所以在一个齿轮的齿顶线与另一个齿轮的齿根线之间应有 0.25m 的间隙。另外，图 9-35 右图也是两个不等宽齿轮啮合时的画法。

(3) 斜齿和人字齿可以在主视图的外形图上用细实线表示轮齿的方向，画法同单个齿轮。

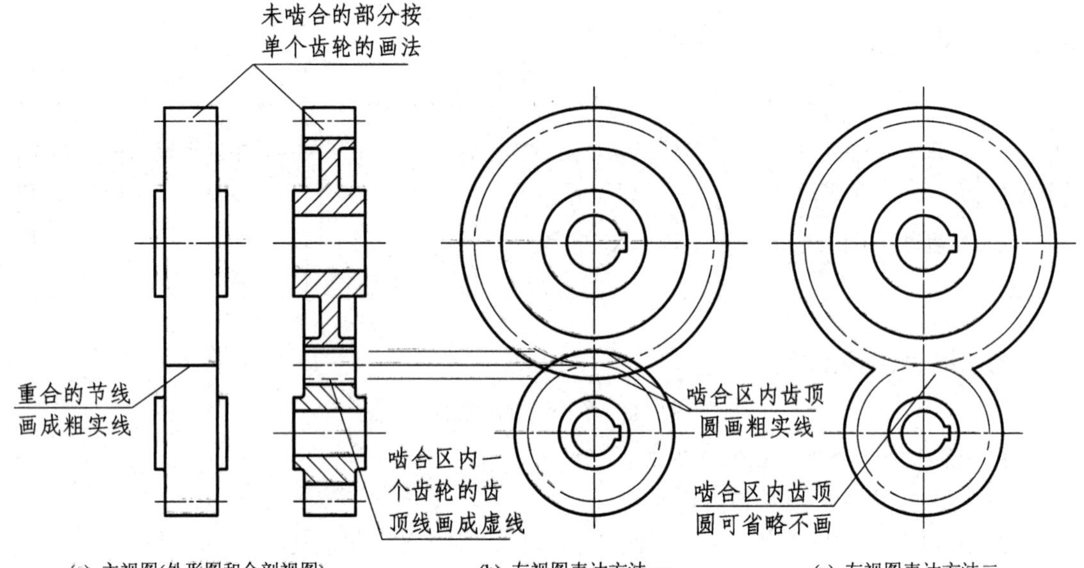

(a) 主视图(外形图和全剖视图)　(b) 左视图表达方法一　(c) 左视图表达方法二

图 9-34　圆柱齿轮啮合的画法

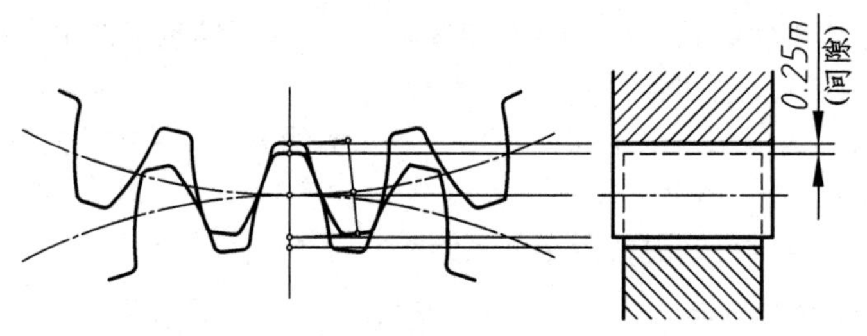

图 9-35　齿轮啮合区的画法

3) 齿轮齿条啮合的画法

齿条可以看做是一个直径无穷大的齿轮，此时其分度圆、齿顶圆、齿根圆和齿廓曲线都是直线。齿轮齿条传动可以将直线运动(或旋转运动)转换为旋转运动(或直线运动)。

齿条中轮齿的画法与圆柱齿轮相同，一般在主视图中画出几个齿形，如果齿条中的轮齿部分不是全齿条，则需要在相应的俯视图中用粗实线画出其起止点，如图 9-36(a)所示。齿轮齿条的啮合画法与两圆柱齿轮啮合画法相同，只是注意齿轮的节圆与齿条的节线相切，如图 9-36(b)所示。

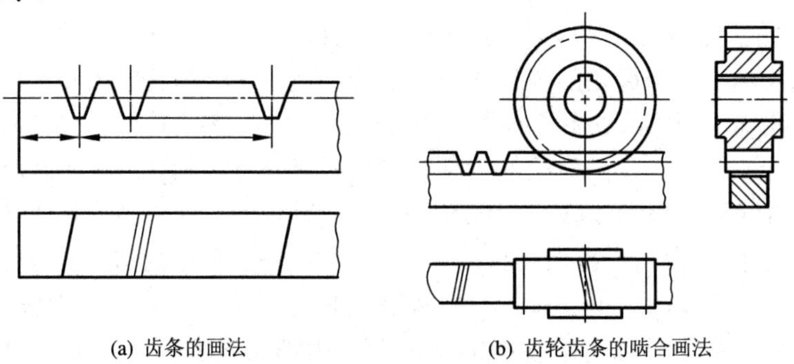

(a) 齿条的画法　(b) 齿轮齿条的啮合画法

图 9-36　齿轮齿条啮合画法

9.6.2　锥齿轮

锥齿轮是在圆锥面上加工出轮齿，其特点是轮齿的一端大、一端小，齿厚、模数和分度圆也同样变化。工程上为设计和制造方便，规定以锥齿轮的大端端面模数来计算各部分的尺寸。

1. 锥齿轮各部分的名称和符号

锥齿轮各部分的名称和符号如图 9-37 所示。各参数的计算方法可参考相关书籍。

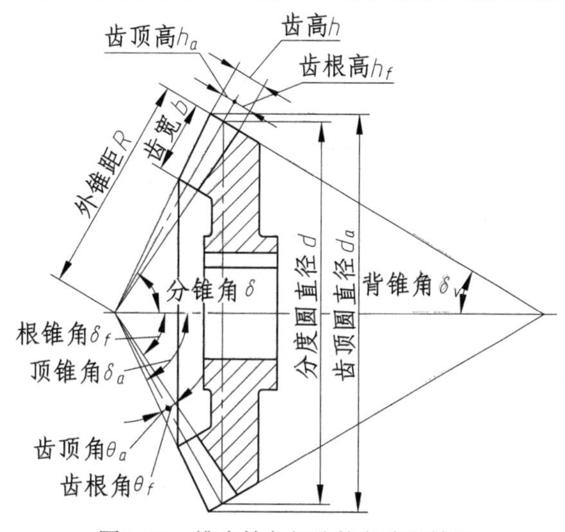

图 9-37　锥齿轮各部分的名称和符号

2. 锥齿轮的规定画法

锥齿轮的规定画法与圆柱齿轮基本相同，只是作图方法更复杂。

1) 单个锥齿轮的画法

单个锥齿轮一般用全剖的非圆视图(主视图)和反映圆的视图(左视图)两个视图来表示，如图 9-38(a)、(b)所示。

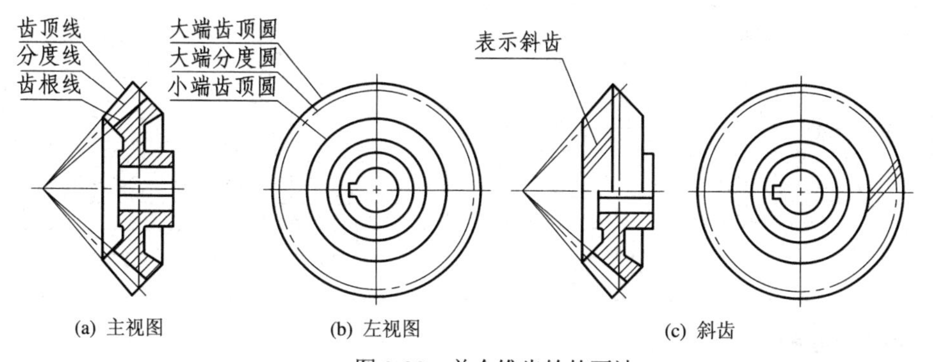

(a) 主视图　(b) 左视图　(c) 斜齿

图 9-38　单个锥齿轮的画法

单个锥齿轮动规定画法如下：

(1) 在全剖的主视图中(见图 9-38(a))，用粗实线画齿顶线，用点画线画分度线；

(2) 当剖切平面通过齿轮的轴线时，轮齿按不剖画，齿根线用粗实线画；

(3) 在左视图中用粗实线画出锥齿轮大端和小端的齿顶圆，用细点画线画出大端的分度圆，见图 9-38(b)；

(4) 若为斜齿可用三条与齿线方向一致的平行细实线在外形视图中表示，见图 9-38(c)。

(5) 其它部分根据实际情况，按投影关系绘制。

2) 锥齿轮啮合的画法

锥齿轮啮合时，两分度圆锥相切，锥顶重合，其画法如图 9-39 所示，主视图一般采用剖视，画图步骤如表 9-14 所示。

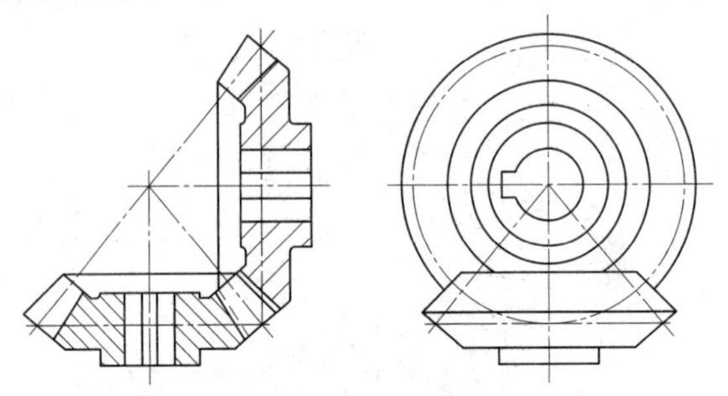

图 9-39　锥齿轮啮合的画法

表 9-14　锥齿轮啮合画图步骤

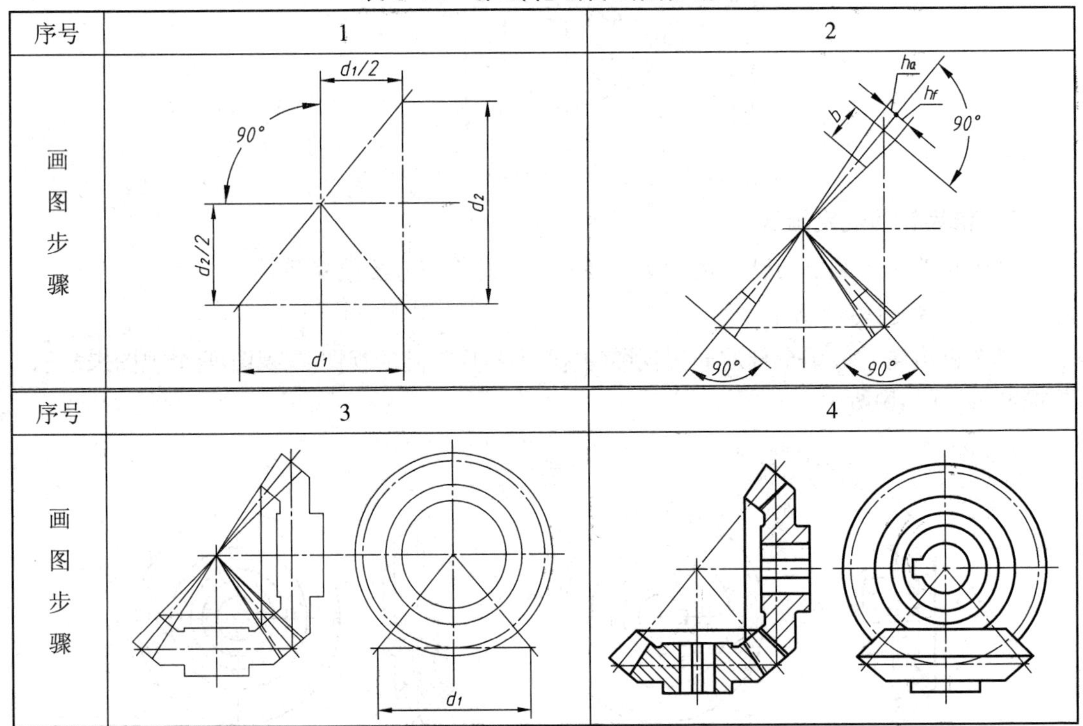

序号	1	2
画图步骤		
序号	3	4
画图步骤		

9.6.3　蜗轮蜗杆

蜗轮蜗杆用来传递空间两个交叉轴间的回转运动，传动比可达 40～50。蜗轮实际上是斜齿圆柱齿轮，其分度圆为分度圆环面，同样的其齿顶和齿根也是圆环面。蜗杆实际上是螺旋角较大、分度圆较小、轴向长度较长的斜齿圆柱齿轮。蜗轮、蜗杆各部分的名称及画法见图 9-40，蜗轮蜗杆啮合画法见图 9-41。蜗轮、蜗杆的尺寸计算可查阅相关资料。

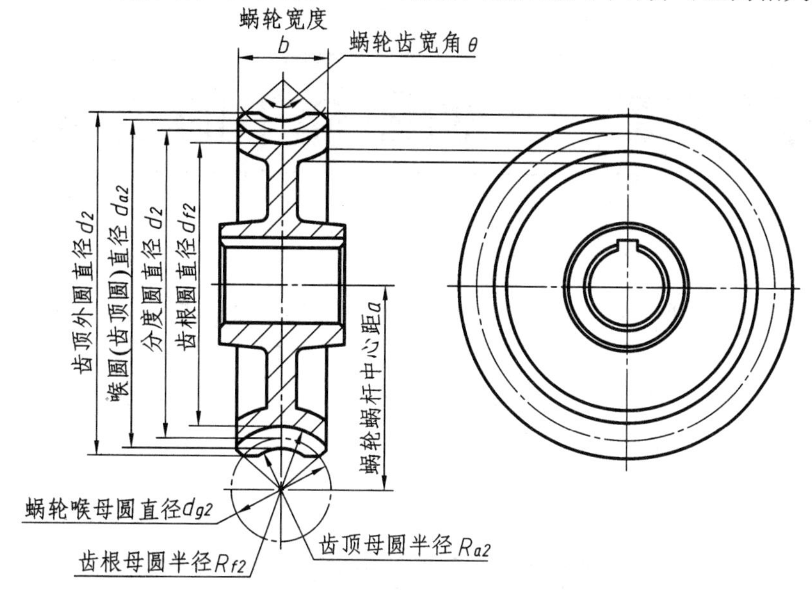

(a) 蜗轮

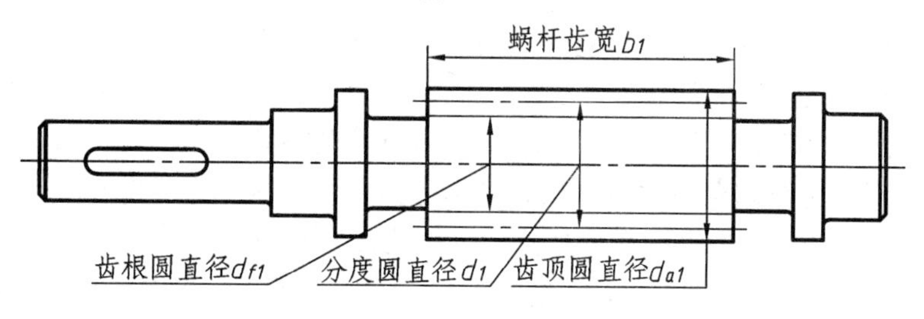

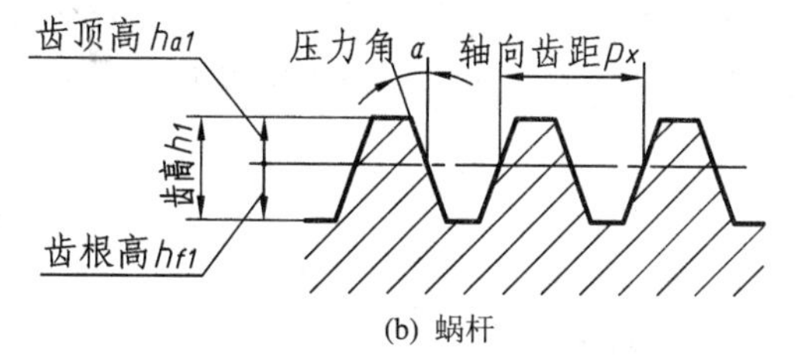

(b) 蜗杆

图 9-40　单个蜗轮和蜗杆的画法

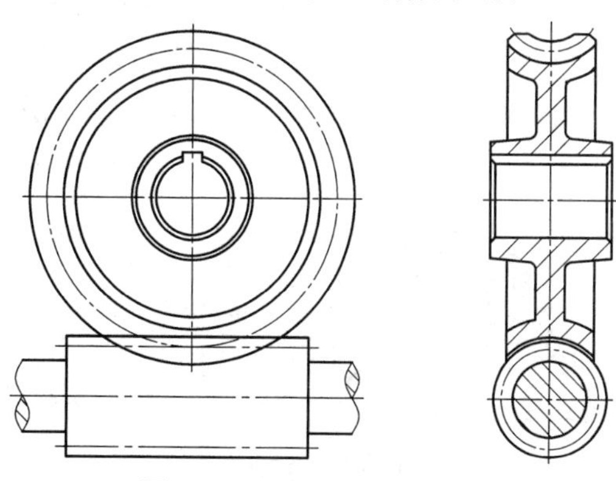

图 9-41　蜗轮蜗杆啮合画法

第10章　机械图样中的技术要求

零件图和装配图中的技术要求主要是制造和检验零部件应达到的某些要求，包括几何精度的要求，理化性能方面的要求，零件制造、检验的要求等。其中，几何精度的要求，包括表面结构、尺寸公差、几何公差等项目；零件理化性能方面的要求，包括热处理、表面涂镀等。零件图、装配图中的技术要求通常用符号、代号或标记注写在图样中，没有规定标记时用简明的文字注写在标题栏附近。

10.1　表面结构简介

在零件图中，根据机器设备功能的需要，对零件的表面质量提出的精度要求称做表面结构，是表面粗糙度、表面波纹度、表面缺陷、表面纹理和表面几何形状的总称。零件的表面结构直接影响零件在机器和部件中的配合质量、摩擦磨损、密封状态等工作性能，在设计零件时，应综合考虑表面功能和加工成本等因素，对零件的工作表面提出适当的表面结构要求，并把这些要求根据国标的规定正确标注在零件图上。国家标准 GB/T 131—2006《产品几何技术规范(GPS)技术产品文件中表面结构的表示法》规定了技术产品文件中表面结构的表示法，同时规定了表面结构标注用图形符号和标注方法。本节主要介绍表面结构中常用的表面粗糙度在零件图上的标注方法，以及表面结构的其它简要内容，如需进一步了解请查阅 GB/T 131—2006。

10.1.1　基本概念

1．实际表面、表面轮廓及其构成

零件的实际表面是其与周围介质分离的表面，它由表面粗糙度、表面波纹度和表面形状叠加而成(见图 10-1(a))。表面轮廓(实际轮廓)是由一个指定平面与实际表面相交所得的轮廓(见图 10-1(b))。表面轮廓由表面粗糙度轮廓、表面波纹度轮廓和表面形状轮廓构成，如图 10-1(c)所示。

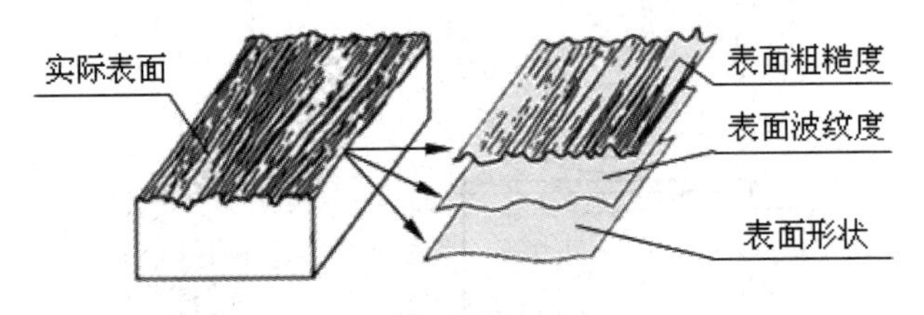

(a) 实际表面及构成

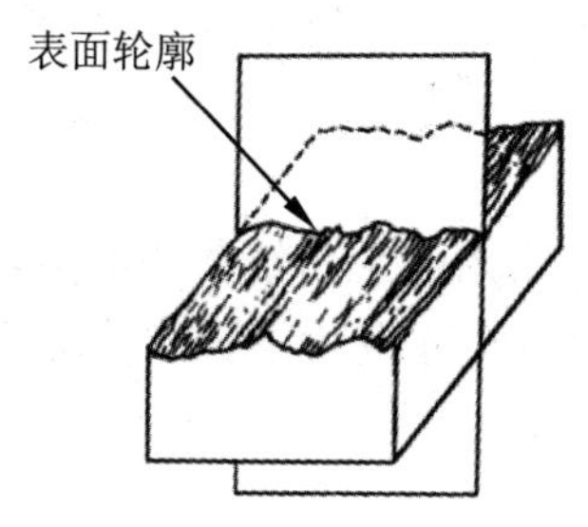

(b) 表面轮廓(实际轮廓)的产生

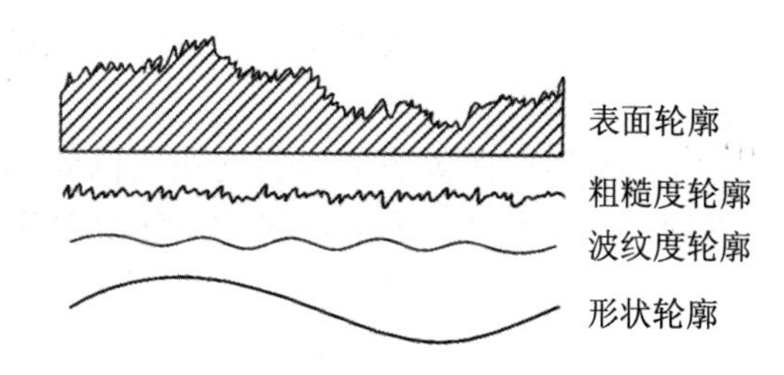

(c) 表面轮廓(实际轮廓)及构成

图 10-1　实际表面、表面轮廓及其构成

2．表面粗糙度

零件经过机械加工后的表面会留有许多高低不平的凸峰和凹谷，这些由较小间距和峰谷所组成的微观几何形状特性称为表面粗糙度(见图 10-1(a))。表面粗糙度与加工方法、切削刀具和工件材料等各种因素都有密切关系。

表面粗糙度是评定零件表面质量的重要技术指标，是零件图中一项必不可少的技术要求。它对零件的配合性质、耐磨性、抗腐蚀性以及密封性等都有显著影响。

3．表面波纹度

在机械加工过程中，由于机床、工件和刀具系统的振动，在工件表面形成的间距比表面粗糙度大许多的波浪状起伏称为表面波纹度，其轮廓如图 10-1(a)所示。零件的表面波纹度是影响零件使用寿命和引起振动的重要因素。

4．表面形状

表面形状是指忽略了粗糙度表面和波纹度表面之后的形状，具有宏观几何形状特征(见图 10-1(a))，表面形状的误差是由加工机床的几何精度、夹具的精度、工件的安装误差等多种因素所造成的，它不属于表面结构误差讨论的范围，属于“几何公差”，见 10.3 节。

5．轮廓滤波器和传输带

本书仅简单介绍轮廓滤波器和传输带，详细概念及知识请参考相关书籍。

如图 10-1(c)所示，表面轮廓和构成它的三类轮廓的结构类似于物理学中波的波形曲线，并且这三类轮廓分别有不同的波长范围，由于它们共同叠加形成了表面轮廓，所以在测量评定三类轮廓上的参数时，按照处理波的方式将表面轮廓在专用仪器上进行滤波，以分离获取相应波长范围的轮廓。这种仪器可以将轮廓分成长波和短波两种成分，称为轮廓滤波器，滤波器的传输特性由截止波长值表示。由两个不同截止波长的滤波器分离获得的轮廓波长范围称为传输带。

轮廓滤波器分 3 种，由小到大依次为 λs、λc、λf，分别应用于表面轮廓，可以获得表面结构的三类轮廓。应用 λs 滤波器可以获得 P 轮廓(原始轮廓，即用于获得三类轮廓的基础轮廓)；在 P 轮廓上再应用 λc 滤波器可以获得 R 轮廓(表面粗糙度轮廓)；在 P 轮廓上连续应用 λf 和 λc 滤波器后可以获得 W 轮廓(表面波纹度轮廓)。

10.1.2　常用评定参数

表面结构常用的评定参数为轮廓参数，包括 R 参数(在粗糙度轮廓上计算所得参数)、W

参数(在波纹度轮廓上计算所得参数)和 *P* 参数(在原始轮廓上计算所得参数)。原始轮廓是指不小于粗糙度轮廓的最小波长的轮廓，这里不作讨论，需要时可查阅“产品几何技术规范 表面结构”相关系列国家标准)。

其中，轮廓参数中的 *R* 参数是目前我国机械图样中最常用的表面结构评定参数，即表面粗糙度参数。下面介绍表面轮廓参数中评定粗糙度轮廓的两个高度参数：轮廓算术平均偏差(参数代号 *Ra*)和轮廓最大高度(参数代号 *Rz*)。注意，参数代号中的 *a* 和 *z* 为小写字母，不是下标。

(1) *Ra*(轮廓算术平均偏差)：指在一个取样长度 *lr* 内，纵坐标值 *Z*(*x*)绝对值的算术平均值(见图 10-2)。

(2) *Rz*(轮廓最大高度)：指在一个取样长度内，最大轮廓峰高和最大轮廓谷深之和(见图 10-2)。它对某些不允许出现较大的加工痕迹的零件表面有实用意义。

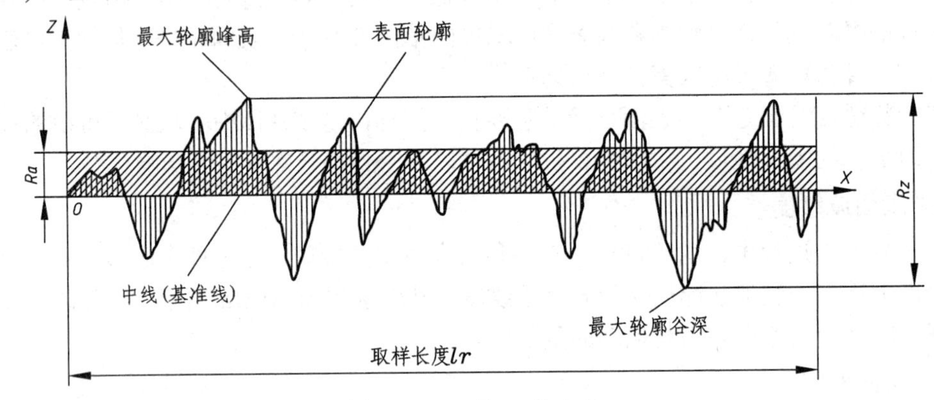

图 10-2　*Ra* 及 *Rz* 的定义

Ra 可用公式表示如下：

$$Ra = \frac{1}{lr}\int_0^l \left|Z(x)\right| \,\mathrm{d}x$$

通常选用高度参数 *Ra* 和 *Rz* 控制零件的表面粗糙度已能满足零件的功能要求。从各国的应用来看，采用轮廓的算术平均偏差 *Ra* 比采用轮廓的最大高度 *Rz* 更为普遍。

国家标准规定的轮廓的算术平均偏差 *Ra* 的数值见表 10-1；轮廓的最大高度 *Rz* 的数值见表 10-2。当数值系列不能满足要求时，可由 GB/T 1031—2009《产品几何技术规范(GPS) 表面结构 轮廓法 表面粗糙度参数及其数值》选取 *Ra* 和 *Rz* 的补充系列值。

表 10-1　轮廓的算术平均偏差 *Ra* 的数值　　单位：μm

0.002	0.025	0.05	0.1	0.2	0.4	0.8
1.6	3.2	6.3	12.5	25	50	100

表 10-2　轮廓的最大高度 *Rz* 的数值　　单位：μm

0.025	0.05	0.1	0.2	0.4	0.8	1.6	3.2	6.3
12.5	25	50	100	200	400	800	1600	

10.1.3　检验规范的相关概念

检验评定表面粗糙度的参数值必须在特定条件下进行，国家标准规定，图样中注写参数代号及其数值要求的同时，还应明确其检验规范。下面简要介绍相关的基本概念。

1．取样长度(*lr*)和评定长度(*ln*)

由于表面轮廓的不规则性，测量结果与测量段的长度密切相关。若测量段过短，则不同位置测量的结果会产生很大差异；若测量段过长，则测得的高度值将不可避免地包含表面波纹度的幅值。因此，需在 *X* 轴(见图 10-2)上选取一段适当长度进行测量，该长度称为取样长度 *lr*。取样长度与获得表面粗糙度轮廓的两个滤波器中长波滤波器的截止波长值相等。

但实际测量中，不同位置的取样长度内的测得值通常是不相等的。为取得表面粗糙度轮廓的可靠值，一般在 *X* 轴上取一段长度(其中包含几个连续的取样长度)进行测量，并以各取样长度内的测量值的平均值作为测量结果。这段包含几个连续的取样长度的测量段称为评定长度 *ln*。评定长度默认为 5 个取样长度，不是 5 个时应注明个数。例如：*Ra* 表示评定长度为 5 个取样长度，*Ra*3 表示评定长度为 3 个取样长度。

2．极限值判断规则

在按照检验规范测得零件表面的轮廓参数值后，应与图样中给定的极限值比较，以判断该表面是否合格。极限值的判断规则有两种。

(1) 16%规则：指在被检测表面全部的测得参数值中，超过极限值的个数不大于总个数的 16%，则该表面是合格的。

(2) 最大规则：指在整个被检测表面上测得的参数值，一个也不应超过规定的极限值。

16%规则为默认规则，不需注写说明。若使用最大规则，应在参数代号后加注“max”标记，例如 *Ra*max。

10.1.4　*Ra*、*Rz* 与 *lr* 值的对应关系

在测量 *Ra*、*Rz* 时，可按 GB/T 1031—2009 给出的对应取样长度 *lr* 值来选用(见表 10-3)。

表 10-3　*Ra*、*Rz* 参数值与取样长度 *lr* 值的对应关系

Ra /μm	*Rz* /μm	*lr*/mm	*ln*/mm (*ln*＝5 *lr*)
≥0.008～0.02	≥0.025～0.10	0.08	0.4
＞0.02～0.1	＞0.10～0.50	0.25	1.25
＞0.1～2.0	＞0.50～10.0	0.8	4
＞2.0～10.0	＞10.0～50.0	2.5	12.5
＞10.0～80.0	＞50～320	8.0	40.0

10.1.5　表面结构的表示法

图样中应标注表面结构的要求，以说明该表面加工后的表面质量要求。

1．图形符号

在技术图样中对表面结构的要求可用几种不同的图形符号表示，每种符号都有特定含义。表 10-4 给出了标注表面结构要求的图形符号，包括基本图形符号、扩展图形符号、完整图形符号和封闭轮廓表面图形符号等，还给出了图形符号的基本尺寸。

表 10-4　表面结构的图形符号

符号名称	符　号	意义及说明
基本图形符号		由两条不等长的与标注表面成 60° 夹角的直线构成，表示表面可用任何工艺获得，仅用于简化图样标注(参见表 10-7)。没有补充说明时不能单独使用
扩展图形符号	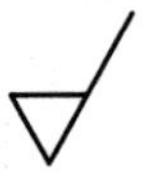	在基本图形符号上加一短横，表示指定表面是用去除材料的方法获得的，如通过车、铣、钻、刨、磨等机械加工获得的表面
		在基本图形符号上加一个圆圈，表示指定表面是用不去除材料的方法获得的，如铸、锻、冲压变形、热轧、冷轧等，也可用于保持上道工序形成的表面
完整图形符号	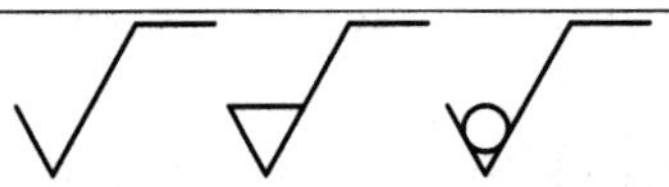 APA　MRR　NMR 允许任何工艺　去除材料　不去除材料	当要求标注表面结构特征的补充信息时，可在“基本图形符号”和“扩展图形符号”的长边上加一横线补充说明写在横线上方
封闭轮廓表面图形符号	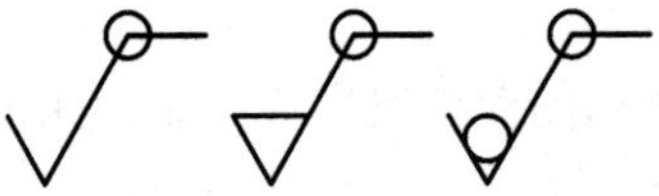	在“完整图形基本符号”图示位置均可加一圆圈，表示某视图中封闭轮廓的所有表面具有相同表面结构要求
图形符号基本尺寸	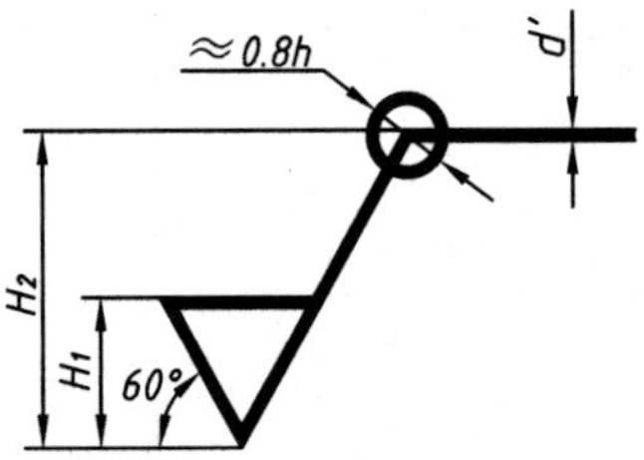 ≈0.8h　d'　H_2　H_1　60°	h——图样中数字和字母高度； H_1——比 h 大一号字体的高度； H_2——取决于标注内容； $H_{2\min} = 3h$； 图形符号的线宽 $d' = h / 10$ mm； 小圆圈直径取≈0.8h

2．表面结构和补充要求的注写位置

为了明确表面结构要求，除了标注表面结构参数和数值外，必要时应标注补充要求，补充要求包括传输带、取样长度、加工工艺、表面纹理及方向、加工余量等。在完整符号中，对表面结构的单一要求和补充要求应注写在图 10-3 中 a～e 所示的位置。a～e 的注写内容见表 10-5。

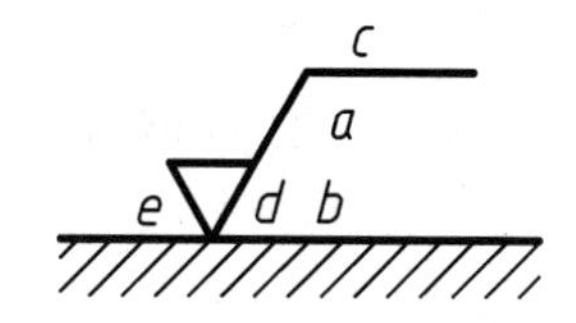

图 10-3　表面结构和补充要求的注写位置

表 10-5　表面结构和补充要求的注写内容

位置序号	注　写　内　容
a	注写表面结构单一要求，包括表面结构参数代号、极限值、传输带(或取样长度)，标注顺序为传输带(或取样长度)/表面结构参数代号 极限值，如 0.8/*Ra* 6.3；注意：参数代号和极限值间应插入空格。传输带(或取样长度)后应有一斜线“/”
位置 *a* 和 *b*	注写两个或多个表面结构要求：在位置 *a* 注写第一个表面结构要求，方法同上；在位置 *b* 注写第二个表面结构要求；如果要注写第三个或更多个表面结构要求，图形符号应在垂直方向扩大，以空出足够的空间
c	注写加工方法、表面处理、涂层或其它加工工艺要求等
d	注写所要求的表面纹理和纹理的方向，纹理标注请参阅 GB/T131 相关内容
e	注写所要求的加工余量，单位为 mm

3. 表面结构代号示例

表面结构代号的示例见表 10-6。

表 10-6　表面结构代号示例

代 号	意　义
Ra 3.2	表示指定表面是用不去除材料的加工方法获得的，粗糙度轮廓，单向上限值，默认传输带，算术平均偏差 3.2 μm，评定长度为 5 个取样长度(默认)，“16%规则”(默认)
Ra 3.2	表示指定表面是用去除材料的加工方法获得的，粗糙度轮廓，单向上限值，默认传输带，算术平均偏差 3.2 μm，评定长度为 5 个取样长度(默认)，“16%规则”(默认)
0.008-0.8/Ra 3.2	表示指定表面是用去除材料的加工方法获得的，粗糙度轮廓，单向上限值，传输带 0.008～0.8 mm，算术平均偏差 3.2 μm，评定长度为 5 个取样长度(默认)，“16%规则”(默认)
U Ramax 3.2 L Ra 0.8	表示指定表面是用不去除材料的加工方法获得的，粗糙度轮廓，双向极限值，两极限值均使用默认传输带，上限值：算术平均偏差 3.2 μm，评定长度为 5 个取样长度(默认)，“最大规则”；下限值：算术平均偏差 0.8 μm，评定长度为 5 个取样长度(默认)，“16%规则”(默认)
铣 Ra 3.2 ⊥	表示指定表面是用去除材料的加工方法获得的，粗糙度轮廓，单向上限值，默认传输带，算术平均偏差 0.8 μm，评定长度为 5 个取样长度(默认)，“16%规则”(默认)；加工方法：铣削；表面纹理：纹理垂直于视图所在投影面

4．表面结构要求在图样中的注法

在同一图样上，每一表面一般只标注一次表面结构要求，并尽可能注在相应的尺寸及公差的同一视图上。所标注的表面结构要求是对完工零件表面的要求。同一图样上，数字大小应相同。

表面结构要求的注法图例及说明见表 10-7。

表 10-7　表面结构要求的注法图例及说明

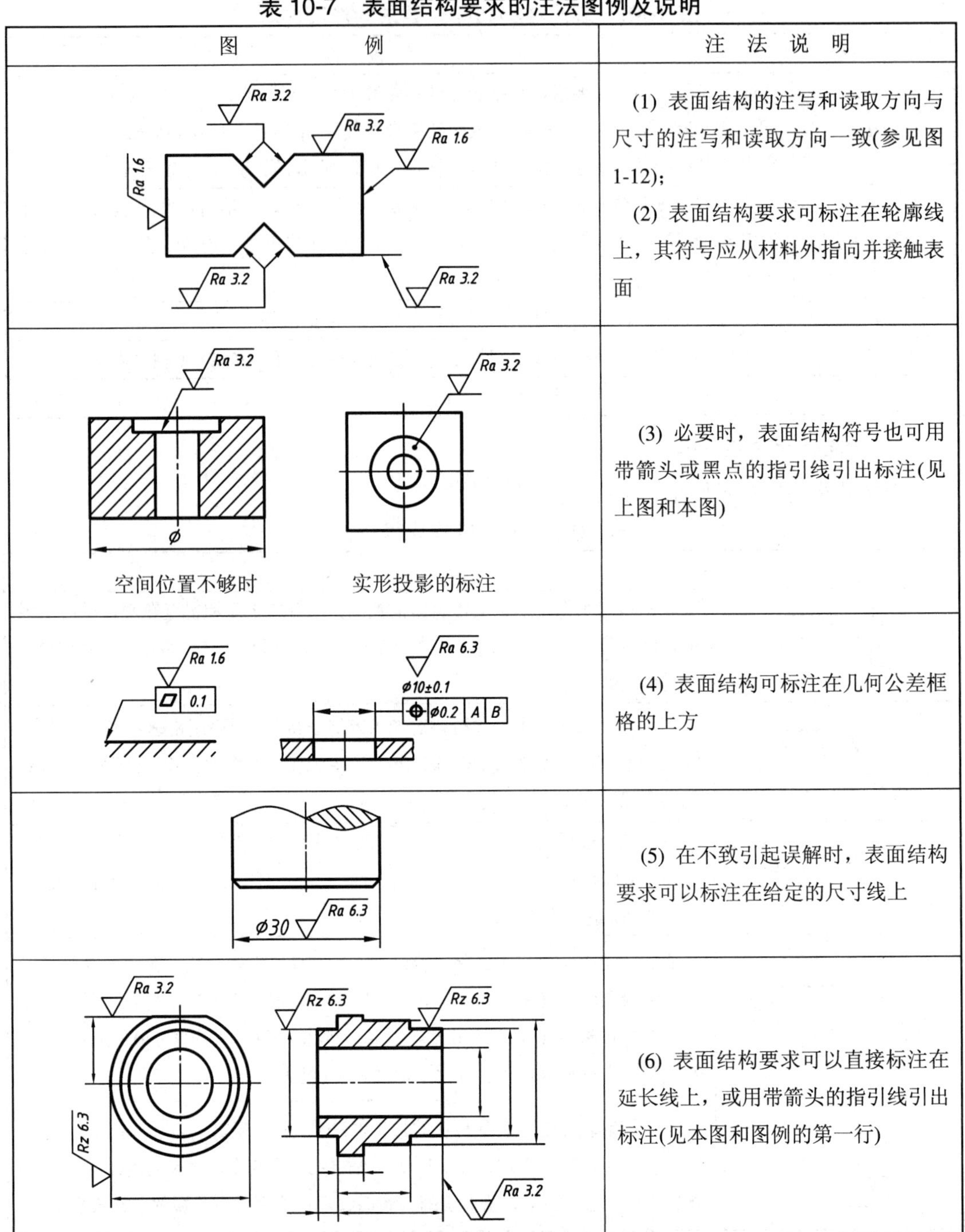

图　　　例	注　法　说　明
	(1) 表面结构的注写和读取方向与尺寸的注写和读取方向一致(参见图 1-12)； (2) 表面结构要求可标注在轮廓线上，其符号应从材料外指向并接触表面
空间位置不够时　实形投影的标注	(3) 必要时，表面结构符号也可用带箭头或黑点的指引线引出标注(见上图和本图)
	(4) 表面结构可标注在几何公差框格的上方
	(5) 在不致引起误解时，表面结构要求可以标注在给定的尺寸线上
	(6) 表面结构要求可以直接标注在延长线上，或用带箭头的指引线引出标注(见本图和图例的第一行)

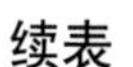
续表

<table>
<tr><th>图　　　　例</th><th>注　法　说　明</th></tr>
<tr><td>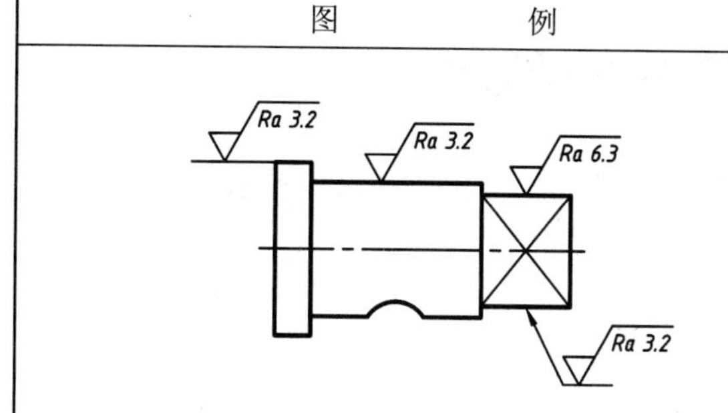
</td><td>(7) 圆柱与棱柱表面的表面结构要求只标注一次。如果每个棱柱表面有不同的表面结构要求，则应分别单独标注</td></tr>
<tr><td>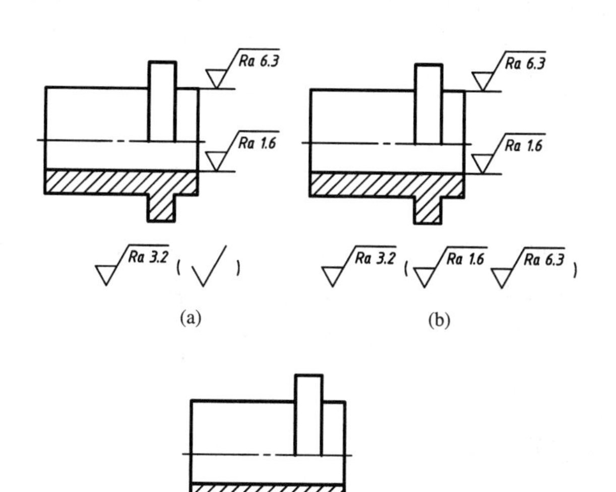

(a)　(b)
(c)</td><td>(8) 简化标注：
当多个表面具有相同的表面结构要求或图纸空间有限时，可采用简化注法。
① 如果在零件的多数(包括全部)表面有相同的表面结构要求，则其表面结构要求可统一标注在图样的标题栏附近(见图 11-1)。此时，表面结构要求的符号后面应有：
——在圆括号内给出无任何其他标注的基本符号(见图(a))；
——在圆括号内给出不同的表面结构要求(见图(b))；
——全部表面有相同的表面结构要求时，可将表面结构要求的符号统一按图(c)的方式注写</td></tr>
<tr><td>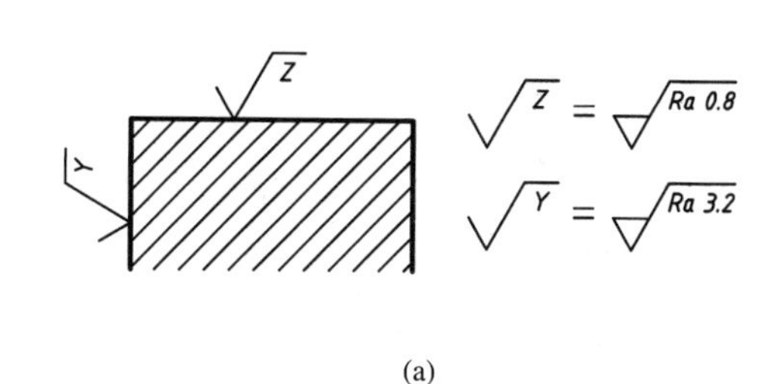

(a)
= Ra 3.2　= Ra 3.2　= Ra 3.2
(b)　(c)　(d)</td><td>② 可用带字母的完整符号，以等式的关系，在图形或标题栏附近，对有相同表面结构要求的表面进行简化标注(见图(a))。
③ 可用表 10-4 中的“基本图形符号”和“扩展图形符号”，以等式的形式给出对多个表面共同的表面结构要求(见图(b)、(c)、(d))：
图(b)：未指定工艺方法的多个表面结构要求的简化注法；
图(c)：要求去除材料的多个表面结构要求的简化注法；
图(d)：不允许去除材料的多个表面结构要求的简化注法</td></tr>
</table>

10.2 极限与配合简介

极限与配合是零件图(见第 11 章)和装配图(见第 12 章)中重要的技术要求。极限与配合也是检验产品质量的技术指标。

10.2.1 零件的互换性

当装配部件或机器时，从一批规格相同的零部件中任取一件，不需挑选或修配，装配上去即能符合使用要求，这种性质称为零件的互换性。互换性不仅给机器装配、维修带来方便，还能满足生产部门的协作要求，更为现代化大批量的专业化生产提供了可能性。机器或部件中的零件，无论是标准件还是非标准件的互换性，都是由极限制(经标准化的公差与偏差制度)来保证的。

10.2.2 尺寸公差

生产中零件的尺寸既不可能也没有必要做得绝对准确。为保证零件具有互换性，必须对零件的尺寸规定一个允许的变动量。这个允许的尺寸变动量称为尺寸公差，简称公差。

下面以图 10-4 为例，介绍有关极限与配合制中的术语和尺寸公差带图。为表达清楚，图中的有关尺寸进行了放大。

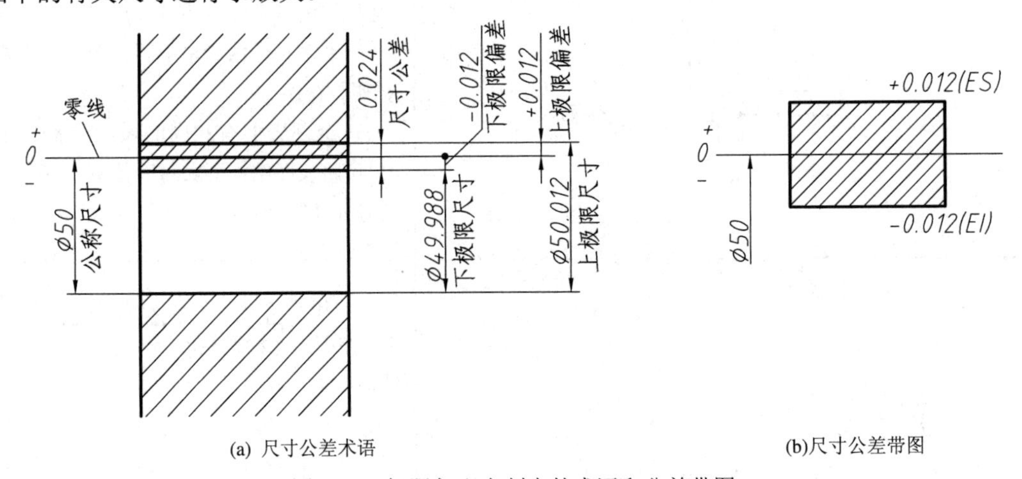

(a) 尺寸公差术语 (b)尺寸公差带图

图 10-4 极限与配合制中的术语和公差带图

(1) 公称尺寸：设计给定的理想要素尺寸，如图 10-4(a)所示的ϕ50。

(2) 极限尺寸：允许零件尺寸变动的两个极限值，即上极限尺寸和下极限尺寸。如图 10-4(a)所示，孔的上极限尺寸为 50.012 mm；孔的下极限尺寸为 49.988 mm。

(3) 极限偏差：极限尺寸减公称尺寸所得的代数差，即上极限尺寸和下极限尺寸减公称尺寸的代数差，分别为上极限偏差和下极限偏差，统称极限偏差。国家标准规定，孔和轴的上极限偏差分别用代号 ES 和 es 表示；孔和轴的下极限偏差分别用代号 EI 和 ei 表示。极限偏差可为正值、负值和零。如图 10-4(a)所示

孔的上极限偏差 ES = 50.012 − 50 = +0.012 mm

孔的下极限偏差 EI = 49.988 − 50 = −0.012 mm

(4) 尺寸公差(简称公差)：允许尺寸的变动量，即上极限尺寸减下极限尺寸，或上极限偏差减下极限偏差所得的代数差。公差总是正值。如图 10-4(a)所示，

孔的公差为 50.012 − 49.988 = 0.024 mm 或 $|0.012-(-0.012)| = 0.024$ mm

(5) 零线：如图 10-4(b)所示，在公差带图上，表示公称尺寸的直线，即零偏差线。正偏差位于零线的上方，负偏差位于零线的下方。

(6) 公差带和公差带图：如图 10-4(b)所示，公差带是表示公差大小和相对零线位置的一个区域。一般只画出上、下极限偏差所围成的一个矩形框，称为公差带图。

10.2.3　配合

公称尺寸相同的、相互结合的孔和轴公差带之间的关系，称为配合。因为加工后的零件的孔与轴的尺寸不同，配合后会产生间隙或过盈，孔的尺寸减去轴的尺寸为正时，是间隙；为负时，是过盈。

根据使用要求的不同，孔和轴之间的配合有松有紧。国家标准规定有三类配合：间隙配合、过盈配合、过渡配合，如图 10-5 所示。

(1) 间隙配合(如图 10-5(a)所示)：孔的公差带在轴的公差带之上，孔的实际尺寸总是大于轴的实际尺寸。这种配合总是产生间隙，有最大间隙和最小间隙。

(2) 过盈配合(如图 10-5(b)所示)：孔的公差带在轴的公差带之下。孔的实际尺寸总是小于轴的实际尺寸。这种配合总是产生过盈，有最大过盈和最小过盈。

(3) 过渡配合(如图 10-5(c)所示)：孔轴公差带相互重叠，孔的实际尺寸比轴的实际尺寸有时大，有时小，是介于间隙和过盈之间的配合，这种配合能产生最大的间隙和最大的过盈。

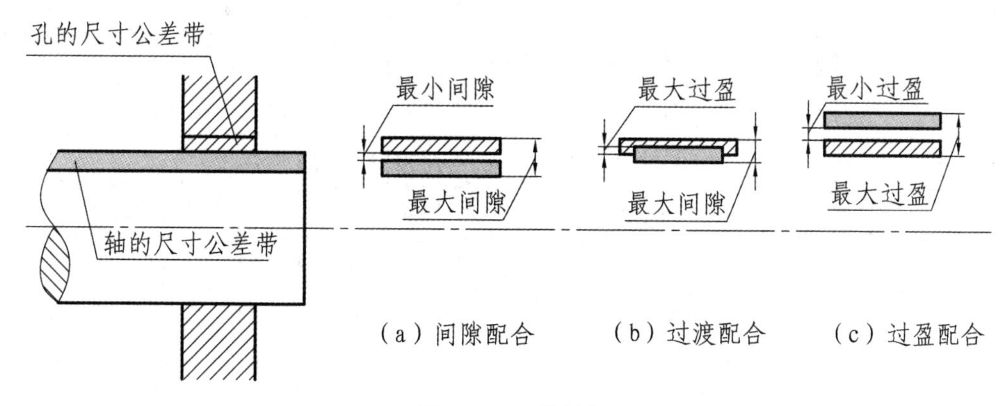

图 10-5　三种配合

10.2.4　标准公差与基本偏差

为了满足不同的配合要求，国家标准规定，孔、轴公差带由“公差带大小”和“公差带位置”两个要素构成。公差带大小由标准公差确定，公差带位置由基本偏差确定，如图 10-6 所示。

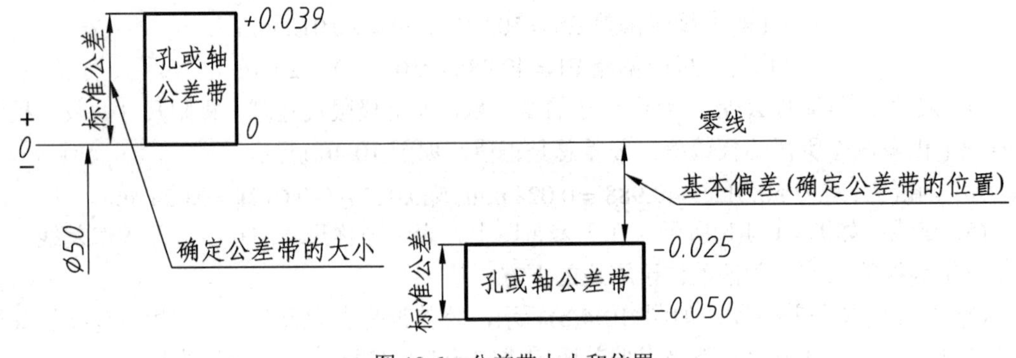

图 10-6 公差带大小和位置

1. 标准公差

标准公差是用来确定公差带大小的任意公差。由表 10-8 可知，标准公差分为 20 个等级，即 IT01、IT0、IT1、IT2、…、IT18。IT 表示标准公差，数字表示公差等级。IT01 公差值最小，精度最高；IT18 公差值最大，精度最低。一般，IT01～IT12 用于配合。

表 10-8 标准公差数值(摘自 GB/T 1800.1－2009)

公称尺寸 mm		标准公差等级																	
		μm											mm						
大于	至	IT1	IT2	IT3	IT4	IT5	IT6	IT7	IT8	IT9	IT10	IT11	IT12	IT13	IT14	IT15	IT16	IT17	IT18
-	3	0.8	1.2	2	3	4	6	10	14	25	40	60	0.1	0.14	0.25	0.4	0.6	1	1.4
3	6	1	1.5	2.5	4	5	8	12	18	30	48	75	0.12	0.18	0.3	0.48	0.75	1.2	1.8
6	10	1	1.5	2.5	4	6	9	15	22	36	58	90	0.15	0.22	0.36	0.58	0.9	1.5	2.2
10	18	1.2	2	3	5	8	11	18	27	43	70	110	0.18	0.27	0.43	0.7	1.1	1.8	2.7
18	30	1.5	2.5	4	6	9	13	21	33	52	84	130	0.21	0.33	0.52	0.84	1.3	2.1	3.3
30	50	1.5	2.5	4	7	11	16	25	39	62	100	160	0.25	0.39	0.62	1	1.6	2.5	3.9
50	80	2	3	5	8	13	19	30	46	74	120	190	0.3	0.46	0.74	1.2	1.9	3	4.6
80	120	2.5	4	6	10	15	22	35	54	87	140	220	0.35	0.54	0.87	1.4	2.2	3.5	5.4
120	180	3.5	5	8	12	18	25	40	63	100	160	250	0.4	0.63	1	1.6	2.5	4	6.3
180	250	4.5	7	10	14	20	29	46	72	115	185	290	0.46	0.72	1.15	1.85	2.9	4.6	7.2
250	315	6	8	12	16	23	32	52	81	130	210	320	0.52	0.81	1.3	2.1	3.2	5.2	8.1
315	400	7	9	13	18	25	36	57	89	140	230	360	0.57	0.89	1.4	2.3	3.6	5.7	8.9
400	500	8	10	15	20	27	40	63	97	155	250	400	0.63	0.97	1.55	2.5	4	6.3	9.7

注：(1) 标准公差等级 IT01、IT0 在工业中很少用到，文中没有摘录。

(2) 公称尺寸≤1 mm 时，无 IT14~IT18。

2. 基本偏差

基本偏差是用来确定公差带相对于零线位置的那些上极限偏差或下极限偏差，一般是指最靠近零线的那个极限偏差。当公差带在零线上方时，基本偏差为下极限偏差；当公差带在零线下方时，基本偏差为上极限偏差，见图 10-7。

国家标准规定，孔和轴各有 28 个基本偏差，代号用字母表示，孔用大写字母表示；轴用小写字母表示。从图 10-7 可看出，孔的基本偏差 A～H 在零线以上，其基本偏差为下极限偏差、正值；孔的基本偏差 J～ZC 在零线以下，其基本偏差为上极限偏差、负值。轴的基本偏差 a～h 在零线以下，其基本偏差为上极限偏差、负值；轴的基本偏差 j～zc 在零线以上，其基本偏差为下极限偏差、正值。孔的 JS 和轴的 js 的公差带对称分布于零线两边，孔和轴的上、下极限偏差均为 +IT/2、−IT/2。

基本偏差系列图只表示公差带相对于零线的各种位置，不表示公差带的大小。因此，图 10-7 中公差带远离零线的一端是开口的。开口一端由标准公差限定。

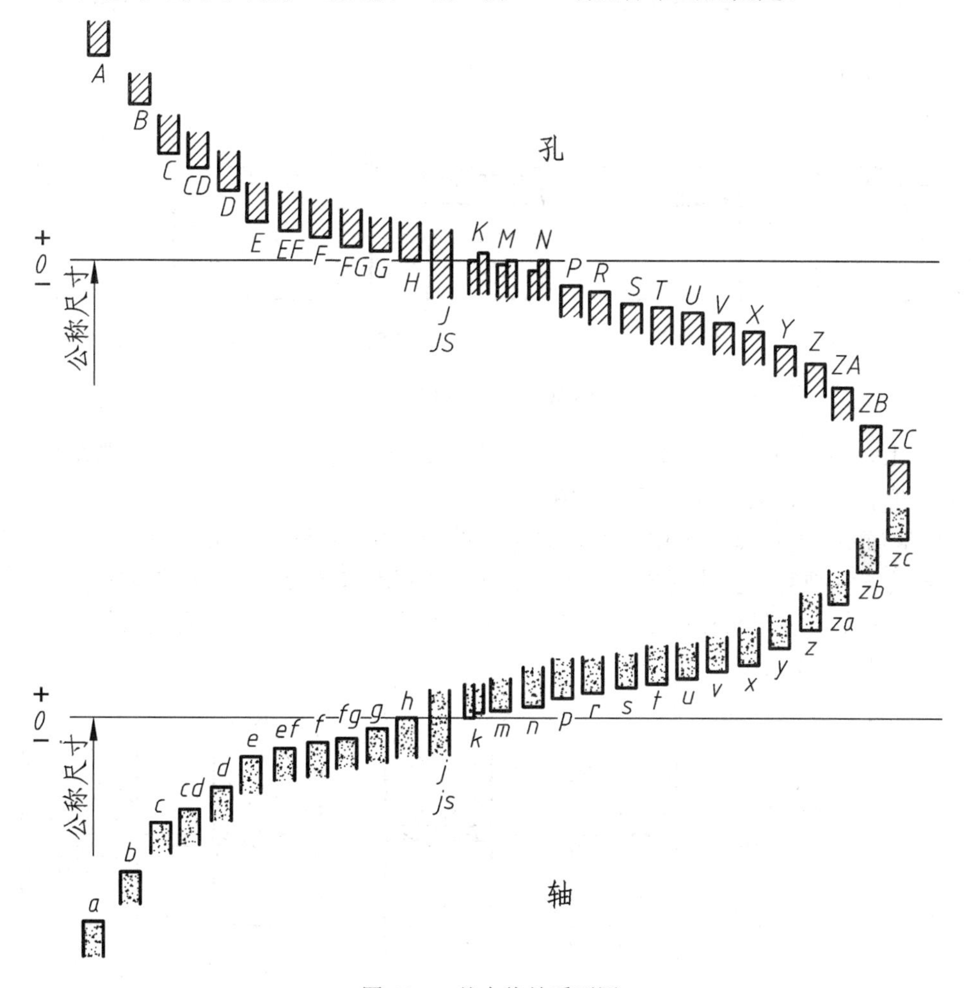

图 10-7　基本偏差系列图

基本偏差和标准公差之间有以下关系：

孔：　　$ES = EI + IT$　或　$EI = ES - IT$

轴：　　$ei = es - IT$　或　$es = ei + IT$

国家标准按不同的基本尺寸和公差等级规定了孔和轴的基本偏差数值(可查阅有关国家标准)。

10.2.5　配合制

同一极限制的孔和轴组成的一种配合制度，称为配合制，即相互配合的孔和轴取其中之一作为基准件，它的基本偏差是固定的，通过改变另一件的基本偏差来获得各种不同性质的配合制度。国家标准规定了基孔制和基轴制两种配合制。

(1) 基孔制配合：指基本偏差为一定的孔的公差带与不同基本偏差的轴的公差带构成各种配合的一种制度。基孔制的孔称为基准孔，其基本偏差代号为 H，基准孔的下极限偏差为 0，即它的下极限尺寸等于公称尺寸。基本偏差一定的孔，与不同基本偏差的轴形成的三种配合见图 10-8。

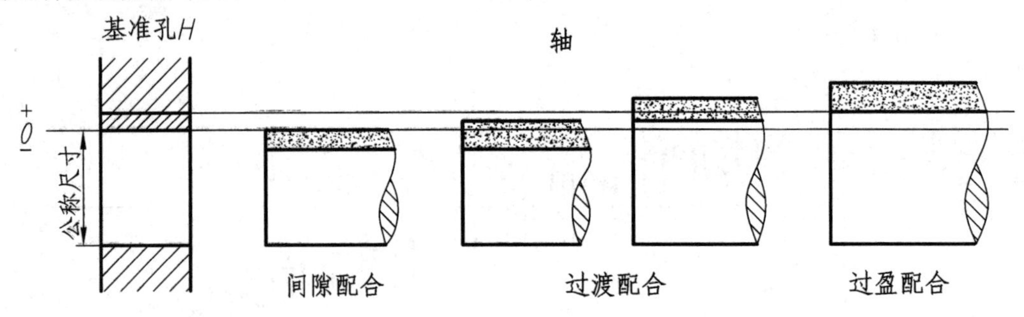

图 10-8　基孔制配合

从图 10-7 可看出，在基孔制前提下，轴的基本偏差为 a～h 时，属于间隙配合；轴的基本偏差为 j～zc 时，属于过渡和过盈配合。

(2) 基轴制配合：指基本偏差为一定的轴的公差带与不同基本偏差的孔的公差带构成各种配合的一种制度。基轴制的轴称为基准轴，其基本偏差代号为 h，基准轴的上极限偏差为 0，即它的上极限尺寸等于公称尺寸。基本偏差一定的轴，与不同基本偏差的孔形成的三种配合见图 10-9。

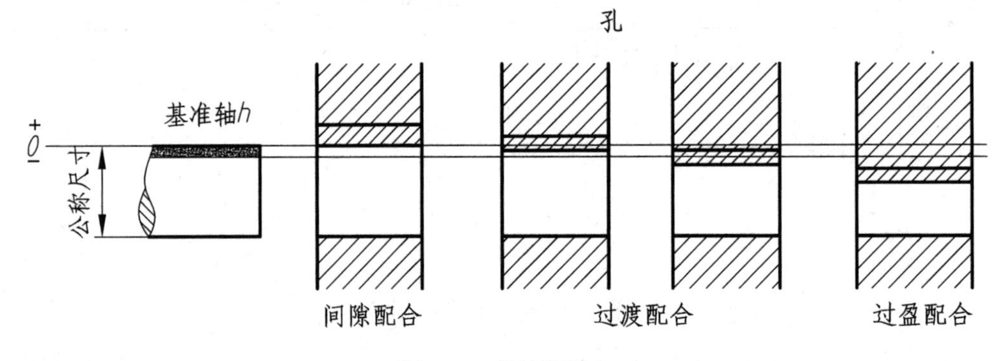

图 10-9　基轴制配合

从图 10-7 可看出，在基轴制的前提下，孔的基本偏差为 A～H 时，属于间隙配合；孔的基本偏差为 J～ZC 时，属于过渡和过盈配合。

10.2.6　公差带代号和配合代号

孔和轴的公差带代号由标准公差等级和基本偏差代号组成。例如：ϕ50H7 指的是公称尺寸为ϕ50 的孔，其公差带代号为 H7，其中孔的基本偏差代号为 H，公差等级代号为 IT7；ϕ50f6 指的是公称尺寸为ϕ50 的轴，其公差带代号为 f6，其中轴的基本偏差代号为 f，公差等级代号为 IT6。

配合代号由孔的公差带代号(分子)与轴的公差带代号(分母)以分式的形式组成，如：$\frac{F6}{h5}$ 或写成 F6/h5 等。

10.2.7　优先、常用配合

如前所述，标准公差有 20 个等级，基本偏差有 28 个位置，这样可以组成大量的配合形式。但过多的配合不但不能发挥标准的作用，也不利于现代化的生产。为此，国家标准规定了优先及常用配合。基孔制和基轴制中，部分优先、常用配合见表 10-9 和表 10-10。基孔制常用配合 59 种，其中优先配合 13 种(用▲号标记)；基轴制常用配合 47 种，其中优先配合 13 种(用▲号标记)。

表 10-9　基孔制优先、常用配合

基准孔	轴																				
	a	b	c	d	e	f	g	h	js	k	m	n	p	r	s	t	u	v	x	y	z
	间隙配合								过渡配合			过盈配合									
H6						$\frac{H6}{f5}$	$\frac{H6}{g5}$	$\frac{H6}{h5}$	$\frac{H6}{js5}$	$\frac{H6}{k5}$	$\frac{H6}{m5}$	$\frac{H6}{n5}$	$\frac{H6}{p5}$	$\frac{H6}{r5}$	$\frac{H6}{s5}$	$\frac{H6}{t5}$					
H7						$\frac{H7}{f6}$	▲$\frac{H7}{g6}$	▲$\frac{H7}{h6}$	$\frac{H7}{js6}$	▲$\frac{H7}{k6}$	$\frac{H7}{m6}$	▲$\frac{H7}{n6}$	▲$\frac{H7}{p6}$	$\frac{H7}{r6}$	▲$\frac{H7}{s6}$	$\frac{H7}{t6}$	▲$\frac{H7}{u6}$	$\frac{H7}{v6}$	$\frac{H7}{x6}$	$\frac{H7}{y6}$	$\frac{H7}{z6}$
H8					$\frac{H8}{e7}$	▲$\frac{H8}{f7}$	$\frac{H8}{g7}$	▲$\frac{H8}{h7}$	$\frac{H8}{js7}$	$\frac{H8}{k7}$	$\frac{H8}{m7}$	$\frac{H8}{n7}$	$\frac{H8}{p7}$	$\frac{H8}{r7}$	$\frac{H8}{s7}$	$\frac{H8}{t7}$	$\frac{H8}{u7}$				
				$\frac{H8}{d8}$	$\frac{H8}{e8}$	$\frac{H8}{f8}$		$\frac{H8}{h8}$													
H9			$\frac{H9}{c9}$	▲$\frac{H9}{d9}$	$\frac{H9}{e9}$	$\frac{H9}{f9}$		▲$\frac{H9}{h9}$													
H10			$\frac{H10}{c10}$	$\frac{H10}{d10}$				$\frac{H10}{h10}$													
H11	$\frac{H11}{a11}$	$\frac{H11}{b11}$	▲$\frac{H11}{c11}$	$\frac{H11}{d11}$				▲$\frac{H11}{h11}$													
H12		$\frac{H12}{b12}$						$\frac{H12}{h12}$													

注：带▲的为优先配合

表 10-10　基轴制优先、常用配合

基准轴	孔																						
	A	B	C	D	E	F	G	H	JS	K	M	N	P	R	S	T	U	V	X	Y	Z
	间隙配合								过渡配合			过盈配合									
h5						$\frac{F6}{h5}$	$\frac{G6}{h5}$	$\frac{H6}{h5}$	$\frac{JS6}{h5}$	$\frac{K6}{h5}$	$\frac{M6}{h5}$	$\frac{N6}{h5}$	$\frac{P6}{h5}$	$\frac{R6}{h5}$	$\frac{S6}{h5}$	$\frac{T6}{h5}$					
h6						$\frac{F7}{h6}$	▲$\frac{G7}{h6}$	▲$\frac{H7}{h6}$	$\frac{JS7}{h6}$	$\frac{K7}{h6}$	$\frac{M7}{h6}$	▲$\frac{N7}{h6}$	▲$\frac{P7}{h6}$	$\frac{R7}{h6}$	▲$\frac{S7}{h6}$	$\frac{T7}{h6}$	▲$\frac{U7}{h6}$				
h7					$\frac{E8}{h7}$	▲$\frac{F8}{h7}$		▲$\frac{H8}{h7}$	$\frac{JS8}{h7}$	$\frac{K8}{h7}$	$\frac{M8}{h7}$	$\frac{N8}{h7}$									
h8				$\frac{D8}{h8}$	$\frac{E8}{h8}$	$\frac{F8}{h8}$		$\frac{H8}{h8}$													
h9				▲$\frac{D9}{h9}$	$\frac{E9}{h9}$	$\frac{F9}{h9}$		▲$\frac{H9}{h9}$													
h10				$\frac{D10}{h10}$				$\frac{H10}{h10}$													
h11	$\frac{A11}{h11}$	$\frac{B11}{h11}$	▲$\frac{C11}{h11}$	$\frac{D11}{h11}$				▲$\frac{H11}{h11}$													
h12		$\frac{B12}{h12}$						$\frac{H12}{h12}$													

注：带▲的为优先配合。

10.2.8　极限与配合在图样上的标注和查表方法

国家标准 GB/T4458.5—2003《机械制图 尺寸公差与配合注法》规定了相关内容在图样中的标注方法。

1．极限在零件图上的标注形式

极限偏差数值在零件图上的标注有三种形式：

(1) 如图 10-10(b)所示的ϕ18H7，是在公称尺寸后直接注出公差带代号的标注形式，一般用于批量生产的零件图上；

(2) 如图 10-10(c)所示的$\phi 14^{+0.045}_{+0.016}$和$\phi 18^{+0.029}_{+0.018}$，是在公称尺寸后直接注出上、下极限偏差的形式，一般用于单件或小批量生产的零件图上；

(3) 如图 10-10(d)所示的$\phi 14h7\left(^{\ 0}_{-0.018}\right)$，是在公称尺寸后注出公差带代号，在公差带代号后的圆括号中又注出上、下极限偏差数值，这种形式是一种通用标注形式，用于生产批量不定的零件图上。

2．配合代号在装配图上的标注形式

配合代号在装配图上的标注采用组合式注法，写成分数形式。分子为孔的公差带代号，分母为轴的公差带代号。分子中含有 H 的一般为基孔制配合，分母中含有 h 的一般为基轴制配合；若分子中含有 H，分母中也含有 h，则可认为是基孔制，也可认为是基轴制。

如图 10-10(a)所示，在公称尺寸ϕ18 和ϕ14 后面，分别用一组分式表示：分子 H7 和 F8 为孔的公差带代号，分母 p6 和 h7 为轴的公差带代号。$\phi 18\dfrac{H7}{p6}$是基孔制；$\phi 14\dfrac{F8}{h7}$是基轴制。

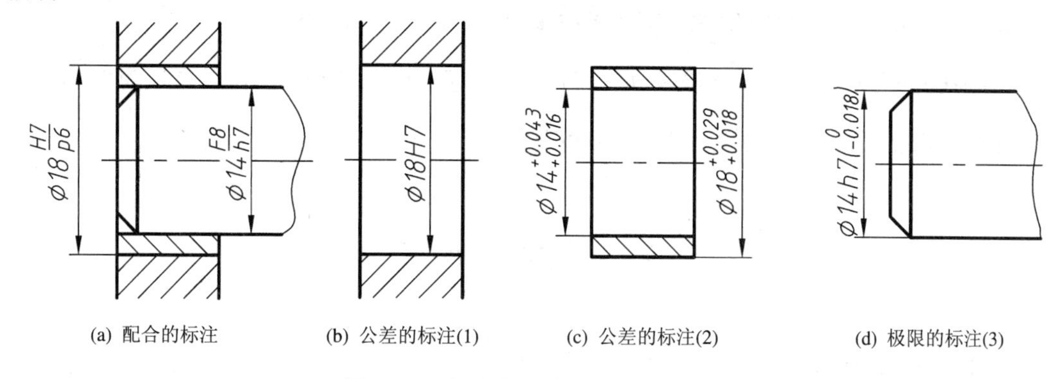

(a) 配合的标注　(b) 公差的标注(1)　(c) 公差的标注(2)　(d) 极限的标注(3)

图 10-10　极限与配合在图样上的标注

一般零件与标准件配合时，通常选择标准件为基准件，例如滚动轴承外圈与机座孔的配合为基轴制，内圈与轴的配合为基孔制。因此，在装配图中与滚动轴承配合的轴或孔，只标注轴或孔的公差带代号。如果孔的基本尺寸和公差带代号为ϕ47J7，轴的基本尺寸和公差带代号为ϕ20k6，它们与滚动轴承外圈和内圈配合时的标注如图 10-11 所示。滚动轴承内、外直径尺寸的极限偏差另有标准，一般不在图中标注。

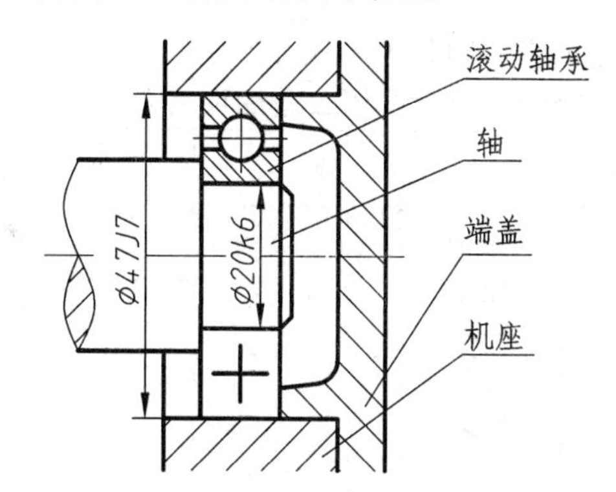

图 10-11　一般零件与滚动轴承配合图样的标注

3．查表方法

根据配合代号，由表 10-9 和表 10-10 及相关国家标准，可确定配合种类。根据公称尺寸和公差带，可以通过查阅附表 20 和附表 21 或相关国家标准，查到相互配合的孔与轴的上、下极限偏差数值。

【例 10-1】 说明$\phi 66\dfrac{H7}{p6}$的配合制度和配合种类，并查表确定$\phi 66\dfrac{H7}{p6}$中孔和轴的上、下极限偏差值。

【解】 在$\phi 66\dfrac{H7}{p6}$中，孔的公差带代号为 H7，轴的公差带代号为 p6，因此该配合制度为基孔制。由表 10-9 可查得，$\frac{H7}{p6}$ 的配合种类为优先配合中的过盈配合。

(1) ϕ66H7 基准孔的上、下极限偏差可查阅附表 22 得到“$^{+30}_{\ \ 0}$”(μm)，化成毫米为“$^{+0.03}_{\ \ 0}$”，这就是基准孔的上、下极限偏差，写为$\phi 66^{+0.03}_{\ \ 0}$。

(2) ϕ66p6 配合轴的上、下极限偏差可由附表 3 查到“$^{+51}_{+32}$”(μm)，化成毫米为“$^{+0.051}_{+0.032}$”，这就是配合轴的上、下极限偏差，写为 $\phi 66^{+0.051}_{+0.032}$。

10.3　几何公差简介

在生产中不仅零件的尺寸不可能加工得绝对准确，而且零件的几何形状和相互位置也会产生误差。因此，必须对零件的实际形状和实际位置与零件理想形状和理想位置之间的误差规定一个允许的变动量，这个规定的允许变动量称为几何公差，包括形状公差、方向公差、位置公差和跳动公差。GB/T 1182—2008《产品几何技术规范(GPS) 几何公差 形状、方向、位置和跳动公差标注》规定了几何公差标注的基本要求和方法。

10.3.1　几何公差的项目及符号

几何公差的项目及符号见表 10-11。

表 10-11　几何公差的项目及符号

分　类	名　　称	符　　号	分　类	名　　称	符　　号
形状公差	直线度	⏤	形状、方向、位置公差	线轮廓度	⌒
	平面度	⏥		面轮廓度	⌓
	圆度	○	跳动公差	圆跳动	↗
	圆柱度	⌭		全跳动	⌰
方向公差	平行度	//	位置公差	位置度	⌖
	垂直度	⊥		同轴度(用于轴线) 同心度(用于中心点)	◎
	倾斜度	∠		对称度	⌯

国家标准规定用代号来标注几何公差。几何公差代号由几何公差各项目的符号、框格、指引线、几何公差数值、其它有关符号以及基准要素符号等组成，如图 10-12 所示。

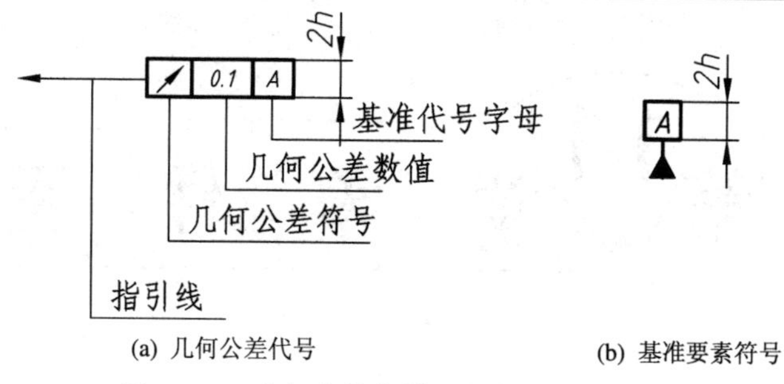

(a) 几何公差代号　　(b) 基准要素符号

图 10-12　几何公差代号及基准要素符号

10.3.2　几何公差标注示例

图 10-13 为零件气门阀杆的几何公差标注(附加的文字为标注说明，不需注写)。

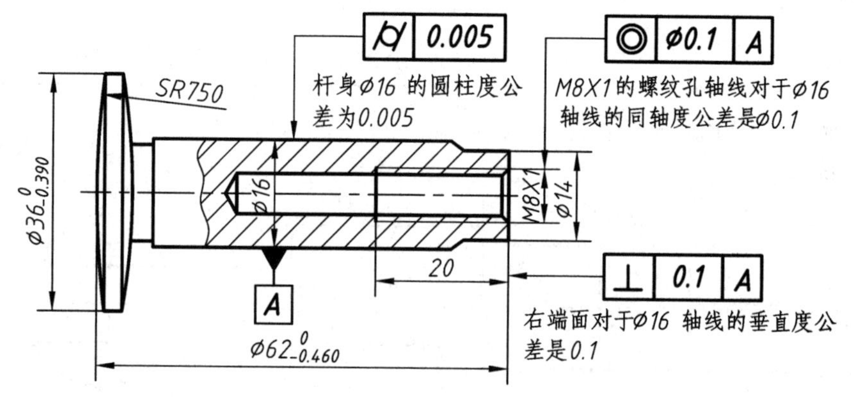

图 10-13　几何公差标注示例

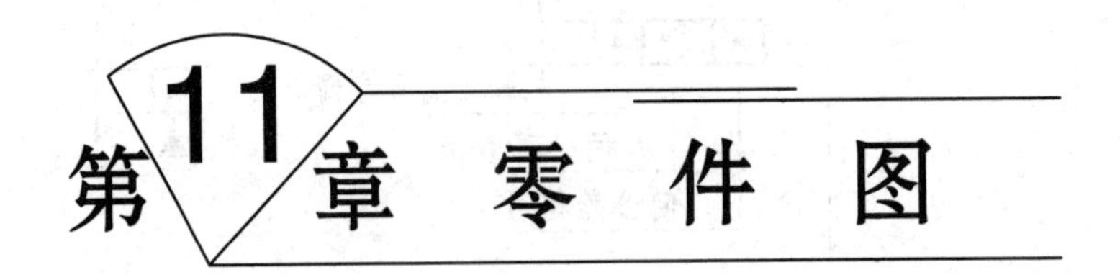

第11章 零件图

11.1 零件图的作用和内容

每台机器设备或部件都是由相互关联的零件装配而成的。表达单个零件的图样称为零件图，零件图应表达零件的结构形状、尺寸大小以及与制造和检测有关的技术要求等，是制造加工零件的依据，是生产中最重要的技术文件之一。

如图 11-1 所示，这是一张阀杆的零件图，下面以它为例来说明零件图应包含的内容。

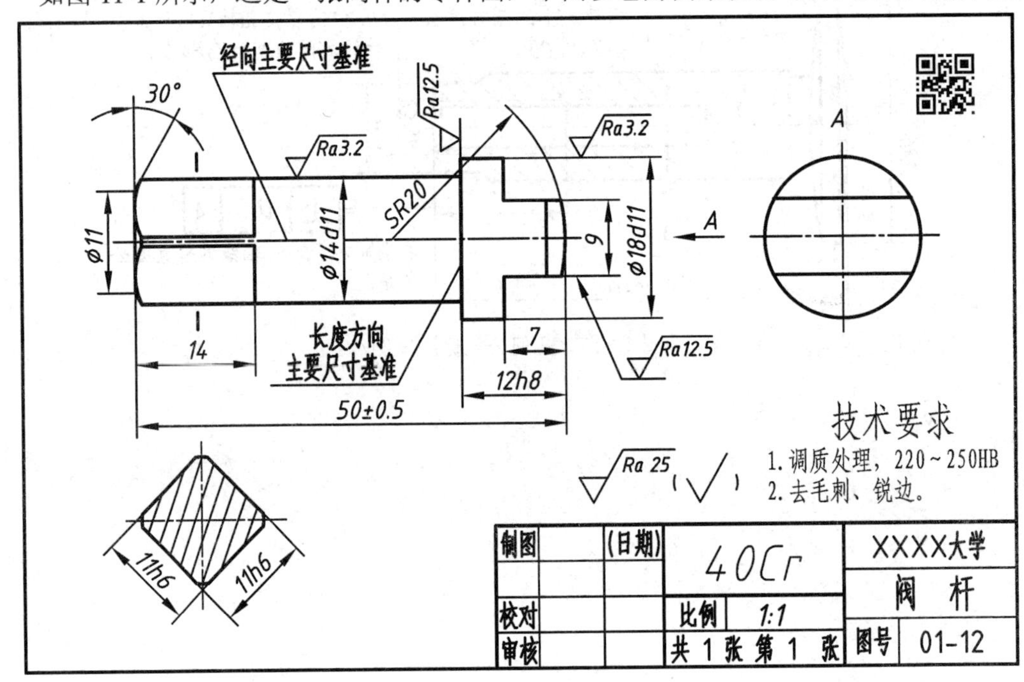

图 11-1　阀杆零件图

1. 一组视图

用一组视图(包括在第 8 章机件常用表达方法中介绍的视图、剖视图、断面图、局部放大图等)完整、清晰地表达出零件各部分的结构和形状。

如图 11-1 所示，该阀杆的这一组视图有三个：一个主视图、一个移出断面图和一个 A 向局部视图。主视图是个外形图，表达了阀杆的主要形状特征；移出断面图表达了左端切割形成的四棱柱的断面形状；A 向局部视图表达了阀杆右端的形状结构。

2. 完整的尺寸

正确、完整、清晰、合理地标注出制造和检验零件所需要的全部尺寸。

在阀杆零件图中，50±0.5、ϕ14d11、ϕ18d11、14、ϕ11、11h6 等尺寸，正确、完整、清晰、合理地标注出了该阀杆所需的全部尺寸。

3．技术要求

用规定的符号、代号、数字和简要的文字表达出零件在制造和检验时应达到的各项技术指标和要求，如表面粗糙度、尺寸公差、形位公差以及热处理要求等。

如图 11-1 所示，图中注写的技术要求有：表面粗糙度要求为 $\sqrt{Ra3.2}$ 和 $\sqrt{Ra12.5}$ 等；尺寸公差的要求为ϕ18d11、ϕ14d11 等，以及在标题栏附近用文字注写的技术要求。

4．标题栏

在零件图右下角的标题栏中，应填写零件的名称、材料、绘图比例、图号，以及制图、校对和审核人员的签名与日期等。

在图 11-1 右下角的标题栏中，零件的名称为阀杆、材料为 40Cr、绘图比例为 1:1、图号为 01-12 等。

11.2　零件图的视图选择和尺寸标注

零件图的视图选择就是要求选用适当的视图、剖视、断面等表达方法，将零件的结构形状和各部分的相互位置完整、清晰地表达出来。在便于看图的前提下，力求画图简便。

在表达零件的一组视图中，主视图最为重要。主视图的选择应符合零件在机器或部件上的工作位置和在机床上的主要加工位置，并反映该零件的主要形状特征。其它视图的选择则应以主视图为基础，根据零件的结构特征，完整、清晰、唯一地确定它的形状为线索进行选择。

零件图的尺寸注法关系到零件的加工、制造和质量。因此尺寸标注除了要求正确、完整、清晰外，还要尽量考虑标注的合理性。所谓合理，指标注的尺寸既符合设计和加工工艺的要求(也就是要使零件能在部件或机器中很好地工作)，又便于零件的制造、测量和检验。这要涉及到零件设计和加工制造等方面的知识，因此对尺寸标注的合理性，本书只作一些基础性的介绍。

标注尺寸时，首先应确定尺寸基准。零件在长、宽、高三个方向上至少要确定一个主要尺寸基准。常用的尺寸基准有：零件的主要回转面(孔或轴)的轴线、底板的安装面、重要的端面、装配结合面、零件的对称面等。在生产中，对于比较复杂的结构，除了主要尺寸基准外，有时还需要选择一些辅助尺寸基准。

另外，还应注意对于零件间有配合要求的尺寸或影响零件质量、保证机器或部件性能的尺寸，应在零件图上直接标注出来，以保证在加工时达到要求。

11.2.1　零件的分类

零件的结构形状千差万别，因此其视图选择和尺寸标注也各有特点。依据零件的结构形状，常见的典型零件主要分为四类：轴套类零件、盘盖类零件、叉架类零件和箱体类零件。

轴套类零件一般为同轴的细长回转体，主要在车床上加工。这类零件有各种轴、轴套等，如图 11-1 所示的阀杆就属于轴套类零件。

盘盖类零件的基本形状都是扁平的盘状，通常还带有各种形状的凸缘、均布的圆孔和肋等局部结构。它们主要在车床上进行加工，如法兰盘、端盖、阀盖、齿轮等，如图 11-2 所示的阀盖就属于盘盖类零件。

叉架类零件的结构比较复杂，通常是对铸造毛坯进行机械加工得到的，其加工位置经常发生变化。这类零件常见的有拨叉、连杆、支座等，如图 11-3 所示的脚踏座和图 11-18 所示的支架都属叉架类零件。

箱体类零件是用来支承、包容、保护其它零件的。这类零件的结构形状比前面三类零件都复杂，而且加工位置更加多变。泵体、阀体、减速机箱体等都属于这类零件，如图 11-4 所示的阀体和图 11-20 所示的减速机机座都属于箱体类零件。

11.2.2　常见典型零件的视图选择和尺寸注法

一般来说，轴套类零件、盘盖类零件、叉架类零件和箱体类零件这四类零件，后一类零件比前一类零件在形状结构上要复杂，因而需要的视图和尺寸也多些。下面分别介绍这四类典型零件的视图选择和尺寸注法。

1. 轴套类零件

1) 视图选择

轴套类零件一般按照车床的加工位置(即轴线水平放置)和形状特征原则选择主视图，必要时再采用局部剖视或其它辅助视图表达局部结构形状。按照加工位置选择主视图主要是为了实际加工时便于看图。

如图 11-1 所示，阀杆的轴线按加工位置水平放置，主视图表达阀杆的主要形状特征，移出断面图和 A 向局部视图对主视图表达不完整的结构进行了补充(详见 11.1 节中的“一组视图”)。

2) 尺寸注法

轴套类零件一般以水平放置的轴线作为径向的主要尺寸基准(即高度与宽度方向的主要尺寸基准)，由此确定其径向尺寸。如图 11-1 所示，阀杆的轴线是径向主要尺寸基准，从该基准出发，注出径向尺寸 d11、ϕ14d11、ϕ18d11 等。轴类零件长度方向(即轴向)的主要尺寸基准，常选用重要的端面、装配接触面(轴肩)或加工面等。如图 11-1 所示，选用阀杆的装配接触面(阀杆与填料垫的装配接触面，见图 12-2)作为长度方向的主要尺寸基准，由此注出了右端结构的长度尺寸 12h8，尺寸 9 和 7 确定了同轴相贯体(柱、球)被水平面和侧平面切割的位置；选取阀杆的右端面为轴向第 1 辅助尺寸基准，注出尺寸 7 和 50±0.5，尺寸 50±0.5 是阀杆的长度，带有公差±0.5，体现了这个尺寸的重要性；选取左端面为轴向第 2 辅助尺寸基准，注出尺寸 14；阀杆左端结构形状由尺寸 14、ϕ11、30° 及移出断面图中的尺寸 11h6 确定。阀杆的总体尺寸：总长尺寸是 50±0.5，总宽和总高尺寸(径向尺寸)为ϕ18d11。

2. 盘盖类零件

1) 视图选择

盘盖类零件一般按主要加工位置(轴线水平)和形状特征选择主视图。由于盘盖类零件大多有回转的内部结构，所以主视图经常采用过轴线的全剖视图。对于这类零件上的各种形状的凸缘、均布的孔和肋等结构，需采用其它视图进行表达。

图 11-2 所示的阀盖，按照主要的加工位置和形状特征，采用了全剖的主视图来表达阀盖回转部分的结构形状；用反映外形的左视图，表达外螺纹结构、带圆角的方形凸缘及均布通孔结构、形状和位置等。

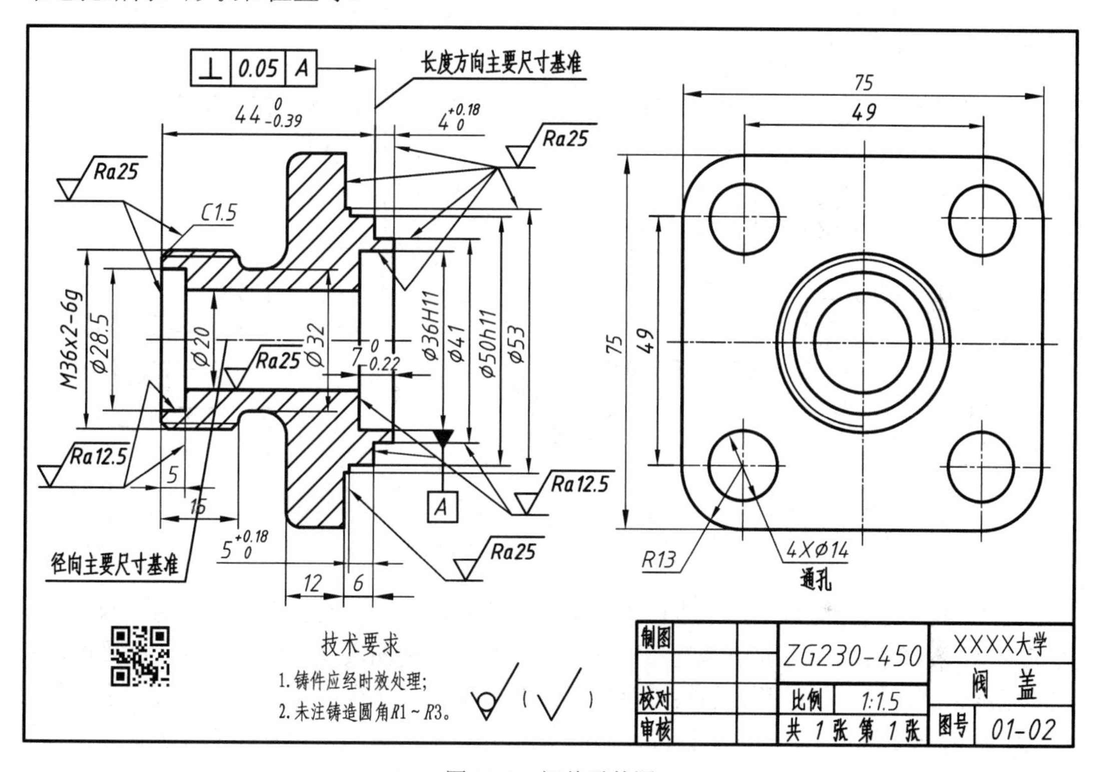

图 11-2　阀盖零件图

2) 尺寸标注

盘盖类零件标注尺寸时，通常选用通过轴孔的轴线作为径向(宽度和高度)的主要尺寸基准。图 11-2 中选择了阀盖的轴线作为径向主要尺寸基准，由此注出了ϕ28.5、ϕ20、ϕ35H11、ϕ50H11、ϕ53、49、75 等尺寸。长度方向的主要尺寸基准常选用重要的端面、装配接触面等，如图 11-2 中的阀盖就选用了ϕ50h11 圆柱右端面(装配接触面)作为长度方向的主要尺寸基准，由此注出 $4^{+0.18}_{0}$、$44^{0}_{-0.39}$、$5^{+0.18}_{0}$、6 等尺寸。另外还选择了泵盖左端面作为长度方向的辅助尺寸基准，注出了尺寸 5 和 15，等等。阀盖的总体尺寸是多少呢？请自行分析。

3. 叉架类零件

1) 视图选择

因叉架类零件的形状较复杂且加工位置经常发生变化，因此在选择视图时，主要考虑工作位置和形状特征。要表达清楚这类零件一般需要两个或两个以上的基本视图，并选用适当的局部视图、断面图等方法表达局部结构。

图 11-3 给出了脚踏座零件视图选择的两种方案，两种方案的主视图都是按照工作位置和形状特征原则来选择的。

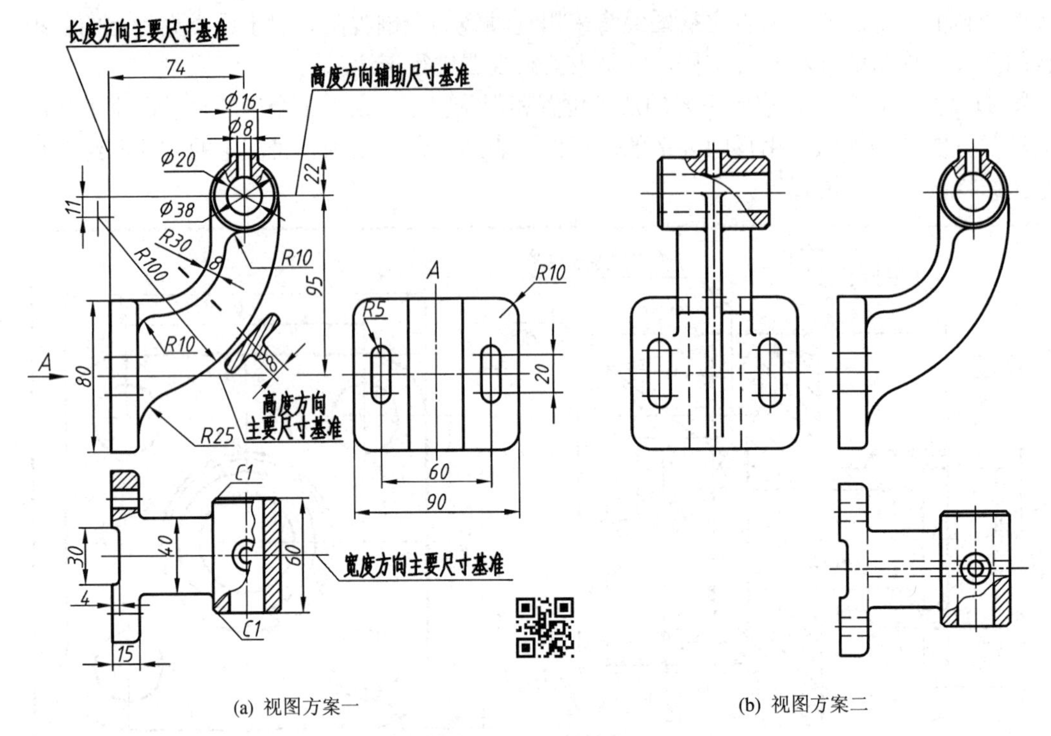

(a) 视图方案一　　(b) 视图方案二

图 11-3　脚踏座方案比较

在图 11-3(a)所示方案中，主视图以外形表达为主，对上方凸台孔采用了局部剖，并采用了一个移出断面图表达了 T 型连接板的形状结构；俯视图表达了安装底板、连接板、圆柱筒轴承、凸台的形状以及它们的相对位置，图中采用了两个局部剖，分别表达了安装底板上的通孔及右端圆柱筒的内部情况；同时，采用了 *A* 向局部视图表达了安装底板左端面的形状结构。

图 11-3(b)所示方案中，采用了主、俯、右三个基本视图，除了主视图(右上)与方案一相同外，俯视图表达了零件的外形、连接板和圆柱筒轴承孔等情况，右视图主要表达圆柱筒轴承和连接板及安装底板的形状和相对位置等，但轴承和连接板用主、俯视图已经表达清楚了，右视图中再次表达就显得多余了。如果右视图主要是为了表达安装底板的形状，则采用方案一的 *A* 向视图更简洁，T 型连接板的表达采用方案一中的移出断面图也更为直接明了，它清晰表达了断面的形状和断面中圆角的情况，而方案二却没有表达清楚。另外，方案二中俯、右视图使用了较多的虚线，对视图和尺寸标注的清晰度都会产生不利影响。通过对两个方案进行比较可知，图 11-3(a)的方案一更好一些。

2) 尺寸注法

叉架类零件标注尺寸时，一般选用安装基准面或零件上的对称面等作为主要尺寸基准。如图 11-3(a)中选择安装底板的左端面作为长度方向的主要尺寸基准，注出了尺寸 74、4、

15；选择零件前后方向的对称面作为宽度方向的主要尺寸基准，注出了尺寸30、40、60、60、90；选择安装底板的上下对称面作为高度方向的主要尺寸基准，注出尺寸95、80、20；选择轴承的水平中心线作为高度方向的辅助尺寸基准，注出尺寸定位尺寸22和11；其它尺寸请自行分析。

4．箱体类零件

1) 视图选择

箱体类零件的结构较复杂，加工位置多变。因此，主视图的选择主要考虑工作位置和形状特征。根据结构形状的不同，主视图可采用全剖、半剖、局部剖等剖切方法。选择其它视图时要根据实际情况适当地采用剖视图、断面图、局部视图和斜视图等。

在如图11-4所示的阀体中，主视图采用全剖视图表达阀体的内部结构；采用半剖的左视图表达内部形状和对称的方形凸缘(包括四个螺孔)；采用俯视图表达零件的外形和顶部90°角的限位凸块的形状等。

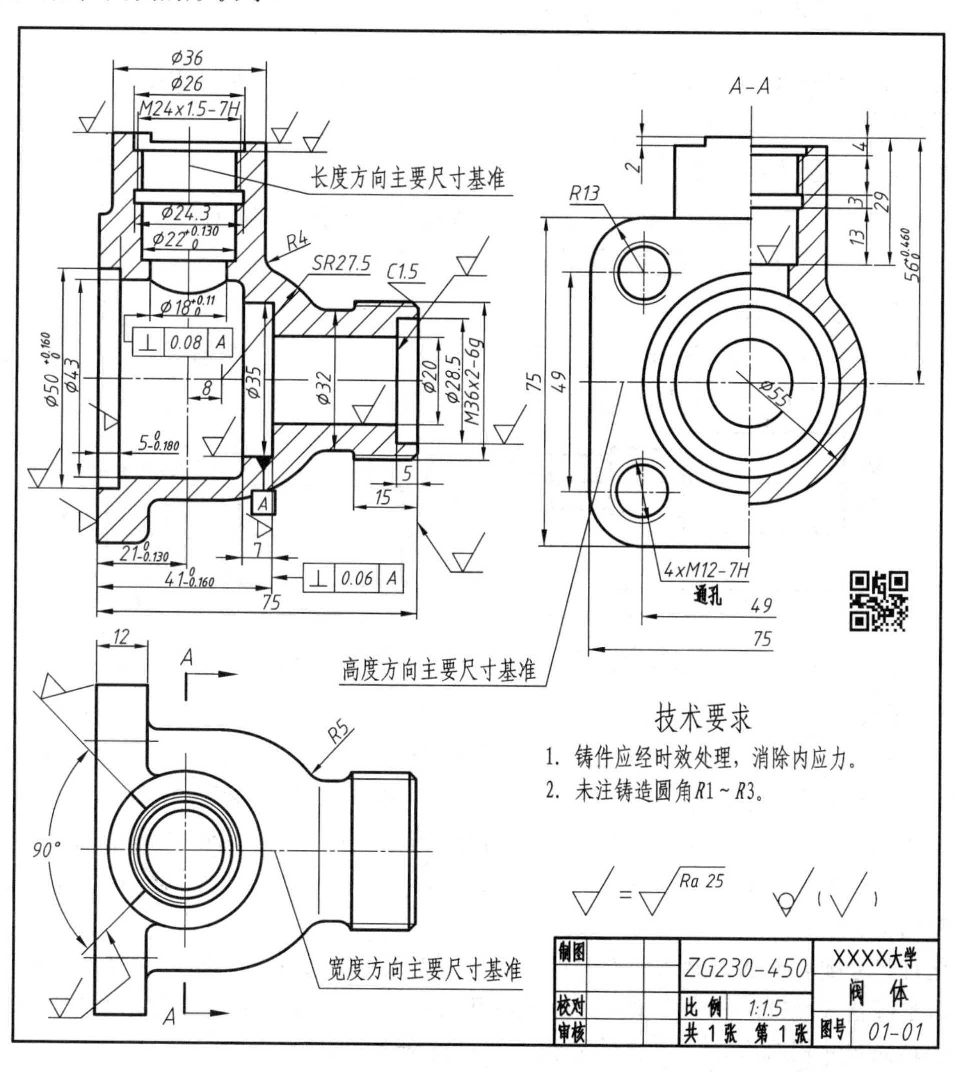

图11-4　阀体零件图

2) 尺寸注法

箱体类零件一般选用轴线、重要的安装面、装配接触面和箱体的对称面等作为主要尺寸基准。对于箱体上需要进行切削加工的部分要尽量按便于加工和检验的要求来标注尺寸。

如图 11-4 所示，选择容纳阀杆的阀体孔$\phi 18^{+0.110}_{0}$的轴线作为长度方向的主要尺寸基准，

由此注出长度方向的尺寸ϕ36、ϕ26、8、$21^{0}_{-0.130}$等；箱体左端面是长度方向的第一辅助尺寸基准，由此注出$5^{0}_{-0.018}$、$41^{0}_{-0.160}$、75 等尺寸；箱体右端面是长度方向的第二辅助基准，由此注出尺寸 5、15。选择阀体的前后对称平面作为宽度方向的主要尺寸基准，由此注出尺寸 90°、75、49、ϕ55 等；高度方向的主要尺寸基准选择容纳阀芯的阀体孔ϕ43 的轴线，由此注出尺寸$\phi 50^{+0.160}_{0}$、ϕ20、M36×2－6g、$56^{+0.460}_{0}$等；以限位凸块上端面作为高度方向的辅助尺寸基准，标注出尺寸 2、4、29 等。总体尺寸请自行分析。

11.2.3 零件图上尺寸配置形式

由于零件设计要求和加工方法不同，所以零件图上尺寸配置形式也不同。在零件图上尺寸配置有以下三种形式。

1．坐标式(又称并联式)

坐标式是将同一方向的一组尺寸，从同一基准出发进行标注，如图 11-5 所示。该轴的轴向尺寸 a、b、c 都是以轴的左端面为基准进行标注的。

2．链状式(又称串联式)

链状式是将同一方向的一组尺寸，逐段连续标注，基准各不相同，前一尺寸的终止处，就是后一尺寸的基准，如图 11-6 所示。

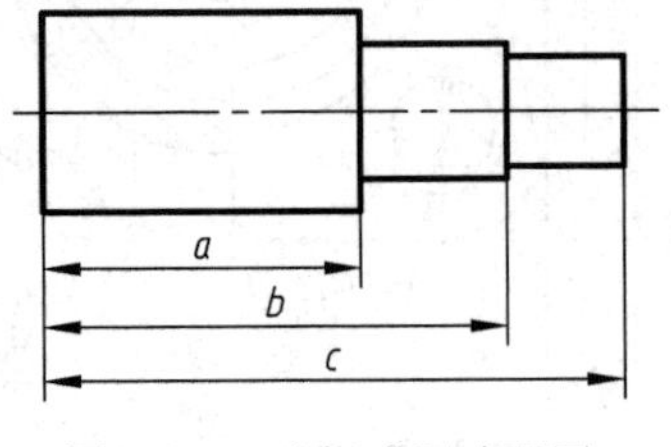

图 11-5 坐标式尺寸配置

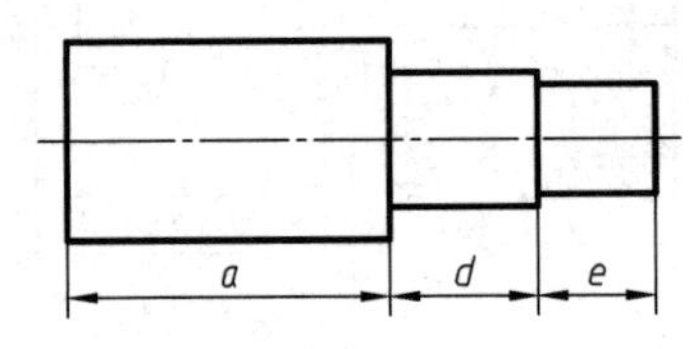

图 11-6 链状式尺寸配置

3．综合式

综合式是坐标式和链状式尺寸配置形式的综合，如图 11-7 所示。这时如果再标注尺寸 e，如图 11-8 所示，就形成了一环接一环且首尾相接的尺寸标注形式，称为封闭尺寸链。尺寸标注成封闭尺寸链形式，因各段尺寸精确度相互影响，很难同时保证所有尺寸的精确程度。因此，零件图上的尺寸不允许标注成封闭尺寸链的形式，而是将其中不重要的一段尺寸空出不标注。

这种尺寸配置形式最能适应零件设计要求与加工工艺要求，如图 11-1 泵轴的轴向尺寸配置就是综合式配置。其中，轴向尺寸 50±0.5、14、12h8 直接标注出来，而中间圆柱体部分的轴向尺寸相对次要，空出不注(由计算可得到为 24)。

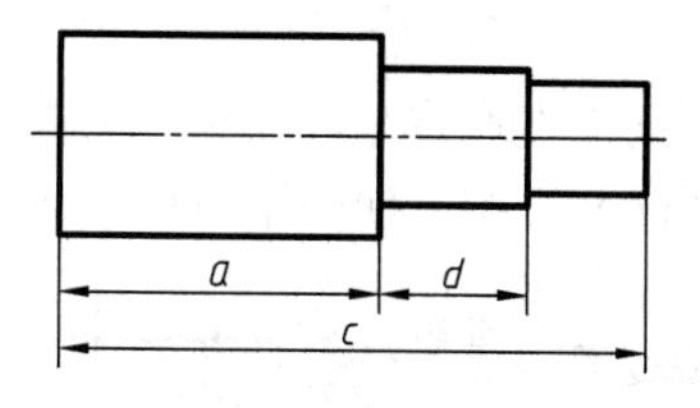

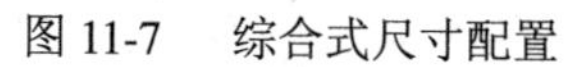
图 11-7　综合式尺寸配置

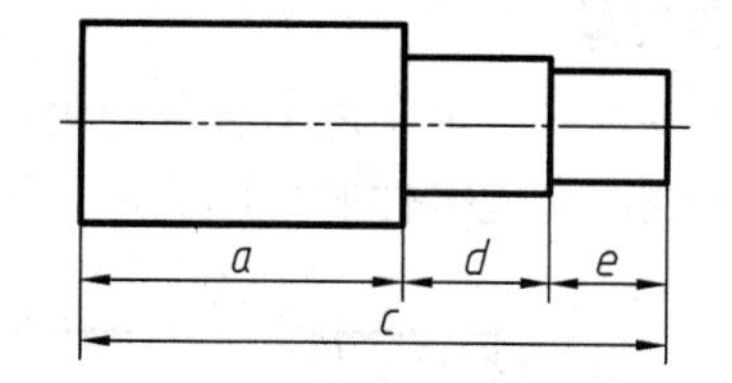

图 11-8　尺寸不应注成封闭尺寸链

11.3　零件常见工艺结构简介

通过对零件视图选择、尺寸注法的分析可以看出：零件的结构形状主要是由它在机器或部件中所起的作用及它的制造工艺决定的。因此零件的结构除了满足使用要求外，还必须考虑制造工艺，方便制造。下面列举一些常见的工艺结构，供画图时参考。

11.3.1　铸造零件的工艺结构

1．铸造圆角

铸件各个表面的相交处应做成圆角，如图 11-9 所示。这样可以防止铁水冲坏砂型转角，还可避免铁水在冷却收缩时铸件的尖角处开裂或产生缩孔。

铸造圆角(一般取半径为 $R3$～5 mm)在视图上一般不予标注，而集中注写在技术要求中。

铸件表面常常需要进行切削加工，此时铸造圆角被削平成尖角或倒角。

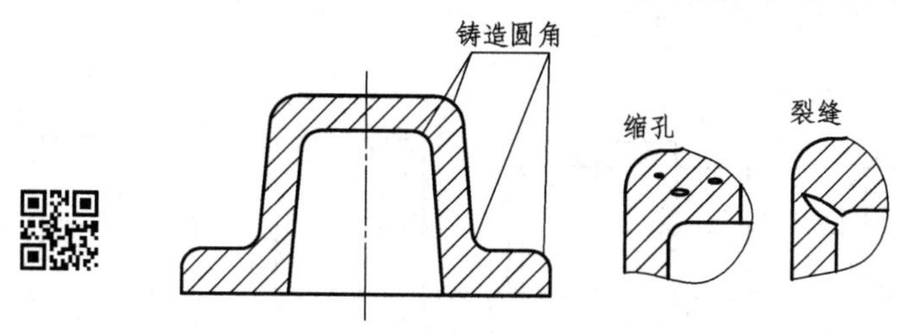

图 11-9　铸造圆角

2．起模斜度

用铸造的方法制造零件毛坯时，为了便于从砂型中取出模样，一般沿取出模样的方向做成约 1 : 20 的斜度，这个斜度就叫起模斜度。因此在零件毛坯表面也有相应的斜度，如图 11-10(a)所示。对起模斜度无特殊要求时，在图上可以不画出，也可以不予标注，如图 11-10(b)所示，必要时可在技术要求中用文字说明。

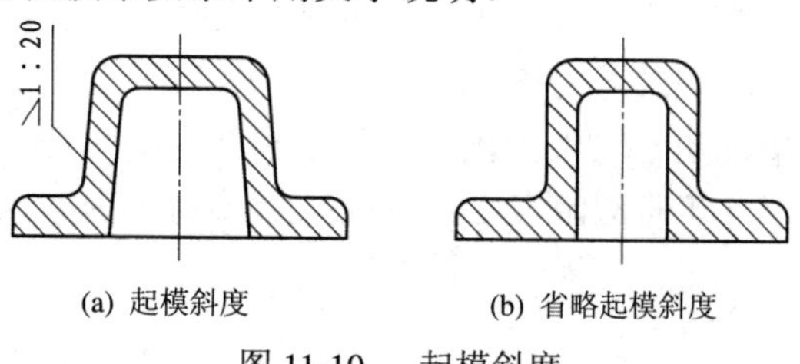

(a) 起模斜度　　(b) 省略起模斜度

图 11-10　起模斜度

3. 铸件壁厚

在浇铸零件时，为了避免各部分因冷却速度不同而在肥厚处产生缩孔或在断面突然变化处产生裂纹，应使铸件的壁厚保持大致相等或者逐渐过渡，如图 11-11 所示。

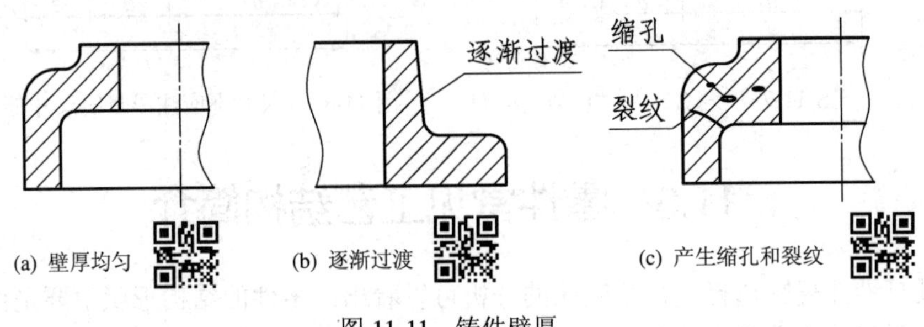

(a) 壁厚均匀　(b) 逐渐过渡　(c) 产生缩孔和裂纹

图 11-11　铸件壁厚

11.3.2　零件加工面的工艺结构

1. 倒角或倒圆

为了便于装配和去除零件的毛刺、锐边，加工时常将孔或轴的端部形成的尖角切削成倒角或倒圆的形式；为了避免应力集中产生裂纹，在轴肩和孔肩处通常加工成倒圆的形式(圆角过渡的形式)，如图 11-12 所示。

在绘制零件图时一般应将倒角和倒圆画出，并标注尺寸。但在不致引起误解时，零件的小倒角和小倒圆允许省略不画，但必须标明尺寸，如图 11-12(c)所示。倒角和倒圆的尺寸系列可查阅附表 27 或有关国家标准。内角、外角分别为倒圆(或倒角为 45°)的装配形式中的尺寸可查阅附表 28 或有关国家标准。

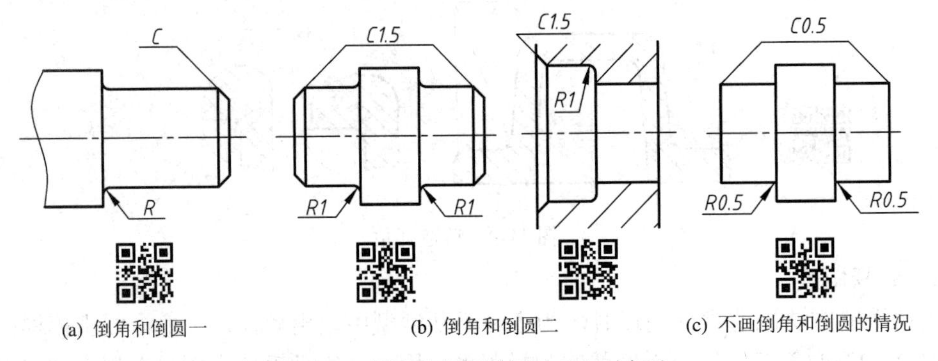

(a) 倒角和倒圆一　(b) 倒角和倒圆二　(c) 不画倒角和倒圆的情况

图 11-12　倒角和倒圆的画法及尺寸标注

2. 螺纹退刀槽和砂轮越程槽

在切削加工中，为了便于刀具进入或退出切削加工面，可留出退刀槽。图 11-13 所示为加工外螺纹和内螺纹时的螺纹退刀槽。在进行磨削加工时，为了使砂轮稍稍越过加工面，通常先加工出砂轮越程槽，图 11-14 给出了磨外圆和磨内圆两种砂轮越程槽。螺纹退刀槽和砂轮越程槽的结构和尺寸可查阅附表 26、附表 29 或有关国家标准；它们的尺寸标注参见第 1 章表 1-9。

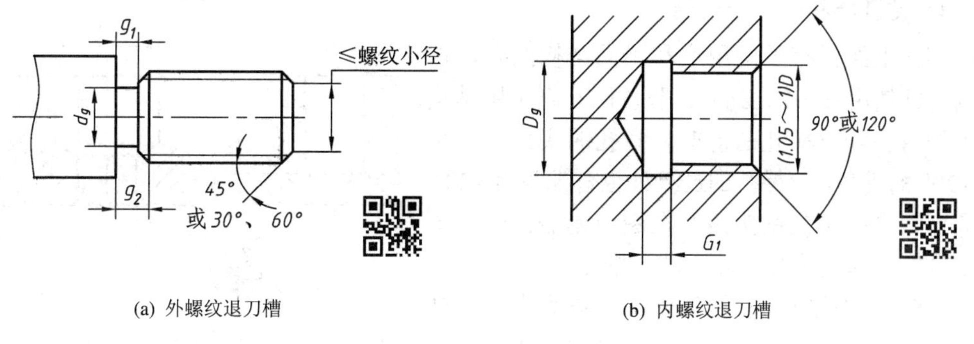

(a) 外螺纹退刀槽　　(b) 内螺纹退刀槽

图 11-13　螺纹退刀槽

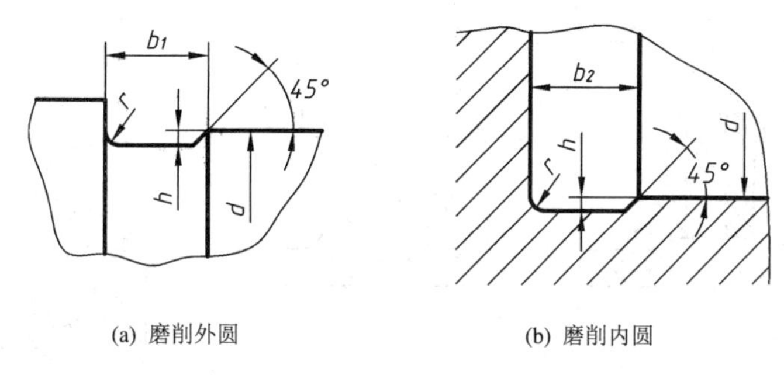

(a) 磨削外圆　　(b) 磨削内圆

图 11-14　砂轮越程槽

3．凸台和凹坑

零件上与其它零件的接触面，一般都需要加工。为了减少零件表面的机械加工面积，保证零件表面之间的良好接触，常常在铸件表面设计凸台和凹坑等结构，如图 11-15 所示。

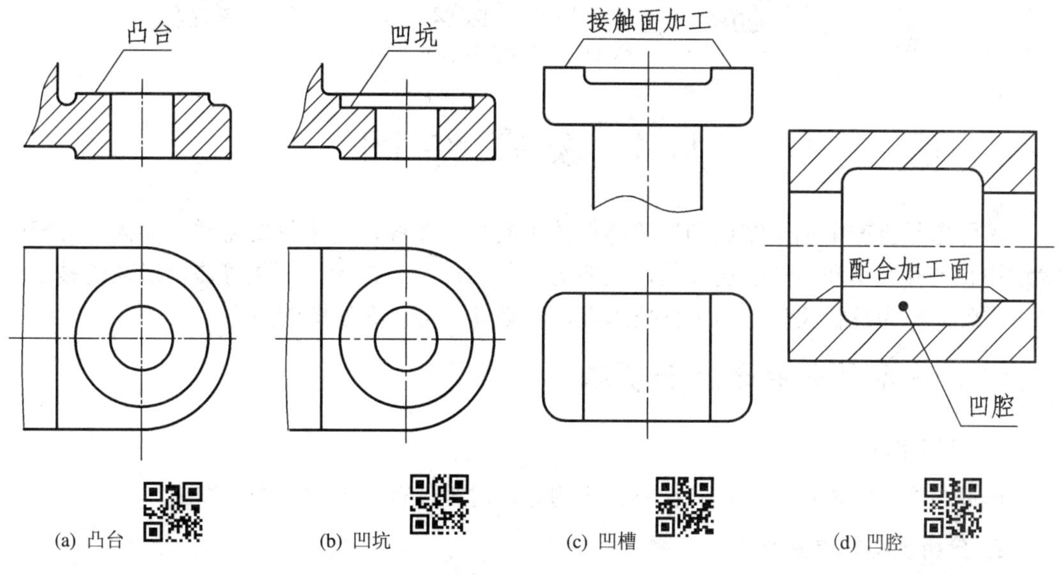

(a) 凸台　　(b) 凹坑　　(c) 凹槽　　(d) 凹腔

图 11-15　凸台、凹坑等结构

4. 钻孔结构

零件上经常有不同用途和不同结构的孔，这些孔常常使用钻头加工而成。图 11-16 表示用钻头加工的盲孔和阶梯孔的情况。盲孔的底部有一个约 120° 的锥角，阶梯孔的过渡处也有锥角为 120° 的圆台，这些都是钻头角，在图中无需标注。盲孔和阶梯孔的结构及尺寸注法见图 11-16。

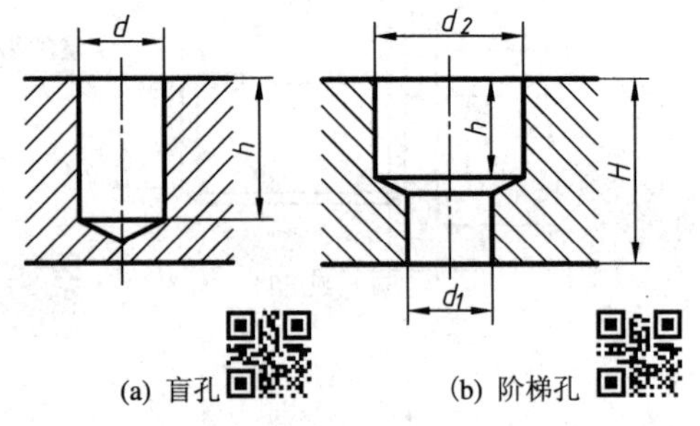

图 11-16　盲孔和阶梯孔的结构及尺寸注法

用钻头钻孔时要求钻头轴线尽量垂直于被钻孔的端面，如遇斜面、曲面时应先加工成凸台或凹坑，以免钻孔时因钻头受力不匀使孔偏斜或使钻头折断，如图 11-17 所示。

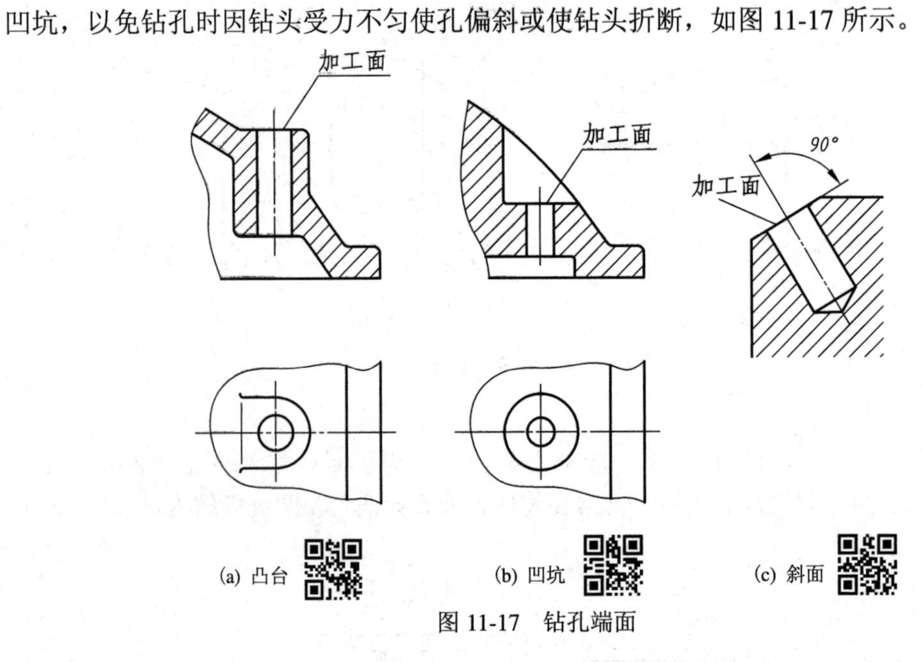

图 11-17　钻孔端面

11.4 读零件图

零件图是生产中加工制造和检验零件的主要技术图样，它不仅要将零件的内、外部形状结构、尺寸大小和材料表达清楚，还应为零件的加工、检验、测量等提供必需的技术要求。因此，作为各相关专业的工程技术人员，必须具备读零件图的能力。

11.4.1 读零件图的方法和步骤

1. 概括了解

由标题栏了解零件的名称、材料、比例等，对零件有一个初步的认知。

2. 分析视图并想象形状

观察分析零件图中的一组视图，分清哪些是基本视图，哪些是辅助视图，以及采用了哪些表达方法等。在确定哪个是主视图后，根据视图特征，把它分成几个部分，找出相应视图上该部分的图形，把这些图形联系起来，进行投影分析和结构分析，弄清各个部分的空间形状和它们之间的相对位置，最后综合想象出零件的整体结构形状。

3. 分析尺寸和技术要求

分析并确定零件的长、宽、高三个方向的尺寸基准，从而进一步分析图中的定形、定位和总体尺寸。还要看懂图中的尺寸公差、几何公差和表面粗糙度等技术要求。

4. 综合考虑

将通过以上步骤得到的信息综合起来考虑，就能比较全面地读懂这张零件图了。

有时为了读懂比较复杂的零件图，还要参考其它技术资料，包括该零件所在的部件装配图等，从中进一步了解该零件的作用和功能，以及与其它零件的连接关系，从而更深入地读懂该零件图。

11.4.2　读图举例

下面以叉架类和箱体类零件为例，介绍具体的读图方法。相对简单的轴套类和盘盖类零件的读图也可参照下例的方法，只是它们的主视图是以加工位置和形状特征来选择的。轴套类和盘盖类零件尺寸注法分析和技术要求等内容可参考 11.2.2 节。

【例 11-1】 读图 11-18 所示的支架零件图。

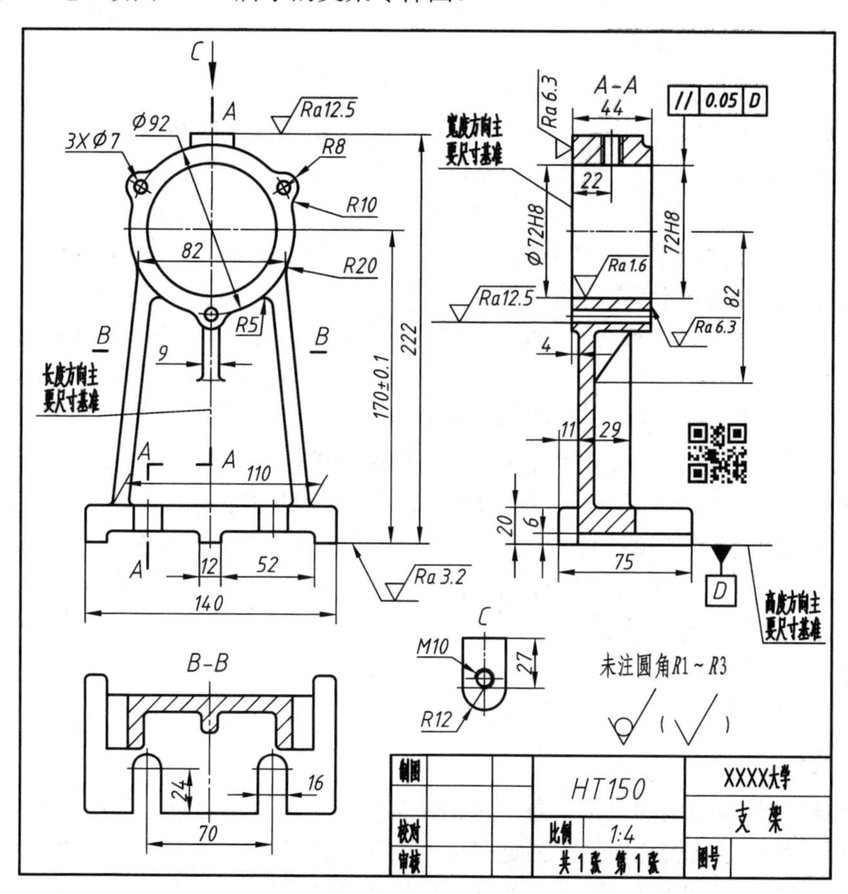

图 11-18　支架零件图

【解】 按照上述读零件图的方法步骤进行分析读图。

1．概括了解

由图 11-18 的标题栏可知，该零件为支架，是用来支撑其它零件的，应属叉架类零件，其视图表达应符合叉架类零件的表达特点。绘图比例为 1 : 4，即零件实物是图形的 4 倍。材料为 HT150，从附表 22 可知，它是一种灰铸铁，可用于制造多数机床的底座等，这也说明该支架零件的毛坯是用牌号为 HT150 的灰铸铁铸造而成的。

2．分析视图并想象形状

该支架为叉架类零件，应该是按照工作位置和形状特征选择主视图的。该支架采用了三个基本视图和一个局部视图，左上方为主视图。根据视图的配置关系可知：主视图表达了支架的外部形状特征；俯视图采用 *B*—*B* 全剖，表达了连接板、肋和底板及其上 U 形槽的形状及相对位置关系；左视图采用了 *A*—*A* 的阶梯剖，表达了支架上方轴承孔和凸台孔的内部情况及底板上凹槽和 U 形槽的结构；而 *C* 向的局部视图主要表达了上方 U 形凸台的形状。通过对图 11-18 的视图分析，逐步构思想象出如图 11-19 所示的支架立体形状。

图 11-19　支架立体图

3．分析尺寸和技术要求

通过对支架视图的形体分析和尺寸分析可以看出(图 11-18)：长度方向的主要尺寸基准为支架左右对称平面；宽度方向的主要尺寸基准是圆柱筒轴承部分的后端面；高度方向的主要尺寸基准为支架的安装底面。从这三个方向的主要尺寸基准出发，再进一步看懂各部分的定位尺寸和定形尺寸。如长度方向的定位尺寸 70，它确定了两个 U 形槽在长度方向的位置；宽度方向的定位尺寸 22，它确定了上方凸台的螺纹孔在前后方向的位置；高度方向的定位尺寸 170 ± 0.1，它确定了上方轴承孔的轴线到底板的距离，等等。还有各种定形尺寸，如主视图中轴承外径尺寸ϕ92、凸缘上圆孔尺寸 3×ϕ7、小圆弧的尺寸 *R*5、*R*10、*R*20 等等；支架的总体尺寸为：总长 140、总宽 75、总高 222。通过这些尺寸可以完全确定这个支架的形状和大小。

再看技术要求，标题栏上方用文字注写的技术要求是“未注圆角 *R*1～*R*3”，这是对图中没有标注半径的圆角进行了统一标注；轴承孔ϕ72H8 有尺寸公差要求，其极限偏差数值可由公称尺寸ϕ72 和公差带代号 H8 查附录附表 20 得到，H8 的上极限偏差是+0.046，下极限偏差是 0，也可写作ϕ72H8($^{+0.046}_{\ \ 0}$)；对几何公差有要求的是ϕ72H8 孔的轴线，它对底面 *D*(高度方向主要尺寸基准)的平行度公差为 0.05 mm；对支架的各表面均提出了粗糙度的要求，其中要求最高的是ϕ72H8 孔的表面，轮廓算术平均偏差 *Ra* = 1.6(*Ra* 数值越小，要求越高)；要求最低的表面是所有不加工的表面(铸造表面)，它用√(√)集中注写在了标题栏的附近。

4．综合考虑

将通过以上步骤得到的全部信息，包括结构形状、尺寸标注、各项技术要求等内容综合起来考虑，就可以比较全面地读懂这张支架的零件图了。

【例 11-2】 读如图 11-20 所示的减速机机座零件图。

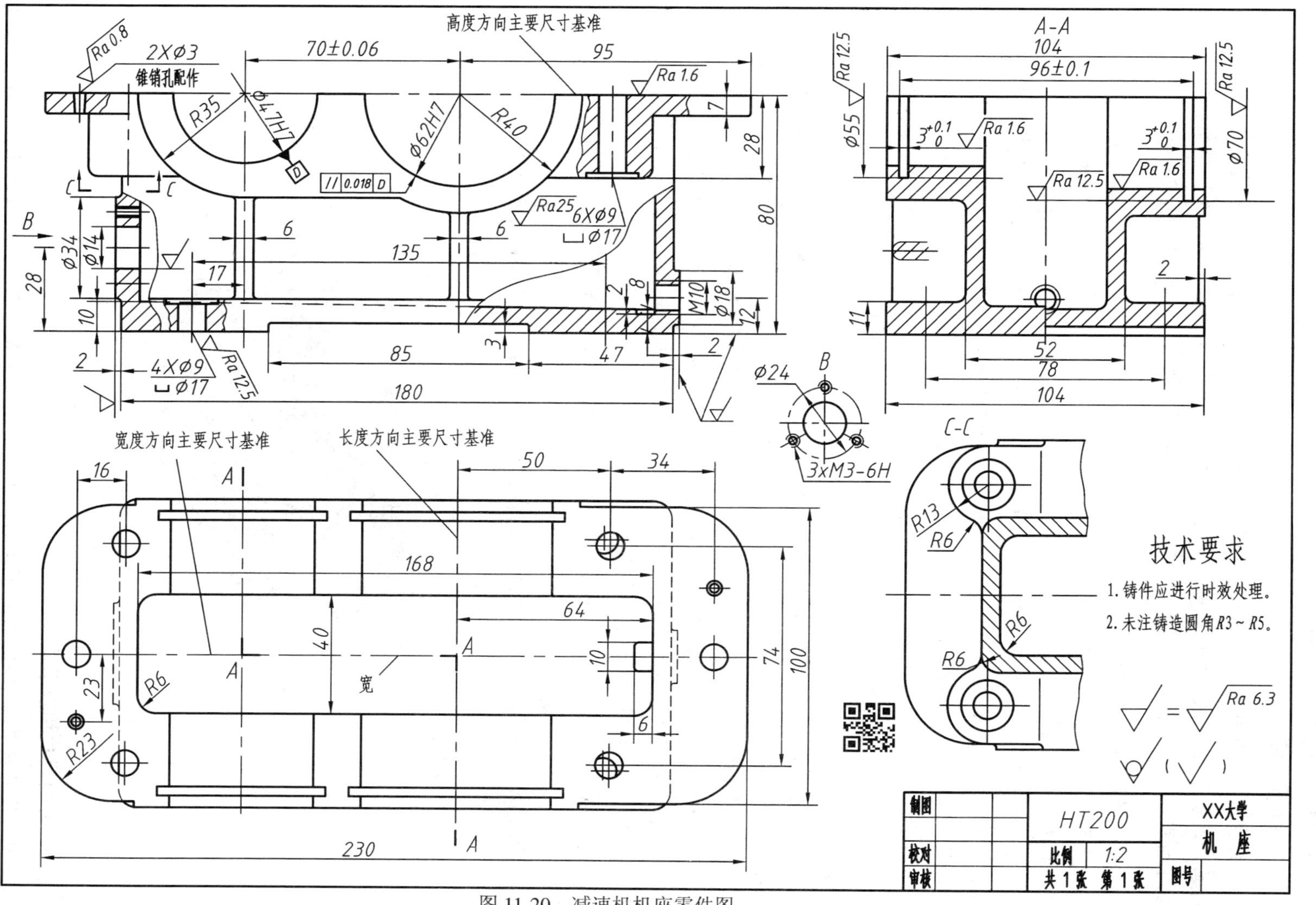

图 11-20 减速机机座零件图

【解】 按照读零件图的方法步骤进行分析读图。

1．概括了解

通过标题栏和相关资料的阅读可知，该零件的材料为 HT200，由铸造毛坯经切削加工而成。该零件为齿轮减速机中的一个重要零件，主要用来包容和支承滚动轴承、轴、齿轮等运动零件，属于箱体类零件。该零件图的绘图比例为 1:2，实物比图形大一倍。

2．分析视图并想象形状

该零件采用了三个基本视图：主视图、俯视图、左视图；两个辅助视图：*C*—*C* 局部剖视图和 *B* 向局部视图。其主视图是按照座体的工作位置和形状特征来选择的。

主视图清晰表达了机座的主体形状和各个局部结构间的相对位置，五处局部剖视图分别表示了孔或螺孔及其它小结构的具体情况：$\phi 47K7$和$\phi 62K7$两个半圆柱孔是用来安装滚动轴承外圈的；上方左端的销孔 $2\times\phi 3$ 和右端的螺栓孔 $6\times\phi 9$ 是连接减速机的机盖用的；左下方$\phi 14$ 的孔是液面观察孔；底板上的 $4\times\phi 9$ 是减速机安装孔；减速机中的润滑油可经内腔底部的斜面由右下方 *M*10 的螺纹孔流出；在承重位置处设置了肋 (共 4 个，安装滚动轴承位置的下方)。

俯视图主要以表达外形为主，清楚反映了上端面的形状和各种孔的形状及相对位置、底座内箱的形状、安放轴承的孔、安装嵌入式端盖嵌入部分的形状结构等。

左视图采用了 *A*—*A* 阶梯全剖视图：上部左右两端进一步表达了两个轴承安装孔的结构和嵌入式端盖嵌入部分的形状结构、内腔的形状、内腔底面的斜面及螺孔等。

C—*C* 剖视图主要表达了其它视图上没有表示清楚的机座与机盖安装螺栓孔 $6\times\phi 9$ 的凸台形状及凸台与机座的连接情况等。

连接油面观察孔与孔盖(透明材质)用了三个螺钉，*B* 向局部视图表达了螺钉孔的分布情况。

把以上对机座这一组视图的分析结合起来想象，可构思出整体结构形状，如图 11-21 所示。

图 11-21　机座轴测图

3．分析尺寸和技术要求

机座尺寸基准(见图 11-20)：长度方向主要的尺寸基准为通过大轴承孔圆心的轴线(长度方向辅助尺寸基准为小轴承孔的轴线)，由此注出了两轴承孔轴线间定位尺寸 70±0.06、长度基准到上端面右端的距离 95 以及到 $6\times\phi 9$ 孔轴线的距离 50 等；宽度方向的主要尺寸基准为机座前后的基本对称平面，由此注出了孔腔的宽度尺寸 40、孔 $6\times\phi 9$ 宽度方向的定位尺寸 74 等；高度方向的主要尺寸基准为机座与机盖的接触面即上表面(高度方向辅助尺寸基准为底面)，由此注出上表面到凸台下表面的距离 28、上表面到底面的距离 80 等。机座的总长尺寸是 230、总宽是 104、总高是 80。其还有许多尺寸，读者可自行分析。机座的形状和大小通过图中所标注的这些尺寸就可以完全确定了。

标题栏上方有两条文字书写的技术要求，第 1 条要求对机座的铸件毛坯进行时效处理，以消除内应力等(见附表 24)，第 2 条要求图中未注明尺寸的铸造圆角半径为 $R3$～$R5$；两个轴承孔 $\phi 47H7$ 和 $\phi 62H7$ 有尺寸公差要求，其极限偏差数值可由附表 20 查得；对几何公差有要求的是 $\phi 62H7$ 轴承孔的轴线，它对于以 $\phi 47H7$ 轴承孔的轴线 D 为基准的平行度公差为 0.018mm；对机座零件的各个表面都有表面粗糙度的要求，其中要求最高的是两个轴承孔的表面，轮廓算术平均偏差 $Ra = 1.6$，要求最低的表面是机座中所有不加工的铸造表面，它用√(√)集中注写在标题栏的附近。

4．综合考虑

上述三步中，分析视图并想象形状是难点，特别是像机座这样结构较复杂的零件更是如此。我们在对视图进行形体分析后，可先分块构思出各部分的形状结构，最终得到总体。

将通过以上步骤得到的包括结构形状、尺寸标注、各项技术要求等内容综合起来考虑，就能全面地读懂这张机座的零件图了。

第12章　装　配　图

表示机器或部件的工作原理、结构形状、装配关系和技术要求等的机械图样称为装配图。装配图用于指导机器或部件的装配、检验、调试和维修等。因此，装配图是机械设计和制造、使用和维修，以及进行技术交流必不可少的技术文件。

本章以球阀、齿轮油泵等部件为例，介绍装配图的内容和表达方法、装配图的尺寸、由零件图拼画装配图、读装配图等内容。

12.1　装配图的作用和内容

装配图是生产中的基本技术文件。在产品设计中，通常先画出机器或部件的装配图，然后再根据装配图，设计绘制零件图；在产品制造中，装配图是制定装配工艺规程，进行装配和检验的技术依据；在使用和维修机器时，也需要通过装配图来了解机器或部件的构造。

图 12-1 为球阀的轴测图，图 12-2 为球阀的装配图。在管道中，球阀是控制流体通道的启闭和通道中流体流量大小的部件。配合轴测图，可以从装配图看出：阀芯 4、阀体 1、阀盖 2、阀杆 12 等主要零件的结构形状以及组成球阀的各个部分之间的相对位置。

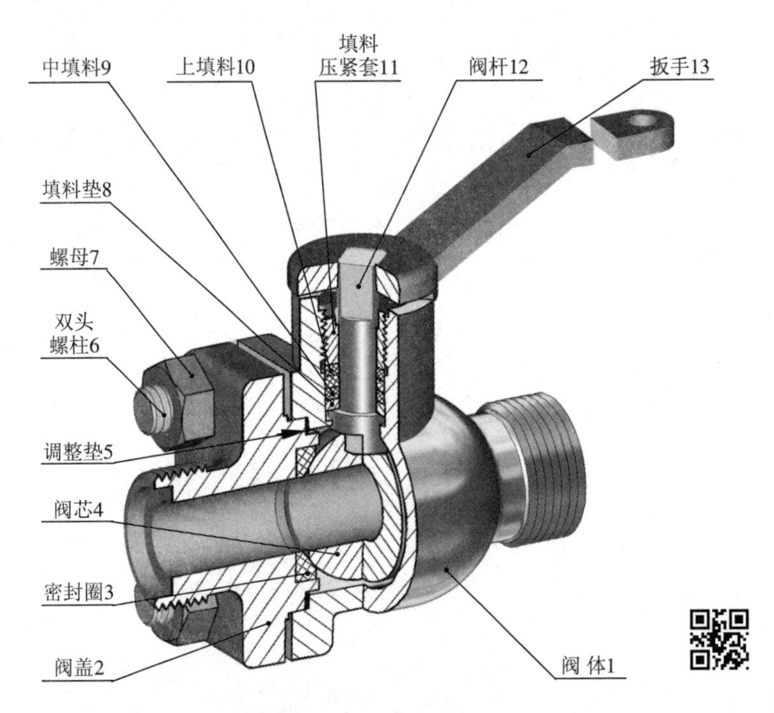

图 12-1　球阀轴测图

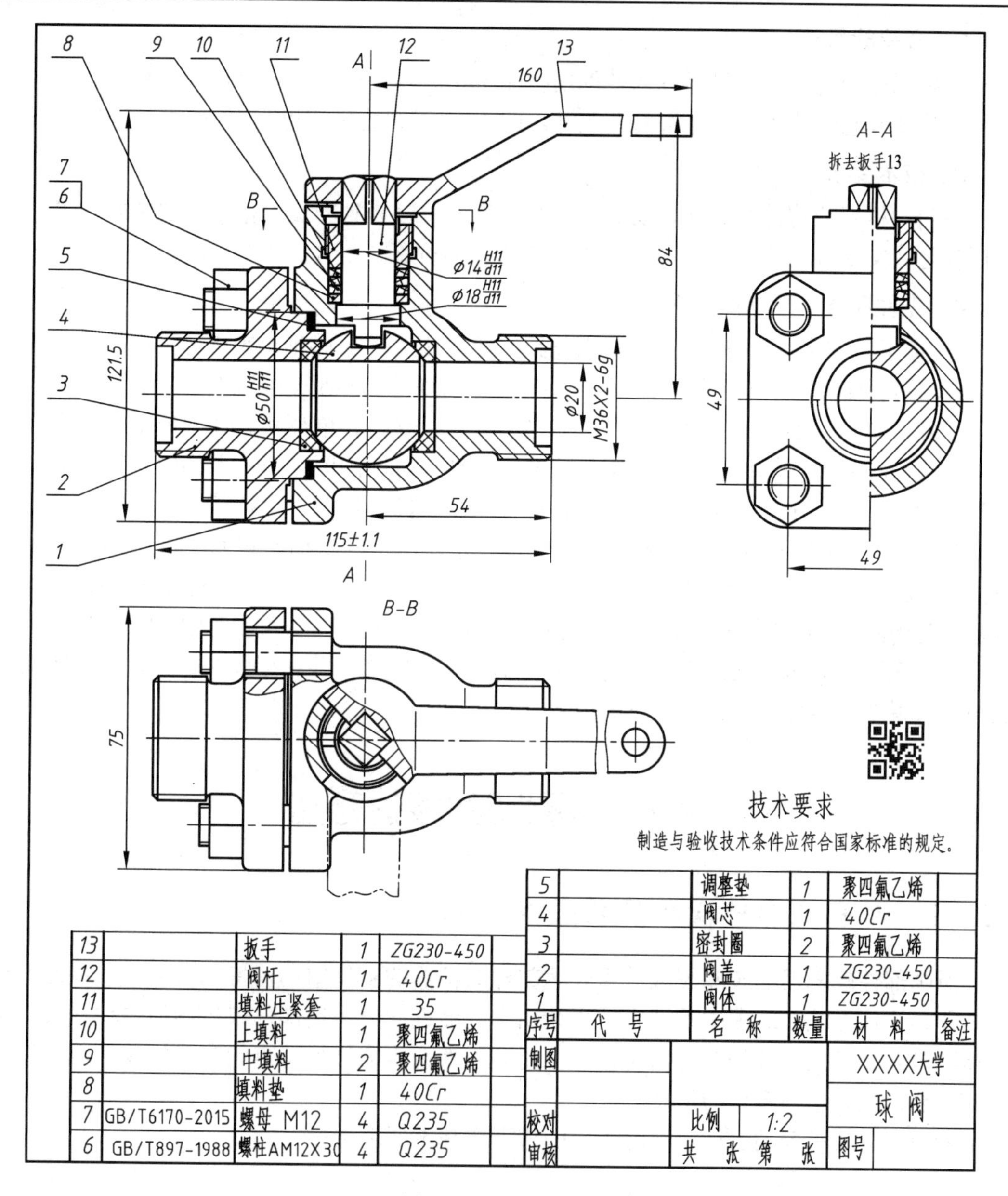

图 12-2 球阀装配图

从图 12-2 中可以看到，一张完整的装配图应包括下列内容。

1. 一组视图

采用适当表达方法的一组视图，用来正确、完整、清晰地表达部件或机器的组成零件、各零件间的装配关系、连接方式、传动路线、工作原理以及主要零件的结构形状等。例如，图 12-2 球阀装配图中的主视图采用全剖视图，反映球阀的工作原理和各主要零件间的装配关系；俯视图表示主要零件的外形，并采用两个局部剖视图来表示扳手与阀杆、阀体的连接关系，以及用双头螺柱连接阀体与阀盖的情况；左视图采用了拆去扳手后的半剖视图，用来表达阀盖的外形以及阀体、阀杆、阀芯间的装配关系等。

2．必要的尺寸

装配图中应注出表示机器或部件的规格(性能)尺寸、零件之间的配合尺寸、外形尺寸、安装尺寸及其它一些重要尺寸等必要尺寸。图 12-2 球阀的尺寸将在 12.3 节中介绍。

3．技术要求

说明：机器或部件在装配、安装、检验和工作时应达到的技术指标和安装要求等，一般用代号或文字说明。这部分内容将在 12.3 节还有介绍。

4．零件序号、标题栏、明细栏

为了便于生产准备和管理，国家标准规定，在装配图中，必须对部件上的每个零件编写序号并填写明细栏，国家标准对序号的编写等有专门规定，这部分内容将在 12.4 节详细介绍。

明细栏中填写零件的序号、代号、名称、数量、材料、单件和总计的质量、备注等。其中，代号栏中填写标准件的标准编号或非标准件零件图的图号。标题栏中填写装配体的名称、图号、绘图比例及设计单位的名称等，以及制图、校对、审核等人员的签名。

1.1 节中已介绍了 GB/T 10609.1—2008《技术制图　标题栏》和 GB/T 10609.2—2009《技术制图　明细栏》尺寸及格式等规定，而制图作业中的标题栏和明细栏可采用如图 1-4(b)所示的简化格式。标题栏和明细栏在图纸中的位置和填写内容等，可参考图 12-2 和图 12-25。

在装配图中对机器或部件上的每个零件编写零件序号，并在标题栏上方以填写明细栏的方式来说明各零件的材料、数量等内容。

12.2　装配图的表达方法

12.2.1　对表达部件或机器的基本要求

所画部件或机器的装配图应着重表达部件或机器的整体结构，特别要把组成零件的相对位置、连接方法、装配关系清晰地表达出来；能据此分析出部件或机器的传动路线、运动情况以及如何操纵或控制等情况，从而得到部件或机器结构特点的完整印象，而不追求完整和清晰表达个别零件的形状。

考虑部件或机器的表达方法时，应围绕上述基本要求进行。

12.2.2　选择表达方法的步骤

首先介绍装配干线的相关概念。在一个部件或机器中，为了实现某一局部功能或动作，一般总是有一串，或几串零件装配在一起，大多数情况下，这串零件具有共同的轴线或中心线，这些线称为装配干线。装配干线又细分为主要装配干线和辅助装配干线，与部件或机器功用密切的是主要装配干线，简称主要干线(如工作系统、传动系统等)，其余是辅助装配干线，简称辅助干线(如操作系统和其它辅助装置等)。还可能有一些以单一装配关系装在一起的极少数零件，称为装配点(如螺栓、螺柱装配等)。

选择部件或机器的表达方法时，应根据其结构特点从装配干线入手,首先考虑主要干线，然后是辅助干线并兼顾一些小装配点。最后考虑零件、定位等方面的表达，力求视图数目得当、看图方便和作图简便。

选择表达方法的一般步骤是：

(1) 了解部件或机器的功用和结构特点，明确装配干线和装配点。

(2) 选择主视图。所选的主视图一般要：

① 一般应符合部件或机器的工作位置；

② 能尽量多地表达部件或机器的结构和主要装配关系。

为此，应考虑采用恰当的表达方法以求实现上述要求。

例如，图12-2所示球阀装配图的主视图，既符合其工作位置，又抓住水平的主要装配干线和铅直的辅助装配干线(见图12-1和12-18箭头指示处)共面的特点采用了全剖视图，这样就把主要零件的相对位置、装配关系等都表达清了。

(3) 选择其它视图。对主视图没有表达而又必须表达的部分，或者表达不够完整、清晰的部分，可以选用其它视图补充说明。与零件图相似，对于一些比较重要的结构，需要采用剖视进行表达；对于次要结构或局部结构则可采用局部视图、局部剖视图等表达方法来表达。

在图12-2所示球阀装配图中，为了表达阀体、阀杆、阀芯的装配关系，阀体与阀盖的连接关系以及阀盖的外形，左视图采用了半剖；为了清晰地表达扳手的限位装置，在俯视图上采用 *B*—*B* 局部剖补充说明了阀体上的限位凸块和扳手的相对位置，并用假想画法(在12.2.3节介绍)表示出了手柄的转动范围是90°。双头螺柱连接的装配点(图12-18箭头指示处)，也在俯视图中采用局部剖进行了表达。

装配图中视图的数量随部件或机器的结构形状而定，但每种零件至少应在视图中出现一次，否则图上就缺少一种零件了。

12.2.3 装配图的画法

表达零件的各种方法在装配图中仍然适用，但装配图的表达目的与零件图不同，装配图主要用来表示部件或机器的工作原理、结构形状、装配关系和技术要求，用以指导机器或部件的装配、检验、调试、操作及维修等。因此与零件图相比，装配图还有一些特殊的画法，总结如下。

1. 相邻零件的画法

1) 相邻两零件接触面的画法

在装配图中，相邻两零件的接触面或配合表面只画一条线。如图12-3中轴承外圈与轴承孔、轴承盖与轴承孔之间都是接触面，按规定只画一条线。

2) 相邻两零件的不接触表面的画法

在装配图中，相邻两零件不接触表面，要画成两条线。图12-3中的螺钉与螺钉孔是不接触的表面，即便间隙再小也应画成两条线(细小间隙可采用下面将介绍的夸大画法画出)。

3) 相邻零件剖面线的画法

如图12-3所示，为了在装配图中区别不同的零件，相邻两金属零件的剖面线倾斜方向应相反；当三个零件相邻时，其中两个零件的剖面线倾斜方向一致，但要错开或间隔不等，另一个零件的剖面线方向相反。在各个视图中，同一个零件的剖面线倾斜方向和间隔应该相同，如图 12-2 中的阀体，其主视图和左视图中的剖面线方向和间隔均相同。

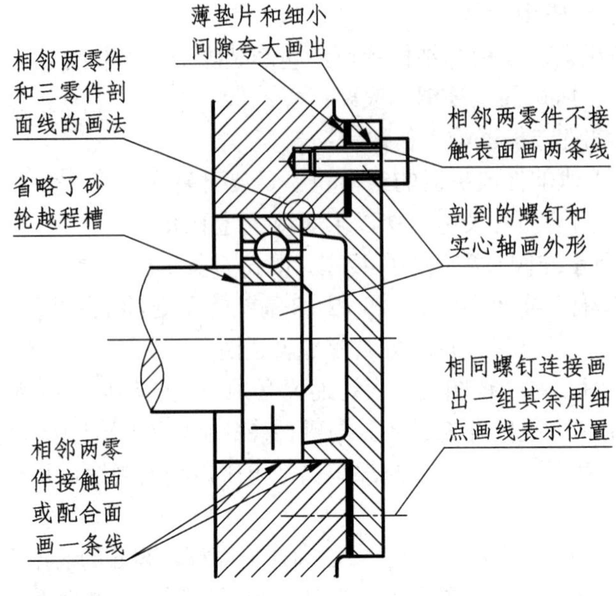

图 12-3　装配图的一些规定画法

2. 实心零件的画法

为了简化作图，在剖视图中，对于一些实心杆件(如轴、连杆等)和一些标准件(如螺栓、螺柱、螺母、键、销等)，当剖切平面通过它们的轴线或对称平面时，这些零件按不剖画，即只画外形，不画剖面线。如图 12-3 所示，被通过轴线剖切的螺钉和轴都按不剖画，只画了外形。这种画法在第 9 章中已经介绍过。如果实心零件上有些结构和装配关系需要表达，可在实心零件上采用局部剖视的方法解决，如图 12-2 主视图中的实心手柄和图 12-25 主视图中的两个实心齿轮轴等。

3. 沿零件的结合面剖切和拆卸画法

在装配图中，当某些零件遮住了需要表达的结构或装配关系时，可假想沿某些零件的结合面剖切或将某些零件拆卸后绘制。在沿零件的结合面剖切时，结合面的区域内不画剖面线，但在被切断的零件断面上应画上剖面线。拆卸画法中需在图形上方加注“拆去××等”。如图 12-25 所示，齿轮油泵左视图是沿泵盖和垫片的结合面剖切并拆去垫片后画出的半剖视图，在垫片和泵体的结合面、齿轮端面不画剖面线，但在被切断的齿轮轴、螺钉和销的断面上必须画出剖面线，左视图还应加注“拆去垫片 5”。图 12-2 中的左视图是拆去了扳手画出的半剖视图，在左视图的上方加注了“拆去扳手 13”。

4. 夸大画法

在画装配图时，对薄片零件、细丝弹簧、微小间隙等，无法按全图绘图比例画出或表达清楚时，可不按比例而采用夸大画法适当夸大画出，如图 12-2 所示球阀装配图主视图中的调整垫(涂黑部分)就是用夸大画法画出的。图 12-3 中的垫片、螺钉与螺钉孔的间隙也是采用了夸大画法。

5. 假想画法

在装配图中如遇到下列情况可用假想画法。

(1) 当需要表达运动零件的运动范围或极限位置时，某一极限位置用粗实线画出，另一极限位置用双点画线画出它的轮廓，如图12-2所示球阀装配图的俯视图中用双点画线表示了扳手的运动极限位置。

(2) 当需要表达部件与相邻零件或部件的相互关系时，可用双点画线画出相邻部件或零件的轮廓。在图12-20所示的手动气阀装配图的主视图中，其螺母下方用双点画线表示了手动气阀与安装板的关系。在图12-25所示的齿轮油泵装配图的左视图的下方用双点画线表达了齿轮油泵使用螺栓与安装板的连接情况。

6. 单独表达某个零件的画法

在装配图中可以单独画出某一零件的视图，但必须在所画视图上方注出该零件的视图名称，在相应的视图附近用箭头指明投射方向，并注上相同的字母。

7. 省略画法

1) 省略工艺结构的画法

在装配图中，零件的工艺结构，如倒角、圆角、滚花、拔模斜度、退刀槽及其它细节等允许省略不画。如图12-3中省略了倒角、圆角、砂轮越程槽等多处细节(其余可对照图12-3自行分析)。

2) 省略相同的零件组的画法

对于装配图中若干相同的零件组，如螺纹连接件等，可仅详细画出一组或几组，其余只需表明装配位置。如图12-3所示，两组螺钉连接详细画出了一组，另一组可省略不画，只要用细点画线表示出位置即可。

12.3　装配图的尺寸和技术要求

12.3.1　装配图的尺寸

装配图不是制造零件的直接依据，因此，装配图中不需要注出零件的全部尺寸，而只需标注一些必要的尺寸，根据这些尺寸作用的不同，大致可以分为以下五类，以图12-2所示球阀装配图中尺寸为例，作如下说明。

1. 性能(规格)尺寸

性能尺寸是表示机器或部件的性能和规格的尺寸，是设计和使用机器的依据，如图12-2中的阀芯尺寸ϕ20。

2. 装配尺寸

装配尺寸包括零件间配合性质的尺寸、保证零件间相对位置的尺寸、装配时进行加工的有关尺寸等。如图12-2中阀体与阀盖的配合尺寸ϕ50H11/h11、54等。

3. 安装尺寸

安装尺寸是机器安装在地基上或部件与机器连接时所需要的尺寸，如图12-2中的M36×2－6g等。

4．外形尺寸

外形尺寸是表示机器或部件总长、总宽、总高的尺寸。它是机器或部件包装、运输、安装和厂房设计的尺寸依据，如图 12-2 中的 84、160、总长尺寸 115±1.1、总宽尺寸 75 和总高尺寸 121.5。

5．其它重要尺寸

机器或部件在设计中确定，但又未包括在上述几类尺寸中的一些重要尺寸，如运动零件的极限尺寸(图 12-20 中注出了气阀杆的运动极限尺寸 10)、主体零件的重要尺寸(图 12-2 左视图中的 49)等。

上诉五类尺寸之间并不是孤立的，实际上有的尺寸往往同时具有多种作用，例如图 12-2 中的尺寸 115±1.1，它既是外形尺寸，又与安装有关。另外，装配图并不是全部要标齐以上五类尺寸的，在对装配图进行尺寸标注时，要在分析具体情况后再标注。

12.3.2　装配图中的技术要求

装配图上一般应注写以下几方面的技术要求(见图 12-2、图 12-25 明细栏附近)：

(1) 装配过程中的注意事项和装配后应满足的要求等(如精度要求)，需要在装配时满足的加工要求、密封要求等。

(2) 检验、试验的条件以及操作要求。

(3) 对产品的基本性能、维护、保养、运输以及使用要求。

12.4　装配图中的零、部件序号及明细栏

为了便于读图、图样管理以及做好生产准备工作，需要对装配图上的每个零件或部件编写序号，并在标题栏上方填写明细栏。

12.4.1　零、部件序号的编写规则和方法

(1) 装配图中所有的零、部件都必须编写序号，一种零、部件只编写一个序号，一般只注写一次。装配图上零、部件的序号应与明细栏(表)中的序号一致。

(2) 装配图中零、部件序号编写方法如下：

① 指引线应自所指零、部件的可见轮廓内引出，并在起始端画一圆点，若所指部分不便于画点(如很薄的零件或涂黑的剖面)时，可用指向该部分轮廓的箭头代替。在指引线的水平线上、圆内或指引线附近注写序号，序号的字号应比该装配图中所注的尺寸数字大一号或两号，如图 12-4 所示。

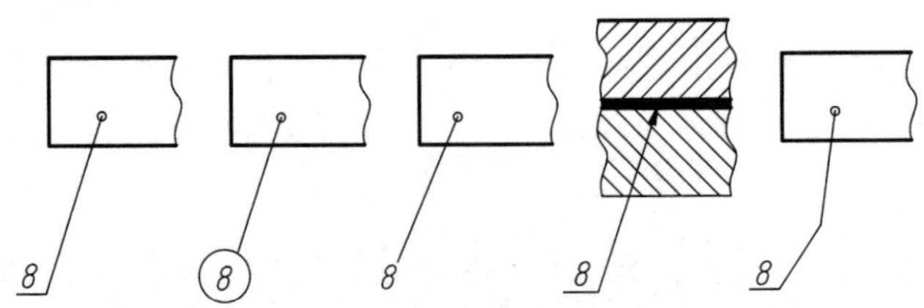

图 12-4　零件序号编写形式

② 同一装配图中编写序号的形式应一致，指引线及水平线或圆均用细实线画出。

③ 各指引线不允许相交，当通过有剖面线的区域时，指引线不应与剖面线平行。指引线可以转折一次。

④ 一组紧固件(如螺柱、螺母、垫圈等)或零件组(如油杯、电动机、滚动轴承等)，可以采用公共指引线，其编写形式见图 12-5。

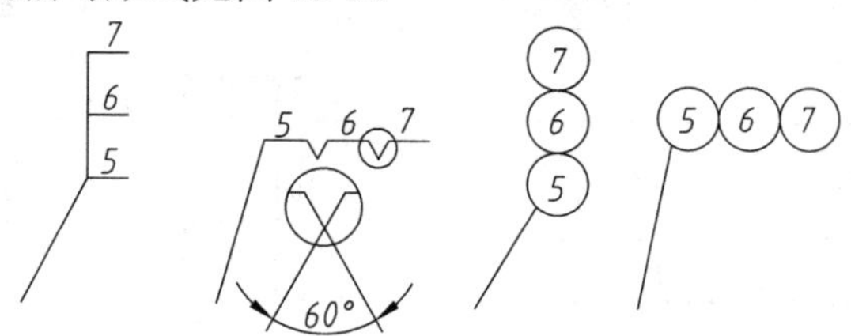

图 12-5　零件组序号的编写形式

⑤ 所编写的序号应沿水平或垂直方向，按顺时针或逆时针方向依次排列整齐，并尽可能均匀分布。如图 12-2、图 12-25 所示。在整个图上无法连续时，可只在每个水平或竖直方向顺次排列。

12.4.2　明细栏

明细栏是机器或部件中全部零、部件的详细目录。其基本内容已在第 1 章中作了介绍。

装配图中的明细栏与标题栏一般是在一起使用的。GB/T 10609.2—2009《技术制图　明细栏》中对明细栏作了规定。为了便于利用图纸，减少手工绘图的工作量，本书中的明细栏和标题栏建议采用图 1-4 的格式尺寸绘制。

填写明细栏时应遵循下列规定(以图 12-2 为例)：

(1) 明细栏画在标题栏上方，与标题栏相连接，若位置不够可将明细栏分段画在标题栏左边。

(2) 在明细栏中，序号编写顺序应自下而上，以便在漏编或增加零件时继续向上添加。

(3) “序号”栏内填写零、部件编号的序号，并由下向上填写；“代号”栏中填写零、部件图样代号(图号)或标准件的标准编号，例如螺母的标准编号 GB/T 6170—2015 等；“名称”栏内填写零、部件的名称，必要时也可写出型式及尺寸，如阀体、螺柱 AM12×30 等；“数量”栏内填写该零、部件在该装配图中的个数，例如阀体的数量为 1 个、密封圈的数量为 2 个、螺母的数量为 3 个等；“材料”栏内填写该零件所用材料的名称及牌号，例如阀体、阀盖的材料为“ZG230-450”、密封圈的材料为“聚四氟乙烯”等；“备注”栏内可填写该项的附加说明或其它有关内容，例如“外购”或“无图”等，如图 14-17 中的石棉绳是无需画零件图的，所以在备注栏中填写了“无图”。

(4) 在实际应用中，明细栏也可作为装配图的续页单独给出。在这种情况下，明细栏中的序号应自上而下编写。

12.5　装配结构简介

装配结构合理才能保证机器或部件的性能，并给零件的加工和装拆带来方便。下面将常见的装配结构举例说明，以供参考。

(1) 两配合零件在同一方向的接触面多于一对时，就需要提高两接触面间的尺寸精度来避免干涉，但这将会给零件的制造和装配等工作增加困难，所以同一方向只宜有一对接触面，如图 12-6 所示。

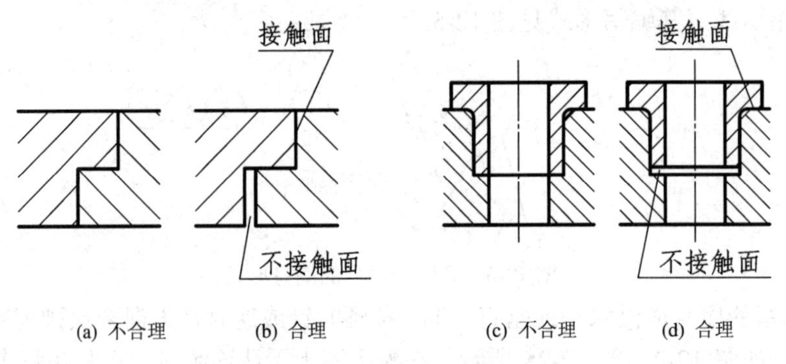

(a) 不合理　(b) 合理　(c) 不合理　(d) 合理

图 12-6　常见装配结构(一)

(2) 轴与孔配合时，孔的端面与孔之间应加工倒角或轴与轴肩之间要清根(切槽)，以保证两端面接触平稳，如图 12-7 所示。

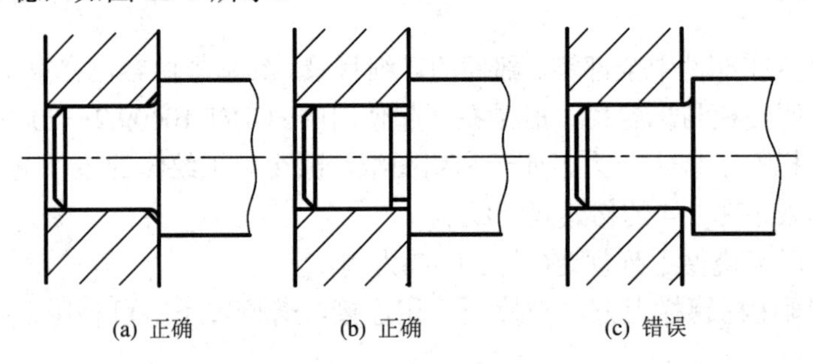

(a) 正确　(b) 正确　(c) 错误

图 12-7　常见装配结构(二)

(3) 要考虑维修、安装、拆卸的方便。如图 12-8 所示，在设计螺栓和螺钉位置时，应考虑其拆装方便。

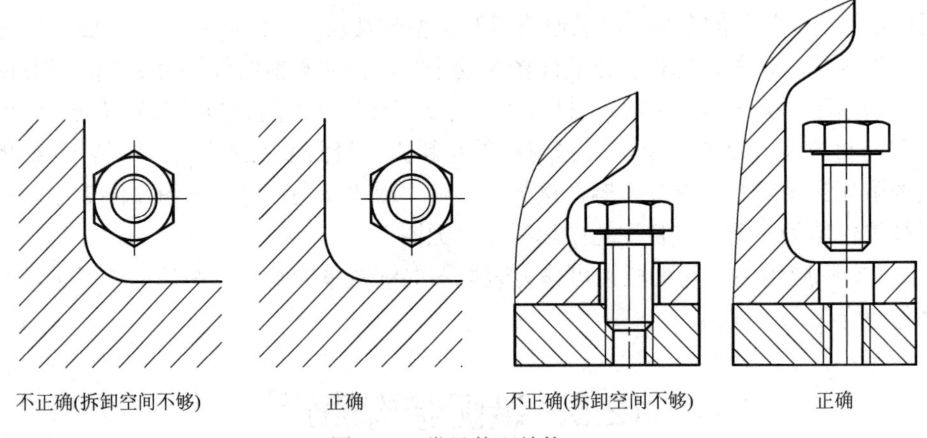

不正确(拆卸空间不够)　正确　不正确(拆卸空间不够)　正确

图 12-8　常见装配结构(三)

(4) 滚动轴承的轴向定位结构要便于拆卸。如图 12-9 所示，轴肩大端直径应小于轴承内圈外径，箱体台阶孔直径应大于轴承外环内径。

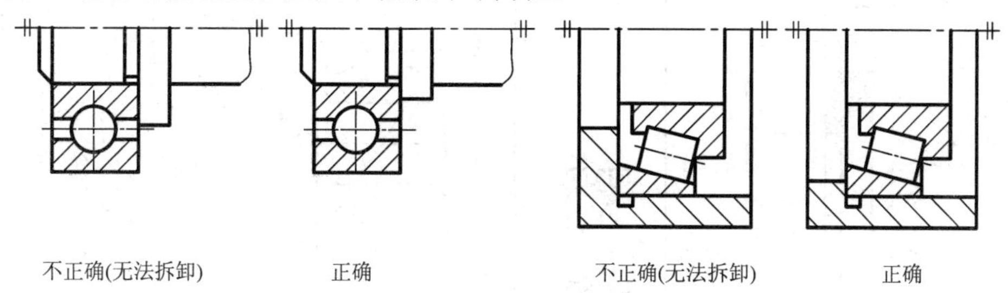

图 12-9 常见装配结构(四)

(5) 为防止内部的液体或气体向外渗漏，同时也防止灰尘等杂质进入机器，应采取合理的、可靠的密封装置，如图 12-10 所示。

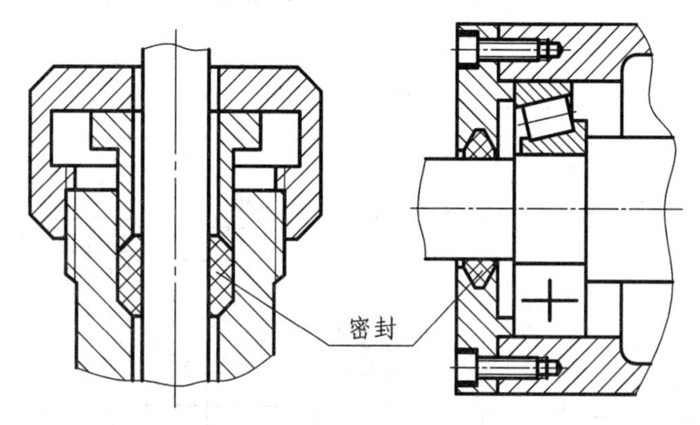

图 12-10 常见装配结构(五)

(6) 为了保证两零件的装配精度，通常设置定位销结构，如图 12-11 所示。为了加工和装拆的方便，在可能的条件下孔最好做成如图 12-11(b)所示的通孔结构。

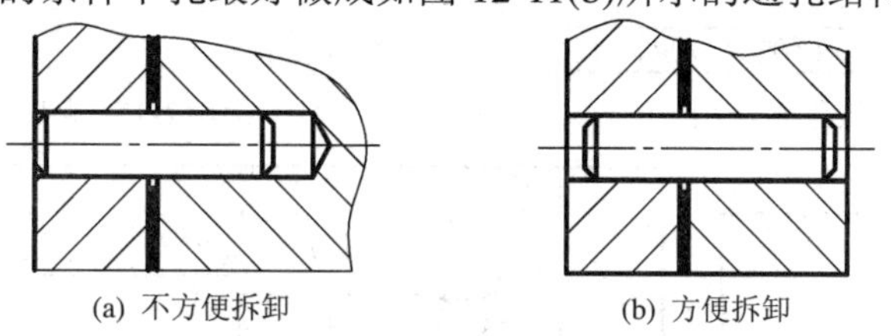

图 12-11 常见装配结构(六)

12.6 由零件图拼画装配图

部件或机器都是由一些零件按照一定的相对位置和装配关系组装而成的，因此根据一套完整的零件图即可拼画出装配图。现以图 12-2 所示的球阀为例，说明由零件图拼画装配图的方法和步骤。球阀零件中的阀盖和阀体零件图见图 11-2 和图 11-4，其它零件图见图 12-12～图 12-17，标准件等图略。

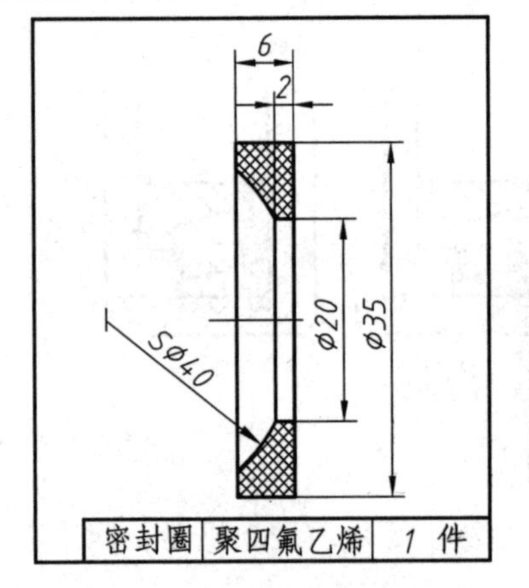

图 12-12　密封圈零件图

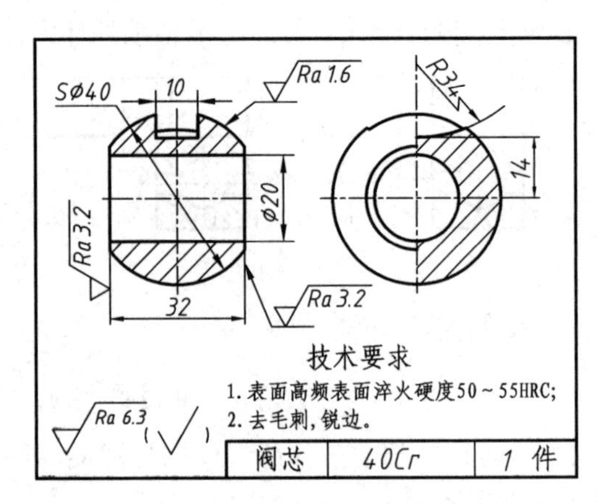

图 12-13　阀芯零件图

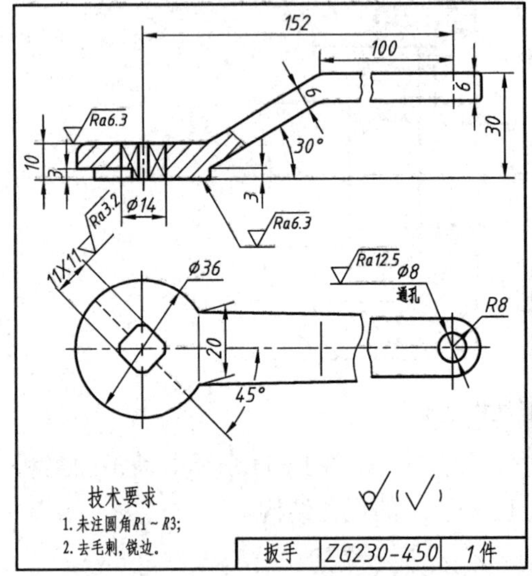

图 12-14　扳手零件图

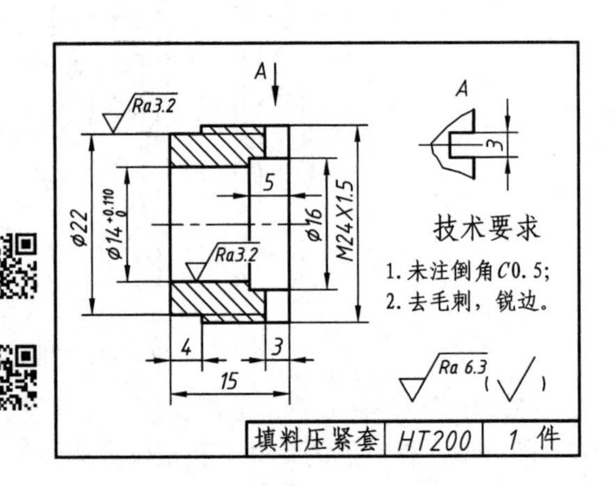

图 12-15　填料压紧套零件图

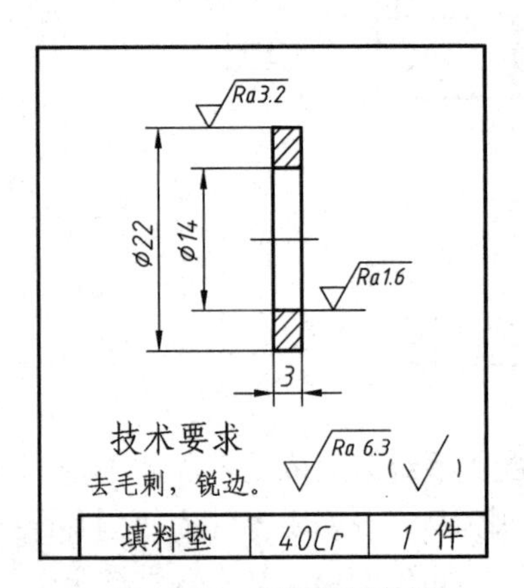

图 12-16　填料垫零件图

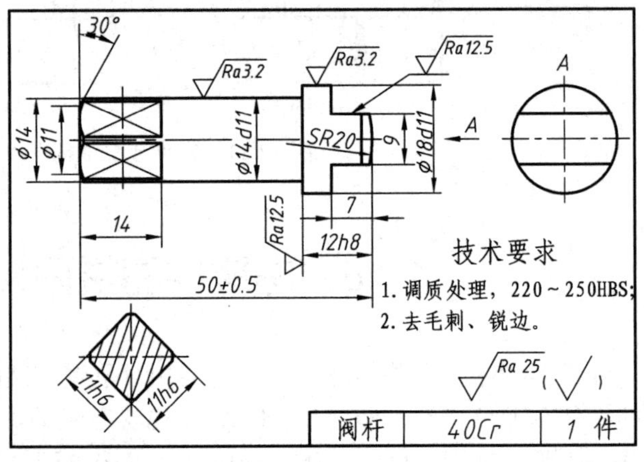

图 12-17　阀杆零件图

12.6.1 概括了解装配关系和工作原理

阀在管道系统中是用于启闭和调节流体流量的部件。球阀是阀的一种，因为它的阀芯为球形而得名。

画球阀装配图前，应该对球阀的实物或装配示意图进行分析，弄清楚它有哪些装配干线和装配点，详尽了解该部件的工作原理和结构情况，了解各个零件之间的装配关系(连接关系、传动关系等)以及各个零件的表达方法。球阀的轴测图和装配示意图见图 12-1 和图 12-18。

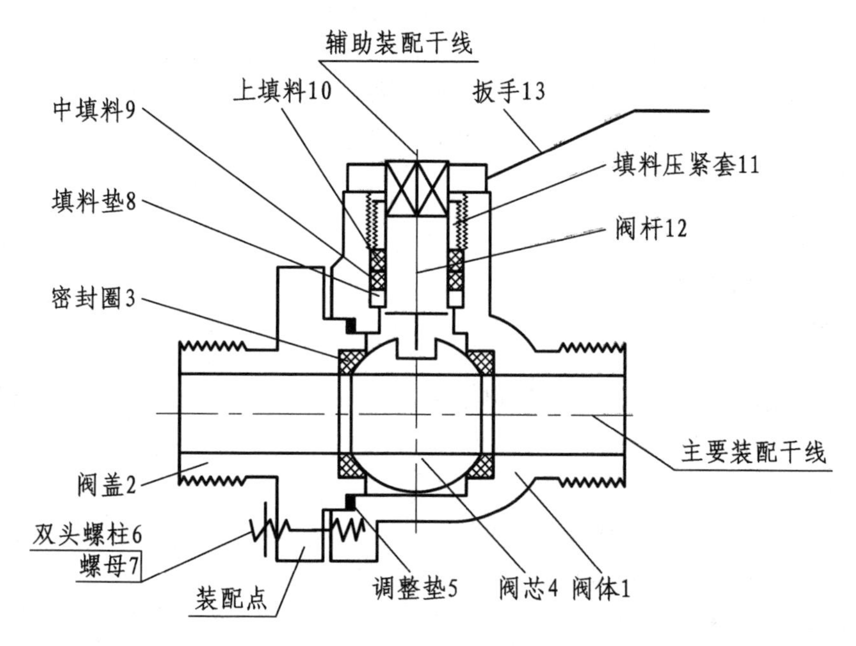

图 12-18 球阀装配示意图

1. 装配关系

装配关系可由装配干线和装配点进行分析，如图 12-1 和图 12-18 所示，球阀的主要装配干线上的阀体 1 和阀盖 2 均带有方形的凸缘，二者用双头螺柱 6(4 个)和螺母 7 连接(装配点)；阀芯 4 装在阀体 1 和阀盖 2 之间，并用两个密封圈 3 进行密封，密封圈与阀芯之间的松紧度由调整垫 5 进行调整；辅助装配干线上的阀杆 12 下部的凸块与阀芯 4 上的凹槽榫接，扳手 13 上的方孔套入阀杆 12 上部的方形结构，阀体 1 与阀杆 12 之间的密封由填料垫 8、中填料 9、上填料 10 和填料压紧套 11 完成。

2. 工作原理

当扳手 13 处于图 12-1 所示水平位置时，阀芯 4 上的孔与阀体 1 和阀盖 2 上的通道孔连通，球阀处于全开状态，当扳手 13 顺时针旋转时，阀门通道逐渐变小，当旋转 90° 后，阀门完全关闭(扳手俯视图中双点画线位置)。

12.6.2 拟定表达方案

装配图的表达方案主要包括确定主视图，选择其它视图及确定各视图采用的表达方法等。

1．选主视图

主视图一般按机器或部件的工作位置放置，应明显地表示其工作原理、装配关系、连接方式、传动系统及零件间主要相对位置。

为了表达内部结构，一般是通过装配干线作全剖视图、半剖视图或局部剖视图。如图12-2所示，主视图按工作位置放置，并沿两条装配干线构成的正平面作全剖视。这样，不仅能清楚地看出大部分零件的装配关系、连接方式，还能反映其工作原理。

2．选择其它视图

确定主视图后，根据部件的结构特点，深入分析部件中还有哪些工作原理、装配关系和主要零件结构未表达清楚，以便选择其它视图。如图12-2所示，主视图确定之后，扳手的极限位置、阀体和阀盖两零件的连接关系尚需要表达，因此俯视图采用 *B—B* 的局部剖视图来表达扳手与阀体上方定位凸块的关系；另外，阀体与阀盖被双头螺柱连接属于装配点，在俯视图中也采用局部剖进行了表达。左视图采用拆去扳手13后的半剖视图表达了阀盖的外形结构和阀杆、阀芯之间的连接关系。

12.6.3　画装配图的方法

1．由内向外法

由内向外法就是从装配干线的核心零件开始，按照装配关系由内向外逐个画出各个零件，完成整个装配过程。

2．由外向内法

由外向内法是先画出结构较复杂的箱体类、支架类零件，这类零件在装配图中往往在最外层，起包容作用。再由外向内装配，逐个画出零件。

大多数情况下是根据具体情况，将以上两种方法综合应用来画图的。

12.6.4　拼画装配图的步骤

拼画装配图须按照选定的表达方案，根据机器或部件的大小，选取适当的比例并考虑标题栏和明细栏所需的幅面，确定图幅大小，然后按以下步骤画装配图。

(1) 布置视图，画出各视图的主要轴线、中心线和作图基准线。一般情况下，这些主要轴线和中心线就是装配干线。另外，布图时要注意为标注尺寸及序号留出足够的位置。

(2) 画底稿。从主视图入手，几个视图配合进行。画图时要特别注意使每个零件图画在正确的位置上，并尽可能少画一些不必要的线条。画剖视图时以装配干线为准，由内而外逐个画出各个零件，也可由外而内画，视作图方便而定。

(3) 校核，画断面符号，加深，注尺寸。

(4) 编写零、部件序号。

(5) 填写明细栏、标题栏，注写技术要求。

(6) 完成全图后应仔细审核，然后签署姓名，填写日期等。

图12-19给出了画球阀装配图视图底稿的作图步骤。图12-2为绘制完成的球阀装配图。

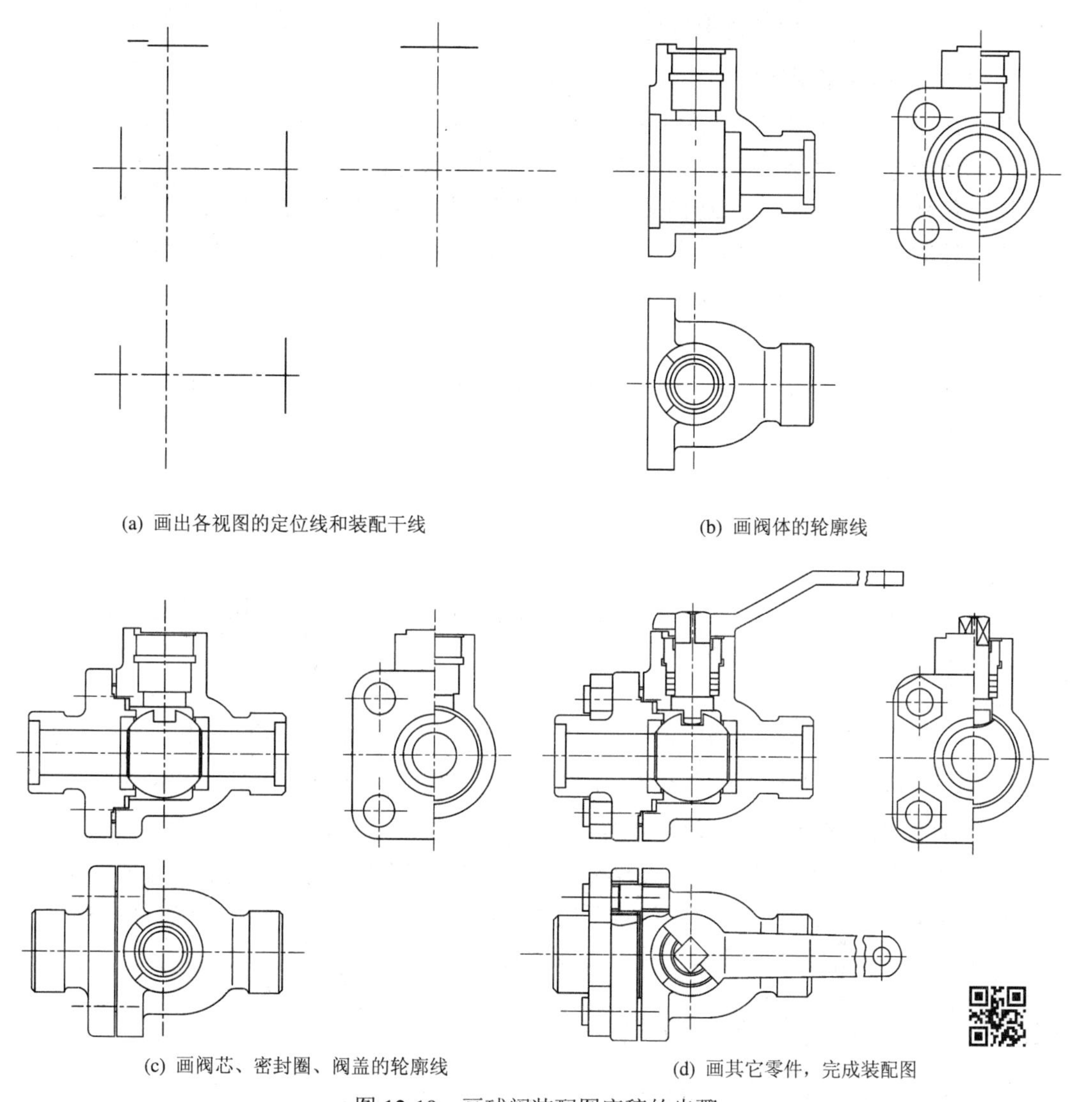

(a) 画出各视图的定位线和装配干线　　(b) 画阀体的轮廓线

(c) 画阀芯、密封圈、阀盖的轮廓线　　(d) 画其它零件，完成装配图

图 12-19　画球阀装配图底稿的步骤

12.7　读装配图和由装配图拆画零件图

在设计、制造、安装、使用、维修及技术交流中，都需要读装配图。因此，掌握读装配图的方法，读懂装配图，是学习画法几何与机械制图课程的一个重要任务。

12.7.1　读装配图的方法和步骤

1. 概括了解

读装配图时，首先看标题栏，了解机器或部件的名称，从明细栏中了解零件的名称、数量、材料等；其次大致浏览一下装配图采用了哪些表达方法，各视图配置及其相互间的投影关系、尺寸注法、技术要求等内容。

2．分析视图并了解装配关系和工作原理

从主视图入手，根据各装配干线，对照零件在各个视图中的投影，分析各零件间的配合性质、连接方法及相互关系，分析各零件的功用与运动状态，了解其工作原理。

通常先从主动件开始按照连接关系分析传动路线，也可以从被动件反序进行分析，从而弄清部件的装配关系和工作原理。再通过参考、查阅有关资料及其使用说明书，进一步从中了解机器或部件的性能、作用和工作原理。

3．分析尺寸

分析装配图上所注的尺寸，可以了解部件或机器的规格大小、零件间的配合性质以及部件或机器的安装方法等。

4．分析零件

分析零件的主要目的是弄清楚组成部分的所有零件的类型、作用及其主要的结构形状。一般先从主要零件着手，然后是其它零件。

分析零件的主要方法是将零件的有关视图从装配图中分离出来，再用看零件图的方法弄懂零件的结构形状，具体步骤是：

(1) 看零件图的序号和明细栏，不同序号代表不同的零件。

(2) 看剖面线的方向和间隔，相邻两零件剖面线的方向、间隔不同，则不是同一个零件。

(3) 对剖视图中未画剖面线的部分，区分它们是实心杆件还是零件的孔槽或未剖切部分。

5．综合归纳，想象装配体的总体形状

在看懂每个零件的结构形状以及装配关系，了解了每条装配干线之后，还要对全部尺寸和技术要求进行分析研究，并系统地对部件的组成、用途、工作原理、装拆顺序进行总结，加深对部件设计意图的理解，从而对部件有一个完整的概念。

12.7.2　由装配图拆画零件图

在基本看懂各零件结构形状的基础上，将零件的轮廓从装配体中分离出来并整理画出零件工作图的过程称为由装配图拆画零件图，简称拆图。

拆画零件图的步骤如下：

1．确定视图表达方案

由装配图拆画零件图，其视图表达不应机械地从装配图上照抄，应对所拆零件的作用及结构形状做全面的分析，根据零件图的表达方法，重新选择表达方案。对零件在装配图中未表达清楚的结构，应根据零件在部件中所起的作用进行补充。对装配图上省略的工艺结构，例如倒角、倒圆、退刀槽等，都应在零件图上详细画出。

2．零件的尺寸处理

零件图的尺寸一般应从装配图上直接量取。测量尺寸时，应注意装配图的比例。零件上的标准结构或与标准件连接配合的尺寸，例如螺纹尺寸、键槽、销孔直径等，应从有关标准中查出。需要计算确定的尺寸应计算后标出。

3. 填写技术要求和标题栏

零件上的技术要求是根据零件的作用与装配要求确定的，可参考有关资料和相近产品图样注写。标题栏应填写零件的名称、材料、数量、图号等。

12.7.3　读图举例

【例 12-1】　读手动气阀装配图(图 12-20)，并拆画阀体 4 的零件图。

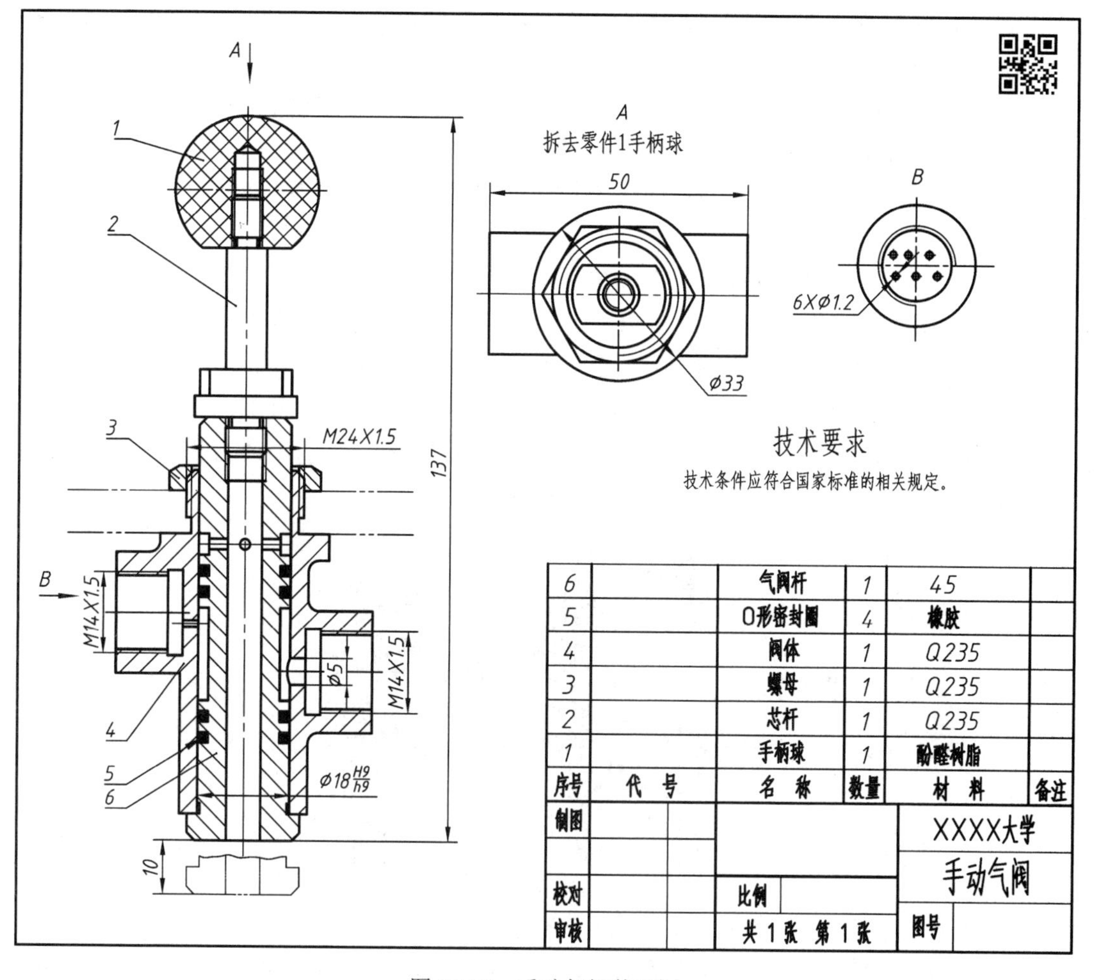

图 12-20　手动气阀装配图

【解】

1) 概括了解

图 12-20 所示的手动气阀是由阀体 4、气阀杆 6、芯杆 2、螺母 3、手柄球 1、O 形密封圈 5 等 6 类 9 个零件组成的。表达该部件采用了三个视图：一个主视图、一个 *A* 向视图和一个 *B* 向视图。全剖视的主视图反映了组成手动气阀的各个零件间的装配关系以及主体零件阀体和气阀杆等的结构形状；*A* 向视图采用了拆卸画法，实际为一个拆去了手柄球的俯视图的外形图，反映了相关零件间的位置关系和形状结构；*B* 向视图为一局部视图，反映了阀体与工作气缸连接接口处的结构形状。手动气阀的外形尺寸是长 50、宽ϕ33、高 137，

由此看出体积不大。手柄球的运动行程为 10 mm，行程较小。

2) 分析装配关系和工作原理

手动气阀是汽车上用的一种压缩空气开关机构。手柄球 1 和芯杆 2、芯杆 2 和气阀杆 6 通过螺纹连接，阀体 4 和气阀杆 6 之间有装配要求，螺母 3 是固定手动气阀位置用的。手动气阀在工作时通过手柄 1 和芯杆 2 将气阀杆 6 拉到最上位置，储气筒与工作气缸接通。当气阀杆推到最下位置时，工作气缸与储气筒的通道被关闭，此时工作气缸通过气阀杆中心的孔道与大气接通。气阀杆 6 与阀体 4 孔是间隙配合，装有 O 形密封圈 5，以防止压缩空气泄漏。

3) 尺寸分析

在手动气阀的装配图中，规格尺寸为$\phi 5$，它的大小决定了压缩空气的流量；装配尺寸中的配合尺寸为$\phi 18H9/h9$，该尺寸确定了阀体和气阀杆之间的配合为基孔(轴)制的间隙配合；外形尺寸为长 50、宽$\phi 33$、高 137；安装尺寸为 M24 × 1.5 外螺纹(用于安装手动气阀)和 2 个 M14 × 1.5 的内螺纹孔(用于连接进出口管道)；其它重要尺寸有行程尺寸 10 等。

4) 分析和读懂零件形状结构并拆画零件图

以阀体为例，由图 12-20 可以看出：阀体上部有螺纹以便与螺母进行连接，有凸缘结构$\phi 33$ 和螺母的下表面共同作用把手动气阀固定在安装板上；左、右两端有 M14 × 1.5 的螺纹以便与工作气缸和储气筒连接，为了保证气体流通通畅，左侧部分加工了 6 个$\phi 1.2$ 的通孔，其空间形状如图 12-21 所示。其余零件读者可自行分析。读懂各零件的形状及相互间的装配关系，就可以获得该装配体形状和结构的总体认识。

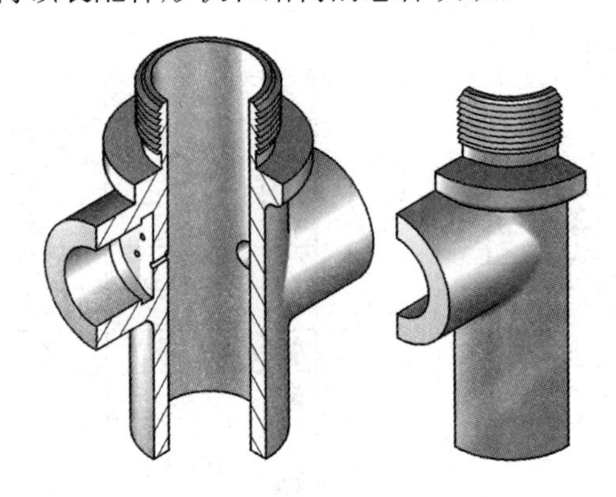

图 12-21　阀体

在分析和读懂零件形状结构的基础上，即可拆画它的零件图。先从装配图的各视图中分离出阀体的视图轮廓，由于其它零件的遮挡，所分离的阀体轮廓是不完整的图形，如图 12-22 所示；分析并补画出被遮挡的轮廓线，如图 12-23 所示；画出剖面线、标注 *A* 向视图的投影方向等，如图 12-24 所示。参照阀体类零件视图的表达方案，分析已有视图是否能够清楚表达该阀体的内外形状结构。通过观察分析可知，该表达方案符合阀体类零件的视图方案选择原则，在加注尺寸和技术要求后即可称为阀体的零件图。

拆图应注意的问题：如果原装配图中的零件省略了一些零件的工艺结构，在拆画零件图时应予以补画，如倒角、螺纹退刀槽、铸造圆角等。在标注尺寸时，装配图中与该零件有关的尺寸应直接移至零件图上；对于标准结构的尺寸，例如螺纹退刀槽、砂轮越程槽、沉孔等，应根据有关尺寸查阅国家标准；需要计算确定的尺寸应计算后标出，如齿轮中心距等；对一般尺寸可参照国家标准，圆整为标准尺寸，也可自行按需确定。在填写标题栏时，零件的材料、数量和图号应与装配图一致。

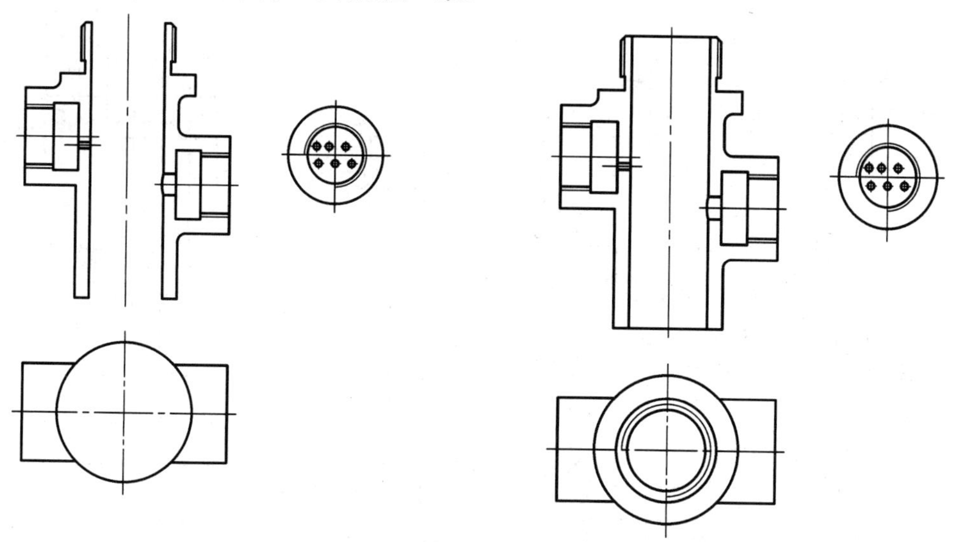

图 12-22 从装配图中分离出的阀体视图轮廓

图 12-23 补全被遮挡的图线

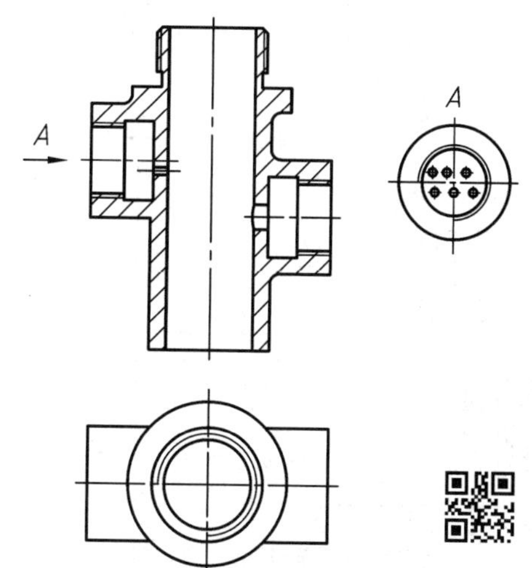

图 12-24 阀体零件图视图表达方案

【例 12-2】 读齿轮油泵装配图(图 12-25)，并拆画右端盖 7 零件图。

【解】

1) 概括了解

齿轮油泵是机器中用来输送润滑油的一个部件。图 12-25 所示的齿轮油泵是由泵体，左、右端盖，运动零件(传动齿轮轴、齿轮轴等)，密封零件以及标准件等所组成的。对照零件序号及明细栏可以看出：齿轮油泵共由 15 种零件装配而成，采用两个视图表达。全剖图的主视图反映了组成齿轮油泵各个零件间的装配关系和主体零件的主要形状；左视图是采用沿左端盖 1 与泵体 6 结合面剖切后移去了垫片 5 的半剖视图 $B-B$，它清楚地反映了齿轮油泵的外部形状和齿轮的啮合情况，再以局部剖反映吸、压油口的情况，并反映了工作原理。齿轮油泵的外形尺寸是 118、85、95，体积不大。

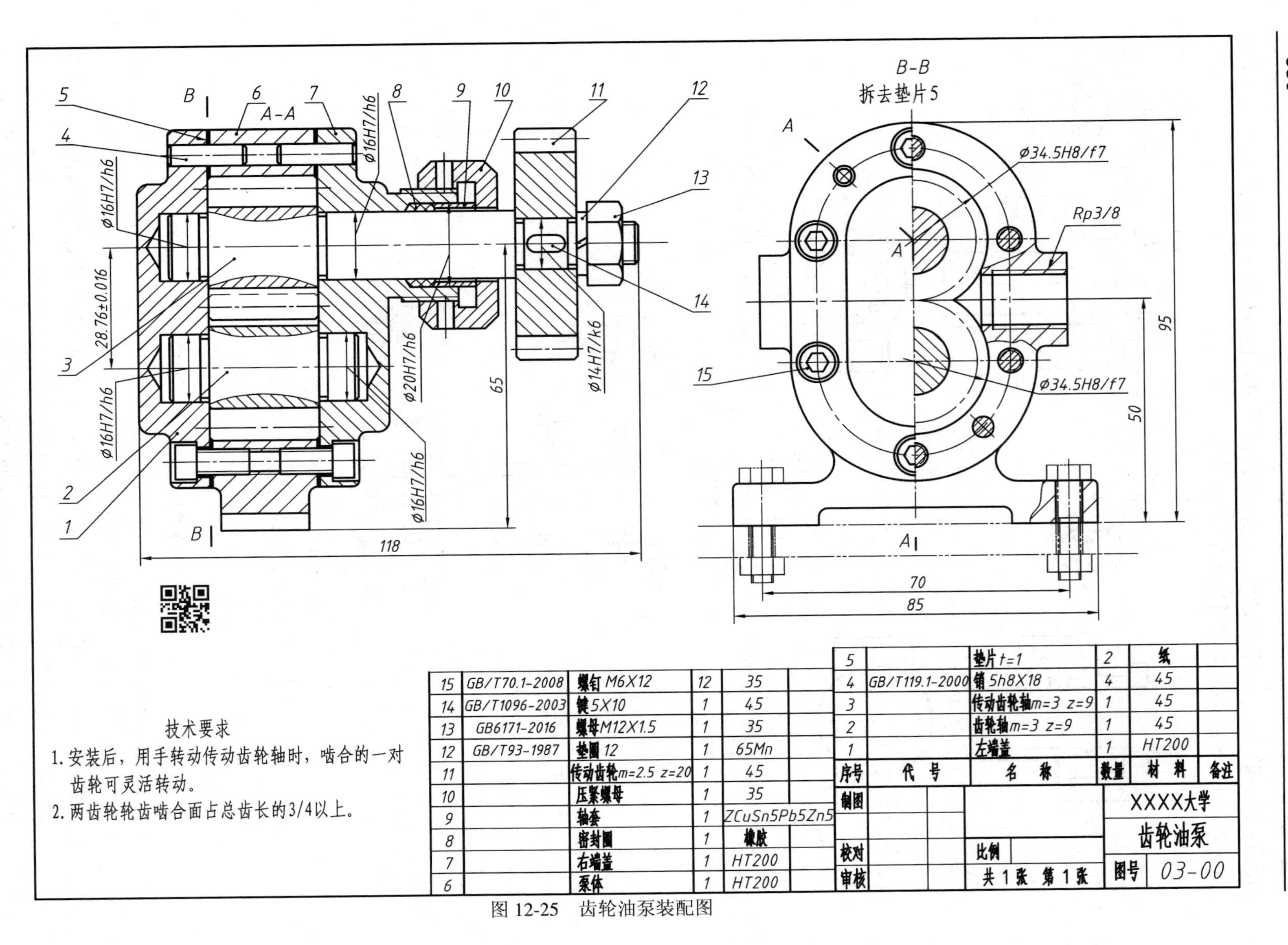

技术要求

1. 安装后，用手转动传动齿轮轴时，啮合的一对齿轮可灵活转动。
2. 两齿轮轮齿啮合面占总齿长的3/4以上。

序号	代号	名称	数量	材料	备注
15	GB/T70.1-2008	螺钉 M6X12	12	35	
14	GB/T1096-2003	键 5X10	1	45	
13	GB6171-2016	螺母 M12X1.5	1	35	
12	GB/T93-1987	垫圈 12	1	65Mn	
11		传动齿轮 m=2.5 z=20	1	45	
10		压紧螺母	1	35	
9		轴套	1	ZCuSn5Pb5Zn5	
8		密封圈	1	橡胶	
7		右端盖	1	HT200	
6		泵体	1	HT200	
5		垫片 t=1	2	纸	
4	GB/T119.1-2000	销 5h8X18	4	45	
3		传动齿轮轴 m=3 z=9	1	45	
2		齿轮轴 m=3 z=9	1	45	
1		左端盖	1	HT200	

制图				XXXX大学
				齿轮油泵
校对			比例	
审核			共1张 第1张	图号 03-00

图 12-25　齿轮油泵装配图

2) 分析装配关系和工作原理

泵体6是齿轮油泵中的主要零件之一，它的内腔容纳一对吸油和压油的齿轮。将齿轮轴2、传动齿轮轴3装入泵体后，两侧有左端盖1、右端盖7支承这一对齿轮轴的旋转运动。由销4将左、右端盖与泵体定位后，再用螺钉15将左、右端盖与泵体连接成整体。为了防止泵体与端盖结合面处以及传动齿轮轴3伸出端漏油，分别用垫片5及密封圈8、轴套9、压紧螺母10密封。

齿轮轴2、传动齿轮轴3、传动齿轮11是油泵中的运动零件。当传动齿轮11按逆时针方向(从左视图观察)转动时，通过键14，将扭矩传递给传动齿轮轴3，经过齿轮啮合带动齿轮轴2，从而使后者作顺时针方向转动。图12-26是齿轮油泵的工作原理图。当一对齿轮在泵体内作啮合传动时，啮合区内右边空间的压力降低而产生局部真空，油池内的油在大气压力作用下进入油泵低压区内的吸油口，随着齿轮的转动，齿槽中的油不断沿箭头方向被带至左边的压油口把油压出，送至机器中需要润滑的部位。图12-27是齿轮油泵的装配轴测图，供对照参考。

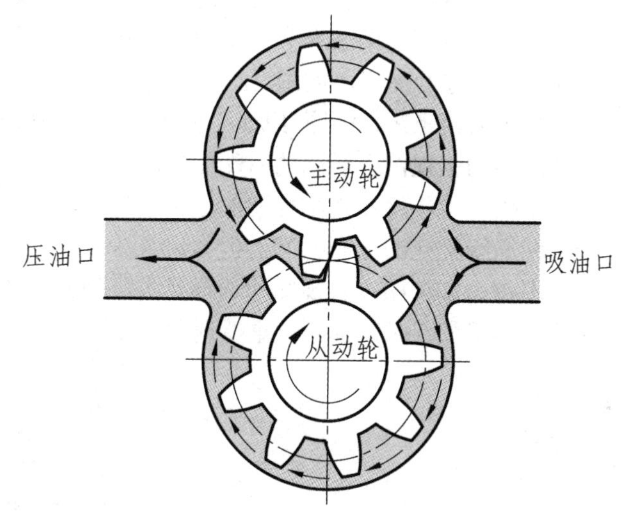

图12-26 齿轮油泵的工作原理图

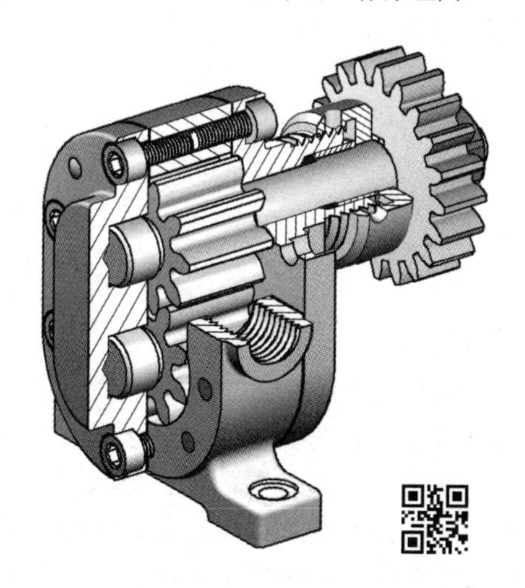

图12-27 齿轮油泵

3) 尺寸分析

在齿轮油泵的装配图中，吸、压油口的管螺纹尺寸 *Rp*3/8 为性能规格尺寸，它的大小也与流量有关；装配尺寸中的配合尺寸为ϕ16H7/h6、ϕ20H7/h6、ϕ14H7/k6 等；外形尺寸为长 118、宽 85、高 95；尺寸 28.76±0.016 是一对啮合齿轮的中心距，是装配尺寸中的相对位置尺寸，这个尺寸准确与否将直接影响齿轮的啮合传动精度；尺寸 65 是传动齿轮轴线距离泵体安装面的高度尺寸，属于安装尺寸，底板上两个螺栓孔之间的尺寸 70 也是安装尺寸。其余尺寸读者可自行分析。

4) 分析零件，拆画右端盖 7 零件图

由图 12-25 和图 12-27 可以看出，右端盖下部有齿轮轴 2 轴颈的支承孔，上部有传动齿轮轴 3 穿过，在右部凸缘的外圆柱面上有螺纹，用压紧螺母 10 通过轴套 9 将密封圈 8 压紧在轴的四周，以防漏油。由左视图可见，右端盖的外形为长圆形，周围分布着六个螺钉沉孔和两个圆柱销孔。

右端盖零件只在装配图的主视图中有其形状的表达，所以拆画该零件时，先从装配图的主视图上分离出右端盖的视图轮廓。由于在装配图中，右端盖的一部分可见投影被其它零件遮挡，因此分离出的是不完整的图形，如图 12-28 所示。根据右端盖零件的结构、作用及装配关系分析，补全视图的轮廓线，如图 12-29 所示。右端盖属于盘盖类零件，可以采用两个视图表达，从装配图的主视图中拆画的右端盖的图形，显示了右端盖各部分的结构，如果符合右端盖的加工位置，仍可作为零件图的主视图使用，这时，还需要增加一个右视图来表达端盖的形状和凸缘上孔的分布情况。但如果直接按照零件在装配图主视图中的位置拆画得到的图形，不符合零件图本身视图的选择要求，例如不能很好地反映该零件的形状特征或不符合零件的加工位置时，都应该重新选择主视图。

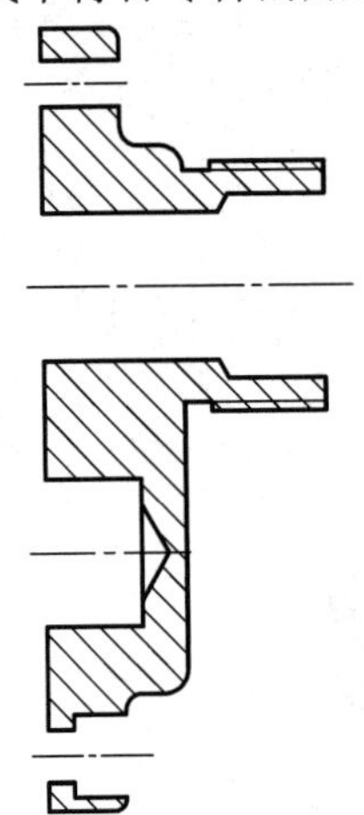

图 12-28　从装配图中分离的右端盖

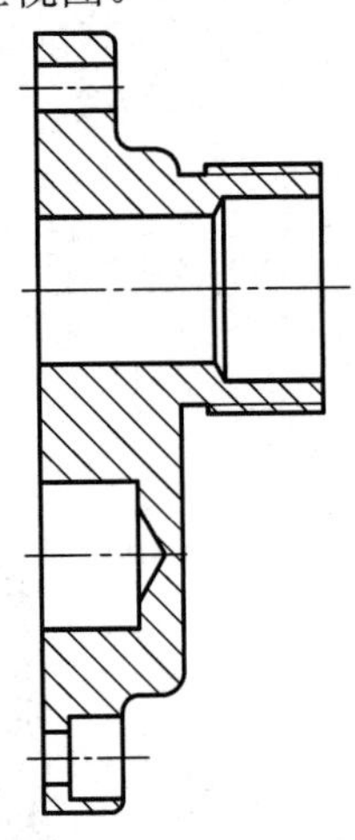

图 12-29　补全图线后的右端盖

对于这个右端盖，如果主视图就是它主要的加工位置(轴线水平)，那么图 12-29 再加一个右视图就可以作为它的零件图的表达方案；如果主要采用立式加工(轴线竖直)，这时它的主要加工位置应该是图 12-30 中的卧式位置，根据形状特征和加工位置，可采用主视图全剖来表达内部各种孔的结构形状，再增加只表达外形的俯视图，用于反映端盖的外形和螺钉沉孔，及圆柱销孔的分布情况等。对于这个右端盖，以上两种加工位置均可。另外，如果在装配图中根据画法规定省略了某些零件上的一些工艺结构，如倒角、圆角、螺纹退刀槽等，应该在拆画零件图时补画上。

图 12-30 给出了一张完整的右端盖(加工位置为轴线竖直)的零件图，其空间形状如图 12-31 所示。

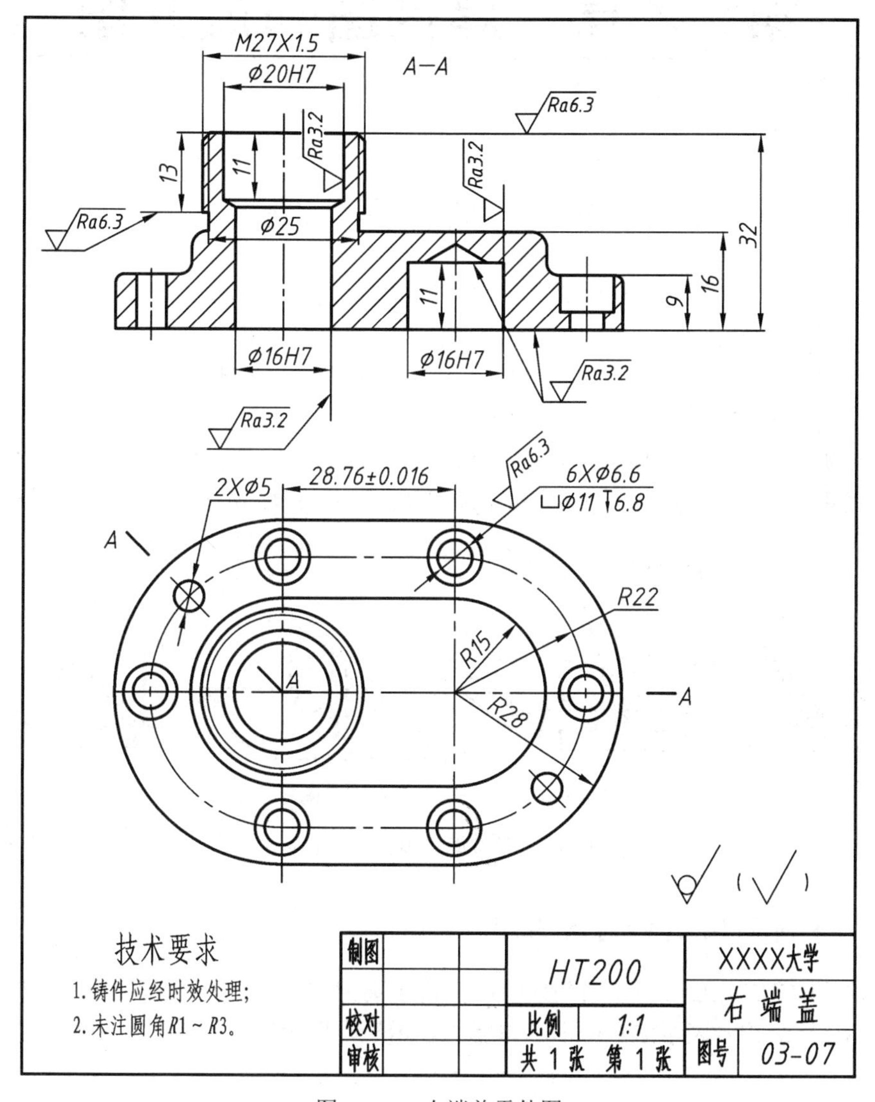

图 12-30　右端盖零件图

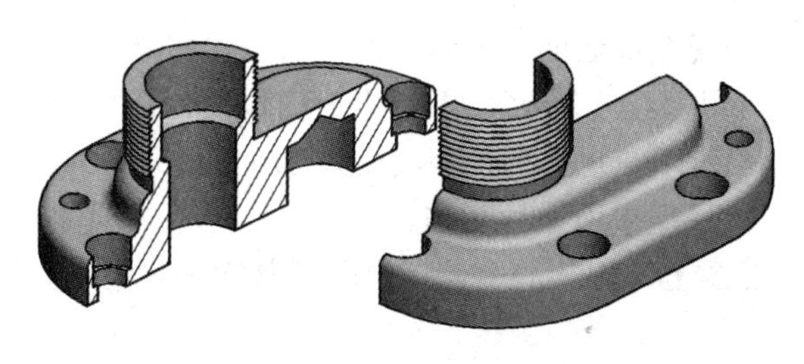

图 12-31　右端盖

第13章　焊接图和展开图

13.1　焊　接　图

焊接是一种常用的金属加工方法，它将需要连接的金属零件在连接处局部加热或加压达到熔化或半熔化状态后，加入熔化的焊接金属材料，使它们冷却后熔合成为一体。焊接是一种不可拆分的连接。由于具有焊缝强度大、连接可靠、密封性能好等优点，焊接在机械、化工、建筑、造船等工业中得到广泛的应用。

零件在焊接时，常见的焊接接头有：对接接头、搭接接头、T 形接头和角接接头等。焊缝形式主要有：对接焊缝、点焊缝和角焊缝等，如图 13-1 所示。

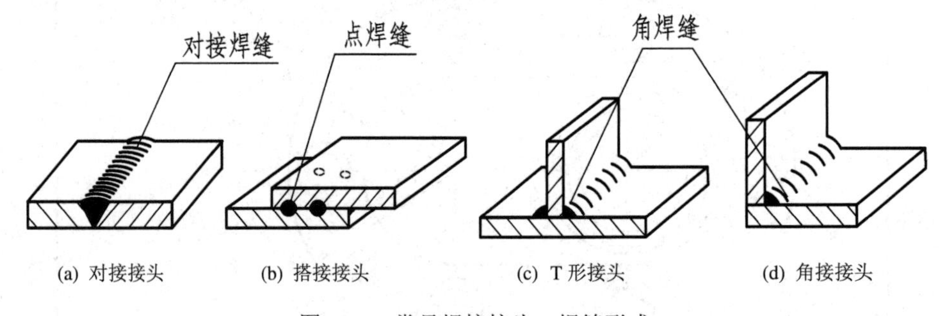

图 13-1　常见焊接接头、焊缝形式

13.1.1　焊缝的图示和符号表示

国家标准 GB/T 12212—2012《技术制图 焊缝符号的尺寸、比例及简化表示法》和 GB/T 324—2008《焊缝符号表示法》规定了焊缝的表示法，焊缝的表示可以采用两种方法：符号表示法和图示法。

1．焊缝的图示法

焊缝可以用视图、剖视图或断面图表示，必要时也可将焊缝部位用局部放大图表示。

(1) 视图中的焊缝可用栅线段表示可见的焊缝(栅线段为细实线段，允许示意绘制)，如图 13-2(a)、(b)、(c)、(d)所示。也可用加粗线($2d$～$3d$)表示可见的焊缝，如图 13-2(e)、(f)所示。但在同一图样中，只能采用一种画法。

(2) 在剖视图或断面图上，焊缝的金属熔焊区通常涂黑表示，如图 13-2(a)、(b)、(c)、(e)、(f)所示。

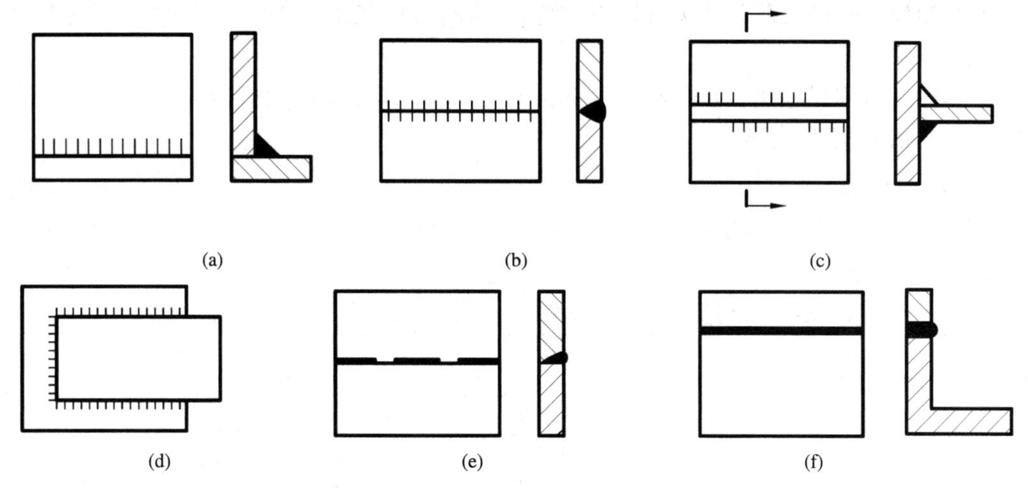

图 13-2　焊缝的画法示例

2. 焊缝符号表示法

焊缝符号一般由基本符号与指引线组成，必要时还要加注辅助符号、补充符号、焊缝尺寸符号和焊接方法代号等。基本符号、补充符号的线宽应与表面粗糙度符号、形状和位置公差符号、标注尺寸符号等的线宽相同，焊缝符号中的字形、字高和字体笔画宽度应与图样中标注的尺寸字形、字高和字体笔画宽度相同。

1) 指引线

指引线一般由带箭头的指引线(简称箭头线)和两条基准线(一条为实线，另一条为虚线)两部分组成，用细线绘制，画法如图 13-3 所示。箭头指向要标注的焊缝，必要时可弯折一次，基准线上方和下方用来标注各种符号和尺寸，基准线的虚线可画在基准线的上侧或下侧。基准线一般与图样中标题栏的长边平行，也可与标题栏的长边垂直。

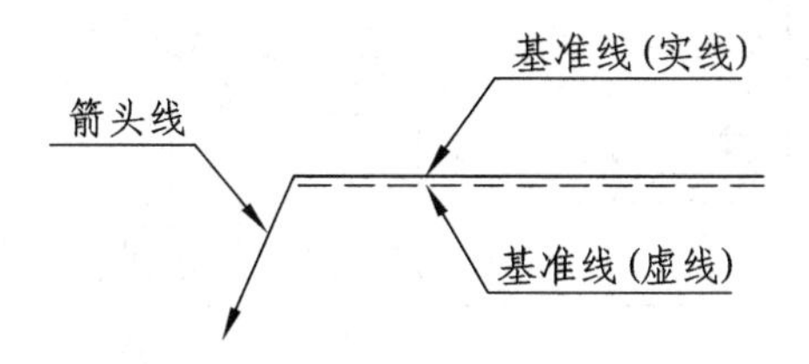

图 13-3　指引线的画法

为了确切表示焊缝的位置，对基本符号相对基准线的位置作了如下规定：

(1) 如果焊缝接头在箭头所指的一侧，基本符号标注在基准的实线侧，如图 13-4(a)的左图或右图所示。

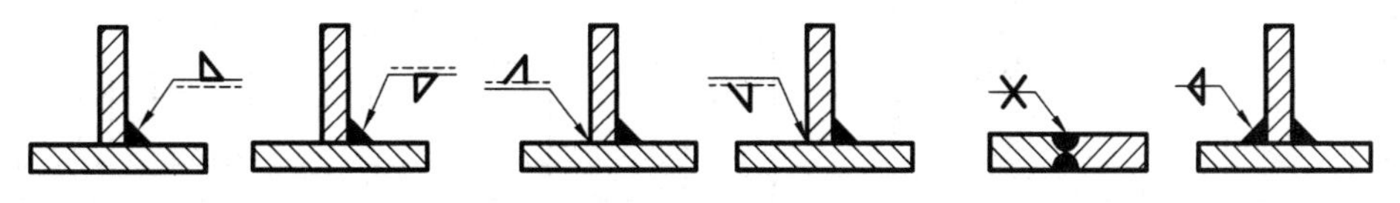

图 13-4　基本符号相对基准线的位置

(2) 如果焊缝接头在非箭头所指的一侧，基本符号标注在基准线的虚线侧，如图 13-4(b)的左图或右图所示。

(3) 标注对称焊缝和双面焊时，可不加虚线。对称焊缝如图 13-4(c)的左图所示，双面焊如图 13-4(c)的右图所示。

2) 基本符号

基本符号是表示焊缝横断面形状的符号。常用焊缝的基本符号、图示法及符号表示方法示例，见表 13-1。

表 13-1　常用焊缝的基本符号、图示法及符号表示方法示例

名称	符号	示意图	图示法	符号表示方法
I 形焊缝	ǁ		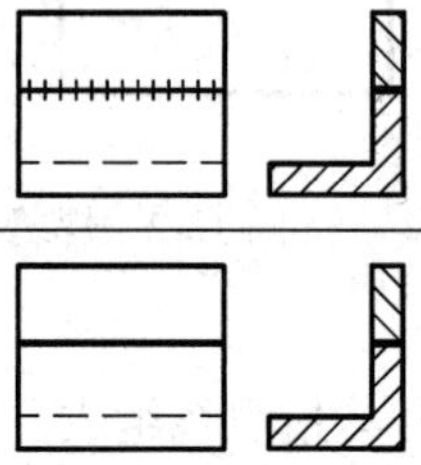	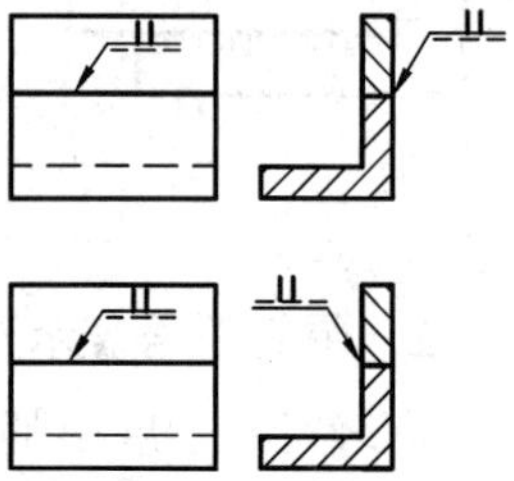
V 形焊缝	 V		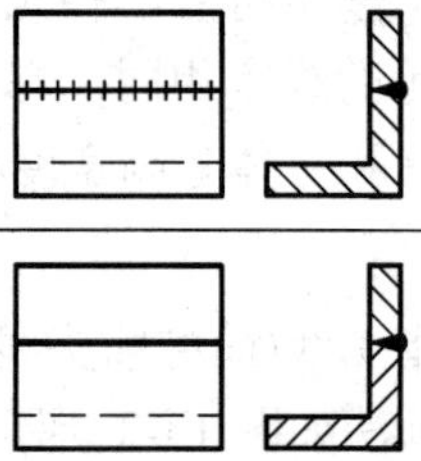	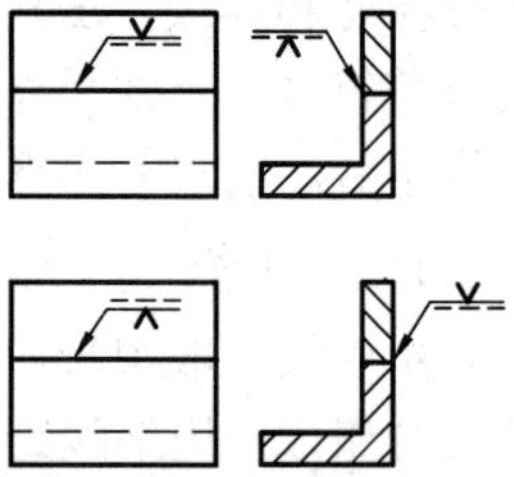
角形焊缝	 ◺	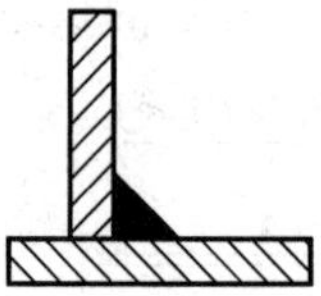	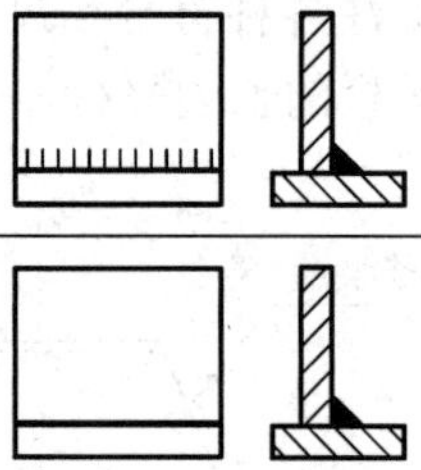	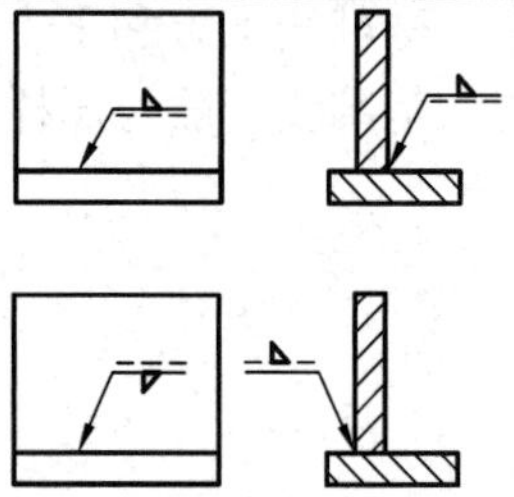
点焊缝	 ○	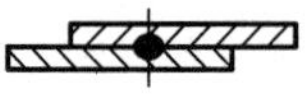	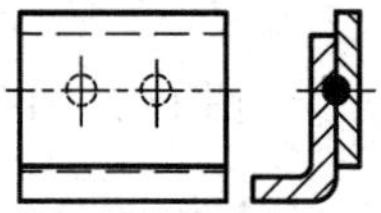	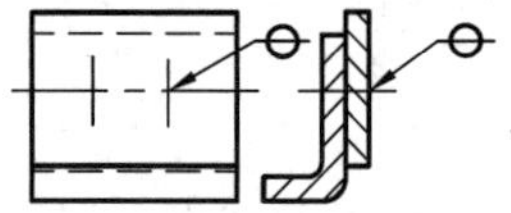
带钝边单边 V 形焊缝	 Y	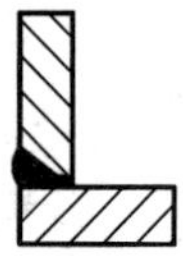	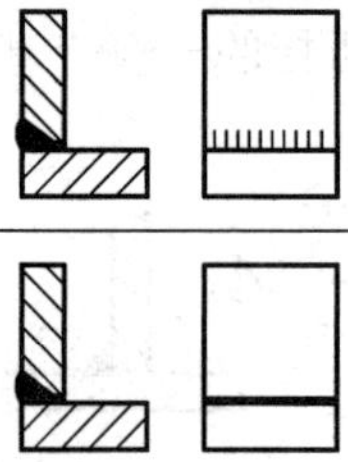	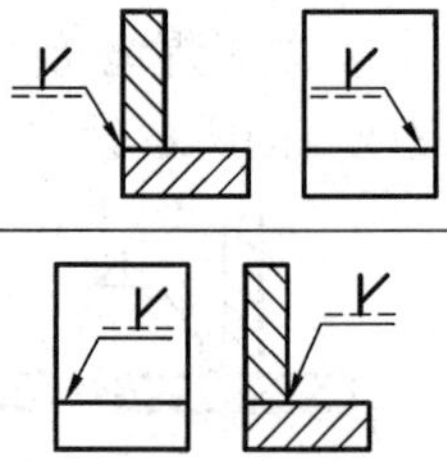

注：标注双面焊缝或接头时，基本符号可以组合使用。

3) 补充符号

补充符号用来补充说明有关焊缝或接头的某些特征（如表面形状、衬垫、焊缝分布、施焊地点等），部分符号见表 13-2。

表 13-2　补充符号及标注示例

名称	符号	形　式	标注示例	说　明
平面	—		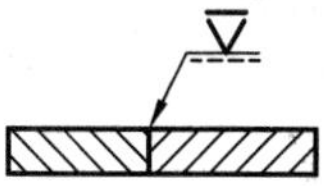	表示 V 形焊缝表面平齐(一般通过加工)
凹面	 ◡		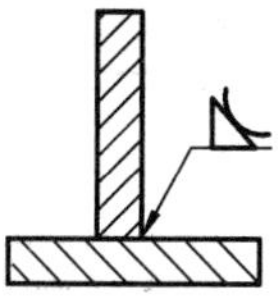	表示角焊缝表面凹陷
凸面	 ◠		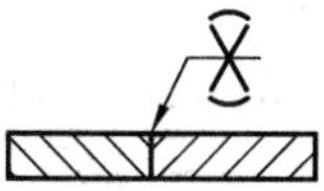	表示双面 V 形焊缝表面凸起
永久衬垫	M	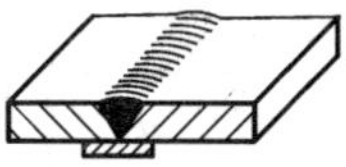	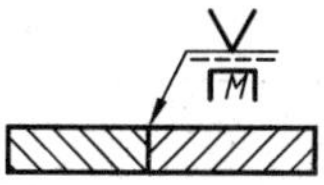	表示 V 形焊缝的背面底部有永久衬垫
临时衬垫	MR			
三面焊缝	⊏	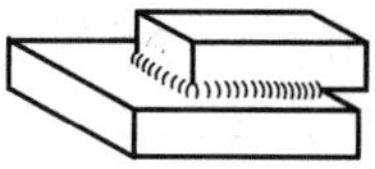	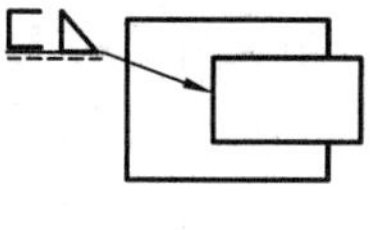	表示工件三面施焊，符号开口方向与实际方向相同
周围焊缝	○	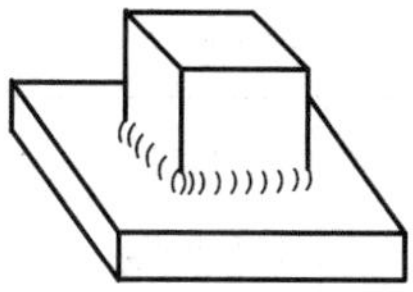	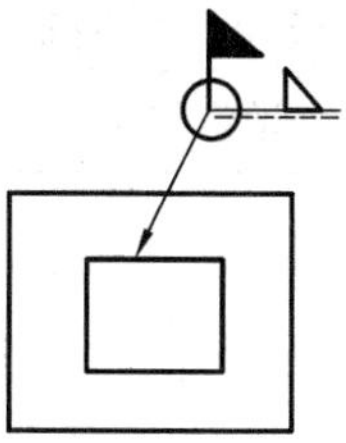	表示在现场沿工件周围施焊
现场焊缝	 ▶			
尾部	<	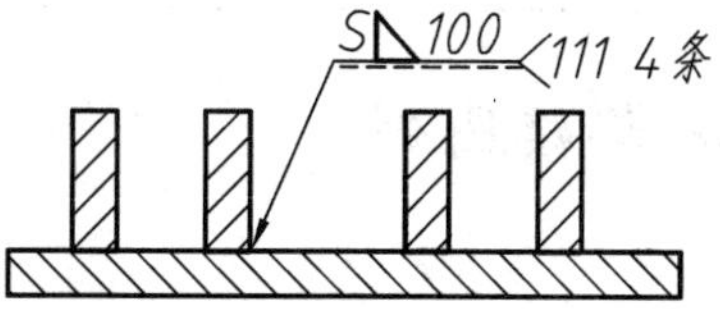	S 100 < 111 4条	表示用焊条电弧焊，有4条相同的角焊缝

4) 焊缝尺寸符号

焊缝尺寸的标注形式如图13-5所示。

(1) 焊缝横断面上的尺寸标在基本符号的左侧；

(2) 焊缝长度方向上的尺寸标在基本符号的右侧；

(3) 坡口角度α、坡口面角度β、根部间隙b、标在基本符号的上侧或下侧；

(4) 相同焊缝数量符号标在尾部；

(5) 当需要标注的尺寸数量较多，又不容易分辨时，可在数据前增加相应的尺寸符号。箭头线的方向与尺寸位置无关。

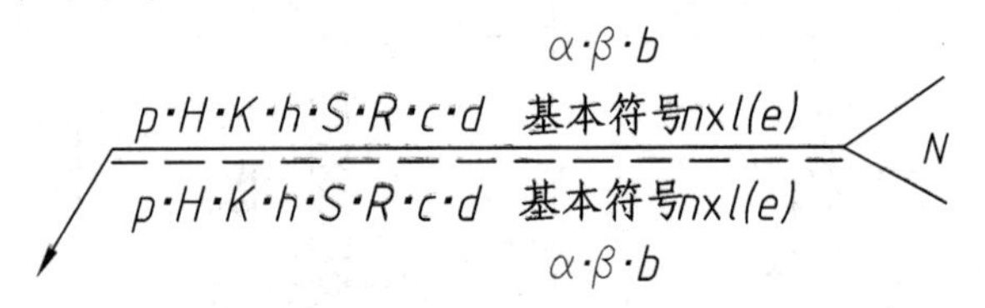

图13-5　焊缝尺寸的标注

常用焊缝尺寸符号见表13-3。

表13-3　常用焊缝尺寸符号

名称	符号	名称	符号	名称	符号	名称	符号
坡口角度	α	焊角尺寸	K	根部间隙	b	余高	h
坡口面角度	β	相同焊缝数量	N	焊缝宽度	c	焊缝长度	l
工件厚度	δ	根部半径	R	熔核直径	d	焊缝段数	n
坡口深度	H	焊缝有效厚度	S	焊缝间距	e	钝边	p

3．焊接方法的代号

焊接方法很多，常用的有电弧焊、接触焊、电渣焊、点焊和钎焊等，其中以电弧焊最为广泛。焊接方法可用文字在技术要求中注明，也可以用数字代号注写在焊缝标注的尾部。国家标准GB/T5185—2005《焊接及相关工艺方法代号》对数字代号做了规定，常用的焊接方法及数字代号见表13-4。

表13-4　常用的焊接方法及数字代号

焊接方法	数字代号	焊接方法	数字代号
焊条电弧焊	111	真空电子束焊	511
单丝埋弧焊	121	固体激光焊	521
单面点焊	211	电渣焊	72
氧乙炔焊	311	火焰硬钎焊	912

13.1.2　焊缝的标注示例及焊接图例

1．焊缝的标注示例

焊缝的标注示例见表13-5。

表 13-5　焊缝标注示例

接头形式	焊缝形式	标注示例	说　明
对接接头	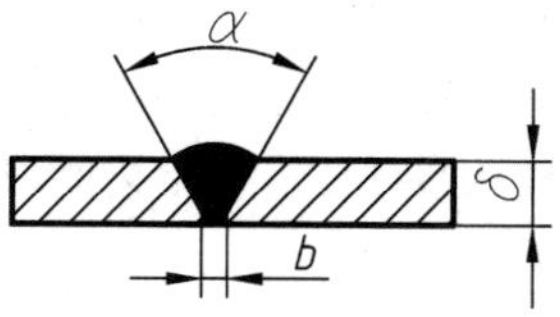	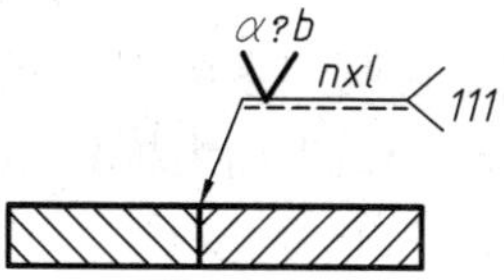	111 表示用焊条电弧焊，V 形焊缝，坡口角为 α，根部间隙为 b，有 n 段焊缝，焊缝长度为 l
T 形接头	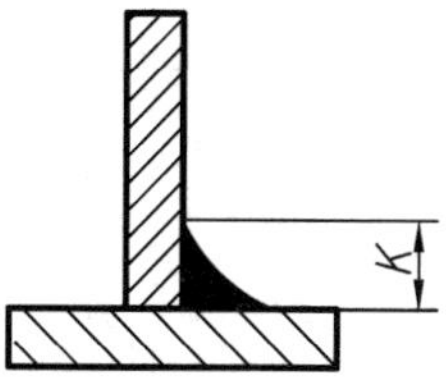	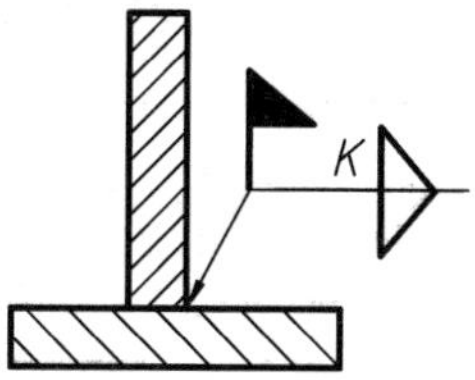	 表示现场装配时进行焊接；表示双面角焊缝，焊角尺寸为 K 
T 形接头	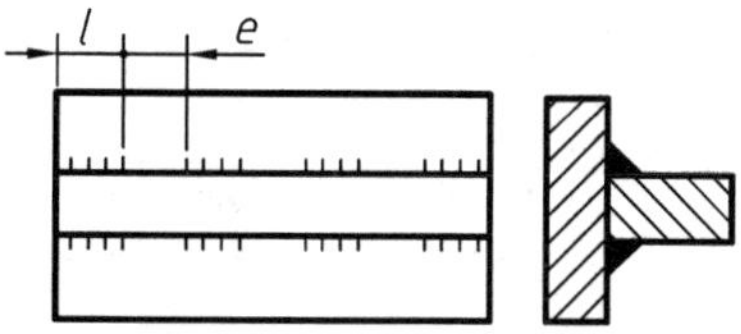	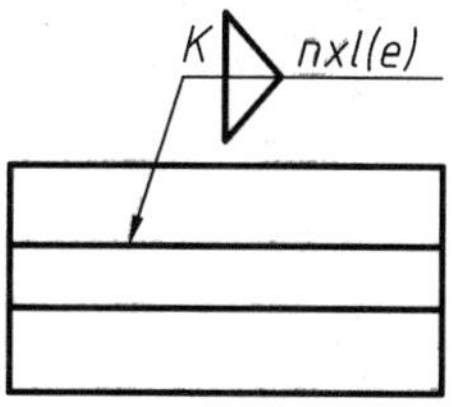	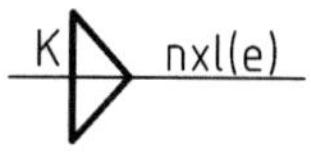 K nxl(e) 表示有 n 段断续双面角焊缝，l 表示焊缝长度，e 表示断续焊缝的间距
	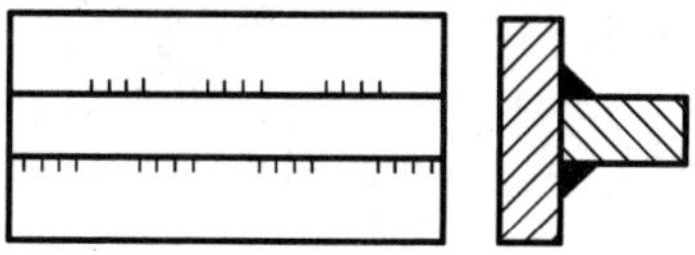	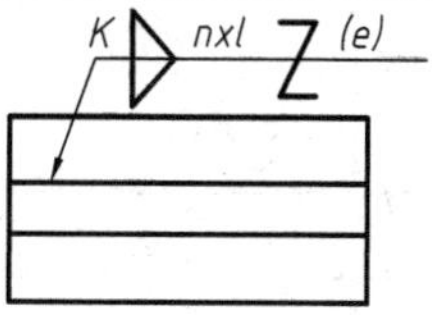	Z 表示交错断续角焊缝
角接接头	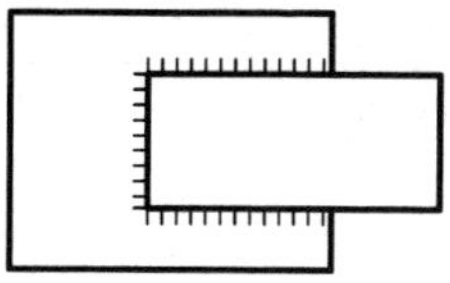	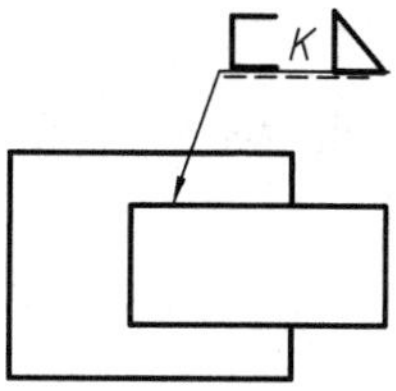	表示三面焊接；表示单面角焊缝
	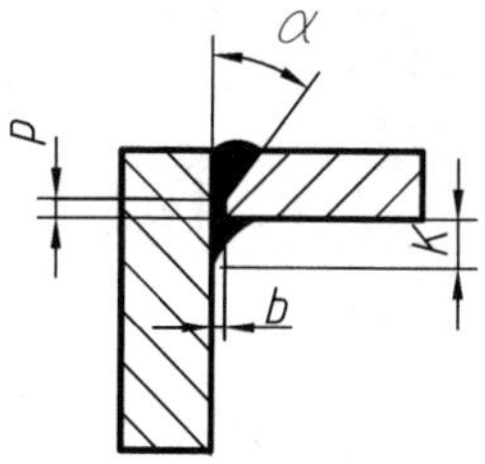	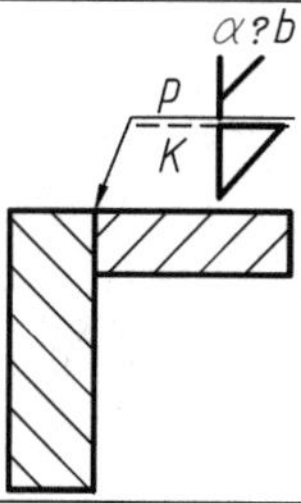	 表示双面焊缝，上面为钝边单边 V 形焊缝，下面为角焊缝
搭接接头	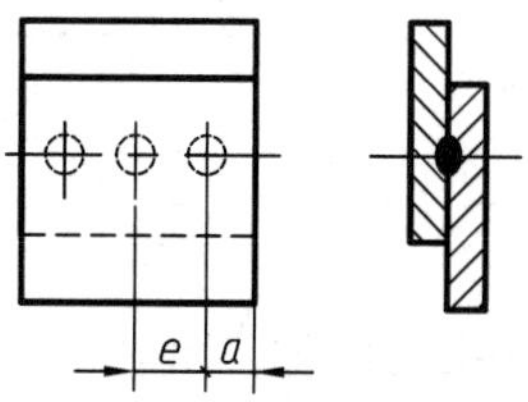	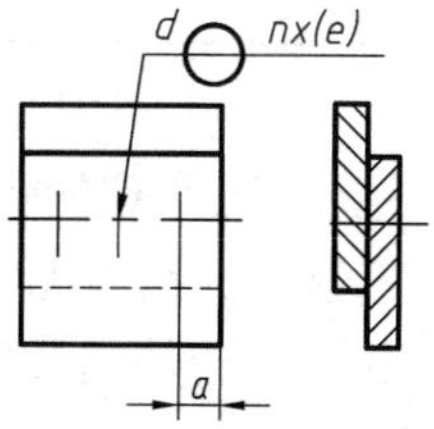	表示点焊缝，d 表示焊点直径，e 表示焊点的间距，a 表示焊点至板边的间距

2．焊接图示例

图 13-6 为支架焊接图，由图可知，该支架由底板 1、支承板 2、圆筒 3 三部分焊接而成。由图上所示的焊接符号可知，各处焊缝均为角焊缝，有单面焊，也有双面焊，焊角高度均为 6 mm。技术要求说明焊接均采用焊条电弧焊。为了表达焊缝的剖面形状及尺寸，图 13-6 中采用焊缝断面放大详图，例如 *A*—*A*、局部放大图 I。

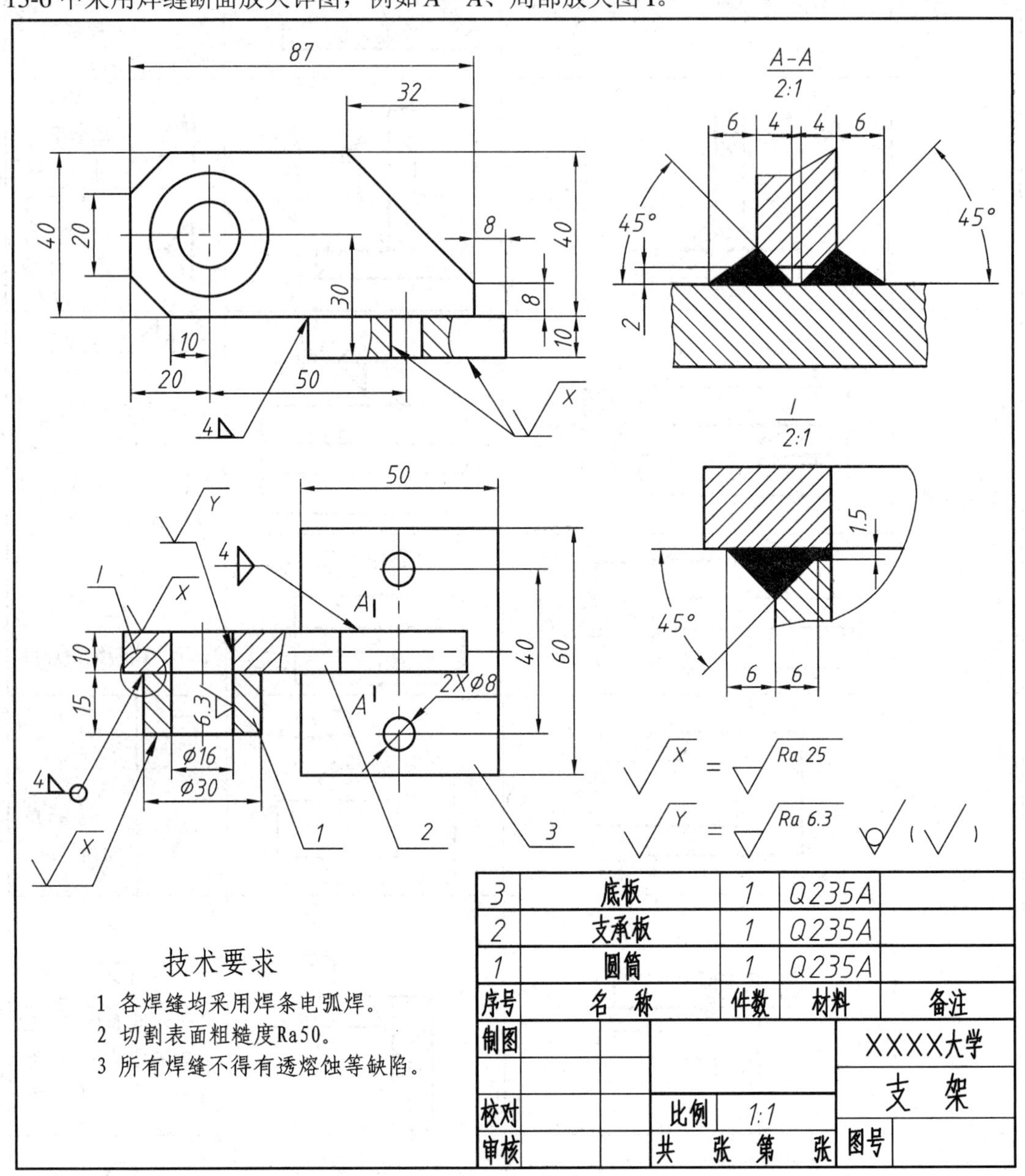

图 13-6　支架焊接图

从图 13-6 中可以看出，一张完整的焊接图包括以下内容：

(1) 表达焊接件结构形状的一组视图；

(2) 焊接件的规格尺寸，各构件的装配尺寸及焊接后的加工尺寸；

(3) 各构件连接处的接头形式、焊缝符号及焊缝尺寸；

(4) 构件装配、焊接后的技术要求；

(5) 标题栏、明细栏。焊接图具有装配图的形式、零件图的内容。

13.2 展 开 图

在工业生产中，有一些零部件或设备是由板材制成的。制作这种金属板件，需将制件表面的真实形状和大小，按次序画在金属板上，然后下料弯曲成形，再用焊接或铆接制成。这种将制件按实际大小依次摊平在同一平面上所得到的图形称为展开图。

立体表面可分为可展和不可展两种。平面立体和曲面立体的柱、锥是可展的，其它曲面如球面、螺旋面是不可展的。不可展曲面可用近似展开法，下面只介绍可展曲面。

13.2.1 平面立体的表面展开

1. 棱柱管表面的展开

图 13-7(a)是斜口直三棱柱管的两面投影，从图中可以看出，斜切后的三个侧面都是直角梯形，上、下底都是三角形，只要求出各面的实形，就能画出其展开图，如图 13-7(b)所示。

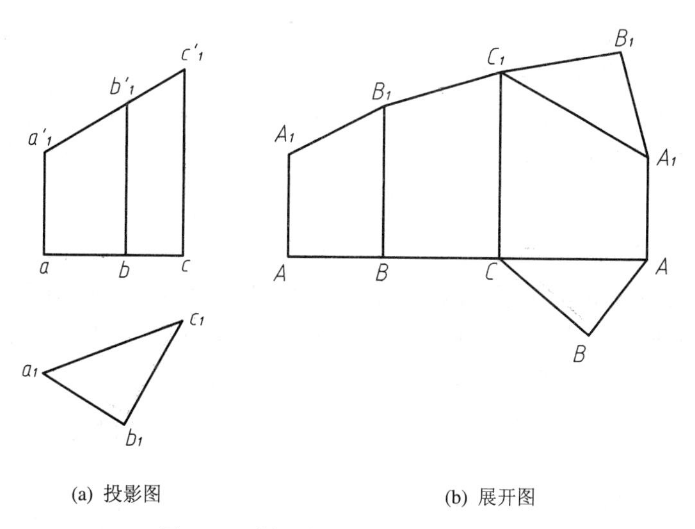

(a) 投影图　　(b) 展开图

图 13-7　斜口直三棱柱管表面的展开

作图步骤如下：

(1) 按各底边的实长展成一条直线 $ABCA$；

(2) 过各个点作直线的垂线，并在垂线上量取各棱线的实长 $AA_1 = a'a_1'$、$BB_1 = b'b_1'$、$CC_1 = c'c_1'$；

(3) 依次连接 A_1、B_1、C_1、A_1，就是斜口直三棱柱管侧面的展开图；

(4) 分别画出下底实形 ABC 和上顶实形 $A_1B_1C_1$，即完成了斜口直三棱柱管的展开。

2. 棱锥管表面的展开

图 13-8(a)是矩形渐缩管的两面投影。棱线延长后交于一点 S，形成四棱锥，可见此渐

缩管是一四棱台，其上顶和下底水平投影上反映实形，前后和左右棱面各相同，四条棱线等长，在图中是一般位置直线，只要求出棱线的实长，便可求出棱锥各面的实形，实现棱锥台的展开。

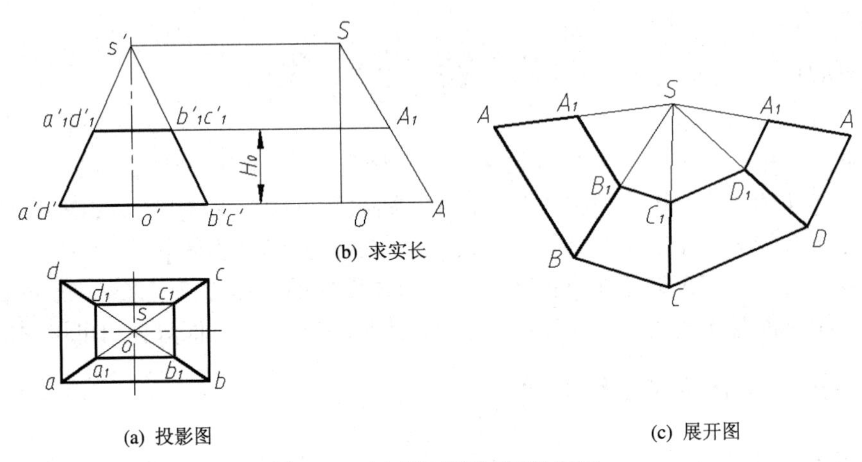

(b) 求实长

(a) 投影图

(c) 展开图

图 13-8 矩形渐缩管表面的展开

作图步骤如图 13-8(b)、(c)所示。

(1) 用直角三角形法求棱线的实长。作直角三角形，一条直角边 $SO = s'o'$，另一条直角边 $OA = o'a'$，则斜边 SA 就是棱线的实长，在 SO 上取渐缩管的高度 H_0，并作线平行于 OA 交 SA 于 A_1，则 A_1A 即为渐缩管的棱线长。

(2) 以棱线和底边的实长依次作出三角形 SAB、SBC、SCD、SDA，得四棱锥的展开图，再在棱锥各棱线上截取棱台棱线的实长，得 A_1、B_1、C_1、D_1 各点，依次连接即得渐缩管的展开图。

3. 方管接头的展开

如图 13-9 所示，方管接头不是四棱台，要展开它，就是展开两对对称的梯形面，要展开梯形面就必须把梯形分成两个三角形，分别求出棱线和对角线的实长(见图 13-9(b))；依次拼画三角形实形，即完成变形接头的展开图(见图 13-9(c))。

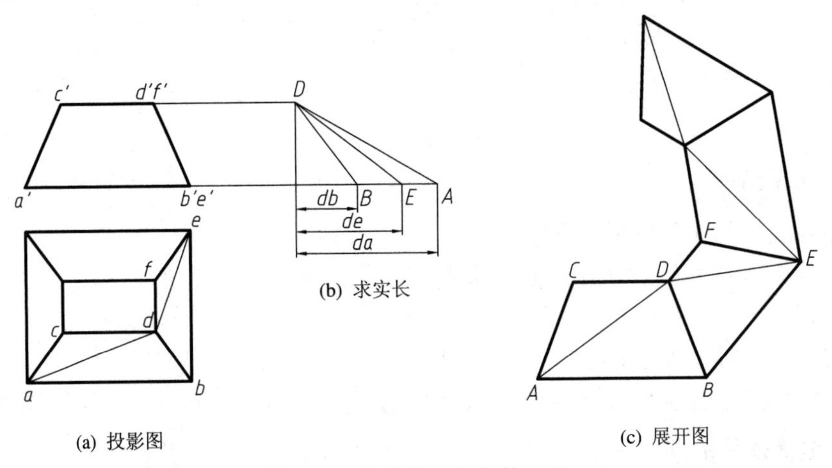

(b) 求实长

(a) 投影图

(c) 展开图

图 13-9 方管接头表面的展开

13.2.2　可展曲面的展开

1．圆管表面的展开

如图 13-10，圆管展开是一个矩形，矩形一边长度是圆管高度 H，另一边长是圆管正截面的周长 πD(D 是圆管直径)。

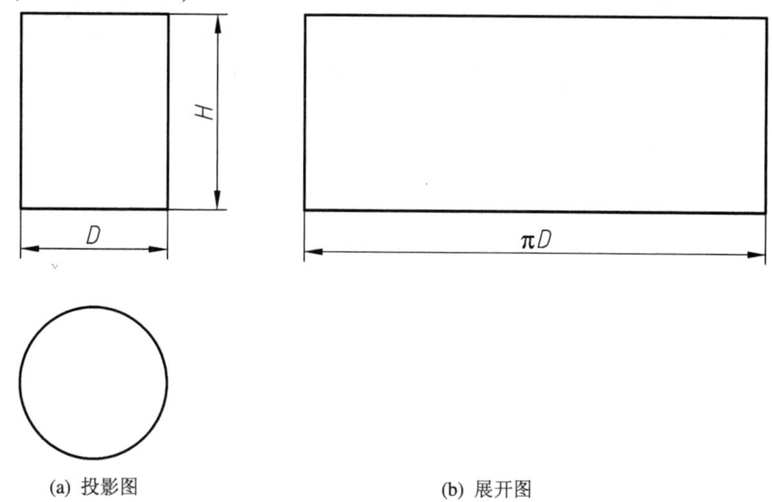

(a) 投影图　　(b) 展开图

图 13-10　圆管表面展开

2．斜口圆管的展开

图 13-11 为一被斜截的圆管，称斜口圆管，其展开图的作图步骤如下：

(1) 把底圆分成若干等份，如 12 等份，并做出相应素线的正面投影 $0'0_1'$, $1'1_1'$, $2'2_1'$, …；

(2) 把底圆展开成一直线，把线长 πD 分成 12 等份，得分点 0_0，1_0，2_0，…，如果准确长度要求不高，可用弦长代替弧长，即 $01 = 0_01_0$，$12 = 1_02_0$，…；

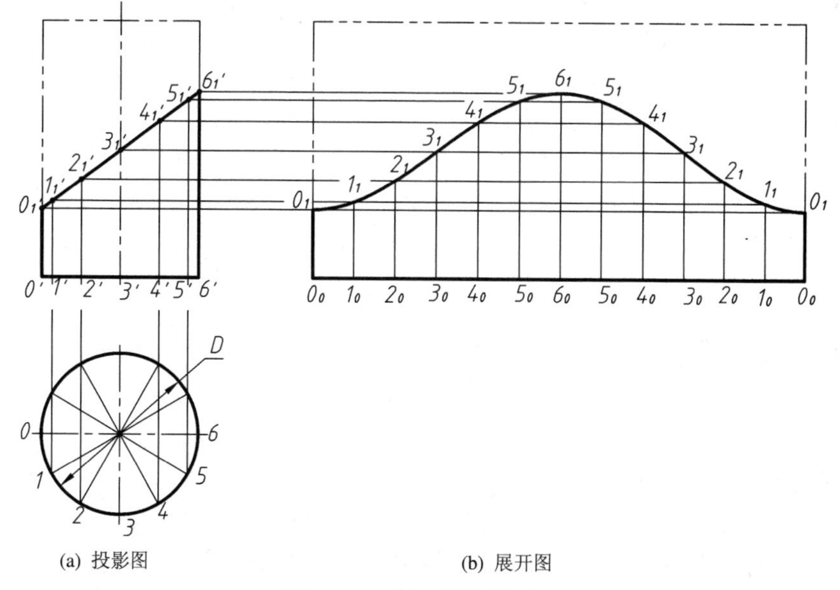

(a) 投影图　　(b) 展开图

图 13-11　斜口圆管的展开

(3) 分别过 0_0，1_0，2_0，…各点作底线的垂线，在垂线上量取对应素线的实长，得端点 0_1，1_1，2_1，…；

(4) 光滑地连接 0_1，1_1，2_1，…等端点，即得斜口圆管的展开图。

3．斜口正圆锥管的展开

图 13-12 为一被截头的正圆锥管，称为斜口正圆锥管，其展开图的作图步骤如下：

(1) 先将斜口的正圆锥管还原成正圆锥，再把正圆锥展开成一个扇形，扇形的顶点 S，半径等于锥的素线长，弧长等于 πD，其中 D 为圆锥锥底直径。若准确度要求不高，可把锥分成 12 等份，用弦长代替弧长，即 $\overset{\frown}{01}=0_01_0$，$\overset{\frown}{12}=1_02_0$，…。

(2) 素线只有 $s'0'$和 $s'6'$ 是正平线，其正面投影反映实长，其它的素线 $s'1'$，$s'2'$，…都不反映实长。各段实长的求法：由 $s'1'$，$s'2'$，…，$s'5'$ 与截断面的交点作直线平行于底圆，交 $s'0'$ 于 $1_1'$，$2_1'$，…，$5_1'$，则 $s'1_1'$，$s'2_1'$，…，$s'5_1'$ 就是延伸部分的实长，把它们分别量到展开图中对应的素线上，得出 0_1，1_1，2_1，…各点。

(3) 光滑地连接各点，即可得到斜口正圆锥管的展开图。

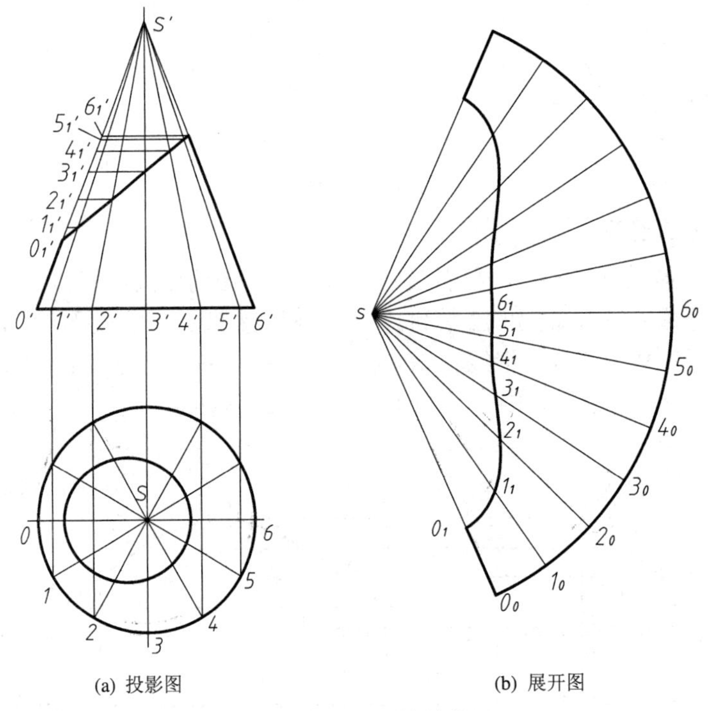

(a) 投影图　　　　(b) 展开图

图 13-12　斜口正圆锥管的展开

4．异径正三通管的展开

图 13-13 为两个直径不同的圆管正贯所形成的三通管，称为异径正三通管。图中只画了两个圆管的正面投影和侧面投影，并省略了大圆管的下半部分。

其展开图的作图步骤如下：

(1) 将小圆管的一半分成 6 等份，准确地画出相贯线的投影图，如图 13-13(a)所示。

(2) 作小圆管展开图。小圆管展开图的画法与斜口圆管展开图类似，具体方法如图 13-13(b)所示。

(3) 作大圆管展开图。先作出完整大圆管的展开图，再由中心 A 量取 B、C、3_0 各点，使 $AB = 0''1''$，$BC = 1''2''$，$C3_0 = 2''3''$，由各点作水平的素线，再从正面投影的 $0'$、$1'$、$2'$、$3'$ 作相应的垂直线，与这些素线相交得 0_0，1_0，2_0，3_0 等点。同样作出后部对称各点，连接 0_0，1_0，2_0，…，将这些点连线就得到大圆管相贯线的展开图，如图 13-13(c)所示。

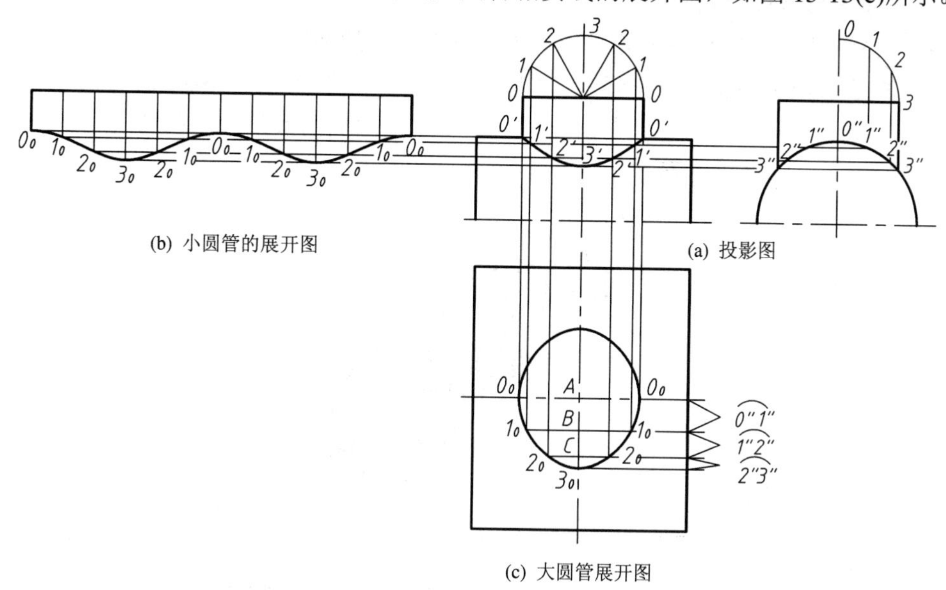

(b) 小圆管的展开图

(a) 投影图

(c) 大圆管展开图

图 13-13　异径正三通管的展开

5．方圆变形接管的展开

图 13-14(a)所示方圆变形接管，此管接头上端是圆，下端是方形口，也叫“天圆地方”，它由四个等腰三角形和四部分斜圆锥而组成，展开它就是连续展开三角形和锥面。

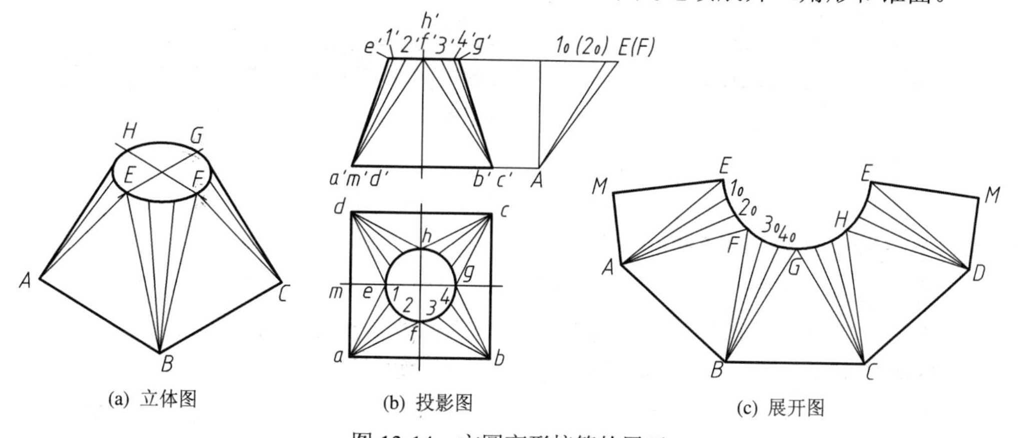

(a) 立体图

(b) 投影图

(c) 展开图

图 13-14　方圆变形接管的展开

方圆变形接管展开图的作图步骤如图 14-13(b)、(c)所示。

(1) 在水平投影上把圆分成 12 等份，得到 e，1，2，f，3，4，g，…，并求出各点对应的正面投影 e'，$1'$，$2'$，f'，…。

(2) 分别连线水平投影 ae，$a1$，$a2$，af，bf，$b3$，$b4$，…和正面投影 $a'e'$，$a'1'$，$a'2'$，$a'f'$，$b'f'$，…，即把接管表面分成了四部分，每一部分由 1 个等腰三角形和 3 个小三角形组成。

(3) 用直角三角形法求 AE、AI、AII、AF 各边的实长，由于图形对称，其余各边的实长即可同时确定，图中的“地方”是正方形，只求 AE、AI 的实长。

(4) 从 AM 开始、以 ME 为接缝，逆时针依次展开三角形和锥面。

6. 等径直角弯管的展开

图 13-15(a)所示等径直角弯管是用来连接垂直相交的两圆管的，管口是直径相等的圆，理论上应该是 1/4 圆环面，工程上采用多节斜口圆管拼接形成。图 13-15(b)为五节斜口圆管拼接而成的直角弯管，中间三节是两面倾斜的全节，两端两节是一面倾斜的半节，弯管的弯曲半径为 R，管口直径为 D。

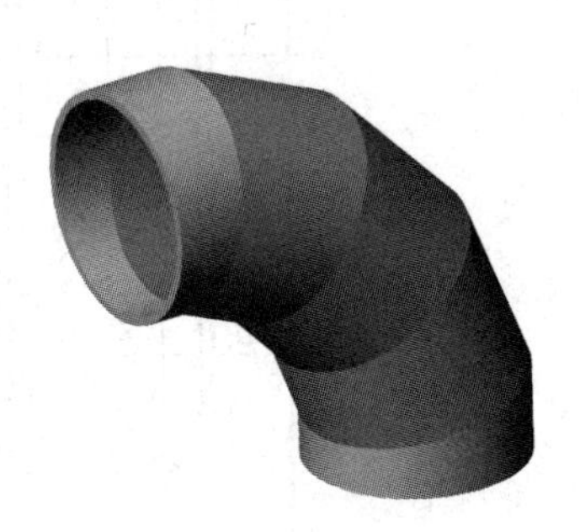

(a) 立体图

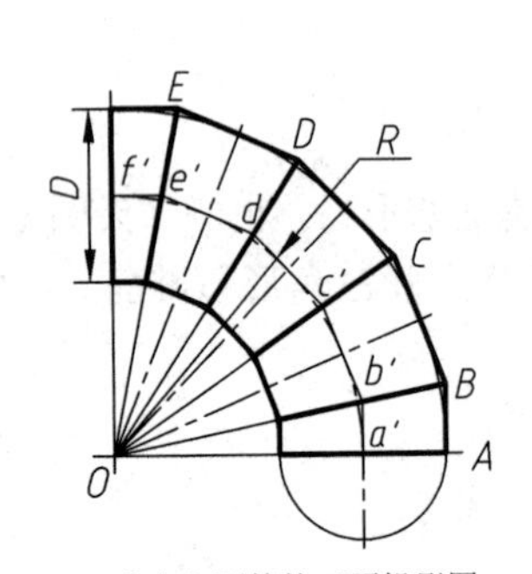

(b) 五节直角圆管的正面投影图

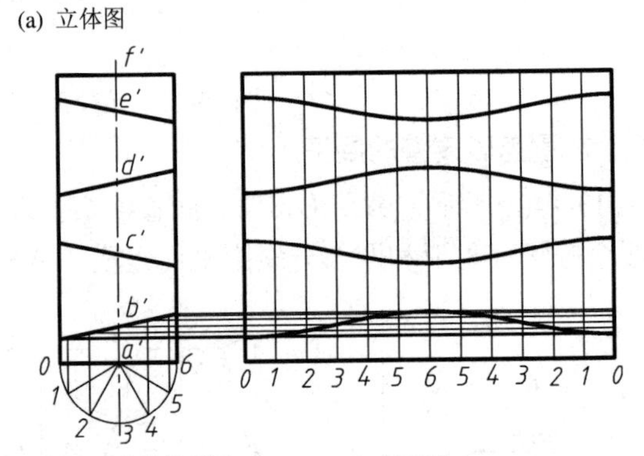

(c) 截切圆管成五节的投影图　(d) 展开图

图 13-15　等径直角弯管的展开

等径直角弯管的作图步骤如下：

(1) 截切圆管成五节的正面投影图(见图 13-15(b))。

① 过任一点 O 作互相垂直的两条线，以 O 为圆心，R 为半径，在两线间画圆弧；

② 分别以 $R-D/2$ 和 $R+D/2$ 为半径画内、外两圆弧；

③ 整个弯管由三个全节、两个半节，即八个半节组成，半节的中心角 $\alpha = 90°/8 = 11°15'$，按 α 将直角分成八等份，画出全节的对称线和各节的分界线；

④ 作出外切于各节圆弧的切线，即完成了正面投影。

(2) 把弯管的 BC、DE 翻转 180°，五节斜口圆管拼成了一个正圆柱管，如图 13-15(c)所示。

(3) 按照斜截圆柱管面的展开方法，如图 13-15(d)所示，将五节斜管逐一展开，就拼接成了等径直角弯管的展开图。

第14章　零件测绘和部件测绘

14.1　概　　述

零件测绘和部件测绘是设计人员的必备技能和常见工作。实际生产中，无论是开发某种新产品，仿造某种先进设备，还是进行技术改造，修配机械设备，在无图样的情况下，测绘工作是必不可少的。

14.1.1　零件测绘和部件测绘的目的

零件测绘和部件测绘简称为测绘。测绘是根据现有的零件、部件(或机器)，绘制出零件的草图，再根据零件草图绘制出零件图(也称零件工作图)和装配图的过程。测绘工作需要多方面的知识，如机械设计、金属工艺学、互换性与技术测量、金属材料学及热处理等。机械制图课程所进行的部件测绘，重点在于视图如何选择和表达，尺寸如何测量和标注等。通过测绘，能对零件图、装配图的表达有更深刻的理解。

机械制图零、部件测绘目的：

(1) 综合运用机械制图课程所学知识，实际动手，通过对零件或部件实物的测量画出其零件图和装配图，以增加感性认识，加深对所学理论的理解；

(2) 了解零、部件测绘的步骤和基本方法；

(3) 学习常用测量工具的使用方法；

(4) 学习查阅有关资料；

(5) 为后续课程的学习奠定基础。

14.1.2　零件测绘和部件测绘的基本任务

测绘的基本任务包括零件测绘和部件测绘。

1. 零件测绘

零件测绘包括：

(1) 测绘零件，画出零件草图；

(2) 根据零件草图，绘制零件工作图。

2. 部件测绘

部件测绘包括：

(1) 拆卸部件，绘制部件装配示意图；

(2) 测绘部件中的零件并画出零件草图；

(3) 根据零件草图和装配示意图绘制装配图；

(4) 根据零件草图和装配图绘制零件工作图。

14.2 零件测绘

零件测绘是根据实际零件画出零件草图，经过整理，最后画出零件图的过程。零件测绘也是部件测绘的一个重要环节。本节只讨论零件测绘的一般步骤及常用的尺寸测量方法。

14.2.1 零件测绘的一般步骤

1. 分析零件形状结构并确定视图表达方案

在画零件草图之前，首先要对零件进行分析，了解零件的名称、用途、材料等，然后对零件进行结构分析，弄清各结构的功能、形状及加工方法。在此基础上，根据第 11 章中典型零件的表达特点，确定该零件的视图表达方案。图 14-1 为一支座零件，它由长方形座板、带有圆柱凸台的水平空心圆柱、肋和长方形的空心支承组成，材料为铸铁。根据它的结构特点，选空心圆柱体轴线垂直的方向为主视图的投射方向，因该方向反映了零件的主要形状特征，且各部分的相对位置较清楚。零件左右、前后对称，主、左视图可作半剖视图。主视图的半剖视图主要表达支座空心圆柱与圆柱凸台之间的内部连接情况，空心支承板的内腔和支座的外形；左视图的半剖视图进一步表达与空心圆柱轴线平行方向的内部结构和支座的外形；俯视图主要表达底板形状及其上孔的位置分布，可参考图 14-2(d)。

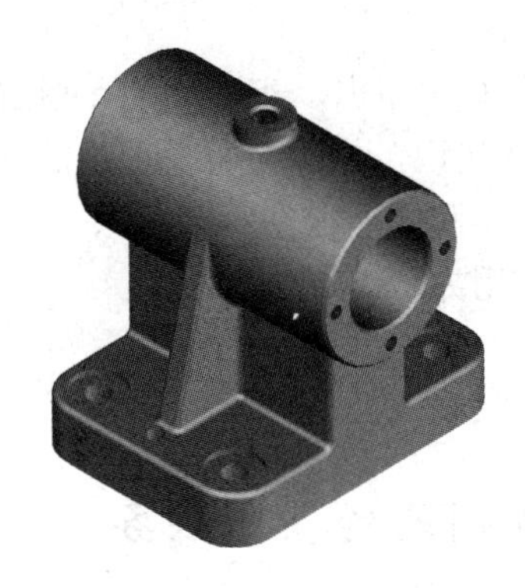

图 14-1　支座的直观图

2. 零件草图的绘制

测绘零件的工作常在机器设备的现场进行，受条件限制，一般先绘制出零件草图。徒手绘制的图样称为草图，它是不借助绘图工具，用目测来估计物体的形状和大小，徒手绘制的图样。在讨论设计方案、技术交流及现场测绘中，经常需要快速地绘制出草图，徒手绘制出草图是工程技术人员必须具备的基本技能。零件草图绝不是潦草图，零件草图的内容与零件工作图相同，只是线条等为徒手绘制。零件草图是绘制零件图的重要依据，必要时可以直接用来制造零件，因此，零件草图必须具备零件图的全部内容，即视图表达正确，尺寸完整，线型分明，图面整洁，技术要求合理。零件草图可徒手画在方格纸上，为了提高画草图的速度和准确性，在条件允许时也可采用简单仪器或工具绘制，如直尺、圆规等。

图 14-2 给出了画支座草图的步骤(为保证图形的清晰，图 14-2 是用计算机绘制的)，具体步骤如下：

(1) 根据零件的实物大小和视图数量，选定绘图比例并确定图幅。

(2) 画出各视图的中心线、轴线和作图基准线，定出各个视图的位置，如图 14-2(a)所示。

(3) 详细地画出零件的内外部的结构形状。一般先画主体结构，再画局部结构，各视图之间要符合投影规律，如图 14-2(b)所示。零件的工艺结构应全部画出，不能遗漏，如倒角、铸造圆角、退刀槽等。对于零件缺陷，如砂眼、裂纹、摩擦痕迹等不应画在图上。

(4) 选定尺寸基准，按结构分析和形体分析画出全部尺寸界限和尺寸线(含箭头)。仔细检查后，将图线按不同线型加深，如图 14-2(c)所示。

(5) 集中一次测量尺寸，填写尺寸数值。对于标准结构，如键槽、倒角、退刀槽、沉头螺钉的沉孔尺寸等，可直接查表确定尺寸数值；对于螺纹、齿轮，经测量后与标准值核对，采用标准的结构尺寸，以利于制造；根据零件的设计要求和作用，注写合理的尺寸公差和表面粗糙度等技术要求；书写其它技术要求并填写标题栏，如图 14-2(d)所示。因幅面过小，图中省略了一些技术要求的内容。

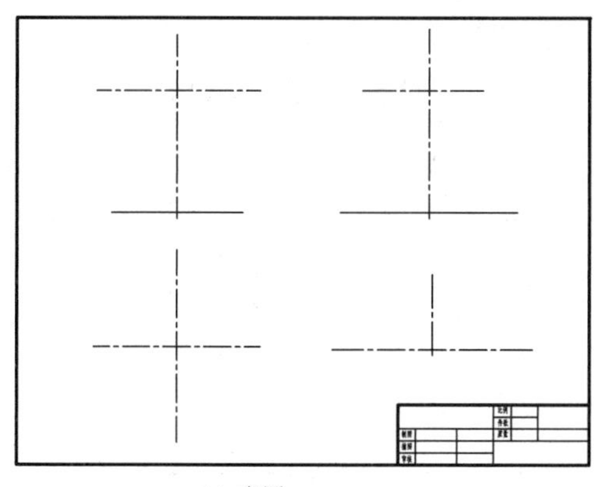

(a) 布图

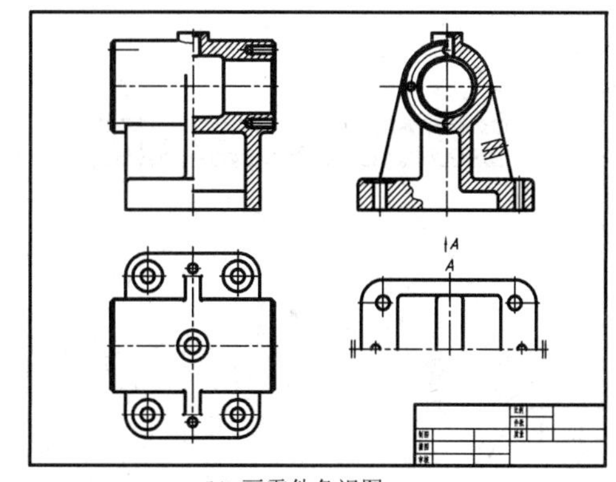

(b) 画零件各视图

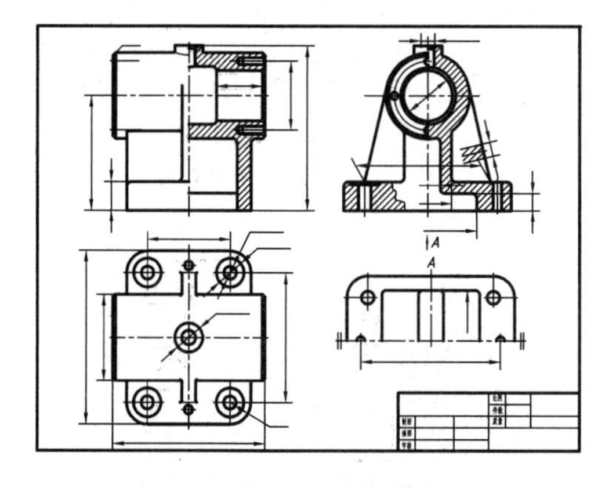

(c) 画尺寸线、尺寸界限和箭头

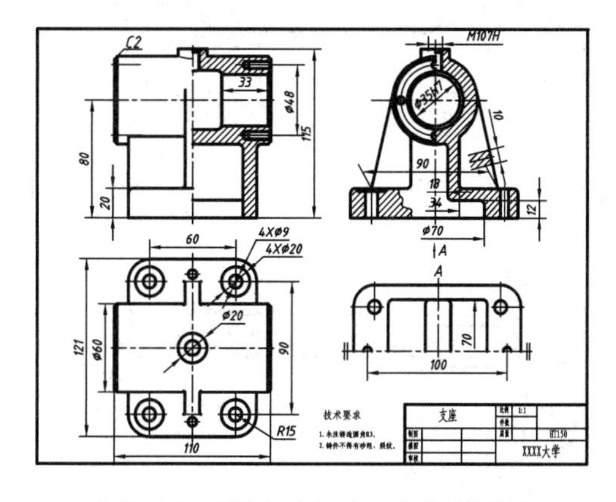

(d) 标注尺寸，写技术要求，加深完成零件草图

图 14-2　画支座零件草图的步骤

3．画零件工作图

(1) 在画零件工作图之前，应对零件草图进行反复校对，检查零件的视图表达是否完整、清晰，尺寸标注是否齐全、合理，尺寸公差、表面粗糙度要求等是否恰当，如有问题应及时改正。

(2) 依据校核后的零件草图的视图数量和视图表达情况，选择适当的比例(尽量采用 1 : 1)并确定标准图幅，然后绘出零件工作图。根据计算机绘图课程安排在测绘课的先后，可采用尺规绘制零件图，也可利用计算机来绘制零件图。

14.2.2 常用的尺寸测量方法

测量是零件测绘工作不可或缺的重要步骤，下面介绍常用的测量工具和测量方法。

1．常用的测量工具

测量尺寸常用的工具有钢尺、外卡钳、内卡钳、圆角规、螺纹规等；遇到精密的孔或重要的加工表面，可用游标卡尺、千分尺等，如图 14-3 所示。

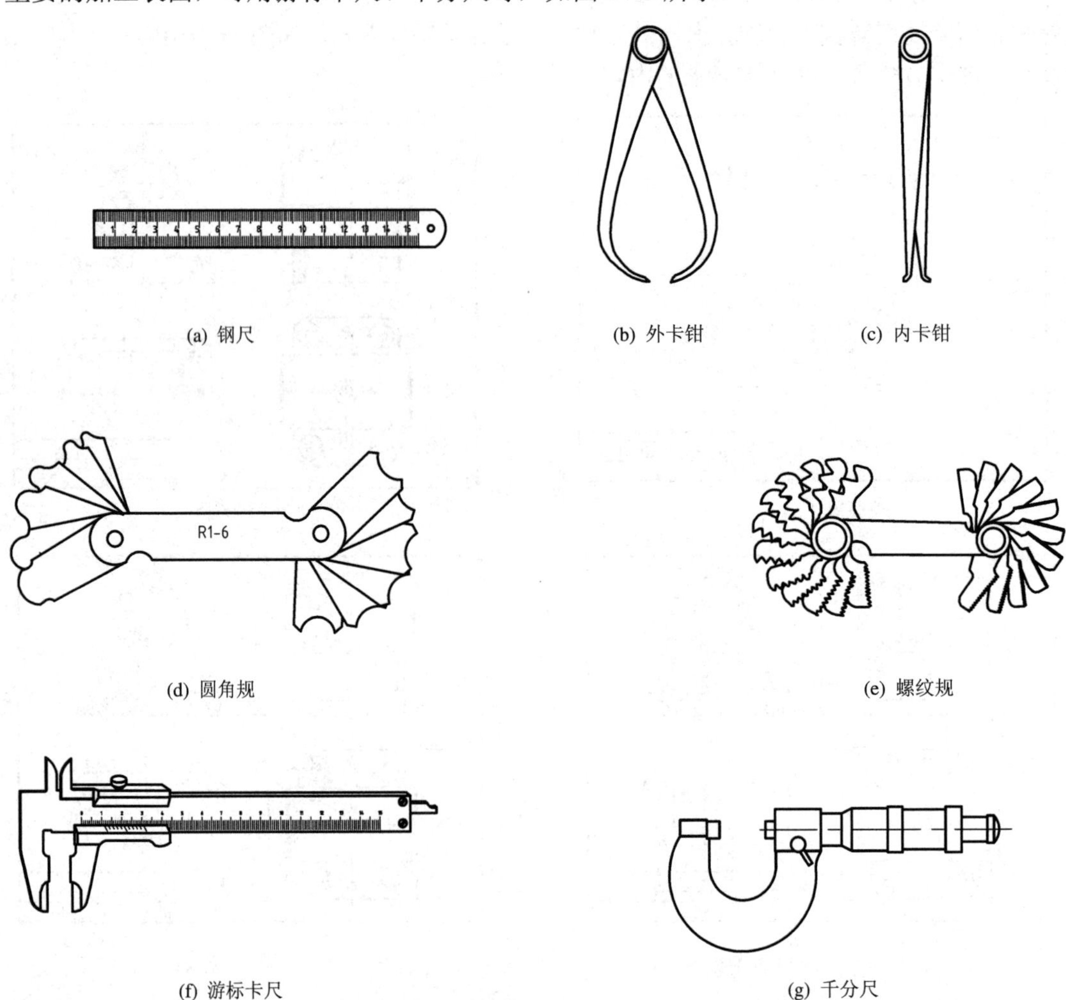

(a) 钢尺　(b) 外卡钳　(c) 内卡钳

(d) 圆角规　(e) 螺纹规

(f) 游标卡尺　(g) 千分尺

图 14-3　常用测量工具简图

2. 常用的测量方法

1) 测量线性尺寸

测量线性尺寸一般可用钢尺或游标卡尺直接测量并读数，如图 14-4 所示。

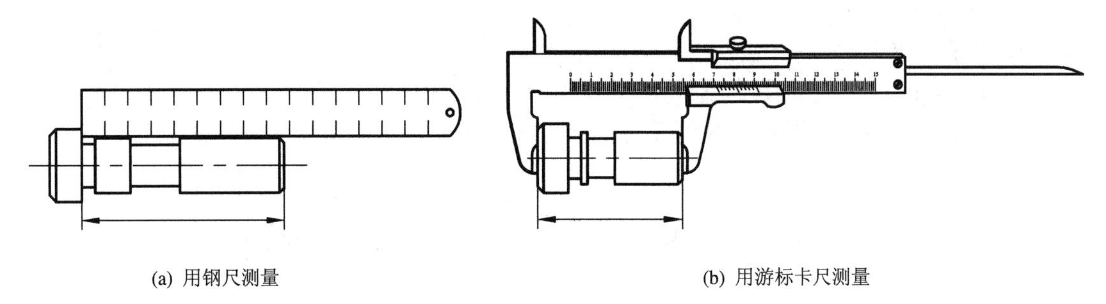

(a) 用钢尺测量　　(b) 用游标卡尺测量

图 14-4　线性尺寸的测量

2) 测量圆柱的直径

用内、外卡钳测量圆柱的内、外径时，要把内、外卡钳前后移动，测得最大值时小心将卡钳取下，在钢尺上读出所测量的数值，如图 14-5(a)、(b)、(c)所示。对于要求较高的表面，可用游标卡尺或千分尺测量并直接读出内、外径的数值，如图 14-5(d)、(e)、(f)所示。

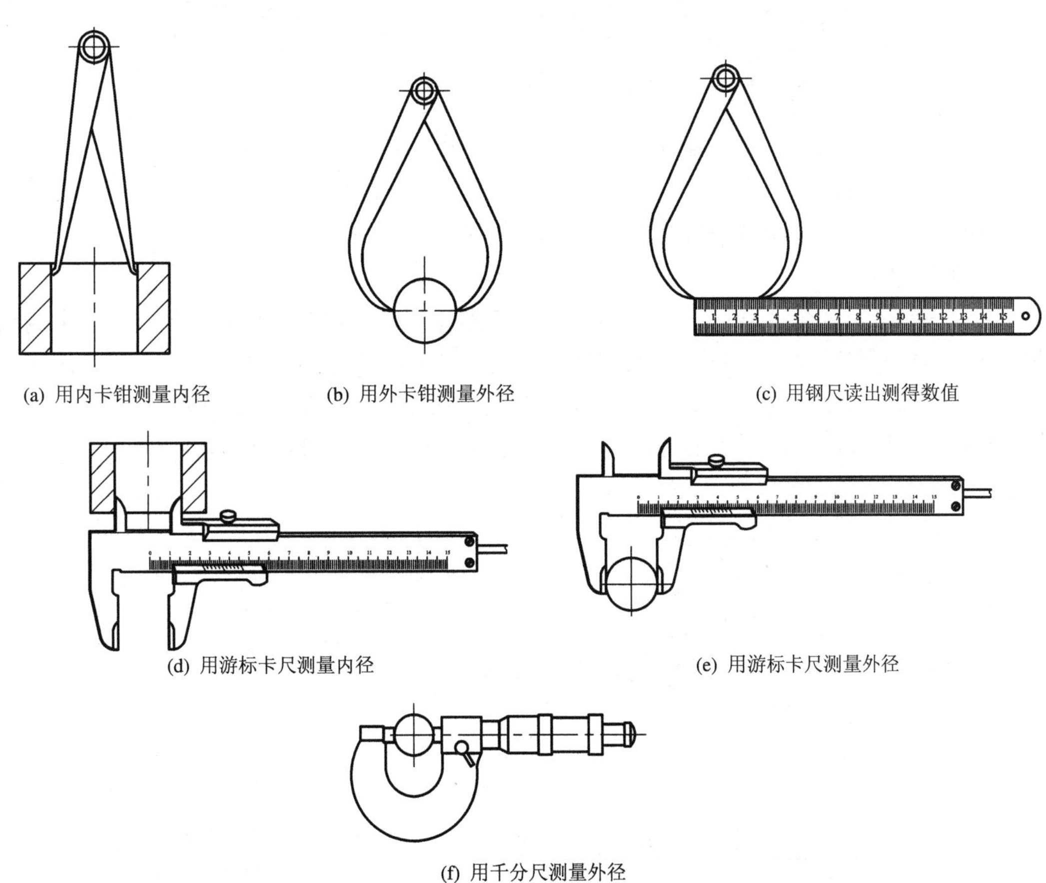

(a) 用内卡钳测量内径　　(b) 用外卡钳测量外径　　(c) 用钢尺读出测得数值

(d) 用游标卡尺测量内径　　(e) 用游标卡尺测量外径

(f) 用千分尺测量外径

图 14-5　用内卡钳、外卡钳、游标卡尺、千分尺测量圆柱直径

3) 测量壁厚

测量壁厚一般可用钢尺直接测量，若不能直接量出，可用外卡钳与钢尺配合，间接测出壁厚。如图 14-6 所示，底部壁厚用直尺直接测得壁厚 $X = A - B$；侧面壁厚用钢尺和外卡钳配合测得 $Y = C - D$。

4) 测量孔中心距

可用外卡钳、内卡钳(配合钢尺)测量孔的中心距，孔的中心距 $L = A + \phi$ 或 $L = B - \phi$，如图 14-7 所示。也可用游标卡尺测量孔的中心距，方法与内、外卡钳测量相同。

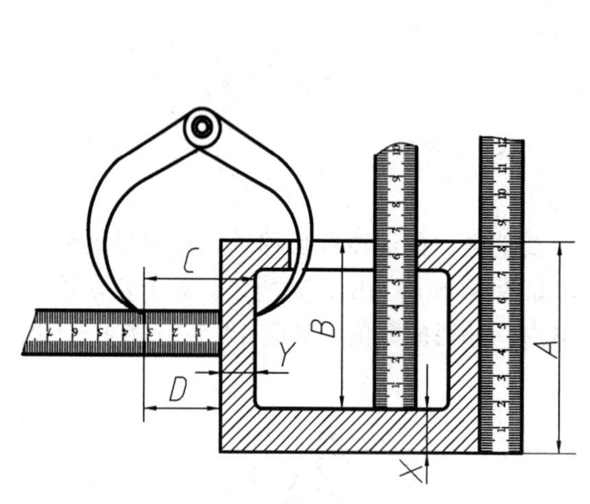

图 14-6　壁厚的测量

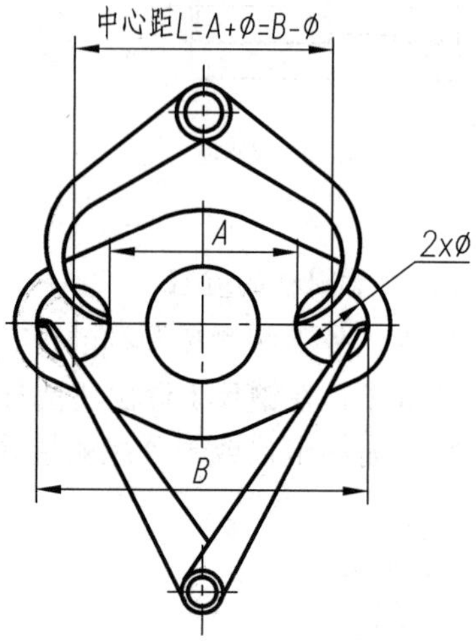

图 14-7　用内卡钳、外卡钳测量孔中心距

5) 测量中心高

用钢尺和内卡钳可测得中心高 $H = A + \phi/2$，如图 14-8 所示。

6) 测量圆角

圆角一般可用圆角规测量。图 14-3(d)是一组圆角规，每组圆角规有很多片，一半测量外圆角，一半测量内圆角。每一片上都标着圆角半径的数值。测量时，只要在圆角规中找到与零件被测圆角完全吻合的一片，就可以从圆角规上读出所测圆角的半径数值。图 14-9 给出了用内圆角规测量内圆角的方法，用外圆角规测量外圆角的方法与之相同。

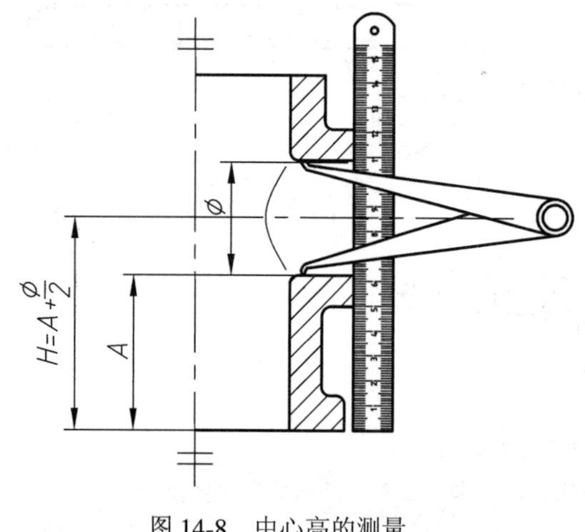

图 14-8　中心高的测量

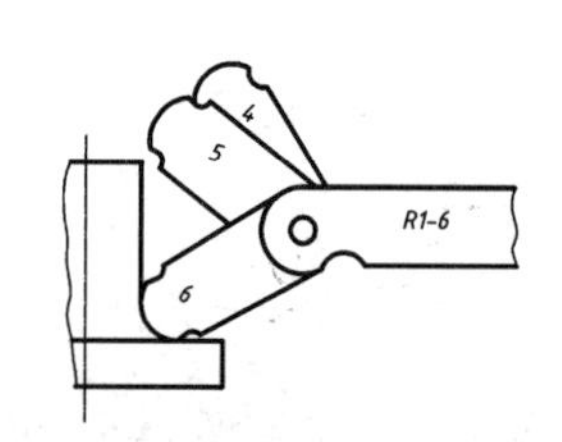

图 14-9　用内圆角规测量内圆角的半径

7) 测量螺纹

测量螺纹需要测出螺纹的直径和螺距。螺纹的牙型、旋向和线数可直接由观察确定。螺距可用螺纹规来测量。螺纹规是一组带有牙型槽口的、标有不同螺距的扁钢片(见图 14-3(e))，使用时只要找到一片与被测螺纹的牙型完全吻合的扁钢片，从钢片上就可以得到该螺纹的螺距，如图 14-10(a)所示。测量外螺纹大径、内螺纹小径与测量圆柱直径的方法类似，可用游标卡尺来完成，如图 14-10(b)所示。一般要把测量出的螺距、外螺纹大径、内螺纹小径与螺纹标准对照(可与附表或相应螺纹的国家标准来对照)，选取与其相近的标准值。

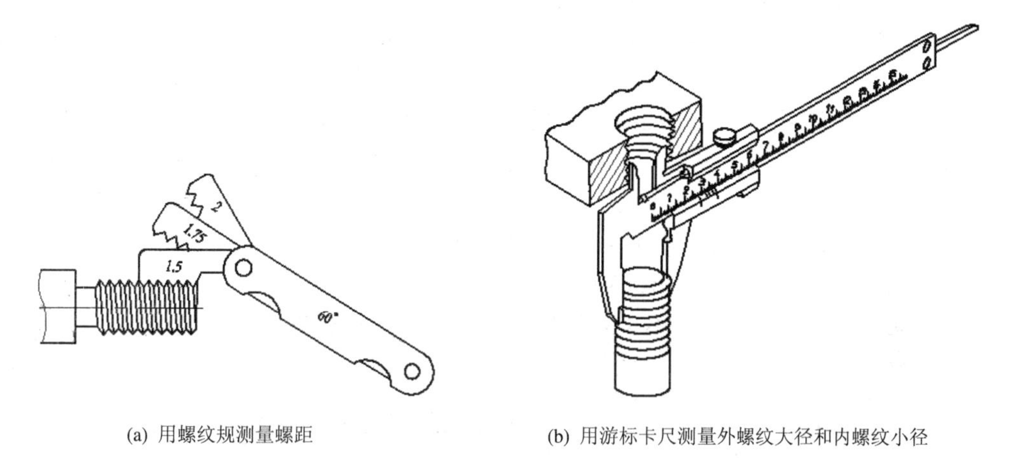

(a) 用螺纹规测量螺距　　(b) 用游标卡尺测量外螺纹大径和内螺纹小径

图 14-10　螺纹的测量

8) 测量曲线、曲面

测量曲线、曲面的精确测量方法可用专门的测量仪，比如三坐标测量仪等。对精确度要求不高的曲面轮廓，可用拓印法(见图 14-11)在纸上拓出它的轮廓形状，然后用几何作图的方法求出各圆弧的尺寸和中心位置；还可用铅丝法、坐标法等，具体测量方法可参考相关资料。

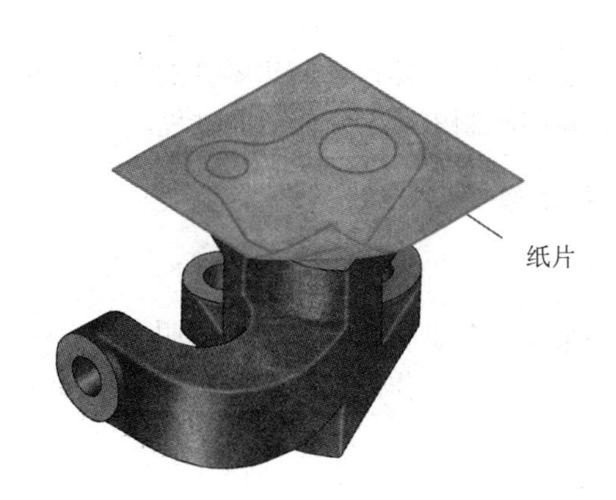

图 14-11　用拓印法测量曲面

14.2.3　零件测绘的注意事项

前面已经提及了零件测绘中应该注意的一些问题，下面做一个小结。

1. 徒手画零件草图

(1) 零件上的工艺结构，如铸造圆角、倒角、倒圆、退刀槽、越程槽、凸台、凹坑、中心孔等必须画出，不能忽略。

(2) 零件的制造缺陷，如砂眼、气孔、刀痕及长期使用所产生的磨损等，测绘时不应画出，而应予以修正。

2. 测量尺寸

(1) 应正确选择测量基准面，并根据零件尺寸的精确程度选用相应的量具。测量工作应在画好视图、注全尺寸界线和尺寸线后统一进行，切忌边画尺寸线、边测量、边标注尺寸。

(2) 零件的主要尺寸应优先注出。对一些重要尺寸要精确测量并予以验算；对有装配连接关系和结合面的尺寸，基本尺寸只需测量一个，而不必对相互连接和有配合面的几个零件逐一进行测量。

(3) 零件上的标准结构要素(如螺纹、键槽、螺孔深度、轮齿、中心孔等)，应将测得的数值与有关标准核对，使尺寸符合国家标准系列。

(4) 当测得没有配合关系或不重要的尺寸为小数时，应圆整为整数。

3. 注写技术要求

零件的表面粗糙度、尺寸公差、几何公差要求及用文字表述的技术要求等，可根据零件的作用参考同类型产品的图样或有关资料确定。

4. 选定材料

应根据设计要求，参照有关资料选定零件的材料，必要时可以用火花鉴别、取样分析、测量硬度等方法来确定材料类别。

14.3 部件测绘

部件测绘是根据现有的部件或机器，绘制出零件的草图，再根据这些草图绘制出装配图，然后由零件草图和装配图绘制出零件工作图的过程。

14.3.1 部件测绘的方法和步骤

1. 分析了解测绘对象

测绘前，要通过多种渠道，包括仔细阅读产品说明书等有关资料，并通过对实物的仔细观察，来了解它的用途、性能、工作原理、装配关系和结构特点等。

2. 拆卸部件

1) 拆卸部件注意事项

在拆卸部件时应注意以下几点：

(1) 正确使用拆卸工具，注意拆卸顺序，避免破坏性拆卸，以免破坏零部件或影响精度。

(2) 对于不方便拆卸或紧密连接(过盈或过渡)的零件，如果能判断它们的形状和结构，尽量不拆，以免损坏。

(3) 要将所有拆下的零件进行编号，并在零件上挂上或贴上带有编号的标签。

(4) 拆下的零件要妥善保管，以免丢失，造成损失。

2) *拆卸方法*

(1) 拆卸准备。拆卸前先把所需要的工具准备齐全，熟悉相关资料，以保证顺利安全地拆下零、部件。常用的拆卸工具和用品有：扳手、螺丝刀、手锤、冲针、虎钳、细铁丝、铁盒、清洗剂、棉纱等，有条件时可备齐专用的拉出、压离工具。资料的准备：如说明书、参考书、标准手册、登记表格、零件标签等。

(2) 拆卸要求。在拆卸之前必须对部件的构成特点、连接方式进行分析，拟定正确的拆卸顺序。装配时，刚好相反，一般后拆的先装，先拆的后装。

(3) 拆卸方法。根据部件的结构特点和连接方式，需采用正确的拆卸方法。

① 普通工具拆卸法。零件间无相对运动的可拆连接以及配合零件有间隙的活动连接，如螺纹连接、键连接、动轴与孔的连接，一般拆卸比较方便，只需用通常的工具就可以完成。

② 冲击力拆卸法。对于具有较小过盈量的过盈配合及过渡配合等半永久性的连接，可利用锤击产生的冲击力拆卸，如图 14-12 所示销轴的拆卸。为避免零件损坏和变形，常要采用导向套、导向柱，并在锤击部位垫上木材、铜垫等软质材料。

③ 拉压拆卸法。对于过盈量不大但较重要的零部件，可采用作用力均匀且易控制的压力机进行拆卸，有时利用专门螺旋拆卸工具，如图 14-13 所示。滚动轴承与轴、齿轮与轴等，可采用拉压方法进行拆卸。

④ 温差拆卸法。利用金属热胀冷缩的特点，加热使孔径增大或冷却使轴颈变小，这样使轴与孔的过盈量相对减少或出现间隙，拆装起来就比较方便。

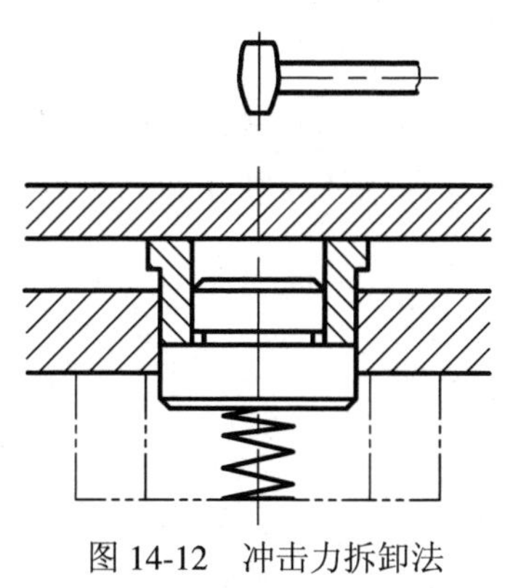

图 14-12　冲击力拆卸法

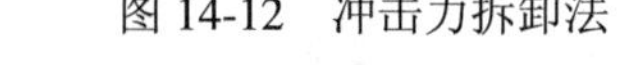

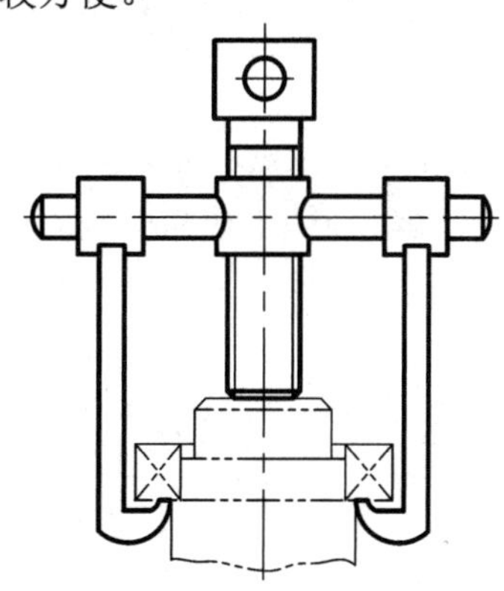

图 14-13　拉压拆卸法

3. 画装配示意图

对比较复杂的装配体需要画装配示意图。装配示意图是部件拆卸过程中所画的记录图样，是绘制装配图和重新进行装配的依据。它所表达的内容主要是各零件间的相互位置、装配与连接关系以及传动路线等。受测绘现场条件的限制，装配示意图也是徒手画在方格纸上的。

装配示意图的画法没有严格的规定，通常用简单的线条画出零件的大致轮廓，有些零件，如轴、轴承、齿轮、弹簧等，可参考机构运动简图符号画出。装配示意图是把部件看成透明体画出的，既要画出外轮廓，又要画出内部构造，对各零件的表达一般不受前后层次的限制，其顺序可从主要零件着手，依次按装配顺序把其它零件逐个画出。示意图一般只画一至两个视图，并注意两零件接触面或配合面之间应留间隙，以便于区别不同零件，这一点与装配图的画法不同。

图 14-14 为齿轮油泵的直观分解图(因拆卸顺序不唯一，图中采用了一种拆卸顺序时的零件编号)，图 14-15 为齿轮油泵的装配示意图。从图 14-15 可看出，图上的长轴、螺钉等零件是按规定的符号画出的，而泵体与泵盖等零件没有规定的符号，只画出了大致轮廓。另外，示意图中的编号应该与拆卸时零件的编号一致，以便于对照，如图 14-14 和图 14-15 所示。

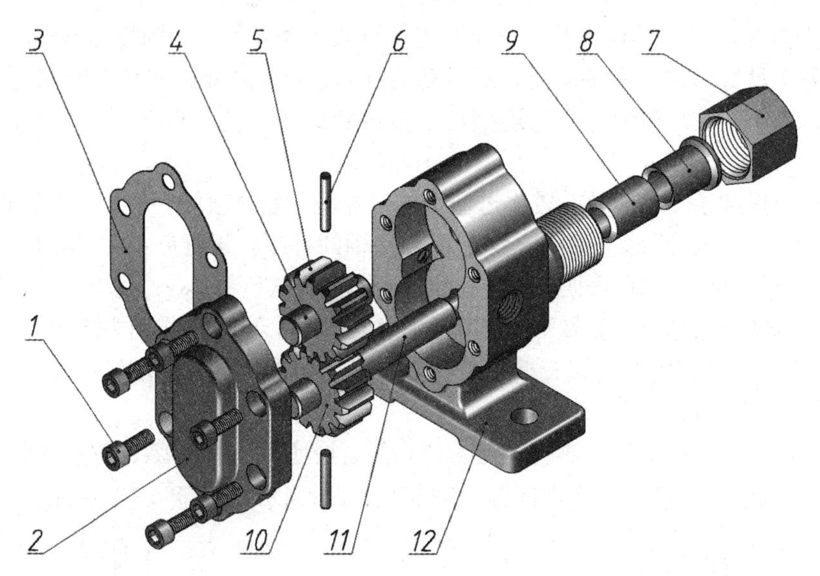

1—6 个螺钉(螺钉 GB/T 70.1—2000 M6×16)；2—泵盖；3—垫片(纸板)；4—短轴；5—从动齿轮；6—2 个圆柱销(销 GB/T 119.1—2000 4m6×26)；7—压紧螺母；8—填料压盖；9—填料(石棉绳)；10—主动齿轮；11—长轴；12—泵体

图 14-14　齿轮油泵直观图

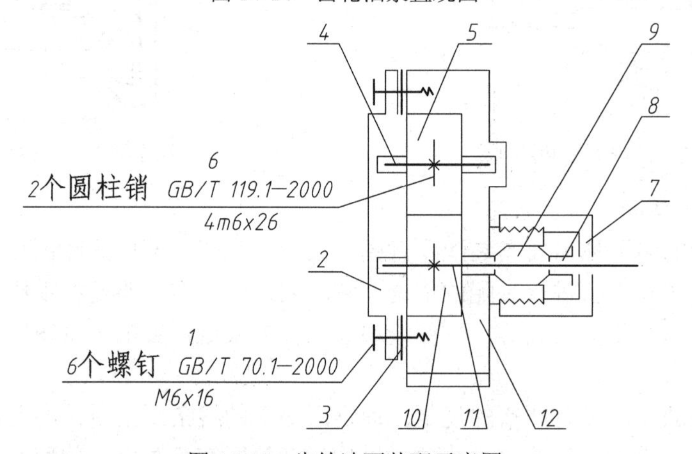

图 14-15　齿轮油泵装配示意图

4．画零件草图

画零件草图的方法和步骤可参考 14.1 节。

部件中的零件可分为两类，一类是标准件，另一类是一般零件。

对于标准件，如螺栓、螺钉、垫圈、键、销、滚动轴承等，只要测出其规格尺寸，然后查阅附表或相关国家标准，找到与其最接近的规格尺寸，按规定进行标记，并将标记注写在装配示意图中即可，不必单独绘制零件草图和零件图。对于一般零件，应全部画出零件草图。对于一般零件上的标准结构，如齿轮的模数、键槽等尺寸，应量取有关参数然后查表取标准值。

5．画部件装配图

根据全套零件草图和装配示意图画出部件装配图，画装配图时必须一丝不苟地按所测的草图来画，这样才能检查出所测的草图是否准确，如尺寸是否完全、相关尺寸是否协调、是否符合装配的工艺要求等。如发生问题，应及时对零件草图进行修改和补充，并修改相应的装配图部分。部件装配图的具体画法请参考第 12 章。部件装配图中零件的序号应根据图形的具体情况编写，不要求一定与装配示意图保持一致。

6．画零件图

根据装配图和修改、补充、完善后的零件草图，可完成零件图的绘制。在绘制零件图时，注意每个零件的表达方法要合适，尺寸应正确，这部分内容可参考第 11 章。

零件图中零件的序号一定要与部件装配图中零件的序号一致。

14.3.2　部件“齿轮油泵”的测绘举例

首先应该说明一个问题，作为机械制图测绘用教具的齿轮油泵，结构是仿真的，但还是有些不合理的地方。与实物相比，一般体积较小，制造加工粗糙，为便于拆装，各配合和连接处都比较松，考虑到防锈，采用材料也可能与实物不符。因此，对于零件草图上的材料、表面粗糙度、尺寸公差、几何公差等技术要求，应在指导教师的指导下注出。对测绘用齿轮油泵的结构、形状和尺寸的不合理之处，尽可能在教师的指导下修正。另外，测绘用齿轮油泵的种类不尽相同，形状和尺寸也有差异，因此，本“齿轮油泵”的测绘举例图样仅供测绘同类部件参考，具体图样应根据测绘部件的真实情况来确定。

1．测绘前的准备工作

(1) 由指导教师介绍测绘知识并布置测绘任务：测绘齿轮油泵。

(2) 强调测绘过程中的安全注意事项。

(3) 分测绘小组(4～6 人一组)，确定组长。

(4) 由组长负责领取齿轮油泵、量具和拆卸工具(内、外卡钳，钢尺，六方扳手等)。

(5) 按要求准备方格纸、图纸若干张，并准备好绘图工具和仪器。

(6) 整理测绘场地，若是绘图教室，须将桌椅按测绘小组数分组，即一组围在一起。

(7) 将已领取的齿轮油泵和已准备好的物品带到测绘地点，按照测绘的方法和步骤，准备开始测绘。

2．了解齿轮油泵

首先应通过收集的有关该齿轮油泵或相似部件的资料，如产品说明书等，了解齿轮油泵的用途、工作原理、结构特点以及装配关系。

该齿轮油泵(见图 14-14)与 12.7.3 节中所介绍的齿轮油泵的工作原理相同(见图 12-25)，这里不再重复。

由图 14-14 可以分析出齿轮油泵的装配关系(装配关系一般要在拆卸后才能明确)，齿轮油泵有两条装配线：一条装配线是长轴 11 轴系，这是一条主要的装配线。长轴(主动轴)11 上的主动齿轮 10 通过圆柱销 6 将二者固定连接，长轴 11 两端分别支承在泵体 12 和泵盖 2 上，为防泄漏，在长轴 11 穿过泵体 12 的伸出端上有密封填料 9(石棉绳)，并装有固定密封填料的填料压盖 8 和压紧螺母 7；另一条装配线是短轴 4(从动轴)轴系，短轴 4 上的从动齿轮 5 通过另一圆柱销 6 将二者固定连接，短轴 4 两端分别支承在泵体 12 和泵盖 2 孔中。在泵体 12 和泵盖 2 之间有一防止泄漏的垫片 3，而泵体 12、泵盖 2 由六个内六角沉头螺钉 1 连接。

3．拆卸齿轮油泵

如图 14-14 所示，泵体 12 与泵盖 2 通过六个内六角螺钉 1 连接。只要拆掉这六个螺钉，泵体和泵盖就分开了，同时可取下垫片 3。

短轴 4 轴系可以直接取下，但其上的从动齿轮 5 因用圆柱销 6 连接得比较紧密，常规的拆卸工具难以拆下。但是，即使不拆开，也不影响对这三个零件的测绘，这时就不要强拆了，以免破坏零件。长轴 11 轴系上的零件拆卸顺序是：先拧下压紧螺母 7，取出填料压盖 8 和填料 9 后，长轴 11 连同装在其上的主动齿轮 10 和圆柱销 6 就可同时取出。与短轴 4 轴系相同，长轴 11、主动齿轮 10、圆柱销 6 保持一体，不再拆卸。在拆卸的同时，将所拆卸的零件贴上编好号的标签，同一种零件只编一个号，可将该种零件的个数写在标签上。装配时，一般是后拆的零件先装，先拆的零件后装。

对拆下的零件应妥善保管，最好依次同方向放好，以免丢失或给装配带来麻烦。

4．画齿轮油泵的装配示意图

为了便于齿轮油泵被拆开后仍能够装配复原，在拆卸过程中应尽量做好原始记录，最简单和常用的方法就是绘制装配示意图，如图 14-15 所示。装配示意图中的编号要与零件标签上的编号一致。条件允许时，也可采用照相和录像等手段达到画装配示意图的目的。

5．画一般零件草图

齿轮油泵中的一般零件有 9 个：泵体、泵盖、长轴、短轴、垫片、填料压盖、压紧螺母、主动齿轮和从动齿轮；标准件有两种：6 个内六角螺钉和 2 个圆柱销。我们只需要绘制 9 个一般零件的零件草图。注意：零件草图上零件的序号应与装配示意图中的零件编号一致。

1) 选择表达方案

用一组视图完整、清晰地表达出零件的内外部形状和结构。表达方案的选择可参考第

11 章中的四类典型零件的表达方案，分析所画零件为哪一类的，然后根据其特点，选择适当的表达方案。在齿轮油泵中，长轴、短轴、填料压盖、压紧螺母属于轴套类零件；泵盖、齿轮、垫片、齿轮属于盘盖类零件；泵体属于箱体类零件。

2) 尺寸测量和标注

(1) 分析尺寸，画出所有尺寸界限和尺寸线。首先选择尺寸基准，基准首先应考虑便于加工和测量，分析尺寸时主要从装配结构着手，对配合尺寸和定位尺寸直接注出，如齿轮油泵中齿轮与泵体内腔是配合尺寸，泵体的底面到装长轴的圆柱孔的轴线的距离是定位尺寸等。这部分内容可参考第 11 章。

(2) 集中量注尺寸。对零件各部分的尺寸，从基准出发，逐一进行测量和标注。对有配合关系的尺寸，应同时在相关的零件草图上注出，以保证关联尺寸的正确性。例如齿轮与泵体内腔是配合尺寸，应分别在泵体内腔的圆柱孔中注出ϕ40H8，在齿轮的外圆(齿顶圆)上注出直径尺寸ϕ40f7。

注意：对齿轮上的标准参数，如齿轮的模数，应在量取齿顶圆直径后，计算出模数(参考 9.6 节)，再与标准模数对比，选出相近的标准模数后，再反过来计算齿轮各直径。

6．标准件的测绘

在机械设备中，标准件的应用非常广泛，其种类多、数量大。因此，对它们的测量是一项不容忽视的工作。

对于标准件，一般不需要画零件草图和零件图，只要正确测量其主要结构参数尺寸，然后查找有关标准，确定标准件的类型、规格和标准编号，并按规定标记将其填入装配示意图中即可。

齿轮油泵中的内六角头螺钉和圆柱销是标准件。对于螺钉，可以测出螺纹大径尺寸后，查找标准得到规格和编号；螺钉的长度在测量后还要据标准中查到的相近的标准长度来最后确定；圆柱销可在测量直径后与相关标准对照选取。

7．绘制齿轮油泵的装配图

根据齿轮油泵的装配示意图和零件草图画装配图的方法如下：

1) 仔细分析齿轮油泵，做到心中有数

在画装配图之前，要对现有资料进行整理分析，进一步弄清楚齿轮油泵的用途、工作原理、结构特点以及各组成部分的相互位置和装配关系，在绘制装配图前做到心中有数。

2) 确定表达方案

根据装配图的视图选择原则，确定表达方案，这部分内容可参考第 12 章。

对于该齿轮油泵的表达方案，可以从以下方面考虑(见图 14-17)：

(1) 主视图应符合其工作位置，并使齿轮轴线水平(侧垂线)。主视图采用全剖视图，剖切平面通过齿轮油泵的对称平面(包含长、短轴两条轴线)，这样两条轴线上装配的所有零件都得以表达。零件的主要结构、各零件间的装配关系连同螺钉连接部分都比较清楚地反映在主视图中了。在主视图中，轴与齿轮的销连接可采用对轴的局部剖来表达。

(2) 左视图可采用半剖视图，剖切平面经过沿泵盖 2 和垫片 3 的结合面并拆去垫片 3，这样不仅清楚表达了齿轮油泵的外形，还反映了泵体、泵盖用螺钉连接的情况及螺钉的分布。在剖切产生的半剖视图 *A—A* 的基础上，可在吸压油口处画出其中一处的局部剖视图，它可清楚反映齿轮的啮合情况以及工作原理；局部剖视还反映了吸、压油口的情况；底板上安装孔用一个局部剖来表达。为了表示安装孔位于底板宽度的中间，在主视图中，安装孔的中心线不能漏掉。

齿轮油泵装配图中的尺寸和技术要求的标注和注写要求可参考 12.3 节。

建议该齿轮油泵装配图选用 A2 图幅，用 2 : 1 比例绘制。需要注意的是，2 : 1 的比例略显大，在布图时要格外注意，主视图中长轴的伸出端需打断画出，图 14-16 给出了 A2 图纸、绘图比例 2 : 1 时的布图定位尺寸。图 14-17 给出了齿轮油泵的装配图。

注意：装配图中的零件序号应按照零件在装配图中的位置重新编写，不要求与装配示意图中的零件编号一一对应。

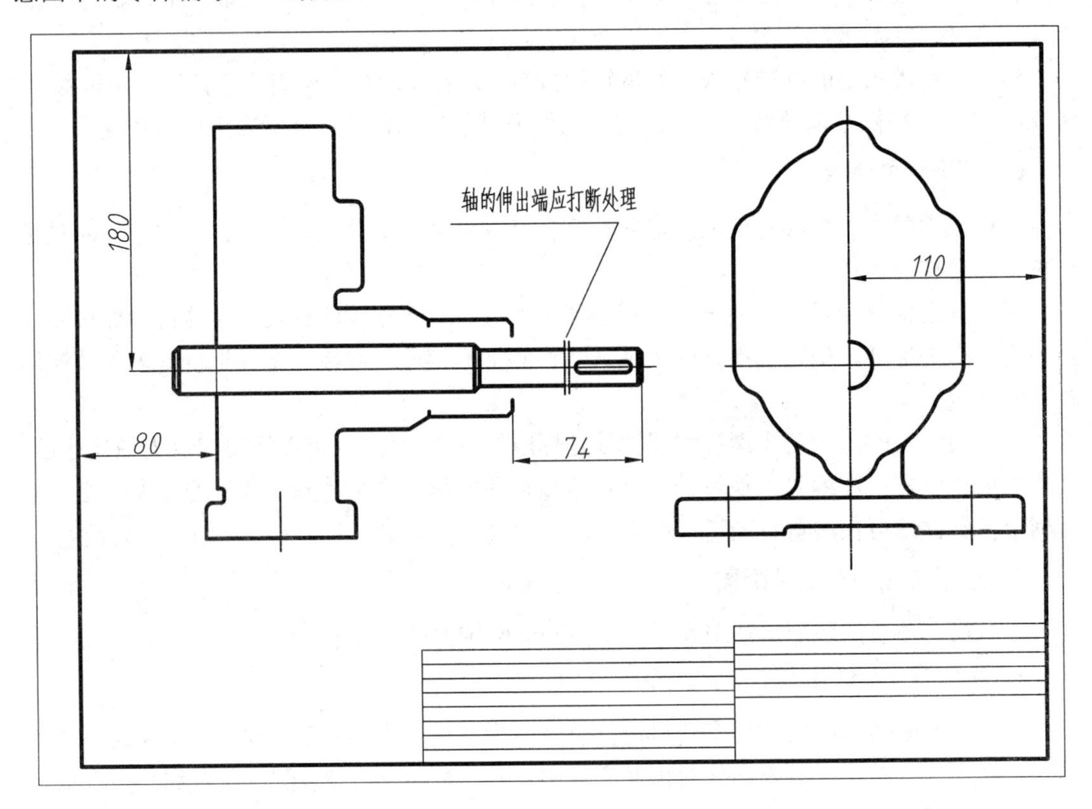

图 14-16　A2 图纸装配图布图定位

8．绘制齿轮油泵的零件图

零件图是用来制造和检验零件的图样，是指导生产的重要技术文件，应根据装配图和修改后的零件草图绘制出零件工作图。图 14-18～图 14-21 给出了齿轮油泵的一套零件图(因幅面限制，图中用了简化标题栏，测绘绘制零件图时应采用图 1-4 的制图作业用标题栏。

注意：零件图中的零件序号应与装配图中的零件序号一一对应。

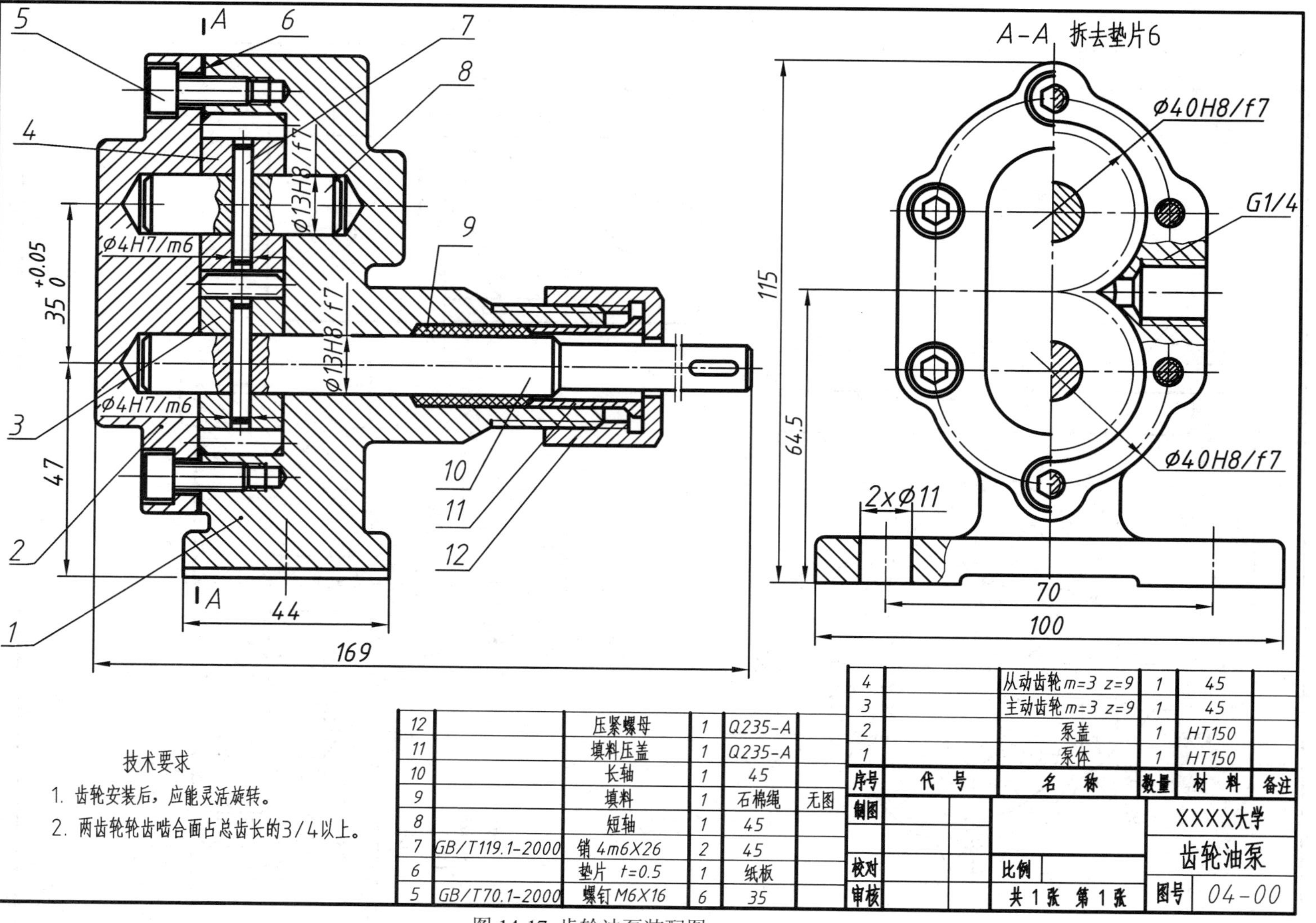

图 14-17 齿轮油泵装配图

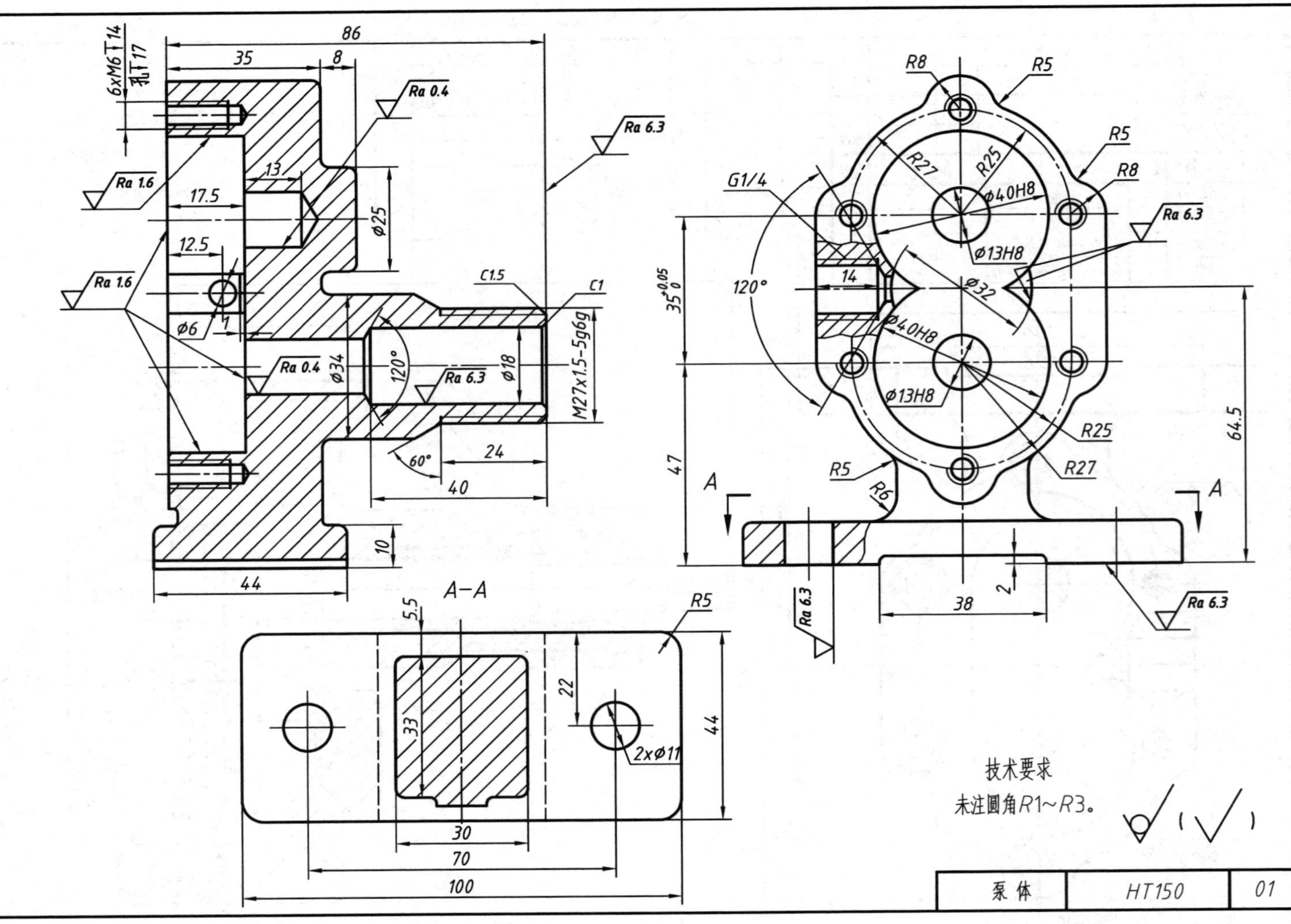

图 14-18 齿轮油泵装配图

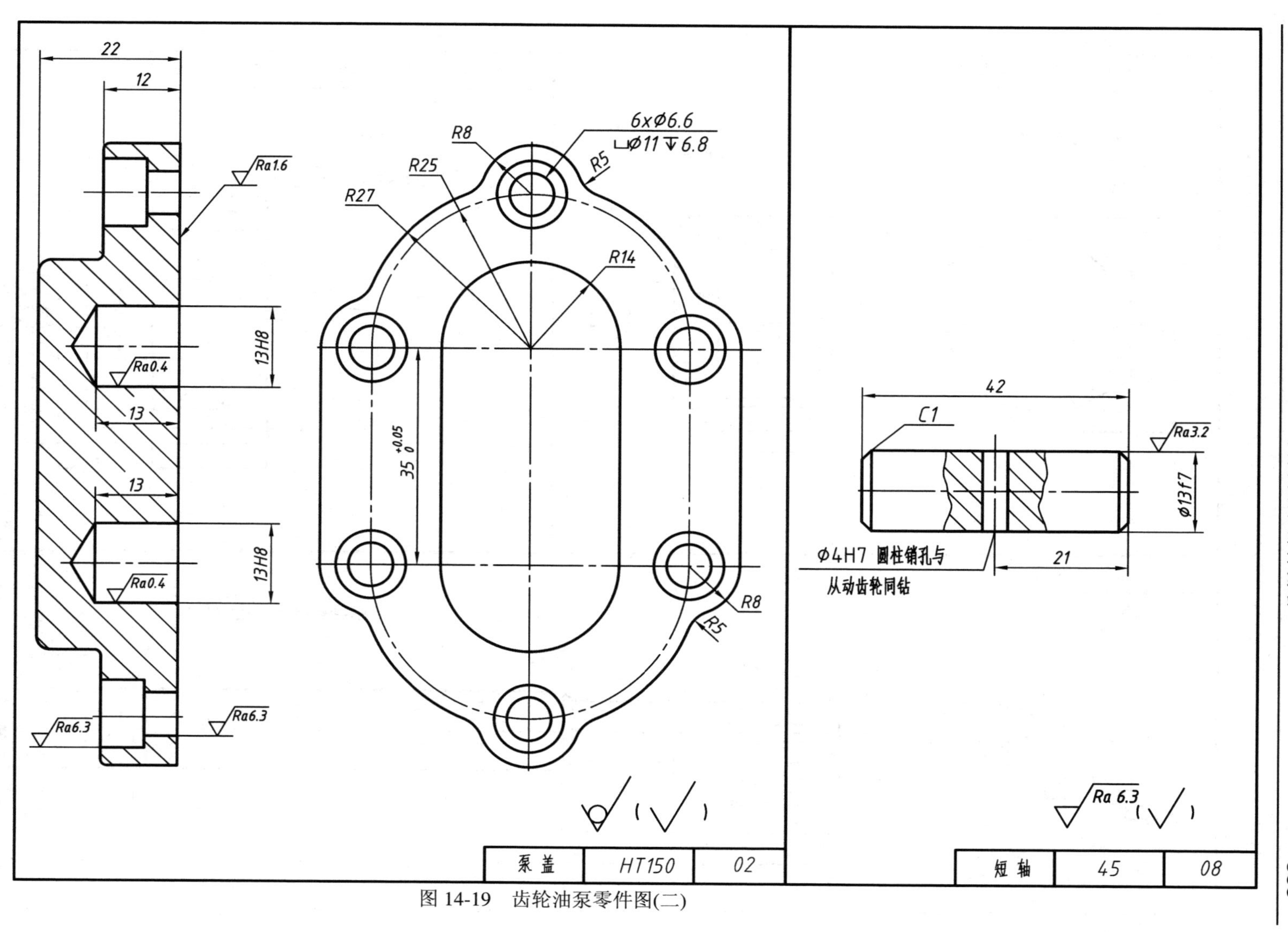

图 14-19　齿轮油泵零件图(二)

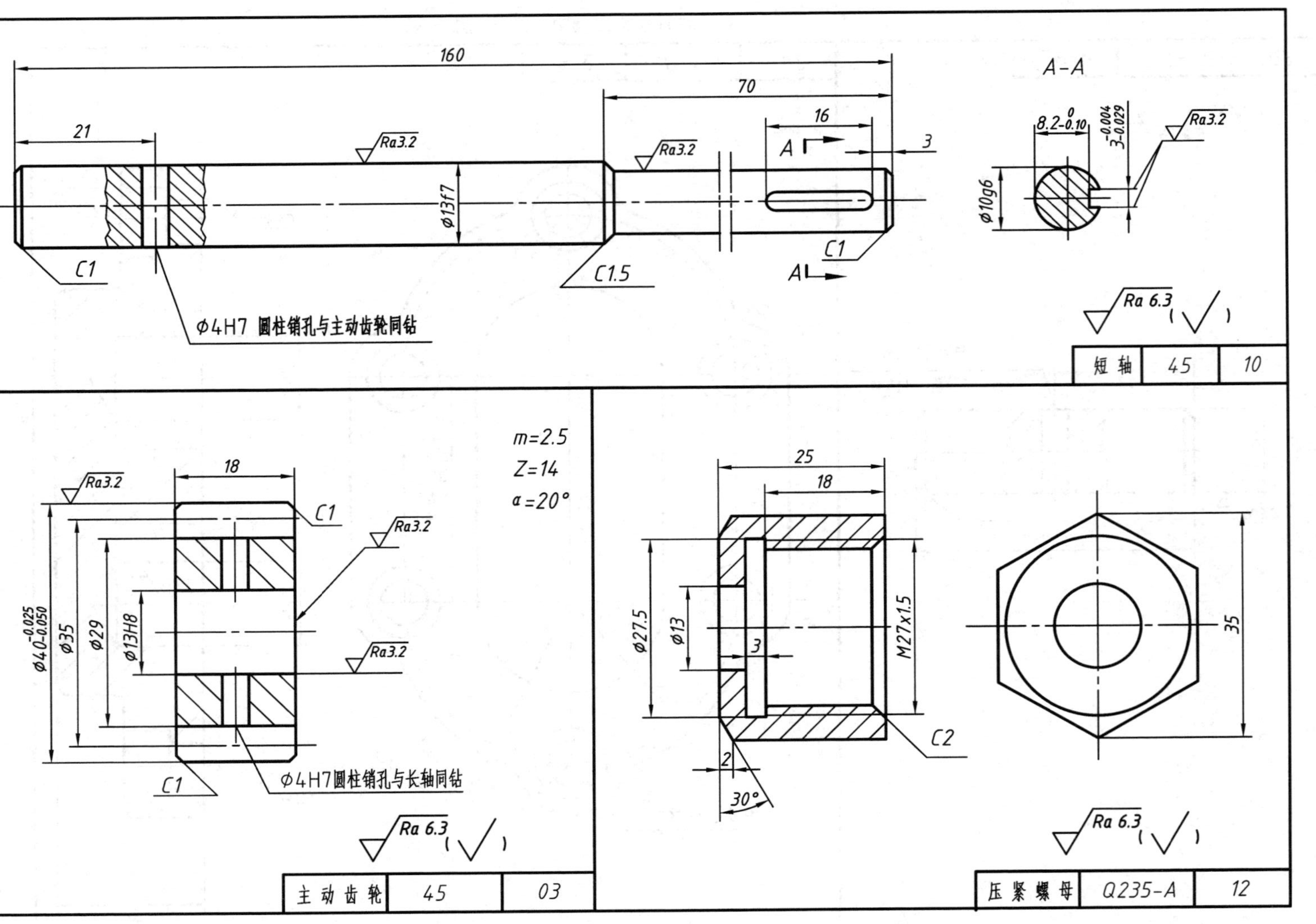

图 14-20 齿轮油泵零件图(三)

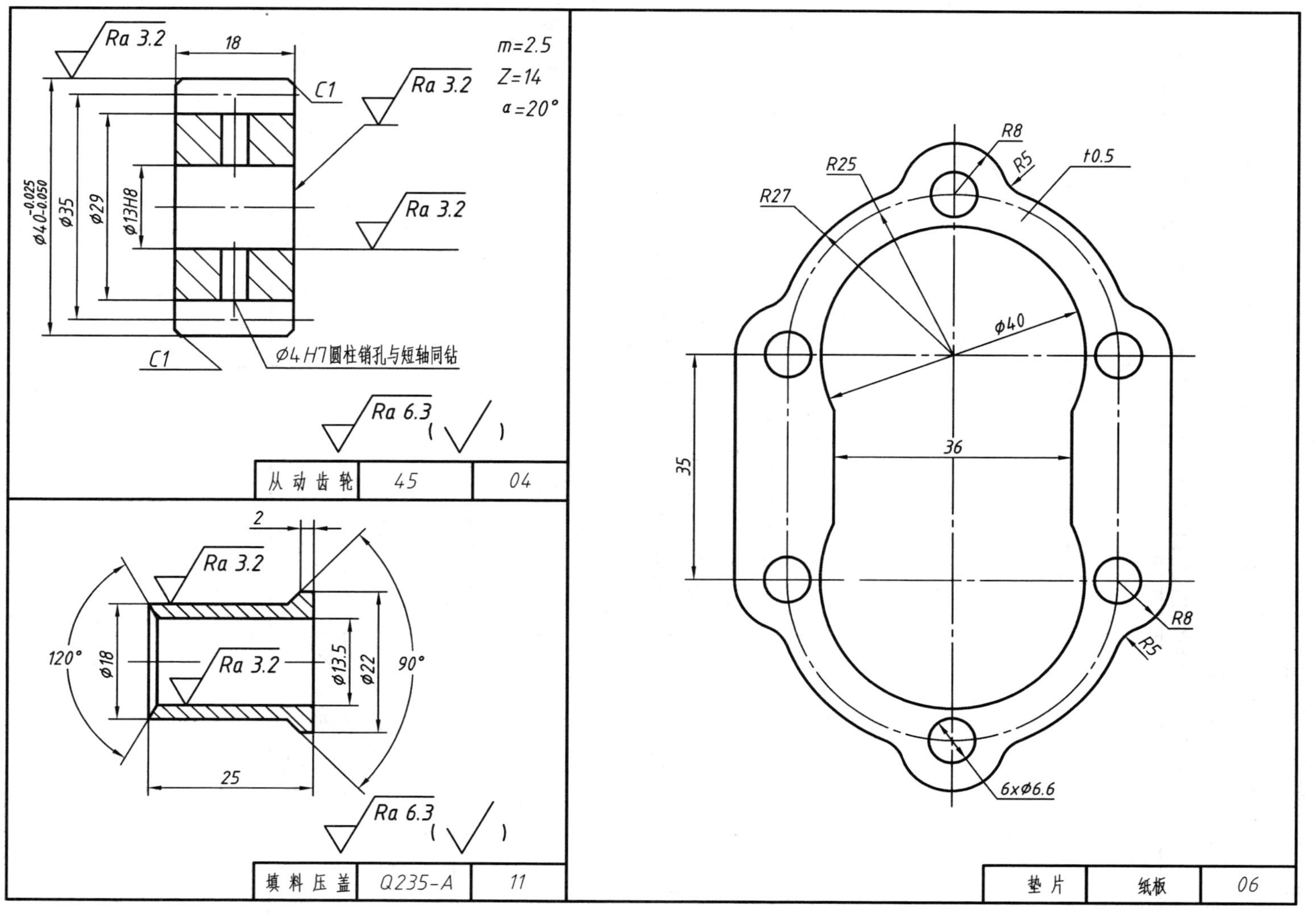

图 14-21　齿轮油泵零件图(四)

9．“齿轮油泵”测绘安排

“齿轮油泵”测绘的学时(课内 24 学时)分配和任务安排见表 14-1，但要圆满完成测绘任务还需要同学们在课下的努力和配合。

表 14-1 “齿轮油泵”测绘的学时分配和任务安排(24 学时)

学时数分配	内 容	学生具体任务
2	教师介绍测绘知识和测绘方法，布置测绘任务	学习测绘知识。测绘分组进行，每组人数以 4～6 人为宜，选定测绘小组组长。组长领取“齿轮油泵”部件。将测绘必须物品：齿轮油泵、齿轮油泵的相关资料、教材、方格纸、图纸、绘图仪器等带到测绘地点；将绘图桌椅按测绘小组分开，一组围在一起
2	拆卸部件，画装配示意图 (方格纸 A3 × 1)	了解齿轮油泵的工作原理和装配关系等。用专用工具按正确的拆卸顺序拆卸各零件，同时为拆卸下来的每一个零件编号(按拆卸的先后顺序编号，可用胶带纸将编号贴在零件上)，并作适当记录，分清标准件和一般零件，画出部件装配示意图(用方格纸)
6	画零件草图 (方格纸 A3 × 5)	草图用方格纸徒手绘制，零件的表达方案应正确，表达方案的选择请参考 11.2 节。每位同学需要测绘并完成一套完整的零件草图(一般零件)。标准件不需要绘图，只需测量尺寸后查阅标准，写出规定标记即可。注意：在绘制完成全部零件草图的图形，画出尺寸界线和尺寸线(含箭头)后，再统一测量并标注尺寸，相关零件的关联尺寸要同时注出，避免矛盾
7	画装配图 (A2 × 1)	确定齿轮油泵装配图的表达方案，根据测绘的零件草图和装配示意图画装配图。在画装配图的过程中，对零件草图中存在的问题和不合理的地方要及时修改
7	画零件工作图 (A3 × 5)	完成一套齿轮油泵的零件图，共 A3 × 5。零件工作图应根据零件草图和装配图绘制
	交测绘图纸、测绘模型等	收齐测绘图纸(每人 12 张)、测绘模型和用具并交到教师指定地点

附　　录

F.1　螺纹

附表 1　普通螺纹(摘自 GB/T 193—2003，GB/T 196—2003)　单位：mm

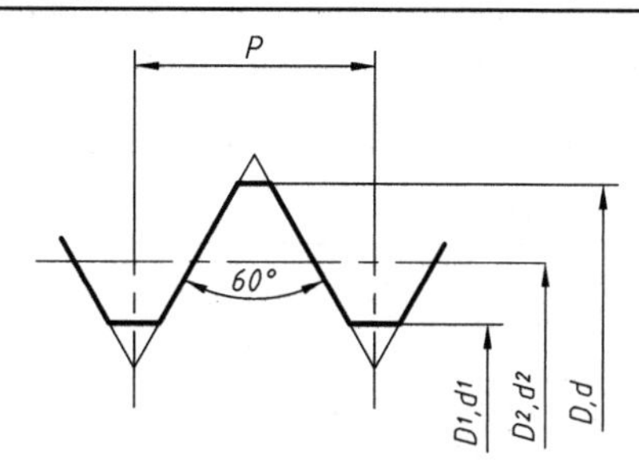

标记示例：

1．公称直径 24 mm，螺距 3 mm 的右旋粗牙普通螺纹的标记为：M24；

2．公称直径 24 mm，螺距 2 mm 的左旋细牙普通螺纹的标记为：M24×1.5-7H-LH

公称直径 D、d		螺距 P		粗牙小径 D_1、d_1	公称直径 D、d		螺距 P		粗牙小径 D_1、d_1
第一系列	第二系列	粗牙	细牙		第一系列	第二系列	粗牙	细牙	
3		0.5	0.35	2.459	16		2	1.5，1	13.838
4		0.7	0.5	3.242		18	2.5	2，1.5，1	15.294
5		0.8		4.134	20				17.294
6		1	0.75	4.917		22			19.294
8		1.25	1，0.75	6.647	24		3	2，1.5，1	20.752
10		1.5	1.25，1，0.75	8.376		27			23.752
12		1.75	1.5，1.25，1	10.106	30		3.5	(3)，2，1.5，1	26.211
	14	2	1.5，1.25*，1	11.835	36		4	3，2，1.5	31.670

注：1. 应优先选用第一系列。

2. 括号内尺寸尽可能不用。

3. *仅用于火花塞。

附表 2　梯形螺纹(摘自 GB/T 5796.2—2005)

单位：mm

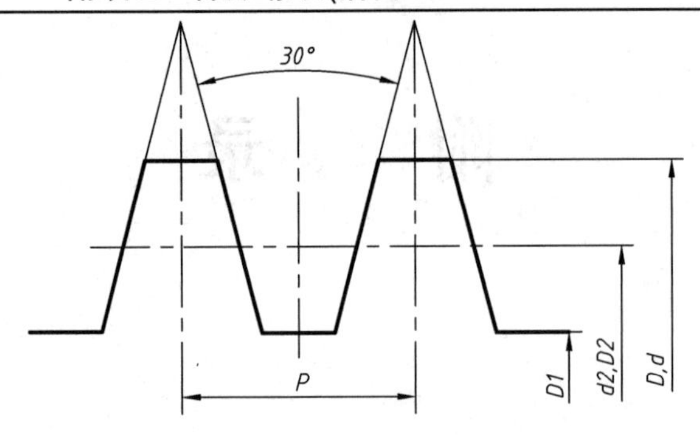

标记示例：

1. 公称直径 28 mm，螺距 5 mm，中径公差带为 7H 的单线右旋梯形内螺纹，
   其标记为：Tr28×5—7H；
2. 公称直径 28 mm，导程 10 mm，螺距 5 mm，中径公差带为 8e 的双线左旋梯形螺纹，
   其标记为：Tr28×10(P5)LH—8e

公称直径	第一系列	10		12		16		20		24		28		32		36		40
	第二系列		11		14		18		22		26		30		34		38	
螺距	优先	2		3		4			5				6				7	
	一般	1.5	3	2					3，8				3，10					

注：优先选用第一系列。

附表 3　管　螺　纹

单位：mm

55° 非螺纹密封管螺纹，摘自 GB/T 7307—2001

55° 螺纹密封管螺纹，第 1 部分：圆柱内螺纹与圆锥外螺纹(摘自 GB/T 7306.1—2000)

第 2 部分：圆锥内螺纹与圆锥外螺纹(摘自 GB/T 7306.2—2000)

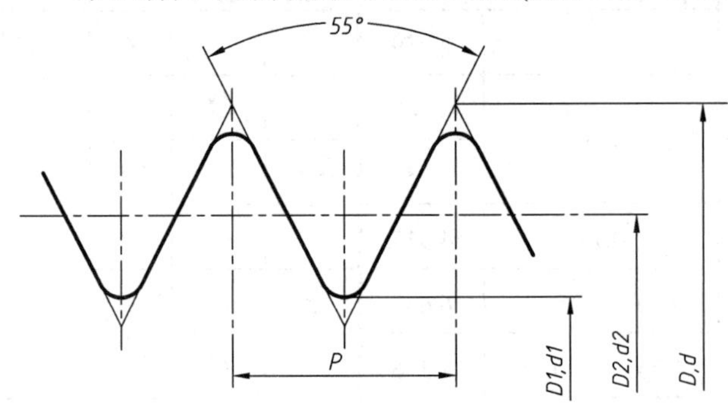

55° 非螺纹密封管螺纹(GB/T 7307—2001)标记示例：

1. 尺寸代号 2，右旋，圆柱内螺纹，标记为：G2；
2. 尺寸代号 3，A 级，右旋，圆柱外螺纹，标记为：G3A；
3. 尺寸代号 2，左旋，圆柱内螺纹，标记为：G2LH；
4. 尺寸代号 4， B 级，左旋，圆柱外螺纹，标记为：G4B—LH。

续表

55° 螺纹密封管螺纹：GB/T 7306.1—2000 标记示例：

1. 尺寸代号 3/4，右旋，圆柱内螺纹，标记为：R_p3/4；

2. 尺寸代号 3，右旋，圆锥外螺纹，标记为：$R_1$3；

3. 尺寸代号 3/4，左旋，圆柱内螺纹，标记为：R_p 3/4 LH。

55° 螺纹密封管螺纹：GB/T 7306.2—2000 标记示例：

1. 尺寸代号 3/4，右旋，圆锥内螺纹，标记为：R_c3/4；

2. 尺寸代号 3，右旋，圆锥外螺纹，标记为：$R_2$3；

3. 尺寸代号 3/4，左旋，圆锥内螺纹，标记为：R_c 3/4 LH

尺寸代号	每 25.4 mm 内所含的牙数 n	螺距 P	牙高 h	基本直径		
				大径 $d=D$	中径 $d_2=D_2$	小径 $d_1=D_1$
1/4	19	1.337	0.856	13.157	12.301	11.445
1/2	14	1.814	1.162	20.955	19.793	18.631
3/4	14	1.814	1.162	26.441	25.279	24.117
1	11	2.309	1.479	33.249	31.770	30.291
1 1/4	11	2.309	1.479	41.910	40.431	38.952
1 1/2	11	2.309	1.479	47.803	46.324	44.845
2	11	2.309	1.479	59.614	58.135	56.656
2 1/4	11	2.309	1.479	65.710	64.2312	62.752
2 1/2	11	2.309	1.479	75.184	73.705	72.226
3	11	2.309	1.479	87.884	86.405	84.926

F.2 螺栓

附表 4　六角头螺栓：C 级(摘自 GB/T 5780—2016)　单位：mm

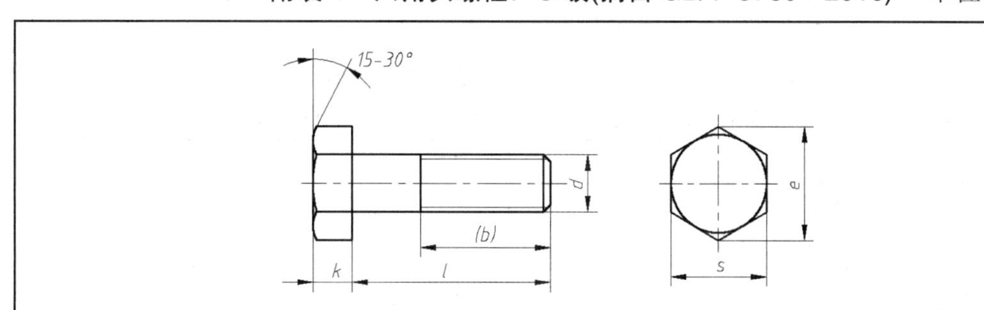

标记示例：

螺纹规格 $d=$M12，公称长度 $l=80$ mm，性能等级为 4.8 级，不经表面处理，产品等级为 C 级六角头螺栓的标记为：螺栓 GB/T 5780—2016　M12×80

续表

螺纹规格 d		M5	M6	M8	M10	M12	M16	M20	M24	M30	M36
b 参考	l≤125	16	18	22	26	30	38	46	54	66	-
	125<l≤200	22	24	28	32	36	44	52	60	72	84
	l>200	35	37	41	45	49	57	65	73	85	97
e	min	8.63	10.89	14.20	17.59	19.85	26.17	32.95	39.55	50.85	60.79
k	公称	3.5	4	5.3	6.4	7.5	10	12.5	15	18.7	22.5
s	公称	8	10	13	16	18	24	30	36	46	55
l(商品规格范围)		25～50	30～60	40～80	45～100	55～120	65～160	80～200	100～240	120～300	140～360
l 系列	25，30，35，40，45，50，55，60，65，70，80，90，100，110，120，130，140，150，160，180，200，220，240，260，280，300，320，340，360										

F.3　螺柱

附表 5　双 头 螺 柱　　单位：mm

双头螺柱——b_m=1d(摘自 GB/T 897—1988)

双头螺柱——b_m=1.25d(摘自 GB/T 898—1988)

双头螺柱——b_m=1.5d(摘自 GB/T 899—1988)

双头螺柱——b_m=2d(摘自 GB/T 900—1988)

A型

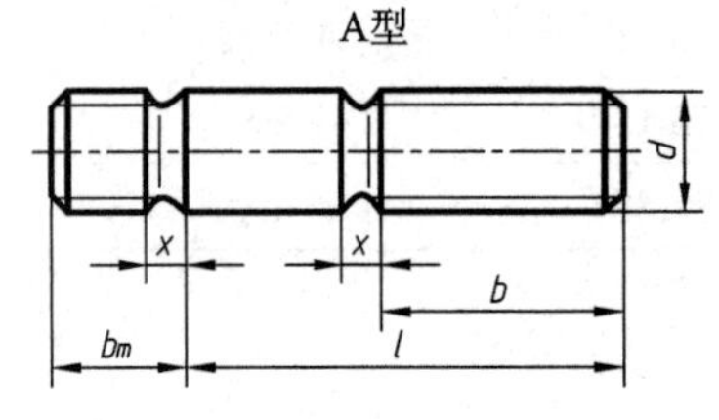

B型

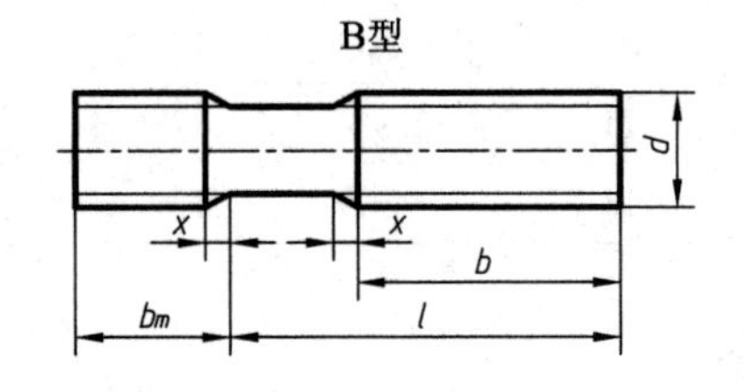

标记示例：

1．两端均为粗牙普通螺纹，d=10 mm，l=50 mm，性能等级为 4.8 级，不经表面处理，B 型，b_m=1.5d 的双头螺柱的标记为：螺柱 GB/T 899—1988　M10×50；

2．旋入端为粗牙普通螺纹、紧固端为螺距 P=1 mm 的细牙普通螺纹，d=10 mm，l=50 mm，性能等级为 4.8 级，不经表面处理，A 型，b_m=1.5d 的双头螺柱的标记为：螺柱 GB/T 899—1988　AM10—M10×1×50

螺纹规格 d	b_m 公称				l / b
	GB/T 897 b_m=1d	GB/T 898 b_m=1.25d	GB/T 899 b_m= 1.5 d	GB/T 900 b_m=2d	
M5	5	6	8	10	16～22/10，25～50/16
M6	6	8	10	12	20～22/10，25～30/14，32～75/18
M8	8	10	12	16	20～22/12，25～30/16，32～90/22
M10	10	12	15	20	25～28/14，30～38/16，40～120/26，130/32

续表

M12	12	15	18	24	25～30/16，32～40/20，45～120/30，130～180/36
(M14)	14	18	21	28	30～35/18，38～50/25，55～120/34，130～180/40
M16	16	20	24	32	30～35/20，40～55/30，60～120/38，130～200/44
(M18)	18	22	27	36	35～40/22，45～60/35，65～120/42，130～200/48
M20	20	25	30	40	35～40/25，45～65/35，70～120/46，130～200/52
(M22)	22	28	33	44	40～55/30，50～70/40，75～120/50，130～200/56
M24	24	30	36	48	45～50/30，55～75/45，80～120/54，130～200/60
(M27)	27	35	40	54	50～60/35，65～85/50，90～120/60，130～200/66
M30	30	38	45	60	60～65/40，70～90/50，95～120/66，130～200/72
(M33)	33	41	49	66	65～70/45，75～95/60，100～120/72，130～200/78
M36	36	45	54	72	65～75/45，80～110/60，130～200/84，210～300/97
(M39)	39	49	58	78	70～80/50，85～120/65，120/90，210～300/103
M42	42	52	64	84	70～80/50，85～120/70，130～200/96，210～300/109
M48	48	60	72	96	80～90/60，95～110/80，130～200/108，210～300/121
l(系列)	16，(18)，20，(22)，25，(28)，30，(32)，35，(38)，40，45，50，(55)，60，(65)，70，(75)，80，(85)，90，(95)，100，110，120，130，140，150，160，170，180，190，200，210，220，230，240，250，260，270，280，290，300				

注：1. $X_{max}=1.5P$(P 为粗牙螺纹的螺距)。

2. 尽可能不采用括号内的规格。

F.4　螺钉

附表 6　开槽圆柱头螺钉(摘自 GB/T 65—2016)和开槽盘头螺钉(摘自 GB/T 67—2016)

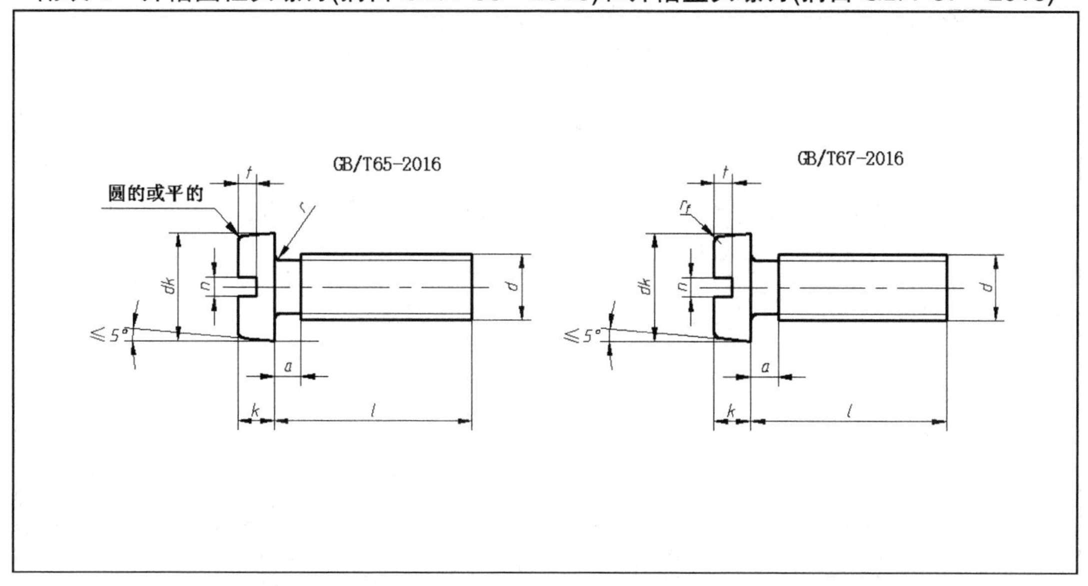

续表

标记示例：

1. 螺纹规格为M5，公称长度l=20 mm，性能等级为4.8级，表面不经处理的A级开槽圆柱头螺钉标记为：螺钉 GB/T 65—2016　M5×20；

2. 螺纹规格为M5，公称长度l=20 mm，性能等级为4.8级，表面不经处理的A级开槽盘头螺钉的标记为：螺钉 GB/T 67—2016　M5×20

螺纹规格 d	P	b_{min}	n 公称	r_{min}	l 公称	GB/T 65—2000			GB/T 67—2000			
						d_k max	k max	t min	d_k max	k max	t min	r_f 参考
M4	0.7	38	1.2	0.2	5～40	7	2.6	1.1	8	2.4	1	1.2
M5	0.8	38	1.2	0.2	6～50	8.5	3.3	1.3	9.5	3	1.2	1.5
M6	1	38	1.6	0.25	8～60	10	3.9	1.6	12	3.6	1.4	1.8
M8	1.25	38	2	0.4	10～80	13	5	2	16	4.8	1.9	2.4
M10	1.5	38	2.5	0.4	12～80	16	6	2.4	20	6	2.4	3
l系列	5，6，8，10，12，(14)，16，20，25，30，35，40，45，50，(55)，60，(65)，70，(75)，80											

注：1. 尽可能不采用l系列括号内的规格尺寸。

2. 产品等级均为A级。

附表7　开槽沉头螺钉(摘自GB/T 68—2016)　　单位：mm

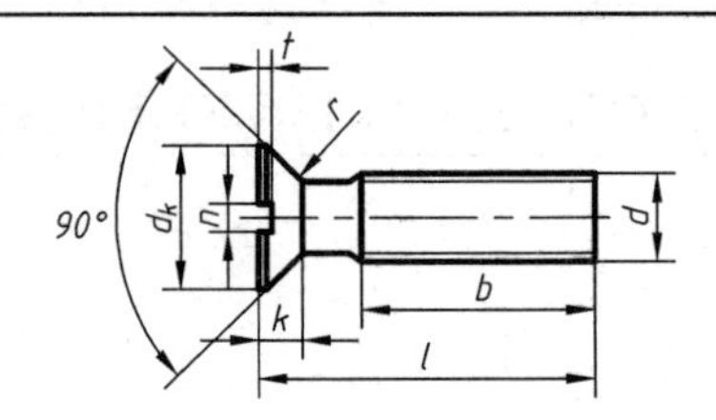

标记示例：

螺纹规格为M5，公称长度l = 20 mm，性能等级为4.8级，表面不经处理的A级开槽沉头螺钉标记为：螺钉 GB/T 68—2016　M5×20

螺纹规格 d	M1.6	M2	M2.5	M3	M4	M5	M6	M8	M10
P	0.35	0.4	0.45	0.5	0.7	0.8	1	1.25	1.5
b	25	25	25	25	38	38	38	38	38
d_k	3.6	4.4	5.5	6.3	9.4	10.4	12.6	17.3	20
k	1	1.2	1.5	1.65	2.7	2.7	3.3	4.65	5
n	0.4	0.5	0.6	0.8	1.2	1.2	1.6	2	2.5
r	0.4	0.5	0.6	0.8	1	1.3	1.5	2	2.5

续表

t	0.5	0.6	0.75	0.85	1.3	1.4	1.6	2.3	2.6
公称长度 l	2.5～16	3～20	4～25	5～30	6～40	8～50	8～60	10～80	12～80
l(系列)	2.5，3，4，5，6，8，10，12，(14)，16，20，25，30，35，40，45，50，(55)，60，(65)，70，(75)，80								

注：1. 尽可能不采用括号内的规格。

2. M1.6～M3 的螺钉，公称长度 l≤30 mm 时，制出全螺纹。

3. M4～M10 的螺钉，公称长度 l≤45 mm 时，制出全螺纹。

4. 产品等级均为 A 级。

附表 8　内六角圆柱头螺钉(摘自 GB/T 70.1—2008)　　单位：mm

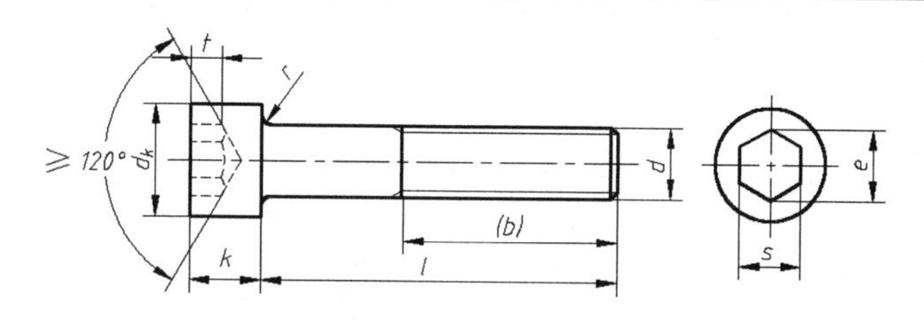

标记示例：

螺纹规格 d = M5，公称长度 l = 20 mm，性能等级为 8.8 级，表面氧化的 A 级内六角圆柱头螺钉的标记为：螺钉　GB/T 70.1—2008　M5×20

螺纹规格 d	M3	M4	M5	M6	M8	M10	M12	M16	M20
P(螺距)	0.5	0.7	0.8	1	1.25	1.5	1.75	2	2.5
b 参考	18	20	22	24	28	32	36	44	52
d_k	5.5	7	8.5	10	13	16	18	24	30
k	3	4	5	6	8	10	12	16	20
r	0.1	0.2	0.2	0.25	0.4	0.4	0.6	0.6	0.8
t	1.3	2	2.5	3	4	5	6	8	10
s	2.5	3	4	5	6	8	10	14	17
e	2.873	3.443	4.583	5.723	6.683	9.149	11.429	15.996	19.437
t	1.3	2	2.5	3	4	5	6	8	10
公称长度 l	5～30	6～40	8～50	10～60	12～80	16～100	20～120	25～160	30～200
l≤表中数值时，制出全螺纹	20	25	25	30	35	40	45	55	65
l 系列	2.5，3，4，5，6，8，10，12，16，20，25，30，35，40，45，50，55，60，65，70，80，90，100，110，120，130，140，150，160，180，200								

注：　产品等级均为 A 级。

附表 9　开槽锥端紧定螺钉(摘自 GB/T 71—1985)、开槽平端紧定螺钉(摘自 GB/T 73—2017)和开槽长圆柱端紧定螺钉(摘自 GB/T 75—1985)　单位：mm

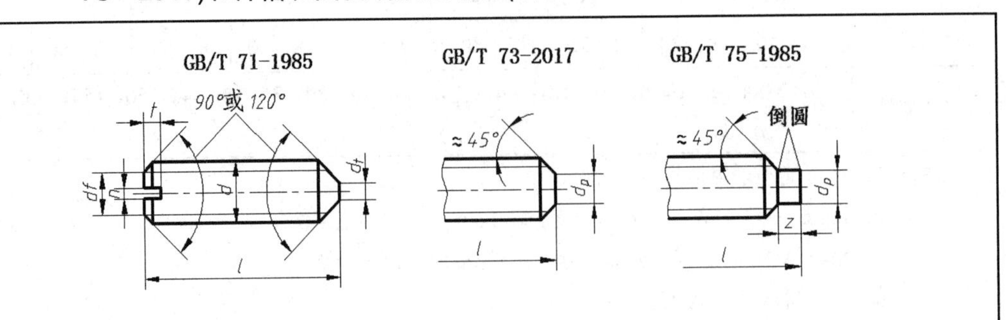

标记示例：

螺纹规格 d=M5，公称长度 l=12 mm，性能等级为 14H 级，表面氧化的开槽锥端紧定螺钉的标记为：螺钉　GB/T 71—1985　M15×12

单位：mm

螺纹规格 d		M1.6	M2	M2.5	M3	M4	M5	M6	M8	M10	M12
P(螺距)		0.35	0.4	0.45	0.5	0.7	0.8	1	1.25	1.5	1.75
d_f max		螺纹小径									
n(公称)		0.25	0.25	0.4	0.4	0.6	0.8	1	1.2	1.6	2
t		0.74	0.84	0.95	1.05	1.42	1.63	2	2.5	3	3.6
d_1		0.16	0.2	0.25	0.3	0.4	0.5	1.5	2	2.5	3
d_p		0.8	1	1.5	2	2.5	3.5	4	5.5	7	8.5
z		1.05	1.25	1.25	1.75	2.25	2.75	3.25	4.3	5.3	6.3
公称长度 l	GB/T 71—1985	2～8	3～10	3～12	4～16	6～20	8～25	8～30	10～40	12～50	14～60
	GB/T 73—2017	2～8	3～10	4～12	4～16	5～20	6～25	6～30	8～40	10～50	12～60
	GB/ 75—1985	2.5～8	4～10	5～12	6～16	8～20	10～25	8～30	12～30	16～40	20～50
l 系列	2，2.5，3，4，5，6，8，10，12，(14)，16，20，25，30，35，40，45，50，(55)，60										

注：尽可能不采用括号内的规格。(55)在 GB/T 73—2017 中无括号。

F.5　螺母

附表 10　Ⅰ型六角螺母(摘自 GB/T 6170—2015)　单位：mm

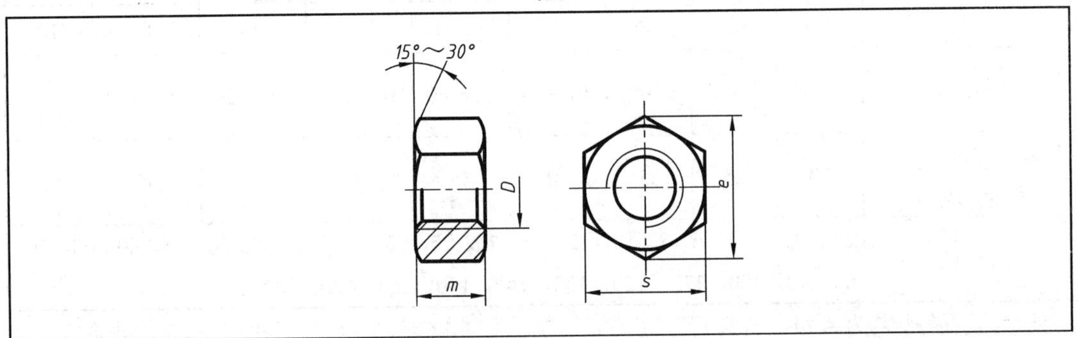

续表

标记示例：

螺纹规格 D = M12，性能等级为 8 级，不经表面处理，产品等级为 A 级的 I 型六角螺母的标记为
螺母　GB/T 6170—2015　M12

螺纹规格 D	M3	M4	M5	M6	M8	M10	M12	M16	M20	M24	M30	M36
m_{max}	2.4	3.2	4.7	5.2	6.8	8.4	10.8	14.8	18	21.5	25.6	31
s_{max}	5.5	7	8	10	13	16	18	24	30	36	46	55
e_{min}	6.01	7.66	8.79	11.05	14.38	17.77	20.03	26.75	32.95	39.55	50.85	60.79

注：产品等级为 A 级和 B 级。A 级用于 D≤16 的螺母；B 级用于 D>16 的螺母。

F.6　垫圈

附表 11　小垫圈—A 级(摘自 GB/T 848—2002)、平垫圈(倒角型)—A 级 (摘自 GB/T97.2—2002)和平垫圈—A 级　(摘自 GB/T 97.1—2002)　单位：mm

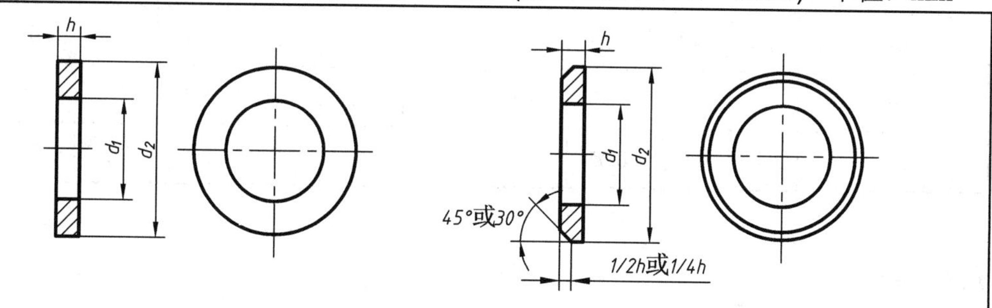

标记示例：

1．标准系列，公称规格 8 mm，由钢制造的硬度等级为 200 HV 级，不经表面处理，产品等级为 A 级的平垫圈的标记为垫圈　GB/T 97.1—2002　8；

2．小系列，公称规格 8 mm，由钢制造的硬度等级为 200 HV 级，不经表面处理，产品等级为 A 级的平垫圈的标记为垫圈　GB/T 848—2002　8

公称规格(螺纹大径)d		4	5	6	8	10	12	16	20	24	30	36
d_1	GB/T 848—2002	4.3	5.3	6.4	8.4	10.5	13	17	21	25	31	37
	GB/T 97.1—2002	4.3	5.3	6.4	8.4	10.5	13	17	21	25	31	37
	GB/T 97.2—2002	—	5.3	6.4	8.4	10.5	13	17	21	25	31	37
d_2	GB/T 848—2002	8	9	11	15	18	20	28	34	39	50	60
	GB/T 97.1—2002	9	10	12	16	20	24	30	37	44	56	66
	GB/T 97.2—2002	—	10	12	16	20	24	30	37	44	56	66
h	GB/T 848—2002	0.5	1	1.6	1.6	1.6	2	2.5	3	4	4	5
	GB/T 97.1—2002	0.8	1	1.6	1.6	2	2.5	3	3	4	4	5
	GB/T 97.2—2002	—	1	1.6	1.6	2	2.5	3	3	4	4	5

附表 12　标准弹簧垫圈(摘自 GB/T 93—1987)　单位：mm

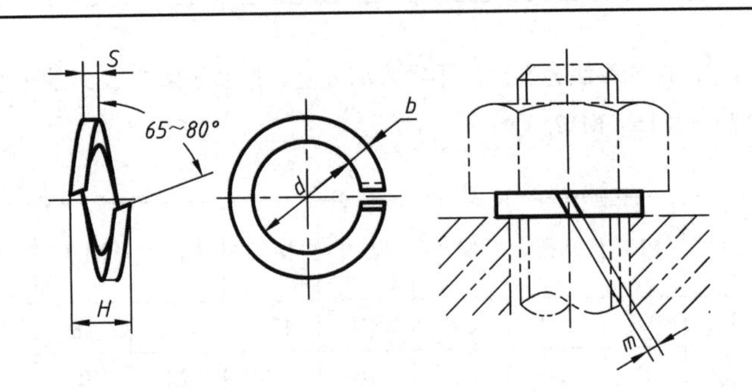

标记示例：

规格 16 mm，材料为 65Mn，表面氧化的标准型弹簧垫圈的标记为：垫圈　GB/T 93—1987　16

规格(螺纹大径)	3	4	5	6	8	10	12	16	20	24	30
d	3.1	4.1	5.1	6.1	8.1	10.2	12.2	16.2	20.2	24.5	30.5
$S(b)$	0.8	1.1	1.3	1.6	2.1	2.6	3.1	4.1	5	6	7.5
H	1.6	2.2	2.6	3.2	4.2	5.2	6.2	8.2	10	12	15
$m\leqslant$	0.4	0.55	0.65	0.8	1.05	1.3	1.55	2.05	2.5	3	3.75

F.7　键

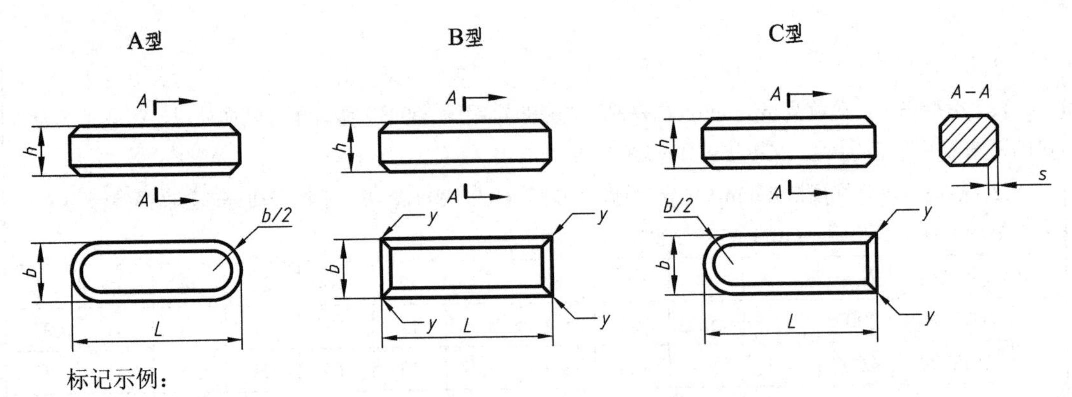

标记示例：

1. 宽度 $b=16$ mm、高度 $h=11$ mm、长度 $L=100$ mm 的普通 A 型平键的标记为 GB/T 1096—2003　键 16×10×100；

2. 宽度 $b=16$ mm、高度 $h=11$ mm、长度 $L=100$ mm 的普通 B 型平键的标记为 GB/T 1096—2003　键 B16×10×100；

3. 宽度 $b=16$ mm、高度 $h=11$ mm、长度 $L=100$ mm 的普通 C 型平键的标记为 GB/T 1096—2003　键 C16×10×100

附图 1　普通型平键(摘自 GB/T 1096—2003)

附表 13　普通平键的尺寸与公差　　单位：mm

宽度 *b*	基本尺寸		2	3	4	5	6	8	10	12	14	16	18	20	22
	极限偏差 (h8)		0 −0.014		0 −0.018			0 −0.022		0 −0.027				0 −0.033	
高度 *h*	基本尺寸		2	3	4	5	6	7	8	8	9	10	11	12	14
	极限偏差 (h14)	矩形 (h11)	—		—			0 −0.090					0 −0.110		
		方形 (h8)	0 −0.014		0 −0.018			—					—		
倒角或倒圆 *s*			0.16～0.25			0.25～0.40			0.40～0.60					0.60～0.80	
长度 *L*															
基本尺寸	极限偏差 (h14)														
6	0 −0.36				—	—	—	—	—	—	—	—	—	—	—
8						—	—	—	—	—	—	—	—	—	—
10							—	—	—	—	—	—	—	—	—
12	0 −0.43							—	—	—	—	—	—	—	—
14								—	—	—	—	—	—	—	—
16								—	—	—	—	—	—	—	—
18									—	—	—	—	—	—	—
20	0 −0.52								—	—	—	—	—	—	—
22			—			标准				—	—	—	—	—	—
25			—							—	—	—	—	—	—
28			—								—	—	—	—	—
32	0 −0.62		—								—	—	—	—	—
36			—									—	—	—	—
40			—	—								—	—	—	—
45			—	—					长度				—	—	—
50			—	—	—									—	—
56	0 −0.74		—	—	—										—
63			—	—	—	—									
79			—	—	—	—									
80			—	—	—	—	—								
90	0 −0.87		—	—	—	—	—					范围			
100			—	—	—	—	—	—							
110			—	—	—	—	—	—							
125	0 −1.00		—	—	—	—	—	—	—						
140			—	—	—	—	—	—	—						
160			—	—	—	—	—	—	—	—					
180			—	—	—	—	—	—	—	—	—				
200	0 −1.36		—	—	—	—	—	—	—	—	—	—			
220			—	—	—	—	—	—	—	—	—	—	—		
250			—	—	—	—	—	—	—	—	—	—	—	—	

F.8　键连接

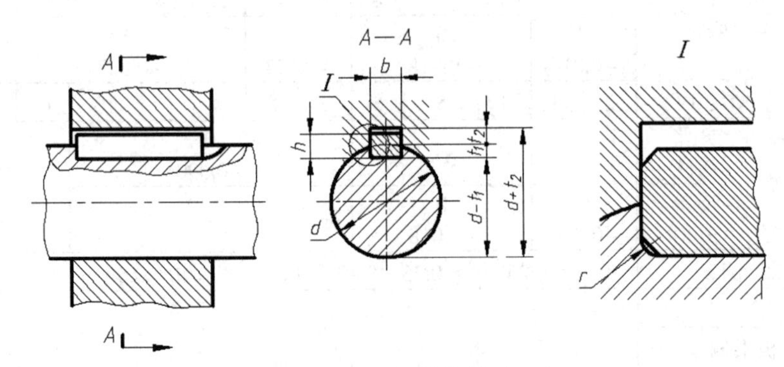

附图 2　平键和键槽的剖面尺寸

附表 14　普通平键键槽的剖面尺寸与公差(摘自 GB/T 1095—2003)

单位：mm

键尺寸 $b\times h$	键槽											
	宽度 b						深度				半径 r	
	基本尺寸	正常连接		紧密连接	松连接		轴 t_1		毂 t_2			
		轴 N9	毂 JS9	轴和毂 P9	轴 H9	毂 D10	公称尺寸	极限偏差	公称尺寸	极限偏差	最小	最大
2×2	2	−0.004	±0.0125	−0.006	+0.025	+0.060	1.2	+0.1 0	1.0	+0.1 0	0.08	0.16
3×3	3	−0.029		−0.031	0	+0.020	1.8		1.4			
4×4	4	0	±0.015	−0.012	+0.030	+0.078	2.5		1.8			
5×5	5						3.0		2.3		0.16	0.25
6×6	6	−0.030		−0.042	0	+0.030	3.5		2.8			
8×7	8	0	±0.018	−0.015	+0.036	+0.098	4.0	+0.2 0	3.3	+0.2 0		
10×8	10	−0.036		−0.051	0	+0.040	5.0		3.3		0.25	0.40
12×8	12	0	±0.0215	−0.018	+0.043	+0.120	5.0		3.3			
14×9	14						5.5		3.8			
16×10	16						6.0		4.3			
18×11	18	−0.043		−0.061	0	+0.050	7.0		4.4			
20×12	20	0	±0.026	−0.022	+0.052	+0.149	7.5		4.9		0.40	0.60
22×14	22						9.0		5.4			
25×14	25						9.0		5.4			
28×16	28	−0.052		−0.074	0	+0.065	10.0		6.4			

注：在零件图中，轴槽深用 $d-t_1$ 标注，$d-t_1$ 的偏差值应取负号，轮毂槽深用 $d+t_2$ 标注。

F.9　销

附表 15　圆锥销(摘自 GB/T 117—2000)　单位：mm

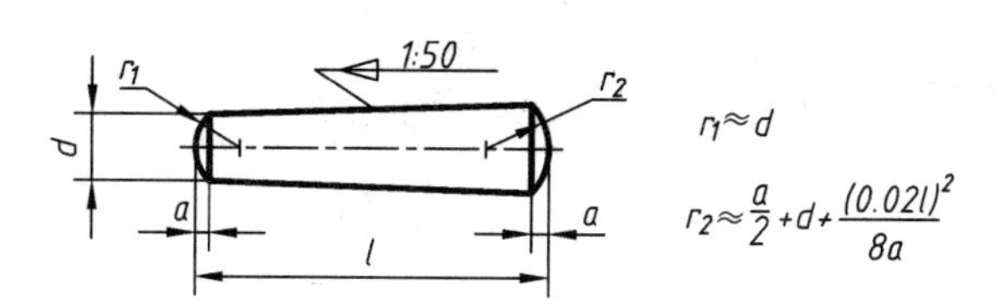

标记示例：

公称直径 $d=10$ mm，公称长度 $l=60$ mm，材料为 35 钢、热处理硬度为 28～38HRC，表面氧化处理的 A 型圆锥销的标记为：销　GB/T 117—2000　10×60

单位：mm

公称直径 d	4	5	6	8	10	12	16	20	25	30
$a\approx$	0.5	0.63	0.8	1	1.2	1.6	2	2.5	3	4
公称长度 l	14～55	18～60	22～90	22～120	26～160	32～180	40～200	45～200	50～200	55～200
l 系列	2，3，4，5，6，8，10，12，14，16，18，20，22，24，26，28，30，32，35，40，45，50，55，60，65，70，75，80，85，90，95，100，120，140，160，180，200…									

附表 16　圆柱销(摘自 GB/T 119.1—2000)　单位：mm

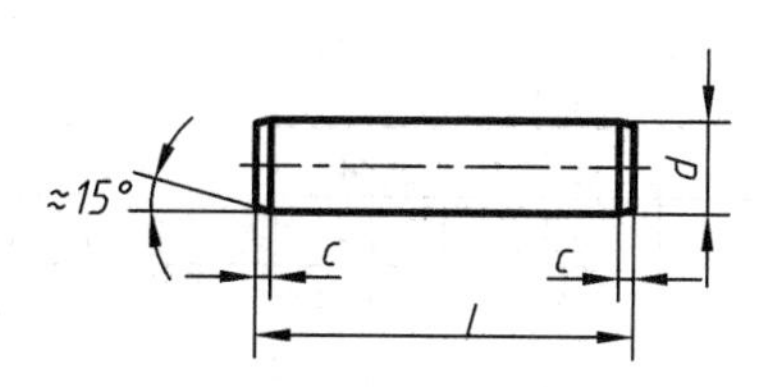

标记示例：

公称直径 $d=6$ mm，公差为 m6，长度 $l=30$ mm，材料为钢，不经淬火，不经表面处理的圆柱销的标记为：销　GB/T 119.1—2000　6m6×30

公称直径 d	3	4	5	6	8	10	12	16	20	25	30	40	50
$c\approx$	0.5	0.5	0.8	1.2	1.6	2.0	2.5	3.0	3.5	4.0	5.0	6.3	8.0
公称长度 l	8～30	8～40	10～50	12～60	14～80	18～95	22～140	26～180	35～200	50～200	60～200	80～200	95～200
L 系列	8，10，12，14，16，18，20，22，24，26，28，30，32，35，40，45，50，55，60，65，70，75，80，85，90，95，100，120，140，160，180，200…												

F.10　滚动轴承

附表 17　深沟球轴承(摘自 GB/T276—2013)　　单位：mm

类型代号：60000 型

标记示例：滚动轴承　6012　GB/T 276—2013

轴承型号		外形尺寸			轴承型号		外形尺寸		
		d	*D*	*B*			*d*	*D*	*B*
10尺寸系列	6004	20	42	12	03尺寸系列	6304	20	52	15
	6005	25	47	12		6305	25	62	17
	6006	30	55	13		6306	30	72	19
	6007	35	62	14		6307	35	80	21
	6008	40	68	15		6308	40	90	23
	6009	45	75	16		6309	45	100	25
	6010	50	80	16		6310	50	110	27
	6011	55	90	18		6311	55	120	29
	6012	60	95	18		6312	60	130	31
	6013	65	100	18		6313	65	140	33
	6014	70	110	20		6314	70	150	35
	6015	75	115	20		6315	75	160	37
	6016	80	125	22		6316	80	170	39
	6017	85	130	22		6317	85	180	41
	6018	90	140	24		6318	90	190	43
	6019	95	145	24		6319	95	200	45
	6020	100	150	24		6320	100	215	47
02尺寸系列	6204	20	47	14	04尺寸系列	6404	20	72	19
	6205	25	52	15		6405	25	80	21
	6206	30	62	16		6406	30	90	23
	6207	35	72	17		6407	35	100	25
	6208	40	80	18		6408	40	110	27
	6209	45	85	19		6409	45	120	29
	6210	50	90	20		6410	50	130	31
	6211	55	100	21		6411	55	140	33
	6212	60	110	22		6412	60	150	35
	6213	65	120	23		6413	65	160	37
	6214	70	125	24		6414	70	180	42
	6215	75	130	25		6415	75	190	45
	6216	80	140	26		6416	80	200	48
	6217	85	150	28		6417	85	210	52
	6218	90	160	30		6418	90	225	54
	6219	95	170	32		6419	95	240	55
	6220	100	180	34		6420	100	250	58

附表 18　圆锥滚子轴承(摘自 GB/T 297—2015)　单位：mm

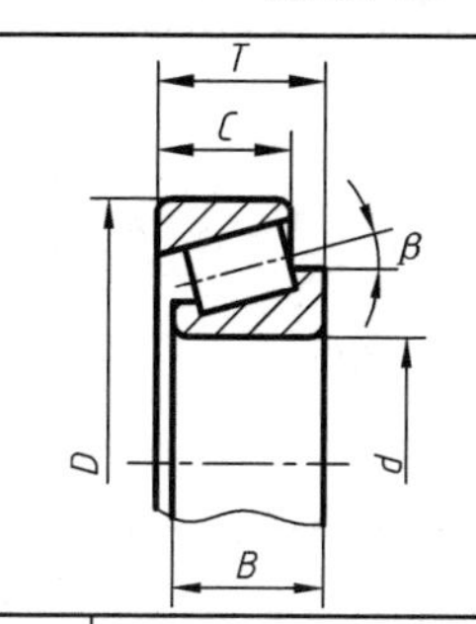

类型代号：30000 型

标记示例：

滚动轴承　30205　GB/T 297—2015

轴承类型		d	D	T	B	C	轴承类型		d	D	T	B	C
02尺寸系列	30204	20	47	15.25	14	12	22尺寸系列	32204	20	47	19.25	18	15
	30205	25	52	16.25	15	13		32205	25	52	19.25	18	16
	30206	30	62	17.25	16	14		32206	30	62	21.25	20	17
	30207	35	72	18.25	17	15		32207	35	72	24.25	23	19
	30208	40	80	19.75	18	16		32208	40	80	24.75	23	19
	30209	45	85	20.75	19	16		32209	45	85	24.75	23	19
	30210	50	90	21.75	20	17		32210	50	90	24.75	23	19
	30211	55	100	22.75	21	18		32211	55	100	26.75	25	21
	30212	60	110	23.75	22	19		32212	60	110	29.75	28	24
	30213	65	120	24.75	23	20		32213	65	120	32.75	31	27
	30214	70	125	26.25	24	21		32214	70	125	33.25	31	27
	30215	75	130	27.25	25	22		32215	75	130	33.25	31	27
	30216	80	140	28.25	26	22		32216	80	140	35.25	33	28
	30217	85	150	30.50	28	24		32217	85	150	38.50	36	30
	30218	90	160	32.50	30	26		32218	90	160	42.50	40	34
	30219	95	170	34.50	32	27		32219	95	170	45.50	43	37
	30220	100	180	37	34	29		32220	100	180	49	46	39
03尺寸系列	30304	20	52	16.25	15	13	23尺寸系列	32304	20	52	22.25	21	18
	30305	25	62	18.25	17	15		32305	25	62	25.25	24	20
	30306	30	72	20.75	19	16		32306	30	72	28.75	27	23
	30307	35	80	22.75	21	18		32307	35	80	32.75	31	25
	30308	40	90	25.25	23	20		32308	40	90	35.25	33	27
	30309	45	100	27.25	25	22		32309	45	100	38.25	36	30
	30310	50	110	29.25	27	23		32310	50	110	42.25	40	33
	30311	55	120	31.50	29	25		32311	55	120	45.50	43	35
	30312	60	130	33.50	31	26		32312	60	130	48.50	46	37
	30313	65	140	36	33	28		32313	65	140	51	48	39
	30314	70	150	38	35	30		32314	70	150	54	51	42
	30315	75	160	40	37	31		32315	75	160	58	55	45
	30316	80	170	42.50	39	33		32316	80	170	61.50	58	48
	30317	85	180	44.50	41	34		32317	85	180	63.50	60	49
	30318	90	190	46.50	43	36		32318	90	190	67.50	64	53
	30319	95	200	49.50	45	38		32319	95	200	71.50	67	55
	30320	100	215	51.50	47	39		32320	100	215	77.50	73	60

附表 19　推力球轴承(摘自 GB/T301—2015)　　单位：mm

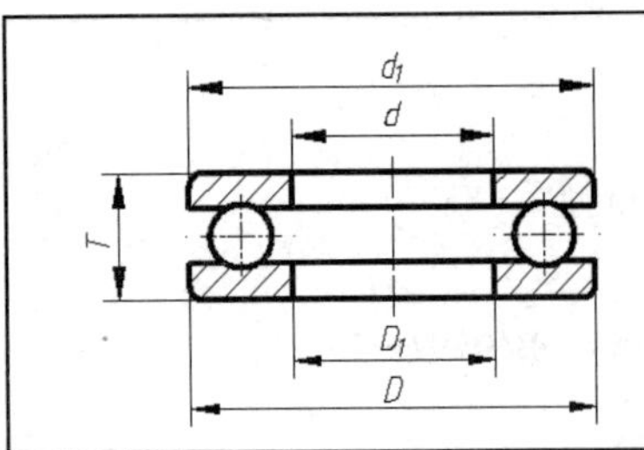

类型代号：51000 型

标记示例：

滚动轴承　51210　GB/T 301—2015

轴承类型		外形尺寸					轴承类型		外形尺寸				
		d	D	T	D_1	d_1			d	D	T	D_1	d_1
11 尺寸系列 (5 1000 型)	51104	20	35	10	21	35	13 尺寸系列 (5 1000 型)	51304	20	47	18	22	47
	51105	25	42	11	26	42		51305	25	52	18	27	52
	51106	30	47	11	32	47		51306	30	60	21	32	60
	51107	35	52	12	37	52		51307	35	68	24	37	68
	51108	40	60	13	42	60		51308	40	78	26	42	78
	51109	45	65	14	47	65		51309	45	85	28	47	85
	51110	50	70	14	52	70		51310	50	95	31	52	95
	51111	55	78	16	57	78		51311	55	105	35	57	105
	51112	60	85	17	62	85		51312	60	110	35	62	110
	51113	65	90	18	67	90		51313	65	115	36	67	115
	51114	70	95	18	72	95		51314	70	125	40	72	125
	51115	75	100	19	77	100		51315	75	135	44	77	135
	51116	80	105	19	82	105		51316	80	140	44	82	140
	51117	85	110	19	87	110		51317	85	150	49	88	150
	51118	90	120	22	92	120		51318	90	155	50	93	155
	51120	100	135	25	102	135		51320	100	170	55	103	170
12 尺寸系列 (5 1000 型)	51204	20	40	14	22	40	14 尺寸系列 (5 1000 型)	51405	25	60	24	27	60
	51205	25	47	15	27	47		51406	30	70	28	32	70
	51206	30	52	16	32	52		51407	35	80	32	37	80
	51207	35	62	18	37	62		51408	40	90	36	42	90
	51208	40	68	19	42	68		51409	45	100	39	47	100
	51209	45	73	20	47	73		51410	50	110	43	52	110
	51210	50	78	22	52	78		51411	55	120	48	57	120
	51211	55	90	25	57	90		51412	60	130	51	62	130
	51212	60	95	26	62	95		51413	65	140	56	68	140
	51213	65	100	27	67	100		51414	70	150	60	73	150
	51214	70	105	27	72	105		51415	75	160	65	78	160
	51215	75	110	27	77	110		51416	80	170	68	83	170
	51216	80	115	28	82	115		51417	85	180	72	88	177
	51217	85	125	31	88	125		51418	90	190	77	93	187
	51218	90	135	35	93	135		51420	100	210	85	103	205
	51220	100	150	38	103	150		51422	110	230	95	113	225

F.11 极限与配合

附表 20　优先配合中孔的上、下极限偏差值
(摘自 GB/T 1801—2009 和 GB/T 1800.2—2009)

单位：μm

公称尺寸/mm		公差带												
		C	D	F	G	H				Js	K	N	P	S
大于	至	11	9	8	7	7	8	9	11	7	7	7	7	7
—	3	+120 +60	+45 +20	+20 +6	+12 +2	+10 0	+14 0	+25 0	+60 0	+5 −5	0 −10	−4 −14	−6 −16	−14 −24
3	6	+145 +70	+60 +30	+28 +10	+16 +4	+12 0	+18 0	+30 0	+75 0	+6 −6	+3 −9	−4 −16	−8 −20	−15 −27
6	10	+170 +80	+76 +40	+35 +13	+20 +5	+15 0	+22 0	+36 0	+90 0	+7 −7	+5 −10	−4 −19	−9 −24	−17 −32
10	14	+205 +95	+93 +50	+43 +16	+24 +6	+18 0	+27 0	+43 0	+110 0	+9 −9	+6 −12	−5 −23	−11 −29	−21 −39
14	18													
18	24	+240 +110	+117 +65	+53 +20	+28 +7	+21 0	+33 0	+52 0	+130 0	+10 −10	+6 −15	−7 −28	−14 −35	−27 −48
24	30													
30	40	+280 +120	+142 +80	+64 +25	+34 +9	+25 0	+39 0	+62 0	+160 0	+12 −12	+7 −18	−8 −33	−17 −42	−34 −59
40	50	+290 +130												
50	65	+330 +140	+174 +100	+76 +30	+40 +10	+30 0	+46 0	+74 0	+190 0	+15 −15	+9 −21	−9 −39	−21 −51	−42 −72
65	80	+340 +150												−48 −78
80	100	+390 +170	+207 +120	+90 +36	+47 +12	+35 0	+54 0	+87 0	+220 0	+17 −17	+10 −25	−10 −45	−24 −59	−58 −93
100	120	+400 +180												−66 −101
120	140	+450 +200	+245 +145	+106 +43	+54 +14	+40 0	+63 0	+100 0	+250 0	+20 −20	+12 −28	−12 −52	−28 −68	−77 −117
140	160	+460 +210												−85 −125
160	180	+480 +230												−93 −133
180	200	+530 +240	+285 +170	+122 +50	+61 +15	+46 0	+72 0	+115 0	+290 0	+23 −23	+13 −33	−14 −60	−33 −79	−105 −151
200	225	+550 +260												−113 −159
225	250	+570 +280												−123 −169
250	280	+620 +300	+320 +190	+137 +56	+69 +17	+52 0	+81 0	+130 0	+320 0	+26 −26	+16 −36	−14 −66	−36 −88	−138 −190
280	315	+650 +330												−150 −202
315	355	+720 +360	+350 +210	+151 +62	+75 +18	+57 0	+89 0	+140 0	+360 0	+28 −28	+17 −40	−16 −73	−41 −98	−169 −226
355	400	+760 +400												−187 −244
400	450	+840 +440	+385 +230	+165 +68	+83 +20	+63 0	+97 0	+155 0	+400 0	+31 −31	+18 −45	−17 −80	−45 −108	−209 −272
450	500	+880 +480												−229 −292

附表 21　优先配合中轴的上、下极限偏差数值
(摘自 GB/T 1801—2009 和 GB/T 1800.2—2009)

单位：μm

公称尺寸/mm		公差带												
		c	d	f	g	h				Js	k	n	p	s
大于	至	11	9	7	6	6	7	9	11	7	6	6	6	6
—	3	–60 –120	–20 –45	–6 –16	–2 –8	0 –6	0 –10	0 –25	0 –60	+5 –5	+6 0	+10 +4	+12 +6	+20 +14
3	6	–70 –145	–30 –60	–10 –22	–4 –12	0 –8	0 –12	0 –30	0 –75	+6 –6	+9 +1	+16 +8	+20 +12	+27 +19
6	10	–80 –170	–40 –76	–13 –28	–5 –14	0 –9	0 –15	0 –36	0 –90	+7 –7	+10 +1	+19 +10	+24 +15	+32 +23
10	14	–95 –205	–50 –93	–16 –34	–6 –17	0 –11	0 –18	0 –43	0 –110	+9 –9	+12 +1	+23 +12	+29 +18	+39 +28
14	18													
18	24	–110 –240	–65 –117	–20 –41	–7 –20	0 –13	0 –21	0 –52	0 –130	+10 –10	+15 +2	+28 +15	+35 +22	+48 +35
24	30													
30	40	–120 –280	–80 –142	–25 –50	–9 –25	0 –16	0 –25	0 –62	0 –160	+12 –12	+18 +2	+33 +17	+42 +26	+59 +43
40	50	–130 –290												
50	65	–140 –330	–100 –174	–30 –60	–10 –29	0 –19	0 –30	0 –74	0 –190	+15 –15	+21 +2	+39 +20	+51 +32	+72 +53
65	80	–150 –340												+78 +59
80	100	–170 –390	–120 –207	–36 –71	–12 –34	0 –22	0 –35	0 –87	0 –220	+17 –17	+25 +3	+45 +23	+59 +37	+93 +71
100	120	–180 –400												+101 +79
120	140	–200 –450	–145 –245	–43 –83	–14 –39	0 –25	0 –40	0 –100	0 –250	+20 –20	+28 +3	+52 +27	+68 +43	+117 +92
140	160	–210 –460												+125 +100
160	180	–230 –480												+133 +108
180	200	–240 –530	–170 –285	–50 –96	–15 –44	0 –29	0 –46	0 –115	0 –290	+23 –23	+33 +4	+60 +31	+79 +50	+151 +122
200	225	–260 –550												+159 +130
225	250	–280 –570												+169 +140
250	280	–300 –620	–190 –320	–56 –108	–17 –49	0 –32	0 –52	0 –130	0 –320	+26 –26	+36 +4	+66 +34	+88 +56	+190 +158
280	315	–330 –650												+202 +170
315	355	–360 –720	–210 –350	–62 –119	–18 –54	0 –36	0 –57	0 –140	0 –360	+28 –28	+40 +4	+73 +37	+98 +62	+226 +190
355	400	–400 –760												+244 +208
400	450	–440 –840	–230 –385	–68 –131	–20 –60	0 –40	0 –63	0 –155	0 –400	+31 –31	+45 +5	+80 +40	+108 +68	+272 +232
450	500	–480 –880												+292 +252

F.12　常用金属材料和非金属材料

附表22　常用金属材料

种类	牌号	应用	说明
灰铸铁(GB/T 9439—1988)	HT100	机床中受轻负荷、磨损无关重要的铸件，如托盘、盖、罩、手轮、把手等形状简单且性能要求不高的零件	“HT”为“灰铁”两字汉语拼音的声母，表示灰铸铁，其后的数字表示抗拉强度(单位为N/mm^2)，如HT100表示抗拉强度为100 N/mm^{2}的灰铸铁
	HT150	承受中等弯曲应力，摩擦面间压强高于500 kPa的铸件，如多数机床的底座；有相对运动和磨损的零件，如工作台、汽车中的变速箱、排气管、进气管等	
	HT200	承受较大弯曲应力，要求保持气密性的铸件，如机床立柱、刀架、齿轮箱体、多数机床床身滑板、箱体、液压缸、泵体、阀体、飞轮、气缸盖、带轮、轴承盖等	
	HT250	炼钢用轨道板、气缸套、齿轮、机床立柱、齿轮箱体、机床床身、磨床转体、液压缸泵体、阀体等	
	HT300	承受高弯曲应力、拉应力，要求保持高度气密性的铸件，如重型机床床身、多轴机床主轴箱、卡盘齿轮、高压液压缸、泵体、阀体等	
	HT350	轧钢滑板、辊子、齿轮、支承轮座等	
铸钢(GB/T 11352—1989)	ZG200—400 ZG230—450	低碳铸钢，韧性及塑性均好，但强度和硬度较高，低温冲击韧性大，脆性转变温度低，磁导、电导性能良好，焊接性好，但铸造性差。主要用于受力不大，但要求韧性的零件，ZG200—400用于机座、变速箱体等；ZG230—450用于轴承盖、底板、阀体、机座、侧架、轧钢机架、箱体等	“ZG”为“铸钢”两字汉语拼音的声母，其后的数字分别表示屈服点和抗拉强度(单位为N/mm^2)，如ZG200—400表示屈服点为200 N/mm^2，抗拉强度为400 N/mm^{2}的铸钢
	ZG270—500 ZG310—570	中碳铸钢，有一定的韧性及塑性，强度和硬度较高，切削性良好，焊接性尚可，铸造性能比低碳铸钢好。ZG270—500应用广泛，如水压机工作缸、机架、蒸汽锤气缸、轴承座、连杆、箱体、曲拐等；ZG310—570用于重负荷零件，如联轴器、大齿轮、缸体、气缸、机架、制动轮、轴及辊子等	

续表一

种 类	牌 号		应 用	说 明
普通碳素结构钢(GB/T 700—1988)	Q215	A级	有较高的伸长率，具有良好的焊接性和韧性，常用于制造地脚螺栓、铆钉、低碳钢丝、薄板、焊管、拉杆、短轴、心轴、凸轮(轻载)、吊钩、垫圈、支架及焊接件等	“Q”为碳素钢屈服点“屈”字汉语拼音的声母，其后的数字表示屈服点数值(单位为 N/mm^2)，如 Q215 表示屈服点为 215 N/mm^2 的碳素结构钢
		B级		
	Q235	A级	有一定的伸长率和强度，韧性及铸造性均良好，且易于冲击及焊接。广泛用于制造一般机械零件，如连杆、拉杆、销轴、螺钉、钩子、套圈盖、螺母、螺栓、气缸、齿轮、支架、机架横撑、机架、焊接件、建筑结构桥梁等用的角钢、工字钢、槽钢、垫板、钢筋等	
		B级		
		C级		
		D级		
	Q275		有较高的强度，一定的焊接性，切削加工性及塑性均较好，可用于制造较高强度要求的零件，如齿轮心轴、转轴、销轴、链轮、键、螺母、螺栓、垫圈等	
优质碳素结构钢(GB/T 699—2015)	25		用于制作焊接构件以及经锻造、热冲压和切削加工，且负荷较小的零件，如辊子、轴、垫圈、螺栓、螺母、螺钉等	牌号的两位数字表示平均含碳量，称碳的质量分数，如 45 号钢表示碳的质量分数为 0.45%，表示平均含碳量为 0.45%。 碳的含量≤0.25%的碳钢属低碳钢(渗碳钢)； 碳的含量在 0.25%～0.6%之间的碳钢属中碳钢(调质钢)； 碳的含量≥0.6%的碳钢属高碳钢； 锰的质量分数较高的钢，需加注化学符号“Mn”
	45		适用于制作较高强度的运动零件，如空压机、泵的活塞、蒸汽轮机的叶轮，重型及通用机械中的轧制轴、连杆、蜗杆、齿条、齿轮、销子等	
	30Mn		一般用于制造低负荷的各种零件，如杠杆、拉杆、小轴、刹车踏板、螺栓、螺钉和螺母等	
	65Mn		用于制造中等负载的板弹簧、螺旋弹簧、弹簧垫圈、弹簧卡环、弹簧发条、轻型汽车的离合器弹簧、制动弹簧、气门弹簧以及受摩擦、高弹性、高强度的机械零件机床主轴、机床丝杠等	

续表二

种类	牌号	应用	说明
合金结构钢(GB/T 3077—2015)	20Mn2	用于制造渗碳的小齿轮、小轴、力学性能要求不高的十字头销、活塞销、柴油机套筒、汽门顶杆、变速齿轮操纵杆、钢套等	钢中加入一定量的合金元素，提高了钢的力学性能和耐磨性，也提高了钢在热处理时的淬透性，保证在较大截面上获得高的力学性能
	20Cr	用于制造小截面、形状简单、较高转速、载荷较小、表面耐磨、心部强度较高的各种渗碳或液体碳氮共渗零件，如小齿轮、小轴、阀、活塞销、托盘、凸轮、蜗杆等	
	38CrMoAl	用于制造高疲劳强度、高耐磨性、较高强度的小尺寸渗氮零件，如气缸套、座套、底盖、活塞螺栓、检验规、精密磨床主轴、车床主轴、精密丝杆和齿轮、蜗杆等	
	40Cr	制造中速、中载的调质零件，如机床齿轮、轴、蜗杆、花键轴、顶针套；制造表面高硬度耐磨的调质表面淬火零件，如主轴、曲轴、心轴、套筒、销子、连杆以及淬火回火后重载零件等	
	40CrNi	用于制造锻造和冷冲压且截面尺寸较大的重要调质件，如连杆、圆盘、曲轴、齿轮、轴、螺钉等	
铸造铜合金(GB/T 1176—2013)	ZCuSn5 Pb5Zn5 5-5-5 锡青铜	在较高负荷、中等滑动速度下工作的耐磨、耐腐蚀零件，如轴瓦、衬套、缸套、活塞、离合器、泵件压盖以及蜗轮等	“Z”为铸造汉语拼音的首位字母，各化学元素后面的数字表示该元素含量的百分数
	ZCuSnl0Pl 10-1 锡青铜	用于高负荷(20 MPa 以下)和高滑动速度(8 m/s)下工作的耐磨零件，如连杆、衬套、轴瓦、齿轮、蜗轮等耐蚀、耐磨零件；形状简单的大型铸件，如衬套、齿轮、蜗轮	
	ZCuAl 10Fe3 10-3 铝青铜	要求强度高、耐磨、耐蚀的重型铸件，如轴套、螺母、蜗轮以及在 250℃以下工作的管配件	
	ZCuAl10 Fe3Mn 10-3-2 铝青铜		
	ZCuZn38 38 黄铜	一般结构件和耐蚀零件，如法兰、阀座、支架、手柄和螺母等	
	ZCuZn40Pb2 40-2 铅黄铜	一般用途的耐磨、耐蚀零件，如轴套、齿轮等	
	ZCuZn25Al6Fe3Mn3 25-6-3-3 铅黄铜	适用于高强、耐磨零件，如桥梁支撑板、螺母、螺杆、耐磨板、滑块和蜗轮	

续表三

种　类	牌　号	应　　用	说　　明
铸造铝合金(GB/T 1173—2013)	ZAlSi12 ZL102 Al-Si 合金	用于制造形状复杂、负荷小、耐腐蚀的薄壁零件以及工作温度≤200℃的高气密性零件	ZL102 表示含硅 10%～13%，其余为铝的铝硅合金
	ZAlSi9Mg ZL104 Al-Si 合金	用于制造形状复杂、高温静载荷工作的复杂零件	
	ZalMg5Si1 ZL303 Al-Mg 合金	用于制造高温耐蚀性或在高温下工作的零件	

附表 23　常用非金属材料

种　类	名称、牌号或代号	应　　用
工程塑料	尼龙(尼龙 6、尼龙 9、尼龙 66、尼龙 610、尼龙 1010)	具有良好的力学强度和耐磨性，广泛用作机械、化工及电气零件，如轴承、齿轮、凸轮、滚子、辊轴、泵叶轮、风扇叶轮、蜗轮、螺钉、螺母、垫圈、高压密封圈、阀座、输油管、储油容器等
	Mc 尼龙	强度特高，适于制造大型齿轮、蜗轮、轴套、大型阀门密封面、导向环、导轨、滚动轴承保持架、船尾轴承、汽车吊索绞盘蜗轮、柴油发动机燃料泵齿轮、水压机立柱导套、大型轧钢机辊道轴瓦等
	聚甲醛	具有良好的耐磨损性能和良好的干摩擦性能，用于制造轴承、齿轮、滚轮、辊子、阀门上的阀杆螺母、垫圈、法兰、垫片、泵叶轮、鼓风机叶片、弹簧、管道等
	聚碳酸酯	具有高的冲击韧性和优异的尺寸稳定性，用于制造齿轮、蜗轮、蜗杆、齿条、凸轮、心轴、轴承、滑轮、铰链、传动链、螺栓、螺母、垫圈、铆钉、泵叶轮、汽车化油器部件、节流阀、各种外壳等
	ABS	作一般结构零件、耐磨受力传动零件和耐腐蚀设备，用 ABS 制成的泡沫夹层板可做小轿车车身
	硬聚氯乙烯 PVC (GB/T 4454—1984)	制品有管、棒、板、焊条及管件，除作日常生活用品外，主要用作耐腐蚀的结构材料或设备衬里材料及电气绝缘材料
	聚丙烯	作一般结构零件、耐腐蚀的化工设备和受热的电气绝缘零件

续表

种　类	名称、牌号或代号	应　用
工业用硫化橡胶	普通橡胶板 1074、1804、1608、1708	有一定的硬度和较好的耐磨性、弹性等性能，能在一定压力下，温度为-30℃～+60℃的空气中工作，制作密封垫圈、垫板和密封条等
	耐油橡胶板 3707、3807、3709、3809	有较高硬度和耐溶剂膨胀性能，可在温度为-30～+80℃的机油、变压器油、润滑油、汽油等介质中工作，适用于冲制各种形状的垫圈
软钢纸板	软钢纸板	供汽车、拖拉机及其它工业设备上制作密封连接处的垫片
工业用毛毡	工业用平面毛毡 n 314—81	用作密封、防滑油、防震、缓冲衬垫等，按需要选用细毛、半粗毛、粗毛
	毡圈 PJ 145—79、JB/ZQ 4606—86	用于轴伸端处、轴与轴承盖之间的密封(密封处速度 $v < 5$ m/s 的脂润滑及转速不高的稀油润滑)
石棉	石棉橡胶板 XB200、XB350、XB450	三种牌号分别用于温度为 200℃、350℃、450℃，压力为 150 MPa、400 MPa、600 MPa 以下的水、水蒸气等介质的设备，管道法兰连接处的密封衬垫材料
	耐油石棉橡胶板	可用于各种油类为介质的设备、管道法兰连接处的密封衬垫材料)
工业有机玻璃	工业有机玻璃	有板材、棒材和管材等型材，可用于要求有一定强度的透明结构材料，如各种油标的面罩板等

F.13　热处理

附表 24　常用的热处理名词解释

热处理方法	解　释	应　用
退火	退火是将钢件(或钢坯)加热到适当温度，保温一段时间，然后再缓慢地冷下来(一般用炉冷)	用来消除铸锻件的内应力和组织不均匀及晶粒粗大等现象。消除冷轧坯件的冷硬现象和内应力，降低硬度以便切削
正火	正火是将坯件加热到相变点以上 30℃～50℃，保温一段时间，然后用空气冷却，冷却速度比退火快	用来处理低碳和中碳结构钢件及渗碳机件，使其组织细化增加强度与韧性。减少内应力，改善低碳钢的切削性能
淬火	淬火是将钢件加热到相变点以上某一温度，保温一段时间，然后在水、盐水或油中(个别材料在空气中)急冷下来，使其得到高硬度	用来提高钢的硬度和强度，但淬火时会引起内应力使钢变脆，所以淬火后必须回火
时效处理	机件精加工前，加热到 100℃～150℃，保温 5～20h，空气冷却；铸件可天然时效处理，露天放置一年以上。用于消除内应力，稳定机件形状和尺寸。	常用于处理精密机件，如精密轴承、精密丝杠等

续表

热处理方法	解　释	应　用
表面淬火 高频 表面淬火	表面淬火是使零件表面获得高硬度和耐磨性，而心部则保持塑性和韧性 利用高频感应电流使钢件表面迅速加热，并立即喷水冷却，淬火表面具有高的力学性能，淬火时不易氧化及脱碳，变形小，淬火操作及淬火层易实现精确的电控制与自动化，生产率高	对于各种在动负荷及摩擦条件下工作的齿轮、凸轮轴、曲轴及销子等，都要经过这种处理。 表面淬火必须采用$w_C>0.35\%$的钢，因为碳含量低淬火后增加硬度不大，一般都是些淬透性较低的碳钢及合金钢(如 45，40Cr，40Mn2，9CrSi 等)
回火	回火是将淬硬的钢件加热到相变点以下的某一种温度后，保温一定时间，然后在空气中或油中冷却下来	用来消除淬火后的脆性和内应力，提高钢的冲击韧度
调质	淬火后高温回火，称为调质	用来使钢获得高的韧性和足够的强度，很多重要零件是经过调质处理的
渗碳	渗碳是向钢表面层渗碳，一般渗碳温度 900℃～930℃，使低碳钢或低碳合金钢的表面碳的质量分数增高到 0.8%～1.2%，经过适当热处理，表面层得到的高的硬度和耐磨性，提高疲劳强度	为了保证心部的高塑性和韧性，通常采用碳的质量分数为 0.08%～0.25%的低碳钢和低合金钢，如齿轮、凸轮及活塞销等
渗氮	渗氮是向钢表面层渗氮，目前常用气体氮化法，即利用氨气加热时分解的活性氮原子渗入钢中	氮化后不再进行热处理，用于某种含铬、钼或铝的特种钢，以提高硬度和耐磨性，提高疲劳强度及耐蚀能力
碳氮共渗	碳氮共渗是同时向钢表面渗碳及渗氮，常用液体碳化法处理，不仅比渗碳处理有较高硬度和耐磨性，而且兼有一定耐磨蚀和较高的抗疲劳能力。在工艺上比渗碳或渗氮时间短	增加表面硬度、耐磨性、疲劳强度和耐蚀性用于要求硬度高，耐磨的中、小型及薄片零件和刀具等
发黑 发蓝	使钢的表面形成氧化膜的方法叫“发黑、发蓝”	钢铁的氧化处理(发黑、发蓝)可用来提高其表面耐腐蚀能力和使外表美观，但其抗腐蚀能力并不理想，一般只能用于空气干燥及密闭的场所
硬度	硬度指材料抵抗硬物压入其表面的能力。因测定方法不同而有布氏、洛氏、维氏等几种。 HBS(布氏硬度见 GB/T 231.1—2002) HRC(洛氏硬度见 GB/T 230.1—2009) HV (维氏硬度见 GB/T 4340.1—2009)	硬度 HBS 用于退火、正火、调质的零件及铸件；硬度 HRC 用于经淬火、回火及表面渗碳、渗氮等处理的零件；硬度 HV 用于薄层硬化零件

F.14　常用机械加工规范和零件结构要素

1. 标准尺寸

附表 25　标准尺寸(摘自 GB/T 2822—2005)

*R*10	1.00，1.25，1.60，2.00，2.50，3.15，4.00，5.00，6.30，8.00，10.0，12.5，16.0，20.0，25.0，31.5，40.0，50.0，63.0，80.0，100.0，125，160，200，250，315，400，500，630，800，1000
*R*20	1.12，1.40，1.80，2.24，2.80，3.55，4.50，5.60，7.10，9.00，11.2，14.0，18.0，22.4，28.0，35.5，45.0，56.0，71.0，90.0，112，140，180，224，280，355，450，560，710，900，1000
*R*40	13.2，15.0，17.0，19.4，21.2，23.6，26.5，30.0，33.5，37.5，42.5，47.5，53.0，60.0，67.0，75.0，85.0，95.0，106，118，132，150，170，190，212，236，265，300，335，375，425，475，530，600，670，750，850，950，1000

注：1. 本表仅摘录了 1～1000 mm 范围内优先数系 *R* 系列中的标准尺寸。

2. 使用时按优先顺序(*R*10、*R*20、*R*40)选取标准尺寸。

2. 砂轮越程槽

附表 26　砂轮越程槽(摘自 GB/T 6403.5—2008)　　单位：mm

磨削外圆　　磨削内圆

b_1	0.6	1.0	1.6	2.0	3.0	4.0	5.0	8.0	10
b_2	2.0	3.0		4.0		5.0		8.0	10
h	0.1	0.2		0.3	0.4		0.6	0.8	1.2
r	0.2	0.5		0.8	1.0		1.6	2.0	3.0
d	～10			10～50		50～100		100	

注：1. 越程槽内与直线相交处，不允许产生尖角。

2. 越程槽深度 *h* 与圆弧半径 *r*，要满足 *r*≤3h。

3. 零件倒圆与倒角(摘自 GB/T 6403.4—2008)

附表 27　倒圆、倒角形式及尺寸系列值　　单位：mm

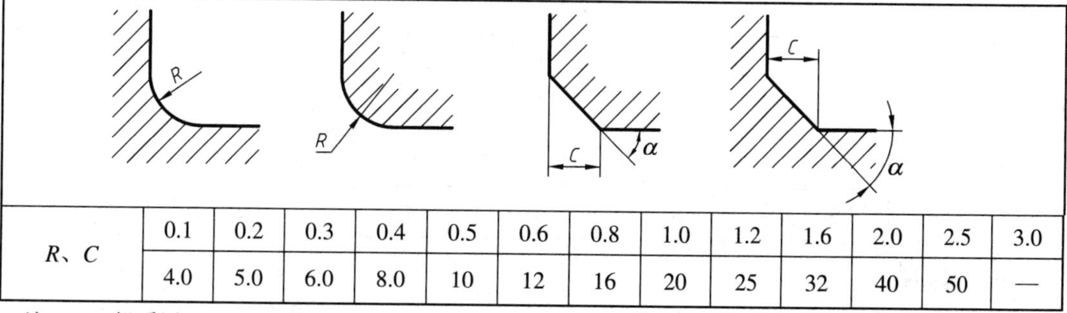

R、*C*	0.1	0.2	0.3	0.4	0.5	0.6	0.8	1.0	1.2	1.6	2.0	2.5	3.0
	4.0	5.0	6.0	8.0	10	12	16	20	25	32	40	50	—

注：*α* 一般采用 45°，也可采用 30° 或 60°。

附表 28　内角、外角分别为倒圆(或倒角为 45°)的装配形式及尺寸系列值

单位：mm

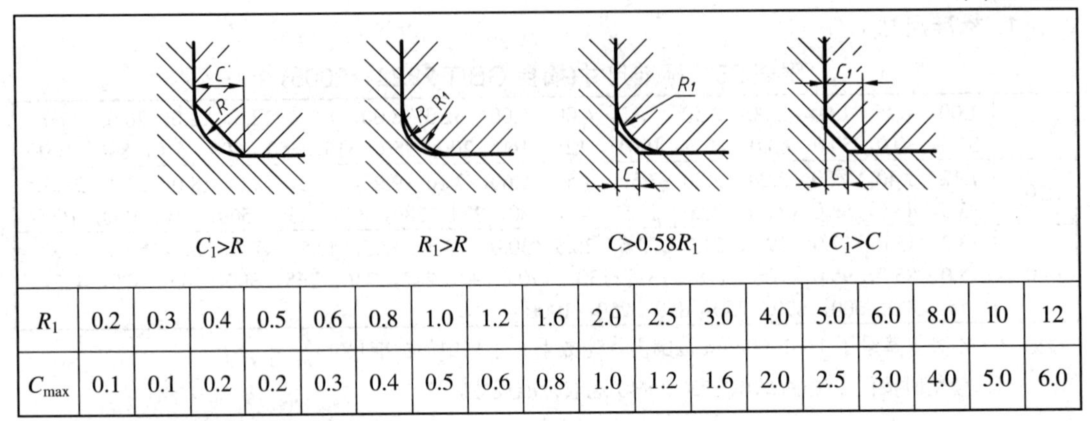

R_1	0.2	0.3	0.4	0.5	0.6	0.8	1.0	1.2	1.6	2.0	2.5	3.0	4.0	5.0	6.0	8.0	10	12
C_{max}	0.1	0.1	0.2	0.2	0.3	0.4	0.5	0.6	0.8	1.0	1.2	1.6	2.0	2.5	3.0	4.0	5.0	6.0

4．普通螺纹倒角和退刀槽

附图 3 分别为外螺纹和内螺纹的端部倒角的尺寸(摘自 GB/T 2—2001)，外螺纹和内螺纹的退刀槽尺寸见附表 29。

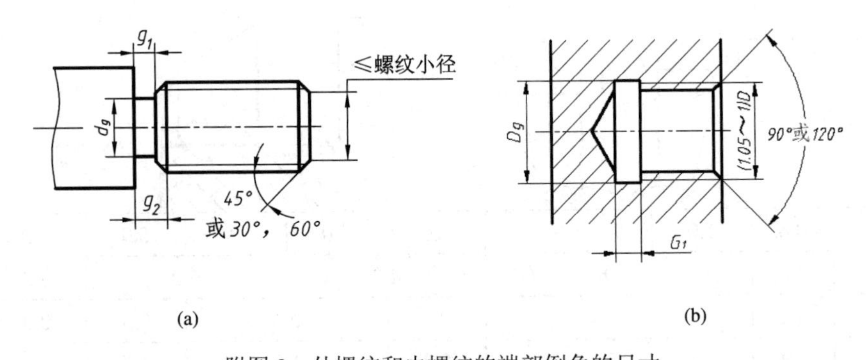

附图 3　外螺纹和内螺纹的端部倒角的尺寸

附表 29　普通螺纹退刀槽尺寸(摘自 GB/T 3—1997)

螺距	外螺纹			内螺纹		螺距	外螺纹			内螺纹	
	g_{2max}	g_{1min}	d_g	G_1	D_g		g_{2max}	g_{1min}	d_g	G_1	D_g
0.5	1.5	0.8	$d-0.8$	2	$D+0.3$	1.75	5.25	3	$d-2.6$	7	$D+0.5$
0.7	2.1	1.1	$d-1.1$	2.8		2	6	3.4	$d-3$	8	
0.8	2.4	1.3	$d-1.3$	3.2		2.5	7.5	4.4	$d-3.6$	10	
1	3	1.6	$d-1.6$	4	$D+0.5$	3	9	5.2	$d-4.4$	12	
1.25	3.75	2	$d-2$	5		3.5	10.5	6.2	$d-5$	14	
1.5	4.5	2.5	$d-2.3$	6		4	12	7	$d-5.7$	16	

5．紧固件

主要介绍螺栓和螺钉通孔(摘自 GB/T 5277—1985)、六角头螺栓和六角螺母用沉孔(摘

自 GB/T 152.4—1988)、沉头螺钉用沉孔(摘自 GB/T 152.2—2014)和圆柱头用沉孔(摘自 GB/T 152.3—1988)。

附表 30 紧固件通孔及沉头孔尺寸

螺纹规格 d			5	6	8	10	12	14	16	18	20	22	24	27
螺栓和螺钉通孔	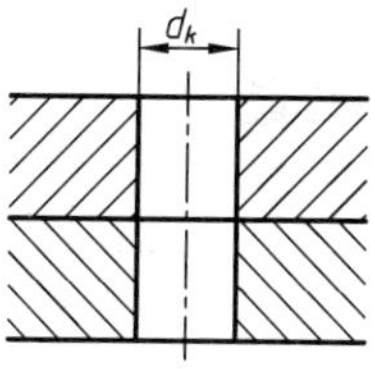 GB/T 5277—1985	精装配	5.3	6.4	8.4	10.5	13	15	17	19	21	23	25	28
		中等装配	5.5	6.6	9	11	13.5	15.5	17.5	20	22	24	26	30
		粗装配	5.8	7	10	12	14.5	16.5	18.5	21	24	26	28	32
六角头螺栓和六角螺母用的沉孔	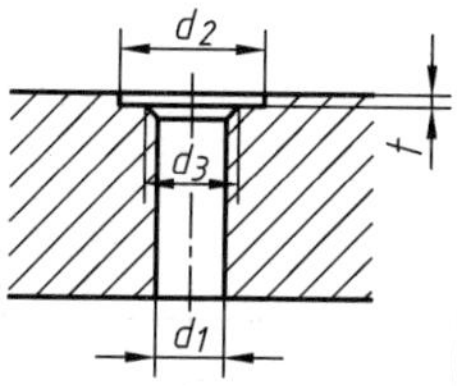 GB/T 152.4—1988	d_1	5.5	6.6	9.0	11.0	13.5	15.5	17.5	20.0	22.0	24	26	30
		d_2	11	13	18	22	26	30	33	36	40	43	48	53
		d_3	—	—	—	—	16	18	20	22	24	26	28	33
沉头螺钉用沉孔	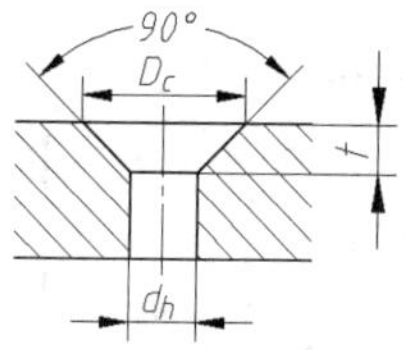 GB/T 152.2—2014	d_h	5.5	6.6	9	11	—	—	—	—	—	—	—	—
		D_c	10.4	12.6	17.3	20	—	—	—	—	—	—	—	—
		$t\approx$	2.58	3.13	4.28	4.65	—	—	—	—	—	—	—	—
内六角圆柱头螺钉用的沉孔	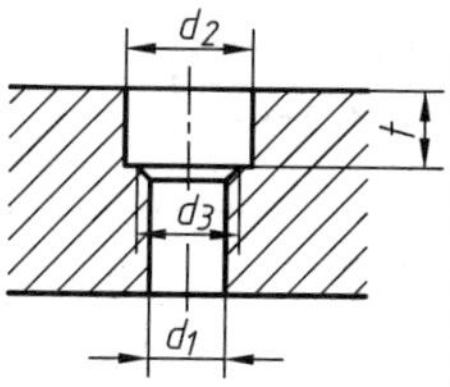 GB/T 152.3—1988	d_1	5.5	6.6	9.0	11.0	13.5	15.5	17.5	—	22.0	—	26.0	—
		d_2	10.0	11.0	15.0	18.0	20.0	24.0	26.0	—	33.0	—	40.0	—
		d_3	—	—	—	—	16	18	20	—	24	—	28	—
		t	5.7	6.8	9.0	11.0	13.0	15.0	17.5	—	21.5	—	25.5	—
开槽圆柱头螺钉用沉孔		d_1	5.5	6.6	9.0	11.0	13.5	15.5	17.5	—	22.0	—	—	—
		d_2	10	11	15	18	20	24	26	—	33	—	—	—
		d_3	—	—	—	—	16	18	20	—	24	—	—	—
		t	4.0	4.7	6.0	7.0	8.0	9.0	10.5	—	12.5	—	—	—

注：对 GB/T 152.4—1988，尺寸 t 只要能制出与通孔轴线垂直的圆平面即可，常称锪平。

F.15 机械制图国外标准简介

为了便于国际间的技术交流，下面简要介绍 ISO，还有美国、前苏联、日本等国家有关机械制图标准中的有关“图样画法”的内容。

1．图样画法

1) 视图布置

附表 31 给出了 ISO、美国、前苏联及日本规定的视图布置。

附表 31　ISO 及美国、前苏联和日本规定的视图布置

标准	ISO128—2003		
	前苏联 ГОСТ 2.305—68 CT CЭВ 362—76　CT CЭВ 363—76	美国 ASME Y14.3—2003	日本 JIS B001—1985
示例物体	a b c d e f		
标准视图配置	采用第一角投影法 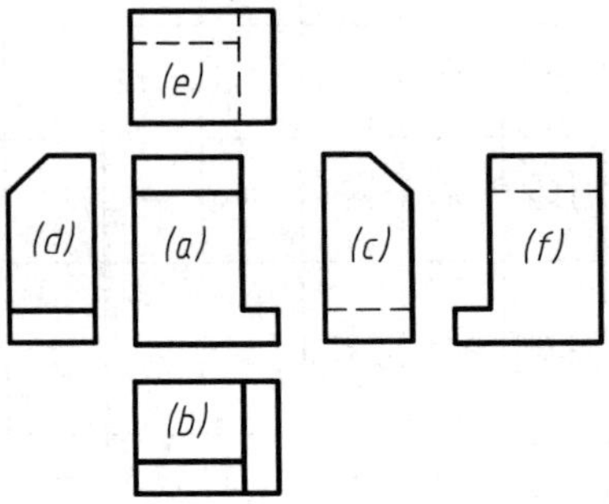 (e) (d) (a) (c) (f) (b)	采用第三角投影法 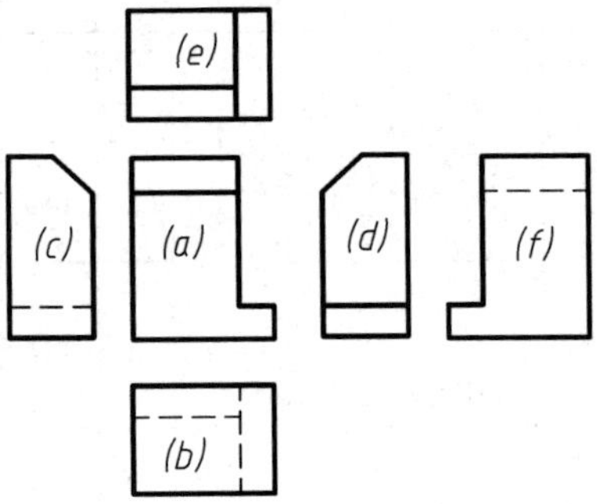 (e) (c) (a) (d) (f) (b)	
标志符号			

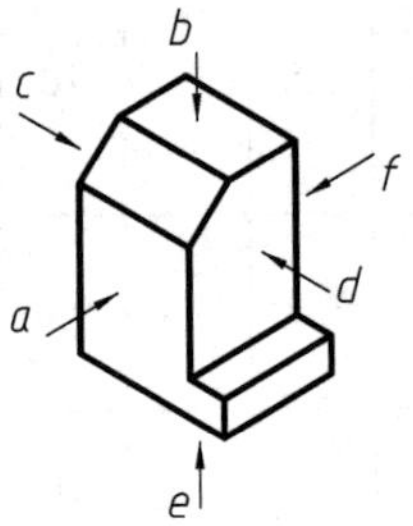

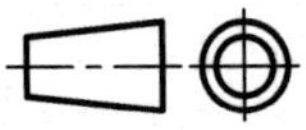

注：1. ISO128-2003 在两种投影法中可等效使用其中一种；

2. 前苏联等采用第一角投影法；

3. 日本第一角和第三角投影法都采用，但使用较多的是第三角投影法；

4. 美国普遍采用第三角投影法。

2) ISO 128—2003《图示原理》

(1) 如果视图不便于按第一角和第三角投影法配置图形，可按箭头的投影方向，各视

图可自由布置，如附图 4(a)所示。

(2) 剖视图分为三种，剖切平面为五种，与我国标准相同，只是表示剖切位置剖切符号有所不同，它采用了 H 型线，并在粗实线的当中画出箭头，如附图 4(b)所示。

(3) 断面图与我国标准相同，分为移出断面和重合断面两种，但移出断面经旋转后画出时，无须在 *A*—*A* 的后加“旋转”二字，如附图 4(c)所示。

(4) 局部放大图用细实线圆表示要放大的部分，并注出字母，在相应的放大图上注出相同的字母和比例，如附图 4(d)所示。

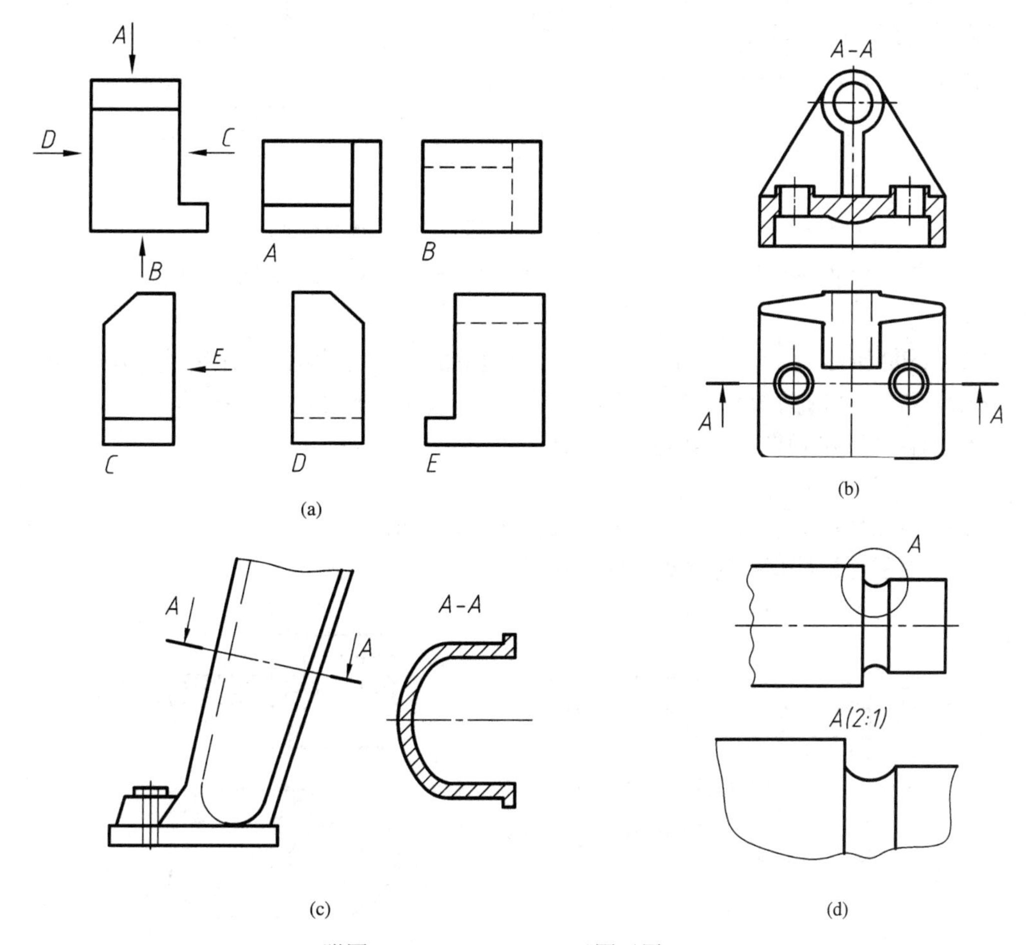

附图 4　ISO 128—2003 《图示原理》

3) 美国标准 ASME Y14.3—2003《多面视图和剖视图》

(1) 视图。

① 六面视图。美国普遍采用第三角投影法，其六面视图的名称和配置与 ISO 标准相同，如附表 31 所示。

② 移出视图。当机件的某一局部的形状需要进一步阐明时，可作移出视图，如附图 5(a)所示，标注方法与我国标准不同。

(2) 剖视图和剖面图。在美国标准中，剖视图和剖面图均采用 section 这个词。剖视图和剖面图的标注方法与我国标准有所不同，如附图 5(b)和附图 5(c)所示。

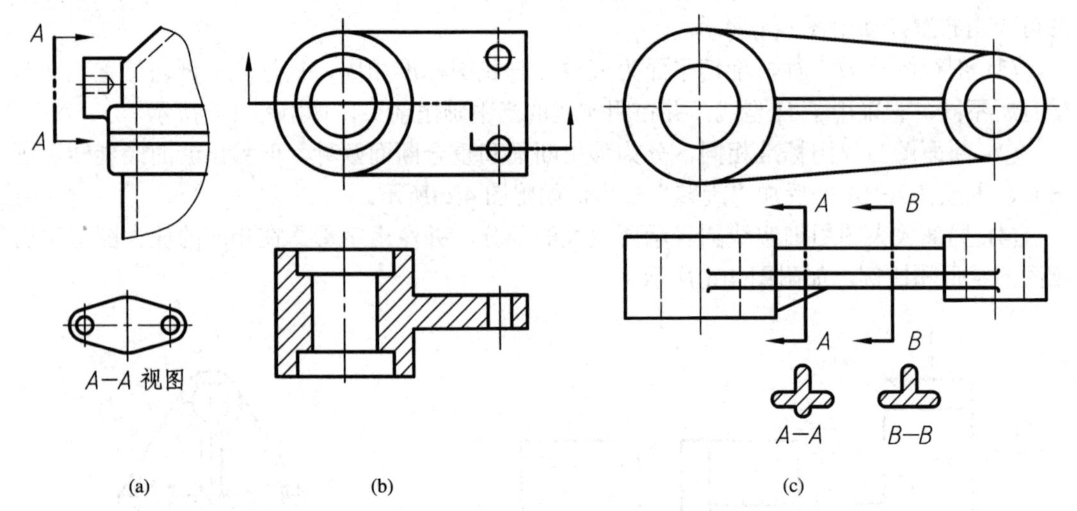

附图 5　美国标准 ASME Y14.3—2003《多面视图和剖视图》

4) 前苏联标准 ГОСТ 2.305—68、CT CЭB 362—76 和 CT CЭB 363—76《视图在图上的配置》

(1) 六面视图。采用第一角投影法，六面视图的配置与我国制图标准相同，只是在标注上有所不同，如附图 6(a)所示，在视图上方标出该视图的名称“—► A”。

(2) 剖视图。剖视图标注如附图 6(b)所示。

(3) 斜视图。

① 斜视图按投影方向配置时的标注如附图 6(c)所示。

② 斜视图经旋转后的标注如附图 6(d)所示。

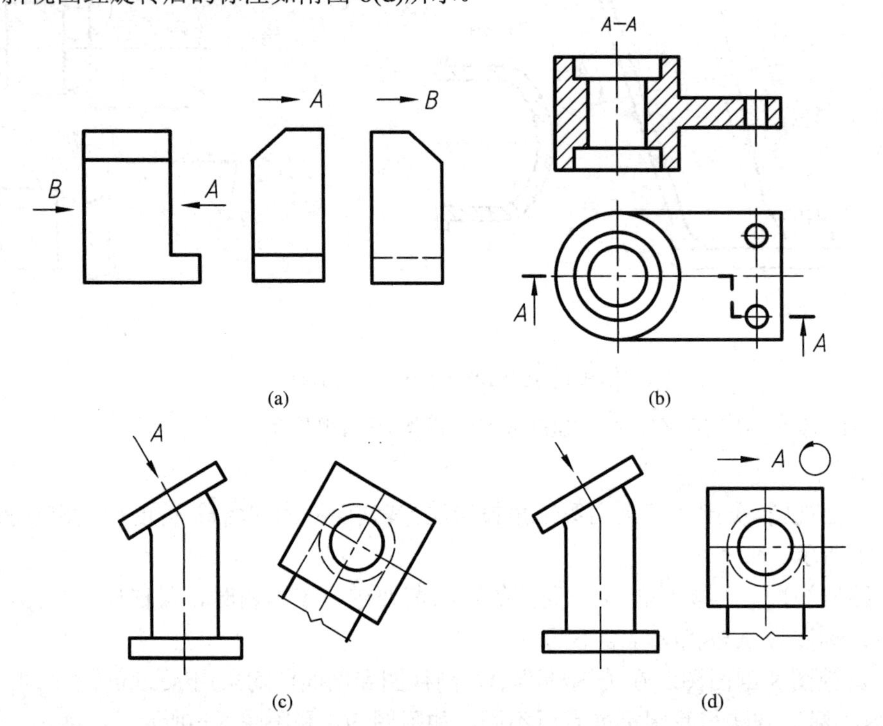

附图 6　前苏联标准 ГОСТ 2.305—68、CT C Э B 362—76 和 CT C Э B 363—76《视图在图上的配置》

5) 日本标准 JIS B001—1985《表示法》

(1) 视图。第一角投影法和第三角投影法都采用，但使用较多的是第三角投影法。六面视图布置见附表 31。局部视图见附图 7(a)。

(2) 剖视图。剖视图分为全剖视、半剖视、局部剖视、复合剖视(有旋转、阶梯及组合剖切)与我国标准的不同点如下：

① 剖面线常省略不画；

② 剖切平面的迹线画法如附图 7(b)所示。

(3) 断面图。

① 移出断面图如附图 7(c)所示；

② 重合断面图如附图 7(d)所示。

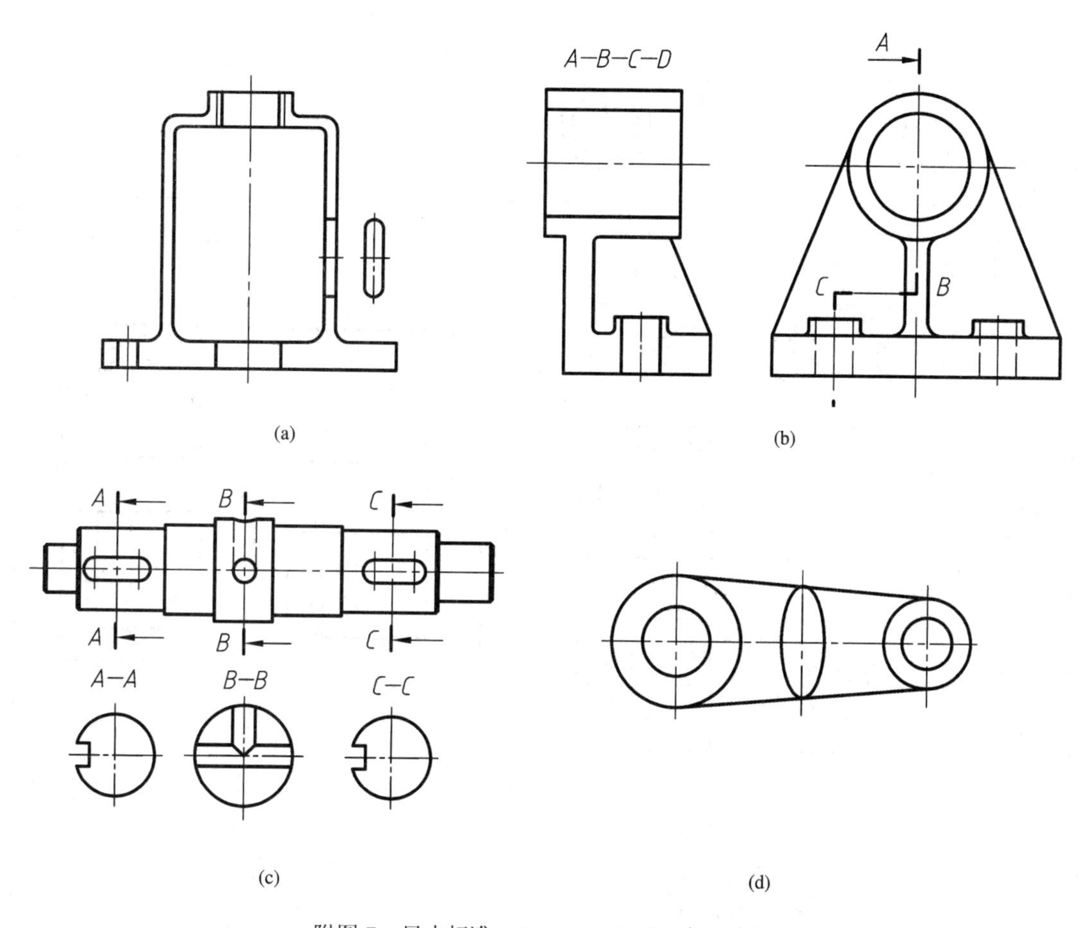

附图 7　日本标准 JIS B001—1985《表示法》

2. 螺纹的画法

ISO 标准和俄罗斯标准均与我国标准相同。附表 32 中介绍了美国和日本的标准。

附表 32　美国和日本规定的螺纹的画法和标注

	美国 ANSI Y14. 6—2001	日本 JIS B002—1982
外螺纹	有三种画法： 详细画法 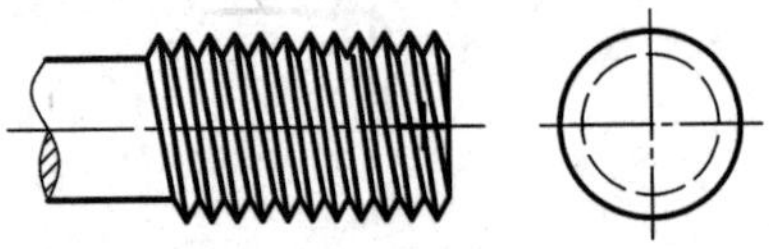 示意画法 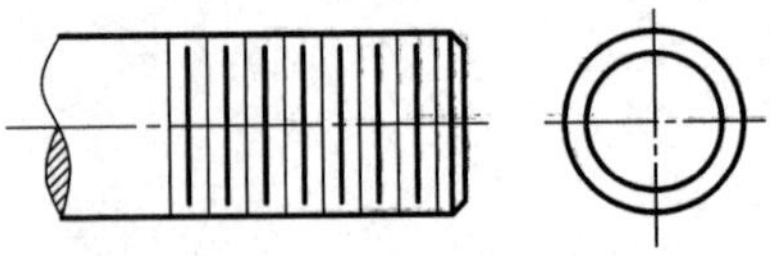 简化画法 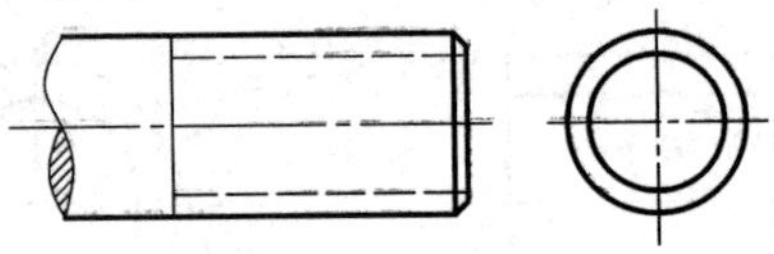	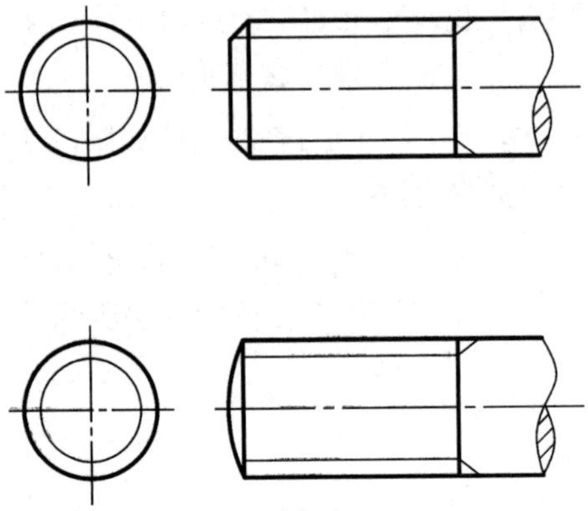
内螺纹	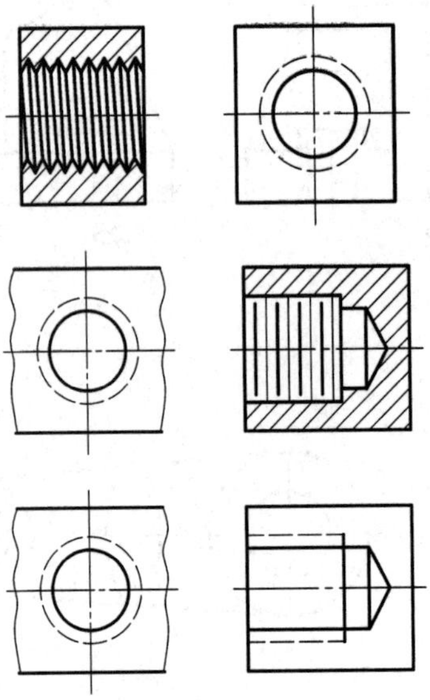	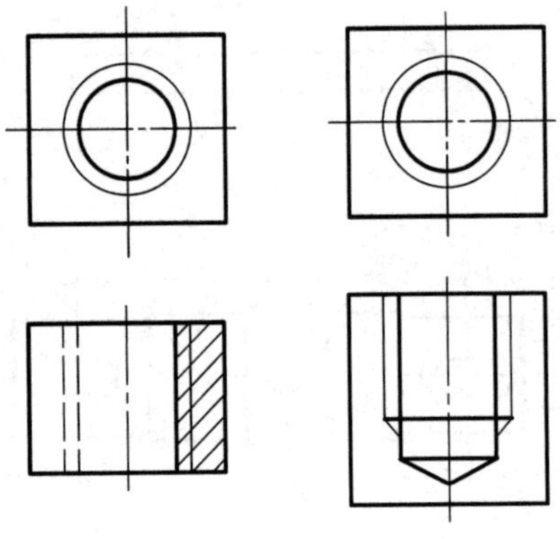
螺纹连接	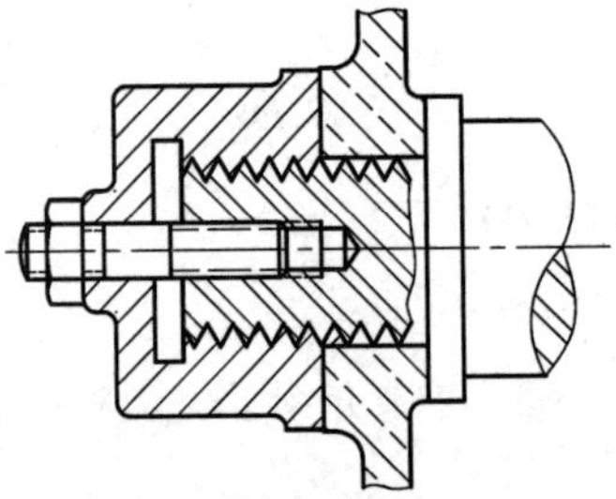	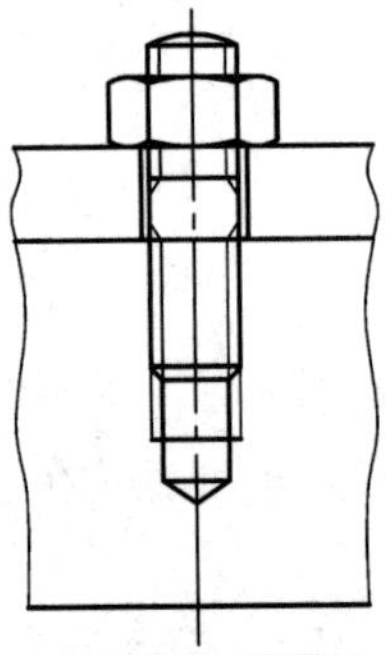

续表

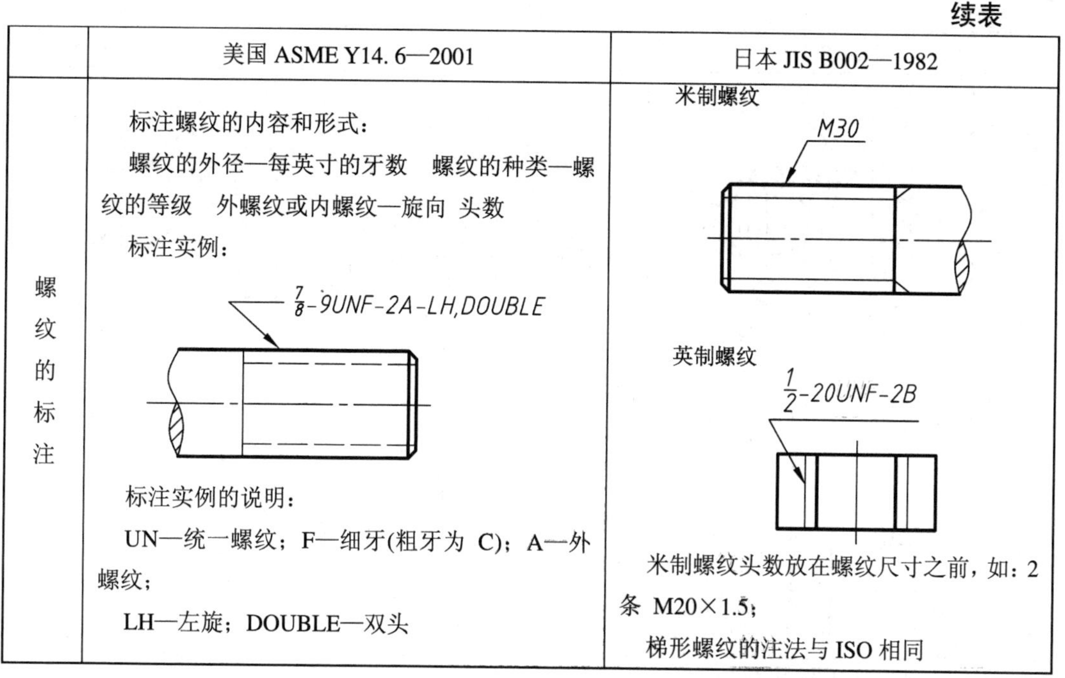

	美国 ASME Y14. 6—2001	日本 JIS B002—1982
螺纹的标注	标注螺纹的内容和形式： 螺纹的外径—每英寸的牙数　螺纹的种类—螺纹的等级　外螺纹或内螺纹—旋向 头数 标注实例： $\frac{7}{8}$-9UNF-2A-LH,DOUBLE 标注实例的说明： UN—统一螺纹；F—细牙(粗牙为 C)；A—外螺纹； LH—左旋；DOUBLE—双头	米制螺纹 M30 英制螺纹 $\frac{1}{2}$-20UNF-2B 米制螺纹头数放在螺纹尺寸之前，如：2条 M20×1.5； 梯形螺纹的注法与 ISO 相同

3．齿轮的画法

ISO、美国和日本规定的齿轮的画法见附表 33。前苏联齿轮的画法与 ISO 相同。

附表 33　ISO、美国和日本规定的齿轮的画法

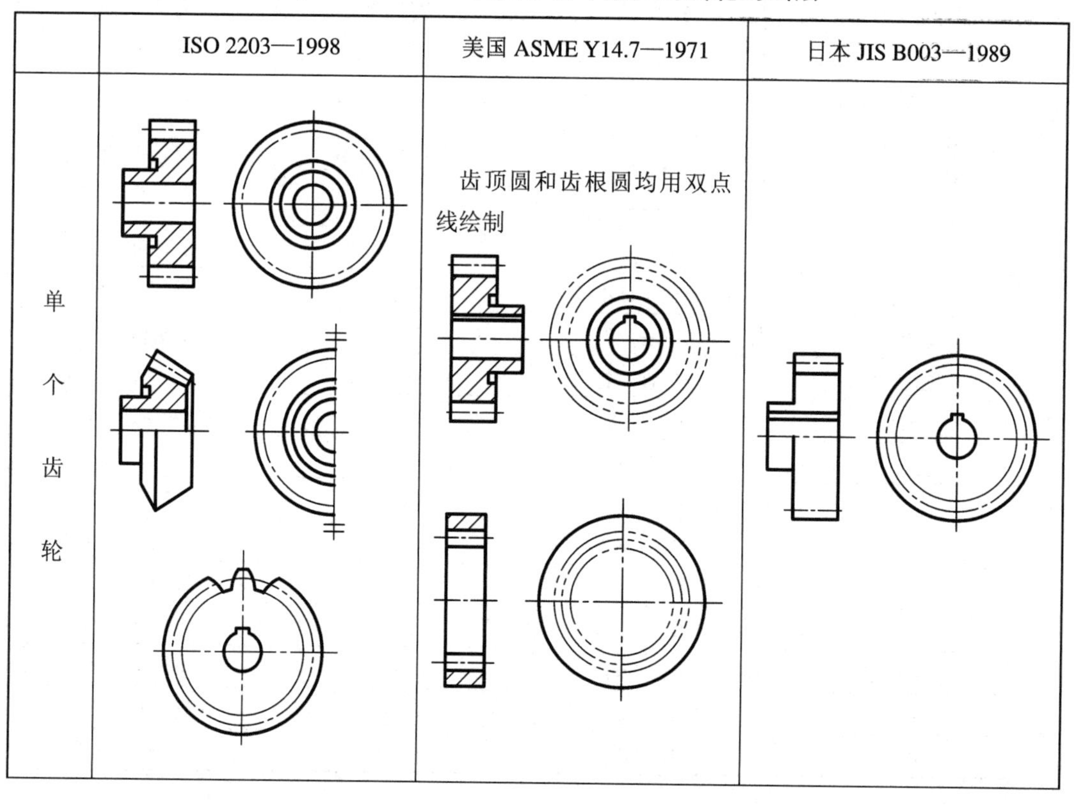

	ISO 2203—1998	美国 ASME Y14.7—1971	日本 JIS B003—1989
单个齿轮		齿顶圆和齿根圆均用双点线绘制	

续表

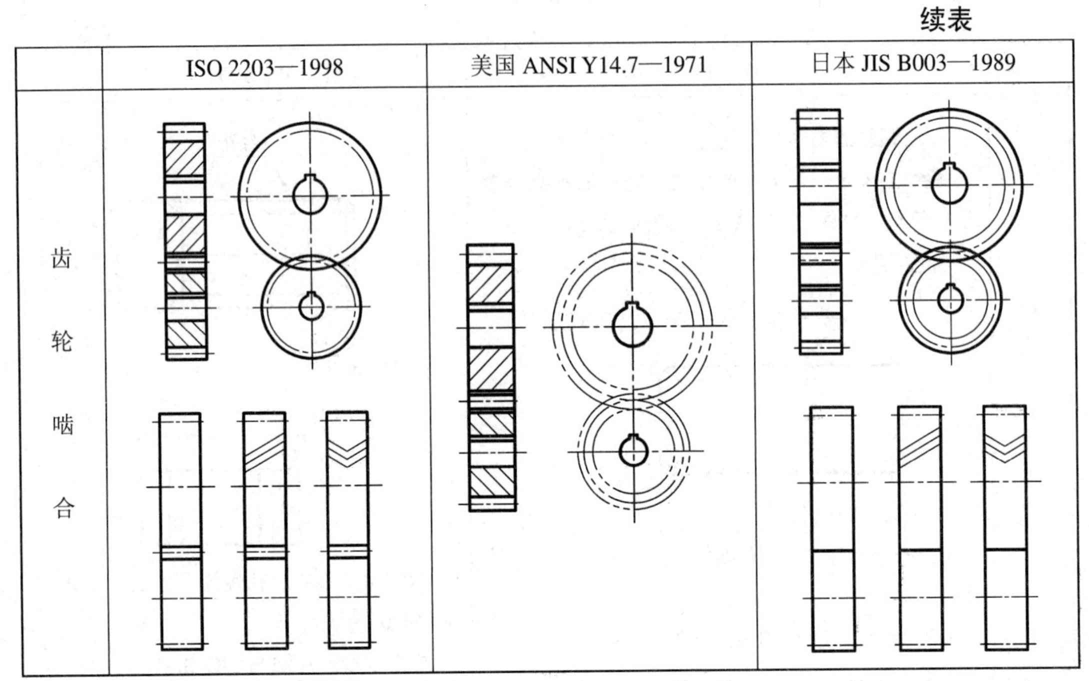

	ISO 2203—1998	美国 ANSI Y14.7—1971	日本 JIS B003—1989
齿轮啮合			

4. 外国标准代号及名称

部分外国标准代号及名称见附表 34。

附表 34　部分外国标准代号及名称

标准代号	标准名称	标准代号	标准名称
ISO	国际标准化组织	NBN	比利时标准
ANSI	美国国家标准	NC	古巴标准
ASME	美国机械工程师协会标准	NEN	荷兰标准
AS	澳大利亚标准	NF	法国标准
BS	英国标准	NI	印度尼西亚标准
CSA	加拿大标准	NS	挪威标准
CSN	捷克标准	ONORM	奥地利标准
DGN	墨西哥官方标准	PN	波兰标准
DIN	德国标准	PS	巴基斯坦标准
DS	丹麦标准	SIS	瑞典标准
E．S.	埃及标准	SNV	瑞士标准协会标准
ΓOCT	前苏联标准	STAS	罗马尼亚国家标准
IS	印度标准	THAI	泰国国家标准规格
JIS	日本工业标准	TS	土耳其标准
MS	马来西亚标准	UNE	西班牙标准
MSZ	匈牙利标准	UNI	意大利标准
ND	巴西标准	YCT	蒙古国家标准